普通高等教育新工科机器人工程系列教材

机器人

Fundamentals to Robotics

主编　于靖军　王　巍
参编　李大寨　赵宏哲
　　　蔡月日　田耀斌

机械工业出版社

本书系统地介绍了机器人学的基础理论知识，重心放在机器人机构、建模、规划与控制等方面，为本科机器人工程及相关专业的入门教材。

全书共 10 章。第 1 章为绪论；第 2 章和第 3 章分别介绍了与机器人系统及机构相关的基础知识，为读者提供了对机器人的总体认识；第 4 章作为机器人的数理基础，详细讨论了如何构建刚体运动模型；第 5~7 章主要讲述了有关机器人运动学方面的基础内容，包括串联机器人的位移分析（第 5 章）、串联机器人的速度与静力分析（第 6 章）和并联机器人运动学基础（第 7 章）；第 8~10 章主要讲述了有关机器人动力学、规划与控制方面的基础知识，包括串联机器人的动力学建模（第 8 章）、机器人轨迹生成（第 9 章）与机器人控制基础（第 10 章）等。此外，作为正文的补充，在附录中介绍了旋量理论基础、MATLAB 编程等内容。

本书可作为机器人工程等专业本科专业教材或研究生教材，也可作为相关科研人员与工程技术人员参考用书。

图书在版编目（CIP）数据

机器人学基础/于靖军，王巍主编. —北京：机械工业出版社，2023.8（2026.1 重印）

普通高等教育新工科机器人工程系列教材

ISBN 978-7-111-73437-6

Ⅰ.①机…　Ⅱ.①于…　②王…　Ⅲ.①机器人学-高等学校-教材　Ⅳ.①TP24

中国国家版本馆 CIP 数据核字（2023）第 119121 号

机械工业出版社（北京市百万庄大街 22 号　邮政编码 100037）

策划编辑：丁昕祯　　责任编辑：丁昕祯

责任校对：潘　蕊　张　征　　封面设计：张　静

责任印制：张　博

固安县铭成印刷有限公司印刷

2026 年 1 月第 1 版第 2 次印刷

184mm×260mm · 24 印张 · 590 千字

标准书号：ISBN 978-7-111-73437-6

定价：75.00 元

电话服务

客服电话：010-88361066

010-88379833

010-68326294

网络服务

机　工　官　网：www. cmpbook. com

机　工　官　博：weibo. com/cmp1952

金　书　网：www. golden-book. com

机工教育服务网：www. cmpedu. com

前言

2015年，国内首个机器人工程本科新工科专业获批，构建与机器人工程专业相关的课程资源变得越来越迫切。其中，“机器人学基础”（或“机器人技术基础”）作为支撑该专业理论与技术基础的入门课，被很多高校列入核心课程系列中。然而，市面教材大多面向研究生编写，适合本科生使用的教材相对匮乏，配套教材建设成了重中之重。

北京航空航天大学机器人研究所长期从事与机器人相关的教学和科研工作。作为研究所的教师，本书作者一直工作在机器人科研和课程教学一线，主讲研究生课程“机器人学的现代数学基础”“自主移动机器人导论”、机械工程专业本科生核心课程“机器人技术基础”等。自2020年春季开始，作者又承担了机器人工程本科专业“机器人学基础”核心专业课的教学。

教学过程中，作者注意到市面上尚缺少面向机器人工程本科专业且符合下述特征的《机器人学基础》教科书：①明确定位：只涉及高等数学、线性代数、理论力学、机械原理、自动控制原理等先修课程，适用于本科生学习；②强化基础：围绕典型机器人工作原理，全面、详细、由浅入深地介绍与机器人机构、运动学、动力学和规划相关的最基础理论。为弥补上述缺憾、有效支撑专业教学，本书作者按上述理念，从撰写讲义开始，通过近两年的时间逐渐形成文稿，并经过两个学期的教学实践，才最后定稿。

全书包含10章，涵盖机器人系统组成、机器人机构、运动学、动力学、规划、控制等经典内容。若全部将本书所有章节的内容讲完，再加上编程或配套的实验和实践环节，可能需要56~64个学时。而目前国内大多数高校相关课程设置为32~48学时，因此需要选讲或者选学本教材中所提供的相关内容。其中，第2~6章和第8~9章内容是机器人学的理论基础，建议必学，而带＊号的内容可作为学有余力的学生自学资料。

为了帮助读者梳理所学到的知识，在每章开始均设有“内容导读与学习目标”模块；每章的结尾包含有一个“本章小结”，对各章中出现的重要概念和公式进行了高度凝练、概括。同时，每章末尾还提供了一些可扩展、延读的参考文献。为夯实课程思政、丰富教学内容，每章还设有“小知识”“背景知识”和“知识扩展”等模块。

为使学有余力的读者深入理解现代机器人学中的一些基本概念和方法，本书还提供了有关旋量等现代数学工具以及相关问题求解的内容，分散在各章节的选学内容（用＊号标识）和附录A中。

另外，各章后面都安排有较丰富的习题，分为问答题论证、分析题和MATLAB编程题三种类型。建议读者尽可能完成每道题，尤其是 MATLAB 编程类的题目（学习指导见附录 B），以利于理解基础理论、强化实践能力。

全书编写分工如下：主体内容由于靖军和王巍共同编写，两人对本书具有同等贡献。李大寨、赵宏哲、蔡月日、田耀斌等老师参与了本书的编写工作。邓明广助教完成了全部课后习题答案的整理，李建和王楚芊助教参与了部分课后习题答案的解答和校对工作。北京航空航天大学机器人工程专业 2018 级全体同学参与了教材的试用和校对，并为课后习题解答提供了素材。

本教材的编写，参考了国内外大量经典教材与专著，这里对其作者表示最诚挚的敬意！特别提及的是，已产生广泛影响力的克雷格教授所著《机器人学导论》、蔡伦文教授所著《机器人分析：串并联机器人机构学》、西西里亚诺等所著《机器人学：建模、规划与控制》、熊有伦院士等所著《机器人学：建模、控制与视觉》、黄真教授等所著《并联机器人机构学理论及控制》等，为本书编写提供了绝佳的创意和素材。

特别鸣谢遨博（北京）智能科技有限公司的刘刚工程师，他在机器人轨迹规划和控制系统架构方面给出了很好的建议！

此外，本书还得到了北京航空航天大学校级规划教材的立项，并给予出版经费的强有力支持，对此表示感谢！

由于编者水平有限，书中难免有疏虞之处，敬请读者和专家批评指正。

作　者

符号表

数学符号	说　明
坐标系	
$\{.\}$	坐标系
$\{0\}$ 或 $\{A\}$ 或 $\{S\}$	基坐标系、惯性坐标系
$\{n\}$ 或 $\{T\}$	末端坐标系、工具坐标系
$\{B\}$	物体坐标系
$\{U\}$	世界坐标系
$\{L\}$	连杆坐标系
$\boldsymbol{x}, \boldsymbol{y}, \boldsymbol{z}$	笛卡儿坐标系中的 3 个坐标轴
$\boldsymbol{x}_A, \boldsymbol{y}_A, \boldsymbol{z}_A$	坐标系 $\{A\}$ 的 3 个坐标轴
$\boldsymbol{i}, \boldsymbol{j}, \boldsymbol{k}$	单位正交轴
标量、矢量、张量及矩阵	
P	点
$\boldsymbol{p}$ 或 $\boldsymbol{OP}$	矢量
$\hat{\boldsymbol{p}}$	单位矢量
$\mathbf{O}$	零矩阵或零矢量
$\boldsymbol{I}_3$	单位矩阵
$\mathcal{I}$	张量
$\tilde{\boldsymbol{a}}$	四元数
$\tilde{\boldsymbol{\varepsilon}}$	单位四元数
$\mathbb{R}^n$	n 维欧氏空间
$\mathbb{S}^n$	n 维球面空间
$\mathbb{P}^n$	n 维射影空间
$\mathbb{T}^2$	二维圆圈空间
运算符号	
$\boldsymbol{A}^{\mathrm{T}}$	矩阵 $\boldsymbol{A}$ 的转置
$\boldsymbol{A}^{*}$	矩阵 $\boldsymbol{A}$ 的伴随矩阵

（续）

数学符号	说　明
$\boldsymbol{A}^{-1}$	矩阵 $\boldsymbol{A}$ 的逆
$\boldsymbol{A}^{-\mathrm{T}}$	矩阵 $\boldsymbol{A}$ 逆的转置
$\lvert\boldsymbol{A}\rvert$或 $\det(\boldsymbol{A})$	矩阵 $\boldsymbol{A}$ 对应的行列式
$\mathrm{tr}(\boldsymbol{A})$	矩阵 $\boldsymbol{A}$ 的迹
$\mathrm{rank}(\boldsymbol{A})$	矩阵 $\boldsymbol{A}$ 的秩
$\dot{\boldsymbol{A}}$	矩阵 $\boldsymbol{A}$ 的一阶导数
$\ddot{\boldsymbol{A}}$	矩阵 $\boldsymbol{A}$ 的二阶导数
$\mathrm{e}^{\boldsymbol{A}}$	矩阵 $\boldsymbol{A}$ 的指数
$\boldsymbol{a}^{\mathrm{T}}$	矢量 $\boldsymbol{a}$ 的转置
$[\boldsymbol{a}]$	矢量 $\boldsymbol{a}$ 对应的反对称矩阵
$\dot{\boldsymbol{a}}$	矢量 $\boldsymbol{a}$ 的一阶导数
$\ddot{\boldsymbol{a}}$	矢量 $\boldsymbol{a}$ 的二阶导数
$\delta\boldsymbol{a}$	矢量 $\boldsymbol{a}$ 的变分
$\boldsymbol{a}\cdot\boldsymbol{b}$	矢量的内积运算
$\boldsymbol{a}\times\boldsymbol{b}$	三维矢量的叉积运算
$\lVert\boldsymbol{a}\rVert$	矢量 $\boldsymbol{a}$ 的范数
$\tilde{\boldsymbol{a}}^{*}$	四元数 $\tilde{\boldsymbol{a}}$ 的共轭
$\frac{\mathrm{d}}{\mathrm{d}}$	全微分
$\frac{\partial}{\partial}$	偏微分
θ_{ij}	$\theta_i+\theta_j$
c_{12}	$\cos(\theta_1+\theta_2)$
s_{12}	$\sin(\theta_1+\theta_2)$
$\mathrm{Atan2}(x,\ y)$	四象限反正切函数
物理量	
$\boldsymbol{p}$ 或 OP	点 P 对应的位置矢量
$\boldsymbol{p}_0$ 或 $\boldsymbol{p}(0)$	初始位置矢量
${}^{B}\boldsymbol{p}=({}^{B}p_x,{}^{B}p_y,{}^{B}p_z)^{\mathrm{T}}$	点 P 在坐标系$\{B\}$中的表示
${}^{A}\boldsymbol{p}_{BORG}$	坐标系$\{B\}$原点相对坐标系$\{A\}$中的位置矢量
$\theta,\ \varphi$	角度
$(\phi,\ \theta,\ \psi)$	欧拉角
$\boldsymbol{v}$ 或 $\boldsymbol{V}$	线速度
$\boldsymbol{v}_C$	
${}^{B}V_P$	
v	线速度的幅值
$\boldsymbol{\omega}$ 或 $\boldsymbol{\Omega}$	角速度
${}^{A}\boldsymbol{\Omega}_B$	

（续）

数学符号	说　明
ω	角速度的幅值
${}^{B}\boldsymbol{\omega}_{C}$	
$\hat{\boldsymbol{\omega}}$ 或 $\hat{\boldsymbol{s}}$	表示转轴的单位方向矢量（或单位角速度）
$\hat{\boldsymbol{\xi}}=(\hat{\boldsymbol{\omega}},\boldsymbol{v})^{\mathrm{T}}$	单位速度旋量的矢量表示
$[\hat{\boldsymbol{\xi}}]=\begin{bmatrix}[\hat{\boldsymbol{\omega}}] & \boldsymbol{v}\\ \boldsymbol{0} & 0\end{bmatrix}$	单位速度旋量的矩阵表示
$\boldsymbol{\$}$	单位旋量
$\$$	旋量
$\$^{r}$	反旋量
$\boldsymbol{S}$	集合或旋量系
$\boldsymbol{S}^{r}$	反旋量系
$\dim(\boldsymbol{S})$	集合或旋量系的维数
$\boldsymbol{f}$	力矢量
f	力的幅值
$\boldsymbol{m}$	力矩矢量
m	力矩的幅值
$\boldsymbol{F}=(\boldsymbol{f},\boldsymbol{m})^{\mathrm{T}}$	力旋量的矢量表示
$\boldsymbol{\tau}$	关节力/力矩矢量
τ_{i}	第 i 个关节力/力矩的幅值
$\boldsymbol{C}$	柔度矩阵
$\boldsymbol{K}$	刚度矩阵
I_{xx}（或 I_{x}）	刚体相对 x 轴的惯性矩
I_{xy}	刚体相对 x、y 轴的惯性积
m	质量
W	功
T	动能
U	势能
$\mathcal{I}$	刚体惯性矩阵（或惯性张量）
${}^{C}\mathcal{I}$	刚体相对质心的惯性矩阵（或惯性张量）
$\boldsymbol{M}$	刚体广义质量矩阵
$\boldsymbol{q}$ 或 $\boldsymbol{q}=(q_{1},\cdots,q_{n})^{\mathrm{T}}$	关节位置（角度）变量
$\dot{\boldsymbol{q}}=(\dot{q}_{1},\cdots,\dot{q}_{n})^{\mathrm{T}}$	关节速度变量
$\boldsymbol{X}$	末端位姿矢量
$\dot{\boldsymbol{X}}=(\boldsymbol{\omega}_{n},\boldsymbol{v}_{n})^{\mathrm{T}}$	末端广义速度矢量
$\boldsymbol{R}$	姿态矩阵或旋转矩阵
${}_{B}^{A}\boldsymbol{R}$	坐标系 $\{B\}$ 相对坐标系 $\{A\}$ 的姿态矩阵或旋转矩阵
$\boldsymbol{R}_{\hat{\boldsymbol{\omega}}}(\theta)$	用转轴 $\hat{\boldsymbol{\omega}}$ 和转角 θ 描述的姿态矩阵或旋转矩阵
$\boldsymbol{R}_{\tilde{\boldsymbol{\varepsilon}}}(\theta)$	用单位四元数 $\tilde{\boldsymbol{\varepsilon}}$ 和转角 θ 描述的姿态矩阵或旋转矩阵

（续）

数学符号	说　明
$\boldsymbol{R}_{zyz}(\phi,\theta,\psi)$	用 Z-Y-Z 欧拉角描述的姿态矩阵或旋转矩阵
$\boldsymbol{R}_{XYZ}(\phi,\theta,\psi)$	用 R-P-Y 角描述的姿态矩阵或旋转矩阵
$\mathrm{Rot}(\boldsymbol{z},\theta)$	4×4 阶旋转算子
$\mathrm{Trans}(\boldsymbol{x},d)$ 或 $\mathrm{Trans}(d_x,d_y,d_z)$	4×4 阶平移算子
$SO(3)$	三维旋转群
$SO(2)$	二维旋转群
$SE(3)$	特殊欧氏群（刚体运动群）
$T(3)$	三维移动群
$\boldsymbol{T}$	位姿矩阵或齐次变换矩阵
${}_B^A\boldsymbol{T}$	坐标系{B}相对坐标系{A}的位姿矩阵或齐次变换矩阵
$\boldsymbol{T}_0$ 或 $\boldsymbol{T}(0)$	初始位姿
$\boldsymbol{J}$	速度雅可比矩阵
${}^0\boldsymbol{J}$	速度雅可比矩阵在基坐标系{0}中的表示
$\boldsymbol{J}_F$	静力雅可比矩阵
${}_B^A\boldsymbol{A}_T$	坐标系{B}相对坐标系{A}的伴随变换矩阵

注：一般情况下：小写的希腊字母表示纯数；小写的黑斜体表示矢量（或向量），大写的黑斜体表示矩阵或集合。

目录

第1章 绪 论

【内容导读与学习目标】

纵观人类发展史，从来不缺乏对机器人的各种想象。从雏形到应用，机器人经历了较长的一段历史过程，也充分体现了人类智慧。随着人类对机器人认识和研究的逐渐深入，从作为自动化机器的早期定位，逐渐发展到机器与人的协作、融合等，机器人定义的内涵与外延不断发生变化，促进机器人学作为一门独立的学科迅猛发展。

本章为全书的总论，主要介绍机器人的起源与发展，机器人的定义、分类与应用，机器人学的主要研究内容，以及对各章内容的概述。通过本章学习，希望读者能够：

1）了解机器人的起源与发展历程；通过文献调研，了解机器人的未来发展趋势，进而建立正确的机器人历史观和机器人伦理观念。

2）掌握机器人的分类以及机器人学的主要研究内容。

1.1 机器人的起源与发展

授课视频

1.1.1 古代有关机器人的记载

机器人（Robot）的雏形出现在人类的想象和生活中已有3000多年了。在古代，中外都有类如机器人装置的记载和传说。

据《列子·汤问》中记载，我国西周时代（公元前1000年前后），匠人偃师献给周穆王一个能歌善舞的机械伶人（图1.1a），它由木材和皮革制成，与正常人的外貌极为相似，能前进后退、前俯后仰，甚至能闻歌起舞。

据《墨经》记载，春秋后期（公元前450年前后），木匠祖师爷鲁班利用竹子和木料制造出一个木鸢（图1.1b），能在空中飞行，连飞“三日不下”。

东汉时期（公元100年前后），杰出的发明家张衡和马钧分别发明了举世闻名的记里鼓车（图1.1c）和指南车（图1.1d）。记里鼓车是一种利用减速齿轮系统带动车上小木人击鼓，来报告行车里程的机械。每当车行0.5km或5km时，小木人就会自动击鼓，由击鼓的次数可计算出已行走的里程。指南车也是一个含复杂轮系的机械装置，无论车行何方，车上

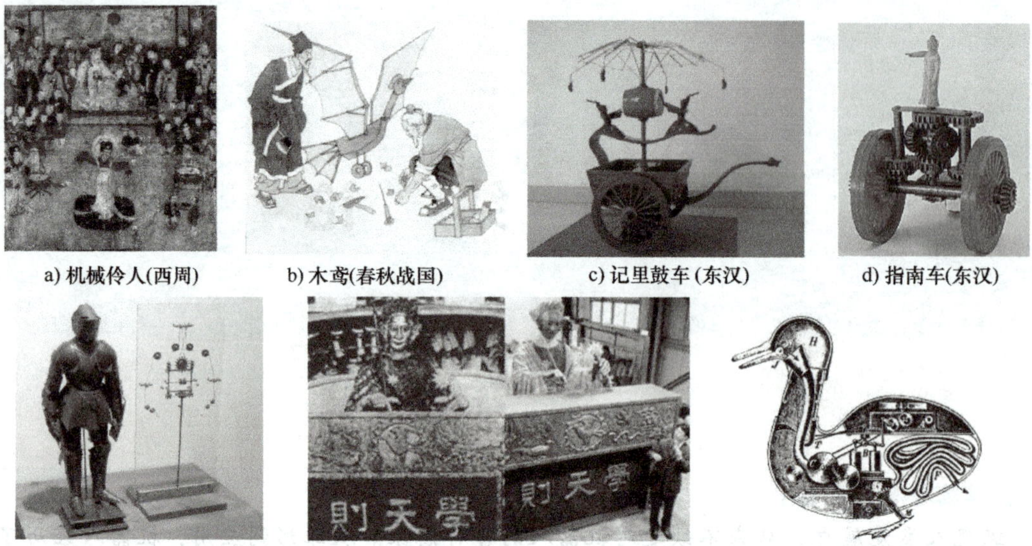

a) 机械伶人(西周)　b) 木鸢(春秋战国)　c) 记里鼓车(东汉)　d) 指南车(东汉)

e) 机器武士(1495年，意大利)　f) 机器木偶(1662年，日本)　g) 机器鸭(1738年，法国)

图 1.1　古代机器人模型

木人的手指始终指向南方。指南车和记里鼓车应该是世界上最早的移动机器人雏形。

传说在三国时期（公元 200 年前后），蜀国丞相诸葛亮北伐中原时，为解决汉中地区山路崎岖、运输军粮困难的问题，发明了“木牛流马”。传言木牛流马无需吃草，可载送“一岁粮”（约 200kg），为蜀军运输粮食。

在西方，关于机器人的传说最早可以追溯到古希腊。公元前 3 世纪，古希腊发明家戴·达罗斯为克里特岛国王迈诺斯塑造了一个守卫宝岛的青铜卫士塔罗斯。在公元前 2 世纪出现的书籍中，也曾描写过一个具有类似机器人角色的机械化剧院，这些角色能够在宫廷仪式上进行舞蹈和列队表演。

大约在 1495 年，意大利著名的画家达·芬奇设计出了一个机器武士（图 1.1e）。它由一系列滑轮和齿轮组成，主要依靠风能和水力驱动，能像人一样做各种动作：挥动胳膊、坐立、转头、开合下颌等，这可能是世界上最古老的人形机器人。500 年后，一群意大利工程师根据达·芬奇留下的草图冥思苦想，耗时 15 年复原了这个被称作机器武士的机器人。

1662 年，日本匠人竹田近江利用钟表技术发明了一个机器木偶（图 1.1f），并在大阪的道顿堀演出多场。

1738 年，法国天才技师杰克·戴·瓦克逊发明了一只机器鸭（图 1.1g），它会嘎嘎叫、游泳和喝水，还会进食和排泄。

实际上，即使在古代，机器人的功能也不仅限于娱乐和玩具，而是作为一种自动化的工具或装置。亚里士多德是最早考虑利用自动装置影响社会的伟大思想家之一。

公元前 250 年，古希腊发明家克特西比乌斯（Ctesibius）发明了自动水钟（也称漏壶），它包含许多精密的自动化装置，如图 1.2a 所示。该设计还允许指针触碰到响亮的锣，由此诞生了第一个闹钟。北宋宰相苏颂则发明了一种更为复杂精巧的自动水钟（图 1.2b），其原理是通过水的流动，带动一系列精巧机械的运动，有点类似今天钟的表盘，可以记录和显示时间。

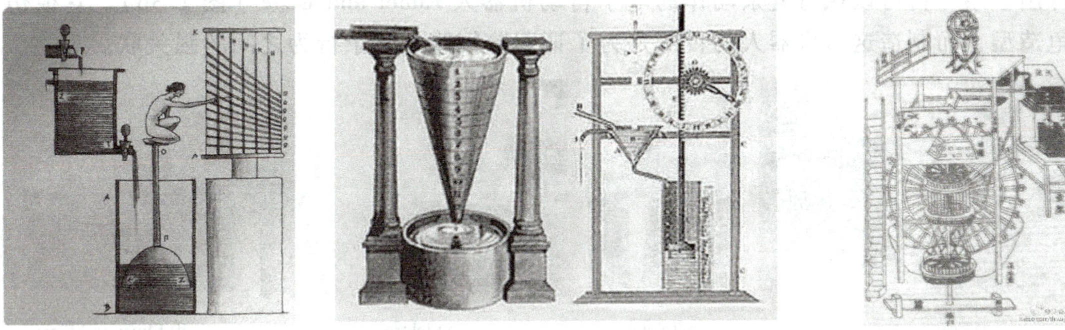

a) 克特西比乌斯的发明　　b)苏颂的发明

图 1.2　古希腊和中国人发明的自动水钟

1.1.2　近、现代机器人的发展

1920 年，捷克作家卡佩克（Capek）在他创作的科幻剧《罗萨姆的万能机器人》中，构思了一种名叫 Robot 的机器人，它们能够不知疲倦地进行工作。Robot 一词是卡佩克根据 Robota（捷克文，原意为“奴隶、苦工”）和 Robotnik（波兰文，原意为“工人”）创造出来的，这也成为今天“机器人”一词的来源。

1942 年，美国科幻小说家阿西莫夫（Asimov）在其科幻小说《我，机器人》第四部机器人短篇《转圈圈》中，提出了著名的“机器人学三原则”，这既是机器人学（Robotics）这个名词在人类历史上的首度亮相，也成为机器人业界普遍遵循的伦理性纲领。机器人学三原则表述如下：

1）机器人不能伤害人类，也不能在人类受到伤害时袖手旁观。
2）机器人必须服从人类的命令，除非这些命令与第一条原则相抵触。
3）在不违背第一、二条原则的前提下，机器人必须保护自己免受伤害。

之后，很多好莱坞电影，如《摩登时代》等也开始出现机器人的身影。科幻、艺术中的人物虽然不能代表真实的物理世界，但越来越让机器人的形象更加丰满，并似乎形成了对机器人的一种共识：像人，富有知识，甚至还有个性。同时也体现了人类长期以来的一个愿望：创造出一种机器，能够代替人完成各种工作。

事实上，经历 18~19 世纪两次工业革命的洗礼之后，随着自动化技术与控制理论的完善，直至计算机技术在 20 世纪的出现，机器人也从想象、影像中的形象逐渐走入真实世界。

计算机实用化之前，人们基于继电器自动化技术，开发了一些仅有展示功能的机器人。1928 年，在伦敦工程展览会上，展示了一个名叫 Eric 的机器人（图 1.3a）。它有铁皮人一样的铁皮四肢、铝做成的五官，其动作由一系列齿轮、绳索和滑轮控制，可以播放事先录好的声音，做出鞠躬、起立、坐下等动作。据报道，该机器人还能从嘴里喷出火花。

20 世纪 20 年代，美国西屋电气公司的工程师温斯利（Wensley）在自动变电站远程遥控设备的基础上，加上“人形”外观，构造了机器人 Televox（图 1.3b）。1939 年，美国纽约世博会上展出了西屋电气公司制造的家用机器人 Elektro（图 1.3c），它通过电缆控制，可以行走，会说 77 个单词，甚至可以抽烟。1948 年，美国博登神经学学院的沃尔特（Walter）

设计出了第一台可以执行复杂动作的电子自动机器人 Elmer and Elsie（图 1.3d），它模仿了乌龟造型，而制造这台机器人的目的是为了证明脑细胞与复杂行为之间的强关联。

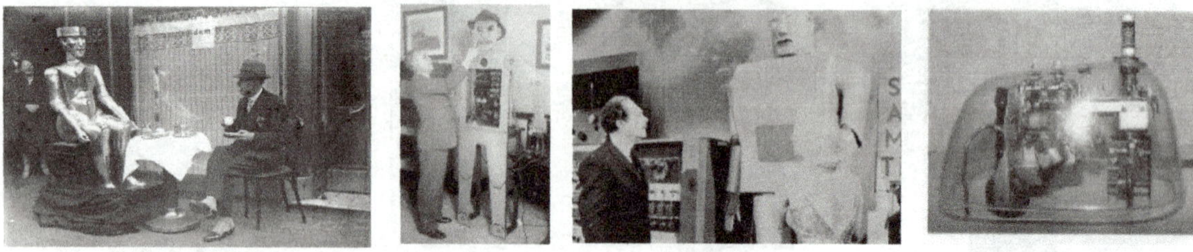

a) Eric　b)Televox　c) Elektro　d) Elmer and Elsie

图 1.3　近代机器人模型

实用型机器人的出现始于 20 世纪中期，其技术背景是计算机和自动化技术的快速发展，而应用需求则是原子能的开发利用。自 1946 年第一台数字电子计算机问世，计算机取得了惊人的进步，并不断向高速度、大容量、低价格的方向发展。大批量生产的迫切需求推动了自动化技术的快速发展，其结果之一便是 1952 年数控机床的诞生。与数控机床相关的控制和机械的研究又为机器人的开发奠定了基础。另一方面，原子能实验室的恶劣环境要求某些具有遥控操作（Teleoperation）功能的机械，代替人处理屏蔽室里的放射性物质。在这一需求背景下，美国原子能委员会的阿尔贡研究所联合橡树岭国家实验室于 1947 年开发了遥控操作臂（Tele-Manipulator），1948 年又开发了机械式的主从式操作臂（Master-Slave Manipulator）。

1954 年，美国德沃尔（Devol）提出了最早的工业机器人（Industrial Robot）概念雏形，并申请了专利（1962 年获得授权）。该专利的要点是借助伺服技术控制机器人的关节，利用人手对机器人进行动作示教，使机器人实现动作的记录和再现。这就是所谓的示教再现机器人（Teaching and Playback Robot），也是第一代机器人的雏形。1956 年，德沃尔与合伙人恩格尔伯格（Engelberger）创建了世界上第一家生产机器人的公司 Unimation，生产出的第一台工业机器人尤尼梅特（Unimate，意思是万能自动，图 1.4a），于 1961 在通用汽车公司的压铸车间正式投入使用。这台工业机器人鼻祖重达 2t，具有 5 个自由度，由真空管控制，采用液压驱动和关节坐标编程。这台具有跨时代意义的机器人使得制造业发生了革命性变化，开创了机器人历史的新纪元。

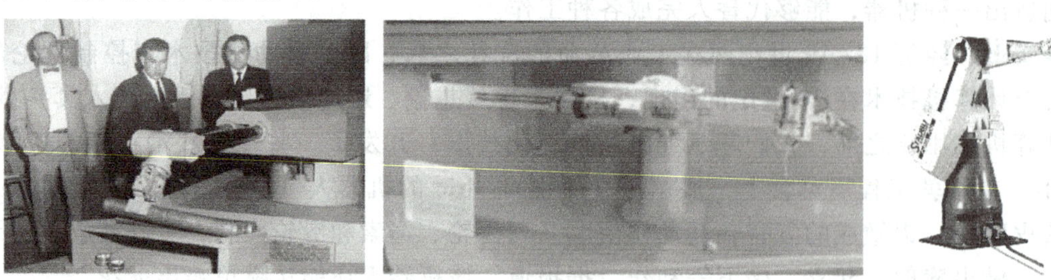

a) 第一台工业机器人Unimate　b) 斯坦福机械臂　c) PUMA机器人

图 1.4　第一代机器人：示教再现型机器人

值得一提的是，1969 年，斯坦福大学机械系的博士生沙因曼（Scheinman）设计研制出一款完全由直流伺服电动机驱动、受计算机控制的六轴（5 个转动关节+1 个移动关节）工业机器人，后命名为“斯坦福机械臂”（Stanford Manipulator，图 1.4b）。这一完全由大学研制的机器人虽然主要用于教育目的，但意义非凡。首次实现了通过计算机控制工业机器人的运行，这是一项重大的技术突破；另一方面，六轴机器人的出现，使得规划机器人操作空间内的任意轨迹成为可能，将工业机器人的应用拓展到更复杂的领域，如装配、弧焊等。而后，沙因曼加盟了 Unimation 公司。1978 年，他又研制出了著名的 PUMA（通用示教再现型，即 Programmable Universal Machine for Assembly 的简写，图 1.4c）机器人，并将其应用在通用电气公司的工业生产装配线上。PUMA 机器人的出现，标志着第一代机器人走向成熟。与此同时，从 20 世纪 70 年代到 20 世纪 80 年代初期，其他国家也相继成立了一些专业的机器人公司，如瑞士的 ABB 公司、德国的库卡（KUKA）公司以及日本的发那科（FANUC）公司、安川（Yaskawa）公司、莫托曼（Motorman）公司等，都在工业机器人方面大有作为，加速了示教再现型机器人的工业化进程。

今天，数以百万计的机器人应用于工业生产线中，大大提高了生产效率和产品质量。由于机械臂已经得到了广泛应用，所以，在不做特殊说明的情况下，机器人就特指机械臂。本书也遵循这一习惯，在讨论机械臂时，会根据上下文混用“机器人”和“机械臂”这两个词。

20 世纪 60 年代中期开始，一些知名大学或研究机构相继成立了机器人实验室或研究所，如美国 MIT 的人工智能实验室、斯坦福大学人工智能研究室等。它们开始研究开发第二代机器人——具有一定感知能力的机器人，使之具有类似人的某种感觉，如力觉、触觉、滑觉、视觉、听觉等。例如，在机器人系统里集成了传送带辊轴上的编码器，机器人可以抓取传送带上的移动工件；将摄像头集成在机器人系统中，使机器人能够抓取任意摆放的工件。1965 年，美国约翰斯·霍普金斯大学应用物理实验室研制出第一台能感知环境的移动机器人 Beast（图 1.5a）。第二代机器人的应用也在不断拓宽，它已经从工业扩展到服务业。比较有意思的是，1983 年，恩格尔伯格毅然将 Unimation 公司卖给了西屋电气公司，并创建了面向服务业的 TRC 公司；1984 年，该公司就推出了第一台商用服务机器人“护士助手”（图 1.5b），可在医院为病人送饭、送药、送邮件，并记录病人的情况。

20 世纪 70 年代，一些面向特殊场合的机器人，如步行机器人、太空机械臂、灵巧手、无人驾驶汽车、多传感器融合机器人，以及危险环境作业机器人等，也开始出现并迅猛发展。

1973 年，日本早稻田大学加藤一郎教授开发出世界上第一台全尺寸的仿人机器人 Wabot-1。该机器人装有视觉和语音系统，能进行简单的对话。

1981 年，美国宇航局（NASA）将世界上第一台太空机械臂 CanadaArm 1 搭载在哥伦比亚号航天飞机上并进行了在轨测试。其机械臂长 15.2m，装有 CCD，通过遥控操作辅助航天员完成操纵、捕捉等作业。

1982 年，斯坦福大学索尔兹伯里（Salisbury）教授开发出具有标志意义的 Stanford/JPL 多指灵巧手。手上集成了位置传感器和力/触觉传感器，可实现基于力控制和刚度控制的抓取操作。之后数年，受此启发和影响，不同研究机构又开发出集成更多传感器的 Utah/MIT 手、DLR 手等灵巧手类型。

1997 年，NASA 研发的世界第一台自主式星际探测机器人索杰纳（Sojourner，图 1.5c）成功登陆火星。它能利用激光传感器和摄像机识别环境障碍，自主规划安全路径。在火星期间，Sojourner 探索了近 $250m^2$ 的土地，拍摄了 500 余张图片。基于 Sojourner 收集的信息，科学家们确定火星曾经有过一个温暖潮湿的气候。

a) Beast

b) 护士助手

c) 索杰纳

图 1.5　第二代机器人：具有一定感知能力的机器人

第二代机器人虽然具有了不同程度的感知能力，但依然具有局限性。例如，生产线上的机器人无法理解周边环境的变化，有可能会伤及操作人员或者损坏设备；另一方面，机器人结构本体的操作能力也相当有限。如何提升机器人的智能水平、机动性和操作能力，特别是具备识别、推理、规划和学习等智能机制，以及具有感知和做出相应行动的能力，便成为第三代机器人研究者的重要使命。

第三代机器人又称智能机器人（Intelligent Robot），它不仅具有力觉、触觉、滑觉、视觉、听觉等感觉机能，而且还具有逻辑思维、学习、判断及决策等高级智能，甚至可以根据要求自主完成复杂任务。

早在 1972 年，斯坦福大学人工智能研究室便研制出了世界上第一台真正意义上具有智能感知和决策能力的移动机器人 Shakey。Shakey 上装有一台摄像机、距离探测器、碰撞传感器，通过无线电和视频连接到计算机上，利用程序控制获得了独立感知、环境建模并生成动作的能力。

过去的近 50 年间，智能机器人在众多从业人员的不断探索中，通过机构学、仿生学、智能材料、信息技术、传感技术、人工智能等多学科交叉融合，得到了迅猛发展。智能机器人的典型形态包括多臂机器人、协作机器人和仿生机器人。

2000 年，美国 IS 公司开发的达·芬奇外科手术机器人（图 1.6a）通过了美国 FDA 审批。该机器人是一个具有复杂自由度和成像装置的多臂手系统，可以模拟人手完成多项复杂操作。

2005 年，美国波士顿动力（Boston Dynamics）公司推出了一款动态稳定性超强的四足机器人“大狗（Big Dog）”。该机器人能在雪地、冰面、沙石崎岖路面等野外环境快速稳定行进，即使受到外部撞击也能保持平衡。之后，该公司不断推出新的产品系列，如猎豹 Cheetah、小狗 SpotMini、野猫 WildCat、类人机器人 Atlas（图 1.6b）等。

2009 年，丹麦的优傲（Universal Robots）公司推出了世界第一款人机协作型机器人 UR5。该机器人的最大特点是能与人近距离一起工作，一旦接触并超过 150N 的力时，机器人能自动停下，从而避免对人产生伤害。

2009 年，ABB 公司在德国汉诺威工业博览会上推出了世界上首款双臂型人机协作机器人 YuMi（图 1.6c）。该机器人的每条臂上有 7 个自由度，因此有很强的灵活操作能力，同样也具备防碰撞功能。

a) 达·芬奇外科手术机器人

b) 类人机器人

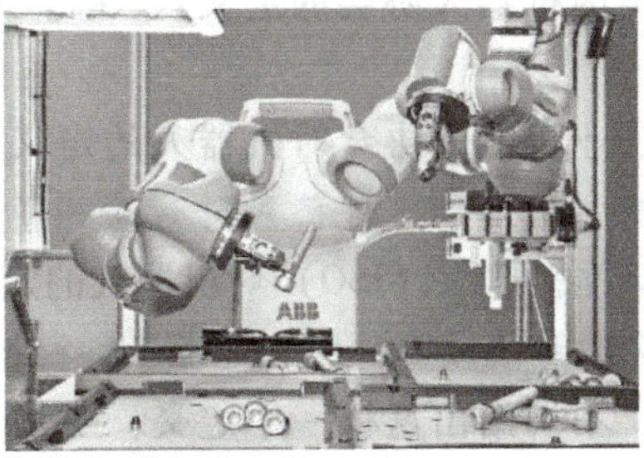

c) 双臂型人机协作机器人

图 1.6 第三代机器人：智能机器人

我国机器人的研究起步于 20 世纪 70 年代初，但因劳动力资源丰富和技术落后等原因发展缓慢。20 世纪 80 年代中期，随着改革开放开始大力发展机器人。“七五”计划中机器人被列为国家重点科研规划，科技部“863”计划启动时即设立了“智能机器人”主题。近 40 年来，我国机器人研发取得了显著进步，各类机器人齐头并进。6000m 水下深海探测机器人（图 1.7a）、高压水切割机器人、机器人自动化汽车冲压线、激光加工机器人、外科手术机器人、高速并联机器人、六足步行机器人（图 1.7b）、月球车（图 1.7c）、多指灵巧手等领域取得重要进展。

a) 6000m水下深海探测机器人

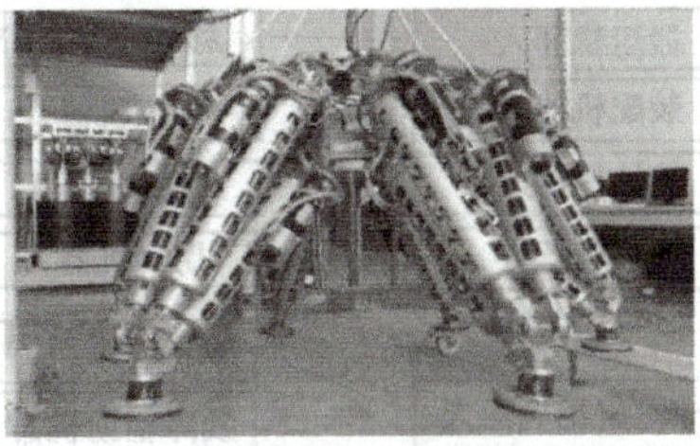

b) 六足步行机器人

c) 月球车

图 1.7 中国自主研发的机器人代表

以深海探测机器人为例，1985 年，中国科学院沈阳自动化所蒋新松院士主持研制的“海人一号”100m 水下机器人在大连首次下海成功。1994 年，中国科学院沈阳自动化所研制成功了我国第一台无缆水下机器人“探索者号”，最大潜水深度 1000m。1997 年，研制成功“6000m 无缆自治水下机器人”，入选 2000 年国家十大科技进展。2002 年在“863”计划的支持下，启动蛟龙号的研制工作，2009-2012 年，接连取得 3000m 级、5000m 级和 7000m 级海试成功。2012 年 6 月，在马里亚纳海沟创造了下潜 7062m 的中国载人深潜纪录，也是世界同类作业型潜水器最大下潜深度纪录。2020 年 12 月，蛟龙号又成功完成马里亚纳海沟 11000m 深度的极限挑战。

1.2 机器人的定义、分类与应用

1.2.1 机器人的定义

机器人种类繁多、形态各异，如何识别或定义机器人呢？

按照美国机器人协会的定义："机器人是用以搬运材料、零件和工具的可编程多功能机械臂"。

日本工业机器人协会对机器人的定义："机器人是装备有记忆装置和末端执行器的、能够自动完成各种运动来代替人类劳动的通用机器"。

国际标准化组织（ISO）对机器人的定义："机器人是一种自动的、位置可控的、具有编程能力的多功能机械臂，用来处理各种材料、零件、工具和专用装置，以执行种种任务"。

综上，不妨给出这样一个定义：机器人是一种自动化的机器，不同的是这种机器具备一些与人或其他生物相似的智能，如感知能力、认知能力、行为能力，是一种具有高度灵活性的自动化机器。

1.2.2 机器人的分类

机器人种类繁多，按照应用场合，可将其分为工业机器人、服务机器人和特种机器人三大类，这也是目前较为公认的一种分类方式（图 1.8）。其中，工业机器人是指面向工业领域的多关节机械臂或多自由度机器人；服务机器人是一类用于日常社会生活、服务大众的民用机器人；而特种机器人则是应用于除制造业和日常生活之外特定领域的各种先进机器人。

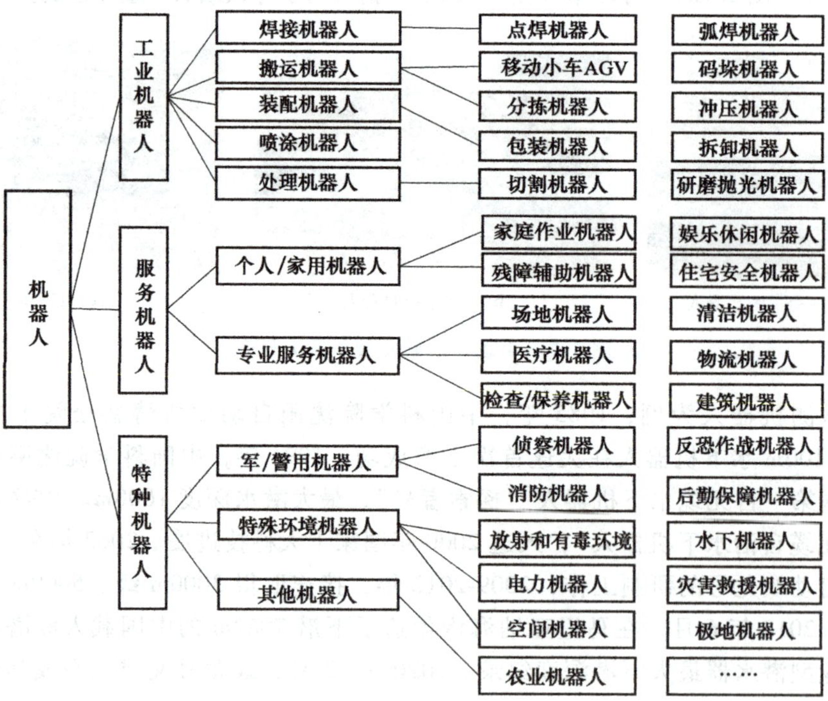

图 1.8 机器人的分类

1. 工业机器人

机器人是实现高效、柔性自动化生产的重要装备。目前，工业机器人广泛应用于汽车、电子、食品等行业，可以完成组装、搬运、焊接、喷涂、切割、打磨、抛光、装配等任务，在工业自动化生产中发挥着难以替代的作用。随着技术发展与产业转型升级，从应用层面，工业机器人的应用已逐渐从汽车、电子、食品等领域的操作拓展到航空、航天、造船、火车、能源、国防等关键领域的高性能产品制造。

图 1.9 所示为在不同自动化生产线中实施喷漆、打孔、抛光作业的工业机器人。

a) 机器人喷漆　　b) 机器人打孔　　c) 机器人抛光

图 1.9　在自动化产线中应用的各类工业机器人

传统意义上，这类机器人按照预先编制或示教的轨迹，做重复性操作，不具备对工艺过程的主动控制能力。随着技术发展，工业机器人越来越智能化、模块化、高性能，能够根据生产工艺实现工件定位、自动编程和有限的自主任务规划。

2. 服务机器人

近年来，服务机器人发展迅猛，应用领域不断扩展，包括康复医疗、辅助增强、助老助残、安保监护、维护保养、远程及在线教育、休闲娱乐等。服务机器人能有效缓解老龄、残障人群的社会服务压力，作为增进民生福祉、增强教育能力的重要手段正成为人类的生活伙伴。图 1.10 所示为用于助老、康复、看护等应用的各类服务机器人。

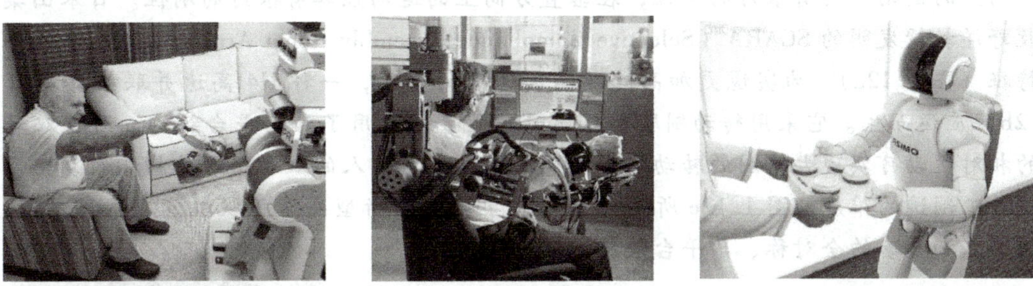

a) 助老机器人　　b) 康复机器人　　c) 家庭看护机器人

图 1.10　服务机器人

3. 特种机器人

特种机器人是指能在如星际、深海、极地、战场、核/毒等非结构、危险或恶劣环境中，完成探测、救灾、军事、警用等特种作业的机器人。

这类机器人形态各异，除了搭载常规移动平台的机械臂外，较大比例的特种机器人表现为机动性更强的路面移动机器人、水下机器人、两栖或多栖机器人、无人飞行器、机器人集群等形态。图 1.11a 所示为我国自行设计、研发的水下无人潜水器蛟龙号；图 1.11b 所示为北京航空航天大学自主研发的参加南极科考作业的无人车；图 1.11c 所示为美国 iRobot 公司研制的军用机器人。

同时机器人也是国际学术研究的热点。近十年来，Science、Nature 等顶级期刊中，聚焦人机协作、仿生、柔软体机器人等热点问题，先后发表了近百篇相关主题论文。2014 年

a) 无人潜水器蛟龙号　　b) 极地科考机器人　　c) 军用机器人

图 1.11　特种机器人

Science 出版了一个专刊，关注柔软体和变形机器人。2016 年，Science 创办了机器人子刊《Science Robotics》。

我国机器人自 20 世纪 80 年代开始到今天，在空间探索、深海探测、灾难救援以及科考等方面，取得了诸多具有显示度的成功应用，部分原创性成果发表在国际顶级期刊上。Science 杂志曾以“中国机器人成就斐然”为标题对我国机器人发展进行了专题评论。

1.2.3　机器人的典型应用

机器人应用十分广泛，本节举几个典型的应用实例。

【应用实例之一：高速拾取机器人】　在电子、食品、医药和轻工等行业，需要工业机器人高速完成插装、封装、包装以及分拣等操作。在运动性能上，这类工业机器人在水平方向上的运动应具有很好的柔性，在垂直方向上的运动应具有很好的刚性。日本山梨大学牧野洋教授发明的 SCARA（Selective Compliance Assembly Robot Arm）机器人便符合这类特征（图 1.12a）。为实现更加高速、高加速度的运动，一种 H4 高速并联机器人（图 1.12b）应运而生。它采用转动副驱动，同时独创性地采用了双动平台结构，通过双动平台的相对运动可实现大范围的转动输出。同时，此类机器人的双动平台结构相对复杂，增加了加工制造的难度。图 1.12c 所示为清华大学研发的新型高速并联机器人 X4，结构上采用了更加紧凑的全对称、单平台结构。

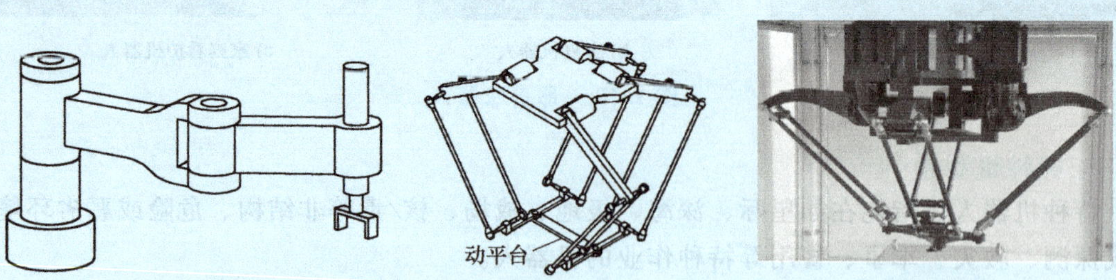

a) SCARA机器人　　b) H4机器人　　c) X4机器人

图 1.12　三种高速拾取机器人

【应用实例之二：便携式并联加工机器人】　图 1.13a 所示为一种可实现加工及维修任务的便携式机器人。该机器人由 Stewart 平台演化而来，通过拆除 Stewart 平台的底座，可使六条腿成为自由状态。另外，将相邻的两条腿通过一只脚连接在一起，使机器人拥有三只可自由配置的脚。当在脚上安装磁性吸盘后，该便携式加工机器人的三只磁性脚可以吸附/安装在任何大型设备的表面，并通过智能标定设备，来实现该机器人的初始化工作，进而对大型设备表面受损区域进行加工修复。图 1.13b 所示的加工设备是由德国 Metrom 公司开发的模块化、便携式并联加工机器人。该设备采用全并联结构，可应用于大型结构件的便携式或移动式加工。作为新一代五轴联动新型高速加工铣床的代表，同样适用于复杂零件加工、金属模具制造、木模制作和砂型直接铣削等。待加工工件通过一次装夹后，可完成真正意义的五面和五轴联动数控加工。

a) 便携式Stewart平台　　b) 模块化、五面加工机器人

图 1.13　两种便携式并联加工机器人

【应用实例之三：面向检测、维修等任务的连续体机器人】　图 1.14a 所示为英国 OC Robotics 公司面向航空、核设施检测、安检等领域研发的一款蛇形臂机器人，长度达 3m，直径 140mm，最大负载 10kg。将其安装在工业机器人上，能够钻入机翼内部进行检测、紧固，甚至激光焊接，为连续体机器人在航空制造领域的工程化应用前进了一大步。上海交通大学基于超弹性镍基材料的多连杆连续体机构，研制了两款单孔腹腔镜微创外科手术机器人系统，可在遥控操作模式下完成典型的手术操作（图 1.14b）。

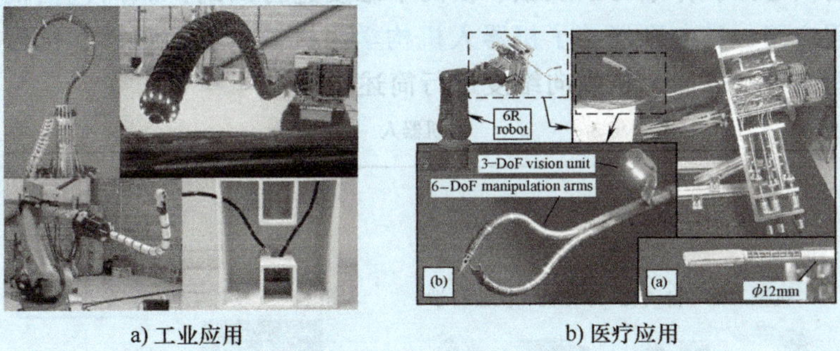

a) 工业应用　　b) 医疗应用

图 1.14　连续体机器人在工业及医疗中的应用

1.3　机器人学的知识体系与发展方向

1.3.1　知识体系

机器人的类型和应用领域多种多样，导致机器人学的研究方向非常宽泛。尽管如此，随着机器人核心技术的不断成熟，使得与之相关的独立和专门的知识能够被归纳和整理成为一个相对独立的体系，进而促使机器人学发展成为一门独立的学科。

为了对机器人学的知识体系有全面的认识，有必要了解机器人的组成。一个机器人实体包括硬件和软件两部分：硬件由机构/结构、驱动器、控制器、传感器等组成；软件则包含操作系统、算法、通信、交互等。硬件与软件的共同作用，使机器人实现感知→决策→行动的过程，具体如图 1.15 所示。

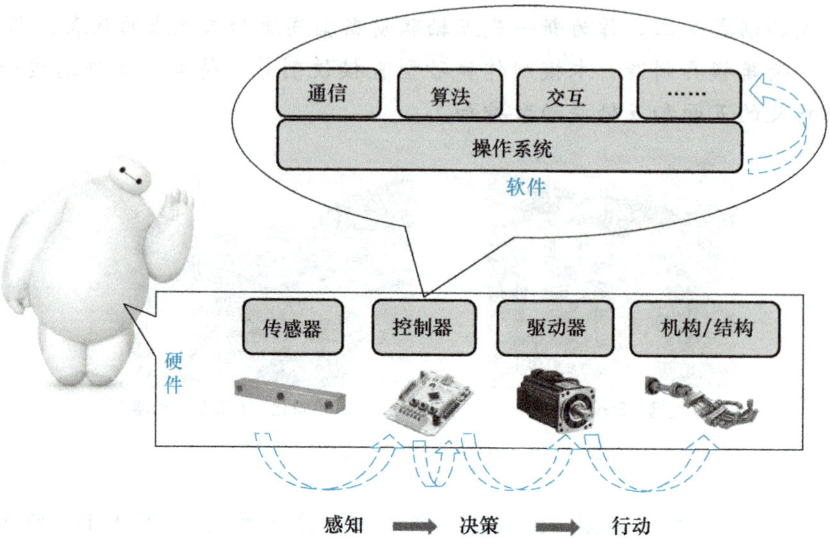

图 1.15　机器人的系统组成

研究机器人学需要由多学科构成的知识体系作为支撑，主要包括数学、力学、电学等基础学科，以及机械工程、自动化与控制科学、计算机及信息科学、软件工程、仪器科学等专业学科，如图 1.16 所示。因此，机器人学具有很强的学科交叉和技术综合特点。

机器人学的核心知识体系可以从纵、横两个维度进行归纳：纵向包括机器人基础理论、关键技术与工程应用；横向则涵盖了机器人机构学、机器人驱动传动、机器人规划与控制、机器人交互与感知等。下面，从横向维度进行简述。

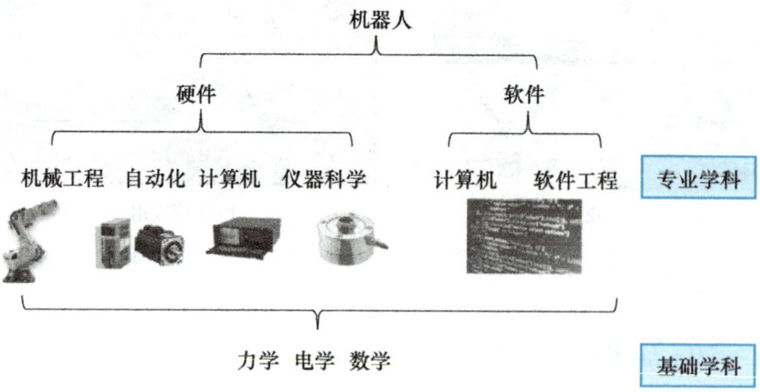

图 1.16　与机器人学相关联的学科

（1）机器人机构学（Robotic Mechanisms）是机构学（Mechanisms）的一个重要分支　数学、力学、控制与信息等技术的发展导致了机器人机构学的诞生。机器人机构学的研究对象主要是机器人机械系统以及机械与其他学科的交叉内容。机器人机械系统的研究对象主要指构成机器人结构本体的机器人机构。它是机器人重要和基本的组成部分，是机器人实现各种运动、完成指定任务的主体。机器人机构学重点涉及的主题包括：自由度分析与构型设计，运动学建模、标定与优化设计，动力学建模与参数辨识等。

（2）驱动和传动是组成机器人本体不可或缺的一环 驱动和传动技术关乎机器人能量的转换和动力的传递，是推动机器人本体不断革新发展的关键技术。除了传统电动机、液压和气动驱动，形状记忆合金（SMA）、人工肌肉（IPMC）等多种新型驱动、传动集成化驱动器，在特殊机器人中应用得越来越广泛。近年来，具有高功率密度特征的电推式（EMA）及电液混合式驱动器（EHA）在仿生机器人中也得到了成功应用。随着机器人技术的发展，对驱动传动机构集成化、柔性化，甚至自驱动性能的需求不断提升。

目前机器人的主要驱动器仍以电气驱动为主。电气驱动通用性好、成本低、精度高，但是也存在体积偏大、功率/质量比低、响应较慢、需匹配复杂传动机构等问题。而SMA、IPMC、EMA、EHA等直驱型驱动器以及自驱动液态金属等，虽尚处于研究或应用的初级阶段，但是可以预见很有可能成为未来机器人驱动器的主流。

（3）机器人规划与控制是保证机器人按所期望的轨迹进行运动的基础 具体实施控制之前，首先需要对机器人进行运动规划（Motion Planning）或者轨迹规划（Trajectory Planning），以使其从初始位置运动到目标位置。早期机器人的控制仅限于运动控制，包括位置控制、速度控制等。随着机器人与环境交互需求的提升，还需要对机器人进行力控制、视觉伺服控制等。例如，采用力控制可以使机器人在不确定约束的环境下，实现与环境相顺应的运动，从而适应更复杂的操作任务，达到柔顺控制的目的。对于切削、磨光、装配等作业，大多需要控制机器人与操作对象间的作用力以顺应接触约束。在现代工业自动化生产过程中，机器视觉正成为一种提高生产效率和保证产品质量的关键技术。视觉伺服可以克服系统模型（包括机器人、视觉系统、环境）中存在的不确定性，提高视觉定位或跟踪的精度。

（4）机器人感知与交互（Sensing and Interaction）中的感知包括环境感知和对人的感知 当把感知与交互应用于人机共融环境时，则主要专注于如何实现机器人与人的信息共融、经验知识共融、操作技能共融、计算智能与人脑智能共融、人机安全共融等。尽管机器人技术已经有近70年的发展，但还未能脱离自动化机器的范畴；人与机器人仍然被定义为使用和被使用、替代和被替代的关系，而非人与机器人的合作伙伴关系。在设计过程中很少考虑机器人与人在同一空间内紧密协调合作，本质安全、人机协同认知和行为互助等基本问题仍没有得到很好地解决。为应对这些新需求，共融机器人的概念由此产生，并成为机器人感知与交互技术的新热点。

【背景知识】 共融机器人（Coexisting-Cooperative-Cognitive Robots，Tri-Co Robots）是指能与作业环境、人和其他机器人自然交互、自主适应复杂动态环境并协同作业的机器人。2016年，国家自然科学基金委员会（简称NSFC）启动了“共融机器人基础理论与关键技术研究”重大研究计划，为期8年（2017年1月~2024年12月），主要面向智能制造、医疗康复、国防安全等领域的需求，开展共融机器人结构、感知与控制的基础理论与关键技术研究。拟重点研究的关键科学问题包括：①刚-柔-软体机器人的运动特性与可控性，包括：刚-柔-软体机器人构型设计及力学行为解析，机器人-人-环境交互动力学与刚度调控机制；②人-机-环境多模态感知与自然交互，包括：非结构环境中的多模态感知与情景理解，基于生物信号的行为意图理解与人机自然交互；③机器人群体智能与操作系统架构，包括：机器人个体自主与机器人群体智能涌现机理，群体机器人操作系统的多态分布架构。（http：//trico-robot. hust. edu. cn/jhgk. htm）

1.3.2 发展方向

现代机器人集当今世界最先进科技成果于一体，代表着当代科技与学科发展的前沿。正如习近平总书记在2014年院士大会上指出：“机器人是制造业皇冠顶端的明珠，其研发、制造、应用是衡量一个国家科技创新和高端制造业水平的重要标志”。机器人技术是国家科技竞争力的直观体现，也成为世界主要经济体的重点发展方向。

机器人已在工业、农业、商业、旅游业、空间和海洋以及国防等领域得到越来越普遍的应用。不仅如此，还衍生了类如机器人化机器（Robotized Machines，最早由蒋新松院士提出，又称之为智能机器或智能机械）、机器人技术（Robot Technology）、共融机器人（3-Co Robot）等专有名称，给机器人赋予了更加广阔的研究天地。

机器人在过去70年的发展轨迹呈现阶段性、爆发式进步的趋势，这使得精确研判机器人及机器人学的未来方向显得有些困难。但有一点是毋庸置疑的，机器人领域正以日新月异的速度突飞猛进，将科学、技术与应用紧密连接在一起。

1. 高度智能化

日本机械工程学会将机器人智能分为五个等级：级别Ⅰ——非自主运动；级别Ⅱ——弱自主运动；级别Ⅲ——部分自主运动；级别Ⅳ——半自主运动；级别Ⅴ——完全自主运动。在未来10年，期望机器人智能进入第Ⅳ级范畴，即具备认知能力与灵活的物体操作、与人合作交互。先进的控制算法是实现机器人高度智能的主要手段。从传统的力矩控制、位置控制到力位混合控制都已经相对成熟，智能化控制与人工智能已成为机器人技术的重要发展方向。

例如，当前工业机器人应用面虽然越来越广，但在复杂作业能力、自适应可重构的装配能力、对非结构环境的感知能力以及与人协作能力方面还需要更加智能化。服务机器人市场正面临爆发式增长，其面临的主要挑战包括自然交互、人机安全、环境适应、复杂灵巧作业等方面，智能化是应对挑战的可行技术途径。工作于复杂环境的特种机器人，需要更为智能的环境感知和适应能力、人机协同作业能力和异常处理能力。

2. 日益交叉融合

现代机器人是一类典型的多学科交叉与融合的智能装备，涉及数学、力学、材料科学、机构学、仿生学、信息科学、计算机与控制、生物医学等学科，其多学科交叉与融合特性比传统机器人更加明显。同时，机械、材料、生物、信息等多学科交叉融合增加了现代机器人结构集成设计、动力传递方式的多样化和复杂性。

以软体机器人为例，对于软体机器人，现有材料在应力、应变、响应速度、服役寿命等方面存在一定的缺陷，尚不能满足软体机器人的需要。同时，软物质材料在电、磁、光、热、酸碱度等外加能场作用下的宏观大变形规律，以及被动受力时的非线性本构关系则是软体机器人设计的重要依据，目前机理尚未完全明确。软体机器人的设计方法还不成熟，如何平衡灵活性、承载能力和可靠性等指标还存在困难。为实现优化设计，还需要流体力学、运动学、动力学、电子力学、热力学、化学动力学的同步分析。因此，为研发出高性能的软体机器人，国际上越来越重视实证法的发展和学科交叉融合。

【背景知识】 近年来各国制定的国家机器人计划简介　2012年，美国发布“国家机器人计划（NRI）”，提出将合作机器人作为研究的重点，优先资助用于制造业、空间和海洋探测、医疗保健和康复、军用和国土安全、环境监测、基础设施防护、食品生产、生产营销、提高生活质量的辅助设备、安全驾驶等领域的机器人基础理论与应用研究。2016 年，进一步实施了“泛在合作机器人计划（NRI2.0）”。2012 年，韩国发布了“机器人未来战略展望 2022”，支持扩大韩国机器人产业并推动机器人企业进军海外市场。2013 年，德国提出“工业 4.0”计划，支持发展基于机器人技术的智能制造系统。2014 年，欧盟启动全球最大的民用机器人研发计划，“火花计划”，投入近 30 亿欧元研发民用机器人，增强欧洲工业竞争力。2015 年，日本发布了《机器人新战略》，提出了三个核心目标：一是建立世界机器人创新基地，二是成为世界第一的机器人应用国家，三是迈向世界领先的机器人新时代。2016 年，中国科技部设立国家重点研发计划“智能机器人”重点专项。

1.4 本书内容与学习目标

机器人学涵盖的内容相当广泛，无法通过一门课程面面俱到地详述所有内容。作为机器人工程本科专业核心课的配套教材，本书的定位是让学生在全面了解机器人技术体系的基础上，重点掌握机器人学独有的核心知识，包括机器人学的数学基础、机器人运动学和动力学、机器人规划和控制的基本方法等。具体内容上，本书偏重最基本的概念、方法、原理阐述，而弱化创新设计、优化设计或高级算法及理论。特别在机器人驱动、控制方面，则只介绍最基本的运动规划及控制方法，以及力控制概念，不涉及更高级的算法和理论。

鉴于操作臂（Manipulator）或机械臂的相关理论和方法相对成熟、涉及主题宽泛，本书将围绕其展开讨论。

1.4.1 章节安排与内容导读

除绪论外，正文部分共 9 章，外加两个附录，每章均有小结、延读文献和习题。

（1）第 2 章　机器人系统组成　机器人系统是一种典型的机电一体化系统，同时也是一类相对复杂的系统。为了帮助读者建立机器人系统的总体概念，该章主要介绍：①两类典型机器人系统的组成；②机器人中常用的驱动器与主要传动机构；③常用的机器人传感器与控制器；④与机器人系统相关的性能指标。

（2）第 3 章　机器人机构　机器人种类多样、形态各异，但就组成原理，它们遵循一些共同的规律。该章主要介绍：①机器人机构的组成；②机器人机构的分类及特点；③机器人自由度计算公式。整章内容主要为全书其他各章节提供研究对象。

（3）第 4 章　位姿描述与变换　首先介绍如何进行刚体位姿的表示，它是描述机器人位置和姿态的重要数学基础。其次讨论如何通过数学来描述机器人的运动变换，这也是该章乃至全书的重点。一种方便的做法便是将参考坐标系附着在刚体上，由此可以建立起一种当刚体运动时，定量描述参考坐标系的位置和姿态的方法。例如，在姿态（或刚体转动）描述中常用的旋转矩阵、欧拉角、RPY 角、等效轴-角、单位四元数，以及它们之间的相互映射关系。而一般运动则通过齐次变换来实现。整章内容主要为全书其他各章节提供数理基础。

（4）第 5 章　串联机器人的位移分析　位移分析是机器人运动学问题的基础。对于一个串联机器人，末端执行器的位置和姿态可通过关节位置唯一确定出来，其正向运动学问题是指当给定各关节位置时，求出末端执行器的位姿；逆运动学问题则是指达到理想末端位姿时，如何确定一组对应的关节位置。该章将重点介绍基于 D-H 参数的运动学求解方法。此外，该章还将简单介绍指数积（POE）公式，使读者对于这种几何分析方法有所了解。

（5）第 6 章　串联机器人的速度与静力分析　机器人的速度分析属于一阶微分运动学范畴，旨在建立末端广义速度与关节速度之间的映射关系，涉及的关键概念是速度雅可比。从设计角度看，速度雅可比是机器人性能分析、评价及优化的基础，对实现机器人的轨迹控制非常有用。机器人静力分析旨在建立末端负载与关节驱动之间的映射关系，关键概念是力雅可比。数学上，速度雅可比与力雅可比互为转置。总之，串联机器人的速度分析与静力分析通过雅可比有机地衔接在一起，它们构成了后续机器人动力学建模与控制的基础。因此，该章将重点介绍雅可比的概念和求解方法，并基于雅可比对串联机器人进行奇异性、灵巧性等性能评价。

（6）第 7 章　并联机器人运动学基础　并联机器人是与传统串联机器人互为补充的一类机器人。该章重点介绍并联机器人中的基础问题，包括：①并联机器人的一些基本概念及主要应用；②并联机器人的正、逆运动学计算原理及方法；③并联机器人奇异位姿的求解方法。

（7）第 8 章　串联机器人的动力学建模　机器人动力学是指当有力和力矩作用时对机器人运动的研究，它是机器人控制、结构设计与驱动器选型的基础。与机器人正运动学与逆运动学的概念类似，正动力学问题是指给定一组广义力（如关节力和力矩），确定广义状态变量（如关节变量）的加速度；逆动力学问题则是指给定所需的广义状态变量加速度，确定所需的输入广义力。该章以串联机器人为例，重点介绍两种经典的机器人动力学建模方法：拉格朗日法和牛顿-欧拉法，并给出关节空间、驱动空间和操作空间动力学方程的通用表达式，以及它们之间的变换方法。

（8）第 9 章　机器人轨迹生成　路径和轨迹是对机器人空间运动的描述。该章主要介绍为实现机器人的连续运动，如何进行轨迹生成的问题，包括轨迹生成的一般概念、关节空间轨迹生成和笛卡儿空间轨迹生成，并简要介绍轨迹生成与机器人运动控制的关系。

（9）第 10 章　机器人控制基础　控制是机器人学的另一主题。该章主要介绍机器人实现运动控制的基本原理，并围绕最简单、最基础的独立关节控制展开讨论，具体内容包括：机器人运动控制系统软硬件架构和典型硬件的基本原理，基于速度模式和力矩模式的关节独立 PID 控制器，基于力矩模式的集中前馈补偿关节独立 PID 控制器，以及数字 PID 算法的实现方法。最后对机器人力控制的基本概念做一简要介绍。

1.4.2　学习目标

通过本书的学习，希望读者能够：

1）了解机器人技术的发展历程及发展现状，建立正确的机器人历史观和伦理观（素质、思政层面）。

2）掌握机器人系统的基本组成及各组成部分的功用及典型部件，注重工程思维与系统思维的培养，具有基本的机器人系统方案设计能力（知识、能力层面）。

3）了解并掌握常见的机器人结构/机构，掌握机器人坐标变换、运动学建模、运动学反解的理论知识，具有对机器人进行运动学建模与求解的能力，具有使用 MATLAB 进行辅助分析的能力，并撰写报告、清晰表达等（知识、能力层面）。

4）了解机器人动力学知识以及机器人动力学与机器人控制之间的关系，具有利用 ADAMS 等工具进行辅助分析的能力（知识、能力层面）。

5）了解机器人运动规划与控制的基本方法（知识层面）。

1.4.3 如何使用本书

本书是“机器人学基础”或“机器人技术基础”课程的配套教材，主要用于机器人工程、机械工程等专业本科教学。对于大多数本科生，这可能是他所接触的第一门机器人方面的课程。因此，本书侧重介绍与机器人机构、运动学、动力学及规划相关的最基础理论。教学目标上，偏重基础知识与思维训练，同时结合机器人的工程应用。

1.4.1 节对本书各章节及内容安排做了简要介绍，全书内容适合 56~64 学时使用，特别是再加上编程或配套的实验和实践环节。目前国内大多数高校相关课程设置为 32~48 学时，因此需要选讲或者选学本教材提供的相关内容。一种建议是针对 48 学时左右的多学时课程（如面向机器人工程等专业），除了各章节中带 * 号的内容之外，其他均可作为教师授课或学生学习用内容；另一种建议是针对 32 学时左右的少学时课程（如面向机械工程等专业），不仅要忽略各章节中带 * 号的内容，其他部分章节，如并联机器人运动学基础（第 7 章）等均可作为选讲内容。总之，第 2~6 章和第 8~9 章内容是机器人学的理论基础，建议必学，而带 * 号的内容主要作为学有余力学生的自学资料。

另外，各章后面都安排有较丰富的习题（含问答题、论述分析题、编程题三种类型），建议读者尽可能地完成每道题的训练，也包括 MATLAB 编程类的题目（学习指导见附录 B）。

习 题

1-1 制作一个年表，记录工业机器人发展的主要事件。

1-2 制作一个年表，记录并联机器人发展的主要事件。

1-3 查阅文献，简述连续体机器人与软体机器人的区别。

1-4 查阅文献，试给出在机器人创新发明方面做出重要贡献的 10 个人物。

1-5 查阅文献，试给出为机器人理论及方法做出重要贡献的 10 个人物。

1-6 查阅文献，试给出目前能代表机器人水平的 10 个机器人产品。

1-7 查阅文献，试给出目前能代表当前机器人机构学研究水平的实验室名称（国内外各 10 个）。

1-8 机器人学三原则是由谁提出的？具体内容如何表述？

1-9 试从工业机器人的角度，阐述机器人从第一代走向第三代的主要历程，以及每代机器人所具有的特征，并思考机器人更新换代的驱动力在哪里。

1-10 工业机器人业界的“四大家族”是指哪几个品牌？调研各自的核心技术，探讨掌握这些核心技术的突破口。

1-11 新冠疫情期间，机器人发挥了积极作用。试调研一下相关机器人的应用情况，并谈谈机器人在此领域的发展前景。

1-12 对于 2020 年发生的新冠疫情：①请说出你认为哪种任务急需机器人去完成。②请针对这种任务，利用网络搜索、图书馆数据库等工具，寻找报道或者文献，归纳整理现有的机器人是如何完成该任务的，并写成1000字左右的报告（必须逐条列出你使用的参考文献）。③针对该机器人任务，你是否有更好的想法？请用一段话描述你的新想法。

1-13 有人认为，大批量的工业机器人生产制造以后，在工业生产线上从事各类制造业劳动是在抢工人的饭碗，从而造成大量的工人失业。谈谈你对这一问题的看法。

1-14 随着中国老龄化人口比例日益增大，看护机器人前景变得非常广阔。从技术和伦理等角度谈谈你对这方面的看法。

1-15 国内外的文学及影视作品中，塑造了诸多的机器人形象。试列举3~5个经典案例，并从技术和伦理的角度分析一下该角色是否成功。

第2章　机器人系统组成

【内容导读与学习目标】

本章主要介绍操作臂及移动机器人这两类典型机器人系统的组成。通过本章的学习，希望读者能够：

1）掌握两类典型机器人系统的组成。

2）了解机器人中常用的驱动器与减速器。

3）了解典型机器人控制体系结构的特点。

4）熟悉与机器人系统相关的性能指标。

2.1　机器人系统的组成

授课视频

机器人系统（Robotic System）是典型的机电一体化系统（Mechatronic System），同时也是一类相对复杂的系统。机器人系统一般包含机械本体、驱动装置、传感器、控制器4个组成部分，如图2.1所示。

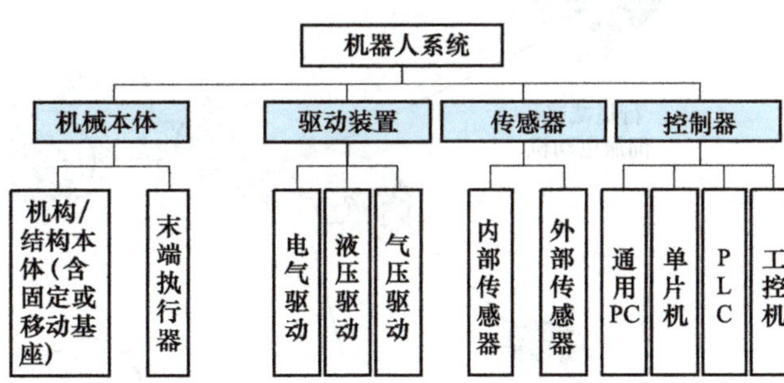

图2.1　机器人系统的组成框图

机械本体包括机器人机构/结构本体和末端执行器，主要实现机器人运动及力的传递。驱动装置包括电气驱动、气压驱动和液压驱动等形式，是机器人的动力源。传感器包括内部和外部传感器，主要实现对机器人内部状态和外部环境的监测。控制器基于机器人模型、作业环境及控制算法，实现对机器人的精确控制及更好的人机交互。为实现对机器人机械本体的精确控制，由传感器提供本体（内部）及作业环境（外部）的信息，控制器依据程序产生指令，控制机器人各关节驱动器，使机器人末端按预定的轨迹、速度、加速度或力实施工作任务。

图2.2所示为一种典型工业机器人的实例——焊接机器人作业系统。该系统由机器人本

体（包含机器人驱动器、机构/结构本体和末端执行器）、控制系统（机器人控制器、机器人示教器、上位机、现场总线、PLC、I/O 通信、以太网等）、传感器（力觉传感器、视觉传感器等）和相关外围设备组成。其中，机器人本体是焊接机器人的执行机构，通常采用成熟的商用化工业机器人；控制系统是整个系统的神经中枢，包含控制器等硬件以及各类专业软件，负责处理焊接机器人工作过程中的全部信息和控制其全部动作，并维护机器人及作业对象的相对安全；传感器用于检测作业对象或环境的状态，包括位置、力等，为控制系统提供反馈信号；这里的外围设备主要包括生产线上的其他自动设备，它们与机器人通过现场总线协同工作，完成工件的传送、夹持和定位等。

针对本书的主要研究对象——机器人本体，图 2.3 所示为一种典型六自由度关节型机器

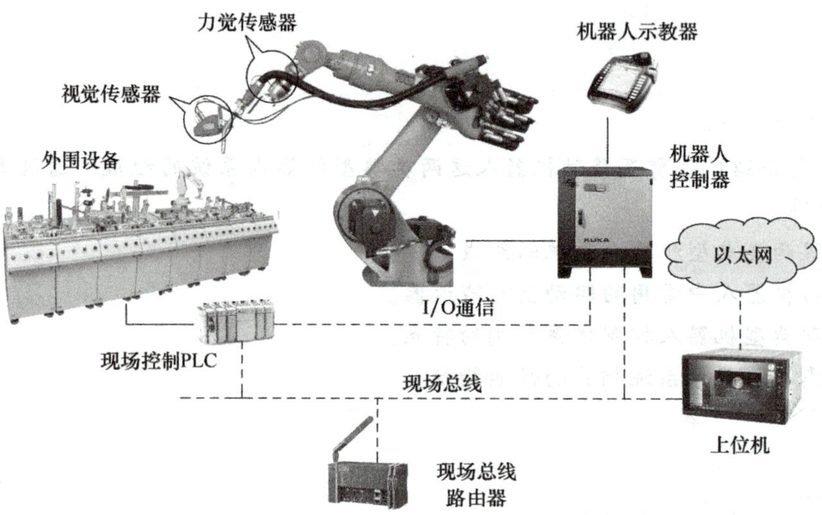

图 2.2　典型工业机器人系统的组成

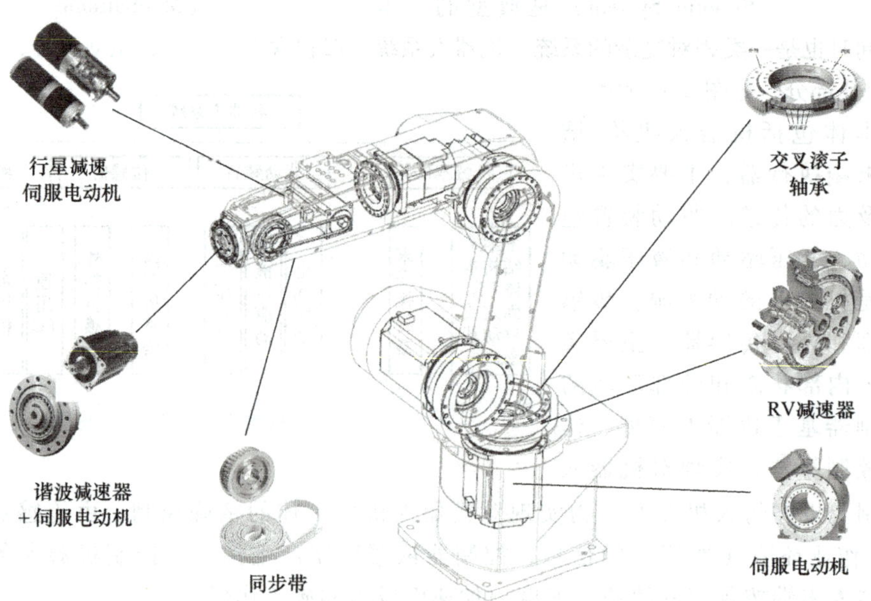

图 2.3　典型工业机器人的内部结构

人的内部结构示意图。6个伺服电动机直接通过谐波（或RV）减速器、同步带等驱动6个关节轴的旋转。值得注意的是，关节1~4的驱动电动机为空心结构。其优点是：机器人的各种控制管线均可以从电动机中心直接穿过，能有效节省空间。此种结构较好地解决了工业机器人的管线布局问题（6个电动机的驱动线、编码器线、制动线、气管、电磁阀控制线、传感器线等）。

【例2-1】 机器人自动分拣系统。

图2.4所示为一机器人自动分拣系统。它的任务是对流水线上散乱的多类型工件进行识别与定位，实现零件的有序分拣。该机器人分拣系统由4个子系统组成：机器人系统、上下料与工件传输系统、双目视觉系统和上位机单元。上料盘将多种形状、不同颜色的工件随机散落在传送带上，通过双目视觉系统对工件进行识别和定位，机器人系统完成工件的跟踪和拾取，并将工件分类放入对应的工件槽中。

a) 系统本体

b) 工件摆放槽

图2.4 机器人自动分拣系统

1. 机器人系统

机器人系统（图2.5）是执行工件抓取和摆放任务的功能单元。该单元以机器人控制

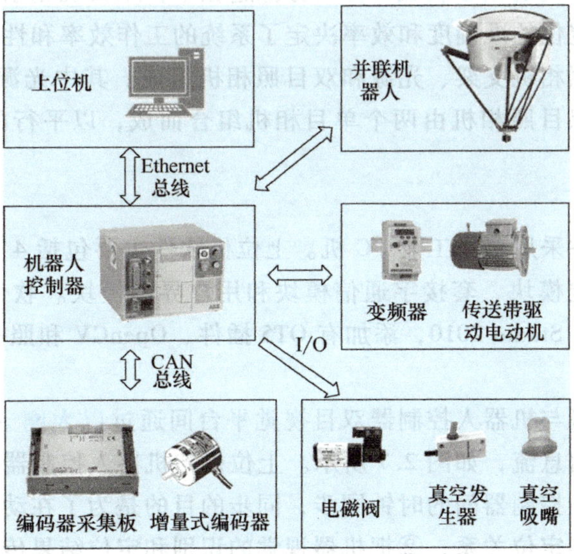

图2.5 基于并联机器人的分拣系统

器为核心，集成了机器人、气压传动、传送带驱动和编码器数据采集等功能模块。其中，机器人本体为ABB公司研发的IRB 360系列并联机器人；IRC5型控制器则采用了模块化设计，主要含驱动模块和控制模块两个部分，如图2.6所示。

驱动模块即电动机驱动器，对机器人以及可选的外部电动机提供驱动功能；控制模块内包括主机、操作面板、电源开关、通信接口、示教器接口、I/O板接口等部分，同时有配套系统软件。软件具有基本操作和编程功能。另有，控制模块中包含I/O接口和编码器读取模块，通过I/O板接口与机器人控制箱连接，分别控制气动单元的电磁阀和读取编码器计数值。

机器人控制器的软件部分包括4个功能模块：套接字通信模块、机器人配置初始化模块、工件分拣模块、动态跟踪模块。程序采用RAPID语言编写，在IRC5型控制器平台下运行。RAPID语言是ABB公司针对机器人控制器和机器人应用开发的一种高级编程语言，它的结构和运行方式与C语言相似。

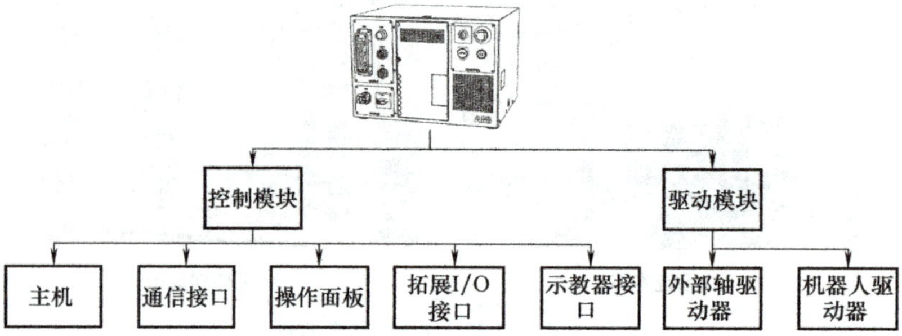

图2.6　机器人控制器功能组成

2. 双目视觉系统

双目视觉是分拣系统的核心组成部分。分拣过程中，双目视觉系统负责识别和定位传送带上的零件，其识别定位的准确度和效率决定了系统的工作效率和性能。

双目视觉平台由照相机支架、光源和双目照相机组成。其中光源采用低角度侧光方式，固定在传送带两侧；双目照相机由两个单目相机组合而成，以平行的方式安装在照相机支架上。

3. 上位机单元

上位机单元的硬件采用普通工业PC机。上位机软件主要包括4个模块：图像采集和预处理模块、识别与标定模块、套接字通信模块和用户界面模块。软件在Windows环境下运行，开发工具为Visual Studio 2010，添加有QT5插件、OpenCV和照相机接口等第三方动态链接库。

本系统中，上位机与机器人控制器双目视觉平台间通过以太网（Ethernet）总线进行数据交换。控制系统的信息流，如图2.7所示。上位机与机器人控制器间的通信主要有两个目的：①上位机与机器人控制器间的时钟同步，同步的目的是为了在动态跟踪前，确定传送带与双目视觉平台之间的定位关系；②把机器视觉的识别和定位结果传送到机器人控制器，作为机器人执行抓取任务的目标点。

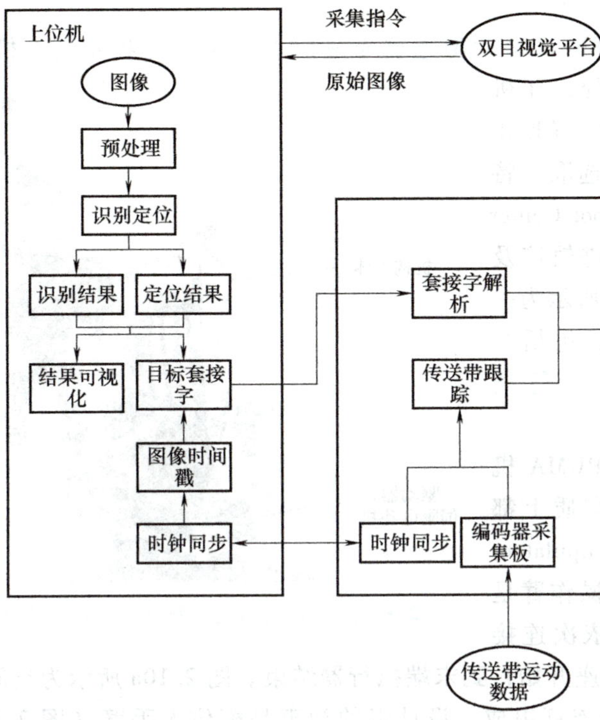

图 2.7 控制系统信息流

4. 上下料与工件传输系统

上下料与工件传输系统由振动上料盘、传送带、工件分拣摆放槽位组成。如图 2.8 所示，上料盘安装在邻近传送带起始端位置，料出口对准传送带；传送带水平安装，保持平稳运动；工件分拣摆放槽安放在邻近传送带末端，保持与传送带大体平行。传送带用于输送工件。传送带长度为 2.5m，带宽度为 350mm。采用变频器驱动电动机运动。最大运动速度可达 140mm/s，工作速度约 100mm/s。变频器配备有与外部设备通信接口，与机器人控制器 I/O 板相连，通过不同的信号输入，可以实现传送带的启停及速度控制。传送带运送速度由增量式光电编码器检测。编码器的信号输出到机器人控制器专用采集板，信号转换后输入控制器。

图 2.8 上下料与工件传输系统

2.2 两类典型的机器人系统

操作臂（也称操作手或机械臂，Manipulator）和移动机器人（Mobile Robot）是两类典型的机器人系统。

2.2.1 操作臂

操作臂是指由一组连杆通过运动副连接而成的多自由度受控系统。机器人的驱动器（Actuator）安装在驱动副处，在机器人末端安装有末端执行器（End-Effector）。在末端执行器上选取一特殊点，称为工具中心点（Tool Center Point，简写 TCP），作为行进轨迹及运动规划的参考点。图 2.9 所示为一种典型机器人的结构组成，包括驱动器、机构本体和末端执行器（手爪）。

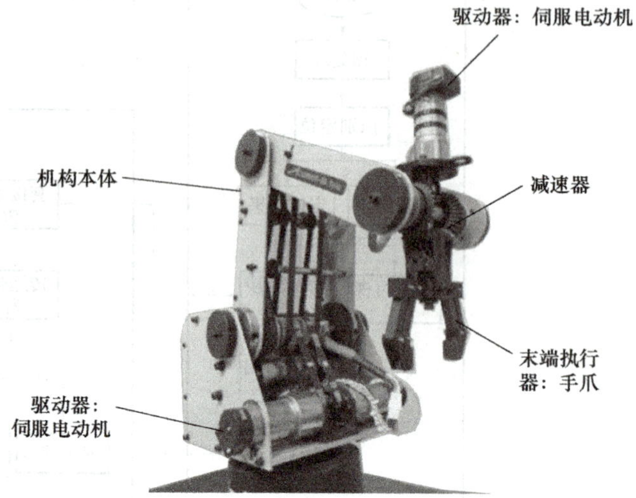

图 2.9 操作臂的组成：驱动器、机构本体、末端执行器

早期的工业机器人如 PUMA 机器人、SCARA 机器人等，实质上都是串联式操作臂（Serial Manipulator，又称串联机器人）。串联式操作臂是由一系列的连杆和运动副依次连接组成的开链结构，一般从基座开始，到末端执行器结束。图 2.10a 所示为空间关节型工业机器人的执行部分，它由多个连杆组成。设计者的初衷是模仿人手臂（图 2.10b）的基本运动。早期的操作臂特指串联机器人，它可在空间三维范围内抓放物体或进行其他操作。

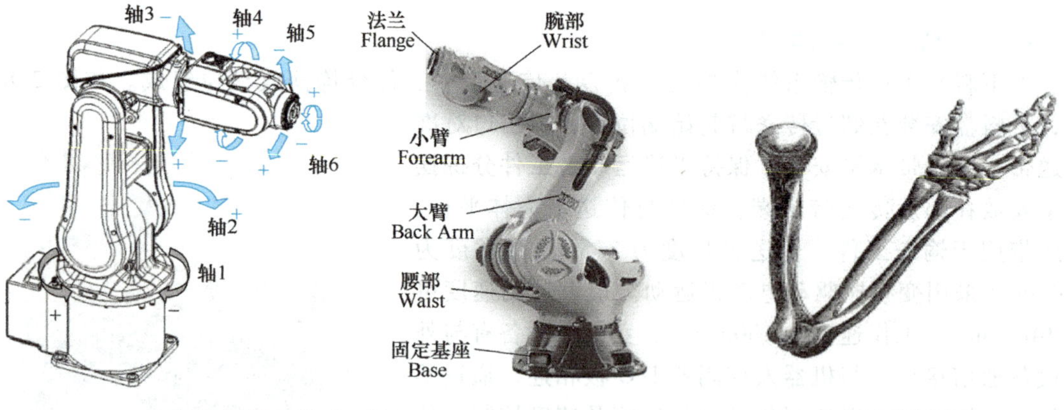

a) 工业机器人模型及样机　　b) 人的手臂结构

图 2.10 空间关节型工业机器人产品与其对应的仿生对象

可以看出，串联式操作臂实质上是一个装在固定基座上的开式运动链。各杆之间用运动副连接，在机器人学中习惯将这些运动副称为关节（Joint）。为使串联式操作臂实现复杂、灵活的运动，也为了方便调整和控制机器人运动，串联式操作臂的各关节大多采用单自由度的运动副——转动副（或旋转关节）和移动副（或移动关节），这样只需在每个关节处输入各个独立运动即可，如电动机的转动或液压缸或气缸输出的相对移动。图 2.11 所示为一旋转关节型串联式操作臂各组成关节的情况。

末端执行器通常安装在机械臂（Robot Arm）的腕部，用于完成特定作业。末端执行器形式多样，可根据作业需求选择或订制，包括：机械手、焊枪（图 2.12a）、切割头（图 2.12b）、喷枪（图 2.12c）、吸盘（图 2.12d）等。

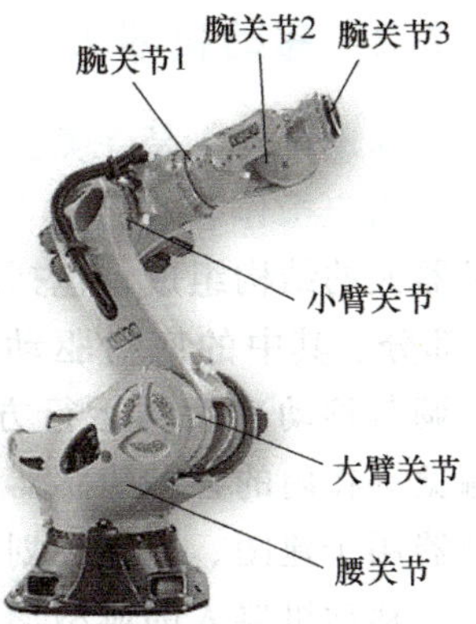

图 2.11　旋转关节型串联式操作臂各组成关节

在机器人发展史上，串联式操作臂扮演了先驱者的角色。串联式操作臂以工业机器人的形态广泛应用于机械制造业，代替人完成具有大批量、高质量等要求的工作，如自动化生产线中的点焊、弧焊、喷漆、切割、电子装配，以及物流系统中的搬运、包装、码垛等作业。

除了串联式操作臂，近年来并/混联式操作臂（Parallel/Hybrid Manipulator）也发展迅猛，逐渐成为操作臂家族中的重要一员，如图 2.13 所示的两种并联式高速操作臂。

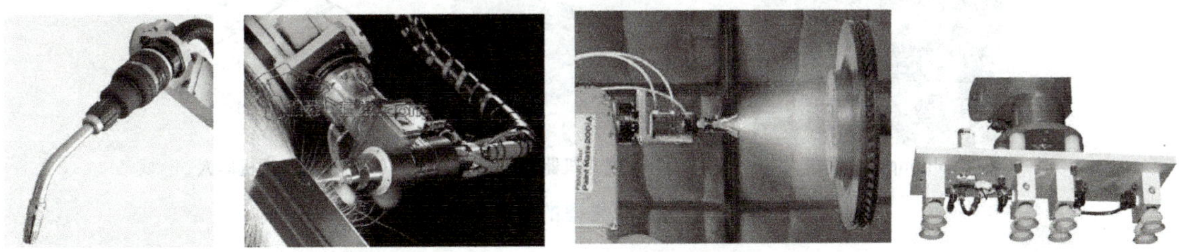
a) 焊枪　b) 切割头　c) 喷枪　d) 吸盘

图 2.12　常见的操作臂末端执行器

如图 2.13a 所示，Delta 机器人是一种典型的并联式操作臂。它包含动平台（Movable Platform，作为机器人的末端）和静平台（Fixed Platform，作为机器人的基座）两部分，两平台间通过对称分布的 3 条运动支链（Kinematic Branch）相连。每条支链中，通过转动副与静平台相连的部分为主动杆，与动平台相连的部分为从动杆。从动杆是一个空间平行四边形机构，各关节均为球铰，如图 2.14 所示。当电动机驱动主动杆摆动时，从动杆随之带动末端动平台在三维空间平动。实际应用中，用户可在动平台上安装多种形式的手腕和末端执行器。

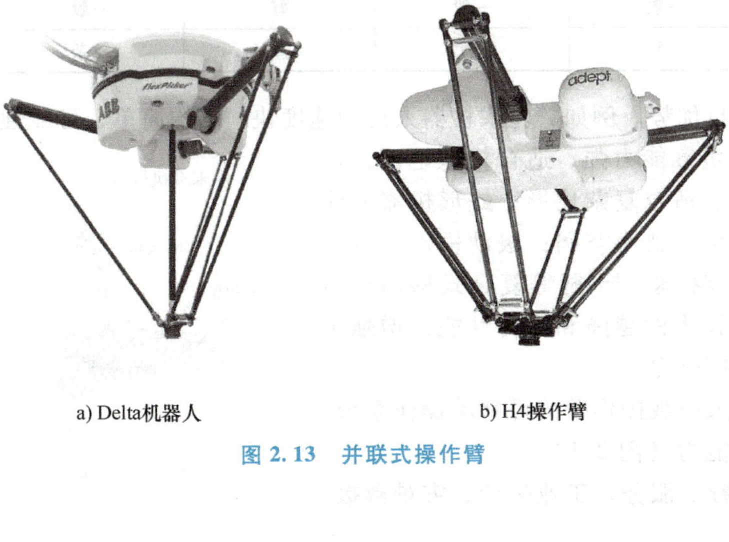

a) Delta机器人　b) H4操作臂

图 2.13　并联式操作臂

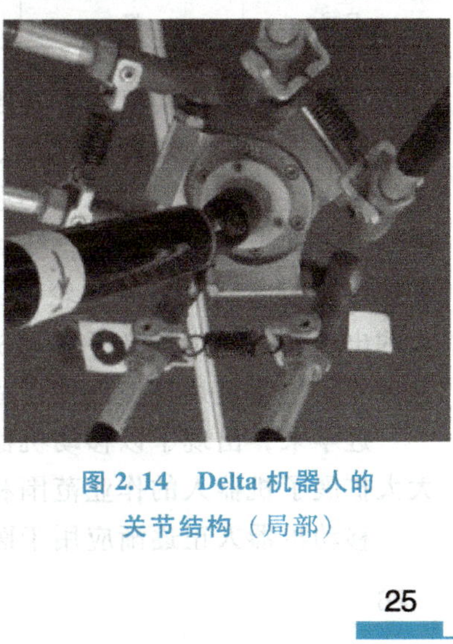
图 2.14　Delta 机器人的关节结构（局部）

2.2.2 移动机器人

移动机器人是一类能够感知环境和自身状态，在结构、非结构化环境中自主运动，并能实现指定操作和任务的机器人。图 2.15 所示为一种典型移动机器人的结构组成，包括底盘驱动系统、传感器和中央控制器 3 部分。其中的底盘驱动系统采用双轮差速或多轮全向形式，以调节移动速度与运行方向，包括激光雷达、超声波、红外、触觉等在内的各种传感器，为机器人提供了环境信息；中央控制器用于建图、路径规划、动态避障等，实时寻找最短路径。

图 2.15 典型移动机器人的结构组成

移动机器人的典型形态包括腿式机器人（如类人机器人）、轮式机器人、履带式机器人、飞行机器人和水下机器人等。图 2.16 所示为几种典型实例。

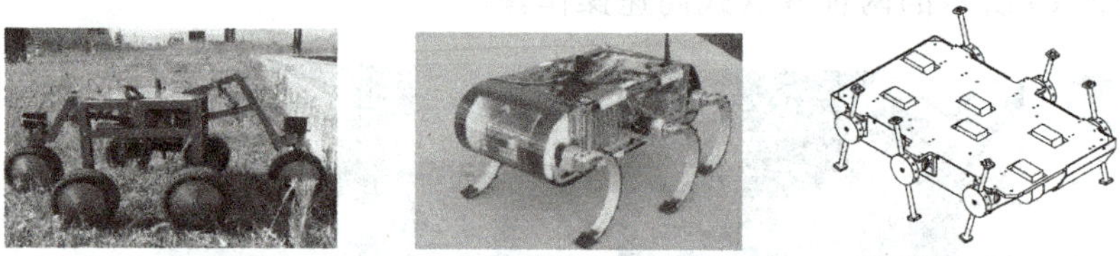

a) Shrimp轮式机器人　b) 腿式机器人　c) 轮腿复合式机器人

图 2.16 几种典型的移动机器人

按照不同标准，移动机器人有不同的分类方法。按工作环境分为：地面移动机器人、水下机器人、飞行机器人、管道机器人等；按功能用途分为：医疗机器人、服务机器人、灾难救援机器人、军用机器人等。

目前，地面移动机器人的应用最为广泛，最常用的移动机构包括：轮式、履带和足式。这三种方式在环境适应性、运动速度、传动效率等方面的优缺点分析见表 2.1。

表 2.1 三类移动机构的优缺点分析和比较

机构种类	环境适应性	运动速度	传动效率	运动稳定性	机构复杂性
轮式	差	快	高	一般	简单
履带	一般	一般	一般	好	一般
足式	好	慢	差	差	复杂

不同的地面移动机构有其各自优势。例如，轮式机器人运动速度快、结构简单、可靠性高；履带式机器人越障性能好、负载能力强，适合松软地面；足式机器人运动灵活、越障能力强、适合复杂地形；蛇形机器人体积小、运动模式多样、适合受约束的狭小空间；滚动机器人运动速度快、效率高。另外，轮-履、轮-腿、履-腿等复合式移动机器人的出现，进一步提高了移动机器人的越障和通行性能，增强了其在非结构化复杂环境下的自适应能力。

近年来，出现了以移动机器人搭载操作臂的可移动操作系统，大大扩展了机器人的作业范围和能力（图 2.17）。

图 2.17 KUKA 公司的可移动操作系统

移动机器人正逐渐应用于医疗、服务、工业生产、灾难救援、军事侦察等领域，将人类从繁杂的体力劳动中解放出来，缓解了人口老龄化和劳动力成本增加等社会问题，给人类生活带来极大便利。尤其在环境恶劣或极其危险的环境中（如外太空、深海、雷区、狭窄管道、核辐射区等），使用移动机器人完成侦察、探测和操作任务已经成为一种必要手段。

【背景知识】 大疆的无人机 飞行机器人通常称为无人机（UAV）。21 世纪以来，军用无人机逐渐向迷你型发展，催发了民用无人机的诞生。2006 年，大疆创新公司成立。2012 年推出了世界上首款到手即飞的多旋翼航拍无人机 Phantom：一架 1kg 左右的白色四轴飞行器，按下按钮后，Phantom 就可以展示预先编程的飞行特技和摄像技巧。之后，新的 Phantom 系列不断出现，功能日益强大，如远距离高清数字图传、自主避障和视觉跟拍、自主规划返航路径等。此外，大疆还推出了其他系列，主攻电力巡检、安防巡逻、救援、物流和特勤应用。在消费级无人机市场上，大疆无人机已占据大约 70%的世界市场份额。2019 年，入选福布斯中国最具创新力企业榜。

2.3 机器人驱动器

驱动器的主要功能在于为机器人提供动力。目前大多数机器人的驱动器都采用商业化产品。三种常见驱动器包括电动机、液压驱动器和气动驱动器。

2.3.1 电动机

把电能转换为机械能的装置称为电动机，是最常用的机器人驱动器。

1. 伺服电动机

在驱动机器人的各种电动机中，伺服电动机最常用。因为伺服电动机获取能源方便，且可以实现位置、速度或者力矩的精确输出。常用于机器人的伺服电动机包括：直流有刷伺服电动机（图 2.18a）、直流无刷伺服电动机（图 2.18b）和交流伺服电动机（图 2.18c）。

机器人用的直流电动机通常采用空心杯转子，具有惯量小、堵转电流大、响应速度快的特点，特别适用闭环控制系统，因此被称为伺服电动机。直流有刷伺服电动机起动转矩大、线性度好、加减速特性好，成本相对较低，多用于小功率、较低成本机器人。直流无刷伺服电动机除具有直流电动机的优点，还可利用电子换相技术实现换向，取消了电刷，提高了电动机使用寿命，其综合成本高于直流有刷电动机，适用于需要长期免维护运行的小功率机器人。移动机器人由于难以接入交流电源，通常使用直流伺服电动机驱动。

交流伺服电动机输出力矩大、速度控制范围宽、转矩-转速性能好、使用寿命长，可利用工业交流电驱动，广泛用于工业机器人。工业机器人用的交流伺服电动机通常是永磁同步交流电动机，这类电动机采用定子线圈、磁性转子的方案，通过控制线圈磁场的旋转来驱动转子同步转动。交流伺服电动机配备专用驱动器，可以实现整流-逆变、转子位置检测、定子磁场控制和速度闭环等，成本相对较高。为进一步提高交流伺服电动机的驱动能力，减少传动环节的精度损失，直接驱动型交流伺服电动机——直驱电动机，也获得了越来越多的应用。直驱电动机的结构特点是转子半径大、输出力矩大，无需减速器即可与机器人关节直接

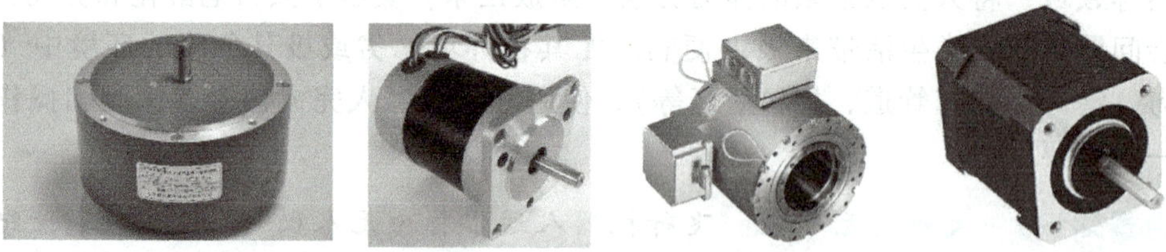

a) 直流有刷伺服电动机　b) 直流无刷伺服电动机　c) 交流伺服电动机　d) 步进电动机

图 2.18　各类电动机

连接，无回差、负载响应快。

2. 步进电动机

一些小型、低成本机器人会使用步进电动机（图 2.18d）驱动。这类机器人的位置和速度通常采用开环控制，依靠步进电动机自身的运动分辨率和精度保证控制精度。步进电动机的驱动和控制电路简单、使用方便、成本低。机器人用步进电动机的步距角通常为 1.8°、0.72°或 0.36°。更高精度的步进电动机可以做到 0.09°，但是其价格相对直流和交流伺服电动机已没有竞争力。此外，步进电动机的输出功率通常比其他类型的电动机小。

步进电动机具有易维护、使用寿命长，脉冲控制、电路接口简单，可不经减速器直接驱动负载等优点；但也存在大惯性负载能力差、加减速控制困难等缺点，因此，步进电动机常用于以下场合：

1）低成本机器人，如教学或娱乐型机器人。

2）对位置精度要求不高，如旋转精度大于 1°。

3）负载稳定的场合，如 X/Y 直角坐标绘图仪、3D 打印机。

4）对加速度要求不高。

2.3.2　液压驱动器

液压驱动器是将液压能转变为机械能的机器。液压驱动器利用了液体的不可压缩性，以高压油为媒介实现能量传递。这为液压驱动器带来了诸多优点，但是，也不可避免地带来了一些缺点。液压驱动器能提供非常大的力和力矩，以及非常高的功率-质量比；可以利用小惯量的运动部件实现高功率的直线和旋转运动，输出功率大、动态响应特性好。但是，液压伺服马达（图 2.19a）/伺服缸及其配套的伺服阀和液压系统成本非常高；漏液以及复杂的维护需求也限制了液压驱动器在机器人中的应用。相较于电动机，液压驱动器在需要大输出力/力矩、高功率、高动态响应的场合表现更优异。典型的应用如高承载的运动模拟器、大中型足式机器人（图 2.19b）等。

2.3.3　气动驱动器

气动驱动器和液压驱动器类似，只不过它是利用压缩气体来传递能量。常用的气动驱动器有直线气缸、旋转气缸、气动人工肌肉等（图 2.20）。

气动驱动器最初应用于简单的执行装置中。这是因为气动驱动器结构简单、成本低廉，而且具有电动机没有的优点。例如，在易爆场合下使用更安全，受周围环境温度和湿度影响更小，利用结构限位可方便地停止在指定位置等。

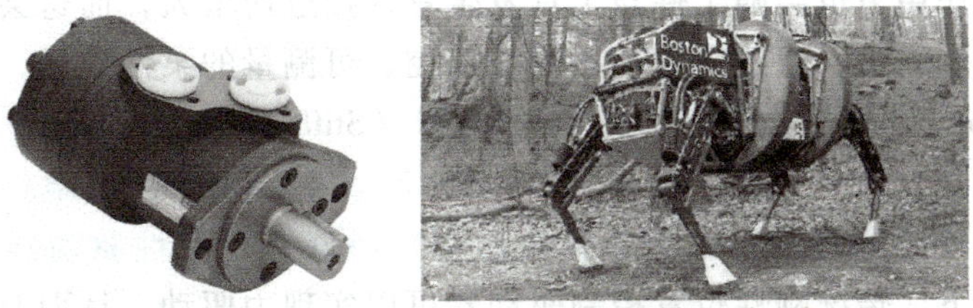

a) 液压伺服马达　　b) 液压驱动的四足机器人

图 2.19 液压驱动器及其在仿生机器人中的应用

但是，气动驱动器的成本优势只有在规模化应用中才能得到体现，如自动化生产线。因为，尽管一些小型气动驱动器可以利用机载小型气源工作，但是对于多数使用气动驱动器的机器人，仍需安装昂贵的空气压缩系统。此外，气动驱动器的能效和控制精度相对也较低。这使得多数情况下，气动驱动器仅适用于简单的启停或点位控制。

尽管气动驱动器承载能力有限，但是一些特殊形态的气动驱动器却具有大的功率-质量比。例如，人工肌肉，它通过控制压缩气体充填气囊能模拟肌肉的收缩或扩张。另外，由于气动驱动器不会受磁场的影响，它还可以应用于医疗领域；同样，由于没有电弧，它还可以用于易爆场合。

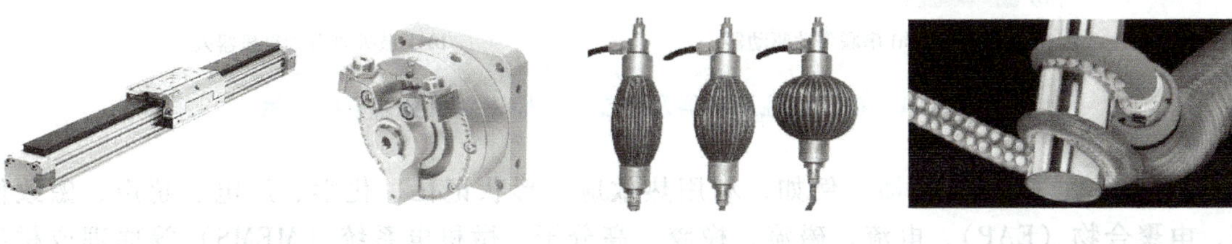
a) 气缸　　b) 气动人工肌肉　　c) 气动仿章鱼手

图 2.20 气动驱动器及其在仿生机器人中的应用

以上 3 类驱动器的特点及主要应用场合的对比见表 2.2。

表 2.2 3 类主要驱动器的特点及主要应用场合

种类	优点	缺点	适用场合
电动机	种类多、无需特殊动力源、易于选用；能实现定位伺服；响应快；体积小、动力较大；无污染	过载差，特别是由于某种原因而卡住时，会烧毁电动机，一般不能连续堵转；功率-质量比一般	中小功率，对位置或速度精度要求高，无特殊工况要求的各种场合
液压驱动器	功率-质量比大；速度快、响应快；动作平稳；可实现精确定位伺服；可提供持续保持力/力矩	配套液压源设备大；液压源或液压油要求（杂质、温度、油量、质量）严格；管道复杂；易泄漏且有污染	大功率、大出力、小体积，对位置和速度控制精度要求高，需要大的保持力/力矩
气动驱动器	成本低；无泄漏污染；速度快、操作较简单、质量轻；可提供持续保持力/力矩	功率小、体积大，动作不够平稳；工作噪声大，难于获得高的控制精度	简单的点到点运动；要求成本低；需要提供持续的保持力/力矩

2.3.4 其他驱动器类型

（1）柔性驱动器　弹性材料固有的柔性在机器人驱动系统中既可以是优点也可能成为劣势。整体刚度大的机器人具有更快的反应速度，定位精度也更高，控制也更简单。但同时，接触力和相互作用力也会随工件与工具发生意外接触而增大，而这会损坏机器人和周围物体，甚至伤害工作人员。通过向驱动器增加可控、可测量的柔性单元，可以有目的地增加机器人的柔度（Compliance）或减小机器人的刚度（Stiffness）。

串联弹性驱动器（SEA，图 2.21a）是一类刚度较小的柔性驱动器。它由一个弹性输出元件（弹簧）和一个位移传感器（测量弹簧形变）串联一个刚性驱动器和变速器构成。在合适的控制器作用下，传统刚性位置控制驱动器可以实现力驱动，从而有效地将驱动惯性从负载惯性中分离。此外，当机器人与环境或人碰撞时，它还具有被动柔顺和减小碰撞力的特点。因此，柔性驱动器在协作型机器人、外骨骼康复机器人等对安全要求较高的应用领域具有广泛的应用前景。图 2.21b 所示的下肢外骨骼康复机器人就采用了柔性驱动器。

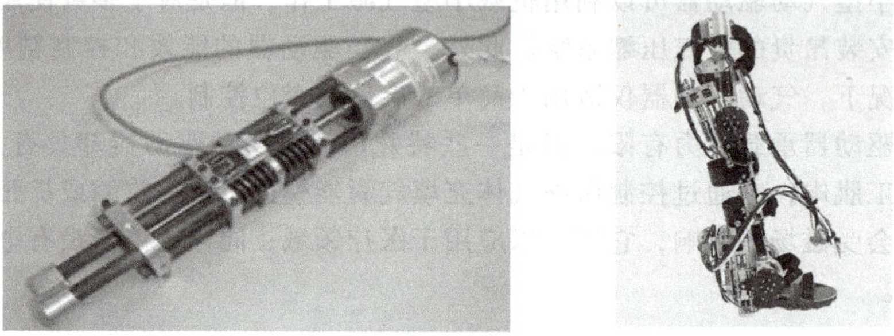

a) 串联弹性驱动器　　b) 下肢外骨骼康复机器人

图 2.21　串联柔性驱动器及其在外骨骼康复机器人中的应用

（2）其他类型的驱动器　例如，利用热效应、形状记忆、化学、压电、超声、磁致伸缩、电聚合物（EAP）、电流、磁流、橡胶、高分子、微机电系统（MEMS）等原理或材料制成的各类新型驱动器，包括形状记忆合金（SMA）、压电陶瓷、人工肌肉、超声电动机、音圈电动机等。这些驱动器目前大多用于特种机器人的研究，而不是配备在大量生产的工业机器人上。

2.4　机器人传动系统

机器人传动机构或传动系统的主要功能是将机械动力从驱动器转移到受载荷处。传动系统的设计和选择需考虑运动、负载和电源的要求，首先考虑的是传动机构的刚度、效率和成本。体积过大的传动系统会增加系统的质量、惯性和摩擦损失。对于那些刚度较低的传动系统，在持续或高负荷的工作循环下会快速磨损，或者在偶然过载下失效。

以串联机器人为例，其关节的驱动基本上都要通过传动装置来实现（图 2.22）。其中，传动比决定了驱动器的转矩与速度。合理的传动系统布局、尺寸以及机构设计决定了机器人的刚度、质量和整体操作性能。目前大多数现代机器人都应用了高效的、抗过载破坏的以及可反向的传动装置。

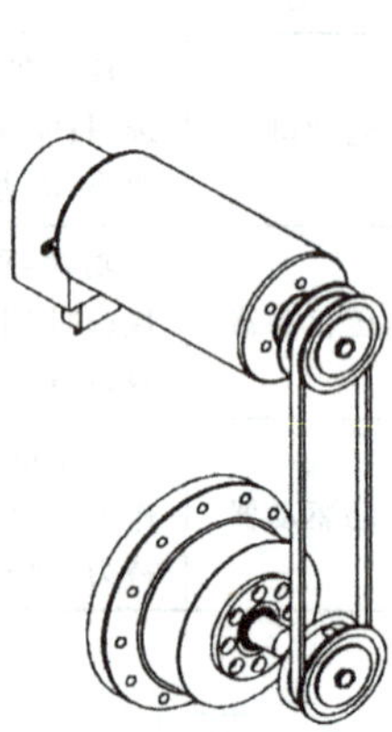

图 2.22　机器人关节处的传动系统（带传动机构+谐波减速器）

2.4.1 常见的机器人传动机构

1. 带传动

机器人用的带传动通常是将合金钢或钛材料制成的薄带固定在驱动轴和被驱动的连杆之间，以产生有限位移的旋转或直线运动。带传动装置的传动比可以高达 10：1。这种薄带形式的带传动相比缆绳或带传动而言，是一种更柔顺并且刚性更好的传动系统。多级带传动可以实现大传动比（高达 100：1）。

同步齿形带（简称同步带）往往应用于小型机器人的传动机构和一些大型机器人的轴上，示例如图 2.3 所示，其功能大体和带传动相同，但传动精度高于普通传动带。

2. 丝传动

丝（Cable）传动又称钢丝绳传动或柔索传动，是以高强度的碳素钢或合金钢为主要材料，用于远距离传递力和运动的一种传动方式。钢丝绳通常采用电动机进行驱动，通过电动机的正反转实现丝的“收”和“放”，多根丝协同作业，将作用效果合成，最终实现空间运动。

丝传动机器人具有运动速度快、工作空间大、构型易于重新配置、刚度控制可变、制造维护费用较低等优点，目前已广泛应用于大型射电望远镜、仿生灵巧手（图 2.23a）、人机交互装置、超高速机器人、连续体机器人、娱乐装置（图 2.23b）等领域。

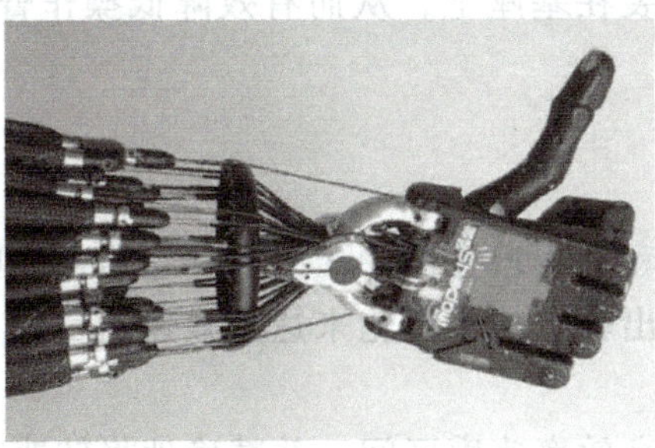

a) 仿生灵巧手

b) 移动摄像头

图 2.23　丝传动机器人

3. 齿轮传动

直齿轮或斜齿轮传动为机器人提供了可靠、密封性能好、维护成本低的动力传递方式。除了减速器，机器人也会在特殊关节处直接使用齿轮传动。手腕结构中，利用齿轮传动可以实现多个轴线相交的紧凑布局。大直径的转盘齿轮用于大型机器人的基座关节，借以提供高刚度、传递大转矩。齿轮传动还经常与长传动轴联合使用，实现驱动器和驱动关节之间的长距离动力传输。例如，驱动器和第一级减速器可能被安装在肘部附近，通过一个长的空心传动轴来驱动第二级减速器。

为了尽量减小齿轮驱动时的间隙，齿轮传动系统需精心设计，只有这样才能实现不以牺牲刚度、效率和精度为代价的小间隙传动。

4. 蜗杆蜗轮传动

蜗杆蜗轮传动偶尔应用于低速机器人，其特点是可以使动力发生正交偏转或者平移，同时具有高的传动比，结构简单，具有良好的刚度和承载能力，并且大传动比时具有反向自锁特性，这意味着在没有动力时，关节会自锁在当前位置。但是蜗杆蜗轮的传动效率比较低。

5. 滚珠丝杠

滚珠丝杠的直线传动装置能平稳有效地将原动件的旋转运动变成直线运动。通常情况下，丝杠由电动机驱动旋转，通过与丝杠配合的螺母将旋转运动转换成直线运动。目前已有高性能的商用滚珠丝杠传动系统，可以获得很低甚至为零的传动间隙。丝杠的支撑刚度是滚珠丝杠传动的重要设计参数。由于丝杠通常采用两端支撑，尽管对于短距或中距的滚珠丝杠，刚度可以达到要求，但在长距离行程中，会导致径向刚度比较差；另外，丝杠的旋转稳定性也会限制运行速度。因此，如果要获得更高的线速度，可以采用螺母旋转、丝杠直线运动的方式，但是，这种形式难以实现长行程。

6. 直驱式直线传动机构

直驱式直线传动机构是直线电动机与直线导轨的组合。这种传动机构实际上是可承受各向负载的直线驱动器，同时起驱动器和机构构件的作用。在使用中，只需要把机器人连杆与直线驱动器的滑块和基座连接即可。直线驱动器的优点是零间隙、高刚度、高速，但是其质量大，成本比其他类型的直线驱动器更高。

7. 连杆传动机构

一些连杆机构可以作为传动机构。例如：平行四边形机构（Parallelogram Linkage）具有远程传递动力的特点，关节驱动器可以安装在基座上，从而有效降低操作臂的质量和惯量，被广泛用于大负载的工业机器人中。

2.4.2 机器人专用减速器

机械传动领域，减速器是连接动力源和执行机构的中间装置。它通常把电动机等高速运转的动力，通过输入轴上的小齿轮啮合输出轴上的大齿轮来达到减速的目的，同时输出更大的转矩。

精密减速器可以使伺服电动机工作在高效率速度区间，并精确地将转速降到工业机器人各部位需要的速度，在提高机械刚度的同时会输出更大的力矩。与通用减速器相比，机器人关节减速器要求具有精度高、传动链短、体积小、功率大、质量小和易于控制等特点。

行星齿轮减速器（图 2.24）由于具有合适的精度和高性价比，因此成为普通工业机器人大转矩输出关节的重要选择方案之一。对于精度要求一般的机器人，可优先选用该类减速器。在为机器人选用行星齿轮减速器时，应尽量选用高精度、低回差（Backlash）型。

a) 行星减速器内部

b) 输入、输出轴垂直

图 2.24 行星齿轮减速器

除了常规的行星齿轮减速器，在机器人上得到大量应用的特殊减速器有两种：RV 减速器和谐波减速器。

(1) RV减速器(Rotate Vector Drive) 其为一种在摆线针轮机构基础上发展起来的两级行星齿轮减速传动装置，其结构示意图如图2.25所示。自1986年投入市场，因其传动比大、传动效率高、运动精度高、回差小、低振动、刚性大和高可靠性等优点，成为机器人大负载关节的“御用”减速器。

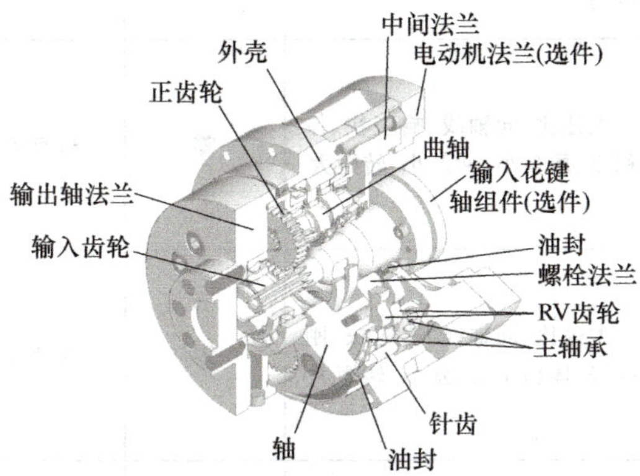

a) 结构示意图

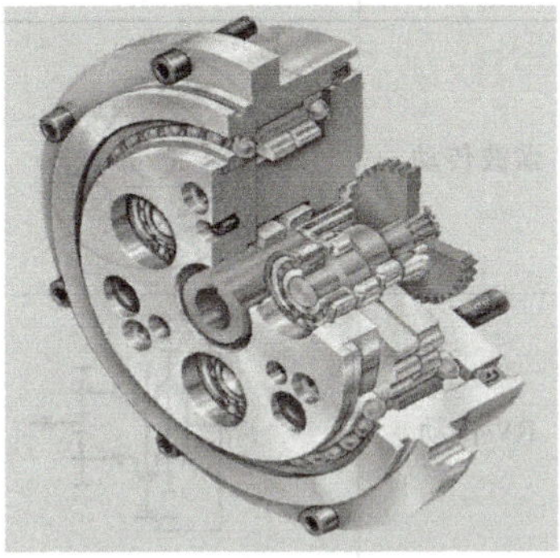

b) 样机

图2.25 日本Nabotesco公司研发的RV系列减速器

(2) 谐波减速器(Harmonic Drive) 其由3部分组成：谐波发生器、柔轮和刚轮。其工作原理是由谐波发生器使柔轮产生可控的弹性变形，靠柔轮与刚轮啮合来传递动力，并达到减速的目的(图2.26)。谐波减速器常采用凸轮式、滚轮式和偏心盘式的波发生器。谐波减速器传动比大、外形轮廓小、零件数目少、传动效率高，同时齿隙较小、精度高，能满足机器人的精密传动要求。单级传动比可达到(50~4000):1，而传动效率高达92%~96%。但是柔性齿轮的存在，也使得谐波减速器刚度较低，并且在大负载作用下反向运动时会产生弹性翘曲。因此，谐波减速器通常用于中、小负载关节。

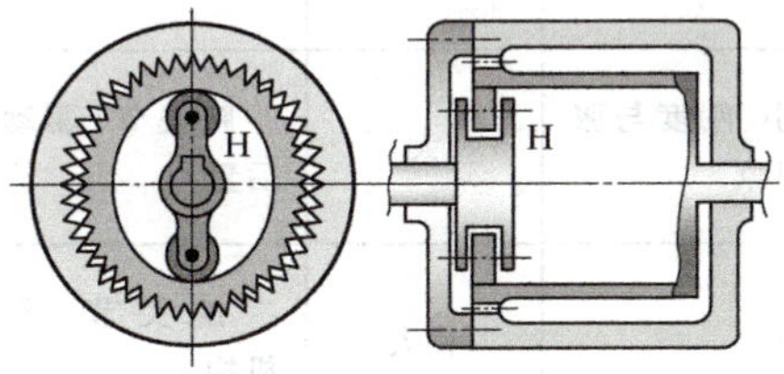

a) 结构示意图

b) 样机

图2.26 谐波减速器

对比RV减速器和谐波减速器，可以看到RV减速器具有更高的刚度和回转精度，而谐波减速器则具有体积小、质量轻的优势。因此，在关节型机器人中，一般将RV减速器用于机座、大臂、肩部等重载关节；而将谐波减速器放置在小臂、腕部、手部等轻载关节中。

机器人各类传动机构性能的总结和比较见表2.3。

表 2.3 机器人传动机构性能比较

序号	类别	原理简图	特点	轴间距	应用场合
1	普通齿轮传动		响应快、转矩大、刚度好、可实现旋转方向的改变和复合传动	不大	腰、腕关节
2	谐波传动		大速比、同轴线、响应快、体积小、质量小、回差小、转矩大	零	所有关节
3	RV 传动	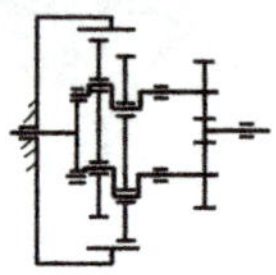	大速比、同轴线、响应快、刚度好、体积小、回差小、转矩大	零	大负载关节
4	蜗杆蜗轮传动	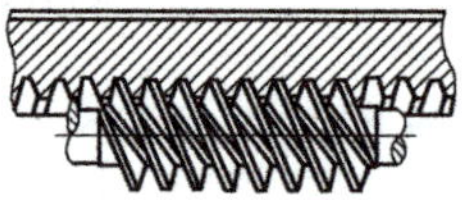	大速比、交错轴、体积小、回差小、响应小、刚度好、转矩大、效率低、发热大	交错不大	腰关节，手爪机构
5	链传动	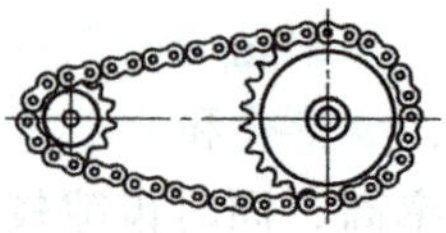	速比小、转矩大、刚度与张紧装置有关	大	腕关节（驱动器后置）
6	同步带传动	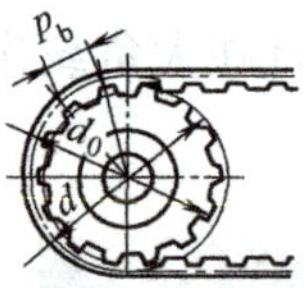	速比小、转矩小、刚度差、无间隙	大	各关节的一级传动
7	钢带传动		速比小、转矩小、刚度与张紧装置有关、无间隙	大	腕关节（驱动器后置）
8	钢绳传动		速比小、无间隙	特大	腕关节，手爪机构
9	滚珠丝杠传动	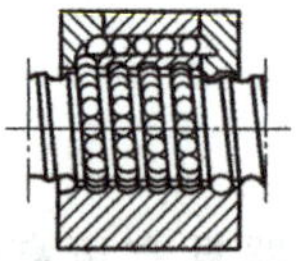	效率高、精度好、刚度好、无回差、可实现运动方式改变、速比大	零	制动关节，摇块机构
10	齿轮齿条传动	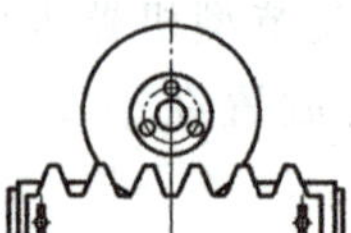	效率高、精度好、刚度好、可实现运动方式变化	交错	直动关节，手爪机构

（续）

序号	类别	原理简图	特点	轴间距	应用场合
11	连杆机构	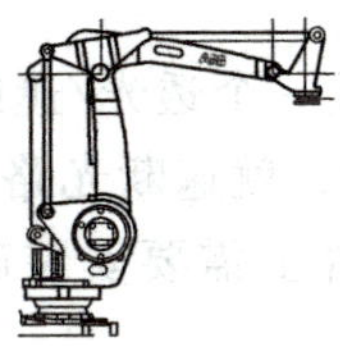	刚度大、负载大、非线性、精度有限	较远	小臂、腕俯仰关节

2.5 机器人传感器

传感器在提升机器人性能及智能化水平方面，起着至关重要的作用。传感器能够给机器人提供必要的信息，用于运动控制，检测目标距离、环境特征等。根据传感器检测信息位于机器人内部还是外部，可以将其分为两大类：内传感器和外传感器。内传感器提供机器人内部状态信息，例如：关节转角，关节极限位置，驱动器和控制器温度，倾角，方向等。外传感器提供作业对象和环境信息，例如：与工件、人和障碍物相关的距离、图像和电磁等信号。图 2.27 所示为机器人系统与内、外传感器之间的信息交互示意图。

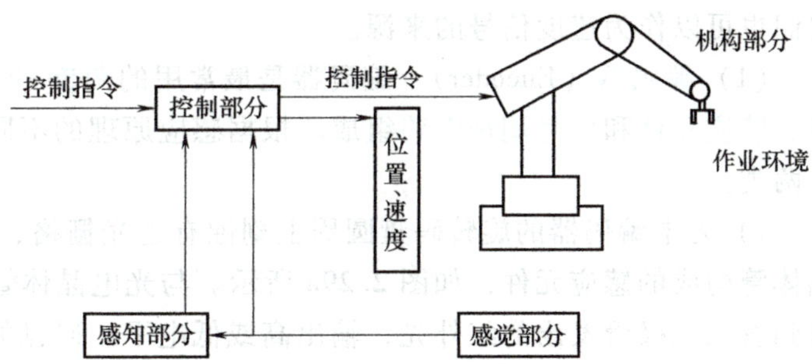

图 2.27　机器人系统与传感器信息交互示意图

机器人传感器种类繁多，功能和原理差异大，感兴趣的读者可以查阅相关教材、专著。本节仅简要介绍几种典型内、外传感器的基本原理及其在机器人中的应用。

2.5.1　典型的内传感器

1. 限位传感器

对于行程有限的机器人关节，当关节运行到两个极限位置时，需要检测出对应状态。检测机器人关节极限位置的传感器称为限位传感器（Limit Sensor）。常用的限位传感器有微动开关、光电开关和磁性开关，输出 ON/OFF 两个状态，如图 2.28 所示。限位传感器通常固定安装在机器人关节的两个极限位置，设计者需要在关节转轴或滑块上设计触发结构，随关节运动触发开关。开关检测原理不同，需要的触发结构也不同。

a) 微动开关　　b) 光电开关　　c) 磁性开关

图 2.28　限位传感器

（1）微动开关　利用弹簧复位的机械式开关称为微动开关，它的动作机构有多种形式，可根据具体需要选用。可以在机器人关节的运动构件上设计一个带斜面的压块，来拨动微动开关的动作机构。

（2）光电开关　利用发光二极管和光电晶体管构成一个透光/遮断感应电路。关节运动部分安装一个薄挡片。当挡片运动到光电开关的凹槽中，就遮断光路，引起输出信号变化。

（3）磁性开关　其内部有霍尔元件，关节运动部件上需要安装磁铁。当磁铁随关节运动接近磁性开关时，即可触发信号变化。

2. 位置/速度传感器

对于机器人，最重要和最基础的内传感器是关节位置（角度）和速度（角速度）测量传感器。这类传感器通常集成在驱动器上。例如，在电动机尾部与输出轴同轴安装，为运动控制器提供位置和速度反馈信号。出于结构紧凑的考虑，机器人很少装备独立的速度传感器，而是通过对位置信号进行数字微分来获取速度。因此，下面仅介绍常用的位置传感器，它们也可以作为速度信号的来源。

（1）编码器（Encoder）　编码器是最常用的角度/角速度传感器。编码器通常由旋转码盘、感应元件和信号调理电路组成。根据感应原理的不同，编码器分为光电编码器和磁编码器两类。

1）光电编码器的旋转码盘圆周上刻蚀有透光栅格，码盘两侧安装由发光二极管和光电晶体管构成的感应元件，如图 2.29a 所示。与光电晶体管相连的信号处理电路，根据是否接收到发光二极管发出的红外光，输出高或低电平。码盘的旋转会周期性地阻断光路，于是编码器输出脉冲信号。

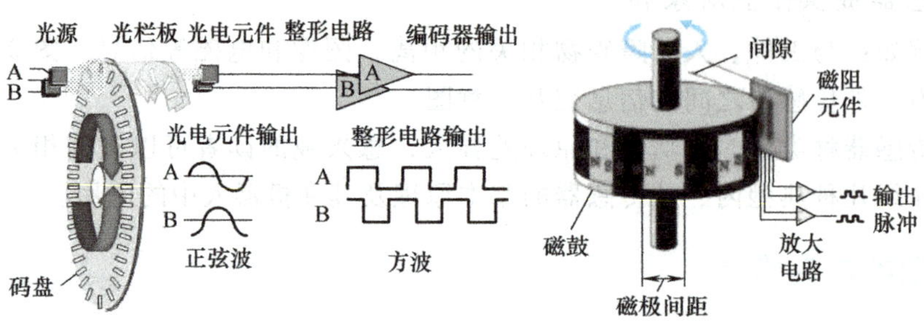

a) 光电编码器　　b) 磁编码器

图 2.29　编码器

2）磁编码器是利用间隔磁化的磁圆盘来进行角度分割，利用霍尔元件感应磁场变化，并输出脉冲信号，如图 2.29b 所示。

商用光电编码器的分辨率可做到每圈 5000 个脉冲，精度和分辨率高，但是耐冲击性差，经常用于需要高精度测量转角且工作环境稳定的场合，如各种操作臂。磁编码器的分辨率通常只有每周几十个脉冲，对振动、油污等具有很好的适应性，适用于低精度和工况不好的场合，如轮式机器人的车轮转角/转速测量。根据是否能够检测绝对角度，光电编码器分为增量式和绝对式两类；而磁编码器只有增量式一种。

（2）增量式编码器　码盘上只有一圈栅格，有的会附加一组独立栅格，如图 2.30a 所示。码盘每旋转一周，独立栅格对应的光电元件输出一个脉冲信号。在整圈栅格的圆周上布置两组相位相反的光电元件，它们输出相位差 90°的 A、B 两组脉冲信号。脉冲的个数与旋转角度成正比，频率与转速成正比，相位正负与旋转方向相关。通过对脉冲的计数和微分，即可实现旋转角度和角速度的测量。利用两次异或运算电路，可以把 A、B 两组脉冲信号的频率提升至 4 倍，以提高分辨率。增量式编码器不能保留绝对转角位置，系统上电后，关节必须旋转到极限位置，通过限位开关获取关节零点位置，然后才能计算关节绝对位置。

实际使用中，增量式编码器通常直接安装在电动机尾部，用于电动机的速度和位置控制。对于精度要求一般的机器人，可以根据增量式编码器的转角值和机械系统传动比，间接计算关节转角。

（3）绝对式编码器　码盘采用多圈栅格，如图 2.30b 所示。码盘上的栅格从内而外数量依次增加并错位排列。每圈栅格对应一组光电感应电路，其输出信号构成一个多位二进制编码。因此，码盘旋转到任意角度，绝对式编码器都会输出一个对应的编码值。绝对式编码器解决了系统上电时位置判定的问题，但是需要付出更高的成本。

实际使用中，绝对式编码器可以安装在旋转关节上，直接测量关节转角，以消除机械传动误差的影响。因此，绝对式编码器通常作为关节位置闭环传感器使用。它与电动机末端安装的增量式编码器配合，可以获得所谓的位置全闭环控制系统。

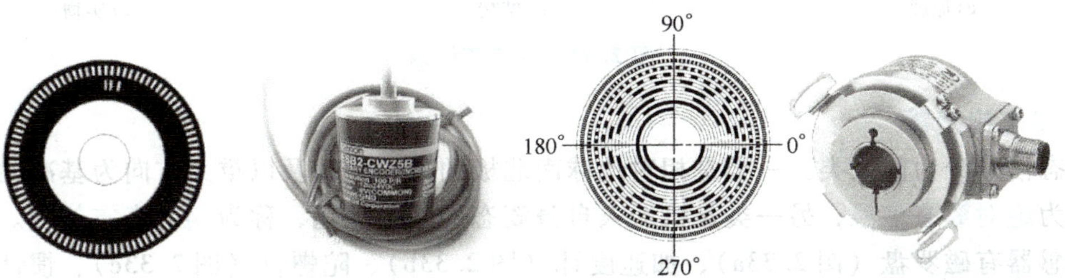

a) 增量式编码器码盘和传感器实物　　b) 绝对式编码器码盘和传感器实物

图 2.30　两种编码器的码盘

在长条形的金属或磁性软带上加工出反射光栅或感应磁栅（图 2.31），可用于测量直线位移。光栅的分辨率可达到 1μm；磁栅分辨率略低，但是也可以达到亚微米级。利用光栅或磁栅，可以直接测量直线关节的位移，从而避免通过驱动电动机上的编码器间接计算位移，能有效消除传动误差的影响，提高位置控制精度。其在控制系统中的作用与绝对式编码器类似。

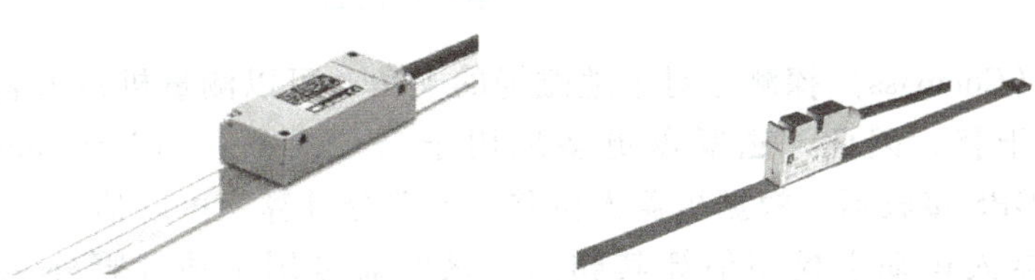

a) 光栅　　b) 磁栅

图 2.31　光栅和磁栅

通常，无论是编码器还是光栅/磁栅，分辨率越高精度就越高。但是，精度与分辨率并不是同一个概念，低分辨率的编码器也可以有很高的精度。在具体使用中要注意阅读产品样本中的性能指标，根据需要选用。

（4）旋转变压器（Resolver） 旋转变压器是工业机器人上大量使用的关节角度/速度测量元件。旋转变压器由铁心、两个定子线圈和两个转子线圈组成，定子和转子的两个线圈各自相互垂直，如图 2. 32a 所示。旋转变压器可以检测 360°以内的绝对角度，对转子输出的两路电压信号进行细分并变换成脉冲信号，可以获得很高的转角分辨率。

新型旋转变压器通常采用无刷结构实现转子电压的感应输出，如图 2. 32b、c 所示，具有良好的抗振性和免维护性。旋转变压器在绝对角度测量、精度、分辨率和环境适用性上均表现优异，这是它在工业机器人上获得广泛应用的原因。但是，由于需要配套细分和脉冲变换电路，其成本较高。旋转变压器在控制系统中的作用与绝对编码器类似。

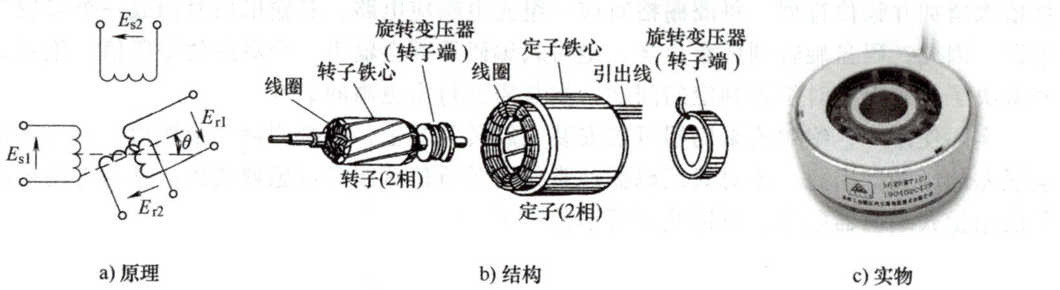

图 2. 32 旋转变压器

3. 姿态传感器

姿态信号分为两大类：一类是相对地球南北极的朝向，以及以重力方向为基准的水平倾角，称为绝对姿态信号；另一类是机器人自身姿态的相对变化，称为相对姿态信号。典型的姿态传感器有磁罗盘（图 2. 33a）、加速度计（图 2. 33b）、陀螺仪（图 2. 33c）、惯性测量单元（IMU，图 2. 33d）等。

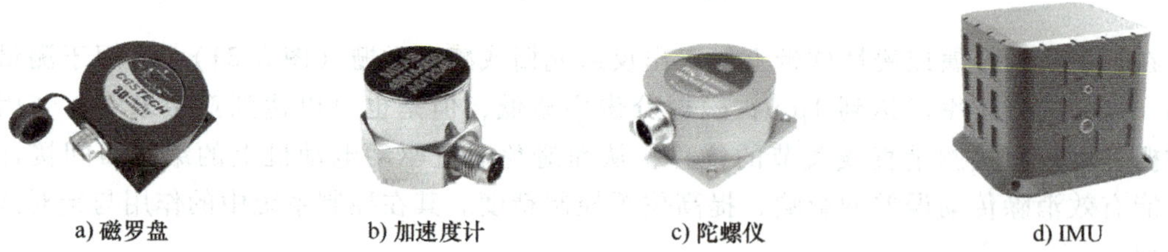

图 2. 33 各种姿态传感器

利用磁罗盘（Compass）探测相对于地磁场的夹角，可以测量机器人朝向。由于地面空间磁场分布易受干扰，因此，磁罗盘更多地用于自主飞行器（Unmanned Aerial Vehicle-UAV）上。利用 GPS 接收器，根据机器人位移进行差分计算，可以估计出机器人运动方向，进而可以根据机器人运动学模型估算其朝向。磁罗盘可用于估计野外地面移动机器人的朝向。

水平倾角的测量可以利用基于 MEMS 工艺的加速度计（Accelerometer）实现。加速度计在水平状态下，在重力敏感轴通道上输出 1g 的加速度值。当加速度计倾斜一个角度时，其重力轴输出值将随之减小。一般来说，机器人上不会使用单独测量重力的加速度计，而更多地会应用三轴加速度计，以实现三维加速度测量。

机器人相对姿态的变化可以利用陀螺仪（Gyroscope）来检测。现在，随着成本的降低，光纤陀螺仪越来越多地替代了传统机械陀螺仪，应用于移动机器人。陀螺仪可以测量绕自身3个轴的角速度，系统据此估计姿态角变化。

把陀螺仪与三轴加速度计集成在一个传感器中，就构成了惯性测量单元（Inertial Measurement Unit，简写 IMU）。IMU 不依赖于环境的特点，使其可以在卡尔曼滤波算法的支持下持续、稳定、高精度地输出机器人姿态和加速度，是估算机器人全局位姿的有力工具。

2.5.2　典型的外传感器

外传感器用于检测环境或机器人与环境的交互状态，涉及的信息种类异常丰富，包括触觉、压觉、滑觉、力觉、听觉、视觉、温度、味觉、接近觉和距离等。针对每类信息，又有多种基于不同检测原理的传感器。可见，外传感器的种类远多于内传感器，即便是简介，本书也无法面面俱到。因此，下面仅介绍机器人最常用的几种外传感器的原理及其应用要点。

1. 力觉传感器

力觉传感器（简称力传感器，Force Sensor）通常安装在工业机器人的腕部或关节处，用于测量机器人与环境/作业对象之间的相互作用力和力矩。在工业机器人的装配和研磨作业中，力觉传感器已获得广泛应用。

众所周知，可以在笛卡儿空间中定义三维力和三维力矩。有些力觉传感器仅测量三维力中的一个或全部；有些可以测量三维力矩中的一个或全部，称为力矩传感器；也有可以同时测量所有三维力和三维力矩的传感器，称为六维力觉传感器，如图 2.34 所示。

a) 一维力传感器　　b) 一维力矩传感器　　c) 六维力觉传感器

图 2.34　各种力觉传感器

在选用力觉传感器时，需要重点考察如下参数：额定载荷；精度，通常以满量程（Full Scale，简写 F.S.）的百分比表示（%F.S.）；分辨率和刚度等。

2. 视觉传感器

在所有外传感器中，视觉传感器（Vision Sensor）能够提供最为丰富的环境信息，包括环境的明暗、色彩、物体轮廓和距离等。传感器研究人员在视觉传感器的研发上投入了最多的注意力。如今，视觉传感器已经可以提供千万像素分辨率的彩色图像，并发展出了可以直接给出像素深度信息的 3D 相机，如图 2.35 所示。

a) 单目相机　　b) 双目相机　　c) 3D相机

图 2.35　各种视觉传感器

无论何种视觉传感器，检测视场中环境光的分布都是一项必备的能力。它们利用 CCD 或 CMOS 感光器件构成矩形平面点阵，把环境光场的强度信息映射到像素空间。例如：灰度相机感应环境光场总体强度分布，红外相机感应红外光强度分布，彩色相机则对红-绿-蓝（RGB）三原色光的强度敏感。有的视觉传感器会集成主动光源，以获得额外的图像信息。例如：红外相机可以配备红外探照灯，以补偿环境光的变化；3D 相机则通过发射特定的结构光（通常为红外激光），给环境附加额外的视觉特征，以便计算物体与相机焦平面的垂直距离（景深）。有时，也会把两个相机集成为一个双目相机组件，然后利用物体角点提取和三角测量算法，实现对物体位置空间的检测。

利用视觉传感器，机器人可以实现多种检测功能。例如，场景中人或物体的识别、工件轮廓提取和测量、目标物空间位置定位和环境建模（建图）等。不同检测功能需要使用不同的识别或检测算法，上述每一项任务都是人工智能、计算机或机器人领域中的一个独立研究方向，需要专门著书论述。

机器人工程师需要根据具体任务，为机器人选择配备合适的视觉传感器，并且要深刻认识到：对机器人而言，与任务相关的图像处理算法是应用视觉传感器的核心。高性能的相机和计算机并非总是最佳选择，好的算法可以降低对传感器、计算机和环境稳定性的要求。

3. 距离传感器

距离传感器（Range Sensor）能测量机器人到前方物体的距离，通常用于移动机器人的障碍物检测和地图构建。机器人最常用的距离传感器有两种：超声波传感器和激光雷达。

（1）超声波传感器（Sonar Sensor） 超声波传感器的探头利用压电效应实现电信号与声波之间的转换，如图 2.36 所示。给探头的压电膜片施加一定频率的激励电压，膜片将振动并发射特定频率（20～200kHz）的超声波。反之，膜片接收到超声波，会产生受迫振动，进而在回路中产生特定频率的电压信号。统计发射声波与接收到反射回波之间的时间间隔，参考声音在空气中的传播速度，即可计算出超声波探头到物体之间的距离。这种根据波的传递时间计算物体距离的方法，称为渡越时间法（Flying Time/FT）。

a) 收发一体式　　b) 收发分离式

图 2.36　超声波传感器

如果只用一个探头完成超声波的发射和接收，则称为收发一体式超声波传感器。由于探头在激励电压消失后存在余振，传感器必须等待一段时间才能开始接收回波。因此，收发一体式超声波传感器存在 10～100mm 量级的探测盲区，即无法探测在此距离内的物体。收发分离式超声波传感器的发射和接收探头独立工作，不存在盲区。

超声波传感器的距离测量范围一般不大于 10m，精度在毫米级。它具有成本低、抗振动冲击、探测范围大的优点，所以在移动机器人上得到广泛应用。但是，受限于工作原理，超声波传感器发射的声波的波束角大（10°～30°），所以，对于物体的方位测量精度低，难以用其构建环境的精确地图，收发一体式超声波传感器还存在探测盲区。基于以上特点，超声波传感器通常被用作避障，或作为其他传感器的补充。

（2）激光雷达（Laser Radar） 激光雷达可以对环境进行大范围扫描，获得密集的距离点，其测量距离可达上千米，精度在毫米级或厘米级，方位分辨率可达 0.1mard（1km 距离上可分辨间隔 0.1m 的物体)。激光雷达的测距原理与单点激光测距仪类似，包括调制光相位检测、基于位置敏感元件（PSD）三角测量以及渡越时间法。激光雷达通过机械或光学方法，使激光探头水平旋转，并间隔一个角度（0.5°~1°）进行距离采样，即可获得平面扇形或圆周二维距离采样点（2D 点云）。如果在此基础上让探头在垂直方向上俯仰，则可得到反应物体表面三维距离的采样点（3D 点云）。

相较于视觉传感器，激光雷达能快速获取物体的位置信息，对控制器和算法要求相对较低，因此，更适合于需要快速反应的机器人自主导航领域。

a) 2D激光雷达　　b) 3D激光雷达

图 2.37　激光雷达

对于环境相对固定的半结构化室内场景，在移动机器人上装备 2D 激光雷达（图 2.37a）配合超声波传感器，基本可以满足构建度量地图、导航和避障任务的要求。对于室外动态环境中的移动机器人，如自动驾驶汽车，则通常采用 3D 激光雷达（图 2.37b）快速获得更全面的环境信息，保证其安全性。

2.6　机器人控制系统

机器人控制系统包括硬件和软件，其功能是处理传感器和用户信息、形成决策，最后控制驱动器带动机器人机构实现运动。不同类型机器人的硬件架构和器件选择的差异较大，这取决于其任务复杂度、运动精度和成本等因素。机器人软件架构则基本上采用层级化结构，以实现感知→决策→行动的信息流循环。

2.6.1　软件架构

机器人控制系统软件主要运行于控制器硬件。图 2.38 所示为具有自主控制能力的机器

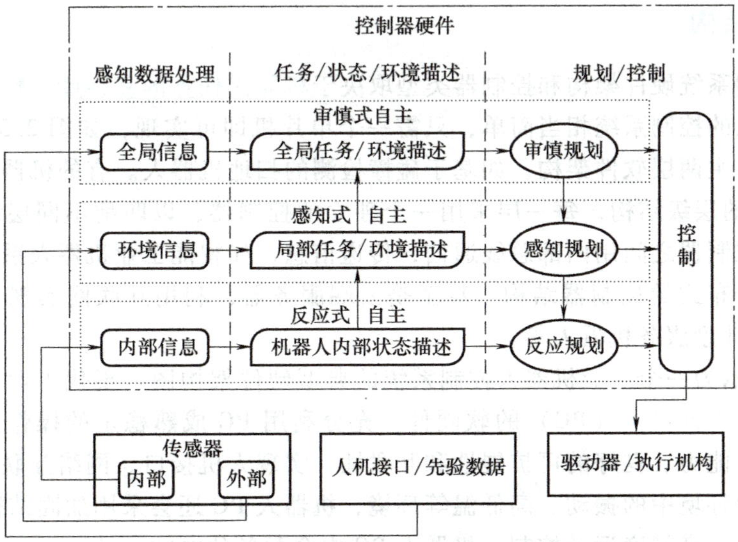

图 2.38　机器人自主控制软件架构

人软件的基本架构示意。从图中可知，机器人自主控制方式从下而上分为 3 个层级：反应式自主、感知式自主和审慎式自主，越往上越复杂，机器人的智能程度越高。

（1）反应式自主　聚焦于机器人运动控制，根据机器人内部传感器反馈的关节信息或在环境中的位置，完成关节轨迹规划，将指令发送给控制层，实现运动控制。

（2）感知式自主　根据外部传感器反馈的局部环境数据，完成机器人局部路径规划，如避障、目标跟踪、加工面跟踪等。

（3）审慎式自主　在决策中考虑宏观指令和任务规划，实施全局最优的任务或运动规划，如找到两点之间的无碰撞最短路径。很多时候，机器人的审慎式自主层会把人的意图纳入到任务规划中，甚至作为宏观任务规划的唯一来源，实现所谓“人在回路”的控制。

并非所有的机器人都包含这 3 个层级的控制方式，研究人员需要根据任务的不同，选择合理的软件架构。例如，多数示教再现型工业机器人的控制并不需要审慎式自主层级，如需要在陌生环境中自主作业的火星车，就需要具备上述全部层级。

从各软件模块的具体功能看，又可以把它们分为“感知数据处理”“任务/状态/环境描述”“规划”和“控制”等类型。

（1）感知数据处理　对传感器数据进行加工。例如：数据滤波、特征提取、指令文本抽取等，越高层，自主行为的数据处理软件越复杂。

（2）任务/状态/环境描述　对于审慎式自主，更多聚焦于任务序列和全局状态的描述；感知式自主专注于对机器人周边的局部环境进行建模，以及局部动作序列记录；反应式自主则对机器人运动状态进行标记。各层级的状态描述将逐次上传到高层级，供高层级规划器使用。

（3）规划　审慎完成机器人全局任务规划，感知规划聚焦于局部任务，反应规划则指关节运动规划。各层级的规划结果既可能生成控制指令直接发给关节控制算法，也可能形成任务指令发送给低层级规划器。

（4）控制　接收规划器的关节期望值和内部传感器反馈值，完成关节控制。

2.6.2　硬件架构

机器人控制系统硬件架构和控制器类型取决于机器人任务的复杂度、快速性、精度等要求。某些机器人的控制系统相当简单，只需一个单片机即可实现，如图 2.38 所示的反应式自主和感知式自主两层软件架构，如基于碰撞检测的扫地机器人。有的机器人控制系统采用与图 2.38 类似的层级结构，每一层采用一个独立的控制器，以匹配不同层级软件对计算性能的需求，各控制器之间用内部总线通信，传递信息，如智能工业机器人系统。还有的机器人则采用完全分布式的控制器结构，甚至是云端服务器，利用互联网实现分布式计算和控制，如聊天/陪伴型服务机器人等。

图 2.39 所示为一个工业机器人控制系统的典型硬件架构图。现代工业机器人内置的控制器通常采用个人计算机（PC）的软硬件，充分利用 PC 成熟稳定的操作系统、高速运算能力、图形显示能力、良好的可扩展性和互联性，实现人机接口、网络互联、路径规划等任务。为适应工业环境中的振动、高低温等环境，机器人 PC 还会采用加固结构。

为实现高速、高精度运动控制，机器人 PC 内会配备独立的运动控制器（Motion Controller）。运动控制器是机器人控制器的核心组件，它接受 PC 下发的运动指令，执行运动学解

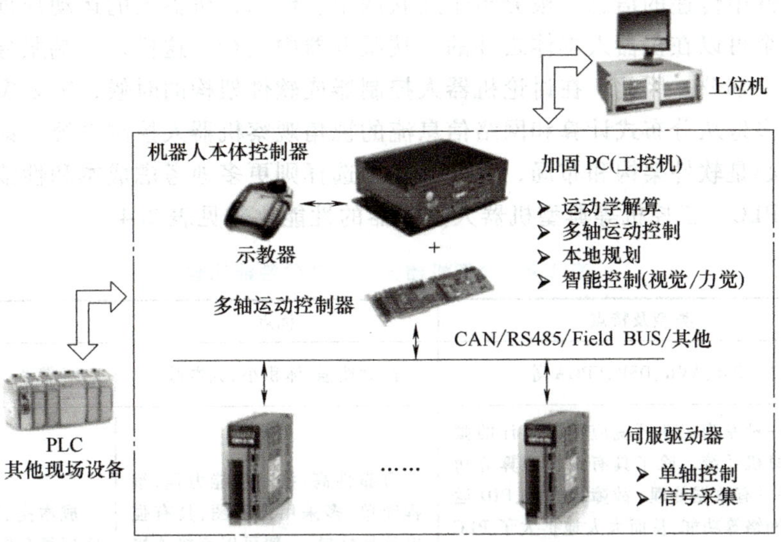

图 2.39　工业机器人控制系统的典型硬件架构

算、轨迹生成和机器人各轴的闭环运动控制，因此，又称为多轴运动控制器。现代的运动控制器多以 DSP（Digital Signal Processor 的简写）为核心，通过扩展总线、网络等方式与 PC 通信。运动控制器向伺服驱动器发送运动控制信号，驱动关节电动机运动。

工业机器人通常只是生产线某站点的自动设备之一。为了与生产线上的其他自动控制设备协调工作，如 PLC，工业机器人控制器配备了丰富的外围接口 I/O 和工业现场总线，以实现现场通信。另外，工业机器人控制器也能连接互联网，与网络上的其他上位机通信，实现远程编程、多级协作等功能。

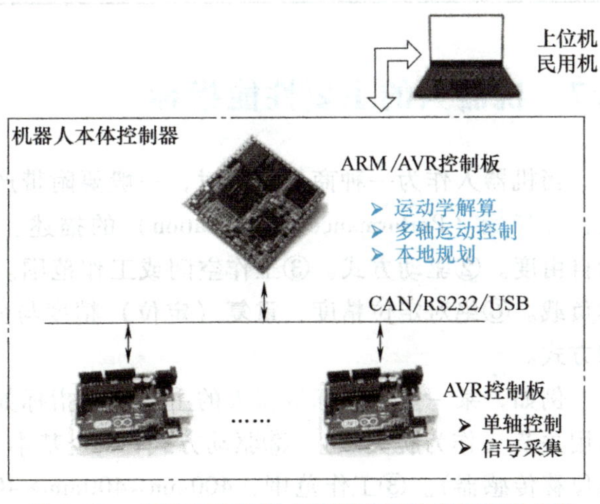

图 2.40　小型移动机器人控制系统的典型硬件架构

此外，现代工业机器人也可基于工业现场总线，如 Ethernet，在工业 PC 上实现机器人的运动控制。

图 2.40 所示为小型移动机器人控制系统的典型硬件架构图。在移动机器人中，采用上下位机的分布式结构是当前的主流方式。因为小型移动机器人应用场景中通常没有高速、高精度操作需求，所以，可以采用低成本控制器作为上位机，如基于 ARM 的嵌入式控制系统。而各电动机的控制则可以利用独立的下位机控制器来实现，如基于 AVR 单片机的单路电动机位置-速度闭环控制系统。

随着互联网成本的降低，绝大多数机器人控制器都具备连接互联网的能力。这不仅使多机器人协作系统的实现成为可能，也使机器人软件的分布式布局得到越来越广泛的应用。越来越多的机器人借助云端服务器，实现原来在本地硬件上运行的计算任务。这使得原本只在机器人本体硬件中传递的信息，被分布于互联网中。例如，机器人的运动规划、任务规划和人机交互，完全可以在机器人本体之外的云端服务器中运行。这样，云端服务器就成为机器人控制系统的一部分。因此，在讨论机器人控制器或软件架构的时候，需要突破机器人本体的局限，而更多地从分布式计算和网络信息流的视角观察机器人控制系统。即：机器人控制系统设计的核心是软件架构和布局，硬件方案的选择则更多地考虑成本和性能的平衡。

单片机、PLC、工控机等典型机器人控制器的性能比较见表 2.4。

表 2.4 典型机器人控制器的性能比较

类型	类型及特点	优点	缺点
单片机	包括 ARM、AVR、DSP、FPGA 等	针对性强、体积小、成本低	可靠性一般、开发周期长
PLC	是一种专为工业环境应用而设计的微型计算机系统。除了具有逻辑运算等功能，还具有数据处理、故障自诊断、PID 运算及网络等功能，从而大大地扩大了 PLC 的应用范围。目前从单机自动化到工厂自动化，从柔性制造系统、机器人到工业局部网络都可寻觅到 PLC 的踪影	可靠性高，抗干扰能力强；编程简单，多采用梯形图；具有强电信号接口，一般可以直接连接负载，简化了接口设计	成本高、体积大、不适用于实现复杂应用的程序
工控机	是一种加固的增强型 PC 机，它可以作为一个工业控制器在工业环境中可靠运行	具有高可靠性和高实时性，环境适应能力强，综合控制能力较强；具有很强的信息处理计算能力；输入/输出处理强	成本较高，功耗大，安装维修相对比较复杂

2.7 机器人的主要性能指标

当机器人作为一种商品出售时，一般要附带产品手册，其中最重要的一项内容是对机器人性能指标（Performance Specification）的描述。以工业机器人为例，技术指标通常包括：①自由度。②驱动方式。③工作空间或工作范围。④工作速度（有时还包括加速度）。⑤工作负载。⑥绝对定位精度、重复（定位）精度与分辨率（多数情况下只给重复精度）。⑦控制方式。

例如，某一直角坐标机器人的主要技术指标如下：①自由度：共有 3 个基本关节和 2 个选用关节（作为腕关节）。②驱动方式：3 个基本关节由交流伺服电动机驱动（采用增量式角位移传感器）。③工作范围：400mm×400mm×400mm。④关节移动范围及速度：A1～A3，400mm，800mm/s；A4～A5，300°，2rad/s。⑤工作负载（最大伸长、最高速度下）：20kg。⑥重复精度：±0.05mm。⑦控制方式：五轴同时可控，点位控制。

再如，某一6 自由度的串联操作臂的主要技术指标如下：①自由度：6 个旋转关节。②驱动方式：交流伺服电动机驱动（采用增量式光电编码器）。③工作空间或工作范围：400mm×400mm×400mm。④工作速度（加速度）：A1～A3，100°，1rad/s；A4～A6，300°，2rad/s。⑤工作负载：10kg。⑥重复精度：±0.2mm。⑦控制方式：六轴同步控制，支持点位模式和连续轨迹模式。

某商用机器人（ABB 公司的 IRB120 型机器人）的具体规格参数见表 2.5。

表 2.5　IRB120 型机器人的规格参数

关节轴的运动类型和工作范围			
关节轴	运动工作范围/(°)	最大速度/(°/s)	
轴 1 旋转	-165~165	250	
轴 2 旋转	-110~110	250	
轴 3 旋转	-90~70	250	
轴 4 偏转	-160~160	320	
轴 5 俯仰	-120~120	320	
轴 6 翻滚	-400~400	420	
规格参数与性能			
电源电压	200~600V	额定功率	3kW
机器人底座尺寸	180mm×180mm	机器人质量	25kg
重复定位精度	0.01mm	防护等级	IP30
机器人安装	任意角度	控制器	IRC5
TCP 最大加速度	$28m/s^2$	TCP 最大速度	6.2m/s

1. 自由度

机器人的自由度（Degree of Freedom，简写为 DOF）是表示机器人动作灵活的尺度，一般以输出端的独立直线移动、摆动或转动的数目来表示，手部动作不包括在内。在工业机器人领域，往往用关节轴数表示自由度数。第 3 章将对这个概念进行详细讨论。

2. 工作空间

工作空间（Workspace）是对机器人运动范围或动作可达性的度量。它是指机器人末端所能达到的所有空间区域，其大小主要取决于机器人的几何形状和关节运动方式。图 2.41 所示为四种典型坐标型机器人（机械臂）的工作空间。其中，PPP（直角坐标）机器人的工作空间为一个规则的立方体；RPP（圆柱坐标）机器人的工作空间为一空心圆柱；RRP（球坐标）机器人的工作空间为球体一部分；RRR（关节）型机器人的工作空间形状比较复杂，范围较大。各关节轴的运动范围会直接影响机器人工作空间的大小。

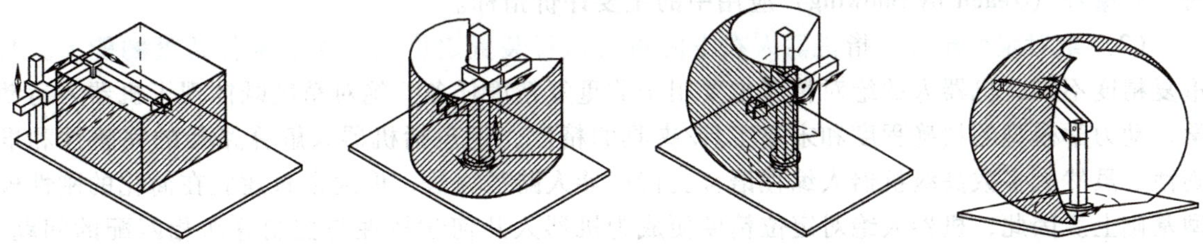

a) PPP　b) RPP　c) RRP　d) RRR

图 2.41　四种机器人的工作空间

3. 工作速度、加速度

机器人的性能往往体现在功能和效率两方面。例如，对于搬运机器人，这种评价标准往往依据每分钟完成的取放循环次数。机器人的峰值速度和加速度一般只是理论计算的结果，实际上，由于机器人移动过程中，随着位姿的改变，各关节所受惯性力和重力也会变化，其峰值加速度和速度在工作过程中不是定值。

最大关节速度（角速度或线速度）并不是一个独立的值。对于长距离运动，它往往受伺服电动机的总电压或最大允许转速的限制；对于高加速度机器人，即便是非常近的点对点运动也可能有速度限制，而低加速度机器人只对整体运动有速度限制。例如，在大型或高速机器人中，典型的末端执行器峰值速度最高能达到20m/s。

目前，大多数机器人的有效载荷质量相比其自身的质量都非常小，因此，可以说更多的动力是用来加速机器人本体而不是负载。另外，加速度越大的机器人往往要求刚性更好。对于高性能机器人，加速度和稳定时间相比速度或负载能力是更重要的设计参数。例如，拾取机器人在小负载情况下其最大加速度可以超过10g。

4. 工作负载

机器人的工作负载往往使用额定负载来衡量。额定负载是指机器人在规定的性能范围内，末端所能承受的最大负载量（包括手部），通常用质量、力矩或惯性矩来表示。

负载大小同时包括外载荷及自重，以及由于运动速度变化产生的惯性力和惯性力矩。一般低速运行时，机器人的承载能力大一些；但为了安全考虑，规定以高速运行时所能抓取的最大工件质量作为工作负载的衡量指标。

一般而言，并联机器人的工作负载要高于同尺度的串联机器人。

5. 精度

通常使用重复定位精度（Repeatability）、绝对定位精度（Accuracy）和位置分辨率（Resolution）来定义机器人末端定位能力。

（1）重复定位精度　体现了机器人重复回到同一位置的能力，反映控制精度和结构非线性（间隙、弹性）的大小。一般情况下，机器人由于存在摩擦、关节回差、传动时的空行程、伺服系统增益以及结构和机械装配过程中产生的空隙等，会产生一定的误差。让机器人反复执行同一个位置定位指令，其末端停止点会形成一个球形空间。该球形空间的半径可用于评价机器人的重复定位精度。在机器人工作空间的不同位置，重复定位精度不同。对于从事装配、加工等重复动作的机器人，重复精度指标非常重要。典型的重复精度参数可以低至大型电焊机器人的1~2mm，也可以精确到精微操作机器人的5μm。重复定位精度往往作为示教编程（Teach by Showing）应用中的主要评价指标。

（2）绝对定位精度　指机器人在空间将其执行装置定位到程序设定位置处的能力。与重复精度不同，机器人的绝对精度主要用于非重复精度任务。绝对精度既体现了机器人运动学、动力学模型的精确程度和末端工具/夹具的精度，还包括机器人解算路径的完整性和准确性。虽然大多数高级机器人编程语言支持机器人路径算法，但通常只建立在简化的刚性模型基础上。因此，机器人绝对定位精度便成为机器人几何学特性与控制算法相匹配的问题。典型的工业机器人绝对精度范围可以低至±10mm，也可以高至±0.01mm。利用标定（Calibration）技术，对机器人的连杆长度、关节角度和安装位置进行精确测量和校准，是提高机器人绝对定位精度的有效手段。此外，精密的控制器、传感器和执行器，也是保证高定位精度的必要条件。绝对定位精度往往作为离线编程（Offline Program）应用中的主要评价指标。

（3）位置分辨率　指机器人能完成的最小位移增量，这对于基于外传感器的机器人定位和运动控制十分重要。尽管大多数制造商都用关节位置编码器来改善分辨率，或用伺服电动机和驱动器的步长来计算系统分辨率，但此方法本身就存在问题。这是由于机器人结构本体中存在的摩擦、变形、间隙等都会影响系统分辨率，与控制系统分辨率相比要低2~3个数量级。

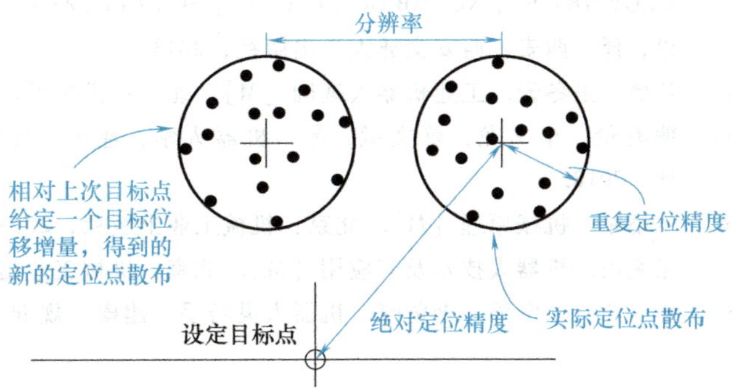

图 2.42 绝对精度、重复精度与分辨率

图2.42所示为绝对精度、重复精度与分辨率之间的区别。

机器人的绝对精度、重复精度和分辨率指标是根据其使用要求来确定的。机器人自身所能达到的精度取决于机器人结构及刚度、驱动/传动方式、运动速度控制水平等因素。

2.8 本章小结

1）机器人系统一般由机械本体、驱动装置、传感器、控制器四个部分组成，典型的机器人系统可分为两大类：操作臂和移动机器人。

2）操作臂是指由一组连杆通过运动副连接而成的多自由度受控系统，主要包括串联式机器人、并/混联机器人。

3）移动机器人种类繁多、形态各异。目前典型的移动机器人包括腿式机器人（如类人机器人）、轮式机器人、履带式机器人、飞行机器人和水下机器人等。

4）机器人的驱动方式包括电动机、液压、气动等形式；传动方式的种类更加多样，广泛应用的机器人专用减速器包括RV和谐波减速器。其中，RV回转精度高，主要用于大臂等重载关节；而谐波减速器具有更大的传动比，主要用于手、腕部等轻载关节。

5）机器人传感器分为两大类：内传感器和外传感器。前者提供机器人内部状态信息，后者提供作业对象和环境信息。

6）机器人控制系统包括硬件和软件，其功能是处理传感器和用户信息，形成决策。其中，机器人硬件架构取决于任务复杂度、运动精度和成本等因素，机器人软件架构则主要由任务复杂度决定，多采用层级化结构。

7）机器人的主要技术指标（或规格）参数包括自由度、工作空间、工作速度（有时还包括加速度）、工作负载、绝对定位精度、重复定位精度、分辨率等，而对其技术指标的描述中，除上述外，还包括驱动方式、控制方式等内容。

延读文献

[1] SICILIANO B., KHATIB O. Handbook of Robotics [M]. 2nd ed. Germany: Springer, 2016.

[2] SICILIANO B., SCIAVICCO L., VILLANI L., et al. Robotics: Modelling, Planning and Control [M]. Springer, 2009.

[3] SIEGWART R., NOURBAKHSH I. R., SCARAMUZZA D. 自主移动机器人导论［M］. 李人厚，宋青松，译. 西安：西安交通大学出版社，2013.

[4] 兰虎、王冬云. 工业机器人基础［M］. 北京：机械工业出版社，2020.

[5] 熊有伦，李文龙，陈文斌，等. 机器人学：建模、控制与视觉［M］. 武汉：华中科技大学出版社，2018.

[6] 于靖军. 机械原理［M］. 北京：机械工业出版社，2013.

[7] 张宪民. 机器人技术及其应用［M］. 北京：机械工业出版社，2018.

[8] 张玉茹、李继婷、李剑峰. 机器人灵巧手：建模、规划与仿真［M］. 北京：机械工业出版社，2007.

习　题

一、问答题

2-1 机器人系统与数控机床、医疗 CT 等机电一体化系统有哪些异同？

2-2 机器人中常见的驱动方式有哪些？做个表格，比较这些驱动方式的优缺点。

2-3 机器人中常见的传动方式有哪些？做个表格，比较这些传动方式的优缺点。

2-4 机器人中常见的位置传感器有哪些？做个表格，比较这些传感器的优缺点。

2-5 机器人中常见的控制器有哪些类型？做个表格，比较这些控制器的优缺点。

2-6 机器人的性能指标有哪些？对于工业机器人和服务机器人，各自重点关注的指标有何异同？

二、论证、分析题

2-7 图 2.43 所示为一种用于机器人手臂的减速器。1 为输入，转速为 n_1，双联齿轮 4 为输出。已知各齿轮齿数为：$z_1=20$，$z_2=40$，$z_3=72$，$z_4=70$。①分析内齿轮 3 的运动（是否存在自转角速度?）。②计算内齿轮 3 的公转角速度。③计算减速器的转速比 i_{14}。

2-8 图 2.44 所示为一种 RV 减速器。齿轮 1 为主动件，两个从动轮 2 各固连着一个曲拐，两曲拐的偏心距及偏移方向相同。曲拐偏心端插入内齿轮 3 的孔中。该传动装置运行时，齿轮 3 作平动。求该传动装置的自由度及传动比 i_{14}（假设各齿轮齿数已知）。

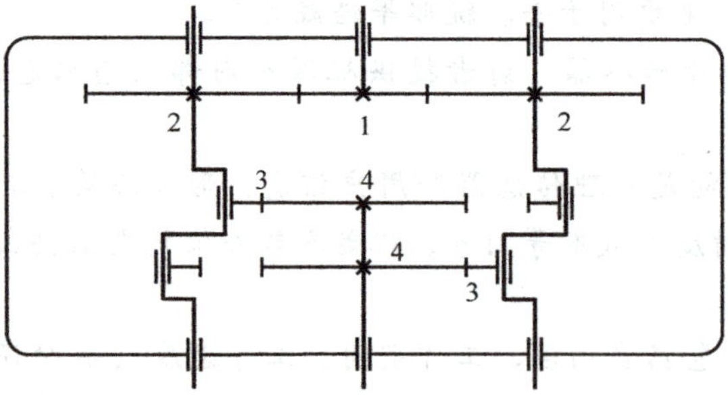

图 2.43 机器人减速器

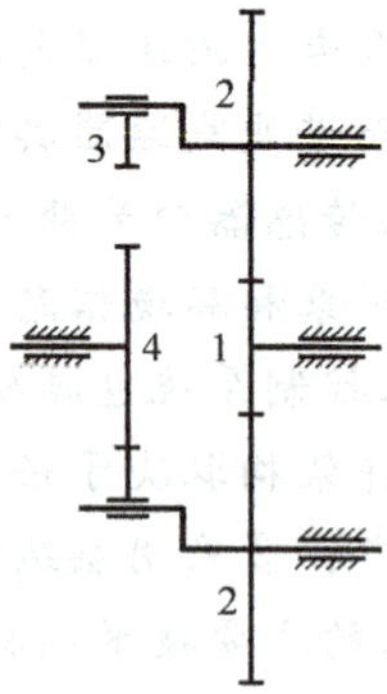

图 2.44 机器人 RV 减速器

2-9 若要设计一个用于自动化生产线上高速拾取电池的机械手系统，该系统应由哪些部分组成，需关注的主要性能指标有哪些？

2-10 若要设计一个用于卫生陶瓷洁具生产线上磨抛的机器人系统，该系统应由哪些部分组成，需关注的主要性能指标有哪些？

2-11 要求概念设计一款面向儿童写字教学的家庭版桌面机器人。试给出该机器人的系统总体配置方案，包括：技术指标，选择何种机器人本体机构类型并说明理由，绘制其机构简图，选择用何种电动机并说明理由，用不超过 200 字说明总体控制方案简要构思（包括控制系统简要组成和可能的操作过程）。

第3章　机器人机构

【内容导读与学习目标】

机构是机器人的骨架。机器人机构既可以作为机器人的结构本体，也可以成为机器人驱动、传动，乃至执行系统的重要组成部分。通过本章的学习，希望读者能够：

1）掌握机器人机构的基本组成要素与机器人自由度计算公式。

2）掌握串联机器人机构、并/混联机器人机构和移动机器人机构的分类及特点。

3）了解机器人中常用的驱动与传动机构。

4）了解移动机器人的分类及特点。

3.1　机器人机构的基本组成

授课视频

首先回顾一下《机械原理》课程中介绍过，并在本书中沿用的一些基本概念。

3.1.1　机构的基本组成元素：构件与运动副

（1）构件（Link）　机械系统中能够进行独立运动的单元体。机器人中的构件多为刚性连杆，因此，多数情况下简称为杆。但在某些特定应用中，构件的弹性或柔性不可忽视，或者本身即为弹性或柔性构件。本书主要研究刚性杆。

图 3.1 所示为机器人机构的基本组成示意。如图 3.1a 所示，所有构件都可以看作是由

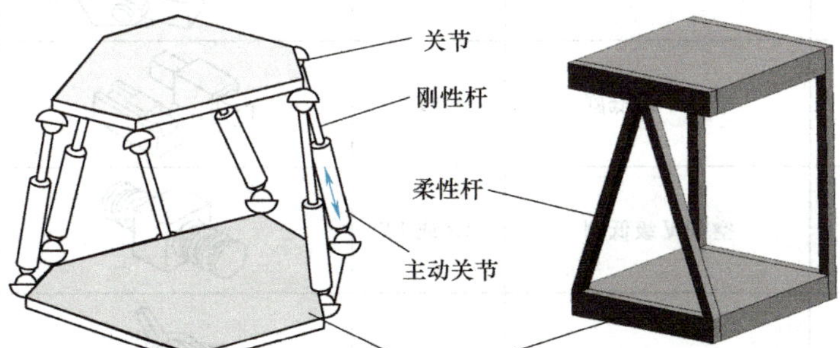

a) 构件(杆)　　b) 运动副(关节)

图 3.1　机器人机构的基本组成

刚性杆组成的；而图 3.1b 所示，连接两平台的 4 根杆为柔性杆。两个机器人机构中都有一个固定不动的构件，称为机架（Frame）或基座（Base）。

（2）运动副（Kinematic Pair） 是指两构件既保持接触又有相对运动的活动连接。机器人学领域，通常又称运动副为铰链或者关节（Joint）。机器人的运动学特性主要由运动副类型和运动副空间布局决定。机器人中常用的运动副如下。

1）转动副（Revolute Joint）。是一种使两构件间发生相对转动的连接形式。它具有一个转动自由度，约束了刚体的其他五类运动，可使得两个构件绕同一轴线相对转动。

2）移动副（Prismatic Joint）。是一种使两构件间发生相对移动的连接形式，它具有一个移动自由度，约束了刚体的其他五类运动，并使得两个构件沿一条直线相对平动。

3）螺旋副（Screw Joint）。是一种使两构件间发生螺旋运动的连接形式。它同样只具有一个自由度，约束了刚体的其他五类运动，并使得两个构件作相对螺旋运动。

4）圆柱副（Cylindrical Joint）。是一种使两构件间发生同轴转动和同方向移动的连接形式，通常由共轴的转动副和移动副组合而成。它具有 2 个独立的自由度，约束了刚体的其他四类运动。

5）虎克铰（Universal Joint）。是一种使两构件间发生绕同一点二维转动的连接形式，通常采用轴线正交的连接形式，有时也称作万向铰。它具有 2 个相对转动的自由度，相当于轴线相交的两个转动副。它约束了刚体的其他四类运动。

6）平面副（Planar Joint）。是一种允许两构件间在平面内任意移动和转动的连接形式，可以看作是由 2 个独立的移动副和 1 个转动副组成。它约束了刚体的其他 3 个运动，由于没有物理结构与之相对应，工程中并不常用。

7）球面副（Spherical Joint）。多数情况下简称为“球副”，是一种能使两个构件在三维空间内绕同一点作任意相对转动的运动副，可以看作是由轴线汇交一点的三个转动副组成。它约束了刚体的三维移动。

以上 7 种常见运动副的总结见表 3.1，包括其图形示意及常用的符号。注意，表中乃至全书在提及运动副时，用 R 表示转动，T 表示移动，前面的数字表示数目。

表 3.1　机器人中常见运动副的类型及其代表符号

名称	符号	类型	自由度	图形	基本符号
转动副	R	平面Ⅴ级低副	$1R$		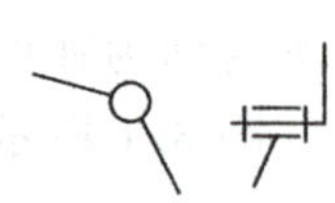
移动副	P	平面Ⅴ级低副	$1T$	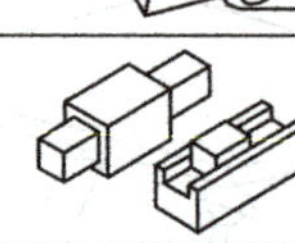	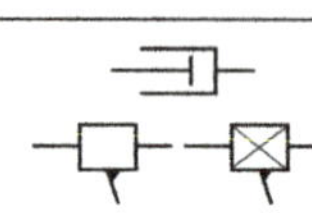
螺旋副	H	空间Ⅴ级低副	$1R$ 或 $1T$	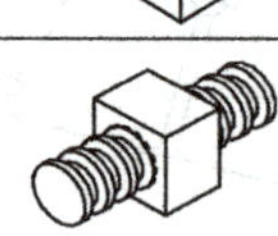	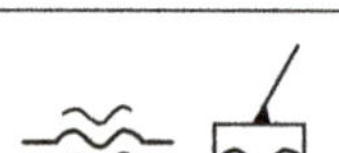
虎克铰	U	空间Ⅳ级低副	$2R$		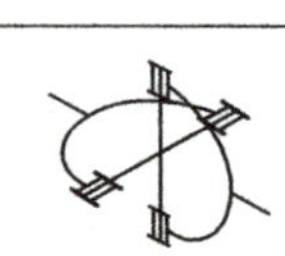

（续）

名称	符号	类型	自由度	图形	基本符号
圆柱副	C	空间Ⅳ级低副	1R1T	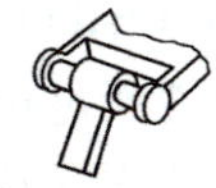	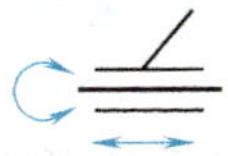
平面副	E	平面Ⅲ级低副	1R2T	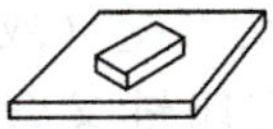	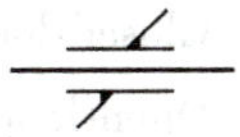
球面副	S	空间Ⅲ级低副	3R	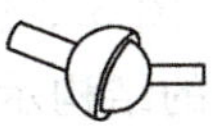	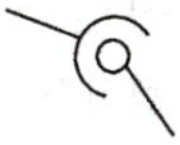

尽管机器人可能用到上述所提到的任何一类运动副，但最常用的还是转动副和移动副。虽然连杆可以用任何类型的运动副进行连接，包括齿轮副、凸轮副等高副（点或线接触），但机器人中通常只选用低副（面接触），如转动副 R、移动副 P、螺旋副 H、圆柱副 C、虎克铰 U、平面副 E 以及球面副 S 等。图 3.2 所示为 R、P、C、U、S 5 种铰链的真实物理表现形式。

根据运动副有无驱动，可将其分为主动副（驱动副 Actuated Joint）和被动副（或消极副 Passive Joint）。例如，并联机器人中就广泛存在被动副。

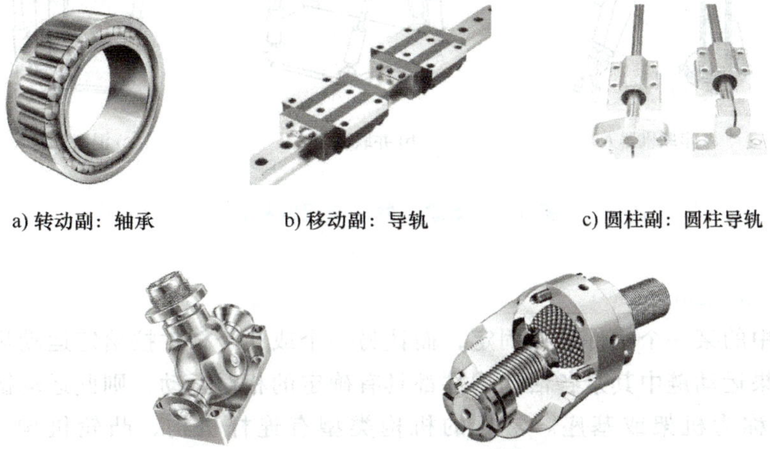

a) 转动副：轴承　b) 移动副：导轨　c) 圆柱副：圆柱导轨

d) 虎克铰　e) 球铰：球轴承

图 3.2　运动副的实物形式

【背景知识】　弗兰兹·勒洛（1829—1905）德国机械工程专家，机构运动学创始人。1875 年，发表了《理论运动学》一书，其中，引入了“运动副”和“运动链”等概念，奠定了机构结构学的理论基础；提出了描述各类机构拓扑结构的简洁符号表示法，以及平面四杆机构的结构变异方法。该专著奠定了机构学的学科基础。此外，他领导设计、制作了 300 多种机构模型，供大学教学使用。研究了鸟和鱼的嘴部结构并绘出机构简图，是第一位从仿生学的角度研究自然的机构学家。

3.1.2 运动链、机构与机器人

1. 运动链（Kinematic Chain）

两个或两个以上的构件通过运动副连接而成的可动系统称为运动链。由各构件构成首末封闭系统的运动链称为闭链（或闭环，Closed-loop）；反之为开链（或开环，Open-loop）；既含有闭链又含有开链的运动链称为混链。图 3.3 所示为典型开链、闭链和混链的结构示意。

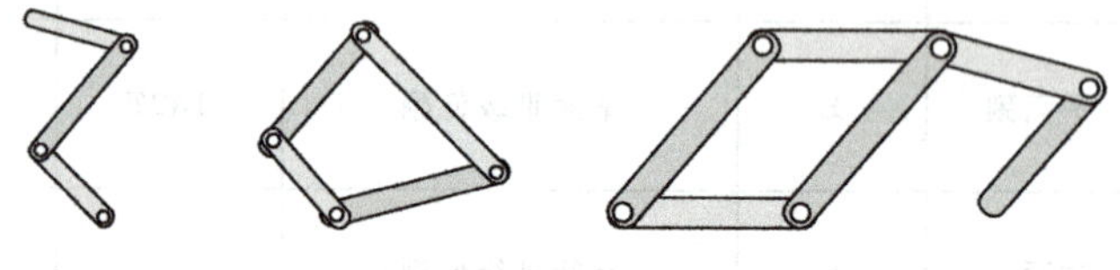

a) 开链　b) 闭链　c) 混链

图 3.3　运动链的类型

例如，完全由开链组成的机器人称为串联机器人（Serial Manipulator）；完全由闭链组成的机器人称为并联机器人（Parallel Manipulator），开链中含有闭链的机器人称为串并联机器人（Serial-parallel Manipulator）或混联机器人（Hybrid Manipulator）。图 3.4 所示为串联、并联、混联三类典型机器人的结构示意。

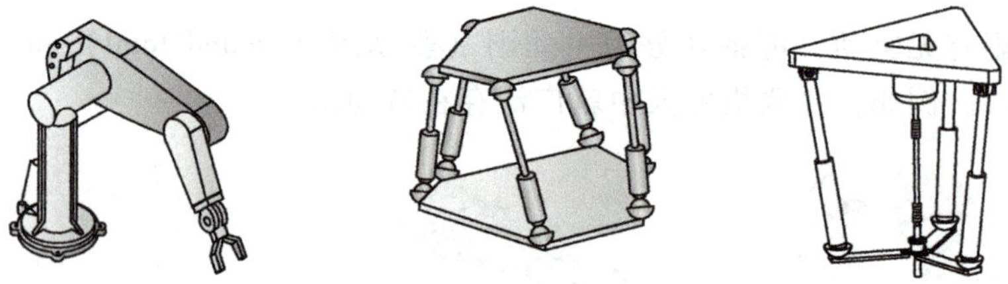

a) 串联机器人　b) 并联机器人　c) 混联机器人

图 3.4　串联、并联与混联机器人

2. 机构（Mechanism）

将运动链中的某一个构件加以固定，而让另一个或几个构件按给定运动规律相对于固定构件运动。如果运动链中其余各活动构件都具有确定的相对运动，则此运动链称为机构，其中的固定构件称为机架或基座。常见的机构类型有连杆机构、凸轮机构、齿轮机构等。图 3.5 所示为常见的各类平面机构。

根据机构中各构件间的相对运动可将其分为平面机构（Planar Mechanism）、球面机构（Spherical Mechanism）和空间机构（Spatial Mechanism）。此外，根据构件或运动副的变形程度，还可以将机构分成刚性机构（Rigid Mechanism）、弹性机构（Flexible Mechanism）及柔性机构（Compliant Mechanism）。刚性机构中，假定构件为刚体，运动副具有理想柔度；而真实的机构往往无法实现，从而影响机构的性能（如刚度、精度等）。弹性机构及柔性机构则考虑了这一点，机构中的构件或运动副均具有非理想柔度，但前者偏重考虑的是如何消除柔性带来的负面影响，而后者则充分利用构件或运动副的柔性。

从机构学角度，大多数机器人都是由一组通过运动副连接而成的刚性连杆（即机构中的构件）构成的特殊机构。

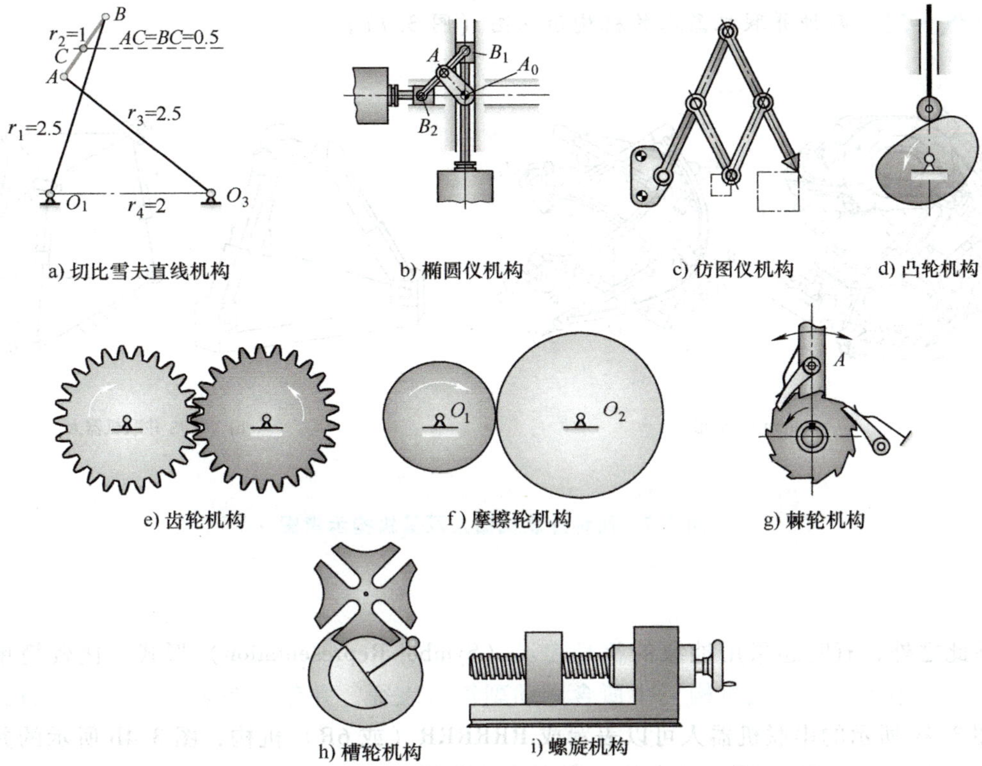

a) 切比雪夫直线机构 b) 椭圆仪机构 c) 仿图仪机构 d) 凸轮机构

e) 齿轮机构 f) 摩擦轮机构 g) 棘轮机构

h) 槽轮机构 i) 螺旋机构

图 3.5 常用的平面机构

3.1.3 机器人机构的表示

机械原理课程中曾学过机构运动简图（Kinematic Diagram of Mechanisms），主要用于简化机构的实体表示。机器人机构作为特殊的机构类型，同样可以采用机构运动简图或机构示意图。详细绘制过程可参考相关《机械原理》教材，这里不再赘述。

除了用运动简图表示机器人机构，有时只是为了表明机器人的组成和结构特征，而不严格按照比例绘制简图，这样所形成的简图称之为机器人机构运动或结构示意图（Schematic Diagram），有时也简称为机构示意图或机构简图。这类示意图多用于自由度分析与构型综合。无论是运动简图还是结构示意图，都属于形象化的图形表达范畴。

【例 3-1】 两种串联机器人的机构示意图（图 3.6）。

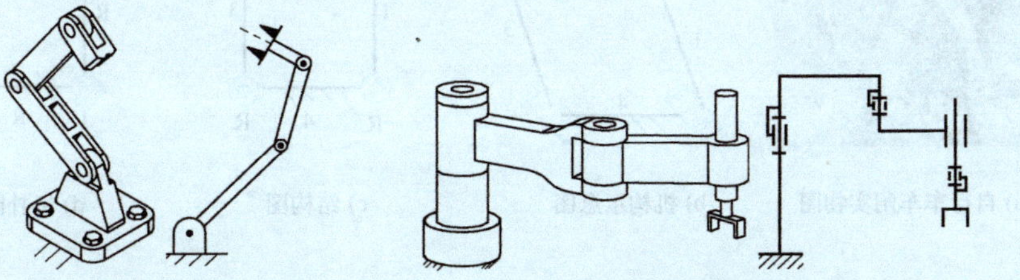

a) 平面3R机械手 b) 4自由度串联机械手

图 3.6 两种串联机器人及其机构示意图

【例 3-2】 两种并联机器人的机构示意图（图 3.7）。

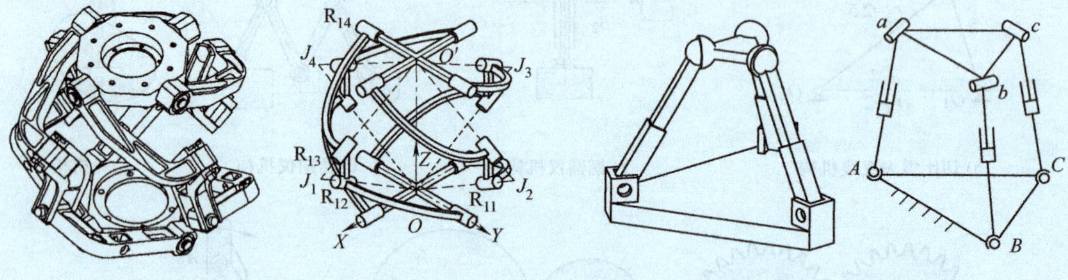

a) Omni Wrist Ⅲ　　b) 3-RPS 并联机器人

图 3.7　两种并联机器人及其机构示意图

除此之外，有时还采用抽象的符号表示（Symbol Representation）形式。比较简单的方法是直接采用运动链（或机构）中所含运动副符号表征，并作为命名机构的一种方式。例如，图 3.4a 所示的串联机器人可以表示成 RRRRRR（或 6R）机构，图 3.4b 所示的并联机器人可以表示成 6-SPS 机构。（支链）命名方式遵循：由机架相连的运动副开始到与动平台相连的另一运动副结束。

符号表示还有其他方式，比较典型的如结构图或拓扑图（Topology Graph）。结构图中，用特定的符号或标识表示运动副（如用⊙表示转动副），用简单的线条表示构件，再按运动简图或结构简图的顺序对构件和运动副进行排列、标号。而拓扑图的表示正好相反：用线条表示运动副，用圆圈表示构件。拓扑表示主要基于图论（Graph Theory），具有很强的数学支撑，常用于构型综合。目前，无论平面机构还是空间机构，采用图表达形式都非常普遍。图 3.8 所示为平行四边形机构的各种表示形式，如符号表示为 RRRR。

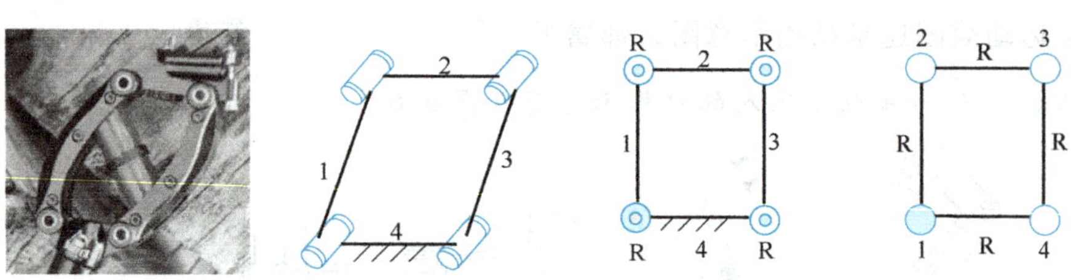

a) 自行车车闸实物图　　b) 机构示意图　　c) 结构图　　d) 拓扑图

图 3.8　平行四边形机构的各种表示形式

图 3.9 所示为 Stewart 平台的机构示意图和结构图表示。

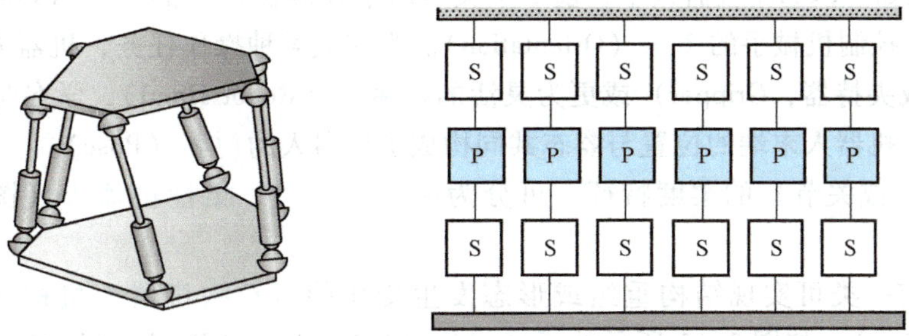

a) 机构示意图　　b) 结构图

图 3.9　Stewart 平台的机构示意图和结构图表示

3.2 机器人机构的简单分类

按照机器人的结构特征划分，机器人机构可分为串联机构、并联机构、混联机构等，这些概念在前文已经介绍。早期的工业机器人如 PUMA 机器人、SCARA 机器人等，实质上都是串联机构，而像 Delta 机器人（由瑞士 EPFL 的克莱沃教授于 1986 年发明）、Z3 主轴头（德国 DS Technology 公司开发）等，则属于并联机构。相比串联机构，并联机构具有高刚度、高负载/惯性比等优点，但工作空间相对较小，结构较为复杂。这正好同串联机构形成互补，从而拓展了机器人机构的选择及应用范围。类如 Tricept 机器人（德国纽曼博士于 1988 年发明）则是一种典型的混联机构，它正好综合了串联机构与并联机构两者的特点。各类机器人如图 3.10 所示。

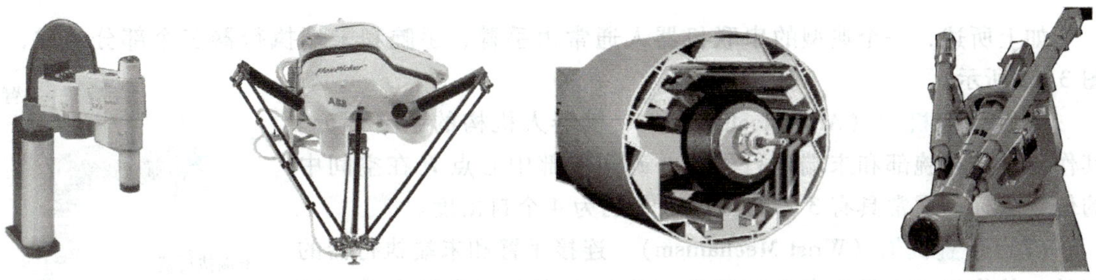

a) SCARA机器人　　b) Delta机器人　　c) Z3主轴头　　d) Tricept 机器人

图 3.10　已取得成功应用的商用串、并、混联机器人

根据运动（或自由度）特性，机器人机构可分为：平面机器人机构（实现平面运动）、球面机器人机构（实现球面运动）与空间机器人机构（实现空间运动）。平面机器人机构多为连杆机构（linkage），运动副多为转动副和移动副；球面机构组成球面机器人机构；除此之外的机器人机构，都为空间机器人机构。

更为普遍的分类方法是按照自由度类型来划分的。例如，1~3DOF 的平动（Translational）机构，1~3DOF 的转动（Rotational）机构和 2~6DOF 的混合运动（Mixed-Motion）机构。

按照结构组成与运动功能，可将组成机器人的机构划分为：有定位（Positioning）机构、指向（Pointing）机构。传统意义上，前者通常称为机械臂和手臂（Arm），而后者通常称为手腕（Wrist）。例如，PUMA 机器人中，前 3 个关节用于控制机械手的位置（Position），而剩下的 3 个关节用于控制机械手的姿态（Orientation）。为完成某种操作任务，机器人末端还要安装机器人手爪（或夹持器，Gripper）或更为灵活的机械手（Robot Hand），学名称为末端执行器（End-effector）。机器人末端的位置与姿态共同构成了机器人的位姿（Pose）。

根据构件（或关节）的柔度特征，可分为刚性机器人、柔性机器人（图 3.1）和软体机器人等。

此外，还有一类可实现结构重组或形态发生变化的可重构机器人机构（Reconfigurable Robotic Mechanism），如图 3.11 所示的折展机构（Foldable and Deployable Mechanism）。这一新型机构除了具有折叠或展开特性，还可通过改变杆件数、或者运动副的类型等方式使自由度发生变化。

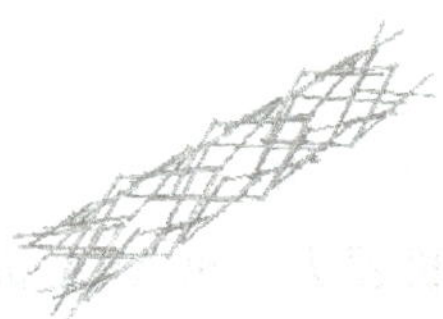

a) 折叠状态

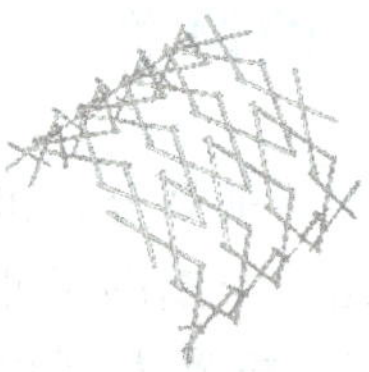

b) 展开状态

图 3.11　基于 Bennett 机构单元的折展机构

3.3　串联机器人机构

如上所述，一个典型的串联机器人通常由手臂、手腕和末端执行器三个部分组成，如图 3.12 所示。

(1) 手臂机构（Arm Mechanism）　机器人机构的主要部分。其作用是支撑腕部和末端执行器，并确定腕部中心点 P 在空间中的位置坐标。通常具有 3 个自由度，个别为 4 个自由度。

(2) 手腕机构（Wrist Mechanism）　连接手臂和末端执行器的部件。其作用主要是改变和调整末端执行器在空间中的方位，即姿态。一般具有 3 个旋转自由度，个别为 2 个旋转自由度。

(3) 末端执行器（End-effector）　机器人作业时安装在腕部的工具，根据任务选装。

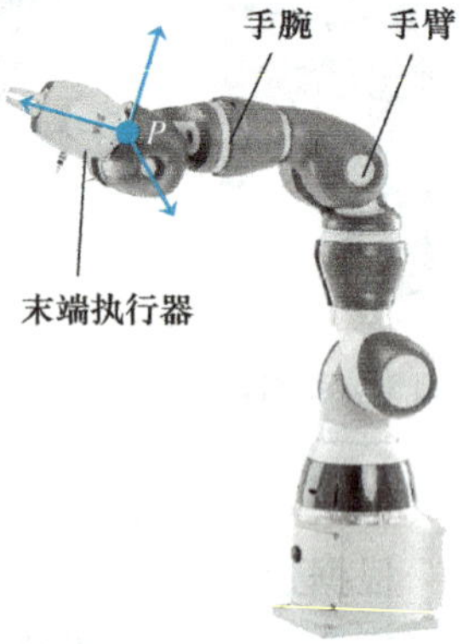

图 3.12　典型串联机器人机构的组成

3.3.1　手臂机构

对于机器人结构，臂部（包括小臂和大臂）是机器人机构的主要部分。其作用是支撑腕部和手部，并带动它们使手部中心点 P 按一定的运动轨迹，由某一位置运动到达另一指定位置。机器人手臂的主体机构一般为 3 自由度机构，主要包括直角坐标式、圆柱坐标式、球面坐标式和关节式四种基本结构形式。

(1) 直角坐标式（Cartesian Coordinate Type，PPP 链）　由三个相互垂直的移动副构成，每个关节独立分布在直角坐标的三个坐标轴上（图 3.13a）。其结构简单、控制简单、精度高。

（2）圆柱坐标式（Cylindrical Coordinate Type，RPP 或 CP 链） 将直角坐标机器人中某一个移动副用转动副代替（图 3.13b），该结构运动范围较大。

（3）球面坐标式（Polar Coordinate Type，RRP 或 UP 链） 前两个铰链为相互汇交的转动副而第三个为移动副（图 3.13c），该结构运动范围较大。

（4）关节式（Articulated Type，RRR 或 UR 链） 其特征是所有三个铰链均为转动副。这种结构更接近人臂关节布局，对作业的适应性较高。具体而言，还可分为垂直关节式、水平（或平面）关节式等子类型，图 3.13d 所示为一垂直关节式结构。

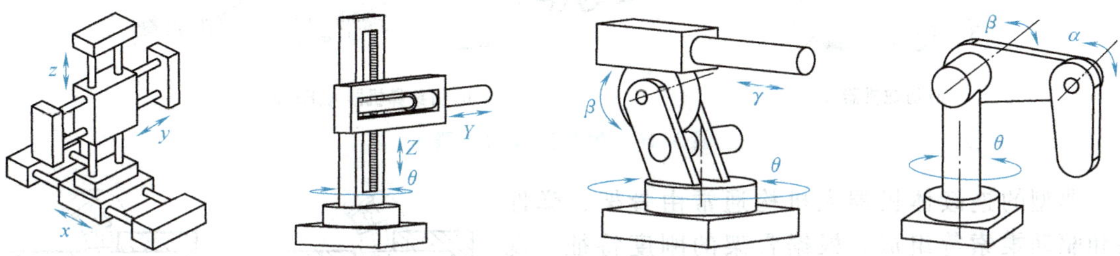

a) 直角坐标式　b) 圆柱坐标式　c) 球面坐标式　d) 关节式

图 3.13 手臂机构的四种基本类型

【例 3-3】 Gantry 机器人。

图 3.14 所示为 Gantry 机器人，是一种典型的直角坐标式机器人（Cartesian Robot）。一般为龙门结构，可由三个直线运动单元组合而成，应用十分广泛。

a) 结构示意图　b) 实物样机(IBM 7650)

图 3.14 Gantry 机器人

【例 3-4】 SCARA 机器人的手臂机构。

随着 20 世纪 60 年代半导体及轻工业的快速发展，工业界对一类可实现拾取作业的机器人有重要需求，SCARA 机器人应运而生，其结构示意图如图 3.15 所示。机器人由三个相互平行的转动轴和一个与转动轴线平行的移动轴组成。其中，前三个关节构成水平关节式手臂机构。由于该机器人可实现水平面内的任意移动，因此其突出特征是水平面内刚度低（柔顺性好），而在垂直方向上刚度高，非常适用于装配作业。机器人由此得名。

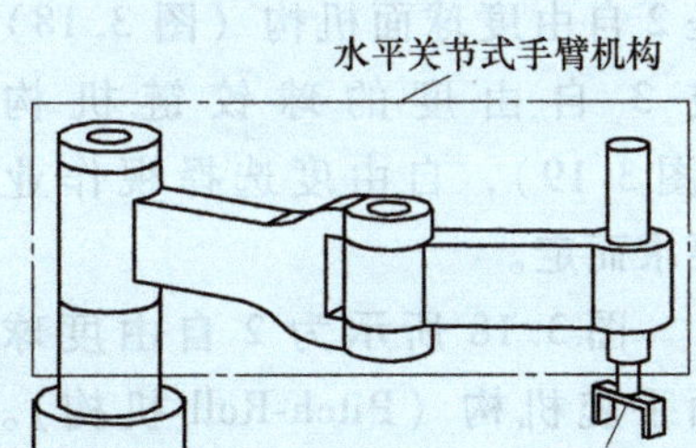

图 3.15 SCARA 机器人的结构示意图

以上介绍的手臂机构通常都是由一系列刚性连杆通过刚性关节连接而成，机构的运动完全通过这些离散关节的运动来实现。简单地说，关节和自由度具有离散分布特性。还有一类称之为连续体机器人（Continuum Robot）的柔性手臂机构，它们的运动可通过结构的连续变形来实现，其运动自由度呈连续分布。最初的设计灵感源于自然生物系统，如蛇、象鼻、章鱼等（图 3.16），因此有时也称连续体机器人为蛇形臂。因其在受限空间中具有特殊的灵巧运动功能，在医疗、康复、检测等领域有重要的应用。

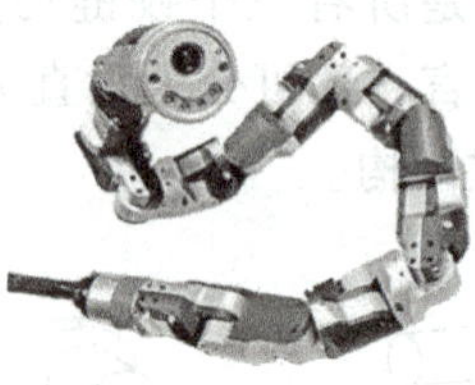

a) 仿蛇机器人

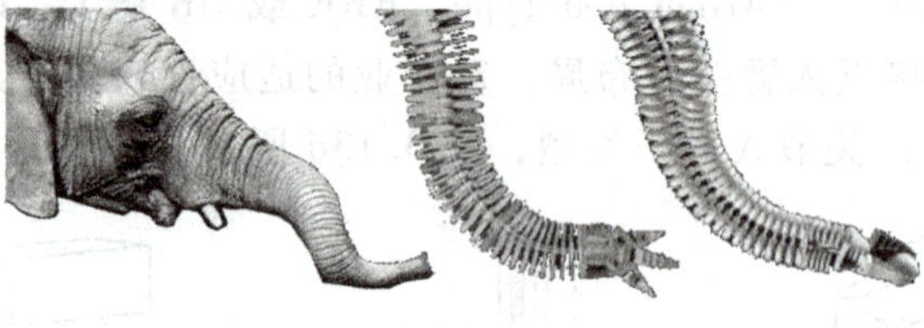

b) 仿象鼻机器人(Festo)

图 3.16　仿生连续体机器人

典型的连续体机器人机构通常由骨架、弹性柱和驱动柔索等组成。根据骨架的刚度特征，现有连续体机构可分为刚性骨架机构和柔性骨架机构两种，如图 3.17 所示。与柔性骨架机构相比，刚性骨架机构一般具有灵活性好、刚度高、运动学模型简单、精度及稳定性高等优点。反之，柔性骨架机构对复杂环境更容易适应，安全性也更高些。

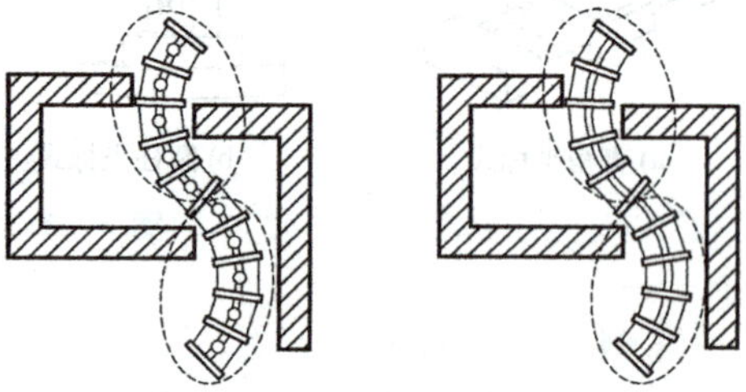

a) 刚性骨架　　b) 柔性骨架

图 3.17　两类连续体机构

3.3.2　手腕机构

腕部是连接臂部和手爪的部件，其作用主要是改变和调整手爪在空间的方位，从而使手爪握持的工具或工件到达某一指定的姿态。因此，手腕机构通常也称为定向机构（Pointing Mechanism）或调姿机构（Orientation Mechanism）。最常见的手腕机构是 2 自由度球面机构（图 3.18）或 3 自由度的球铰链机构（图 3.19），自由度选择视作业要求而定。

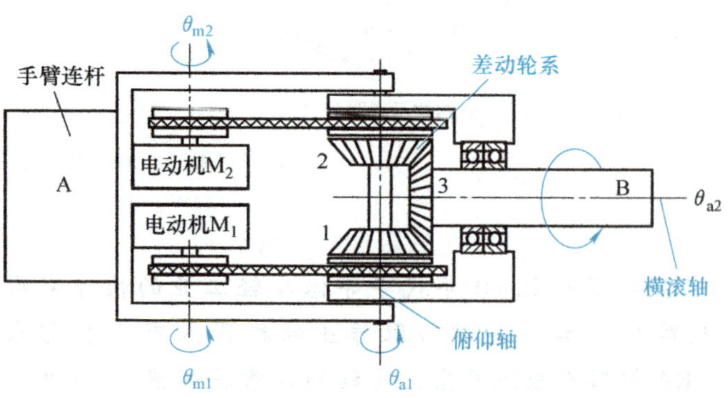

图 3.18　Pitch-Roll 球面手腕机构

图 3.18 所示为 2 自由度球面手腕机构（Pitch-Roll 机构）。该机构由三个直齿锥齿轮组成差动轮系，其中齿轮 3 与工具轴 B 固接，而齿轮 1 和 2 分别通过链传动（或者同步带传动）与两个驱动电动机 M_1、M_2 相连，形成 2 个自由度的差动机构。当 M_1 与 M_2 同向等速旋转时，俯仰轴（θ_{a1}）独立转动；当 M_1 与 M_2 反向等速旋转时，

横滚轴（θ_{a2}）独立转动；当 M_1 与 M_2 不等速时，俯仰轴与横滚轴同时转动。

图 3.19 所示为三个转轴相互正交于一点的 3 自由度球面手腕机构。该机构可由远距离驱动器带动几组锥齿轮旋转，进而实现三个独立的转动。基本原理如图 3.19a 所示，三个远端驱动器分别为输入 φ_1、φ_2、φ_3。其中，由 φ_1 直接驱动 θ_1 轴（偏航角），输入 φ_2 通过一对锥齿轮驱动 θ_2 轴（俯仰角）；输入 φ_2 和输入 φ_3 通过锥齿轮差动轮系共同驱动 θ_3 轴（横滚角）。理论上，该手腕可实现任意的姿态，但由于结构限制，实际上无法达到。

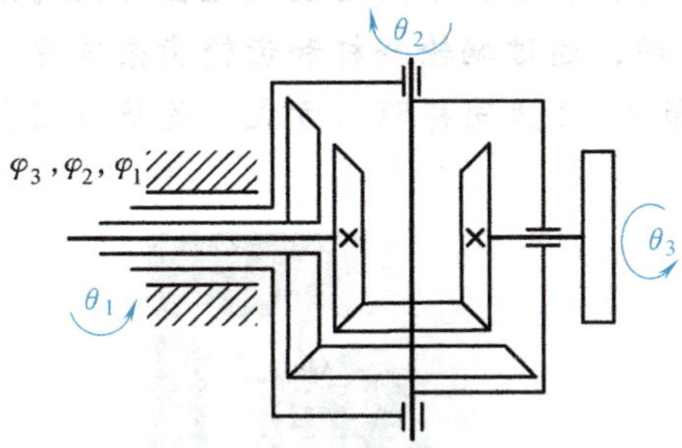

a)

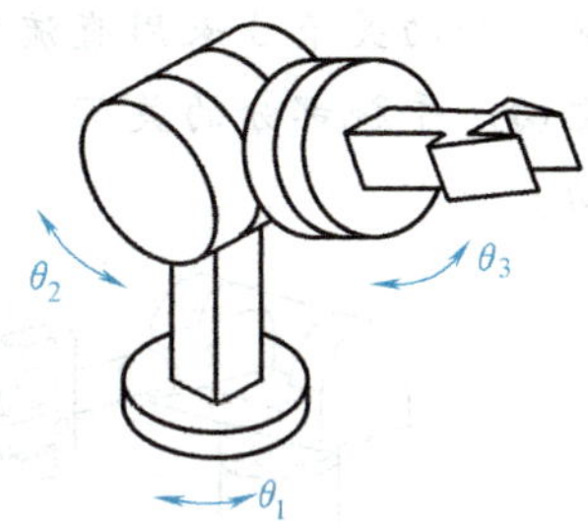

b)

图 3.19　3 自由度球面手腕机构

【小知识】 RCC 手腕

远程柔顺中心（Remote Center of Compliance，简写 RCC）装置用于辅助机器人完成装配作业，简称 RCC 手腕。它是一种多自由度弹性装置，在接触力作用下能自动调整装配零件的相互位姿。它最初是针对轴插孔装配作业而设计的，由美国麻省理工学院（MIT）的 DRAPER 实验室于 20 世纪 70 年代初研制。

RCC 装置的设计应用了远程柔顺中心的概念。在 RCC 装置的末端存在一个柔顺中心，作用于柔顺中心点处的力只产生与力方向相同的纯平动变形；同理，作用于该点外力矩只产生绕柔顺中心的转动变形，而不会使柔顺中心点发生平动。因此，RCC 装置具有轴向刚度大、侧向刚度小、轴向刚度与水平刚度及扭转刚度完全解耦等特点。因此，当将 RCC 装置安装于工业机器人末端执行自动装配作业时，待装配的零件通过夹具与 RCC 装置相连，并使柔顺中心点位于零件装配位置末端。当微小的装配定位误差导致互配的零件相互接触产生装配阻力或阻力矩时，被装配零件可以自动进行位置和角度的调整，从而对位姿误差进行校正补偿，确保装配作业顺利进行。

图 3.20a 所示为一个具有水平和摆动浮动机构的 RCC 手腕。水平浮动机构由平面、钢球和弹簧组成，实现两个方向上的浮动；摆动浮动机构由上、下球面和弹簧组成，实现两个方向的摆动。其动作过程如图 3.20b 所示，在插入装配过程中，工件局部被卡住时，将受到阻力，促使 RCC 装置发挥作用，使手爪有一个微小的修正量，工件能顺利插入。

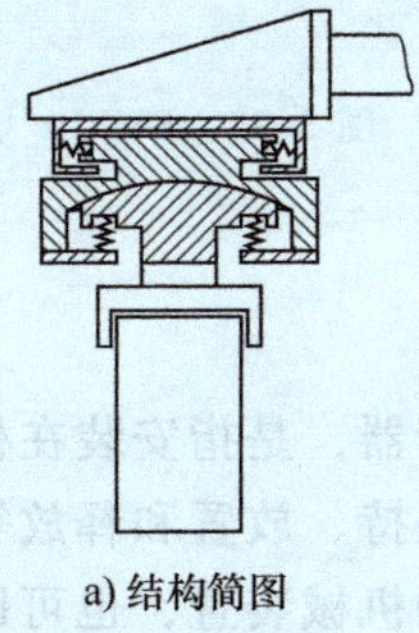

a) 结构简图

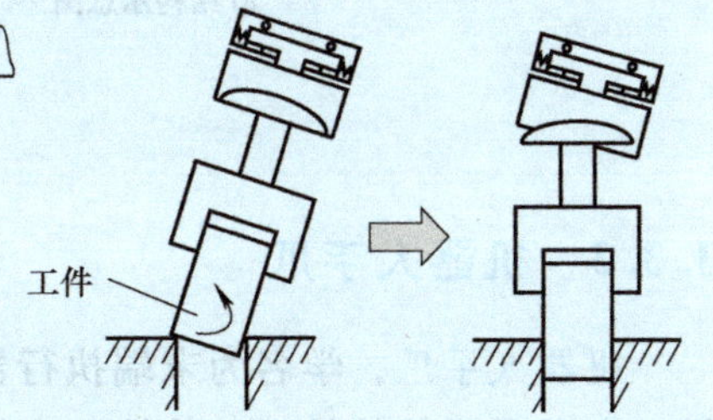

b) 工作原理图

图 3.20　RCC 手腕

通常，将上述机器人手臂机构与手腕机构作为功能模块组合在一起使用，前者用于定位，后者用于定向或调姿，形成6自由度的串联机器人本体。

【例3-5】 Stanford 机器人。

1970 年，美国通用电气公司与斯坦福大学人工智能实验室合作，成功开发出 Stanford 机器人（图 3.21）。其臂部采用了球面坐标式结构（RRP），而腕部有俯仰、偏转、翻滚三个转动自由度。关节 1 和关节 2 是直流电动机驱动，采用谐波减速器并设有滑动离合器和电磁制动，移动关节 3 采用直流电动机驱动，通过蜗轮蜗杆和齿轮齿条减速将旋转运动变成直线运动。手腕部分的关节 4、5 和关节 1、2 为同样驱动方式。关节 6 因负荷轻而采用齿轮传动。

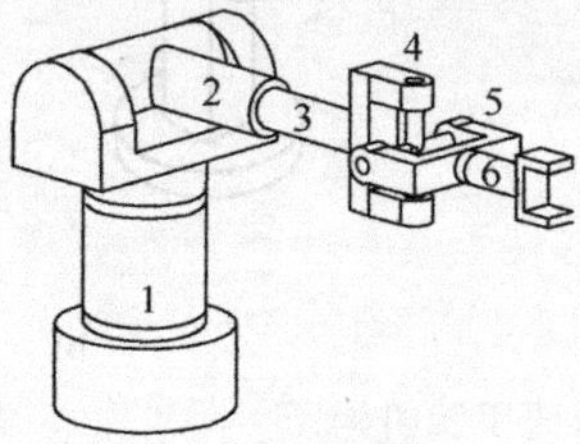

a) 结构示意图

b) 实物样机

图 3.21 Stanford 机器人

【例3-6】 PUMA 机器人。

1979 年，美国 Unimation 公司推出了一款 PUMA（又称通用示教再现型，图 3.22）机器人，并将其应用到通用电气公司的工业自动化装配线上，是工业机器人的旗帜性产品。与 Stanford 机器人结构不同的是，PUMA 机器人中所有关节均为转动关节。其臂部（前三个关节）采用关节式结构（RRR），而腕部有俯仰、偏转、翻滚三个转动自由度。

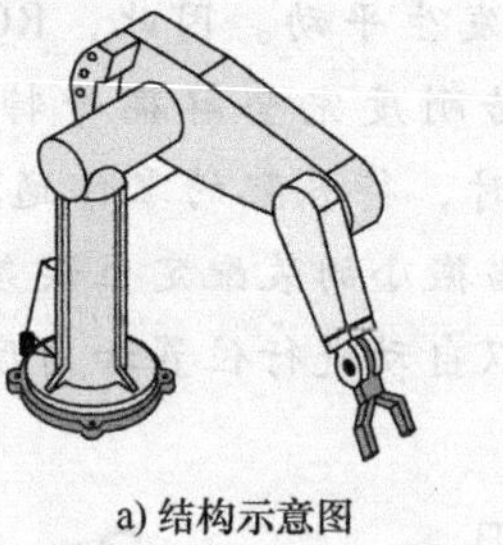

a) 结构示意图

b) 实物样机

图 3.22 PUMA 机器人

3.3.3 机器人手爪

机器人手爪，学名为末端执行器，是指安装在机器人末端的执行装置。它直接与工件接触，实现对工件的处理、传输、夹持、放置和释放等作业。

末端执行器可以是一种单纯的机械装置，也可以是包含工具快速转换装置、传感器或柔顺装置等的集成执行装置。大多末端执行器的功能、构型及结构尺寸都是根据具体的作业任务要求进行设计和集成的，其种类繁多、形式多样。结构紧凑、轻量化及模块化是末端执行器设计的主要目标。

根据作业任务不同，末端执行器可以是夹持装置或专用工具。其中夹持装置包括机械手爪、吸盘等，专用工具有气焊枪、电焊钳、研磨头、铣刀、钻头等。夹持装置是应用最为广泛的一类末端执行器。图 3.23 所示为一种夹持器（Gripper）的工作过程。

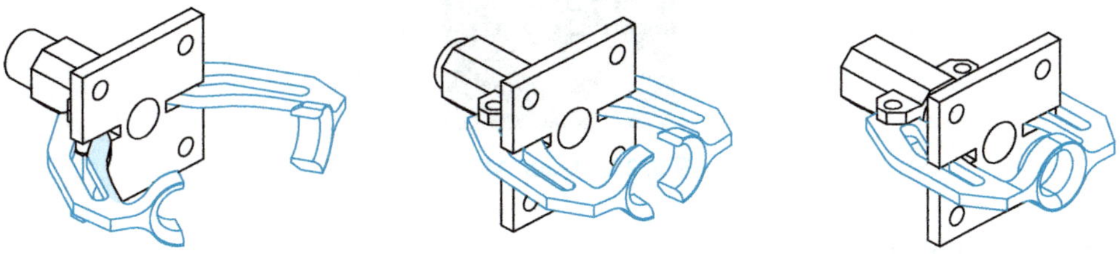

a) 初始姿态：最大张角姿态　　b) 第一阶段：工作在动区　　c) 第二阶段：工作在静区

图 3.23　夹持器的工作过程简图

根据设计原理不同，夹持装置一般可分为接触式、穿透式、吸取式以及粘附式四种类型。接触式夹持装置直接将夹紧力作用于工件表面实现抓取；穿透式一般需穿透物料进行抓取，如用于纺织品、纤维材料等抓取的末端执行器；吸取式主要是将吸力作用于被抓取物体表面实现抓取，如真空吸盘、电磁装置等；粘附式一般利用抓取装置对被抓取对象的粘附力来实现抓取，如利用胶粘原理、表面张力或冰冻原理所产生的粘附力进行抓取。

还有一类机器人手爪，其功能更具通用性，一般由 3~5 根手指组成，这类手爪称为多指手。多指灵巧手（Multi-finger Dexterous Hand）是一种典型的多自由度仿人型末端执行器，通常具有 3~5 个多关节手指，具备人手的运动学结构和灵巧运动特性，具有位置、力和触觉感知能力。从 20 世纪 70 年代开始，开始出现模仿人手结构的多指灵巧手，最具代表性的多指灵巧手包括：美国研制的 Stanford/JPL 手、Utah/MIT 手和 Robonaut 手，德国研制的 DLR 系列手，日本研制的 GIFU 手，我国研制的 HIT/DLR 手和 BH 手等；英国的 Shadow 手则是目前世界上最成功的商品化灵巧手。

【例 3-7】 Stanford/JPL 手。

20 世纪 80 年代初，美国斯坦福大学 Salisbury 教授指出灵巧手若要能够稳定抓持物体，并对物体施加任意的力和运动，至少需要三个手指，且每个手指需要 3 个自由度。在此基础上，开发了 Stanford/JPL 手，如图 3.24 所示。

图 3.24　Stanford/JPL 手

【例 3-8】 Utah/MIT 手。

20 世纪 80 年代中期，美国 Utah 大学生物医学设计中心与 MIT 人工智能实验室联合开发了 Utah/MIT 手，如图 3.25 所示。Utah/MIT 手的设计兼顾了仿人手和简单性的原则，每个手指4个自由度，整手共16个自由度，是当时自由度最多的仿人灵巧手。

图 3.25　Utah/MIT 手

【例 3-9】　DLR 手。

20世纪90年代，美国国家航空宇航局（NASA）和德国宇航中心（DLR）相继开发出功能更强的灵巧手DLR（图3.26）。在驱动器小型化和多传感器集成两方面，DLR手超越了前期研究水平，它的驱动电动机分布在手指和手掌内，配备了位置、速度、力矩、触觉、视觉等传感器，传感电路也集成在手内。

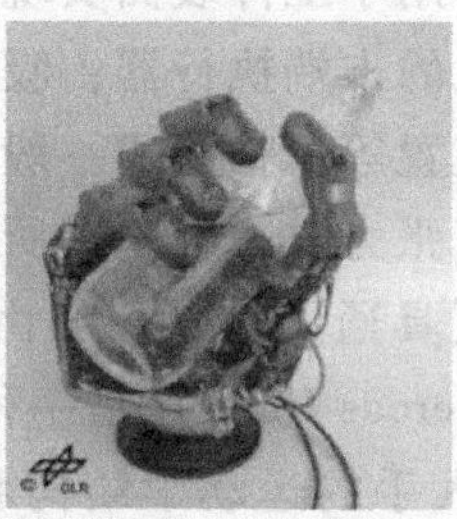

图 3.26　DLR 手

【例 3-10】　BH 手。

20世纪80年代后期，北京航空航天大学机器人研究所张启先教授带领团队持续开展机器人仿生灵巧手的研究。于20世纪90年代初研制出具有9个自由度的三指灵巧手BH-1，填补了国内空白。之后又陆续研制出BH-2、BH-3（图3.27）、BH-4和BH-985灵巧手。其中从BH-3开始，以钢丝绳与齿轮相结合实现传动，各指端装有六维力觉传感器。

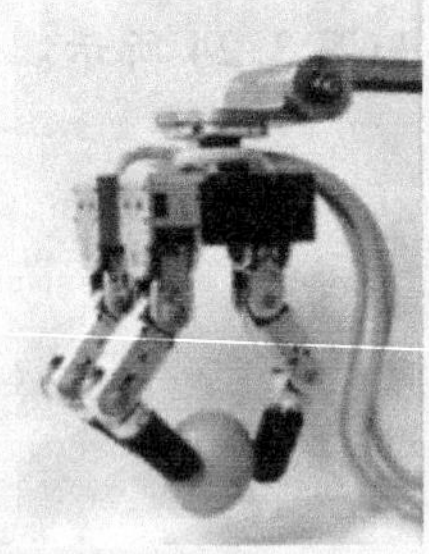

图 3.27　BH-3 手

近年来，欠驱动（Under-Actuated）仿人手也得到了研究。这类手爪的外形与多指灵巧手类似，但各关节不是由电动机独立驱动，而是由少量的电动机以差动方式来驱动，电动机数量远少于关节的数量。欠驱动通常意味着要与被抓持物的形状相适应，为此还需引入弹性元件（如弹簧）和机械约束。图 3.28 所示为一种两自由度欠驱动手指及其工作过程的示意。该手指由底部连杆驱动，弹簧确保了手指处于完全伸展状态。机械约束使弹簧作用下的各手指在没有外力时仍能保持平衡。

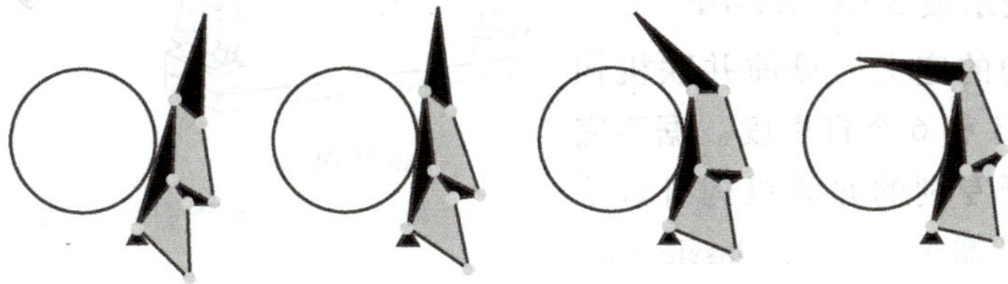

图 3.28 欠驱动手指手爪的抓取过程示意[22]

【背景知识】 张启先（1925—2002） 中国工程院院士，著名空间机构学及机器人技术专家，中国空间机构研究的开拓者之一，北京航空航天大学机器人研究所的创建者。1962 年获列宁格勒加里林工学院技术科学副博士和博士学位。在国内率先开展空间连杆机构与机器人技术的科学研究。系统开展了空间机构运动学分析、7 自由度机器人、新型三指灵巧手、基于多传感器局部自主的机器人臂与灵巧手集成系统等前沿研究，指导的博士生攻克了空间七杆机构位移分析难题，完美解决了“机构学的珠穆朗玛峰问题”。所著的《空间机构的分析与综合（上册）》是中国第一部系统阐述空间机构分析与综合方法的学术著作，对国内空间机构学研究起奠基性作用，已成为空间机构学的经典之作。

3.4 并/混联机器人机构

并联机构（多称为并联机器人机构）是一种多闭环机构（Multi-Closed-Loop Mechanisms），它由动平台（Moving Platform）、定平台和连接两平台的多个支链（Limb，或分支，或腿）组成。如果支链数与动平台的自由度数相同，每个支链由一个驱动器驱动，并且所有驱动器均安放在或接近定平台的地方，这种并联机构称为完全并联机构。根据以上定义，完全并联机构具有以下几个特点：①动平台至少有两个支链连接；②电动机的数目与动平台自由度数相同；③当所有电动机锁定时，动平台的自由度为零。

除了完全并联机构，还有具有双动平台的并联机构、支链中有闭环支链的并联机构以及其他形式的并联机构。

为简单描述并/混联机器人机构，可采用数字与符号组合的命名方式。下面以并联机构为例介绍并联机构的组成与命名。其中，每个支链用运动副符号组合来表示，并按照从基座到动平台的顺序排列。如图 3.29 所示的 3-RPS 机构，“3”表示该机构有三个相同的支链，RPS 表示每个支链含有 R、P、S 副，遵循从基座到动平台的顺序。有时为了区分运动副中哪个是驱动副，图 3.29 所示的机构还可表示成 3-RPS 机构，表示 P 为驱动副。对于由不同支链组成的并联机构，如果有三个支链为 U$\underline{P}$S，另一个支链为 UP，所组成的并联机构即可表示成 3-U$\underline{P}$S&1-U$\underline{P}$。

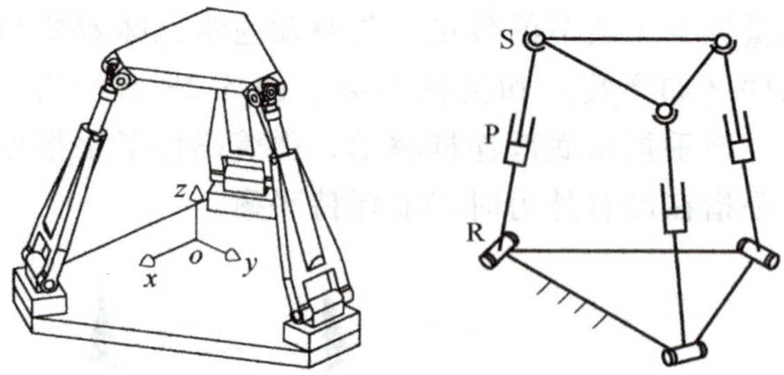

a) 3D图　　b) 机构简图

图 3.29　3-RPS 并联机构的组成与命名

根据并联机构的定义，目前并联机构多具有 2、3、4、5 和 6 个自由度。据不完全统计，现有公开专利的并联机构有数千种，但经典并联机器人机构（Classic Parallel Robotic Mechanisms）数量寥寥。本节介绍其中常用的几种。

1. Gough-Stewart 平台

并联机器人机构的概念设计可以追溯到 1947 年，Gough 建立了具有闭环结构的机构设计基本原理。这种机构可以控制动平台的位置和姿态，从而实现轮胎的检测。该构型中，运动构件是一个六边形平台（Hexapod Platform），平台的各个顶点通过球铰与可伸缩杆相连，杆件的另一端通过球铰与定平台连接，动平台的位置和姿态通过六个直线电动机改变杆件的长度来实现（图 3.30a）。Stewart 在 1965 年设计了用作飞行模拟器的执行机构。该机构的运动构件是一个三角平台（Tripod Platform），各顶点通过球铰链与连杆相连，其机架也呈三角形布置（图 3.30b）。这是两种最早出现的并联机构，后人称之为 Gough-Stewart 平台，有时简称 Stewart 平台。对于这类机构，共同的特征是：连接上、下平台的每个支链都由两段组成，两段之间通过移动副相连，可以伸长或缩短，支链的两端通过球副（或者一端是球副、另外一端是虎克铰）分别与上、下平台连接，都具有 6 个自由度。基于运动平台所展现的六边形和三角形特征，又可细分为 Hexapod 机器人机构和 Tripod 机器人机构两类。Stewart 平台应用非常广泛，如可作为飞行模拟器（图 3.30c）及精密定位平台（图 3.30d）。

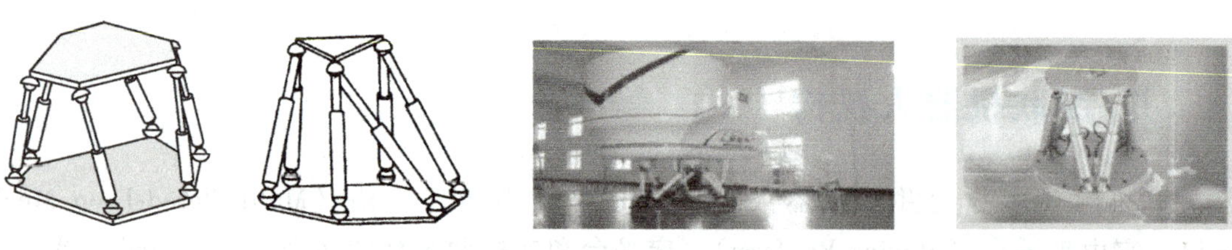

a) Hexapod　　b) Tripod　　c) 飞行模拟器　　d) 精密定位平台

图 3.30　Gough-Stewart 平台及其应用

2. Delta 机器人机构

并联机构中最著名的当属 Delta 机构。1986 年，瑞士洛桑联邦理工学院（EPFL）的 Clavel 教授创造性地提出了一种全新的并联机器人机构——Delta 机构，该机构简图及结构图分别如图 3.31a、b 所示。设计该机器人机构的基本思想及最大不同之处在于巧妙地利用了一种空间平行四边形机构（Spatial Parallelogram Linkage）闭环子链。平行四边形机构保证了末端执行器始终与基座保持平行，从而使该机器人只有三个移动自由度的运动输出；开放式铰链使其易于组装和拆卸，且运动灵活快速，极大地方便了工业应用。据称，其最大加速度在实验室可以达到 50g。现在 Delta 机器人涉及的国际专利多达 36 个，Delta 机器人在工业中也取得了迄今为止其他并联机器人所不可比拟的成功。例如，被 ABB 公司设计成高速拾取机械手推向市场。

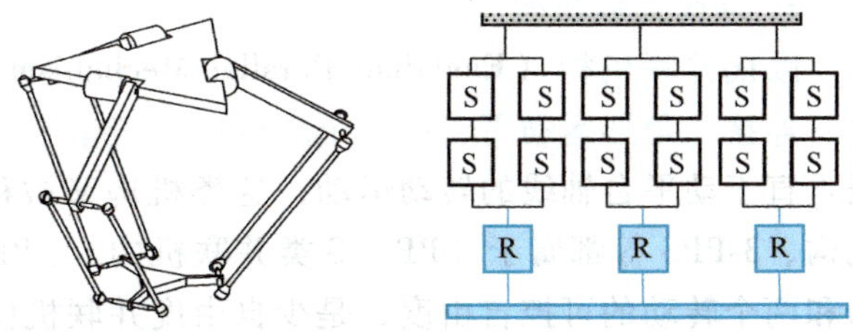

a) 机构简图　　b) 结构图

图 3.31 Delta 机器人机构

3. H4 机械手

H4 机械手由法国的 Pierrot 教授提出，如图 3.32 所示。这是一个 4 自由度（三个移动一个转动）的机械手，由四个运动支链组成。机构末端的运动输出与 SCARA 机器人类似。每个支链由固定在基座的电动机驱动，通过各个支链杆传递给末端的协调运动，从而形成其末端执行器——运动平台的运动。与 Delta 机器人结构类型有些类似，该机器人也巧妙地利用了开放式铰链和空间平行四边形机构。该机器人也可以实现很高的加速度，因此被设计成高速拾取机械手推向市场。

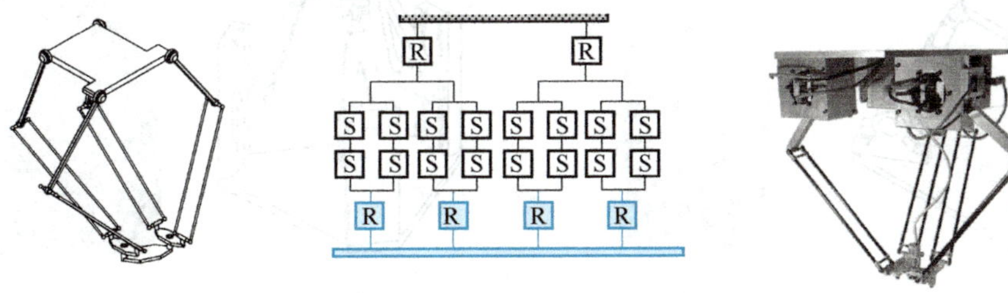

a) 机构简图　　b) 结构图　　c) 样机

图 3.32 H4 机械手

4. 平面/球面 3-RRR 机构

平面/球面 3-RRR 并联机构由加拿大 Laval 大学的 Gosselin 教授提出并开始系统研究的，它们也是并联机构家族中应用较广的类型。

如图 3.33 所示，平面 3-RRR 机构的动平台相对固定平台具有三个平面自由度：两个平面内的移动和一个绕垂直于该平面轴线的转动，其运动类型与串联 3R 机器人完全一致。由于其平面特征，而且便于一体化加工，多作为精密运动平台的机构本体（图 3.33b）。

图 3.34 所示为球面 3-RRR 并联机构。该机构所有转动副的轴线交于空间一点，该点称为机构的转动中心，动平台可实现绕转动中心的三个转动，因此该机构又称为调姿机构或指向机构（Pointing Mechanism）。

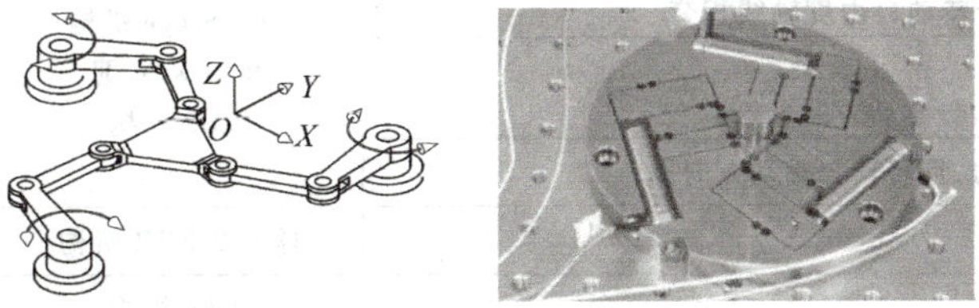

a)　　b)

图 3.33 平面 3-RRR 机构

a)　　b)

图 3.34 球面 3-RRR 并联机构

5. 欧氏并联机构

欧氏并联机构（Euclidian Parallel Mechanisms）又称［PP］S 类机构，是指运动过程中，连接三角形运动平台的三个球铰链在三个不同平面内作平面运动的并联机构。由于没有绕垂直于动平台轴线的转动运动，这类机构又被称为“零扭转”机构。3-RPS 机构、3-PRS 机构、3-PPS 等都属于［PP］S 类并联机构。［PP］S 类并联机构都可以实现空间的一个移动和两个转动的可控自由度，是少自由度并联机构中具有典型工程应用背景的一类，常用作微操作机械手（图 3.35）、运动模拟器、望远镜聚焦装置、坐标测量机、加工中心的主轴头等。

最成功的当属德国 DS Technologie 公司推出的基于 3-PRS 并联机构的 Z3 主轴头（图 3.36），用于飞机结构件的加工。三个伺服电动机通过滚珠丝杠驱动三个按 120°分布的导轨沿直线移动，然后导轨带动摆动杆，通过万向铰链驱动运动平台，使安装在动平台上的电动机轴可向任意方向作 40°偏转。偏转定位速度可达到 80°/s，角加速度 68.5°/s^2。

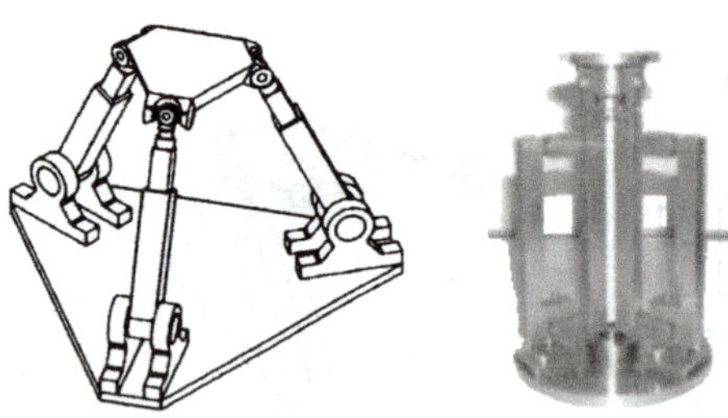

a)　　　　b)

图 3.35　3-RPS 机构

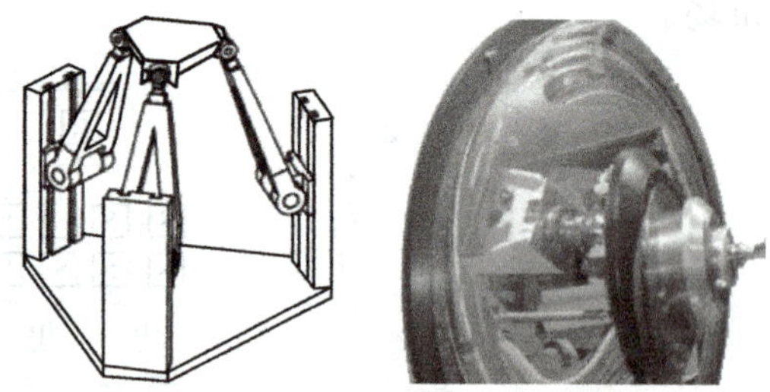

a)　　　　b)

图 3.36　3-PRS 并联机构与 Z3 主轴头

不同构型的并联机构，其自由度可能相同也可能不同，对其自由度的描述往往通过动平台的运动类型来实现。因此，对并联机构最简单的分类方法是按照动平台的自由度类型进行分类。对于并联机构，意味着动平台的自由度类型可能不止一种。例如，3 自由度的并联机构，可能是三维移动、三维球面转动、3 自由度平面运动，还可能是其他类型。常见的并联机构自由度类型见表 3.2。

表 3.2　常见的并联机构自由度类型

自由度数	类型	自由度特征	典型实例
1	1*R*	一维转动	Sarrus 机构
	1*T*	一维移动	
2	2*R*	二维球面转动，且两个转动自由度轴线相交 二维球面滚动，且两个转动自由度轴线相交	PantoScope 机构 Omni wrist Ⅲ Part2 机构
	2*T*	二维移动 二维圆柱运动（转轴与移动方向平行）	
	1*R*1*T*	一维转动+一维移动，且转轴与移动方向垂直	
3	3*R*	三维球面转动	球面 3-RRR 机构
	3*T*	空间三维移动	Delta 机构
	2*R*1*T*	二维转动+一维移动，移动方向与转轴所在平面垂直	3-RPS 机构
	2*T*1*R*	平面二维移动+一维转动，且转轴与移动平面垂直	平面 3-RRR 机构

（续）

自由度数	类型	自由度特征	典型实例
4	3*R*1*T*	三维球面转动+一维移动	4-RRS 机构
	3*T*1*R*	三维移动+一维转动	H4 机器人
5	3*R*2*T*	空间三维球面转动+二维移动	5-RRRRR 机构
	3*T*2*R*	空间三维移动+二维球面转动	5-RPUR 机构
6	3*R*3*T*	三维转动+三维移动	Stewart 平台

注：*R* 表示转动自由度，*T* 表示移动自由度。

常见的并联机构通常满足以下四个条件：①可以实现连续运动；②分支运动链结构相同；③所有分支对称布置在定平台上；④各分支中驱动器数目相同且安装位置相同。

全部满足上述四个条件的是全对称并联机构。同时满足条件①、②、③的并联机构是对称并联机构。同时满足条件①、②、④的并联机构是输入对称并联机构。同时满足前两个条件的并联机构为分支对称机构。只满足第①个条件的并联机构为非对称并联机构。

总之，与串联机器人机构相比，并联机器人的优缺点都比较突出，优点有：①结构紧凑，刚度高，承载能力大；②无累计误差，精度高；③驱动器可安装在基座上，惯量小、速度快，运动性能佳。存在的突出缺点是工作空间相对较小。

混联机器人机构正好综合了串联与并联机器人机构的特点，因此，近年来越来越多地进入研究者的视线，并在工程中得以应用。如 Tricept 机械手就是典型的例子。

并/混联机构除了在机器人领域有广泛应用，在制造业中也越来越受到青睐，比较典型的是并联机床（简称 PKM）。就可重构和多功能而言，目前 PKM 家族中最为成功的范例当属纽曼博士于 1988 年发明的 Tricept 混联机械手的并联机构。该机械手（如 Tricept 605）是一种 5 自由度混联机械手（图 3.37），由带有从动支链的 3 自由度并联机构，与安装在其动平台上的 2 自由度转头串接而成。由于工作空间/占地面积比大、刚度高、静动态特性好，特别是可重构性强等优点，Tricept 机械手已在航空航天和汽车工业得到广泛应用，成为并联机构在 PKM 工程应用中的典型成功范例。目前，包括波音、空客、大众、宝马等国际著名飞机和汽车制造商均利用 Tricept 机械手实现大型铝结构件和大型模具的高速加工、车身激光焊接、发动机和汽车部件装配等。

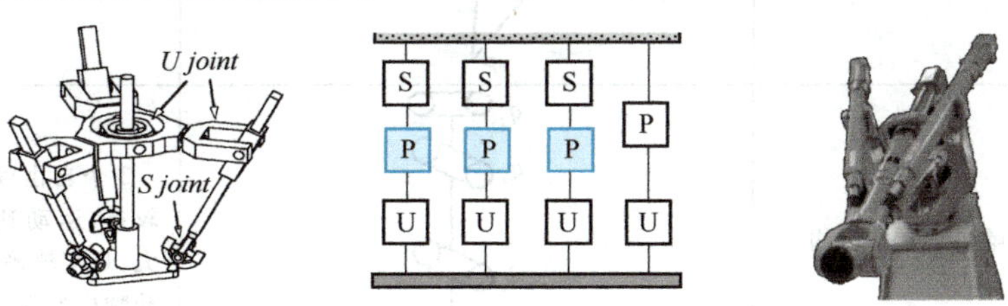

a) 机构简图　　b) 结构图　　c) 样机

图 3.37　Tricept 机械手

【小知识】　移动机器人中的常用机构

移动机器人的运动载体也是机构。很多移动机器人的运动机构也来自于自然、仿生的启示，如行走类、跳跃类、攀爬类、飞行类、泳动类、蠕动类、摆动类、翻滚类等。但也有例外，轮式和履带式机器人是以轮子为载体的人类发明的杰作。鉴于移动机器人种类繁多，下面只介绍两种基本类型：足式和轮式。

（1）足式机器人中的腿部机构　足式机器人由于其结构冗余、自由度大等特性，能够适应各种路面情况，具有良好的环境适应性。腿部机构是足式机器人的重要组成部分。在机器人的行走过程中，作为支撑点的足端相对于机体的运动轨迹为直线或近似于直线，这样才能避免机体重心上下运动而消耗不必要的能量。现有的腿部机构可分为闭链式和开链式，具体类型及特点见表 3.3。

表 3.3　腿部机构的常用构型

类型	构型	构型示意图	特点
闭链机构	四杆机构	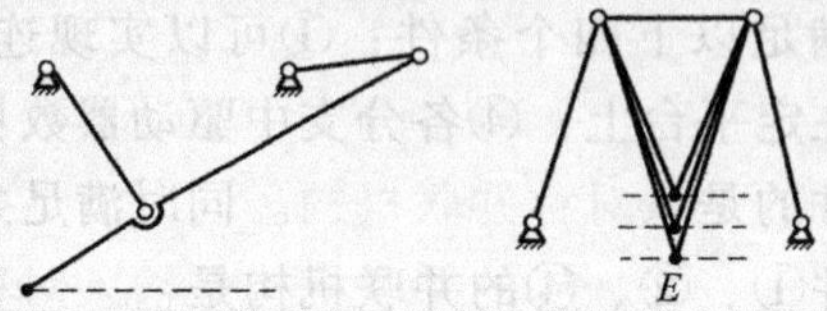	1 个自由度，结构简单，运动范围小，存在死点，可作为复杂腿机构的组成部分
	五杆机构	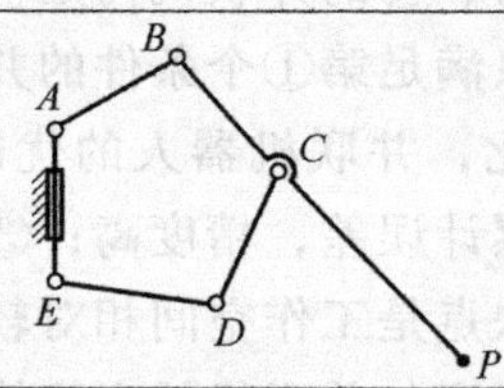	2 个自由度，相对结构简单，足端轨迹可调，可增添串联关节组成混联 3 自由度腿机构
	缩放机构及其衍化组合	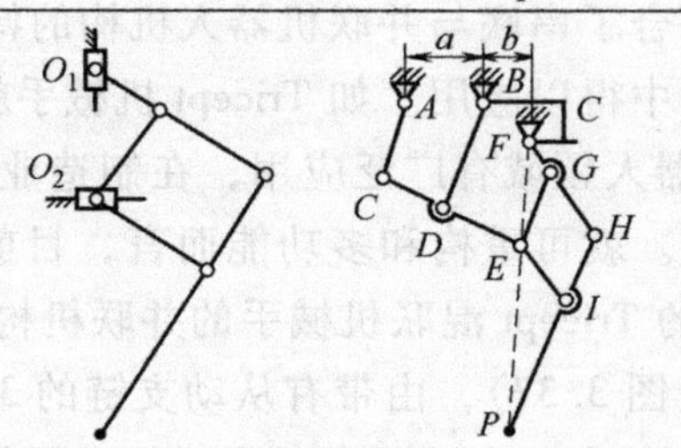	1 个自由度，结构相对复杂，具有比例缩放特性，整体结构及足端轨迹较好地满足腿部机构要求，可用于两足或四足步行机器人
	多杆机构组合	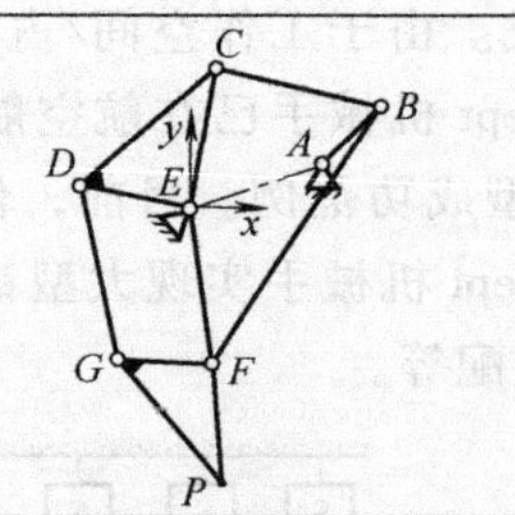	1 个自由度，结构复杂，优化杆长得到理想足端轨迹，可用于多足步行机
开链机构	哺乳动物腿机构		3 个自由度，结构简单，刚度较差，运动速度快，运动范围大，足端轨迹可控，用于仿哺乳动物机器人
	爬行动物腿机构	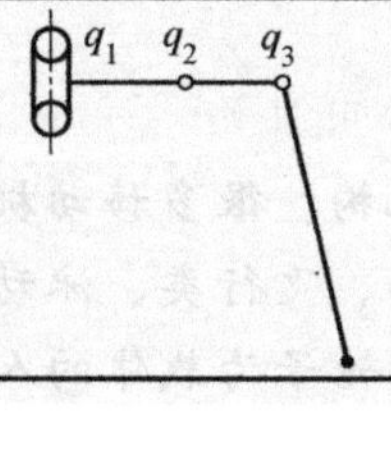	3 个自由度，结构简单，运动稳定，运动速度相对较慢，足端轨迹可控，用于仿爬行动物机器人

(2) 轮式机器人中的悬架机构 轮式机器人按照轮子数量可进一步分为两轮、三轮、四轮、六轮等类型。其中，六轮移动机器人是行星探测车的首选。如图 3.38 所示，六轮摇臂探测机器人对地面的自适应和越障主要是通过主摇臂相对车体和副摇臂的转动实现。前轮 I 遇到障碍物时，如图 3.38a 所示，水平方向的速度减小为零，此时中间轮Ⅱ的推进作用起决定性作用，它的推进力和前轮的摩擦力产生的力矩将使副摇臂发生逆时针转动，带动前轮完成越障。中轮遇到障碍物时，如图 3.38b 所示，后轮的推进作用起决定作用，将使副摇臂顺时针转动，中轮上升完成越障。后轮遇到障碍物时，如图 3.38c 所示，前面两组轮子的拉力将促使主摇臂绕着与副摇臂之间的铰接点顺时针转动，后轮上升完成越障。整个越障过程中，每个轮的越障是通过其他部分机构的作用来实现的。采用这种结构最具有代表性的机器人是美国 JPL 设计的火星车索杰纳。

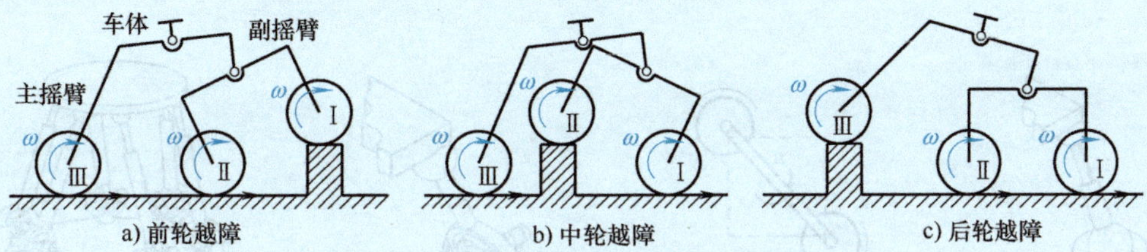

图 3.38 六轮摇臂探测机器人越障原理

3.5 机器人机构的自由度

自由度是机构学与机器人研究最为重要的概念之一，也是机器人基础研究中首先需要关注的问题。

3.5.1 与自由度相关的几个基本概念

首先回顾一下《机械原理》中讲过的几个基本概念。

1. 自由度与约束

(1) 自由度 确定机械系统位姿所需要的独立变量或广义坐标数称为自由度。在空间中运动的构件最多具有 6 个自由度（这样的构件称为自由构件）：沿笛卡儿坐标系（Cartesian Frame，即直角坐标系）三个坐标轴的三个移动和绕三个轴线的转动。而在平面中运动的构件最多具有三个自由度：平面内的两个移动和绕垂直该平面轴线的转动。

(2) 约束（Constraint） 两构件通过运动副连接后，各自的运动都会受到一定程度的限制，这种限制就称为约束。对于机器人构件或连杆，只要受到某种约束的作用，其运动就会受到限制，其自由度相应变少，具体被约束的自由度数称为约束度（Degree of Constraint，简写 DOC）。根据 Maxwell 理论，该构件如果在空间运动，其自由度 f 和约束度 c 满足

$$f+c=6 \tag{3.1}$$

如果在平面运动，则满足

$$f+c=3 \tag{3.2}$$

对于刚性机构，约束在物理上通常表现为运动副的形式。同样，约束对机构的运动也会产生重要的影响，无论构型设计、运动设计还是动力学设计都必然要考虑约束。对于刚性机

构，运动副的本质就是约束。

2. 局部自由度

机构中，某些局部的、不影响其他构件，尤其是输出构件运动的自由度，称为局部自由度（passive DOF 或 idle DOF）。

平面机构中，典型的局部自由度出现在滚子构件中；空间机构中，如运动副 S-S 等组成的运动链 SPS（图 3.39a）就存在一个局部自由度。局部自由度的出现会导致机构的自由度数增加。以 S-S 连接形式（图 3.39b）为例，理论上它有 6 个自由度，但通过构件的连接，导致其中一个自由度（移动自由度）的缺失，实际上只有 5 个自由度。因此，S-S 在自由度上与 U-S（图 3.39c）等效。

由此可以发现，Stewart 平台通常采用的 6-SPS 形式，在自由度上与 6-UPS（图 3.39d）等效。

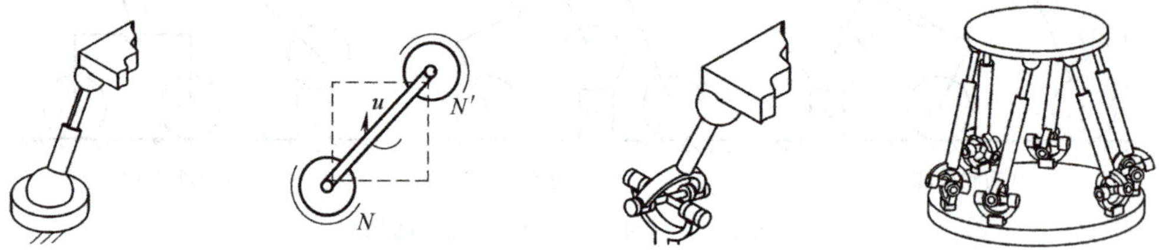

a) SPS　　b) S-S　　c) U-S　　d) 6-UPS

图 3.39　局部自由度图示

3. 冗余约束（虚约束）

由于机构中一部分运动副（不是全部）之间满足某种特殊的几何条件，使其中的有些约束对机构运动不产生作用，这种不起作用的约束称为冗余约束（Redundant Constraint）。

冗余约束都是在特定的几何条件下出现的，如果这些几何条件不被满足，则冗余约束就成为有效约束，机构将不能运动。值得指出的是，机械设计中的冗余约束往往是根据某些实际需要采用的，如增强支撑刚度，或改善受力，或传递较大功率等，只是在计算机构自由度时应去除冗余约束。

4. 公共约束与机构的阶数

（1）公共约束（Common Constraint）　通俗地讲，是指机构中所有构件都受到的共同约束，例如，平面机构的公共约束是三个面外约束，球面机构的公共约束也是三。由于公共约束的情况比较复杂，多出现在并联机构，因此本书不做详细讨论。

（2）机构的阶数（Order）　其为与公共约束相关的量。数值上，机构阶数等于机构的公共约束数。通常情况下，平面机构和球面机构的阶数均为 3；空间机构的阶数为 6。

5. 机器人的自由度

机器人的自由度是指确定机器人各连杆位姿所需要的最小独立变量的数目。显然，对于串联机器人，其各关节位置能唯一确定机器人的位姿。因此，串联机器人的自由度数往往就等于关节数。而对于并联机器人，其自由度相对复杂得多。并联机器人的自由度数一般等于末端（动平台）的输出自由度数。需要注意的是，机器人的自由度一般不少于 2。

6. 全自由度机器人/冗余自由度机器人/少自由度机器人

通常情况下，机器人的自由度与其末端执行器的输出自由度（不超过 6）相等。由此可定义全自由度机器人的概念：即当机器人的自由度与机构的阶数相等时，就称为全自由度机器人。一般空间机器人的全自由度为 6，平面/球面机器人的全自由度为 3。因此，PUMA 机器人、Stewart 平台、平面 3R 机械手、平面/球面 3-RRR 机构等都为全自由度机器人机构。

自由度小于机构一阶数的机器人称为少自由度机器人。例如：平面 2R 机械手、SCARA 机器人、Delta 机构、H4 机械手等都是少自由度机器人。当机器人的自由度大于末端执行器输出自由度时，该类机器人称为冗余自由度机器人（Redundant-DOF Robot）简称冗余度机器人，例如，北京航空航天大学的冗余度机器人（图 3.40a）、ABB Yumi（图 3.40b）、KUKA Iiwa（图 3.40c）等都是 7 自由度机器人，因此它们都是冗余度机器人。

与普通机构类似，实用型机器人的驱动器数目通常等于其自由度数，即机器人通常为全驱动，而非欠驱动或冗余驱动。若机器人的驱动数大于其自由度数，该机器人为冗余驱动机器人（Redundant Actuation Robot）。例如，4-$\underline{R}$RR 平面机器人就是一种冗余驱动机器人。要注意冗余驱动/欠驱动与冗余自由度/少自由度等概念的区别。

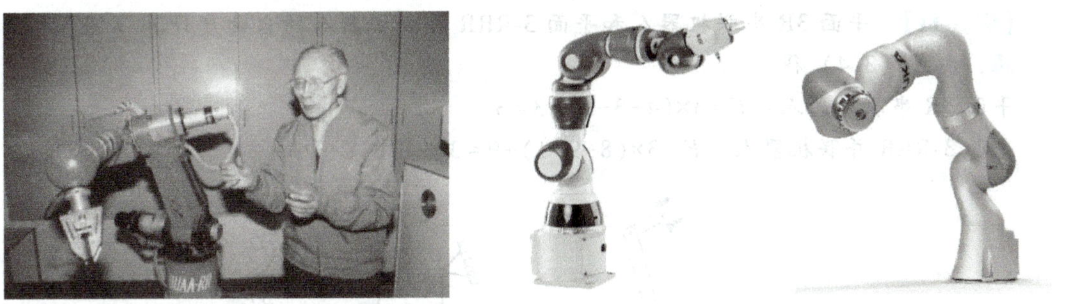

a) 北京航空航天大学机器人研究所研制的样机　　b) ABB Yumi　　c) KUKA Iiwa

图 3.40　冗余度机器人

3.5.2　自由度计算公式

1. 平面自由度计算公式

平面机构中各构件只能作平面运动。因此，一个构件在尚未与其他构件组成运动副之前为自由构件，它与自由运动的平面刚体一样，有 3 个自由度。但是，当这个构件与另一构件之间用运动副连接后，由于彼此接触就变得不“自由”了，即受到了一定程度的约束作用。因此，假设一个构件系统由 N 个自由构件组成，该系统有 $3N$ 个自由度。选定其中一个构件为机架后，该构件由于与基座相连将丧失全部自由度；而剩下的活动构件数变成了（$N-1$），系统的自由度相应变为 $3(N-1)$。再用自由度为 f_i 的运动副连接某两个构件。此时，这两个构件之间原来的相对运动自由度为 3，由于运动副引入了约束，使得两构件相对运动的自由度减少了 $3-f_i$。继续增加运动副到 g 个，这时，由于全部运动副的引入而使系统总共损失的自由度变为

$$(3-f_1)+(3-f_2)+\cdots+(3-f_i)+\cdots+(3-f_g)=\sum_{i=1}^{g}(3-f_i)=3g-\sum_{i=1}^{g}f_i \quad (3.3)$$

根据

系统的自由度 F = 所有活动构件的自由度之和-系统损失的所有自由度之和

因此，系统总的自由度变为

$$F=3(N-1)-\left(3g-\sum_{i=1}^{g}f_i\right)=3(N-g-1)+\sum_{i=1}^{g}f_i \tag{3.4}$$

式（3.4）可以作为计算平面机构自由度的通用公式。

还可以利用

系统的自由度 F=所有活动构件的自由度之和−所有运动副的约束度之和

得到另外一种形式的平面机构自由度计算公式，即

$$F=3(N-1)-\left(\sum_{i=1}^{g}c_i\right)=3(N-1)-\sum_{i=1}^{g}c_i \tag{3.5}$$

进一步考虑高副和低副的差异（在平面中，低副引入两个约束，高副一般引入一个约束），可将式（3.5）简化为

$$F=3(N-1)-(2P_L+P_H)=3n-(2P_L+P_H) \tag{3.6}$$

式中，$n=N-1$ 表示活动构件数；P_L 为低副数；P_H 为高副数。

【例 3-11】 平面 3R 串联机器人和平面 3-RRR 并联机器人的自由度计算（图 3.41）。

解：由式（3.4）得

平面 3R 串联机器人：$F=3\times(4-3-1)+3=3$

平面 3-RRR 并联机器人：$F=3\times(8-9-1)+9=3$

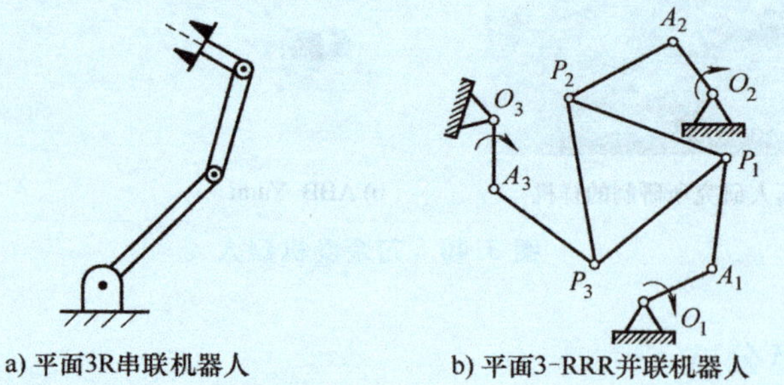

a) 平面3R串联机器人　　b) 平面3-RRR并联机器人

图 3.41 平面 3R 串联机器人和平面 3-RRR 并联机器人

2. 空间自由度计算公式

将平面扩展到空间。若在三维空间中有 N 个完全不受约束的物体，并选中其中一个为固定参照物，这时，每个物体相对参照物都有 6 个自由度的运动。若将所有的物体之间用运动副连接起来，便构成一个空间运动链。该运动链中含有 $n=N-1$ 活动构件，连接构件的运动副限制了构件间的相对运动。采用类似于平面机构自由度计算方法，得到两种形式的公式

$$F=6(N-1)-(5p_5+4p_4+3p_3+2p_2+p_1)=6(N-1)-\sum_{i=1}^{5}ip_i=6n-\sum_{i=1}^{5}ip_i \tag{3.7}$$

式中，p_i 为各级运动副的数目。该公式更普遍的表达是 Grübler-Kutzbach（G-K）公式，即

$$F=d(N-1)-\sum_{i=1}^{g}(d-f_i)=d(N-g-1)+\sum_{i=1}^{g}f_i \tag{3.8}$$

式中，F 为机构的自由度；g 为运动副数；f_i 为第 i 个运动副的自由度；d 为机构的阶数，

一般情况下，当机构为空间机构时，$d=6$；为平面机构或球面机构时，$d=3$。

【例 3-12】 计算图 3.42 所示两种串联机器人的自由度。

解：对于 SCARA 机器人，由式（3.8）得

$$N=5,\quad g=4,\quad \sum_{i=1}^{g} f_i=4,\quad F=6(N-g-1)+\sum_{i=1}^{g} f_i=4$$

对于 Stanford 机器人，由式（3.8）得

$$N=7,\quad g=6,\quad \sum_{i=1}^{g} f_i=6,\quad F=6(N-g-1)+\sum_{i=1}^{g} f_i=6$$

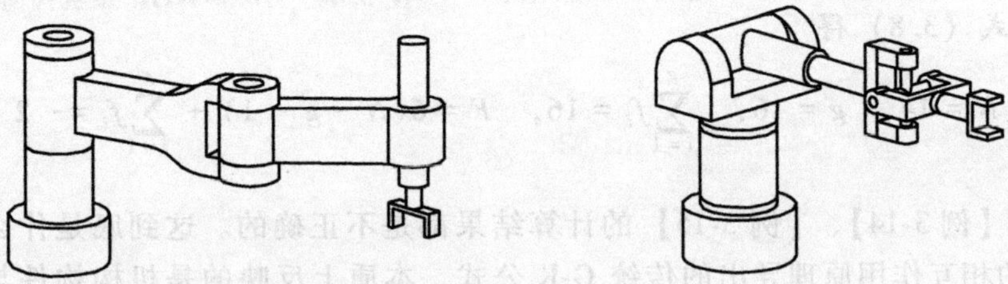

a) SCARA机器人　　b) Stanford机器人

图 3.42 两种常用的工业机器人

【例 3-13】 图 3.43 所示为传递两相交轴转动的单万向联轴节（又称十字虎克铰，Universal Coupling）。该机构为空间四杆机构，两叉形构件 1、2 分别同两转动轴固连，十字形构件 3 分别同构件 1、2 用 5 级转动副 B、C 连接。因此，该机构完全由转动副组成，其特殊配置表现为各转动副轴线交于一点 O（即输入、输出轴线的交点），试计算该机构的自由度。

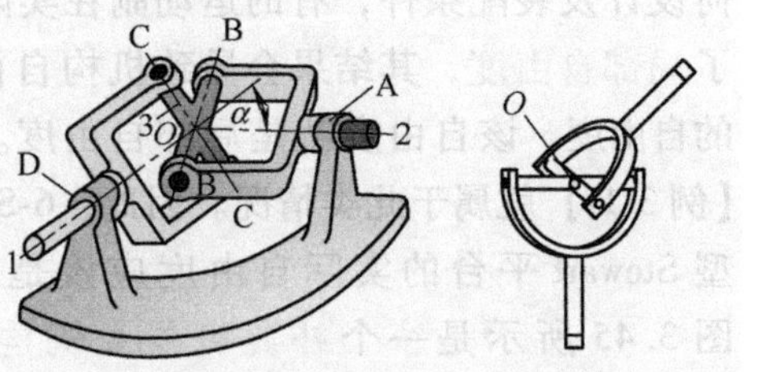

图 3.43 单万向联轴节

解：该机构为一空间球面机构，由式（3.8）得

$$N=4,\quad g=4,\quad \sum_{i=1}^{g} f_i=4,\quad F=3(N-g-1)+\sum_{i=1}^{g} f_i=1$$

【例 3-14】 计算 6-SPS 型 Stewart 平台的自由度。

解：由式（3.8）得

$$N=14,\quad g=18,\quad \sum_{i=1}^{g} f_i=42,\quad F=6(N-g-1)+\sum_{i=1}^{g} f_i=12$$

计算结果表明，该机构有 12 个自由度。注意，其末端平台最多只能有 6 个自由度，其余的 6 个自由度如何解释呢？每根支撑杆的两端同上下平台分别组成球副，这样使得每个支撑杆可以绕自身轴线转动，而这个转动（自由度）对整个机构的运动没有影响，与平面凸轮机构中滚子的转动一样，均为局部自由度。

【例 3-15】 试分析 Omni-Wrist Ⅲ机构（图 3.44）的自由度。机构由动平台、基座和

四条相同的支链组成。每条支链中，转动副 R_{14} 和 R_{13} 轴线相交于动平台中点；转动副 R_{11} 和 R_{12} 的轴线交于基座平台中心点 O；转动副 R_{12} 和 R_{13} 的轴线交于点 J_1。四条支链间隔 90° 排布。支链 1 和 3 对称分布，支链 2 和 4 对称分布，而支链 1 和 2 在基座及动平台的 R 副相互垂直。

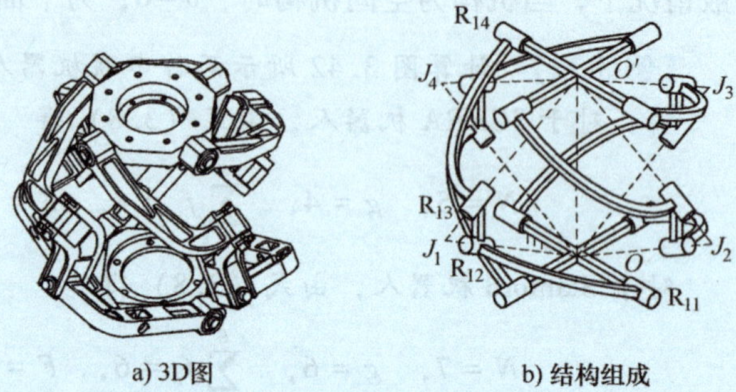

图 3.44　Omni-Wrist Ⅲ机构简图

解： 由式（3.8）得

$$N = 14,\quad g = 16,\quad \sum_{i=1}^{g} f_i = 16,\quad F = 6(N - g - 1) + \sum_{i=1}^{g} f_i = -2$$

事实上，【例 3-14】、【例 3-15】的计算结果都是不正确的。这到底是什么原因造成的呢？按照力的相互作用原理导出的传统 G-K 公式，本质上反映的是机构构件与运动副之间的关系，而违反这一公式的机构必然存在运动副没有完全发挥其约束功能的问题。具体包括两个方面：

（1）存在局部自由度　尽管连接两构件的运动副具有较多的自由度，但由于特殊的几何设计及装配条件，有的运动副在实际运动中并没有完全实现所有可能的相对运动，即产生了局部自由度，其结果会导致机构自由度数增加。例如，S-S 连接中含有一个绕其轴线旋转的自由度，该自由度就是局部自由度。因此在实际计算机构自由度时应将局部自由度减掉。【例 3-14】就属于此类情况。因此，6-SPS 型 Stewart 平台的实际自由度应该是 6。图 3.45 所示是一个扑翼机器人机构简图，它实质上就是含有一个局部自由度的 RSSR 机构。

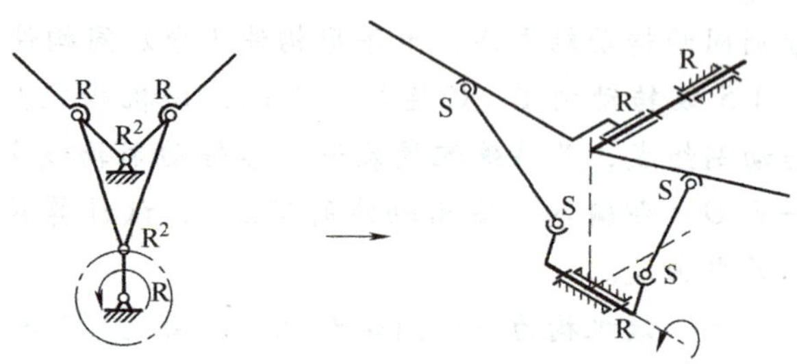

图 3.45　扑翼机构的演化形式——RSSR 机构

（2）存在公共约束或冗余约束　例如，某些机器人中，由于运动副或构件几何位置的特殊配置，或者使所有构件都失去了某些可能的运动，这等于对机构所有构件的运动加上了公共约束；或者使某些运动副全部或部分失去约束功能，即机构中存在冗余约束，运动副的约束功能并没有完全体现。上述结果都会导致机构的自由度数减少。这样的例子较多，【例 3-15】就属于此类情况。

以上两个因素导致了传统 G-K 公式尚需要改善与修正。首先考虑更为普遍的情况，如果机构或机器人具有的公共约束数为 λ，则机构或机器人的阶数 $d = 6-\lambda$。这时，机构或机器人自由度的计算公式就变为修正后的 G-K 公式

$$F = d(N - g - 1) + \sum_{i=1}^{g} f_i = (6 - \lambda)(N - g - 1) + \sum_{i=1}^{g} f_i \tag{3.9}$$

式中，d 为机构或机器人的阶数，由公共约束数 λ 决定，而不是未经修正的 G-K 公式计算的 3

或 6。对于存在公共约束的平面或球面机构，$d<3$，而对于存在公共约束的空间机构，$d<6$。

此外，还需考虑冗余约束和局部自由度对机构的影响。这时，式（3.9）进一步修正为

$$F = d(N - g - 1) + \sum_{i=1}^{g} f_i + v - \zeta \tag{3.10}$$

式中，v 表示冗余约束数；ζ 表示局部自由度数。

【例 3-16】 Stewart 平台的自由度正确计算公式如下

$$N = 14,\ g = 18,\ \sum_{i=1}^{g} f_i = 42,\ d = 6,\ v = 0,\ \zeta = 6,\ F = d(N-g-1) + \sum_{i=1}^{g} f_i + v - \zeta = 6$$

【例 3-17】 Omni-Wrist Ⅲ机构的自由度正确计算公式如下（附录 A 有详细分析）

$$N = 14,\ g = 16,\ \sum_{i=1}^{g} f_i = 16,\ d = 5,\ v = 1,\ \zeta = 0,\ F = d(N-g-1) + \sum_{i=1}^{g} f_i + v - \zeta = 2$$

由上面计算可以看到：式（3.10）可以作为统一的机构自由度计算公式，见参考文献［36］。另外，还可以看到：确定公共约束、冗余约束和局部自由度，是正确计算机构自由度的真正关键所在。

【背景知识】 自由度分析与计算的通用公式 对机构自由度通用计算公式问题的讨论由来已久，早在 19 世纪，俄国和德国的机构学家就开始对其进行了系统的研究。切贝雪夫、格鲁伯、库兹巴赫等人提出了著名的自由度计算公式，后人称之为 G-K 公式或者 C-G-K 公式。由于机构种类繁多、形态各异，例如，按拓扑关系可分为开环机构和闭环机构两种；而闭环机构又分单闭环和多闭环机构，相应的自由度分析与计算也变得复杂、困难，利用 G-K 公式常得不到正确的结果。正因如此，自由度的分析与计算问题成为机构学领域困惑已久的难题之一。150 年以来，国内外多名知名学者参与其中，各种形式的自由度计算公式不下 30 余种，其研究历程和发展沿革完全可以演绎一部哥德巴赫猜想式的故事。21 世纪以来，在燕山大学黄真教授等学者的不懈努力下，基于旋量理论使机构自由度问题得到了较为圆满的解决，不仅给出了统一的自由度计算公式，而且提供了一种有效的自由度分析方法。

3.6 本章小结

1）与一般机构一样，构件与运动副也是机器人机构的组成元素，只是机器人机构中，运动副的形式更加多样，除了转动副、移动副两种基本的运动副外，还有球铰、虎克铰等形式；并联机构中，不仅存在主动副，还存在被动副。

2）机器人机构有不同的分类方式：根据运动链的形态可分为串联式、并联式、混联式，以及多环耦合式；根据基座是否移动可分为平台型机器人和移动机器人；根据构件（或关节）有无柔性可分为刚性机器人和柔性机器人；根据驱动数可以分为欠驱动机器人、冗余驱动机器人等。

3）串联机器人具有相对简单、运动范围大、灵活性强等优点；并联机器人结构紧凑、刚度与承载能力较强；混联机器人中和了上述两种类型的特点。它们的特点决定了其各自的应用场合。

4）在机器人发展史上，串联机器人扮演了先驱者的角色，在工业机器人中应用非常广泛。串联机器人通常包括手臂、手腕、手爪等部分。

5）并联机器人本质上是多闭链机构，它由动平台、定平台和连接两平台的多个支链组成，是最近20年机构学领域发展最快的分支之一。

6）自由度是机器人机构学中最重要的概念之一。自由度与运动副、构件之间的定量关系一直是机构与机器人构型综合及运动分析中重要的理论依据。

7）机构的自由度是指确定机构位姿所需的广义坐标数。对于机器人，机器人的自由度一般是指机器人末端执行器的输出自由度。

8）G-K公式虽然是一个广泛使用的自由度计算公式，但由于一些机构自身的复杂性，如存在局部自由度、公共约束以及冗余约束等，该公式又具有一定的局限性，因此，G-K公式需要修正才能更具普适性。修正后的具体形式为

$$F = d(N - g - 1) + \sum_{i=1}^{g} f_i + v - \zeta$$

延读文献

[1] SICILIANO B., KHATIB O. Handbook of Robotics [M]. 2th ed. Springer, 2016.

[2] SIEGWART R., NOURBAKHSH I. R., Scaramuzza D. 自主移动机器人导论 [M]. 李人厚，宋青松，译. 西安：西安交通大学出版社，2013.

[3] 黄真，刘婧芳，李艳文. 论机构自由度——寻找了150年的自由度通用公式 [M]. 北京：科学出版社，2011.

[4] 黄真，曾达幸. 机构自由度计算原理和方法 [M]. 北京：高等教育出版社，2016.

[5] 熊有伦，李文龙，陈文斌，等. 机器人学：建模、控制与视觉 [M]. 武汉：华中科技大学出版社，2018.

[6] 于靖军. 机械原理 [M]. 2版. 北京：机械工业出版社，2022.

[7] 张宪民. 机器人技术及其应用 [M]. 北京：机械工业出版社，2018.

[8] 张玉茹，李继婷，李剑峰. 机器人灵巧手：建模、规划与仿真 [M]. 北京：机械工业出版社，2007.

[9] 新版机器人技术手册 [M]. 宗光华，程君实，等. 译. 北京：科学出版社，2007.

习　　题

一、问答题

3-1 机构运动简图与机构示意图有何区别？

3-2 全自由度、少自由度、冗余自由度机器人的区别在哪里？

3-3 SCARA机器人与H4机器人具有相同的自由度类型（三个移动和一个转动），并都可以作为高速操作手，试比较各自的优缺点。

3-4 在高速轻载机器人系统中，在构件与关节设计方面需有何特殊考虑？

二、论证、分析题

3-5 根据图 3.46 所示的各机器人机构示意图，给出该机构的符号表示。

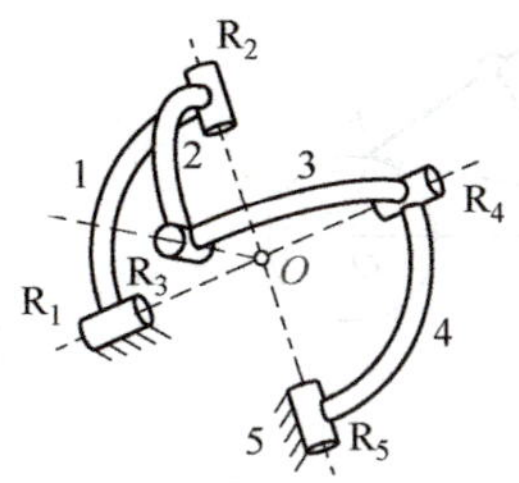

a) 球面五杆机构

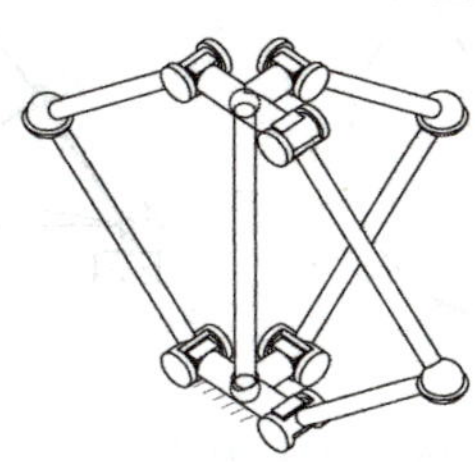

b) Dunlop指向机构

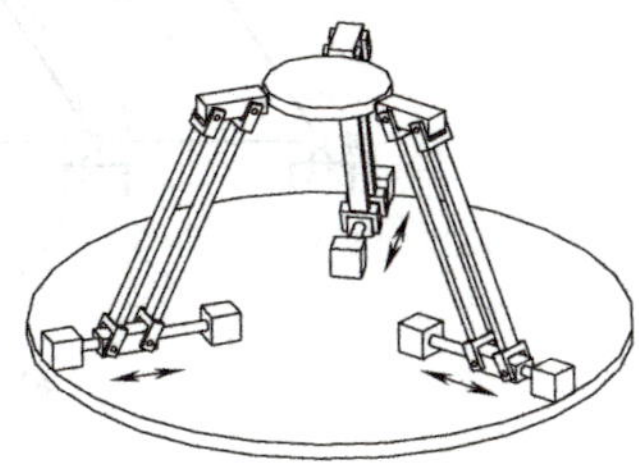

c) Star机构

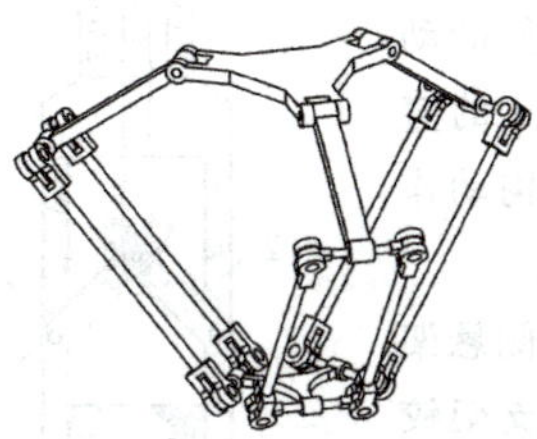

d) Tsai氏机构

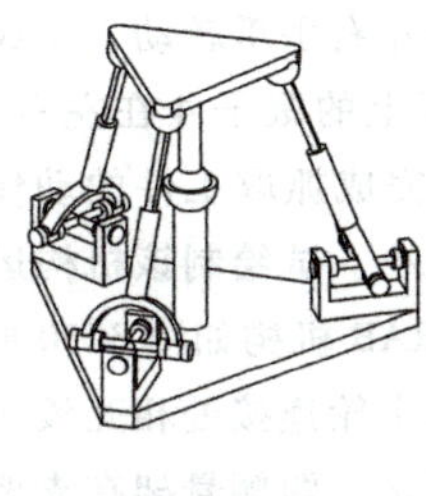

e) 动眼机构

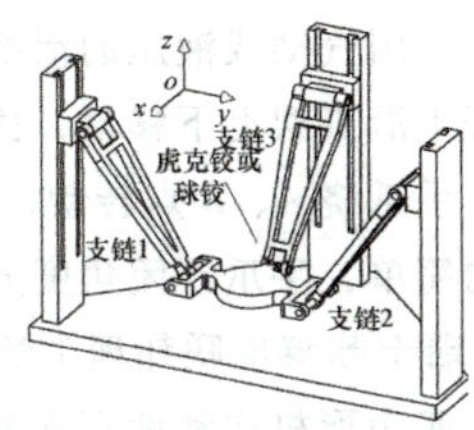

f) HALF机构

图 3.46 题 3-5 图

3-6 查阅相关文献资料，尝试给出图 3.47 所示机器人的机构示意图及符号表示。

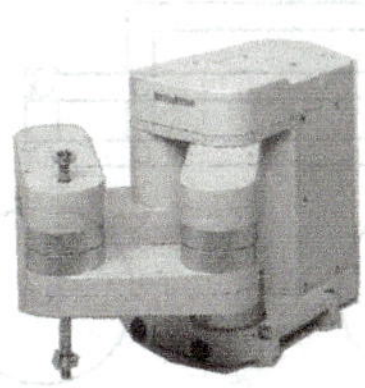

a) 三菱的double -SCARA机器人

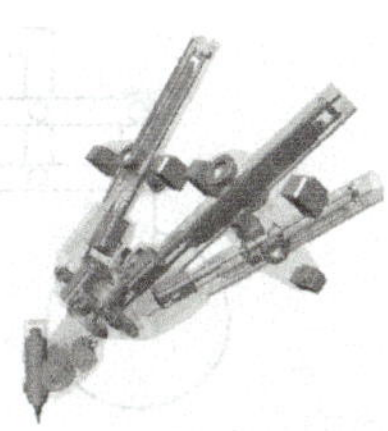

b) Execho混联加工机器人

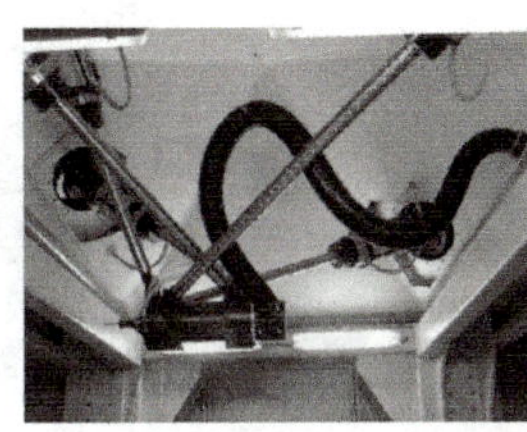

c) Metrom并联加工机器人

d) Omni -Wrist V

e) Omni -Wrist VI

f) Eclipse机器人

g) TriVariant机械手

图 3.47 题 3-6 图

3-7 据瑞士某官网报道，ECOSPEED 加工中心以最高精度完成空客框架的加工需要 95min（An ECOSPEED machining center milled an Airbus frame to the highest level of precision in about 95 minutes）。查阅相关文献资料，试对该加工中心的组成进行剖析，给出其机构示意图及符号表示。

3-8 在一类机构中，构件在其转动中心处并没有实际的运动副存在，这种没有真实运动副的转动中心被定义为虚拟运动中心（Virtual Center of Motion，简称 VCM）。如果机构的输出构件具有 VCM，则该机构称为虚拟运动中心机构（简称 VCM 机构）。如果虚拟固定点在机构远端，则该机构称为远程运动中心机构（Remote Center of Motion，简称 RCM）。图 3.48 所示为两种常用的 RCM 机构。

（1）查阅相关资料，了解 RCM 机构的主要用途。

（2）自定义未知参数，建立该机构的虚拟样机模型，仿真该机构运动过程。

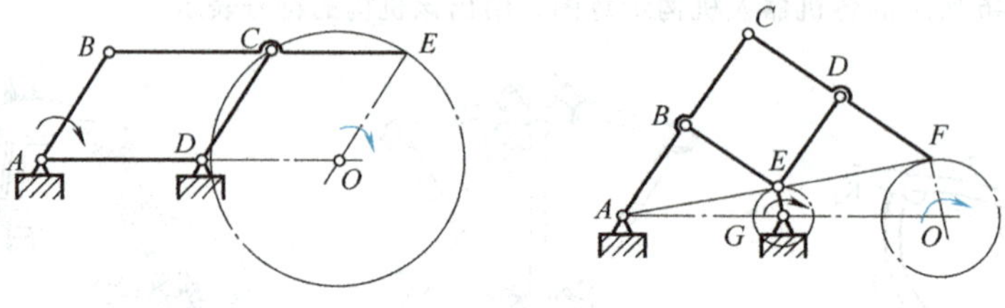

a)　　　　b)

图 3.48　两种 RCM 机构

3-9　图 3.49 所示为一滑槽杠杆式抓取机构，可用作机器人手爪。该机构的工作原理为：用气动或液压的活塞杆驱动，使左右手爪转动，完成抓取工件的动作。活塞杆 1 沿机架上下移动，固接在活塞杆上的滚子 4 在左右手爪 2、3 的直槽中滑动，手爪绕 *A*、*B* 点转动，依靠 V 形槽完成抓取工件的动作。该机构动作灵活，结构简单，手爪开闭角度大，但增力较小。试绘制该机构运动简图。

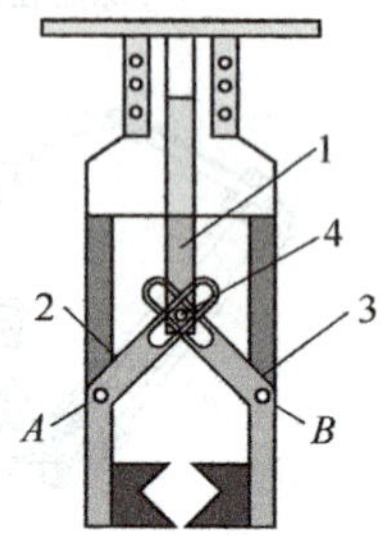

图 3.49　滑槽杠杆式抓取机构

1—活塞杆　2、3—左右手爪　4—滚子

3-10　瑞士苏黎世联邦理工学院开发的 CRAB 机构如图 3.50 所示。每侧悬架由两套平行四边形机构和两端支架组成，并在中轮连接处相互铰接。两端支架铰接分别与两套平行四边形机构的两根水平杆铰接。两侧悬架在支架处与平台通过差速杆机构实现差速。试问：该机构属于移动机器人的哪种类型？

3-11　经典机构。利用修正的 G-K 公式计算如图 3.51 所示经典机构的自由度。

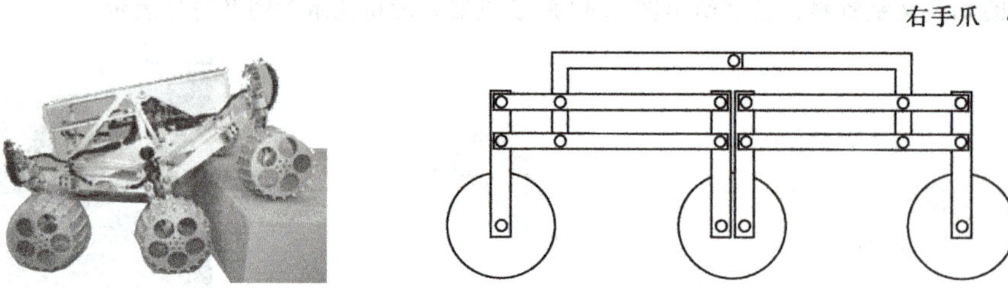

a)　　　　b)

图 3.50　CRAB 机构[23]

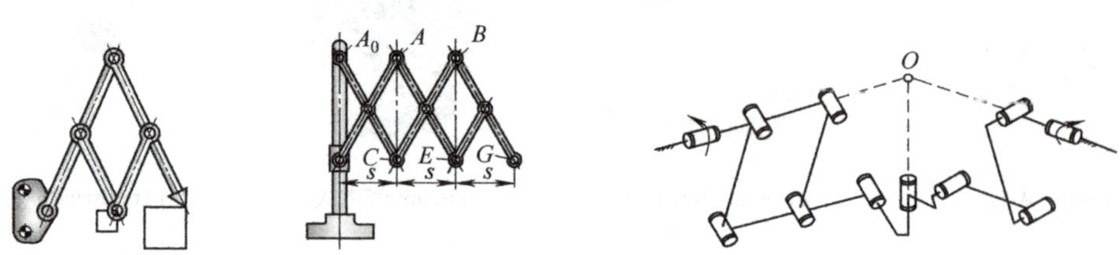

a) 三种仿图仪机构

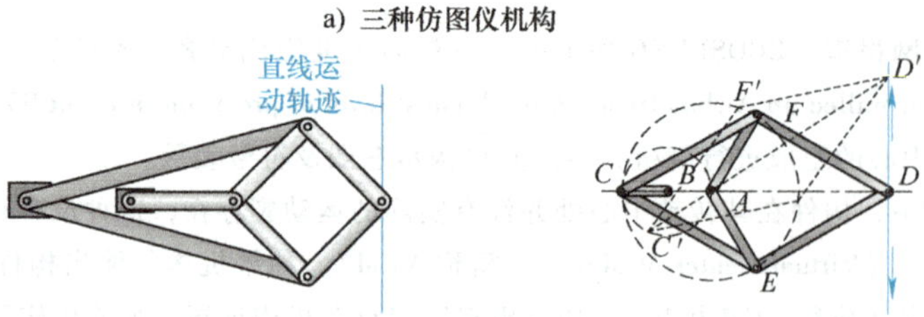

b) Peaucellier直线机构及其变异机构

图 3.51　经典机构

3-12 图 3.52 所示为传递两相交轴转动的双万向联轴器（又称双十字虎克铰或等速虎克铰。该机构由两个单十字虎克铰串联而成。试计算该机构的自由度，并调研该机构的主要特点。

a) 结构示意图　　b) 实物

图 3.52 双十字虎克铰

3-13 计算并分析平面 3-RRR 并联机构（图 3.53）的自由度，注意每个支链中转动副的轴线方向相互平行。

3-14 试分析 4-RRR 并联机构的自由度（图 3.54），每个支链中 R 副的轴线相互平行，但相邻两个支链的运动副轴线相互垂直。

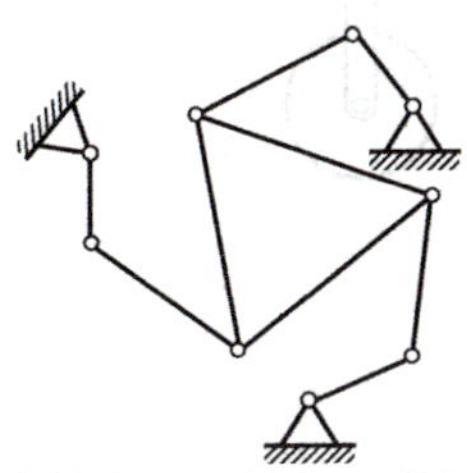

图 3.53 平面 3-RRR 并联机构

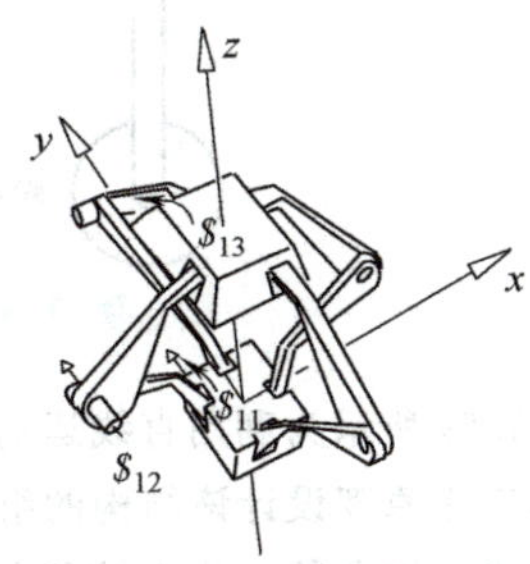

图 3.54 4-RRR 并联机构

3-15 利用修正的 G-K 公式计算 6-PSS 型并联机构的自由度。

3-16 试分析 3-SPR 并联机构（图 3.55）的自由度，并区分该机构的运动与 3-RPS 并联平台机构的运动类型。

3-17 试分析图 3.56 所示 3-RPS 并联角台机构的自由度，并区分该机构的运动与 3-RPS 并联平台机构的运动类型。

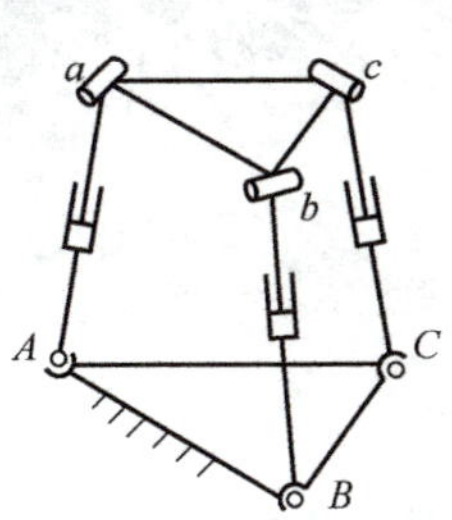

图 3.55 图 3-SPR 并联机构

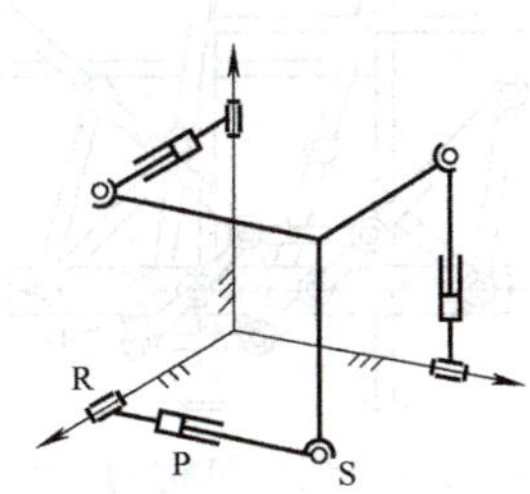

图 3.56 3-RPS 并联角台机构

三、分析仿真题

3-18 图 3.57 所示为一新型轮式复合越障机器人机构。

（1）试从虚拟转动中心的角度分析该机构的工作原理。

（2）利用 ADAMS 对该机构进行运动学仿真（模拟越障过程）。

3-19 图 3.58 所示为一新型轮式复合越障机器人机构。

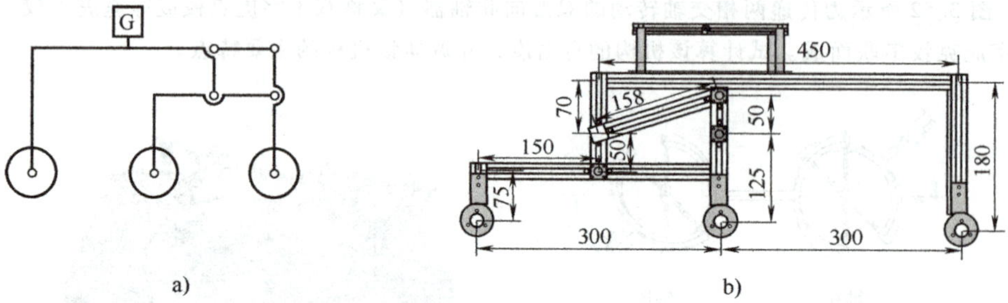

图 3.57 轮式复合越障机器人机构（一）

（1）试从虚拟转动中心的角度分析该机构的工作原理。

（2）对比与图 3.57 所示机构的优缺点。

（3）利用 ADAMS 对该机构进行运动学仿真（模拟越障过程）。

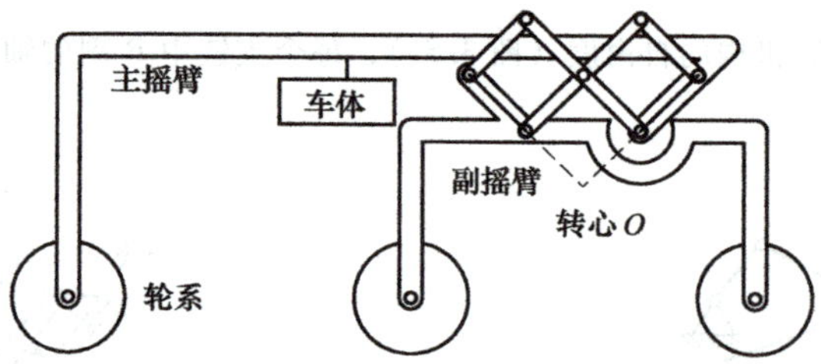

图 3.58 轮式复合越障机器人机构（二）

3-20 图 3.59 所示为利用直线运动机构设计的一种行走机构。

（1）根据工作原理设计该结构的组成。

（2）自定义未知参数，建立该机构的虚拟样机模型，仿真行走机构运动过程，获取作直线运动的点（$P1$ 点）的位移曲线。

3-21 图 3.60 所示为荷兰艺术家 Theo Jansen 发明的一种步行机构。

（1）查阅相关资料，分析该机构的组成以及工作原理。

（2）自定义未知参数，建立该机构的虚拟样机模型，仿真该机构运动过程。

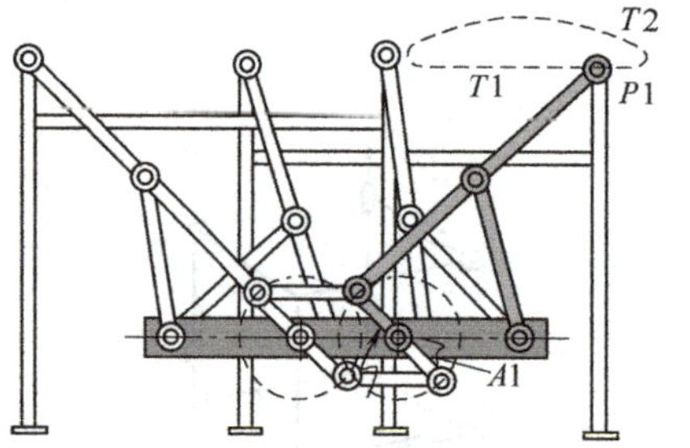

图 3.59 利用直线运动机构的一种行走机构

图 3.60 Theo Jansen 步行机构

第4章　位姿描述与变换

【内容导读与学习目标】

本章主要介绍如何描述一个机器人的位置、姿态（简称位姿）以及运动变换。通过本章学习，希望读者能够：

1）掌握机器人位姿或位形、坐标映射、算子、运动变换等概念及相关的描述方法。

2）掌握姿态描述中旋转矩阵、欧拉角、R-P-Y角三种基本方法，了解等效轴-角、单位四元数等其他方法，以及它们之间的相互映射关系。

授课视频

4.0　预备知识

4.0.1　坐标系与点的坐标表示

最简单也最重要的坐标系——直角坐标系，又称笛卡儿坐标系（Cartesian Coordinate Frame），以它的发明者——17世纪法国数学家笛卡儿（Descartes）命名。

建立如图4.1所示的平面直角坐标系，平面上任一点 P 的位置可以用坐标原点到该点的二维位置矢量 $\boldsymbol{p}$ 来表示，即

$$\boldsymbol{p}=p_x\hat{\boldsymbol{x}}+p_y\hat{\boldsymbol{y}} \tag{4.1}$$

式中，$\hat{\boldsymbol{x}}=(1,\ 0)^{\mathrm{T}}$、$\hat{\boldsymbol{y}}=(0,\ 1)^{\mathrm{T}}$ 为对应 x、y 轴的单位矢量，p_x 和 p_y 分别为矢量 $\boldsymbol{p}$ 在 x，y 轴上的投影。同时，任一平面二维矢量都可以表示成 $\boldsymbol{p}=(p_x,\ p_y)^{\mathrm{T}}$ 的形式。

进一步将坐标系从平面扩展到空间，可以得到类似的结果。建立如图4.2所示的直角坐标系，点 P 的位置可以直接用三维位置矢量 $\boldsymbol{p}$ 来表示，即

$$\boldsymbol{p}=p_x\hat{\boldsymbol{x}}+p_y\hat{\boldsymbol{y}}+p_z\hat{\boldsymbol{z}} \tag{4.2}$$

式中，$\hat{\boldsymbol{x}}=(1,\ 0,\ 0)^{\mathrm{T}}$，$\hat{\boldsymbol{y}}=(0,\ 1,\ 0)^{\mathrm{T}}$，$\hat{\boldsymbol{z}}=(0,\ 0,\ 1)^{\mathrm{T}}$ 分别为对应 x、y、z 轴的单位矢量；p_x、p_y 和 p_z 分别为矢量 $\boldsymbol{p}$ 在 x，y，z 轴上的投影。同时，任一空间三维矢量都可以表示成 $\boldsymbol{p}=(p_x,\ p_y,\ p_z)^{\mathrm{T}}$ 的形式，或者直接写成列矢量的形式，即

$$p=\begin{pmatrix}p_x\\p_y\\p_z\end{pmatrix} \tag{4.3}$$

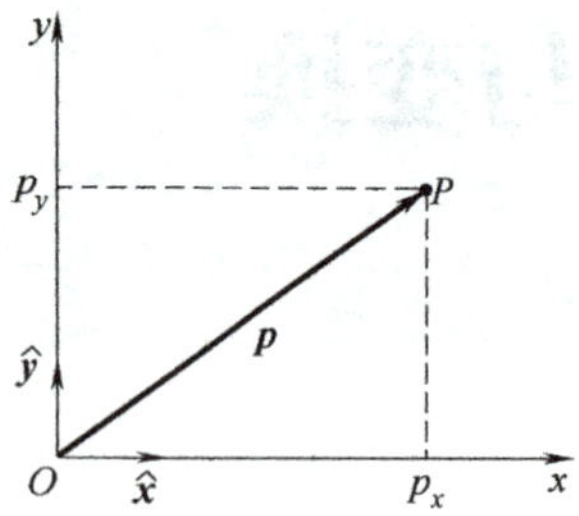

图 4.1　平面直角坐标系

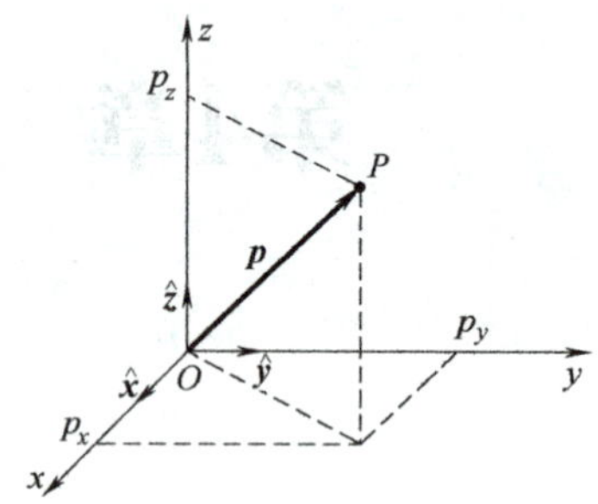

图 4.2　空间直角坐标系

【背景知识】 勒内·笛卡儿（René Descartes，1596—1650）法国数学家、哲学家、物理学家。1637 年发明了坐标系，将几何与代数相结合，创立了解析几何学，因此被誉为解析几何之父。哲学方面，著有《方法论》（*Discourse on the method*），提出了“我思故我在”“大胆假设、小心求证”“怀疑是智慧的源头”等大量具有哲学思想的科学方法论，这些都成为后续科学研究与发明创造的普适方法。

4.0.2　三维矢量及其运算

4.0.1 节中，无论 $\boldsymbol{p}$ 还是 $\hat{\boldsymbol{x}}$、$\hat{\boldsymbol{y}}$ 都是矢量（Vector）。它们有别于一般的标量（Scalar）。

矢量是一个既有大小又有方向的量，满足加法的交换律和结合率，同时满足数乘的运算法则。矢量之间还可以进行加减法。

若有两个三维矢量 $\boldsymbol{u}=u_x\hat{\boldsymbol{x}}+u_y\hat{\boldsymbol{y}}+u_z\hat{\boldsymbol{z}}$ 和 $\boldsymbol{v}=v_x\hat{\boldsymbol{x}}+v_y\hat{\boldsymbol{y}}+v_z\hat{\boldsymbol{z}}$，则满足

$$\boldsymbol{u}\pm\boldsymbol{v}=(u_x\pm v_x)\hat{\boldsymbol{x}}+(u_y\pm v_y)\hat{\boldsymbol{y}}+(u_z\pm v_z)\hat{\boldsymbol{z}} \tag{4.4}$$

一般矢量的加减法满足封闭性，即遵循所谓的平行四边形或三角形法则，形成封闭矢量多边形（Closed Vector Polygon），如图 4.3 所示。

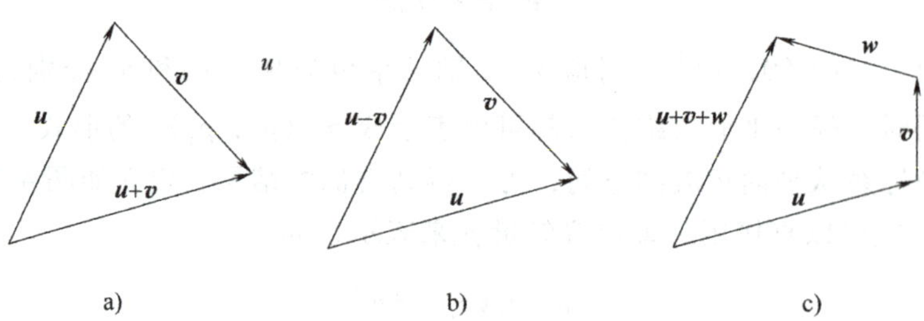

图 4.3　矢量的加减法运算

1. 矢量的点积

矢量之间可以进行点积（·）运算（也称为矢量的内积），满足

$$\boldsymbol{u}\cdot\boldsymbol{v}=\boldsymbol{v}\cdot\boldsymbol{u}=\boldsymbol{u}^{\mathrm{T}}\boldsymbol{v}=u_xv_x+u_yv_y+u_zv_z \tag{4.5}$$

可以看出，两矢量的点积满足交换律。

两矢量点积的几何意义如图4.4所示，即满足

$$\boldsymbol{u}\cdot\boldsymbol{v}=|\boldsymbol{u}||\boldsymbol{v}|\cos\theta \tag{4.6}$$

式中，$|\boldsymbol{u}|$表示矢量$\boldsymbol{u}$的模，且$|\boldsymbol{u}|=\sqrt{u_x^2+u_y^2+u_z^2}$；$\theta$为两矢量之间的夹角。当$\boldsymbol{u}\cdot\boldsymbol{v}=0$时，矢量$\boldsymbol{u}$与$\boldsymbol{v}$正交（Orthogonality）。

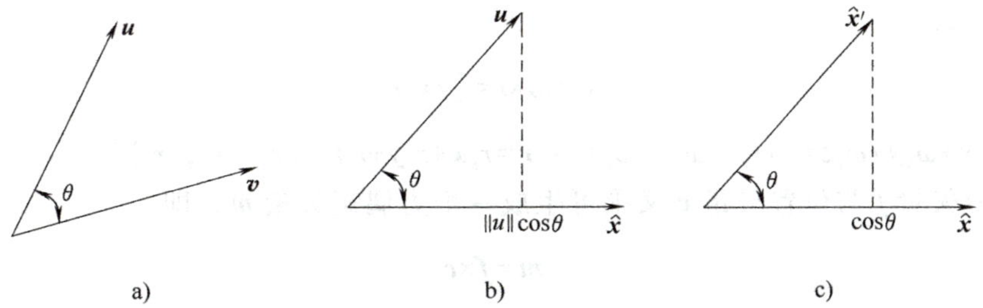

图4.4　矢量的点积

考虑式（4.6）的一种特例，即其中一个矢量为单位矢量（如表示x轴的单位矢量$\hat{\boldsymbol{x}}$），式（4.6）变为

$$\boldsymbol{u}\cdot\hat{\boldsymbol{x}}=|\boldsymbol{u}|\cos\theta \tag{4.7}$$

式（4.7）所表示的几何意义是矢量$\boldsymbol{u}$在x轴上的投影（图4.4b）。如果$\boldsymbol{u}$也是单位矢量（用$\hat{\boldsymbol{x}}'$表示），则式（4.7）进一步简化为

$$\hat{\boldsymbol{x}}'\cdot\hat{\boldsymbol{x}}=\cos(\hat{\boldsymbol{x}}',\hat{\boldsymbol{x}})=\cos\theta \tag{4.8}$$

式（4.8）表明，两个单位矢量的点积为两者夹角的余弦（图4.4c）。由于均为单位矢量，因此又称为方向余弦（Directional Cosine）。

如果把$\hat{\boldsymbol{x}}'$换成与$\hat{\boldsymbol{x}}$正交的$\hat{\boldsymbol{y}}$或者$\hat{\boldsymbol{z}}$，则式（4.8）变成

$$\hat{\boldsymbol{y}}\cdot\hat{\boldsymbol{x}}=\cos 90°=0,\quad \hat{\boldsymbol{z}}\cdot\hat{\boldsymbol{x}}=\cos 90°=0 \tag{4.9}$$

式（4.8）和式（4.9）正好起到相互验证的作用。

2. 矢量的叉积

两矢量还可以进行叉积（×）运算。三维矢量的叉积遵循以下运算规则

$$\boldsymbol{u}\times\boldsymbol{v}=\begin{vmatrix}\hat{\boldsymbol{x}} & \hat{\boldsymbol{y}} & \hat{\boldsymbol{z}}\\ u_x & u_y & u_z\\ v_x & v_y & v_z\end{vmatrix}=(u_yv_z-u_zv_y)\hat{\boldsymbol{x}}+(u_zv_x-u_xv_z)\hat{\boldsymbol{y}}+(u_xv_y-u_yv_x)\hat{\boldsymbol{z}} \tag{4.10}$$

矢量的叉积运算并不满足交换律和结合律，但很容易证明

$$\boldsymbol{u}\times\boldsymbol{v}=-\boldsymbol{v}\times\boldsymbol{u} \tag{4.11}$$

由式（4.10）还可以看出，两个矢量的叉积生成了一个新的矢量，具体如图4.5所示。新的矢量$\boldsymbol{w}$垂直于$\boldsymbol{u}$、$\boldsymbol{v}$构成的平面，方向符合右手定则，其大小等于$\boldsymbol{u}$与$\boldsymbol{v}$构成的平行四边形的面积。

$$|\boldsymbol{w}|=|\boldsymbol{u}\times\boldsymbol{v}|=|\boldsymbol{u}||\boldsymbol{v}|\sin\theta \tag{4.12}$$

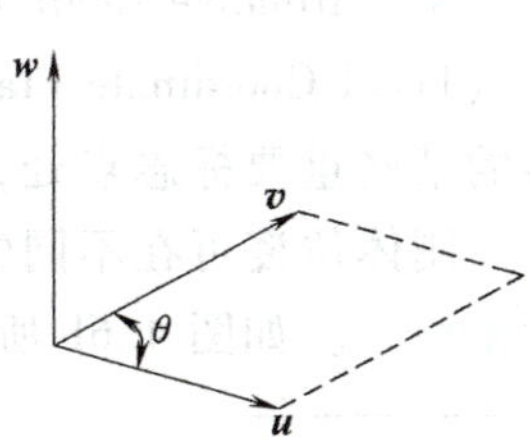

图4.5　两矢量的叉积

数学上，式（4.10）还可以写成

$$\boldsymbol{u}\times\boldsymbol{v}=[\boldsymbol{u}]\boldsymbol{v}=\begin{pmatrix}0 & -u_z & u_y\\ u_z & 0 & -u_x\\ -u_y & u_x & 0\end{pmatrix}\begin{pmatrix}v_x\\ v_y\\ v_z\end{pmatrix} \tag{4.13}$$

式中，$[\boldsymbol{u}]$ 为 $\boldsymbol{u}$ 对应的反对称矩阵形式，可通过式（4.10）和式（4.13）相互验证。

运动学中经常用到的一个关系式就是：角速度矢量 $\boldsymbol{\omega}$ 与位置矢量 $\boldsymbol{r}$ 叉乘，可生成一个线速度矢量。具体到机器人上，即构件上某一点 $\boldsymbol{r}$ 绕固定转轴转动时的角速度 $\boldsymbol{\omega}$ 与线速度 $\boldsymbol{v}$ 之间满足关系式

$$\boldsymbol{v}=\boldsymbol{\omega}\times\boldsymbol{r}=[\boldsymbol{\omega}]\boldsymbol{r} \tag{4.14}$$

式中，$\boldsymbol{\omega}=\omega_x\hat{\boldsymbol{x}}+\omega_y\hat{\boldsymbol{y}}+\omega_z\hat{\boldsymbol{z}}=(\omega_x,\ \omega_y,\ \omega_z)^{\mathrm{T}}$；$\boldsymbol{r}=r_x\hat{\boldsymbol{x}}+r_y\hat{\boldsymbol{y}}+r_z\hat{\boldsymbol{z}}=(r_x,\ r_y,\ r_z)^{\mathrm{T}}$。

类似，力矢量 $\boldsymbol{f}$ 与位置矢量 $\boldsymbol{c}$ 叉乘可生成一个力偶矩矢量 $\boldsymbol{m}$，即

$$\boldsymbol{m}=\boldsymbol{f}\times\boldsymbol{c} \tag{4.15}$$

4.1 位姿描述

4.1.1 概述

在经典机器人运动学研究中，首先遇到的问题就是如何对机器人末端（可视为刚体）的运动进行描述。这一问题具体分为三个层次：①位移（Displacement）。包括刚体的位置（Position）和姿态（Orientation），位置和姿态构成了刚体的位姿（Pose）。②速度（Velocity）。包括刚体的线速度（Linear Velocity）和角速度（Angular Velocity）。③加速度（Acceleration）。包括刚体的线加速度（Linear Acceleration）和角加速度（Angular Acceleration）。刚体位姿的描述是基础。

刚体位姿描述与运动学（Kinematics）研究都离不开坐标系，本书用符号｛｝表示坐标系。

为描述刚体（如机器人末端执行器）的位姿（图 4.6a），至少需要两个参考坐标系：一个是与地（或机架）相固联的参考坐标系（Reference Coordinate Frame），即常说的固定坐标系（Fixed Coordinate Frame），又称惯性坐标系（Inertial Coordinate Frame）、全局坐标系（Global Coordinate Frame）。在机器人学研究中，通常将惯性坐标系选在机器人基座处，因此该坐标系又称为基坐标系（Base Frame）。

还有一类是与刚体（如机器人末端执行器）固联且随之一起运动的坐标系⊖，称为相对坐标系（Relative Coordinate Frame），又称物体坐标系（Body Coordinate Frame）或局部坐标系（Local Coordinate Frame）。通常情况下，相对坐标系的原点选在机器人连杆或末端执行器的某些重要标志点处，如 TCP 处。

刚体位姿可在不同的坐标系中描述。如果在坐标系｛A｝中描述位姿，则称｛A｝为描述坐标系。如图 4.6b 所示，｛B｝为与刚体固联的物体坐标系，｛A｝为假定的固定坐标系，

⊖ 相对坐标系本身并不是动坐标系，而是与运动刚体随动，每一瞬时相对固定坐标系都是静止的。千万不要与理论力学中所学的非惯性运动坐标系相混淆。

当 $\{B\}$ 的坐标原点矢量 $\boldsymbol{p}$ 或坐标轴矢量 $\boldsymbol{x}_B$ 在 $\{A\}$ 中描述时，就称 $\{A\}$ 为矢量 $\boldsymbol{p}$ 或矢量 $\boldsymbol{x}_B$ 的描述坐标系。

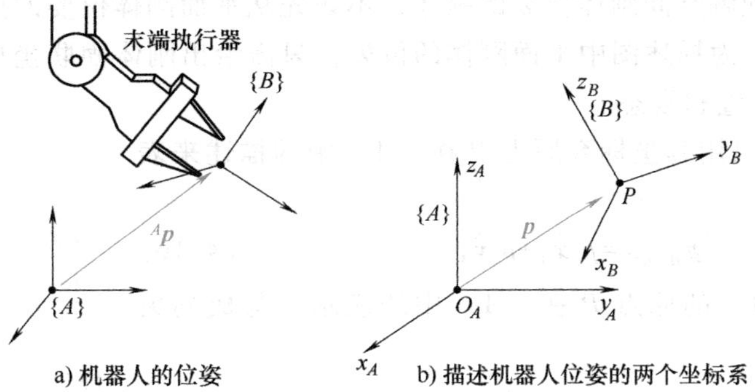

图 4.6 用于描述刚体位姿的两个坐标系：以机器人为例

【小知识】工业机器人中的特殊坐标系命名

在传统工业机器人中，总要命名一些具有特殊含义的坐标系，如图 4.7 所示。具体说明如下：

(1) 基坐标系 $\{0\}$ 或 $\{B\}$ 与机器人基座固联的坐标系。

(2) 世界坐标系 $\{U\}$ 当描述两台及以上机器人的相对位姿时，定义一个共同的固定参考坐标系更为方便，该坐标系即为世界坐标系。对于单台机器人，世界坐标系与基坐标系一般是重合的。

(3) 腕部坐标系 $\{W\}$ 与机器人末端杆件固联，原点位于手腕中心（法兰盘中心）位置。

(4) 工具坐标系 $\{T\}$ 与机器人末端工具固联，通常根据腕部坐标系来确定。

(5) 任务坐标系 $\{S\}$ 与机器人执行的任务相关，一般位于工作台上，又称为工作台坐标系。

(6) 目标坐标系 $\{G\}$ 用于描述机器人执行任务结束时的工具位姿，相对于工作台坐标系来定义。

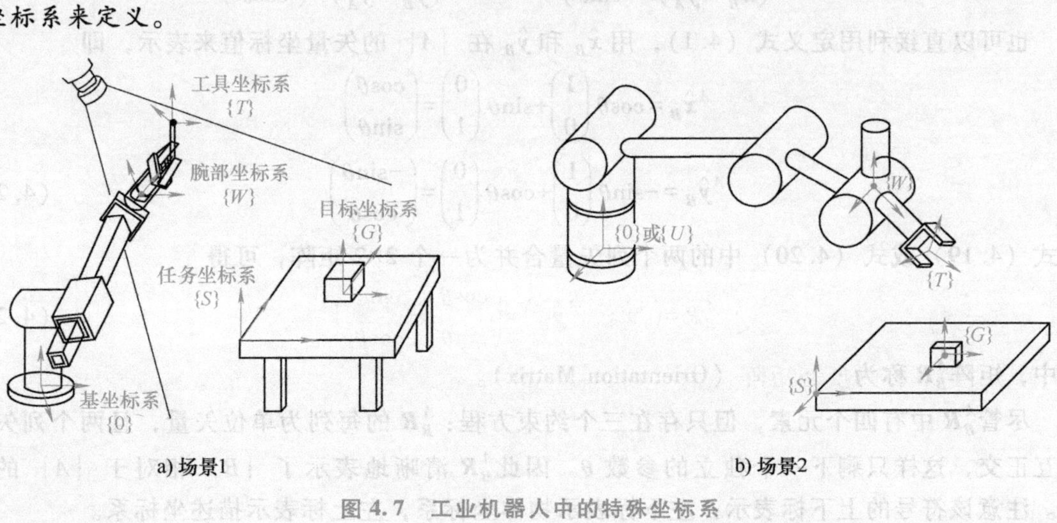

图 4.7 工业机器人中的特殊坐标系

4.1.2 平面刚体的位姿描述

为了更容易地理解空间刚体位姿的描述，不妨先从平面刚体位姿的描述入手。

如图 4.8 所示，为描述图中平面刚体的位姿，只需给出刚体固联坐标系 $\{B\}$ 相对于描述坐标系 $\{A\}$ 的位置和姿态。

$\{B\}$ 的位置可以用其坐标系原点 P 在 $\{A\}$ 中的描述来表示，即

$$ {}^{A}\boldsymbol{p}_{BORG}=p_x\hat{\boldsymbol{x}}_A+p_y\hat{\boldsymbol{y}}_A \tag{4.16}$$

式中，${}^{A}\boldsymbol{p}_{BORG}$ 为 $\{B\}$ 的原点 P 在 $\{A\}$ 中的表示。写成列矢量的形式，即

$$ {}^{A}\boldsymbol{p}_{BORG}=\begin{pmatrix}p_x\\p_y\end{pmatrix} \tag{4.17}$$

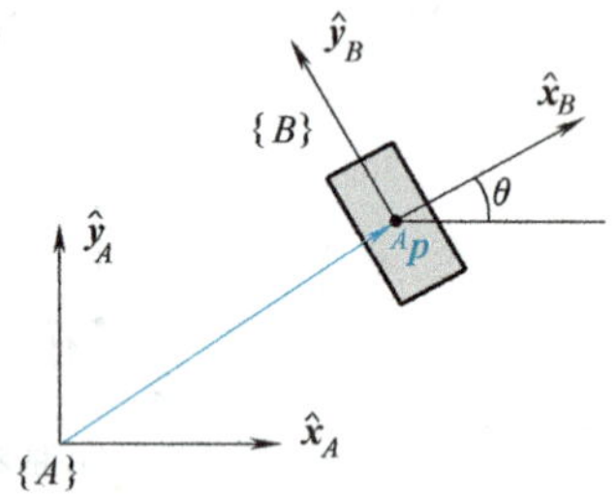

图 4.8 平面刚体的位姿描述

描述刚体 $\{B\}$ 相对 $\{A\}$ 的姿态的最简单方法，是给出两坐标系坐标轴间的转角 θ，如图 4.8 所示。还可采用另外一种方法：给出 $\{B\}$ 的两个单位坐标轴在 $\{A\}$ 中的矢量表达式，即 $\{B\}$ 的单位坐标轴在 $\{A\}$ 单位坐标轴上的投影，如图 4.9 所示。

由式（4.8）可知，$\hat{\boldsymbol{x}}_B$ 和 $\hat{\boldsymbol{y}}_B$ 在 $\{A\}$ 两个坐标轴上的投影为

$$\begin{cases}\hat{\boldsymbol{x}}_B\cdot\hat{\boldsymbol{x}}_A=\cos\theta\\ \hat{\boldsymbol{x}}_B\cdot\hat{\boldsymbol{y}}_A=\sin\theta\end{cases}\qquad \begin{cases}\hat{\boldsymbol{y}}_B\cdot\hat{\boldsymbol{x}}_A=-\sin\theta\\ \hat{\boldsymbol{y}}_B\cdot\hat{\boldsymbol{y}}_A=\cos\theta\end{cases} \tag{4.18}$$

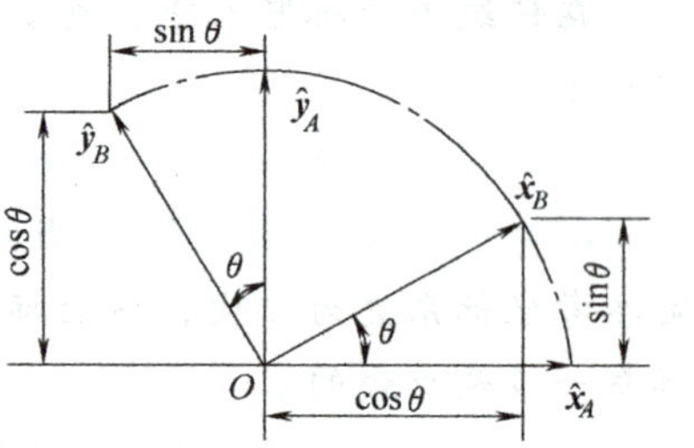

图 4.9 坐标系 $\{B\}$ 的两个单位坐标轴相对固定坐标系 $\{A\}$ 的姿态描述

由此，可以得到 $\{B\}$ 的两个单位坐标轴 $\hat{\boldsymbol{x}}_B$ 和 $\hat{\boldsymbol{y}}_B$ 在 $\{A\}$ 中的矢量表达

$$ {}^{A}\hat{\boldsymbol{x}}_B=\begin{pmatrix}\hat{\boldsymbol{x}}_B\cdot\hat{\boldsymbol{x}}_A\\ \hat{\boldsymbol{x}}_B\cdot\hat{\boldsymbol{y}}_A\end{pmatrix}=\begin{pmatrix}\cos\theta\\ \sin\theta\end{pmatrix}\qquad {}^{A}\hat{\boldsymbol{y}}_B=\begin{pmatrix}\hat{\boldsymbol{y}}_B\cdot\hat{\boldsymbol{x}}_A\\ \hat{\boldsymbol{y}}_B\cdot\hat{\boldsymbol{y}}_A\end{pmatrix}=\begin{pmatrix}-\sin\theta\\ \cos\theta\end{pmatrix} \tag{4.19}$$

也可以直接利用定义式（4.1），用 $\hat{\boldsymbol{x}}_B$ 和 $\hat{\boldsymbol{y}}_B$ 在 $\{A\}$ 的矢量坐标值来表示，即

$$\begin{aligned}{}^{A}\hat{\boldsymbol{x}}_B&=\cos\theta\begin{pmatrix}1\\0\end{pmatrix}+\sin\theta\begin{pmatrix}0\\1\end{pmatrix}=\begin{pmatrix}\cos\theta\\ \sin\theta\end{pmatrix}\\ {}^{A}\hat{\boldsymbol{y}}_B&=-\sin\theta\begin{pmatrix}1\\0\end{pmatrix}+\cos\theta\begin{pmatrix}0\\1\end{pmatrix}=\begin{pmatrix}-\sin\theta\\ \cos\theta\end{pmatrix}\end{aligned} \tag{4.20}$$

将式（4.19）或式（4.20）中的两个列矢量合并为一个 2×2 矩阵，可得

$$ {}^{A}_{B}\boldsymbol{R}=\begin{pmatrix}{}^{A}\hat{\boldsymbol{x}}_B & {}^{A}\hat{\boldsymbol{y}}_B\end{pmatrix}=\begin{pmatrix}\cos\theta & -\sin\theta\\ \sin\theta & \cos\theta\end{pmatrix} \tag{4.21}$$

式中，矩阵 ${}^{A}_{B}\boldsymbol{R}$ 称为姿态矩阵（Orientation Matrix）。

尽管 ${}^{A}_{B}\boldsymbol{R}$ 中有四个元素，但只存在三个约束方程：${}^{A}_{B}\boldsymbol{R}$ 的每列为单位矢量，且两个列矢量相互正交，这样只剩下一个独立的参数 θ。因此 ${}^{A}_{B}\boldsymbol{R}$ 清晰地表示了 $\{B\}$ 相对于 $\{A\}$ 的姿态。注意该符号的上下标表示：左下标表示物体坐标系，左上标表示描述坐标系。

将式（4.17）和式（4.21）合并，组成一个齐次矩阵（Homogeneous Matrix），它可以

完整地描述平面刚体的位姿

$$ {}^A_B\boldsymbol{T}=\begin{pmatrix} {}^A_B\boldsymbol{R} & {}^A\boldsymbol{p} \\ 0 & 1 \end{pmatrix}=\begin{pmatrix} \cos\theta & -\sin\theta & p_x \\ \sin\theta & \cos\theta & p_y \\ 0 & 0 & 1 \end{pmatrix} \tag{4.22} $$

式中，矩阵${}^A_B\boldsymbol{T}$称为位姿矩阵（Pose Matrix）。

更一般性地，机器人各杆件和末端可视为空间刚体。因此，在平面刚体位姿描述的基础上，再讨论如何实现对一般空间刚体的位姿描述。

4.1.3　空间刚体的位置描述

对于如图 4.10 所示空间中的一点 P，可以在坐标系 $\{A\}$ 中用列矢量${}^A\boldsymbol{p}$ 描述其位置

$$ {}^A\boldsymbol{p}=\begin{pmatrix} {}^Ap_x \\ {}^Ap_y \\ {}^Ap_z \end{pmatrix} \tag{4.23} $$

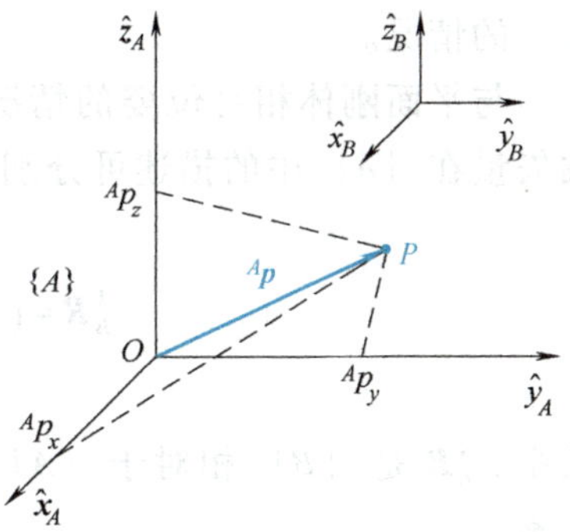

图 4.10　空间点的位置表示

如图 4.10 所示，${}^A\boldsymbol{p}$ 三个分量的几何意义为该点在 $\{A\}$ 三个单位坐标轴上的投影，投影值等于矢量与坐标轴矢量的点积

$$ \begin{cases} {}^Ap_x={}^A\boldsymbol{p}\cdot\hat{\boldsymbol{x}}_A \\ {}^Ap_y={}^A\boldsymbol{p}\cdot\hat{\boldsymbol{y}}_A \\ {}^Ap_z={}^A\boldsymbol{p}\cdot\hat{\boldsymbol{z}}_A \end{cases} \tag{4.24} $$

式中

$$ \hat{\boldsymbol{x}}_A=\begin{pmatrix}1\\0\\0\end{pmatrix},\quad \hat{\boldsymbol{y}}_A=\begin{pmatrix}0\\1\\0\end{pmatrix},\quad \hat{\boldsymbol{z}}_A=\begin{pmatrix}0\\0\\1\end{pmatrix} $$

由此可知，从矢量与某坐标系各坐标轴单位矢量的点积，可以得到矢量在该坐标系中的描述。类似地，如果希望在坐标系 $\{B\}$ 中描述同一个空间点 P 的位置，则可用矢量${}^B\boldsymbol{p}$ 表示，即

$$ {}^B\boldsymbol{p}=\begin{pmatrix} {}^Bp_x \\ {}^Bp_y \\ {}^Bp_z \end{pmatrix} \tag{4.25} $$

同样，${}^B\boldsymbol{p}$ 三个分量的几何意义也为该点在物体坐标系 $\{B\}$ 的三个单位坐标轴上的投影，投影值为${}^B\boldsymbol{p}$ 与 $\{B\}$ 三个坐标轴矢量的点积

$$ \begin{cases} {}^Bp_x={}^B\boldsymbol{p}\cdot\hat{\boldsymbol{x}}_B \\ {}^Bp_y={}^B\boldsymbol{p}\cdot\hat{\boldsymbol{y}}_B \\ {}^Bp_z={}^B\boldsymbol{p}\cdot\hat{\boldsymbol{z}}_B \end{cases} \tag{4.26} $$

式中

$$\hat{\boldsymbol{x}}_B=\begin{pmatrix}1\\0\\0\end{pmatrix},\quad \hat{\boldsymbol{y}}_B=\begin{pmatrix}0\\1\\0\end{pmatrix},\quad \hat{\boldsymbol{z}}_B=\begin{pmatrix}0\\0\\1\end{pmatrix}$$

显然，如果坐标系 $\{A\}$ 与 $\{B\}$ 的坐标原点不重合，则 ${}^A\boldsymbol{p}\neq{}^B\boldsymbol{p}$。

4.1.4 空间刚体的姿态描述

如图 4.11 所示，假设机器人的两个构件各自定义了与之固联的物体坐标系 $\{A\}$ 和 $\{B\}$，则描述两个构件相对姿态的一种简单方法是：给出 $\{B\}$ 的三个单位坐标轴在 $\{A\}$ 的三个单位坐标轴上的投影，并写成姿态矩阵 ${}^A_B\boldsymbol{R}$ 的形式。由于姿态与坐标系原点位置无关，因此为简化问题，首先考虑 $\{A\}$、$\{B\}$ 原点重合的情况。

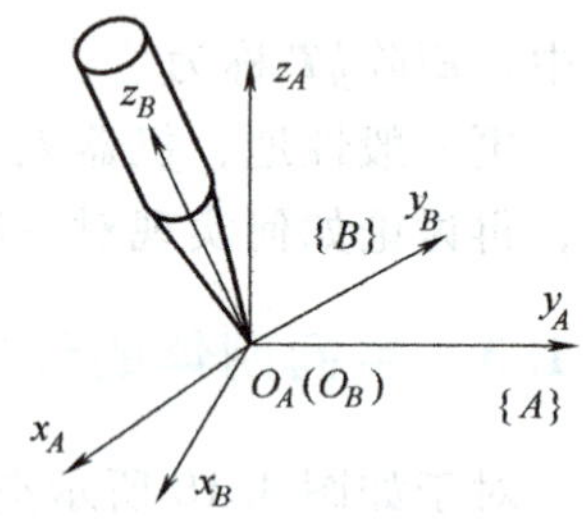

图 4.11 姿态矩阵

与平面刚体相对位姿的情况类似，$\{B\}$ 中的三个单位坐标轴矢量在 $\{A\}$ 中的描述可分别表示为 ${}^A\hat{\boldsymbol{x}}_B$、${}^A\hat{\boldsymbol{y}}_B$、${}^A\hat{\boldsymbol{z}}_B$。把它们合并成矩阵的形式

$$ {}^A_B\boldsymbol{R}=\left({}^A\hat{\boldsymbol{x}}_B\quad {}^A\hat{\boldsymbol{y}}_B\quad {}^A\hat{\boldsymbol{z}}_B\right)_{3\times3}=\begin{pmatrix}r_{11}&r_{12}&r_{13}\\r_{21}&r_{22}&r_{23}\\r_{31}&r_{32}&r_{33}\end{pmatrix}\tag{4.27}$$

式中，${}^A_B\boldsymbol{R}$ 是 $\{B\}$ 相对于 $\{A\}$ 的姿态矩阵；r_{ij}（i，$j=1$，2，3）为姿态矩阵中的各组成元素。

采用与 4.1.2 节中平面刚体姿态描述类似的思想，可以把 $\{B\}$ 的单位坐标轴矢量 $\hat{\boldsymbol{x}}_B$ 看作一个特殊矢量，其在 $\{A\}$ 中的描述可写成该矢量在 $\{A\}$ 三个单位坐标轴上的投影

$$ {}^A\hat{\boldsymbol{x}}_B=\begin{pmatrix}\hat{\boldsymbol{x}}_B\cdot\hat{\boldsymbol{x}}_A\\\hat{\boldsymbol{x}}_B\cdot\hat{\boldsymbol{y}}_A\\\hat{\boldsymbol{x}}_B\cdot\hat{\boldsymbol{z}}_A\end{pmatrix}\tag{4.28}$$

类似地，$\{B\}$ 的其他两个单位坐标轴矢量 $\hat{\boldsymbol{y}}_B$、$\hat{\boldsymbol{z}}_B$ 在 $\{A\}$ 中的描述为

$$ {}^A\hat{\boldsymbol{y}}_B=\begin{pmatrix}\hat{\boldsymbol{y}}_B\cdot\hat{\boldsymbol{x}}_A\\\hat{\boldsymbol{y}}_B\cdot\hat{\boldsymbol{y}}_A\\\hat{\boldsymbol{y}}_B\cdot\hat{\boldsymbol{z}}_A\end{pmatrix}\tag{4.29}$$

$$ {}^A\hat{\boldsymbol{z}}_B=\begin{pmatrix}\hat{\boldsymbol{z}}_B\cdot\hat{\boldsymbol{x}}_A\\\hat{\boldsymbol{z}}_B\cdot\hat{\boldsymbol{y}}_A\\\hat{\boldsymbol{z}}_B\cdot\hat{\boldsymbol{z}}_A\end{pmatrix}\tag{4.30}$$

合并式（4.28）~式（4.30），可得

$$\left({}^A\hat{\boldsymbol{x}}_B\quad {}^A\hat{\boldsymbol{y}}_B\quad {}^A\hat{\boldsymbol{z}}_B\right)=\begin{pmatrix}\hat{\boldsymbol{x}}_B\cdot\hat{\boldsymbol{x}}_A&\hat{\boldsymbol{y}}_B\cdot\hat{\boldsymbol{x}}_A&\hat{\boldsymbol{z}}_B\cdot\hat{\boldsymbol{x}}_A\\\hat{\boldsymbol{x}}_B\cdot\hat{\boldsymbol{y}}_A&\hat{\boldsymbol{y}}_B\cdot\hat{\boldsymbol{y}}_A&\hat{\boldsymbol{z}}_B\cdot\hat{\boldsymbol{y}}_A\\\hat{\boldsymbol{x}}_B\cdot\hat{\boldsymbol{z}}_A&\hat{\boldsymbol{y}}_B\cdot\hat{\boldsymbol{z}}_A&\hat{\boldsymbol{z}}_B\cdot\hat{\boldsymbol{z}}_A\end{pmatrix}\tag{4.31}$$

注意，对于单位矢量，满足式（4.8），即 $\hat{\boldsymbol{x}}'\cdot\hat{\boldsymbol{x}}=\cos(\hat{\boldsymbol{x}}',\hat{\boldsymbol{x}})$，因此有

$$\begin{pmatrix} \hat{x}_B \cdot \hat{x}_A & \hat{y}_B \cdot \hat{x}_A & \hat{z}_B \cdot \hat{x}_A \\ \hat{x}_B \cdot \hat{y}_A & \hat{y}_B \cdot \hat{y}_A & \hat{z}_B \cdot \hat{y}_A \\ \hat{x}_B \cdot \hat{z}_A & \hat{y}_B \cdot \hat{z}_A & \hat{z}_B \cdot \hat{z}_A \end{pmatrix} = \begin{pmatrix} \cos(\hat{x}_B \cdot \hat{x}_A) & \cos(\hat{y}_B \cdot \hat{x}_A) & \cos(\hat{z}_B \cdot \hat{x}_A) \\ \cos(\hat{x}_B \cdot \hat{y}_A) & \cos(\hat{y}_B \cdot y_A) & \cos(\hat{z}_B \cdot \hat{y}_A) \\ \cos(\hat{x}_B \cdot \hat{z}_A) & \cos(\hat{y}_B \cdot \hat{z}_A) & \cos(\hat{z}_B \cdot \hat{z}_A) \end{pmatrix} \tag{4.32}$$

结合式（4.27），可得

$$ {}_B^A\boldsymbol{R} = \begin{pmatrix} r_{11} & r_{12} & r_{13} \\ r_{21} & r_{22} & r_{23} \\ r_{31} & r_{32} & r_{33} \end{pmatrix} = \begin{pmatrix} \cos(\hat{x}_B \cdot \hat{x}_A) & \cos(\hat{y}_B \cdot \hat{x}_A) & \cos(\hat{z}_B \cdot \hat{x}_A) \\ \cos(\hat{x}_B \cdot \hat{y}_A) & \cos(\hat{y}_B \cdot y_A) & \cos(\hat{z}_B \cdot \hat{y}_A) \\ \cos(\hat{x}_B \cdot \hat{z}_A) & \cos(\hat{y}_B \cdot \hat{z}_A) & \cos(\hat{z}_B \cdot \hat{z}_A) \end{pmatrix} \tag{4.33}$$

由式（4.33）可以看出，${}_B^A\boldsymbol{R}$ 中各元素均是 $\{A\}$、$\{B\}$ 两系各坐标轴夹角的余弦，因此姿态矩阵${}_B^A\boldsymbol{R}$ 又称为方向余弦矩阵（Direction Cosine Matrix）。

类似地，$\{A\}$ 的三个单位坐标轴在 $\{B\}$ 中的坐标就是其在 $\{B\}$ 三个坐标轴上的投影。由此可以得到

$$ {}_A^B\boldsymbol{R} = \begin{pmatrix} {}^B\hat{x}_A & {}^B\hat{y}_A & {}^B\hat{z}_A \end{pmatrix} = \begin{pmatrix} \cos(\hat{x}_A \cdot \hat{x}_B) & \cos(\hat{y}_A \cdot \hat{x}_B) & \cos(\hat{z}_A \cdot \hat{x}_B) \\ \cos(\hat{x}_A \cdot \hat{y}_B) & \cos(\hat{y}_A \cdot \hat{y}_B) & \cos(\hat{z}_A \cdot \hat{y}_B) \\ \cos(\hat{x}_A \cdot \hat{z}_B) & \cos(\hat{y}_A \cdot \hat{z}_B) & \cos(\hat{z}_A \cdot \hat{z}_B) \end{pmatrix} \tag{4.34}$$

而${}_B^A\boldsymbol{R}$ 的转置可以写成

$$ {}_B^A\boldsymbol{R}^{\mathrm{T}} = \begin{pmatrix} \cos(\hat{x}_B \cdot \hat{x}_A) & \cos(\hat{x}_B \cdot \hat{y}_A) & \cos(\hat{x}_B \cdot \hat{z}_A) \\ \cos(\hat{y}_B \cdot \hat{x}_A) & \cos(\hat{y}_B \cdot \hat{y}_A) & \cos(\hat{y}_B \cdot \hat{z}_A) \\ \cos(\hat{z}_B \cdot \hat{x}_A) & \cos(\hat{z}_B \cdot \hat{y}_A) & \cos(\hat{z}_B \cdot \hat{z}_A) \end{pmatrix} = \begin{pmatrix} \cos(\hat{x}_A \cdot \hat{x}_B) & \cos(\hat{y}_A \cdot \hat{x}_B) & \cos(\hat{z}_A \cdot \hat{x}_B) \\ \cos(\hat{x}_A \cdot \hat{y}_B) & \cos(\hat{y}_A \cdot \hat{y}_B) & \cos(\hat{z}_A \cdot \hat{y}_B) \\ \cos(\hat{x}_A \cdot \hat{z}_B) & \cos(\hat{y}_A \cdot \hat{z}_B) & \cos(\hat{z}_A \cdot \hat{z}_B) \end{pmatrix} \tag{4.35}$$

对比式（4.34）与式（4.35），可以得到

$$ {}_A^B\boldsymbol{R} = {}_B^A\boldsymbol{R}^{\mathrm{T}} \text{或} \ {}_B^A\boldsymbol{R} = {}_A^B\boldsymbol{R}^{\mathrm{T}} \tag{4.36}$$

观察式（4.35），可以发现${}_A^B\boldsymbol{R} = {}_B^A\boldsymbol{R}^{\mathrm{T}}$ 的行矢量，就为 $\{B\}$ 坐标轴的三个单位矢量在 $\{A\}$ 中的表达，因此，式（4.35）又可以写成

$$ {}_A^B\boldsymbol{R} = {}_B^A\boldsymbol{R}^{\mathrm{T}} = \begin{pmatrix} {}^A\hat{x}_B^{\mathrm{T}} \\ {}^A\hat{y}_B^{\mathrm{T}} \\ {}^A\hat{z}_B^{\mathrm{T}} \end{pmatrix}$$

将矩阵式（4.34）与矩阵式（4.33）相乘，并考虑到无论在哪个坐标系表达，$\{\boldsymbol{B}\}$ 坐标轴的三个单位矢量都满足相互正交，且模长为 1，由此可以导出

$$ {}_A^B\boldsymbol{R}{}_B^A\boldsymbol{R} = {}_B^A\boldsymbol{R}^{\mathrm{T}}{}_B^A\boldsymbol{R} = \begin{pmatrix} {}^A\hat{x}_B^{\mathrm{T}} \\ {}^A\hat{y}_B^{\mathrm{T}} \\ {}^A\hat{z}_B^{\mathrm{T}} \end{pmatrix} \begin{pmatrix} {}^A\hat{x}_B & {}^A\hat{y}_B & {}^A\hat{z}_B \end{pmatrix} = \boldsymbol{I}_{3\times3} \tag{4.37}$$

式（4.37）表明，${}_B^A\boldsymbol{R}$ 是一单位正交阵。根据线性代数的相关知识，单位正交阵具有如下特性

$$ {}_B^A\boldsymbol{R}^{-1} = {}_B^A\boldsymbol{R}^{\mathrm{T}} \tag{4.38}$$

$$\det({}^A_B\boldsymbol{R})=1 \tag{4.39}$$

它满足以下六个约束方程

$$|{}^A\hat{x}_B|=|{}^A\hat{y}_B|=|{}^A\hat{z}_B|=1,\quad {}^A\hat{x}_B\cdot{}^A\hat{y}_B={}^A\hat{y}_B\cdot{}^A\hat{z}_B={}^A\hat{z}_B\cdot{}^A\hat{x}_B=0 \tag{4.40}$$

因此，${}^A_B\boldsymbol{R}$ 的九个元素中只包含三个独立参数。

【思考题】 用方向余弦矩阵描述姿态角有什么缺点？

【小知识】 机械手爪的姿态描述

在工业机器人领域，为了形象地描述机器人的姿态，姿态矩阵一般写成如下形式

$${}^A_B\boldsymbol{R}=(\hat{n}\quad\hat{o}\quad\hat{a})_{3\times3}=\begin{pmatrix}n_x & o_x & a_x\\ n_y & o_y & a_y\\ n_z & o_z & a_z\end{pmatrix} \tag{4.41}$$

式中，$\hat{a}$ 为接近矢量（Approach Vector），表示手爪接近操作对象的单位方向矢量；$\hat{o}$ 为方位矢量（Orientation vector），表示手爪中的一个手指指向另一个手指的单位方向矢量；$\hat{n}$ 为单位法向矢量（Normal vector），$\hat{n}=\hat{o}\times\hat{a}$，通过右手定则确定其方向（图 4.12）。

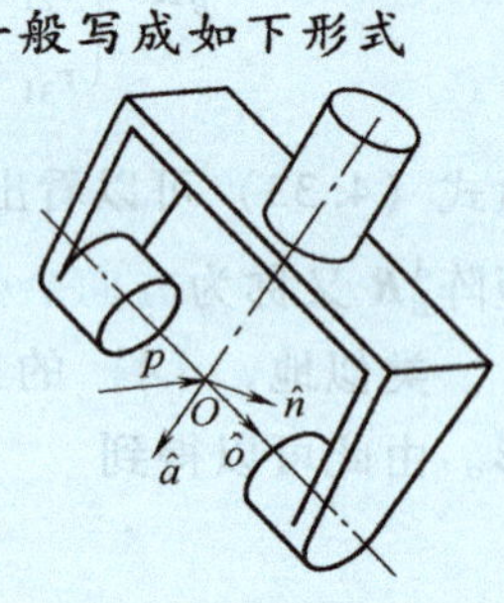

图 4.12 机械手爪的姿态描述

4.1.5 空间刚体的位姿描述

有了刚体的位置和姿态描述，便可描述任意两刚体的相对位姿。图 4.13 所示为机器人末端 $\{B\}$ 相对于某构件 $\{A\}$ 的位姿。

将坐标系 $\{B\}$ 相对于坐标系 $\{A\}$ 的位置和姿态写成集合的形式

$$\{{}^A_B\boldsymbol{R},\ {}^A\boldsymbol{p}_{BORG}\} \tag{4.42}$$

式中，${}^A\boldsymbol{p}_{BORG}$ 为 $\{B\}$ 的原点在 $\{A\}$ 中的矢量表示。

式（4.42）所示的集合形式已经可以描述刚体的相对位姿，但是，它不便于位姿关系的演算。为便于计算，通常将式（4.42）写成齐次矩阵的形式

$${}^A_B\boldsymbol{T}=\begin{pmatrix}{}^A_B\boldsymbol{R} & {}^A\boldsymbol{p}_{BORG}\\ \boldsymbol{0} & 1\end{pmatrix} \tag{4.43}$$

式中，${}^A_B\boldsymbol{T}$ 称为 $\{B\}$ 相对于 $\{A\}$ 的位姿矩阵。

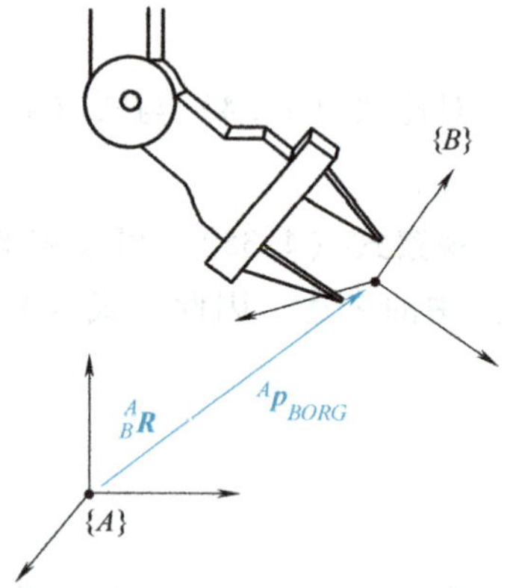

图 4.13 机器人末端的位姿描述

利用齐次矩阵可以方便地实现矢量在不同坐标系之间的变换。

根据惯例，工业机器人的末端工具位姿通常是指工具坐标系 $\{T\}$ 相对基坐标系 $\{0\}$ 的位姿矩阵

$${}^0_T\boldsymbol{T}=\begin{pmatrix}{}^0_T\boldsymbol{R} & {}^0\boldsymbol{p}_{TORG}\\ 0 & 1\end{pmatrix}=\begin{pmatrix}\hat{\boldsymbol{n}} & \hat{\boldsymbol{o}} & \hat{\boldsymbol{a}} & \boldsymbol{p}\\ 0 & 0 & 0 & 1\end{pmatrix}_{4\times4}=\begin{pmatrix}n_x & o_x & a_x & p_x\\ n_y & o_y & a_y & p_y\\ n_z & o_z & a_z & p_z\\ 0 & 0 & 0 & 1\end{pmatrix} \tag{4.44}$$

【例 4-1】 图 4.14 所示为某机器人末端手爪所处的状态，试给出该机器人手爪在图示处的位姿描述。

解：在图 4.14 中，为了更清晰地表达末端工具坐标系 $\{T\}$ 相对于基坐标系 $\{0\}$ 的姿态，给出了一个原点与 $\{0\}$ 重合，方向与 $\{T\}$ 一致的中间坐标系 $\{T'\}$。

观察图中标记的尺寸和角度，即可写出两坐标系之间的相对位姿关系

$$
{}^{0}\boldsymbol{p}_{TORG}=\begin{pmatrix}-6\\8\\10\end{pmatrix},\ {}^{0}_{T}\boldsymbol{R}=\begin{pmatrix}-0.866 & 0.5 & 0\\0.5 & 0.866 & 0\\0 & 0 & -1\end{pmatrix}
$$

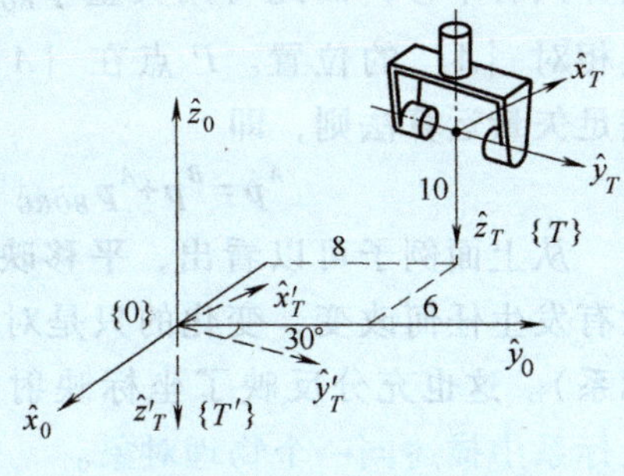

图 4.14 【例 4-1】图

因此，根据式 (4.44)，该机器人手爪相对于基坐标系的当前位姿为

$$
{}^{0}_{T}\boldsymbol{T}=\begin{pmatrix}{}^{0}_{T}\boldsymbol{R} & {}^{0}\boldsymbol{p}_{TORG}\\0 & 1\end{pmatrix}=\begin{pmatrix}-0.866 & 0.5 & 0 & -6\\0.5 & 0.866 & 0 & 8\\0 & 0 & -1 & 10\\0 & 0 & 0 & 1\end{pmatrix}
$$

4.2 刚体变换

在机器人学研究中，经常需要进行两类坐标变换：①把一个矢量在某坐标系中的描述变换成在另一个坐标系中的描述，以便可以对定义在不同坐标系中的物理量进行计算操作，这种变换称为坐标映射（Coordinate Mapping），简称映射；②在同一个坐标系中，对出现了位姿变化的刚体进行描述，以便可以表达刚体位姿的变化，这种变换称为运动算子（Motion Operator），简称算子（Operator）。

例如，如图 4.15 所示的焊接机器人中，焊枪末端点 P 相对其腕部坐标系的位置是一个常量，但是其相对于世界坐标系的位置却取决于链路上各物体坐标系的位姿。因此，一个简单的思路是把链路上所有在物体坐标系中所表达的量都映射到世界坐标系中，这样就可以对中间链路中的各矢量进行求和，以得到 P 在世界坐标系中的位置。而要实现上述过程，就需要进行坐标映射。

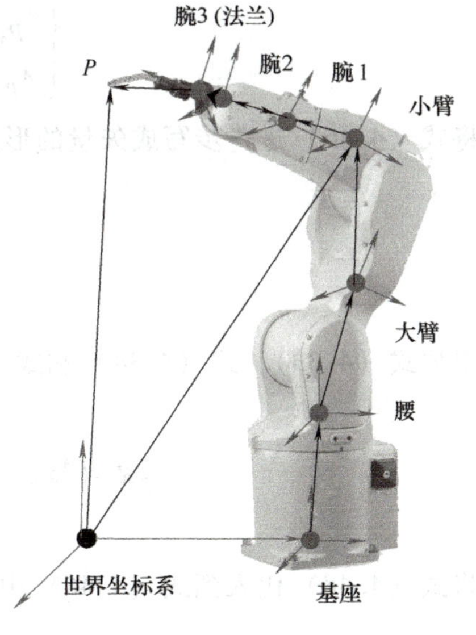

图 4.15 焊接机器人

再如，如果由于关节的运动，导致焊枪在世界坐标系中的位姿出现了变动，那么，把焊枪从初始位姿变换到终止位姿的操作，就是算子操作。

4.2.1 坐标映射

1. 平移映射

如图 4.16 所示，已知 P 点在坐标系 $\{B\}$ 中位置

描述${}^{B}\boldsymbol{p}$，坐标系 $\{A\}$ 与 $\{B\}$ 姿态相同，希望在 $\{A\}$ 中描述 P 点。这种情况下，$\{A\}$ 与 $\{B\}$ 之间的差异只有平移，因此可用矢量${}^{A}\boldsymbol{p}_{BORG}$表示 $\{B\}$ 的原点相对 $\{A\}$ 的位置。P 点在 $\{A\}$ 中的位置描述${}^{A}\boldsymbol{p}$满足矢量运算法则，即

$$ {}^{A}\boldsymbol{p}={}^{B}\boldsymbol{p}+{}^{A}\boldsymbol{p}_{BORG} \tag{4.45} $$

从上面例子可以看出，平移映射中，P 点本身并没有发生任何改变，变化的只是对它的描述（参考坐标系）。这也充分反映了坐标映射的本质，即在不同坐标系中描述同一个物理对象。

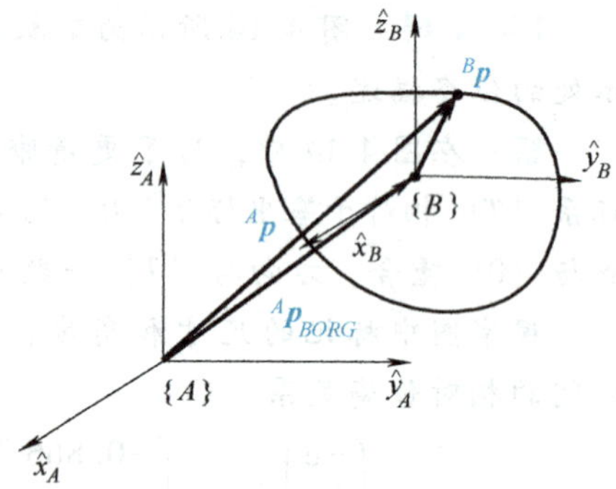

图 4.16　平移映射

2. 旋转映射

如图 4.17 所示，已知${}^{B}\boldsymbol{p}$为 P 点在坐标系 $\{B\}$ 中的矢量表示，坐标系 $\{A\}$ 与 $\{B\}$ 具有相同的坐标原点，希望在 $\{A\}$ 中描述 P 点。这种情况下，$\{A\}$ 与 $\{B\}$ 存在方位上的偏移。这时，可采用姿态矩阵${}^{A}_{B}\boldsymbol{R}$来描述两个坐标系之间的变换，具体过程如下。

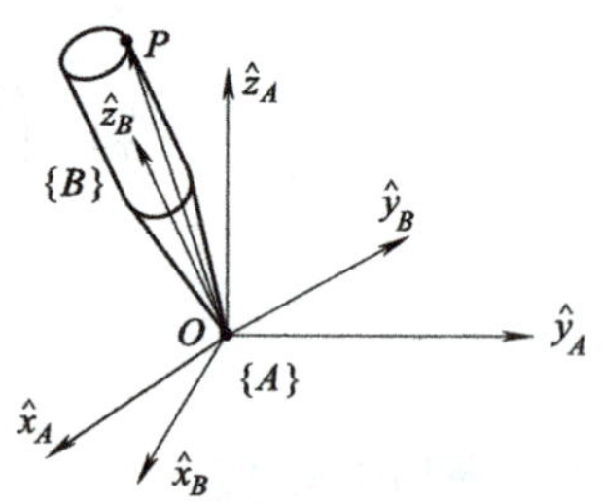

图 4.17　共原点的旋转映射

P 点在 $\{A\}$ 中的描述为

$$ {}^{A}\boldsymbol{p}=\begin{pmatrix} {}^{A}p_x \\ {}^{A}p_y \\ {}^{A}p_z \end{pmatrix} $$

根据矢量（与坐标轴）点积的几何投影意义，${}^{A}\boldsymbol{p}$ 三个分量的几何意义为该点在 $\{A\}$ 的三个单位坐标轴上的投影。由于点积的结果是标量，与该矢量在哪个坐标系表达无关，因此，该投影（或点积）的结果既可以在 $\{A\}$ 中表达，也可以 $\{B\}$ 中表达，即

$$ \begin{cases} {}^{A}p_x={}^{A}\boldsymbol{p}\cdot\hat{\boldsymbol{x}}_A={}^{B}\boldsymbol{p}\cdot{}^{B}\hat{\boldsymbol{x}}_A={}^{B}\hat{\boldsymbol{x}}_A^{\mathrm{T}}\,{}^{B}\boldsymbol{p} \\ {}^{A}p_y={}^{A}\boldsymbol{p}\cdot\hat{\boldsymbol{y}}_A={}^{B}\boldsymbol{p}\cdot{}^{B}\hat{\boldsymbol{y}}_A={}^{B}\hat{\boldsymbol{y}}_A^{\mathrm{T}}\,{}^{B}\boldsymbol{p} \\ {}^{A}p_z={}^{A}\boldsymbol{p}\cdot\hat{\boldsymbol{z}}_A={}^{B}\boldsymbol{p}\cdot{}^{B}\hat{\boldsymbol{z}}_A={}^{B}\hat{\boldsymbol{z}}_A^{\mathrm{T}}\,{}^{B}\boldsymbol{p} \end{cases} \tag{4.46} $$

将式（4.46）进一步写成矢量的形式

$$ {}^{A}\boldsymbol{p}=\begin{pmatrix} {}^{A}p_x \\ {}^{A}p_y \\ {}^{A}p_z \end{pmatrix}=\begin{pmatrix} {}^{B}\hat{\boldsymbol{x}}_A^{\mathrm{T}} \\ {}^{B}\hat{\boldsymbol{y}}_A^{\mathrm{T}} \\ {}^{B}\hat{\boldsymbol{z}}_A^{\mathrm{T}} \end{pmatrix}{}^{B}\boldsymbol{p} \tag{4.47} $$

根据式（4.33）、式（4.34）和式（4.36）可知

$$ {}^{A}_{B}\boldsymbol{R}=\begin{pmatrix} {}^{A}\boldsymbol{x}_B & {}^{A}\boldsymbol{y}_B & {}^{A}\boldsymbol{z}_B \end{pmatrix}={}^{B}_{A}\boldsymbol{R}^{-1}={}^{B}_{A}\boldsymbol{R}^{\mathrm{T}}=\begin{pmatrix} {}^{B}\boldsymbol{x}_A^{\mathrm{T}} \\ {}^{B}\boldsymbol{y}_A^{\mathrm{T}} \\ {}^{B}\boldsymbol{z}_A^{\mathrm{T}} \end{pmatrix} \tag{4.48} $$

将式（4.48）代入到式（4.46）中，可得

$$ {}^{A}\boldsymbol{p}={}^{A}_{B}\boldsymbol{R}\,{}^{B}\boldsymbol{p} \tag{4.49} $$

通过式（4.49），可根据空间一点 P 在 $\{B\}$ 中的描述${}^{B}\boldsymbol{p}$和 $\{B\}$ 相对于 $\{A\}$ 的姿态

矩阵${}_B^A\boldsymbol{R}$，求解得到该点在与｛B｝具有不同方位的｛A｝中的表达${}^A\boldsymbol{p}$。由于｛A｝、｛B｝两个坐标系存在旋转关系，这种坐标映射被称为旋转映射（Rotation Mapping），相应的姿态矩阵称为旋转矩阵（Rotation Matrix）。

【例 4-2】 如图 4.18 所示，｛B｝在绕｛A｝z 轴逆时针旋转 90° 的方位。求①${}_B^A\boldsymbol{R}$；②已知 P 点在｛B｝的坐标为 $(0,\ 1,\ 0)^{\mathrm{T}}$，求 P 点在｛A｝的坐标。

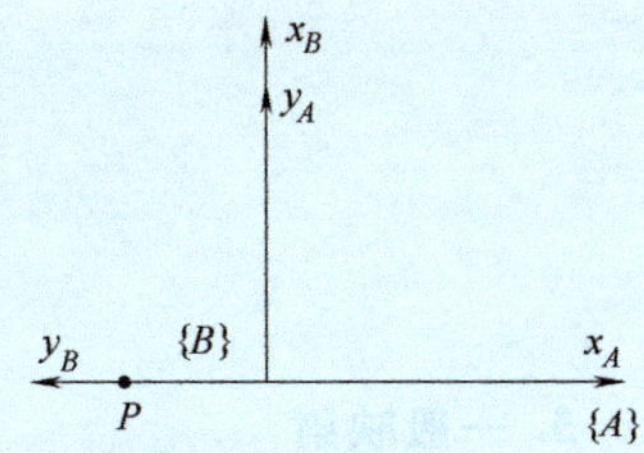

图 4.18 【例 4-2】图

解： 该问题的实质是用旋转映射来描述同一点在两个不同坐标系（原点重合）下的坐标变换问题。

相应的旋转矩阵为

$$
{}_B^A\boldsymbol{R}=\begin{pmatrix}0 & -1 & 0\\ 1 & 0 & 0\\ 0 & 0 & 1\end{pmatrix}
$$

因此根据式（4.49），可得 P 在｛A｝中的描述为

$$
{}^A\boldsymbol{p}={}_B^A\boldsymbol{R}\,{}^B\boldsymbol{p}=\begin{pmatrix}0 & -1 & 0\\ 1 & 0 & 0\\ 0 & 0 & 1\end{pmatrix}\begin{pmatrix}0\\ 1\\ 0\end{pmatrix}=\begin{pmatrix}-1\\ 0\\ 0\end{pmatrix}
$$

旋转映射前后，P 点位置矢量的长度没有变化。

【例 4-2】实际上给出了旋转映射的一种特例：两个坐标系之间存在相对于某一坐标轴的旋转偏移。又包含三种情况，即分别相对于 x、y、z 轴的旋转偏移，如图 4.19 所示。

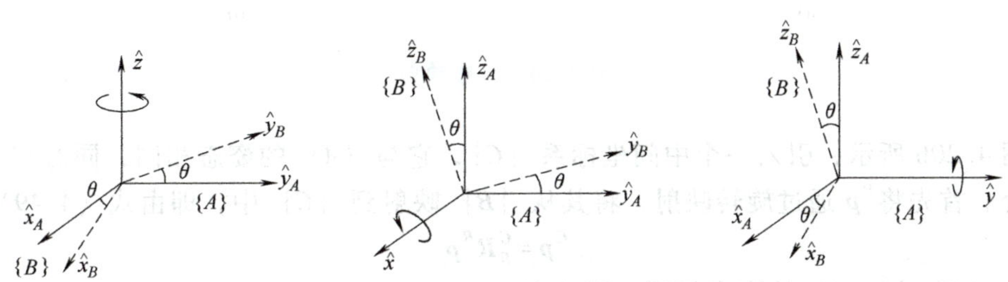

a) 相对于z轴偏移θ角　b) 相对于x轴偏移θ角　c) 相对于y轴偏移θ角

图 4.19 相对固定坐标系三个坐标轴的旋转偏移

以相对于 z 轴的旋转偏移为例。如图 4.19a 所示，将相应的角度值代入定义式（4.33），得到

$$
{}_B^A\boldsymbol{R}=\boldsymbol{R}_z(\theta)=\begin{pmatrix}\cos\theta & -\sin\theta & 0\\ \sin\theta & \cos\theta & 0\\ 0 & 0 & 1\end{pmatrix} \tag{4.50}
$$

式中，$\boldsymbol{R}_z(\theta)$ 表示绕坐标轴 z 旋转 θ 角的旋转矩阵；或简写成

$$
\boldsymbol{R}_z(\theta)=\begin{pmatrix}c\theta & -s\theta & 0\\ s\theta & c\theta & 0\\ 0 & 0 & 1\end{pmatrix} \tag{4.51}
$$

式中，cθ 和 sθ 分别是 cosθ 和 sinθ 的简写。

类似地，可以写出分别相对于坐标轴 x、y 的旋转变换矩阵（图 4.19b 和图 4.19c），即

$$\boldsymbol{R}_x(\theta)=\begin{pmatrix}1 & 0 & 0\\ 0 & \mathrm{c}\theta & -\mathrm{s}\theta\\ 0 & \mathrm{s}\theta & \mathrm{c}\theta\end{pmatrix} \tag{4.52}$$

$$\boldsymbol{R}_y(\theta)=\begin{pmatrix}\mathrm{c}\theta & 0 & \mathrm{s}\theta\\ 0 & 1 & 0\\ -\mathrm{s}\theta & 0 & \mathrm{c}\theta\end{pmatrix} \tag{4.53}$$

3. 一般映射

下面考虑更一般的情况：坐标系 $\{A\}$ 与 $\{B\}$ 的姿态不同，同时二者的原点也不重合，而是存在偏移量，如图 4.20a 所示，已知 ${}^{B}\boldsymbol{p}$，如何求 ${}^{A}\boldsymbol{p}$。

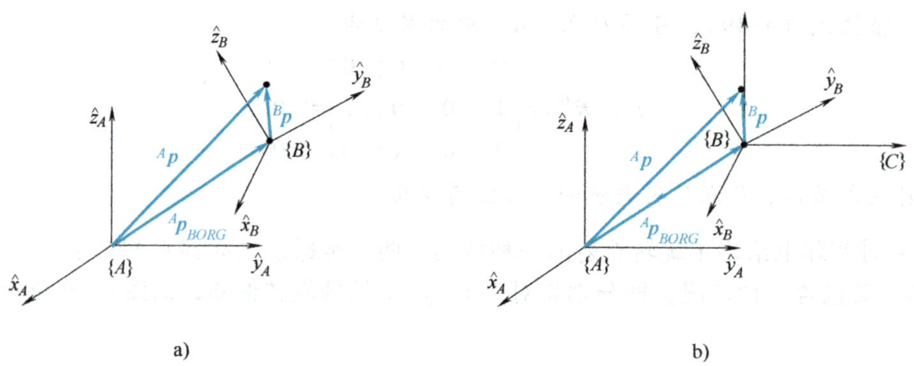

图 4.20 一般映射

如图 4.20b 所示，引入一个中间坐标系 $\{C\}$，它与 $\{A\}$ 的姿态相同，同时与 $\{B\}$ 的原点重合。首先将 ${}^{B}\boldsymbol{p}$ 通过旋转映射，将其从 $\{B\}$ 映射到 $\{C\}$ 中，即由式（4.49）得

$${}^{C}\boldsymbol{p}={}^{C}_{B}\boldsymbol{R}\,{}^{B}\boldsymbol{p} \tag{4.54}$$

由于 $\{C\}$ 与 $\{A\}$ 的姿态相同，因此有

$${}^{A}_{B}\boldsymbol{R}={}^{C}_{B}\boldsymbol{R} \tag{4.55}$$

将式（4.55）代入到式（4.54）中，有

$${}^{C}\boldsymbol{p}={}^{A}_{B}\boldsymbol{R}\,{}^{B}\boldsymbol{p} \tag{4.56}$$

由于 $\{C\}$ 与 $\{A\}$ 之间仅存在平移关系，因此满足式（4.45）所示的平移映射，即

$${}^{A}\boldsymbol{p}={}^{C}\boldsymbol{p}+{}^{A}\boldsymbol{p}_{BORG} \tag{4.57}$$

将式（4.56）代入到式（4.57）中，有

$${}^{A}\boldsymbol{p}={}^{A}_{B}\boldsymbol{R}\,{}^{B}\boldsymbol{p}+{}^{A}\boldsymbol{p}_{BORG} \tag{4.58}$$

式（4.58）给出了将某一矢量从一个坐标系变换到另一坐标系的一般映射公式。将该式写成等价的齐次坐标（Homogenous Coordinate）形式，即

$$\begin{pmatrix}{}^{A}\boldsymbol{p}\\ 1\end{pmatrix}=\begin{pmatrix}{}^{A}_{B}\boldsymbol{R} & {}^{A}\boldsymbol{p}_{BORG}\\ 0 & 1\end{pmatrix}\begin{pmatrix}{}^{B}\boldsymbol{p}\\ 1\end{pmatrix} \tag{4.59}$$

或者

$$ {}^{A}\overline{\boldsymbol{p}} = {}_{B}^{A}\boldsymbol{T}\,{}^{B}\overline{\boldsymbol{p}} \tag{4.60}$$

式中，${}^{A}\overline{\boldsymbol{p}}$ 为 P 点在坐标系 $\{A\}$ 中的齐次坐标描述：${}^{A}\overline{\boldsymbol{p}}=({}^{A}\boldsymbol{p},\ 1)^{\mathrm{T}}$；${}^{B}\overline{\boldsymbol{p}}$ 为 P 点在坐标系 $\{B\}$ 中的齐次坐标描述：${}^{B}\overline{\boldsymbol{p}}=({}^{B}\boldsymbol{p},\ 1)^{\mathrm{T}}$；${}_{B}^{A}\boldsymbol{T}$ 为 $\{B\}$ 相对于 $\{A\}$ 的齐次变换矩阵（Homogeneous Transformation Matrix），且

$$ {}_{B}^{A}\boldsymbol{T}=\begin{pmatrix} {}_{B}^{A}\boldsymbol{R} & {}^{A}\boldsymbol{p}_{BORG} \\ \boldsymbol{0} & 1 \end{pmatrix}_{4\times 4} \tag{4.61}$$

为了表示方便，后面章节将不再区分点的齐次坐标表达与普通形式表达，即将 $\overline{\boldsymbol{p}}$ 写成 $\boldsymbol{p}$，即

$$ {}^{A}\boldsymbol{p} = {}_{B}^{A}\boldsymbol{T}\,{}^{B}\boldsymbol{p} \tag{4.62}$$

具体使用中，请自行区分 $\boldsymbol{p}$ 是齐次坐标表达还是普通形式。

对比式（4.43），齐次变换矩阵${}_{B}^{A}\boldsymbol{T}$ 同时也可作为机器人的位姿矩阵。为此，可以总结齐次变换矩阵的性质及用途。

1）齐次变换矩阵${}_{B}^{A}\boldsymbol{T}$ 可作为一种位姿表示，描述坐标系 $\{B\}$ 相对坐标系 $\{A\}$ 的位姿。其中，该矩阵的右上角为 3×1 位置列矢量，表示 $\{B\}$ 原点相对于 $\{A\}$ 的位置矢量；该矩阵的左上角为 3×3 旋转矩阵，表示 $\{B\}$ 相对于 $\{A\}$ 的姿态。

2）作为一种坐标映射，对${}^{B}\boldsymbol{p}$ 左乘${}_{B}^{A}\boldsymbol{T}$，可把点 P 在 $\{B\}$ 中的描述映射为 $\{A\}$ 中的描述${}^{A}\boldsymbol{p}$。

作为映射变换的两个特例，反映平移映射的齐次变换矩阵中的旋转子矩阵为单位阵，而反映旋转映射的齐次变换矩阵中的位置列矢量为零矢量。

【例 4-3】 已知 $\{B\}$ 相对于 $\{A\}$ 的 z 轴存在 30°的方位偏移，x 轴存在 10 个单位的位置偏移，y 轴存在 5 个单位的位置偏移，${}^{B}\boldsymbol{p}=(3,\ 7,\ 0)^{\mathrm{T}}$，求${}^{A}\boldsymbol{p}$。

解： 根据已知条件可知

$$ {}_{B}^{A}\boldsymbol{T}=\begin{pmatrix} {}_{B}^{A}\boldsymbol{R} & {}^{A}\boldsymbol{p}_{BORG} \\ \boldsymbol{0} & 1 \end{pmatrix}=\begin{pmatrix} \sqrt{3}/2 & -1/2 & 0 & 10 \\ 1/2 & \sqrt{3}/2 & 0 & 5 \\ 0 & 0 & 1 & 0 \\ 0 & 0 & 0 & 1 \end{pmatrix}$$

根据式（4.62），可得

$$ {}^{A}\boldsymbol{p} = {}_{B}^{A}\boldsymbol{T}\,{}^{B}\boldsymbol{p}=\begin{pmatrix} \sqrt{3}/2 & -1/2 & 0 & 10 \\ 1/2 & \sqrt{3}/2 & 0 & 5 \\ 0 & 0 & 1 & 0 \\ 0 & 0 & 0 & 1 \end{pmatrix}\begin{pmatrix} 3 \\ 7 \\ 0 \\ 1 \end{pmatrix}=\begin{pmatrix} 9.098 \\ 12.562 \\ 0 \\ 1 \end{pmatrix}$$

【例 4-4】 如图 4.21 所示，已知刚体绕 $\{B\}$ 的 z 轴转动了 θ 角，且 $\{B\}$ 的坐标原点在 $\{A\}$ 的 $(0,\ l,\ 0)^{\mathrm{T}}$ 处，求转动后，$\{B\}$ 相对 $\{A\}$ 的齐次变换矩阵。

解： 由式（4.61）直接得到 $\{B\}$ 相对 $\{A\}$ 的齐次变换矩阵，即

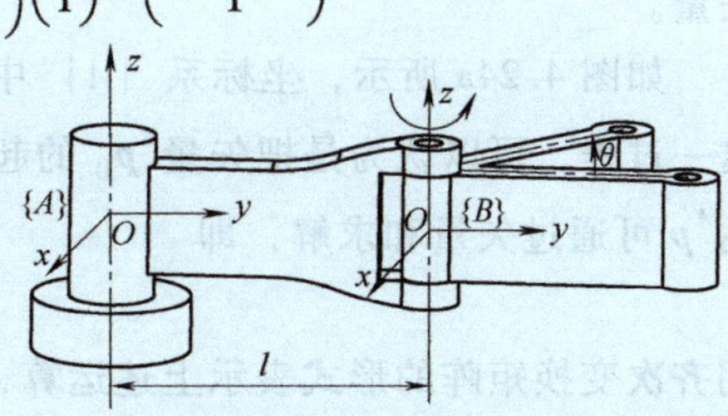

图 4.21 【例 4-4】图

$$
{}_B^A\boldsymbol{T}=\begin{pmatrix} {}_B^A\boldsymbol{R} & {}^A\boldsymbol{p}_{BORG} \\ \boldsymbol{0} & 1 \end{pmatrix}=\begin{pmatrix} \cos\theta & -\sin\theta & 0 & 0 \\ \sin\theta & \cos\theta & 0 & l \\ 0 & 0 & 1 & 0 \\ 0 & 0 & 0 & 1 \end{pmatrix}
$$

4.2.2 运动算子

本节介绍另一个重要概念：算子（Operator）。算子是指在同一坐标系内对点（或矢量）进行的某种运动操作。典型算子包括：平移算子、旋转算子、一般变换算子和复杂算子等。例如，机器人各关节运动引起的末端位姿变化就可以认为是一种复杂算子。

【小知识】 算子与刚体运动

算子与刚体运动紧密联系在一起，因此有必要先了解与刚体运动相关的一些概念。

刚体运动（Rigid Motion）是指刚体上任意两点之间距离始终保持不变的连续运动。从某一位姿到达另一位姿处的刚体运动称为刚体位移（Rigid Displacement）。最简单的刚体位移类型主要有两种：平动（Rranslation）和转动（Rotation）。

（1）平动 刚体运动过程中，刚体上的所有点沿平行线方向移动相同距离的一种刚体运动形式。刚体平动过程中，姿态始终不发生变化（图 4.22）。直角坐标机器人（实例如图 3.13a 所示）是实现空间平移运动最简单、有效的一种机器人构型。

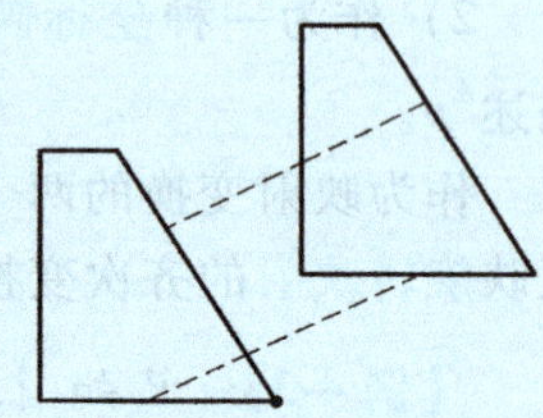

图 4.22 平动

（2）转动 刚体运动过程中，始终保持一点固定的刚体位移形式，该点称为转动中心。刚体转动过程中，转动中心的位置始终不发生变化（图 4.23）。

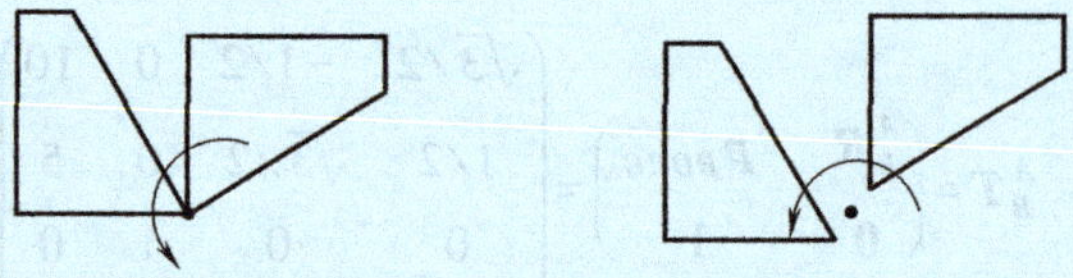

a) 绕刚体上一点的转动　　b) 绕刚体外一点的转动

图 4.23 刚体绕固定点的转动

1. 平移算子

平移算子把空间中的一个点沿一个已知矢量移动一段距离，该已知矢量是平移操作矢量。

如图 4.24a 所示，坐标系 $\{A\}$ 中的点 P 沿矢量 ${}^A\boldsymbol{q}$ 从初始位置 ${}^A\boldsymbol{p}_0$ 平移到当前位置 ${}^A\boldsymbol{p}$。这一过程，可以认为是把矢量 ${}^A\boldsymbol{p}_0$ 的起点 O_A 沿 ${}^A\boldsymbol{q}$ 平移到了 O_B。平移后点 P 在 $\{A\}$ 中的表达 ${}^A\boldsymbol{p}$ 可通过矢量和求解，即

$$
{}^A\boldsymbol{p}={}^A\boldsymbol{p}_0+{}^A\boldsymbol{q} \tag{4.63}
$$

用齐次变换矩阵的形式表示上述运算，可以写成

$$
{}^A\boldsymbol{p}=\mathrm{Trans}({}^A\boldsymbol{q})\,{}^A\boldsymbol{p}_0 \tag{4.64}
$$

式中

$$\text{Trans}({}^{A}\boldsymbol{q})=\begin{pmatrix}\boldsymbol{I}_{3\times3} & {}^{A}\boldsymbol{q}\\ \boldsymbol{0} & 1\end{pmatrix} \tag{4.65}$$

式（4.65）称为平移算子（Translation Operator）。

由式（4.65）可知，平移算子是一种特殊的齐次变换矩阵，其中旋转矩阵为单位阵。该矩阵简称平移矩阵。更为特殊的情况，如沿 x 轴的平移可记为

$$\text{Trans}(\hat{\boldsymbol{x}},d)=\begin{pmatrix} & & & d\\ & \boldsymbol{I}_{3\times3} & & 0\\ & & & 0\\ & \boldsymbol{0} & & 1\end{pmatrix} \tag{4.66}$$

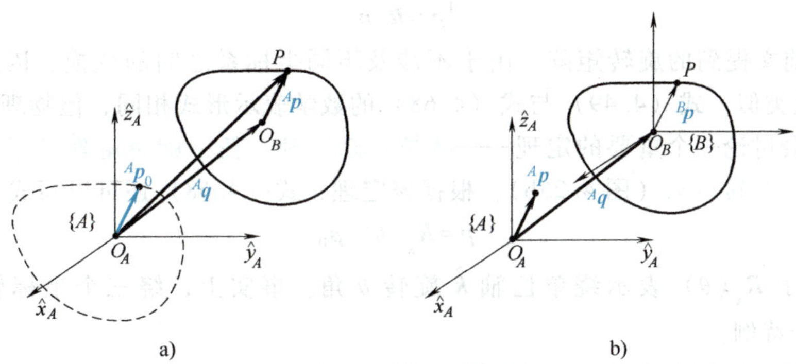

图 4.24 平移算子

假设平移后在${}^{A}\boldsymbol{p}$ 矢量的起点 O_B 处定义一个与 $\{A\}$ 姿态相同的坐标系 $\{B\}$，如图 4.24b 所示，则根据前面介绍的平移映射知识可得，$\{B\}$ 相对于 $\{A\}$ 的齐次变换矩阵为

$${}_{B}^{A}\boldsymbol{T}=\begin{pmatrix}\boldsymbol{I}_{3\times3} & {}^{A}\boldsymbol{q}\\ \boldsymbol{0} & 1\end{pmatrix} \tag{4.67}$$

对比式（4.65）和式（4.67），两者形式上完全相同，但物理意义却不一样。如果将平移算子看作是沿${}^{A}\boldsymbol{q}$ “前向移动”了点 P，那么，从坐标映射角度看，与平移算子相同的齐次变换矩阵则相当于点 P 不动，而是坐标系沿${}^{A}\boldsymbol{q}$ “后向移动”（$\{B\}$ 移动到 $\{A\}$）。

【例 4-5】 已知一个矢量${}^{A}\boldsymbol{p}_0=(5,\ 10,\ 2)^{\mathrm{T}}$，将其沿 x 轴平移 10 个单位，沿 y 轴平移 5 个单位，沿 $-z$ 轴方向平移 2 个单位，求得到的新矢量。

解：针对矢量${}^{A}\boldsymbol{p}_0$ 的平移算子为

$${}^{A}\boldsymbol{q}=\begin{pmatrix}10\\5\\-2\end{pmatrix}$$

因此，根据式（4.63），可得新矢量为

$${}^{A}\boldsymbol{p}={}^{A}\boldsymbol{p}_0+{}^{A}\boldsymbol{q}=\begin{pmatrix}5\\10\\2\end{pmatrix}+\begin{pmatrix}10\\5\\-2\end{pmatrix}=\begin{pmatrix}15\\15\\0\end{pmatrix}$$

或者，利用平移算子式（4.64），得

$$ {}^{A}\boldsymbol{p}=\mathrm{Trans}({}^{A}\boldsymbol{q})\,{}^{A}\boldsymbol{p}_0=\begin{pmatrix}1&0&0&10\\0&1&0&5\\0&0&1&-2\\0&0&0&1\end{pmatrix}\begin{pmatrix}5\\10\\2\\1\end{pmatrix}=\begin{pmatrix}15\\15\\0\\1\end{pmatrix} $$

2. 旋转算子

旋转算子（Rotation Operator）可实现空间一点绕某一固定轴的旋转变换。

如图 4.25a 所示，坐标系 $\{A\}$ 中一点 P 的旋转可以用矢量的偏转（过旋转中心）来表示，即

$$ {}^{A}\boldsymbol{p}=\boldsymbol{R}\,{}^{A}\boldsymbol{p}_0 \tag{4.68} $$

式中，$\boldsymbol{R}$ 就是前文提到的旋转矩阵。由于不涉及不同坐标系之间的变换，因此左上标均为 A。与平移情况类似，式（4.49）与式（4.68）的数学表示形式相同，但物理意义不同。

本章后面会讨论一个重要的定理——欧拉转动定理：任一旋转矩阵 $\boldsymbol{R}$ 总可以等效为绕某个单位轴 $\hat{\boldsymbol{k}}$ 的旋转运动（图 4.25b）。根据该定理，式（4.68）还可以写成

$$ {}^{A}\boldsymbol{p}=\boldsymbol{R}_{\hat{k}}(\theta)\,{}^{A}\boldsymbol{p}_0 \tag{4.69} $$

式中，旋转算子 $\boldsymbol{R}_{\hat{k}}(\theta)$ 表示绕单位轴 $\hat{\boldsymbol{k}}$ 旋转 θ 角。事实上，绕三个坐标轴的旋转是式（4.69）的三个特例。

用齐次变换矩阵的形式表示上述运算，可以写成

$$ {}^{A}\boldsymbol{p}=\mathrm{Rot}(\hat{\boldsymbol{k}},\theta)\,{}^{A}\boldsymbol{p}_0 \tag{4.70} $$

式中，旋转算子

$$ \mathrm{Rot}(\hat{\boldsymbol{k}},\theta)=\begin{pmatrix}\boldsymbol{R}_{\hat{k}}(\theta)&0\\\boldsymbol{0}&1\end{pmatrix} \tag{4.71} $$

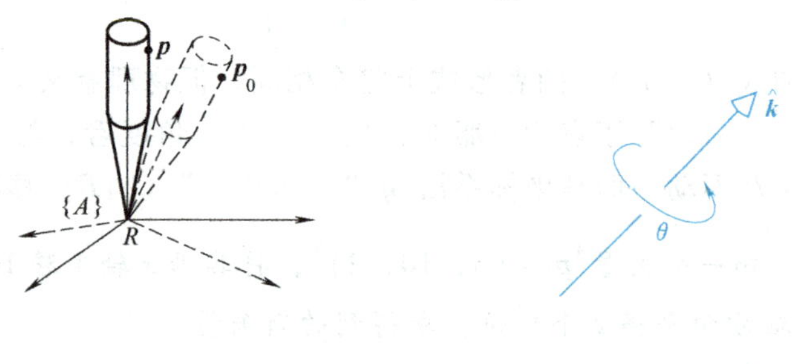

a) 利用旋转矩阵描述空间一点的位置变化　　b) 等效转轴与等效转角

图 4.25　旋转算子

从形式上看，旋转算子也是一种特殊齐次变换矩阵，其中平移矢量为零矢量。更为特殊的旋转算子是绕某一固定坐标轴的旋转，如绕 z 轴的旋转算子为

$$ \mathrm{Rot}(\hat{z},\theta)=\begin{pmatrix}\mathrm{c}\theta&-\mathrm{s}\theta&0&0\\\mathrm{s}\theta&\mathrm{c}\theta&0&0\\0&0&1&0\\0&0&0&1\end{pmatrix} \tag{4.72} $$

【例 4-6】　用旋转变换来描述一个矢量的定轴转动（即某一刚体相对参考坐标系旋转后的位姿）。已知一个矢量 $(5,\ 10,\ 2)^{\mathrm{T}}$，将其沿 z 轴旋转 30°，求得到的新矢量。

解： 旋转矩阵为

$$\boldsymbol{R}_z(30°)=\begin{pmatrix}\cos30° & -\sin30° & 0\\ \sin30° & \cos30° & 0\\ 0 & 0 & 1\end{pmatrix}=\begin{pmatrix}\dfrac{\sqrt{3}}{2} & -\dfrac{1}{2} & 0\\ \dfrac{1}{2} & \dfrac{\sqrt{3}}{2} & 0\\ 0 & 0 & 1\end{pmatrix}$$

因此根据式（4.69），可得新矢量为

$$\boldsymbol{p}=\boldsymbol{R}_z(\theta)\boldsymbol{p}_0=\begin{pmatrix}\dfrac{\sqrt{3}}{2} & -\dfrac{1}{2} & 0\\ \dfrac{1}{2} & \dfrac{\sqrt{3}}{2} & 0\\ 0 & 0 & 1\end{pmatrix}\begin{pmatrix}5\\ 10\\ 2\end{pmatrix}=\begin{pmatrix}\dfrac{5\sqrt{3}-10}{2}\\ \dfrac{5+10\sqrt{3}}{2}\\ 2\end{pmatrix}$$

结合前面的知识，总结旋转矩阵 $\boldsymbol{R}$ 的三个主要用途如下：

1）描述姿态。

2）对同一点在原点重合的两个不同坐标系之间进行旋转映射。

3）同一坐标系下，对某一矢量进行旋转操作。

3. 一般算子

同前文类似，可以得到同时具有平移和旋转变换的一般算子 $\boldsymbol{T}$

$$^{A}\boldsymbol{p}=\boldsymbol{T}\,^{A}\boldsymbol{p}_0 \tag{4.73}$$

式中，$\boldsymbol{T}$ 就是上文提到的齐次变换矩阵，且满足

$$\boldsymbol{T}=\begin{pmatrix}\boldsymbol{R} & \boldsymbol{p}\\ \boldsymbol{0} & 1\end{pmatrix} \tag{4.74}$$

由于不涉及坐标系变换，因此可省略掉角标。与平移算子与旋转算子类似，式（4.42）与（4.73）的数学表示形式相同，但物理意义不同。

【例 4-7】　已知一个矢量 $\boldsymbol{p}=(5,\ 10,\ 2)^{\mathrm{T}}$，先将其沿 z 轴旋转 30°，再将其沿 x 轴平移 10 个单位，沿 y 轴平移 5 个单位，沿 $-z$ 轴方向平移 2 个单位，求得到的新矢量。

解： 直接写出齐次变换矩阵，再利用齐次变换公式（4.73）求得新矢量。具体而言

$$\boldsymbol{T}=\begin{pmatrix}\boldsymbol{R} & \boldsymbol{p}\\ \boldsymbol{0} & 1\end{pmatrix}=\begin{pmatrix}\boldsymbol{R}_z(30°) & \boldsymbol{p}\\ \boldsymbol{0} & 1\end{pmatrix}=\begin{pmatrix}\dfrac{\sqrt{3}}{2} & -\dfrac{1}{2} & 0 & 10\\ \dfrac{1}{2} & \dfrac{\sqrt{3}}{2} & 0 & 5\\ 0 & 0 & 1 & -2\\ 0 & 0 & 0 & 1\end{pmatrix}$$

因此根据式（4.73），可得

$$
\boldsymbol{p}=\boldsymbol{T}\boldsymbol{p}_0=\begin{pmatrix}\frac{\sqrt{3}}{2} & -\frac{1}{2} & 0 & 10\\ \frac{1}{2} & \frac{\sqrt{3}}{2} & 0 & 5\\ 0 & 0 & 1 & -2\\ 0 & 0 & 0 & 1\end{pmatrix}\begin{pmatrix}5\\10\\2\\1\end{pmatrix}=\begin{pmatrix}\frac{5\sqrt{3}+10}{2}\\ \frac{15+10\sqrt{3}}{2}\\ 0\\ 1\end{pmatrix}
$$

与旋转矩阵类似，齐次变换矩阵可以表示刚体从初始位姿到达当前位姿的变换，即

$$
{}^A\boldsymbol{p}=\boldsymbol{T}\,{}^A\boldsymbol{p}_0 \tag{4.75}
$$

结合上述的知识，齐次变换矩阵 $\boldsymbol{T}$ 的三个主要用途总结如下：

1）描述刚体的位姿，如机器人末端执行器相对于基坐标系的位姿。

2）在两个不同坐标系之间对同一点进行映射变换。

3）在同一坐标系内对某一点或位置矢量进行一般运动操作。

最后再介绍另外一种一般算子（或齐次变换）的特例：平面运动算子（图 4.26）。

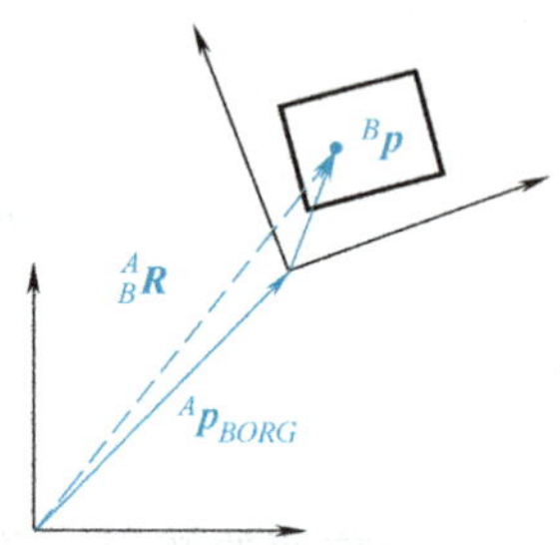

图 4.26 平面变换

对于平面运动算子，很容易导出对应的齐次变换矩阵为

$$
\boldsymbol{T}=\mathrm{Trans}(d_x,d_y,0)\,\mathrm{Rot}(\hat{z},\theta)=\begin{pmatrix}\boldsymbol{I}_3 & \begin{matrix}d_x\\d_y\\0\end{matrix}\\ \boldsymbol{0} & 1\end{pmatrix}\begin{pmatrix}\boldsymbol{R}_z(\theta) & \boldsymbol{0}\\ \boldsymbol{0} & 1\end{pmatrix}=\begin{pmatrix}\boldsymbol{R}_z(\theta) & \begin{pmatrix}d_x\\d_y\\0\end{pmatrix}\\ \boldsymbol{0} & 1\end{pmatrix}_{4\times4} \tag{4.76}
$$

4.2.3 逆变换

有时，已知坐标系 $\{B\}$ 相对于坐标系 $\{A\}$ 的齐次变换矩阵${}^A_B\boldsymbol{T}$，需要得到 $\{A\}$ 相对于 $\{B\}$ 的描述${}^B_A\boldsymbol{T}$。根据定义可知

$$
{}^B_A\boldsymbol{T}=\begin{pmatrix}{}^B_A\boldsymbol{R} & {}^B\boldsymbol{p}_{AORG}\\ \boldsymbol{0} & 1\end{pmatrix}={}^A_B\boldsymbol{T}^{-1} \tag{4.77}
$$

这是一个矩阵求逆问题。直接的思路是针对 4×4 矩阵${}^A_B\boldsymbol{T}$ 进行求逆运算，这会涉及较大的运算量。如果充分利用变换的性质，可得到一个相对简单的求逆方法。

根据齐次变换矩阵的定义，可以尝试根据${}^A_B\boldsymbol{T}$ 的组成元素${}^A_B\boldsymbol{R}$ 和${}^A\boldsymbol{p}_{BORG}$，求解${}^B_A\boldsymbol{T}$ 中的${}^B_A\boldsymbol{R}$ 和${}^B\boldsymbol{p}_{AORG}$。

由旋转矩阵的性质，首先可以得到

$$
{}^B_A\boldsymbol{R}={}^A_B\boldsymbol{R}^{\mathrm{T}} \tag{4.78}
$$

如果把${}^A\boldsymbol{p}_{BORG}$ 看作一个普通的位置矢量，则根据式（4.58），可以写出${}^A\boldsymbol{p}_{BORG}$ 在 $\{B\}$ 中的描述

$$
{}^B({}^A\boldsymbol{p}_{BORG})={}^B_A\boldsymbol{R}\,{}^A\boldsymbol{p}_{BORG}+{}^B\boldsymbol{p}_{AORG} \tag{4.79}
$$

式（4.79）的左边实际上是 $\{B\}$ 坐标原点在 $\{B\}$ 中的描述，显然应该为零，由此可得

$$ {}^{B}\boldsymbol{p}_{AORG} = -{}^{B}_{A}\boldsymbol{R}\,{}^{A}\boldsymbol{p}_{BORG} = -{}^{A}_{B}\boldsymbol{R}^{\mathrm{T}}\,{}^{A}\boldsymbol{p}_{BORG} \tag{4.80} $$

将式（4.78）和式（4.80）代入式（4.77），可得${}^{A}_{B}\boldsymbol{T}$的逆变换${}^{B}_{A}\boldsymbol{T}$的表达式，即

$$ {}^{B}_{A}\boldsymbol{T}^{-1} = {}^{B}_{A}\boldsymbol{T} = \begin{pmatrix} {}^{A}_{B}\boldsymbol{R}^{\mathrm{T}} & -{}^{A}_{B}\boldsymbol{R}^{\mathrm{T}}\,{}^{A}\boldsymbol{p}_{BORG} \\ \boldsymbol{0} & 1 \end{pmatrix} \tag{4.81} $$

省略角标，式（4.81）可以简写成

$$ \boldsymbol{T}^{-1} = \begin{pmatrix} \boldsymbol{R}^{\mathrm{T}} & -\boldsymbol{R}^{\mathrm{T}}\boldsymbol{p} \\ \boldsymbol{0} & 1 \end{pmatrix}_{4\times4} \tag{4.82} $$

可以看到，齐次矩阵 $\boldsymbol{T}$ 的逆变换也是齐次矩阵。

4.2.4　复合变换

本节考察在两个及以上坐标系之间进行坐标映射的情况，这是一种复合映射变换。首先讨论坐标系间连续旋转偏移的情况。

假设用${}^{A}_{B}\boldsymbol{R}$表示坐标系｛B｝相对｛A｝的姿态，${}^{B}_{C}\boldsymbol{R}$表示坐标系｛C｝相对｛B｝的姿态，如何求｛C｝相对｛A｝的姿态？

考虑｛C｝中的一个点 P，它在｛C｝中的描述为${}^{C}\boldsymbol{p}$。根据旋转映射的定义，${}^{B}_{C}\boldsymbol{R}$左乘${}^{C}\boldsymbol{p}$，可以变换为｛B｝中的描述；再用${}^{A}_{B}\boldsymbol{R}$左乘${}^{B}\boldsymbol{p}$可以变换为｛A｝中的描述${}^{A}\boldsymbol{p}$。把上述过程写成方程的形式，即

$$ {}^{A}\boldsymbol{p} = {}^{A}_{B}\boldsymbol{R}\,{}^{B}\boldsymbol{p} = {}^{A}_{B}\boldsymbol{R}\,{}^{B}_{C}\boldsymbol{R}\,{}^{C}\boldsymbol{p} = {}^{A}_{C}\boldsymbol{R}\,{}^{C}\boldsymbol{p} $$

消掉右边等号两侧的${}^{C}\boldsymbol{p}$，可得

$$ {}^{A}_{C}\boldsymbol{R} = {}^{A}_{B}\boldsymbol{R}\,{}^{B}_{C}\boldsymbol{R} \tag{4.83} $$

式（4.83）表明，两个（及以上）坐标系之间的复合旋转变换（Composite Rotational Transformation），可通过旋转矩阵的连乘得到，即满足旋转矩阵的合成法则。注意，熟练使用上下标可使运算简化。

很容易证明，旋转矩阵具有以下性质：

1）两个旋转矩阵相乘的结果仍然是旋转矩阵。

2）旋转矩阵的乘积运算满足结合律，但一般情况下不满足交换律。

【例 4-8】 验证两个旋转矩阵相乘不满足交换律，即

$$ \boldsymbol{R}_x(\theta)\boldsymbol{R}_z(\varphi) \neq \boldsymbol{R}_z(\varphi)\boldsymbol{R}_x(\theta) \tag{4.84} $$

$$ \boldsymbol{R}_x(\theta)\boldsymbol{R}_z(\varphi) = \begin{pmatrix} 1 & 0 & 0 \\ 0 & \mathrm{c}\theta & -\mathrm{s}\theta \\ 0 & \mathrm{s}\theta & \mathrm{c}\theta \end{pmatrix} \begin{pmatrix} \mathrm{c}\varphi & -\mathrm{s}\varphi & 0 \\ \mathrm{s}\varphi & \mathrm{c}\varphi & 0 \\ 0 & 0 & 1 \end{pmatrix} = \begin{pmatrix} \mathrm{c}\varphi & -\mathrm{s}\varphi & 0 \\ \mathrm{c}\theta\mathrm{s}\varphi & \mathrm{c}\theta\mathrm{c}\varphi & -\mathrm{s}\theta \\ \mathrm{s}\theta\mathrm{s}\varphi & \mathrm{s}\theta\mathrm{c}\varphi & \mathrm{c}\theta \end{pmatrix} $$

$$ \boldsymbol{R}_z(\varphi)\boldsymbol{R}_x(\theta) = \begin{pmatrix} \mathrm{c}\varphi & -\mathrm{s}\varphi & 0 \\ \mathrm{s}\varphi & \mathrm{c}\varphi & 0 \\ 0 & 0 & 1 \end{pmatrix} \begin{pmatrix} 1 & 0 & 0 \\ 0 & \mathrm{c}\theta & -\mathrm{s}\theta \\ 0 & \mathrm{s}\theta & \mathrm{c}\theta \end{pmatrix} = \begin{pmatrix} \mathrm{c}\varphi & -\mathrm{c}\theta\mathrm{s}\varphi & \mathrm{s}\varphi\mathrm{s}\theta \\ \mathrm{s}\varphi & \mathrm{c}\theta\mathrm{c}\varphi & -\mathrm{c}\varphi\mathrm{s}\theta \\ 0 & \mathrm{s}\theta & \mathrm{c}\theta \end{pmatrix} $$

下面讨论一般情况。如图 4.27 所示，已知${}^{C}\boldsymbol{p}$，以及坐标系｛B｝相对｛A｝的位姿${}^{A}_{B}\boldsymbol{T}$，坐标系｛C｝相对｛B｝的位姿${}^{B}_{C}\boldsymbol{T}$，求${}^{A}\boldsymbol{p}$。

本例的目标实质上是求解坐标系{C}相对{A}的位姿${}^A_CT$。首先将${}^Cp$映射到{B}中表示，由式（4.62）得

$$ {}^Bp={}^B_CT{}^Cp=\begin{pmatrix} {}^B_CR & {}^Bp_{CORG} \\ 0 & 1 \end{pmatrix}{}^Cp \quad (4.85) $$

再将${}^Bp$映射到{A}中表示，由式（4.62）得

$$ {}^Ap={}^A_BT{}^Bp=\begin{pmatrix} {}^A_BR & {}^Ap_{BORG} \\ 0 & 1 \end{pmatrix}{}^Bp \quad (4.86) $$

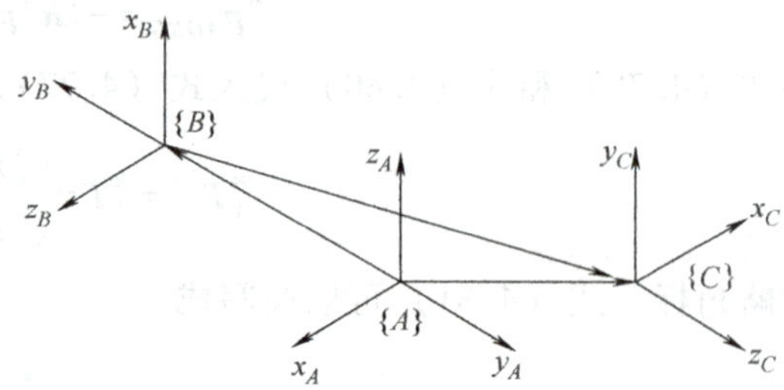

图 4.27　空间中的三个参考坐标系

将式（4.85）代入到式（4.86）中，可得

$$ {}^Ap={}^A_BT{}^B_CT{}^Cp \quad (4.87) $$

由于

$$ {}^Ap={}^A_CT{}^Cp \quad (4.88) $$

对比式（4.87）和式（4.88）可得

$$ {}^A_CT={}^A_BT{}^B_CT=\begin{pmatrix} {}^A_CR & {}^Ap_{CORG} \\ 0 & 1 \end{pmatrix} \quad (4.89) $$

展开式（4.89）得

$$ \begin{aligned} {}^A_CT &= \begin{pmatrix} {}^A_BR & {}^Ap_{BORG} \\ 0 & 1 \end{pmatrix}\begin{pmatrix} {}^B_CR & {}^Bp_{CORG} \\ 0 & 1 \end{pmatrix} \\ &= \begin{pmatrix} {}^A_BR{}^B_CR & {}^A_BR{}^Bp_{CORG}+{}^Ap_{BORG} \\ 0 & 1 \end{pmatrix} \\ &= \begin{pmatrix} {}^A_CR & {}^Ap_{CORG} \\ 0 & 1 \end{pmatrix} \end{aligned} \quad (4.90) $$

由式（4.90）可知，在涉及两个及以上坐标系的复合齐次映射变换（Composite Homogeneous Mapping Transformation）中，姿态变换部分可以利用相邻坐标系之间的姿态矩阵连续左乘实现，而平移变换部分则要考虑由中间坐标系旋转变换引入的原点坐标偏移，即

$$ \begin{cases} {}^A_CR={}^A_BR{}^B_CR \\ {}^Ap_{CORG}={}^A_BR{}^Bp_{CORG}+{}^Ap_{BORG} \end{cases} \quad (4.91) $$

下面简单讨论合成后的齐次矩阵的性质，以加深对齐次矩阵的理解。容易证明：

1）两个齐次矩阵相乘的结果仍然是齐次矩阵。

2）齐次矩阵的乘积运算满足结合律，但一般情况下不满足交换律。

相对复合旋转变换和复合一般变换，复合平移变换更为特殊，原因在于这类变换只涉及平移矩阵的乘法运算。由平移矩阵中的旋转子矩阵为单位阵可知：

1）两个平移矩阵相乘的结果仍然是平移矩阵。

2）平移矩阵的乘积运算既满足结合律，也满足交换律。

因此，复合平移变换与顺序无关。

【知识扩展】 刚体变换群

平移变换、旋转变换、平面变换以及齐次变换都可以作为描述机器人的特殊运动算子，而每类算子都有其共性特征。正是这些共性特征的存在，可以将其与数学中的李群（Lie Group）有机联系起来。

例如，将所有旋转矩阵 $\boldsymbol{R}$ 的集合统称为三维旋转群（3D Rotation Group），记作 $SO(3)$，且满足

$$SO(3)=\{\boldsymbol{R}\in\mathbb{R}^{3\times3}:\boldsymbol{R}\boldsymbol{R}^{\mathrm{T}}=\boldsymbol{I},\det(\boldsymbol{R})=1\} \tag{4.92}$$

将所有三维矢量 $\boldsymbol{p}$（或对应的反对称矩阵 $[\boldsymbol{p}]$）的集合统称为三维移动群，记作 $T(3)$。而将所有齐次变换矩阵 $\boldsymbol{T}$ 的集合统称为特殊欧氏群（Special Euclid Group），又称作一般刚体运动群，记作 $SE(3)$，满足

$$SE(3)=\{(\boldsymbol{R},\boldsymbol{p}):\boldsymbol{R}\in SO(3),\boldsymbol{p}\in\mathbb{R}^{3}\} \tag{4.93}$$

显然，无论旋转变换、平移变换还是平面变换，都是齐次变换的特例。数学上，将它们都称作是 $SE(3)$ 的李子群（Lie Subgroup）。

4.2.5 变换方程

从4.2.4节的公式推导可以看到，无论是旋转变换还是齐次变换，描述复合坐标映射时，都具有连续相乘的递推（Iterative）特性。因此，可利用这种递推特性来建立多个坐标系之间映射关系的变换方程（Transform Equation），进而求取某两个特定坐标系之间的齐次变换矩阵。

如图4.28a所示，$\{U\}$、$\{A\}$、$\{B\}$、$\{C\}$、$\{D\}$ 五个坐标系，坐标系原点之间的矢量箭头表示两坐标系之间的齐次变换矩阵。其中，实线表示该齐次变换矩阵已知，虚线即 ${}^{B}_{C}\boldsymbol{T}$ 未知。可以建立变换方程来求解 ${}^{B}_{C}\boldsymbol{T}$。

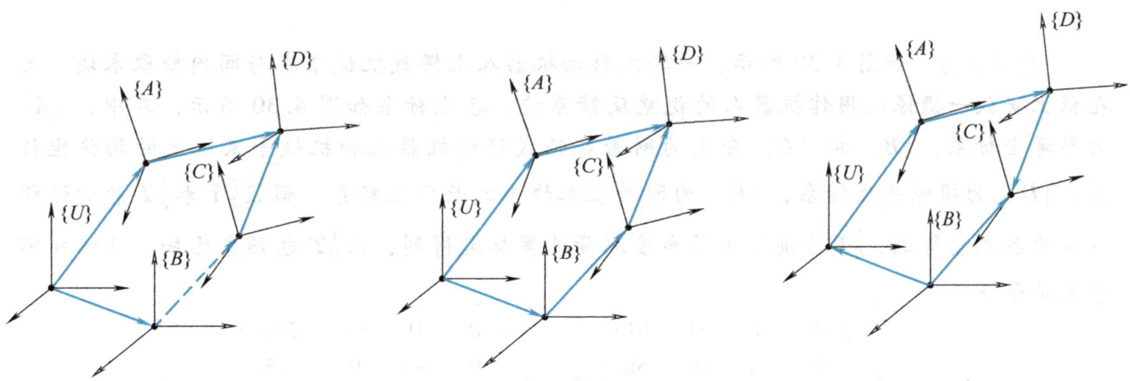

图4.28 利用递推特性建立变换方程

如图4.28b所示，由 $\{U\}\to\{B\}\to\{C\}\to\{D\}$ 链路可得第一个递推方程

$${}^{U}_{D}\boldsymbol{T}={}^{U}_{B}\boldsymbol{T}\,{}^{B}_{C}\boldsymbol{T}\,{}^{C}_{D}\boldsymbol{T} \tag{4.94}$$

根据 $\{U\}\to\{A\}\to\{D\}$ 链路可得第二个递推方程

$$ {}^{U}_{D}\boldsymbol{T}={}^{U}_{A}\boldsymbol{T}{}^{A}_{D}\boldsymbol{T} \tag{4.95}$$

将上述两个递推关系式联立，构造成一个变换方程

$$ {}^{U}_{B}\boldsymbol{T}{}^{B}_{C}\boldsymbol{T}{}^{C}_{D}\boldsymbol{T}={}^{U}_{A}\boldsymbol{T}{}^{A}_{D}\boldsymbol{T} \tag{4.96}$$

很容易导出

$$ {}^{B}_{C}\boldsymbol{T}={}^{U}_{B}\boldsymbol{T}^{-1}{}^{U}_{A}\boldsymbol{T}{}^{A}_{D}\boldsymbol{T}{}^{C}_{D}\boldsymbol{T}^{-1}={}^{B}_{U}\boldsymbol{T}{}^{U}_{A}\boldsymbol{T}{}^{A}_{D}\boldsymbol{T}{}^{D}_{C}\boldsymbol{T} \tag{4.97}$$

式（4.97）的图示化表达如图 4.28c 所示。注意，若图 4.28c 中某个矢量的箭头方向与图 4.28b 反向，即表示原齐次变换矩阵的逆变换。

【例 4-9】 如图 4.29a 所示的工业机器人系统，假设已知机器人末端手爪坐标系 $\{T\}$ 到基坐标系 $\{0\}$ 的变换${}^{0}_{T}\boldsymbol{T}$，又已知工作台 $\{S\}$ 相对基座的坐标变换${}^{0}_{S}\boldsymbol{T}$，以及螺栓 $\{G\}$ 相对工作台的坐标变换${}^{S}_{G}\boldsymbol{T}$，求螺栓相对手爪的坐标变换${}^{T}_{G}\boldsymbol{T}$（注：实际操作中，该变换矩阵描述了手爪与目标对象之间的位姿偏差）。

解：根据图 4.29b 所示的变换路径，可得螺栓相对手爪的坐标变换${}^{T}_{G}\boldsymbol{T}$计算公式为

$$ {}^{T}_{G}\boldsymbol{T}={}^{T}_{0}\boldsymbol{T}{}^{0}_{S}\boldsymbol{T}{}^{S}_{G}\boldsymbol{T}={}^{0}_{T}\boldsymbol{T}^{-1}{}^{0}_{S}\boldsymbol{T}{}^{S}_{G}\boldsymbol{T}$$

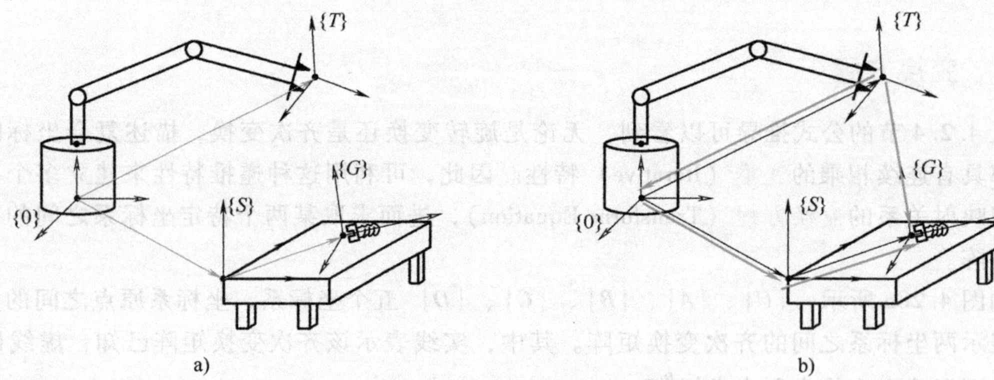

图 4.29 拧螺栓的机械手爪

【例 4-10】 如图 4.30 所示，一轮式移动机器人上搭载机械手在房间内拾取木块，天花板上安放一摄像头用作机器人的视觉反馈系统。各坐标系如图 4.30 所示，其中，$\{A\}$ 为参考坐标系，$\{B\}$ 和 $\{C\}$ 分别为附着在轮式移动机器人和机械手末端上的物体坐标系，$\{D\}$ 为摄像头坐标系，$\{E\}$ 为附着在木块上的物体坐标系。假设${}^{D}_{B}\boldsymbol{T}$和${}^{D}_{E}\boldsymbol{T}$能通过视觉传感器测量得到，${}^{B}_{C}\boldsymbol{T}$能通过关节角度测量装置标定得到，而${}^{A}_{D}\boldsymbol{T}$也预先已知。具体矩阵参数值如下

$$ {}^{A}_{D}\boldsymbol{T}=\begin{pmatrix}0&0&-1&400\\0&-1&0&50\\-1&0&0&300\\0&0&0&1\end{pmatrix},\quad {}^{D}_{B}\boldsymbol{T}=\begin{pmatrix}0&0&-1&250\\0&-1&0&-150\\-1&0&0&200\\0&0&0&1\end{pmatrix},$$

$$ {}^{D}_{E}\boldsymbol{T}=\begin{pmatrix}0&0&-1&300\\0&-1&0&100\\-1&0&0&120\\0&0&0&1\end{pmatrix},\quad {}^{B}_{C}\boldsymbol{T}=\begin{pmatrix}0&-1/\sqrt{2}&-1/\sqrt{2}&30\\0&1/\sqrt{2}&-1/\sqrt{2}&-40\\1&0&0&25\\0&0&0&1\end{pmatrix}$$

试求：木块相对机械手的位姿${}^{C}_{E}\boldsymbol{T}$。

解：由于

$${}^{A}_{B}\boldsymbol{T}{}^{B}_{C}\boldsymbol{T}{}^{C}_{E}\boldsymbol{T}={}^{A}_{D}\boldsymbol{T}{}^{D}_{E}\boldsymbol{T} \tag{4.98}$$

式（4.98）中，除了待求量${}^{C}_{E}\boldsymbol{T}$未知外，${}^{A}_{B}\boldsymbol{T}$也未知，对于${}^{A}_{B}\boldsymbol{T}$

$${}^{A}_{B}\boldsymbol{T}={}^{A}_{D}\boldsymbol{T}{}^{D}_{B}\boldsymbol{T} \tag{4.99}$$

将式（4.99）代入式（4.98）中，可得

$${}^{C}_{E}\boldsymbol{T}=({}^{D}_{B}\boldsymbol{T}{}^{B}_{C}\boldsymbol{T})^{-1}{}^{D}_{E}\boldsymbol{T} \tag{4.100}$$

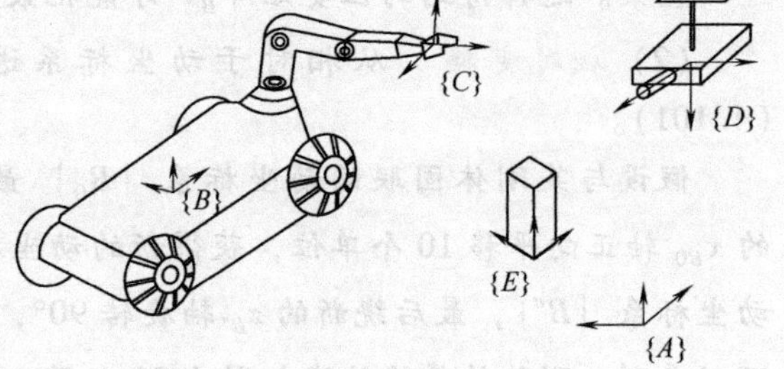

图 4.30　轮式移动机器人中的坐标变换

代入相关矩阵参数可得

$${}^{C}_{E}\boldsymbol{T}=\begin{pmatrix} 0 & 0 & 1 & -75 \\ -1/\sqrt{2} & 1/\sqrt{2} & 0 & -130\sqrt{2} \\ -1/\sqrt{2} & -1/\sqrt{2} & 0 & 80\sqrt{2} \\ 0 & 0 & 0 & 1 \end{pmatrix}$$

【小知识】　绝对变换与相对变换

如果两个坐标系存在一般位姿偏移，它们的位姿矩阵可以利用绕坐标轴或者沿坐标轴的特殊旋转变换和平移变换复合得到。具体复合方式有两种：一种是相对于固定坐标系的多次变换，称为绝对变换（Absolute Transformation）；另一种是相对于动坐标系的多次变换，称为相对变换（Relative Transformation）。

例如，动坐标系｛B｝相对于固定坐标系｛A｝的位姿可用如下的复合变换方程表示

$${}^{A}_{B}\boldsymbol{T}=\mathrm{Trans}(\hat{\boldsymbol{x}},10)\mathrm{Rot}(\hat{\boldsymbol{y}},90°)\mathrm{Rot}(\hat{\boldsymbol{z}},90°) \tag{4.101}$$

下面，分别从绝对变换和相对变换的角度考虑式（4.101）变换过程。

（1）绝对变换　在初始状态，动坐标系｛B｝（假设一刚体与之固联）与固定坐标系｛A｝重合。式（4.101）所示变换过程可以理解为：动坐标系｛B｝先绕固定坐标系｛A｝的z_A轴旋转90°，再绕y_A轴旋转90°，最后相对x_A轴正向平移10个单位，如图4.31所示。

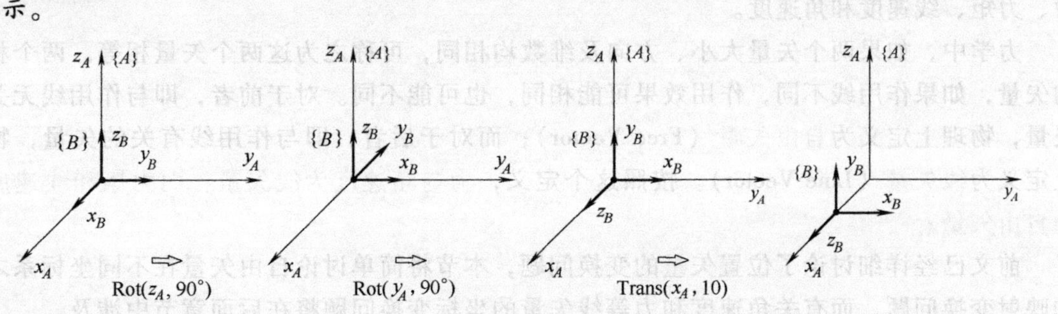

图 4.31　绝对变换

由于绝对变换都相对于固定坐标系｛A｝进行，因此可以将其理解为对刚体｛B｝的

算子操作。多次算子操作的复合变换，应按照操作顺序把每一次操作对应的齐次变换矩阵连续左乘。这样得到的位姿矩阵${}_{B}^{A}\boldsymbol{T}$才能把最终状态 {B} 中的矢量映射到 {A}。

(2) 相对变换　从相对于动坐标系进行多次变换的角度思考，也可以得到式(4.101)。

假设与某刚体固联的动坐标系 {B_0} 最初与固定坐标系 {A} 重合，首先沿 {B_0} 的 x_{B0} 轴正向平移 10 个单位，获得新的动坐标系 {B'}，再绕 $y_{B'}$ 轴旋转 90°，又获得新的动坐标系 {B''}，最后绕新的 $z_{B''}$ 轴旋转 90°，得到最终的刚体位姿 {B}，如图 4.32 所示。可以看到，刚体的最终位姿与图 4.31 相同，但是两者的操作顺序却相反。

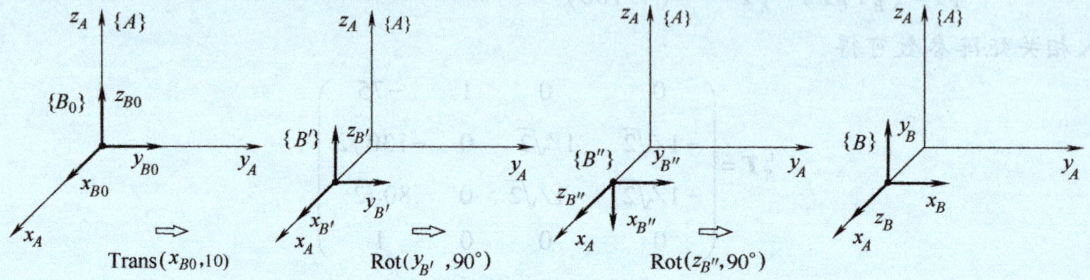

图 4.32　相对变换

可以从坐标映射的角度来理解图 4.32 中的相对变换：如果希望将最终坐标系 {B} 中的某矢量${}^{B}\boldsymbol{p}$映射回固定坐标系 {A}，可通过中间坐标系 {B''}、{B'} 逐次进行变换，即 {B}→{B''}→{B'}→{A}。显然，为实现这一过程，需要将式 (4.101) 左乘${}^{B}\boldsymbol{p}$。

由此可知，如果通过相对变换获得最终位姿，则式 (4.101) 应当按照相对变换的实际操作顺序，把各变换矩阵连续右乘得到。

4.2.6　自由矢量的变换

在机器人学研究中，除了前面提到的位置矢量，还有四个很重要的物理量经常涉及：力、力矩、线速度和角速度。

力学中，如果两个矢量大小、方向及维数均相同，可称之为这两个矢量相等。两个相等的矢量，如果作用线不同，作用效果可能相同，也可能不同。对于前者，即与作用线无关的矢量，物理上定义为自由矢量 (Free Vector)；而对于后者，即与作用线有关的矢量，物理上定义为线矢量 (Line Vector)。按照这个定义，力与角速度为线矢量；而力矩和线速度则为自由矢量。

前文已经详细讨论了位置矢量的变换问题，本节将简单讨论自由矢量在不同坐标系之间的映射变换问题，而有关角速度和力等线矢量的坐标变换问题将在后面章节中涉及。

下面以线速度为例，推导自由矢量在不同坐标系之间的映射变换。

设刚体具有平移速度 $\boldsymbol{v}$，图 4.33 所示为该刚体在Ⅰ、Ⅱ两个时刻的位置。现有两个参考坐标系 {A}、{B}，考察刚体上一点 P 的位移 $\boldsymbol{s}$ 在两个坐标系中的表达。

在 $\{B\}$ 中，P 点在 Ⅰ、Ⅱ 两个时刻对应的矢量分别为 ${}^B\boldsymbol{p}_1$ 和 ${}^B\boldsymbol{p}_2$，其位移 ${}^B\boldsymbol{s}$ 为

$$ {}^B\boldsymbol{s}={}^B\boldsymbol{p}_2-{}^B\boldsymbol{p}_1 \tag{4.102} $$

将其变换到坐标系 $\{A\}$ 中表达，并写成齐次坐标的形式，则有

$$\begin{aligned}\begin{pmatrix}{}^A\boldsymbol{s}\\1\end{pmatrix}&={}_B^A\boldsymbol{T}\begin{pmatrix}{}^B\boldsymbol{s}\\1\end{pmatrix}\\&=\begin{pmatrix}{}_B^A\boldsymbol{R} & {}^A\boldsymbol{p}_{BORG}\\\boldsymbol{0} & 1\end{pmatrix}\begin{pmatrix}{}^B\boldsymbol{p}_2-{}^B\boldsymbol{p}_1\\1\end{pmatrix}\\&=\begin{pmatrix}{}_B^A\boldsymbol{R}{}^B\boldsymbol{p}_2+{}^A\boldsymbol{p}_{BORG}\\1\end{pmatrix}-\begin{pmatrix}{}_B^A\boldsymbol{R}{}^B\boldsymbol{p}_1+{}^A\boldsymbol{p}_{BORG}\\1\end{pmatrix}\end{aligned} \tag{4.103}$$

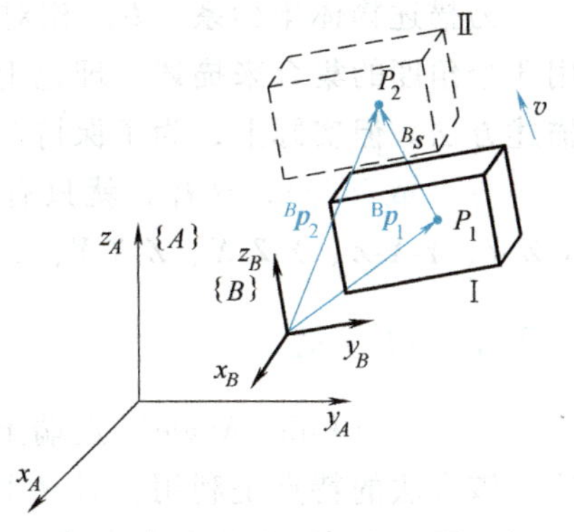

图 4.33　线速度的坐标变换

写成一般矢量的表达形式，即

$$ {}^A\boldsymbol{s}={}_B^A\boldsymbol{R}({}^B\boldsymbol{p}_2-{}^B\boldsymbol{p}_1)={}_B^A\boldsymbol{R}{}^B\boldsymbol{s} \tag{4.104} $$

对于两个固定坐标系 $\{A\}$ 和 $\{B\}$，${}_B^A\boldsymbol{R}$ 为常数矩阵，因此，式（4.104）对时间求微分，可得

$$ {}^A\boldsymbol{v}={}_B^A\boldsymbol{R}{}^B\boldsymbol{v} \tag{4.105} $$

可见，线速度在不同坐标系间的映射变换，只与坐标系之间的相对姿态有关，与坐标系的原点偏移无关。

事实上，这也是自由矢量在不同坐标系间映射变换的共性特点，即只与旋转矩阵有关。类似地，如果已知坐标系 $\{B\}$ 中描述的力矩 ${}^B\boldsymbol{m}$，它在坐标系 $\{A\}$ 中的表达为

$$ {}^A\boldsymbol{m}={}_B^A\boldsymbol{R}{}^B\boldsymbol{m} \tag{4.106} $$

4.3　三角度姿态描述

用方向余弦矩阵描述刚体姿态可能存在以下几点不足：

1）需要用 9 个参数来描述姿态，而这 9 个参数受 6 个约束方程的限制，只有 3 个参数是独立的，因此存在信息冗余。

2）运算中每次都需要输入含 9 个元素的矩阵，并且要保证它们满足约束方程。

3）几何上不够直观。

4）无法通过直接微分来表达刚体的连续转动，不利于通过相关算法生成刚体的连续转动轨迹。

既然姿态描述中只有 3 个独立变量，那么可否采用更为简单直接的姿态描述方法，比如直接采用 3 个独立的姿态角来描述？答案是肯定的。由线性代数中的凯莱（Cayley）公式可知，对于任何一个姿态矩阵 $\boldsymbol{R}$，总存在一个反对称矩阵 $[\boldsymbol{s}]$，满足

$$ \boldsymbol{R}=(\boldsymbol{I}_3-[\boldsymbol{s}])^{-1}(\boldsymbol{I}_3+[\boldsymbol{s}]) \tag{4.107} $$

由式（4.107），总可以找到由 3 个独立参数组成的反对称矩阵 $[\boldsymbol{s}]$ 与 $\boldsymbol{R}$ 对应。

为描述物体坐标系{B}相对世界坐标系{A}的姿态，最简单、直观的方法莫过于采用3个角度的集合来描述。理论上讲，3个姿态角的任意组合有27种形式，即27种姿态角描述方法。但实际上，为了保持3个姿态角的独立性，需要保证两个相邻姿态角的旋转轴线不平行（或重合），这样，就只有12种（3×2×2=12）可行的姿态角描述方法（即X-Y-Z、X-Z-Y、Y-X-Z、Y-Z-X、Z-X-Y、Z-Y-X、Z-Y-Z、Z-X-Z、Y-Z-Y、Y-X-Y、X-Y-X、X-Z-X）。

4.3.1 欧拉角

欧拉角（Euler Angle）是瑞士数学家欧拉（Euler）提出的一种三角度刚体姿态描述方法。该方法的特点是利用相对动坐标系坐标轴的3次姿态角变化来描述刚体姿态。根据上文分析，欧拉角有12种组合方式。下面重点对其中最常用的两种进行讨论。

【背景知识】 莱昂哈德·欧拉（1707—1783）瑞士著名数学家和物理学家。13岁时入读巴塞尔大学，15岁大学毕业，16岁获得硕士学位。欧拉是18世纪数学界最杰出的人物之一，主导了18世纪的数学研究。同时他也是历史上最多产的数学家，平均每年撰写800多页的论文，著作75部，其中，《无穷小分析引论》、《微分原理》、《积分原理》等已成为数学界中的经典。他不但为数学界做出了杰出贡献，更将数学推至物理、力学等领域。在机器人学方面，就用到了欧拉旋转定理和欧拉动力学方程。

1. Z-Y-X 欧拉角

为描述{B}相对于{A}的姿态，假设{B}在初始状态下与{A}重合，将{B}绕其z_B轴旋转ϕ角（图4.34a），得到中间坐标系{B'}；再绕新的$y_{B'}$轴旋转θ角（图4.34b），得到另一中间坐标系{B''}；最后绕新的$x_{B''}$轴旋转ψ角，得到{B}的最终姿态（图4.34c）。

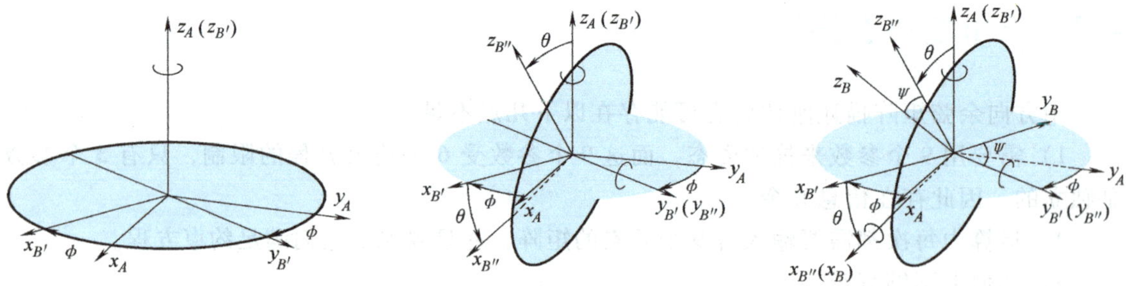

a) 绕z_B轴旋转角度ϕ　　b) 再绕新的$y_{B'}$轴旋转角度θ　　c) 最后绕新的$x_{B''}$轴旋转角度ψ

图4.34　Z-Y-X欧拉角变换

上述连续旋转过程每次都绕动坐标系的坐标轴进行旋转，即每次旋转轴的方位需取决于上一次的旋转结果。这是一种"相对变换"，可以从复合旋转映射的角度来获得旋转矩阵。按照三次旋转的顺序，把三个旋转矩阵从左到右连乘，即可得到描述新姿态的旋转矩阵

$$
{}_B^A\boldsymbol{R} = \boldsymbol{R}_{zyx}(\phi,\theta,\psi) = {}_{B'}^{A}\boldsymbol{R}_{B''}^{B'}\boldsymbol{R}_{B}^{B''}\boldsymbol{R} = \boldsymbol{R}_z(\phi)\boldsymbol{R}_{y'}(\theta)\boldsymbol{R}_{x''}(\psi)
$$

$$
= \begin{pmatrix} c\phi & -s\phi & 0 \\ s\phi & c\phi & 0 \\ 0 & 0 & 1 \end{pmatrix}\begin{pmatrix} c\theta & 0 & s\theta \\ 0 & 1 & 0 \\ -s\theta & 0 & c\theta \end{pmatrix}\begin{pmatrix} 1 & 0 & 0 \\ 0 & c\psi & -s\psi \\ 0 & s\psi & c\psi \end{pmatrix} \tag{4.108}
$$

$$
= \begin{pmatrix} c\theta c\phi & s\psi s\theta c\phi - c\psi s\phi & c\psi s\theta c\phi + s\psi s\phi \\ c\theta s\phi & s\psi s\theta s\phi + c\psi c\phi & c\psi s\theta s\phi - s\psi c\phi \\ -s\theta & s\psi c\theta & c\psi c\theta \end{pmatrix}
$$

注意，以上矩阵乘法顺序不能随意调换（旋转矩阵的乘积运算不满足交换律）。

对比式（4.27）和式（4.108），可得

$$
{}_B^A\boldsymbol{R} = \begin{pmatrix} r_{11} & r_{12} & r_{13} \\ r_{21} & r_{22} & r_{23} \\ r_{31} & r_{32} & r_{33} \end{pmatrix} = \begin{pmatrix} c\theta c\phi & s\psi s\theta c\phi - c\psi s\phi & c\psi s\theta c\phi + s\psi s\phi \\ c\theta s\phi & s\psi s\theta s\phi + c\psi c\phi & c\psi s\theta s\phi - s\psi c\phi \\ -s\theta & s\psi c\theta & c\psi c\theta \end{pmatrix} \tag{4.109}
$$

事实上，式（4.109）的逆问题更有意义，即如何在已知旋转矩阵${}_B^A\boldsymbol{R}$的前提下求出三个姿态角 ϕ、θ 和 ψ。根据${}_B^A\boldsymbol{R}$中各参数求解 ϕ、θ 和 ψ 的公式如下。

1）若 $\cos\theta \neq 0$，存在两组解

$$
\begin{cases} \theta = \operatorname{Atan2}(-r_{31}, \sqrt{r_{11}^2 + r_{21}^2}) \\ \phi = \operatorname{Atan2}(r_{21}, r_{11}) \\ \psi = \operatorname{Atan2}(r_{32}, r_{33}) \end{cases} \quad \theta \in (-\pi/2, \pi/2) \tag{4.110}
$$

$$
\begin{cases} \theta = \operatorname{Atan2}(-r_{31}, -\sqrt{r_{11}^2 + r_{21}^2}) \\ \phi = \operatorname{Atan2}(-r_{21}, -r_{11}) \\ \psi = \operatorname{Atan2}(-r_{32}, -r_{33}) \end{cases} \quad \theta \in (\pi/2, 3\pi/2) \tag{4.111}
$$

式中，$\operatorname{Atan2}(x, y)$ 为四象限反正切函数形式的表达，内置于大多数编程语言中。其优点是可根据 x、y 的符号给出不同的角度值。例如，$\operatorname{Atan2}(1, 1) = 45°$，$\operatorname{Atan2}(-1, -1) = 135°$。

2）若 $\cos\theta = 0$，即 $\theta = \pm k\pi/2$，$k = 1, 3, \cdots, 2n+1$，式（4.109）发生退化，出现了所谓的奇异（Singularity），仅能求出 ϕ 与 ψ 的和或差。这时，一般取 $\phi = 0°$，即

$$
\begin{cases} \phi = 0° \\ \theta = 90° \\ \psi = \operatorname{Atan2}(r_{12}, r_{22}) \end{cases} \quad \text{或} \quad \begin{cases} \phi = 0° \\ \theta = 270° \\ \psi = -\operatorname{Atan2}(r_{12}, r_{22}) \end{cases} \tag{4.112}
$$

这种相对运动坐标系的三个欧拉角姿态表示法，可以通过具有公共汇交点的三转动副串联机构进行直观展示（图 4.35a）。欧拉角表示法中的奇异状态可以用该机构说明，即当中间轴转角 $\theta = \pm 90°$时，第一、三轴重合，导致无法根据最后一个刚体的姿态求解绕第一、第三轴的转角，欧拉角描述的姿态发生奇异；对应的机构位姿称为奇异位形（Singular Configuration，图 4.35b）。

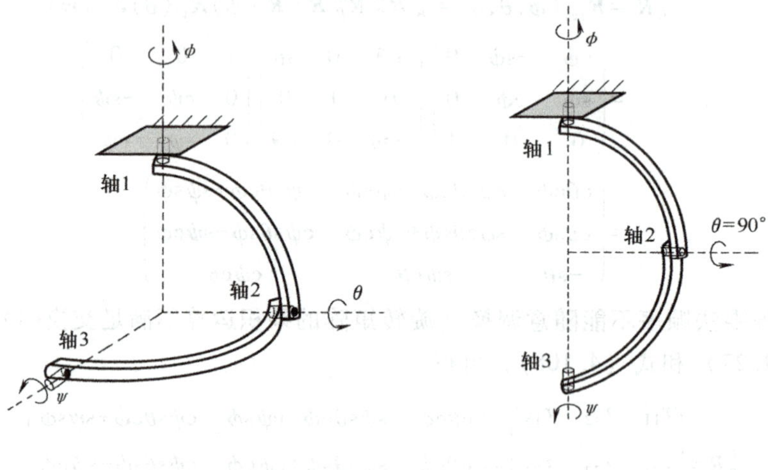

a) 用 Z-Y-X 欧拉角描述的一般位形　　b) 奇异位形

图 4.35 具有公共汇交点的串联三杆开式链

【小知识】 机枪转塔的奇异位形

图 4.36 所示为一个位姿奇异的具体实例。战斗机中，前舱中的驾驶员控制飞机飞行，后舱的机枪手负责射击敌机。为了完成这项任务，后舱的机枪被安装在有两个旋转自由度（方位角和仰角）的机构上。通过操控这两个自由度的运动，机枪手可以射击上半球面中任何方向的目标。一架敌机出现在方位角 1 点钟和仰角 70°的地方，机枪手瞄准敌机并开始向其开火。敌机快速躲避，飞到相对于机枪手飞机仰角越来越大的位置上。很快，敌机就要飞过机枪手飞机的头顶位置。敌机为何要这样做？因为这样机枪手就不能准确瞄准敌机了！最终，幸运的敌机飞行员因为定向机枪的机构出现奇异而获救！该机构在绝大部分操作范围内都能工作良好，但当接近方位角为 90°的位置，它的工作性能越来越不理想。为跟踪飞过飞机头顶的目标，枪手需要操控机枪以非常快的速度绕方位角转动。如果目标直接飞过枪手头顶，对方位角的跟踪速度趋向于无穷大。

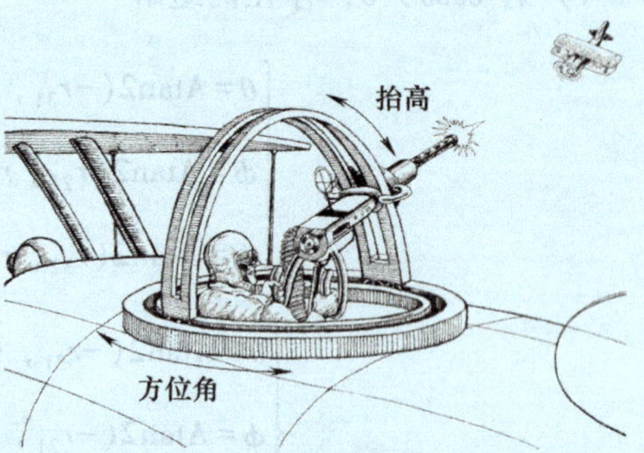

图 4.36 一个位姿奇异的实例：机枪转塔跟踪过顶飞机[3]

事实上，这一现象就是因为机构奇异所造成的。当机构处于奇异位形时，方位角的转动改变不了机枪的方向，因为这时，控制方位角的关节失效了。

2. Z-Y-Z 欧拉角

如图 4.37 所示，假设 $\{B\}$ 在初始状态下与 $\{A\}$ 重合，将 $\{B\}$ 绕其 z_B 轴旋转 ϕ 角（也称进动角，Precession Angle，图 4.37a），得到中间坐标系 $\{B'\}$；再绕新的 $y_{B'}$ 轴旋转 θ 角（章动角，Nutation Angle，图 4.37b），得到另一中间坐标系 $\{B''\}$；最后绕新的 $z_{B''}$ 轴旋转 ψ 角（自旋角，Spin Angle），得到 $\{B\}$ 的最终姿态（图 4.37c）。

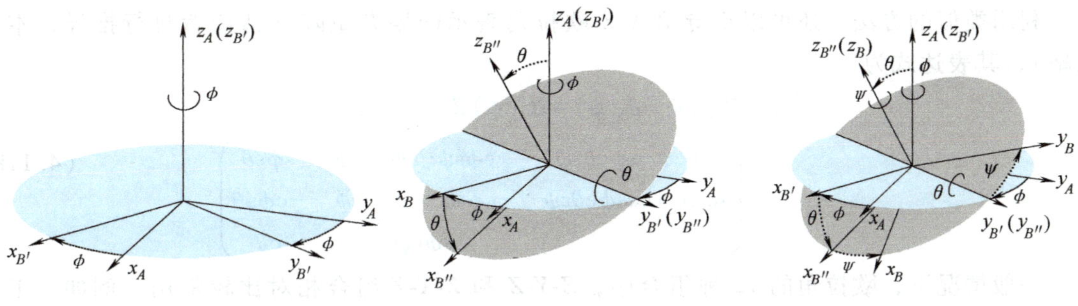

a）绕 z_B 轴旋转角度 ϕ　　b）再绕新的 $y_{B'}$ 轴旋转角度 θ　　c）最后绕新的 $z_{B''}$ 轴旋转角度 ψ

图 4.37　*Z-Y-Z* 欧拉角变换

与 *Z-Y-X* 欧拉角一样，最终的姿态矩阵可由三个旋转矩阵按从左到右顺序连乘获得，即

$$
\begin{aligned}
{}_B^A\boldsymbol{R} &= \boldsymbol{R}_{zyz}(\phi,\theta,\psi)={}_{B'}^{A}\boldsymbol{R}\,{}_{B''}^{B'}\boldsymbol{R}\,{}_{B}^{B''}\boldsymbol{R}=\boldsymbol{R}_z(\phi)\boldsymbol{R}_{y'}(\theta)\boldsymbol{R}_{z''}(\psi)\\
&=\begin{pmatrix} c\phi & -s\phi & 0\\ s\phi & c\phi & 0\\ 0 & 0 & 1\end{pmatrix}\begin{pmatrix} c\theta & 0 & s\theta\\ 0 & 1 & 0\\ -s\theta & 0 & c\theta\end{pmatrix}\begin{pmatrix} c\psi & -s\psi & 0\\ s\psi & c\psi & 0\\ 0 & 0 & 1\end{pmatrix}\\
&=\begin{pmatrix} c\phi c\theta c\psi-s\phi s\psi & -c\phi c\theta s\psi-s\phi c\psi & c\phi s\theta\\ s\phi c\theta c\psi+c\phi s\psi & -s\phi c\theta s\psi+c\phi c\psi & s\phi s\theta\\ -s\theta c\psi & s\theta s\psi & c\theta\end{pmatrix}
\end{aligned}
\tag{4.113}
$$

对比式（4.27）和式（4.113），可得

$$
{}_B^A\boldsymbol{R}=\begin{pmatrix} r_{11} & r_{12} & r_{13}\\ r_{21} & r_{22} & r_{23}\\ r_{31} & r_{32} & r_{33}\end{pmatrix}=\begin{pmatrix} c\phi c\theta c\psi-s\phi s\psi & -c\phi c\theta s\psi-s\phi c\psi & c\phi s\theta\\ s\phi c\theta c\psi+c\phi s\psi & -s\phi c\theta s\psi+c\phi c\psi & s\phi s\theta\\ -s\theta c\psi & s\theta s\psi & c\theta\end{pmatrix}
\tag{4.114}
$$

对式（4.114）求逆解，可以根据已知旋转矩阵的各元素获得 ϕ、θ 和 ψ。

1）若 $\sin\theta\neq 0$，有

$$
\begin{cases}
\phi=\mathrm{Atan2}(r_{23},r_{13})\\
\theta=\mathrm{Atan2}(\sqrt{r_{31}^2+r_{32}^2},r_{33}), \quad \theta\in(0,\ \pi)\\
\psi=\mathrm{Atan2}(r_{32},-r_{31})
\end{cases}
\tag{4.115}
$$

$$
\begin{cases}
\phi=\mathrm{Atan2}(-r_{23},-r_{13})\\
\theta=\mathrm{Atan2}(-\sqrt{r_{31}^2+r_{32}^2},r_{33}), \quad \theta\in(\pi,\ 2\pi)\\
\psi=\mathrm{Atan2}(-r_{32},r_{31})
\end{cases}
\tag{4.116}
$$

2）若 $\sin\theta=0$，即 $\theta=\pm k\pi(k=0,\ 1,\ \cdots,\ n)$，式（4.114）会发生退化，出现奇异，仅能求出 ϕ 与 ψ 的和或差。这时，一般取 $\phi=0°$。即

$$
\begin{cases}
\phi=0°\\
\theta=0°\\
\psi=\mathrm{Atan2}(-r_{12},\ r_{11})
\end{cases}
\quad 或 \quad
\begin{cases}
\phi=0°\\
\theta=180°\\
\psi=\mathrm{Atan2}(r_{12},\ -r_{11})
\end{cases}
\tag{4.117}
$$

从物理上，这种奇异发生在第一次转动轴线与最后一次转动轴线共线的位置［即第二次转动轴的转角 $\theta=k\pi$（$k=0,\ 1$）］。

利用类似的方法，还可以推导 Z-X-Z 欧拉角表示的姿态矩阵（请读者自行推导，本书从略），其表达式为

$$
\begin{aligned}
{}_B^A\boldsymbol{R} &= \boldsymbol{R}_{zxz}(\phi,\ \theta,\ \psi) = \boldsymbol{R}_z(\phi)\boldsymbol{R}_{x'}(\theta)\boldsymbol{R}_{z''}(\psi) \\
&= \begin{pmatrix} \mathrm{c}\phi\mathrm{c}\psi-\mathrm{s}\phi\mathrm{c}\theta\mathrm{s}\psi & -\mathrm{c}\phi\mathrm{s}\psi-\mathrm{s}\phi\mathrm{c}\theta\mathrm{c}\psi & \mathrm{s}\phi\mathrm{s}\theta \\ \mathrm{s}\phi\mathrm{c}\psi+\cos\phi\mathrm{c}\theta\mathrm{s}\psi & -\mathrm{s}\phi\mathrm{s}\psi+\mathrm{c}\phi\mathrm{c}\theta\mathrm{c}\psi & -\mathrm{c}\phi\mathrm{s}\theta \\ \mathrm{s}\phi\mathrm{s}\psi & \mathrm{s}\phi\mathrm{c}\psi & \mathrm{c}\theta \end{pmatrix}
\end{aligned} \tag{4.118}
$$

一般情况下，欧拉角的 12 种组合中，Z-Y-Z 和 Z-X-Z 组合相对比较常用。例如，工业机器人末端姿态的描述常采用 Z-Y-Z 欧拉角描述，这样可与腕部三个垂直正交旋转关节的转角直接对应。

4.3.2 固定角

利用相对于固定坐标系坐标轴的三次连续旋转，也可以表示刚体姿态，称为固定角或卡丹角（Cardan Angle）。与欧拉角类似，固定角也有 12 种组合。

固定角描述法是一种绝对变换，可以从算子操作的角度来理解。下面以一种常用的固定角组合——X-Y-Z 固定角为例，说明其对应旋转矩阵求法。

为描述 $\{B\}$ 相对于 $\{A\}$ 的姿态，假设 $\{B\}$ 在初始状态下与 $\{A\}$ 重合，然后在三个旋转算子的作用下，使 $\{B\}$ 依次绕 $\{A\}$ 的三个坐标轴 x_A、y_A、z_A 旋转 ψ、θ、ϕ 角，得到 $\{B\}$ 的最终姿态（图 4.38），这里的三个转角 $(\psi,\ \theta,\ \phi)$ 就称为 X-Y-Z 固定角。

由于以上所有的旋转变换都在相对固定的坐标系下进行，因此应遵循矩阵左乘原则，即

$$
\begin{aligned}
{}_B^A\boldsymbol{R} &= \boldsymbol{R}_{XYZ}(\psi,\ \theta,\ \phi) = \boldsymbol{R}_{z_A}(\phi)\boldsymbol{R}_{y_A}(\theta)\boldsymbol{R}_{x_A}(\psi) \\
&= \begin{pmatrix} \mathrm{c}\theta\mathrm{c}\phi & \mathrm{s}\psi\mathrm{s}\theta\mathrm{c}\phi-\mathrm{c}\psi\mathrm{s}\phi & \mathrm{c}\psi\mathrm{s}\theta\mathrm{c}\phi+\mathrm{s}\psi\mathrm{s}\phi \\ \mathrm{c}\theta\mathrm{s}\phi & \mathrm{s}\psi\mathrm{s}\theta\mathrm{s}\phi+\mathrm{c}\psi\mathrm{c}\phi & \mathrm{c}\psi\mathrm{s}\theta\mathrm{s}\phi-\mathrm{s}\psi\mathrm{c}\phi \\ -\mathrm{s}\theta & \mathrm{s}\psi\mathrm{c}\theta & \mathrm{c}\psi\mathrm{c}\theta \end{pmatrix}
\end{aligned} \tag{4.119}
$$

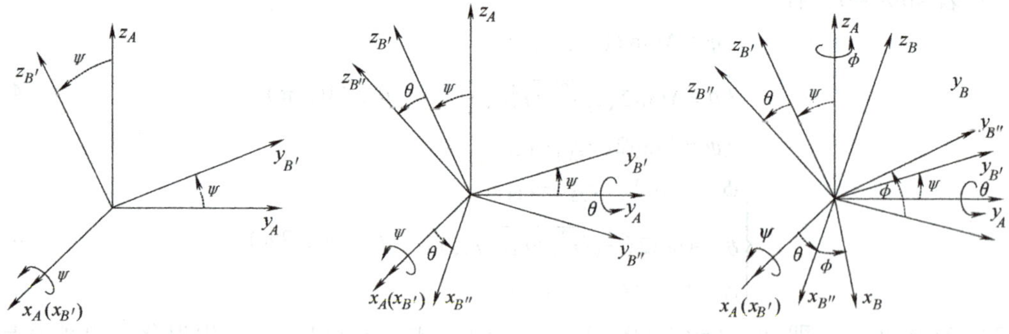

a) 绕 x_A 轴旋转角度 ψ　　b) 再绕 y_A 轴旋转角度 θ　　c) 最后绕 z_A 轴旋转角度 ϕ

图 4.38　X-Y-Z 固定角变换

对比式（4.109）和式（4.119），Z-Y-X 欧拉角变换与 X-Y-Z 固定角变换的结果完全相同。请读者从绝对变换和相对变换对应关系的角度思考这一结论！

符号表达上，为区分欧拉角变换与固定角变换，前者的角标小写，后者的角标大写。

当固定角用于描述机器人、飞行器和船舶的姿态时，也经常被称为 *R-P-Y* 角。三个字母是 Roll、Pitch、Yaw，即横滚、俯仰、偏航的英文首字母缩写。以图 4.39 所示的游艇姿态的描述为例：游艇行进的方向为 x 轴（横滚），垂直于甲板的法线方向为 z 轴（偏航），y 轴（俯仰）依据右手定则确定。

固定角姿态描述与欧拉角一样，也存在奇异问题。

【例 4-11】 游艇的控制轴描述，如图 4.39 所示。

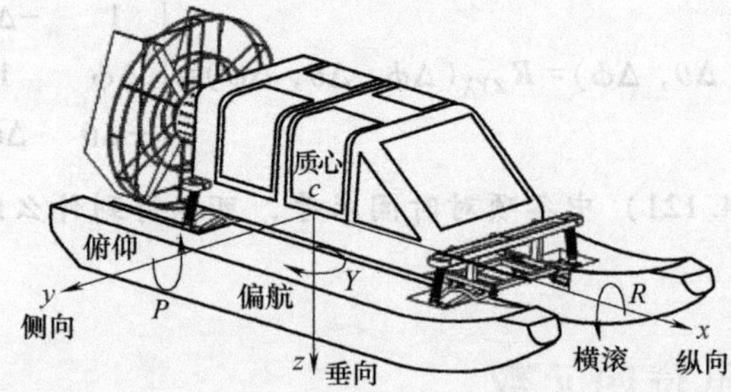

图 4.39 游艇姿态的 *R-P-Y* 描述

【小知识】 万向联轴器死锁

飞机、无人机、航天器等飞行器中都存在万向联轴器死锁（Gimbal Lock）问题。如图 4.40a 所示，正常工作状态下，飞行器的姿态角由具有三个正交轴的陀螺仪测量得到，如图 4.40b 所示，陀螺仪遵循 *X-Y-Z* 固定角布置各轴，即 X 轴控制横滚，Y 轴控制俯仰，Z 轴控制横滚。当俯仰角 $\theta=\pm\pi/2$ 时会发生奇异，此时横滚角 ϕ 有无穷多种组合，即发生万向联轴器锁死时，对俯仰角和航偏角没影响，但横滚角会受影响。发生奇异时，工程上一般人为设定横滚角 $\phi=0°$。

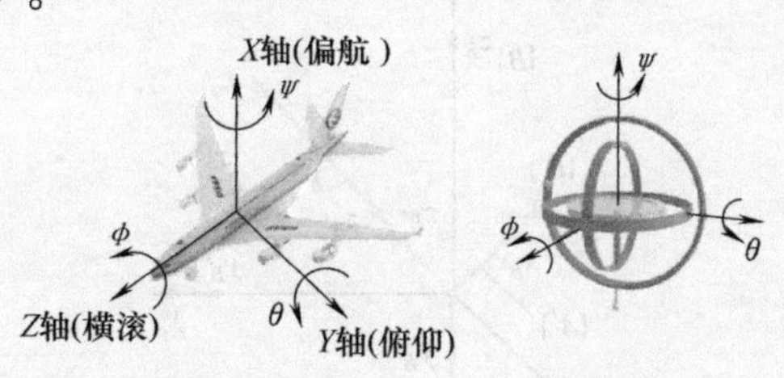

图 4.40 飞机或无人机中的万向联轴器锁问题

【例 4-12】 三角度姿态表示法的旋转顺序与小角度差分。

Z-Y-X 固定角对应的旋转矩阵如下

$$\boldsymbol{R}_{ZYX}(\phi,\theta,\psi)=\boldsymbol{R}_{x_A}(\psi)\boldsymbol{R}_{y_A}(\theta)\boldsymbol{R}_{z_A}(\phi)$$

$$=\begin{pmatrix} c\phi c\theta & -s\phi c\theta & s\theta \\ s\phi c\psi+c\theta c\phi c\psi & c\phi c\psi-s\theta s\phi s\psi & -c\theta s\psi \\ s\phi s\psi-s\theta c\phi c\psi & c\phi s\psi+s\theta s\phi c\psi & c\theta c\psi \end{pmatrix} \tag{4.120}$$

式（4.120）是 X-Y-Z 固定角各轴旋转矩阵连续右乘的结果，很显然式（4.119）和式（4.120）不等。这一结论对于欧拉角也成立。

无论为欧拉角还是固定角，当三个姿态角变化很小（即旋转角度足够小，可取差分）时，结果与转动顺序无关。下面给出简单证明过程。

证明：以 X-Y-Z 固定角为例。当三个姿态角变化很小时，$\cos(\Delta\theta)\approx 1$，$\sin(\Delta\theta)\approx\Delta\theta$，$(\Delta\theta)^2\approx(\Delta\theta)^3\approx 0$，因此，式（4.119）和式（4.120）可以简化成

$$\boldsymbol{R}_{XYZ}(\Delta\psi,\Delta\theta,\Delta\phi)=\boldsymbol{R}_{ZYX}(\Delta\phi,\Delta\theta,\Delta\psi)=\begin{pmatrix}1 & -\Delta\phi & \Delta\theta\\ \Delta\phi & 1 & -\Delta\psi\\ -\Delta\theta & \Delta\psi & 1\end{pmatrix} \tag{4.121}$$

请读者思考，式（4.121）中各项对时间求导，可以得到什么结论？

4.4 等效轴-角与单位四元数

4.3 节通过连续三次旋转变换实现了姿态的三角度表示。接下来的问题是：是否还存在其他的姿态描述方法？能否用一次旋转变换描述 $\{B\}$ 相对于 $\{A\}$ 的姿态？答案是肯定的。

4.4.1 基于等效轴-角的旋转变换

如图 4.41a 所示，令初始状态下坐标系 $\{B\}$ 与坐标系 $\{A\}$ 重合，假设存在一个通过原点的单位矢量 $\hat{\boldsymbol{k}}=(k_x,k_y,k_z)^{\mathrm{T}}$，使 $\{B\}$ 按右手定则绕 $\hat{\boldsymbol{k}}$ 旋转 θ 角，得到 $\{B\}$ 的当前姿态 ${}^A_B\boldsymbol{R}$。能否根据 $\hat{\boldsymbol{k}}$ 和 θ 角求解出 ${}^A_B\boldsymbol{R}$ 的各元素。

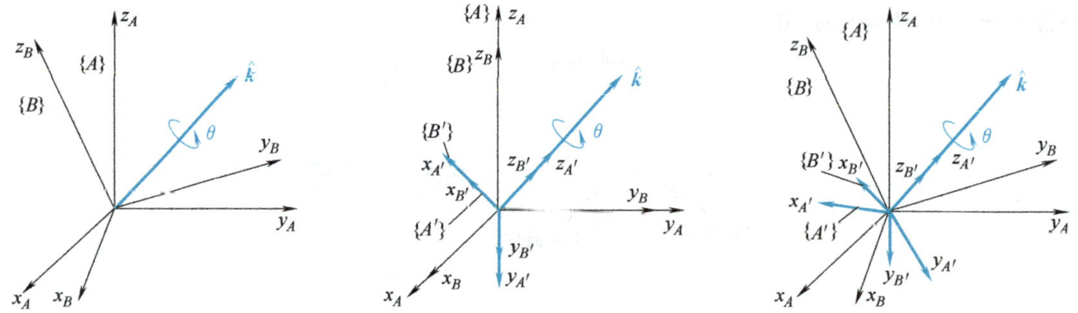

a)　　b)　　c)

图 4.41　绕等效轴-角的旋转变换

为此定义两个中间坐标系 $\{A'\}$ 和 $\{B'\}$，令 $\{A'\}$ 与 $\{A\}$ 固联、$\{B'\}$ 与 $\{B\}$ 固联；且 $\{A'\}$ 与 $\{B'\}$ 的 z 轴与旋转轴 $\hat{\boldsymbol{k}}$ 重合（图 4.41b）。其中，$\{A'\}$ 相对 $\{A\}$ 的旋转矩阵 ${}^A_{A'}\boldsymbol{R}$ 与 $\{B'\}$ 相对 $\{B\}$ 的旋转矩阵 ${}^B_{B'}\boldsymbol{R}$ 相等。因此有

$${}^A_{A'}\boldsymbol{R}={}^B_{B'}\boldsymbol{R}=(\hat{\boldsymbol{n}}\quad\hat{\boldsymbol{o}}\quad\hat{\boldsymbol{k}})=\begin{pmatrix}n_x & o_x & k_x\\ n_y & o_y & k_y\\ n_z & o_z & k_z\end{pmatrix} \tag{4.122}$$

并且这种映射关系不会因为 $\{B\}$ 相对于 $\{A\}$ 的转动而改变。

旋转之前，令 $\{A\}$ 与 $\{B\}$ 重合，$\{A'\}$ 也与 $\{B'\}$ 重合（图 4.41c）。若坐标系 $\{B\}$ 绕旋转轴 $\hat{\boldsymbol{k}}$ 相对于坐标系 $\{A\}$ 旋转 θ 角，即意味着 $\{B'\}$ 相对于 $\{A'\}$ 绕 $z_{B'}$ 轴旋转 θ 角。

对于共原点的四个坐标系 $\{A\}$、$\{B\}$、$\{A'\}$ 和 $\{B'\}$，可以建立如图 4.42 所示的旋转变换关系图。

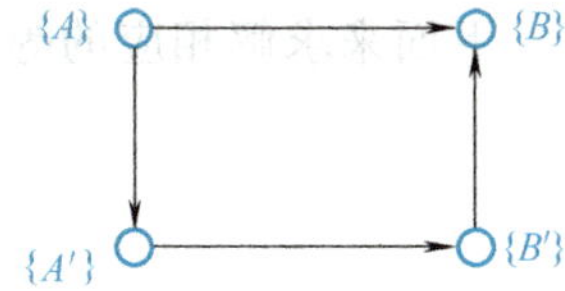

图 4.42　连续旋转变换关系图

根据图 4.42 可建立如下变换方程

$$ {}_{B}^{A}\boldsymbol{R}={}_{A'}^{A}\boldsymbol{R}{}_{B'}^{A'}\boldsymbol{R}{}_{B}^{B'}\boldsymbol{R} \tag{4.123}$$

由于${}_{B'}^{A'}\boldsymbol{R}$ 绕 $z_{B'}$ 轴旋转，因此有

$$ {}_{B'}^{A'}\boldsymbol{R}=\boldsymbol{R}_z(\theta) \tag{4.124}$$

而根据旋转矩阵的正交特性，可得

$$ {}_{B}^{B'}\boldsymbol{R}={}_{B'}^{B}\boldsymbol{R}^{-1}={}_{B'}^{B}\boldsymbol{R}^{\mathrm{T}} \tag{4.125}$$

将式（4.124）和式（4.125）代入式（4.123）中，可得

$$ {}_{B}^{A}\boldsymbol{R}={}_{A'}^{A}\boldsymbol{R}\boldsymbol{R}_z(\theta){}_{B'}^{B}\boldsymbol{R}^{\mathrm{T}} \tag{4.126}$$

式（4.126）展开得

$$ {}_{B}^{A}\boldsymbol{R}={}_{A'}^{A}\boldsymbol{R}\boldsymbol{R}_z(\theta){}_{B'}^{B}\boldsymbol{R}^{\mathrm{T}}=\begin{pmatrix} n_x & o_x & k_x \\ n_y & o_y & k_y \\ n_z & o_z & k_z \end{pmatrix}\begin{pmatrix} \mathrm{c}\theta & -\mathrm{s}\theta & 0 \\ \mathrm{s}\theta & \mathrm{c}\theta & 0 \\ 0 & 0 & 1 \end{pmatrix}\begin{pmatrix} n_x & n_y & n_z \\ o_x & o_y & o_z \\ k_x & k_y & k_z \end{pmatrix} \tag{4.127}$$

注意到，$\hat{\boldsymbol{n}}$，$\hat{\boldsymbol{o}}$，$\hat{\boldsymbol{k}}$ 是相互正交的单位矢量，存在以下关系

$$\begin{aligned} &\hat{\boldsymbol{n}}\cdot\hat{\boldsymbol{n}}=\hat{\boldsymbol{o}}\cdot\hat{\boldsymbol{o}}=\hat{\boldsymbol{k}}\cdot\hat{\boldsymbol{k}}=1 \\ &\hat{\boldsymbol{n}}\cdot\hat{\boldsymbol{o}}=\hat{\boldsymbol{o}}\cdot\hat{\boldsymbol{k}}=\hat{\boldsymbol{k}}\cdot\hat{\boldsymbol{n}}=0 \\ &\hat{\boldsymbol{k}}=\hat{\boldsymbol{n}}\times\hat{\boldsymbol{o}} \end{aligned} \tag{4.128}$$

根据式（4.128），进一步简化式（4.127）得到

$$ {}_{B}^{A}\boldsymbol{R}=\begin{pmatrix} k_x^2(1-\mathrm{c}\theta)+\mathrm{c}\theta & k_xk_y(1-\mathrm{c}\theta)-k_z\mathrm{s}\theta & k_xk_z(1-\mathrm{c}\theta)+k_y\mathrm{s}\theta \\ k_xk_y(1-\mathrm{c}\theta)+k_z\mathrm{s}\theta & k_y^2(1-\mathrm{c}\theta)+\mathrm{c}\theta & k_yk_z(1-\mathrm{c}\theta)-k_x\mathrm{s}\theta \\ k_xk_z(1-\mathrm{c}\theta)-k_y\mathrm{s}\theta & k_yk_z(1-\mathrm{c}\theta)+k_x\mathrm{s}\theta & k_z^2(1-\mathrm{c}\theta)+\mathrm{c}\theta \end{pmatrix} \tag{4.129}$$

即

$$ \boldsymbol{R}_{\hat{k}}(\theta)=\begin{pmatrix} k_x^2(1-\mathrm{c}\theta)+\mathrm{c}\theta & k_xk_y(1-\mathrm{c}\theta)-k_z\mathrm{s}\theta & k_xk_z(1-\mathrm{c}\theta)+k_y\mathrm{s}\theta \\ k_xk_y(1-\mathrm{c}\theta)+k_z\mathrm{s}\theta & k_y^2(1-\mathrm{c}\theta)+\mathrm{c}\theta & k_yk_z(1-\mathrm{c}\theta)-k_x\mathrm{s}\theta \\ k_xk_z(1-\mathrm{c}\theta)-k_y\mathrm{s}\theta & k_yk_z(1-\mathrm{c}\theta)+k_x\mathrm{s}\theta & k_z^2(1-\mathrm{c}\theta)+\mathrm{c}\theta \end{pmatrix} \tag{4.130}$$

当轴 $\hat{\boldsymbol{k}}$ 取特殊值时，如三个单位坐标轴，式（4.130）就退化为式（4.51）~式（4.53），读者可以自行验证。

由式（4.130）可知，当已知单位转轴 $\hat{\boldsymbol{k}}$ 和转角 θ，即可确定所对应的旋转矩阵 $\boldsymbol{R}_{\hat{k}}(\theta)$。即刚体姿态可以用固定坐标系中的单位转轴 $\hat{\boldsymbol{k}}$ 和绕该转轴的转角 θ 来描述，这就是等效轴-角（Angle-Axis）的姿态描述法。因为单位转轴 $\hat{\boldsymbol{k}}$ 只有两个独立参数，而转角 θ 确定了第三个参数，所以等效轴-角也是一种三参数姿态描述。

若将该问题反过来，即已知某一姿态矩阵 $\boldsymbol{R}$，如何求得对应的等效转轴和转角？根据定

义，姿态矩阵 $\boldsymbol{R}$ 具有如下结构

$$\boldsymbol{R}=\begin{pmatrix} r_{11} & r_{12} & r_{13} \\ r_{21} & r_{22} & r_{23} \\ r_{31} & r_{32} & r_{33} \end{pmatrix} \tag{4.131}$$

下面来求解相应的等效转轴和转角，对比式（4.130）和式（4.131），得到

$$\operatorname{tr}(\boldsymbol{R})=r_{11}+r_{22}+r_{33}=1+2\cos\theta \tag{4.132}$$

$$\theta=\cos^{-1}\left(\frac{r_{11}+r_{22}+r_{33}-1}{2}\right) \tag{4.133}$$

由于反三角函数的多值性，其值可选为 $2k\pi\pm\theta$ 中的任何一个，再把 $\boldsymbol{R}$ 的非对角元素相减，得到

$$\begin{cases} r_{32}-r_{23}=2k_x\sin\theta \\ r_{13}-r_{31}=2k_y\sin\theta \\ r_{21}-r_{12}=2k_z\sin\theta \end{cases} \tag{4.134}$$

当 $\theta\neq0$ 时，转轴

$$\hat{\boldsymbol{k}}=\frac{1}{2\sin\theta}\begin{pmatrix} r_{32}-r_{23} \\ r_{13}-r_{31} \\ r_{21}-r_{12} \end{pmatrix} \tag{4.135}$$

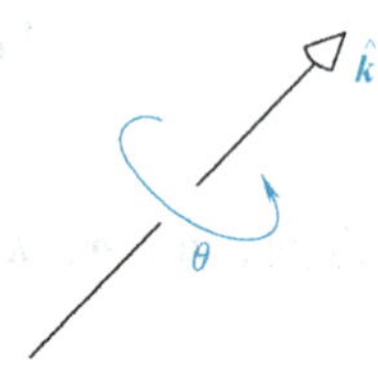

图 4.43　姿态矩阵的等效转轴与等效转角

由此可以得出结论：任一旋转矩阵 $\boldsymbol{R}$ 总可以等效为绕某一固定轴 $\hat{\boldsymbol{k}}$ 的旋转运动（图 4.43），这就是欧拉转动定理（Euler Theorem on Rotation）所阐述的内容。

等效轴-角特别适合机器人末端指向机构（Pointing Mechanism）的姿态描述和轨迹规划；同时，在描述刚体的旋转速度时会更加直观。

从式（4.135）可以看出，等效轴-角描述刚体运动姿态时也存在奇异问题（$\sin\theta=0$）。

【知识扩展】　罗德里格斯公式

事实上，基于等效轴-角的姿态矩阵公式有多种推导方法，除了上文介绍的旋转变换法，还可以利用罗德里格斯公式得到。

考察如图 4.44 所示的刚体绕某一固定轴作旋转运动，设 $\hat{\boldsymbol{k}}$ 是表示旋转轴方向的单位矢量，θ 为转角。

在转动刚体上取任意一点 P，如果刚体以单位角速度绕轴 $\hat{\boldsymbol{k}}$ 匀速转动，根据理论力学知识，P 点的速度可以表示为

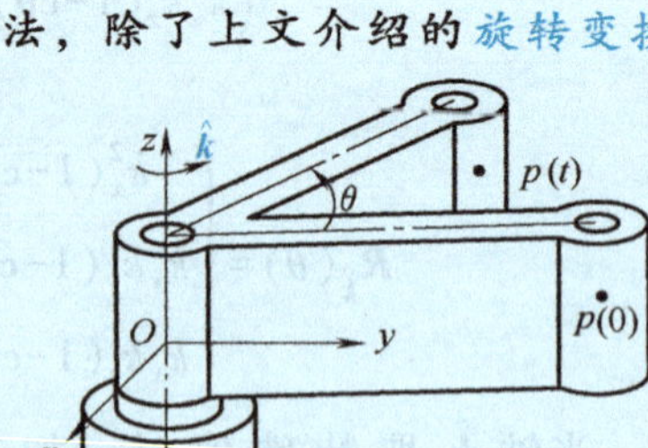

图 4.44　刚体绕定轴旋转

$$\dot{\boldsymbol{p}}(t)=\hat{\boldsymbol{k}}\times\boldsymbol{p}(t) \tag{4.136}$$

对于任意两个三维矢量，总满足如下运算式

$$\hat{\boldsymbol{k}}\times\boldsymbol{r}=[\hat{\boldsymbol{k}}]\boldsymbol{r} \tag{4.137}$$

因此

$$\dot{\boldsymbol{p}}(t)=[\hat{\boldsymbol{k}}]\boldsymbol{p}(t) \tag{4.138}$$

式（4.138）是一个以时间为变量的一阶线性微分方程，其解为

$$\boldsymbol{p}(t)=\mathrm{e}^{[\hat{\boldsymbol{k}}]t}\boldsymbol{p}(0) \tag{4.139}$$

式中，$\boldsymbol{p}(0)$ 为该点的初始位置；$\mathrm{e}^{[\hat{\boldsymbol{k}}]t}$ 为矩阵指数。进行泰勒（Taylor）级数展开，得

$$\mathrm{e}^{[\hat{\boldsymbol{k}}]t}=\boldsymbol{I}+[\hat{\boldsymbol{k}}]t+\frac{([\hat{\boldsymbol{k}}]t)^2}{2!}+\frac{([\hat{\boldsymbol{k}}]t)^3}{3!}+\cdots \tag{4.140}$$

如果刚体绕轴 $\hat{\boldsymbol{k}}$ 在 t 时间内旋转角度 θ，此时，可将变量由 t 变成 θ，以上两个式子分别写成

$$\boldsymbol{p}(\theta)=\mathrm{e}^{[\hat{\boldsymbol{k}}]\theta}\boldsymbol{p}(0) \tag{4.141}$$

$$\mathrm{e}^{[\hat{\boldsymbol{k}}]\theta}=\boldsymbol{I}+[\hat{\boldsymbol{k}}]\theta+[\hat{\boldsymbol{k}}]^2\frac{\theta^2}{2!}+[\hat{\boldsymbol{k}}]^3\frac{\theta^3}{3!}+\cdots \tag{4.142}$$

反对称单位阵 $[\hat{\boldsymbol{k}}]$ 满足以下关系（读者自己证明）

$$[\hat{\boldsymbol{k}}]^{\mathrm{T}}=[\hat{\boldsymbol{k}}]^{-1}=-[\hat{\boldsymbol{k}}],[\hat{\boldsymbol{k}}]^2=\hat{\boldsymbol{k}}\hat{\boldsymbol{k}}^{\mathrm{T}}-\boldsymbol{I},\quad [\hat{\boldsymbol{k}}]^3=-[\hat{\boldsymbol{k}}] \tag{4.143}$$

这样，式（4.142）可以写成

$$\mathrm{e}^{[\hat{\boldsymbol{k}}]\theta}=\boldsymbol{I}+[\hat{\boldsymbol{k}}]\left(\theta-\frac{\theta^3}{3!}+\frac{\theta^5}{5!}-\cdots\right)+[\hat{\boldsymbol{k}}]^2\left(\frac{\theta^2}{2!}-\frac{\theta^4}{4!}+\frac{\theta^6}{6!}-\cdots\right) \tag{4.144}$$

由此得到

$$\mathrm{e}^{[\hat{\boldsymbol{k}}]\theta}=\boldsymbol{I}+[\hat{\boldsymbol{k}}]\sin\theta+[\hat{\boldsymbol{k}}]^2(1-\cos\theta) \tag{4.145}$$

式（4.145）通常称为罗德里格斯（Rodrigues）公式，记作

$$\boldsymbol{R}_{\hat{k}}(\theta)=\mathrm{e}^{[\hat{\boldsymbol{k}}]\theta}=\boldsymbol{I}+[\hat{\boldsymbol{k}}]\sin\theta+[\hat{\boldsymbol{k}}]^2(1-\cos\theta) \tag{4.146}$$

对式（4.146）进一步展开，可得

$$\boldsymbol{R}_{\hat{k}}(\theta)=\begin{pmatrix} k_x^2(1-\mathrm{c}\theta)+\mathrm{c}\theta & k_xk_y(1-\mathrm{c}\theta)-k_z\mathrm{s}\theta & k_xk_z(1-\mathrm{c}\theta)+k_y\mathrm{s}\theta \\ k_xk_y(1-\mathrm{c}\theta)+k_z\mathrm{s}\theta & k_y^2(1-\mathrm{c}\theta)+\mathrm{c}\theta & k_yk_z(1-\mathrm{c}\theta)-k_x\mathrm{s}\theta \\ k_x\omega_z(1-\mathrm{c}\theta)-k_y\mathrm{s}\theta & k_yk_z(1-\mathrm{c}\theta)+k_x\mathrm{s}\theta & k_z^2(1-\mathrm{c}\theta)+\mathrm{c}\theta \end{pmatrix} \tag{4.147}$$

【例 4-13】　已知姿态矩阵 $\boldsymbol{R}=\begin{pmatrix}0&0&1\\1&0&0\\0&1&0\end{pmatrix}$，求对应的等效转轴和转角。

解：将姿态矩阵中的各参数代入式（4.132）、式（4.133）和式（4.135），可得

$$1+2\cos\theta=0$$

$$\theta=120°$$

$$\hat{\boldsymbol{k}}=\frac{1}{2\sin\theta}\begin{pmatrix}r_{32}-r_{23}\\r_{13}-r_{31}\\r_{21}-r_{12}\end{pmatrix}=\frac{1}{\sqrt{3}}\begin{pmatrix}1\\1\\1\end{pmatrix}$$

【例 4-14】　物体坐标系 $\{B\}$ 最初与惯性坐标系 $\{A\}$ 重合。令 $\{B\}$ 绕过坐标原点

的单位矢量 $\hat{\boldsymbol{k}}=(1/\sqrt{3}, 1/\sqrt{3}, 1/\sqrt{3})^{\mathrm{T}}$ 转动120°，求当前坐标系 $\{B\}$ 相对 $\{A\}$ 的姿态矩阵。

解： 将单位转轴和转角值直接代入式（4.146），即可得到与坐标系 $\{B\}$ 对应的姿态矩阵

$$\boldsymbol{R}_{\hat{k}}(\theta)=\boldsymbol{I}+[\hat{\boldsymbol{k}}]\sin\theta+[\hat{\boldsymbol{k}}]^2(1-\cos\theta)=\begin{pmatrix}0 & 0 & 1\\1 & 0 & 0\\0 & 1 & 0\end{pmatrix}$$

4.4.2 单位四元数

无论是等效轴-角还是欧拉角，描述刚体姿态时都存在奇异问题。虽然采用方向余弦矩阵描述刚体姿态没有奇异，但参数过多。为了避免奇异，同时描述又相对简单，可以利用单位四元数（Unit Quaternion）来描述姿态。四元数最早的提出者是爱尔兰数学家哈密尔顿（Hamilton，1805—1865），后经 Gibbs 和 Grassmann 改进为更简单的表示形式。

【背景知识】 威廉·哈密尔顿（1805—1865）爱尔兰数学家、物理学家及天文学家。哈密尔顿最大的成就是发现了四元数，并将之广泛应用于物理学各方面。此外，哈密尔顿对光学与动力学的发展也做出了杰出贡献。哈密尔顿天资聪明，14岁就掌握了12种语言，17岁时撰文指出了拉普拉斯《天体力学》中的一个错误。本科就读都柏林三一学院（Trinity College Dublin），22岁被任命为天文学教授，27岁成为爱尔兰科学院院士，30岁被授予爵士头衔，32岁被任命为爱尔兰皇家科学院院长，直到1845年。据传说，四元数及其基本方程就是在1843年10月16日哈密尔顿与他的妻子沿着都柏林皇家运河边散步时突发灵感发现的。之后，哈密尔顿将此方程刻在了附近布鲁穆桥（Brougham Bridge，现称为金雀花桥）上。

1843年，哈密尔顿在研究将复数从二维空间扩展到高维空间时，提出了一种超复数，即四元数（Quaternion）。具体可表示成一个实数与一个三维矢量组合的形式

$$\tilde{\boldsymbol{q}}=q_0+\boldsymbol{q}=q_0+q_1\mathbf{i}+q_2\mathbf{j}+q_3\mathbf{k} \tag{4.148}$$

式中，$\mathbf{i}$，$\mathbf{j}$，$\mathbf{k}$ 为算子，且满足如下运算规则

$$\begin{aligned}&\mathbf{i}^2=\mathbf{j}^2=\mathbf{k}^2=\mathbf{ijk}=-1\\&\mathbf{ij}=\mathbf{k}=-\mathbf{ji}\\&\mathbf{jk}=\mathbf{i}=-\mathbf{kj}\\&\mathbf{ki}=\mathbf{j}=-\mathbf{ik}\end{aligned} \tag{4.149}$$

为表达简单，四元数可写成 $\tilde{\boldsymbol{q}}=(q_0, \boldsymbol{q})=(q_0, q_1, q_2, q_3)^{\mathrm{T}}$ 的形式。

哈密尔顿同时给出了四元数的加法、乘法、逆、模以及共轭等运算法则。令 $\tilde{\boldsymbol{p}}=(p_0, \boldsymbol{p})$，$\tilde{\boldsymbol{q}}=(q_0, \boldsymbol{q})$

（1）四元数的加法

$$\tilde{\boldsymbol{p}}+\tilde{\boldsymbol{q}}=(p_0+q_0, \boldsymbol{p}+\boldsymbol{q}) \tag{4.150}$$

（2）四元数的乘法

$$\tilde{\boldsymbol{p}}\tilde{\boldsymbol{q}}=(p_0q_0-\boldsymbol{p}\cdot\boldsymbol{q},\ q_0\boldsymbol{p}+p_0\boldsymbol{q}+\boldsymbol{p}\times\boldsymbol{q}) \tag{4.151}$$

（3）共轭四元数

$$\tilde{\boldsymbol{q}}^*=(q_0,\ -\boldsymbol{q}) \tag{4.152}$$

（4）四元数的逆

$$\tilde{\boldsymbol{q}}^{-1}=\frac{\tilde{\boldsymbol{q}}^*}{\tilde{\boldsymbol{q}}\cdot\tilde{\boldsymbol{q}}} \tag{4.153}$$

（5）四元数的模

$$|\tilde{\boldsymbol{q}}|=\sqrt{\tilde{\boldsymbol{q}}\cdot\tilde{\boldsymbol{q}}}=\sqrt{\tilde{\boldsymbol{q}}\tilde{\boldsymbol{q}}^*}=\sqrt{q_0^2+q_1^2+q_2^2+q_3^2} \tag{4.154}$$

当用四元数表示三维空间矢量 $\boldsymbol{p}=(p_x,\ p_y,\ p_z)^{\mathrm{T}}$ 时，其对应的四元数形式为 $\tilde{\boldsymbol{p}}=(0,\ p_x,\ p_y,\ p_z)^{\mathrm{T}}$。

模为1的四元数称为单位四元数（Unitary Quaternion）。将 $|\tilde{\boldsymbol{q}}|=1$ 代入式（4.153）和式（4.154），可得

$$\tilde{\boldsymbol{q}}^{-1}=\tilde{\boldsymbol{q}}^* \tag{4.155}$$

本节主要讨论单位四元数在姿态描述中的应用。为描述方便，定义单位四元数

$$\tilde{\boldsymbol{\varepsilon}}=\varepsilon_0+\varepsilon_1\mathbf{i}+\varepsilon_2\mathbf{j}+\varepsilon_3\mathbf{k} \tag{4.156}$$

式（4.156）中的四个参数 ε_0、ε_1、ε_2、ε_3 称为欧拉参数（Euler Parameters），以纪念欧拉最早将其用于姿态描述。欧拉参数满足

$$\varepsilon_0^2+\varepsilon_1^2+\varepsilon_2^2+\varepsilon_3^2=1 \tag{4.157}$$

$\tilde{\boldsymbol{\varepsilon}}$ 的共轭（Conjugate）形式为

$$\tilde{\boldsymbol{\varepsilon}}^*=\varepsilon_0-\varepsilon_1\mathbf{i}-\varepsilon_2\mathbf{j}-\varepsilon_3\mathbf{k} \tag{4.158}$$

且满足

$$\tilde{\boldsymbol{\varepsilon}}\tilde{\boldsymbol{\varepsilon}}^*=1 \tag{4.159}$$

现在考虑用单位四元数来描述刚体的姿态。假设刚体的姿态通过等效轴-角来描述，即绕某一固定的单位轴 $\hat{\boldsymbol{k}}=(k_x,\ k_y,\ k_z)^{\mathrm{T}}$ 转动角 θ 得到的姿态，用单位四元数可以表示为

$$\tilde{\boldsymbol{\varepsilon}}=\varepsilon_0+\varepsilon_1\mathbf{i}+\varepsilon_2\mathbf{j}+\varepsilon_3\mathbf{k}=\cos(\theta/2)+\hat{\boldsymbol{k}}\sin(\theta/2) \tag{4.160}$$

式中

$$\begin{cases}\varepsilon_0=\cos(\theta/2)\\ \varepsilon_1=k_x\sin(\theta/2)\\ \varepsilon_2=k_y\sin(\theta/2)\\ \varepsilon_3=k_z\sin(\theta/2)\end{cases} \tag{4.161}$$

由式（4.161），可将单位四元数 $(\varepsilon_0\ \varepsilon_1\ \varepsilon_2\ \varepsilon_3)^{\mathrm{T}}$ 转换为等效轴-角表示

$$\begin{cases}\theta=2\cos^{-1}\varepsilon_0\\ k_x=\dfrac{\varepsilon_1}{\sin(\theta/2)}\\ k_y=\dfrac{\varepsilon_2}{\sin(\theta/2)}\\ k_z=\dfrac{\varepsilon_3}{\sin(\theta/2)}\end{cases}\tag{4.162}$$

可见，从姿态描述的角度理解，单位四元数就是等效轴-角四元组（$\hat{\boldsymbol{k}}$，θ）^{T} 的单位化。

利用单位四元数及其共轭，可实现对矢量的旋转操作。共轭单位四元数的等效轴-角参数表达为

$$\tilde{\boldsymbol{\varepsilon}}^*=\varepsilon_0-\varepsilon_1\mathbf{i}-\varepsilon_2\mathbf{j}-\varepsilon_3\mathbf{k}=\cos(\theta/2)-\hat{\boldsymbol{k}}\sin(\theta/2)\tag{4.163}$$

根据哈密尔顿的单位四元数理论，将三维矢量 $\boldsymbol{p}=(p_x,p_y,p_z)^{\mathrm{T}}$ 绕轴线 $\hat{\boldsymbol{k}}=(k_x,k_y,k_z)^{\mathrm{T}}$ 旋转 θ 角后，其坐标可以写成

$$\tilde{\boldsymbol{p}}'=\tilde{\boldsymbol{\varepsilon}}\tilde{\boldsymbol{p}}\tilde{\boldsymbol{\varepsilon}}^*\tag{4.164}$$

式中，$\tilde{\boldsymbol{p}}$、$\tilde{\boldsymbol{p}}'$分别是旋转前后三维矢量的四元数表示。

将式（4.160）和式（4.163）代入式（4.164），并转换回三维矢量表示，可得

$$\begin{aligned}\boldsymbol{p}'&=\boldsymbol{p}+\sin\theta[\hat{\boldsymbol{k}}]\boldsymbol{p}+(1-\cos\theta)[\hat{\boldsymbol{k}}]^2\boldsymbol{p}\\&=(\boldsymbol{I}+\sin\theta[\hat{\boldsymbol{k}}]+(1-\cos\theta)[\hat{\boldsymbol{k}}]^2)\boldsymbol{p}\\&=\boldsymbol{R}_{\tilde{\varepsilon}}\boldsymbol{p}\end{aligned}\tag{4.165}$$

可以看出，式（4.165）中的 $\boldsymbol{R}_{\tilde{\varepsilon}}$ 与式（4.146）中的 $R_{\hat{k}}$ 完全一致。

将式（4.162）代入式（4.147），可导出用单位四元数表示的姿态矩阵，具体推导过程从略，姿态矩阵为

$$\boldsymbol{R}_{\tilde{\varepsilon}}=\begin{pmatrix}r_{11}&r_{12}&r_{13}\\r_{21}&r_{22}&r_{23}\\r_{31}&r_{32}&r_{33}\end{pmatrix}=\begin{pmatrix}1-2(\varepsilon_2^2+\varepsilon_3^2)&2(\varepsilon_1\varepsilon_2-\varepsilon_0\varepsilon_3)&2(\varepsilon_1\varepsilon_3+\varepsilon_0\varepsilon_2)\\2(\varepsilon_1\varepsilon_2+\varepsilon_0\varepsilon_3)&1-2(\varepsilon_1^2+\varepsilon_3^2)&2(\varepsilon_2\varepsilon_3-\varepsilon_0\varepsilon_1)\\2(\varepsilon_1\varepsilon_3-\varepsilon_0\varepsilon_2)&2(\varepsilon_2\varepsilon_3+\varepsilon_0\varepsilon_1)&1-2(\varepsilon_1^2+\varepsilon_2^2)\end{pmatrix}\tag{4.166}$$

如果已知一旋转矩阵，根据式（4.166）可求解对应的欧拉参数。为避免出现分母等于零，可从式（4.167）中选择一组公式进行计算。

$$\begin{cases}\varepsilon_0=\dfrac{1}{2}\sqrt{1+r_{11}+r_{22}+r_{33}}\\ \varepsilon_1=\dfrac{r_{32}-r_{23}}{4\varepsilon_0}\\ \varepsilon_2=\dfrac{r_{13}-r_{31}}{4\varepsilon_0}\\ \varepsilon_3=\dfrac{r_{21}-r_{12}}{4\varepsilon_0}\end{cases}\qquad\begin{cases}\varepsilon_0=\dfrac{1}{2}\sqrt{1+r_{11}-r_{22}-r_{33}}\\ \varepsilon_1=\dfrac{r_{21}+r_{12}}{4\varepsilon_0}\\ \varepsilon_2=\dfrac{r_{31}+r_{13}}{4\varepsilon_0}\\ \varepsilon_3=\dfrac{r_{32}-r_{23}}{4\varepsilon_0}\end{cases}$$

$$\begin{cases}\varepsilon_0=\dfrac{1}{2}\sqrt{1-r_{11}+r_{22}-r_{33}}\\ \varepsilon_1=\dfrac{r_{21}+r_{12}}{4\varepsilon_0}\\ \varepsilon_2=\dfrac{r_{32}+r_{23}}{4\varepsilon_0}\\ \varepsilon_3=\dfrac{r_{13}-r_{31}}{4\varepsilon_0}\end{cases}\quad \begin{cases}\varepsilon_0=\dfrac{1}{2}\sqrt{1-r_{11}-r_{22}+r_{33}}\\ \varepsilon_1=\dfrac{r_{31}+r_{13}}{4\varepsilon_0}\\ \varepsilon_2=\dfrac{r_{32}+r_{23}}{4\varepsilon_0}\\ \varepsilon_3=\dfrac{r_{21}-r_{12}}{4\varepsilon_0}\end{cases} \tag{4.167}$$

由式（4.167）可以看出，利用单位四元数表达姿态不存在奇异现象（总可以求解）。因此又称单位四元数表示的旋转矩阵具有全局特性，因此称欧拉参数为全局参数。

从几何意义上理解，可以认为单位四元数把笛卡儿空间的三维姿态转换到了四维空间来表达。三维空间中的每一个姿态都对应四维空间中单位超球面上的一个点。因此，单位四元数在表达三维姿态时不存在奇异现象。

【例 4-15】 给定一个点，用矢量 $\boldsymbol{p}=(0,\ 1,\ 1)^{\mathrm{T}}$ 来表示，求该点绕轴线 $\hat{\boldsymbol{k}}=(0,\ 0,\ 1)^{\mathrm{T}}$ 旋转 90°后的坐标。

解：直接将单位转轴和转角以及点的坐标 $\boldsymbol{p}$ 代入式（4.165），可得

$$\boldsymbol{p}'=(\boldsymbol{I}+[\hat{\boldsymbol{k}}]\sin\theta+[\hat{\boldsymbol{k}}]^2(1-\cos\theta))\boldsymbol{p}=(\boldsymbol{I}+[\hat{\boldsymbol{k}}]+[\hat{\boldsymbol{k}}]^2)\boldsymbol{p}$$

$$=\left[\begin{pmatrix}1&0&0\\0&1&0\\0&0&1\end{pmatrix}+\begin{pmatrix}0&-1&0\\1&0&0\\0&0&0\end{pmatrix}+\begin{pmatrix}-1&0&0\\0&-1&0\\0&0&0\end{pmatrix}\right]\begin{pmatrix}0\\1\\1\end{pmatrix}=\begin{pmatrix}-1\\0\\1\end{pmatrix}$$

【例 4-16】 已知姿态矩阵 $\boldsymbol{R}=\begin{pmatrix}0&0&1\\1&0&0\\0&1&0\end{pmatrix}$，求对应的等效欧拉参数。

解：将姿态矩阵中的参数值直接代入式（4.167），即可得到对应的等效欧拉参数

$$\varepsilon_0=\frac{1}{2},\quad \varepsilon_1=\frac{1}{2},\quad \varepsilon_2=\frac{1}{2},\quad \varepsilon_3=\frac{1}{2}$$

因此该姿态矩阵对应的单位四元数为

$$\tilde{\boldsymbol{\varepsilon}}=\frac{1}{2}+\frac{1}{2}\mathbf{i}+\frac{1}{2}\mathbf{j}+\frac{1}{2}\mathbf{k}$$

【例 4-17】 已知单位四元数为 $\tilde{\boldsymbol{\varepsilon}}=\dfrac{1}{2}\mathbf{k}$，求对应的旋转矩阵和等效转轴。

解：由于单位四元数为 $\tilde{\boldsymbol{\varepsilon}}=\mathbf{i}$，因此有

$$\varepsilon_0=0,\quad \varepsilon_1=1,\quad \varepsilon_2=0,\quad \varepsilon_3=0$$

将该单位四元数代入式（4.166）可得

$$\boldsymbol{R}=\begin{pmatrix}1&0&0\\0&-1&0\\0&0&-1\end{pmatrix}$$

再将上式值代入式（4.133）和式（4.135）中，可得

$$\theta=\cos^{-1}\left(\frac{r_{11}+r_{22}+r_{33}-1}{2}\right)=\cos^{-1}(-1)=180°$$

$$\hat{\boldsymbol{k}}=\mathbf{i}$$

该四元数的物理意义是：绕 x 轴旋转半周，因此该单位四元数的等效轴为 x 轴。

【例 4-18】 已知单位四元数为 $\tilde{\boldsymbol{\varepsilon}}=1/2+\sqrt{3}/2\mathbf{k}$，求对应的旋转矩阵和等效转轴。

解：由于单位四元数为 $\tilde{\boldsymbol{\varepsilon}}=1/2+\sqrt{3}/2k$，因此有

$$\varepsilon_0=\frac{1}{2},\quad \varepsilon_1=0,\quad \varepsilon_2=0,\quad \varepsilon_3=\frac{\sqrt{3}}{2}$$

将该单位四元数代入式（4.166）可得

$$\boldsymbol{R}=\begin{pmatrix}-\frac{1}{2} & -\frac{\sqrt{3}}{2} & 0\\ \frac{\sqrt{3}}{2} & -\frac{1}{2} & 0\\ 0 & 0 & 1\end{pmatrix}$$

再将上式值代入式（4.133）和式（4.135）中，可得

$$\theta=\cos^{-1}\left(\frac{r_{11}+r_{22}+r_{33}-1}{2}\right)=\cos^{-1}\left(-\frac{1}{2}\right)=120°$$

$$\hat{\boldsymbol{k}}=\frac{1}{2\sin\theta}\begin{pmatrix}r_{32}-r_{23}\\ r_{13}-r_{31}\\ r_{21}-r_{12}\end{pmatrix}=\begin{pmatrix}0\\0\\1\end{pmatrix}$$

表示该等效轴为 z 轴。该四元数的物理意义是：绕 z 轴旋转 120°。

【例 4-19】 已知单位四元数为 $\tilde{\boldsymbol{\varepsilon}}=1/2\mathbf{i}+\sqrt{3}/2\mathbf{j}$，求对应的旋转矩阵和等效转轴。

解：由于单位四元数为 $\tilde{\boldsymbol{\varepsilon}}=1/2\mathbf{i}+\sqrt{3}/2\mathbf{j}$，因此欧拉参数为

$$\varepsilon_0=0,\quad \varepsilon_1=\frac{1}{2},\quad \varepsilon_2=\frac{\sqrt{3}}{2},\quad \varepsilon_3=0$$

将该单位四元数代入式（4.166）可得

$$\boldsymbol{R}=\begin{pmatrix}-\frac{1}{2} & \frac{\sqrt{3}}{2} & 0\\ \frac{\sqrt{3}}{2} & \frac{1}{2} & 0\\ 0 & 0 & -1\end{pmatrix}$$

再将上式值代入式（4.135），可得

$$\theta=\cos^{-1}\left(\frac{r_{11}+r_{22}+r_{33}-1}{2}\right)=\cos^{-1}(-1)=180°$$

$\sin\theta=0$，处于奇异位置，因此无法直接给出其等效转轴，但可看作是两个连续转动的复合运动。可以做下述变换

$$\tilde{\boldsymbol{\varepsilon}}=\frac{1}{2}\mathbf{i}+\frac{\sqrt{3}}{2}\mathbf{j}=\left(\frac{1}{2}+\frac{\sqrt{3}}{2}\mathbf{k}\right)\mathbf{i}$$

由前文的两个例子可知，这两个分解的运动分别为绕 z 轴转动和绕 x 轴转动。因此该转动可看作是先绕 x 轴旋转半周，再绕 z 轴旋转 120°。

利用单位四元数也可实现连续旋转。例如，用单位四元数实现连续两次旋转，可以先计算单位四元数的乘积（复合旋转），再与被旋转的矢量相乘，即

$$\tilde{\boldsymbol{p}}''=\tilde{\boldsymbol{\varepsilon}}_2\tilde{\boldsymbol{p}}'\tilde{\boldsymbol{\varepsilon}}_2^*=\tilde{\boldsymbol{\varepsilon}}_2(\tilde{\boldsymbol{\varepsilon}}_1\tilde{\boldsymbol{p}}\tilde{\boldsymbol{\varepsilon}}_1^*)\tilde{\boldsymbol{\varepsilon}}_2^*=(\tilde{\boldsymbol{\varepsilon}}_2\tilde{\boldsymbol{\varepsilon}}_1)\tilde{\boldsymbol{p}}(\tilde{\boldsymbol{\varepsilon}}_1^*\tilde{\boldsymbol{\varepsilon}}_2^*)=(\tilde{\boldsymbol{\varepsilon}}_2\tilde{\boldsymbol{\varepsilon}}_1)\tilde{\boldsymbol{p}}(\tilde{\boldsymbol{\varepsilon}}_2\tilde{\boldsymbol{\varepsilon}}_1)^*=\tilde{\boldsymbol{\varepsilon}}\tilde{\boldsymbol{p}}\tilde{\boldsymbol{\varepsilon}}^* \tag{4.168}$$

由式（4.165）可得

$$\boldsymbol{p}''=\boldsymbol{R}_{\tilde{\varepsilon}2}(\theta_2)\boldsymbol{p}'=\boldsymbol{R}_{\tilde{\varepsilon}2}(\theta_2)\boldsymbol{R}_{\tilde{\varepsilon}1}(\theta_1)\boldsymbol{p} \tag{4.169}$$

式中，$\boldsymbol{R}_{\tilde{\varepsilon}1}(\theta_1)$ 与 $\boldsymbol{R}_{\tilde{\varepsilon}2}(\theta_2)$ 分别为绕 $\tilde{\boldsymbol{\varepsilon}}_1$ 和 $\tilde{\boldsymbol{\varepsilon}}_2$ 轴旋转 θ_1、θ_2 的旋转矩阵。可以看出，式（4.168）与式（4.169）是等价的。

两个旋转矩阵的乘积运算涉及 27 次乘法和 18 次加法；而两个单位四元数的乘积运算仅需要 16 次乘法和 12 次加法。显然后者的计算效率更高，这也是单位四元数在姿态描述中得到广泛应用的另一重要因素。

4.4.3　不同姿态描述之间的对比及映射关系总结

前文所述各种姿态描述之间的转换关系如图 4.45 所示。四种姿态描述方法的特点对比见表 4.1。

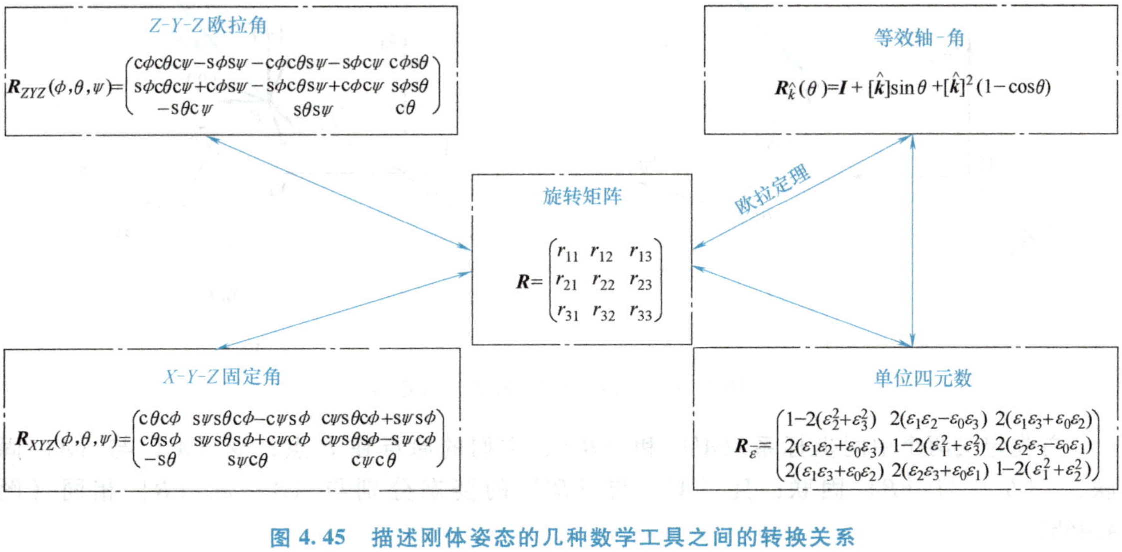

图 4.45　描述刚体姿态的几种数学工具之间的转换关系

表 4.1　四种姿态描述的对比

	旋转矩阵法	三角度法	等效轴-角法	单位四元数法
姿态描述	√	√	√	√
姿态变换	√	× （需转换为旋转矩阵）	× （需转换为旋转矩阵或单位四元数）	√
奇异性	无	有	有	无
复合变换计算量	27 次乘法，18 次加法	—	—	16 次乘法，12 次加法
能否连续插值	× （不能保证单位正交性）	√ （可能插值到奇异姿态）	√ （可能插值到奇异姿态）	√
几何意义	两坐标系各坐标轴之间的相互投影关系	以绕坐标轴依次旋转三次对应的角度表示姿态，三维姿态点	以空间任意轴及绕此轴旋转的角度表示姿态，三维姿态点	四维超球面上的点，以及该点对应的单位矢量绕球心的转动

*4.5　对齐次变换的再认识

事实上，对 4.4.1 节所给的等效轴-角的姿态描述法进行推广，同样适用于对一般空间位姿的描述。

如图 4.46a 所示，假设存在一个通过空间 P 点（非原点）的单位矢量 $\hat{\boldsymbol{k}}=(k_x,\ k_y,\ k_z)^{\mathrm{T}}$，可使坐标系 $\{B\}$ 从坐标系 $\{A\}$ 的姿态绕该矢量旋转 θ 角，与图中所示的坐标系 $\{B\}$ 的姿态重合。这种情况下，仅使用旋转矩阵无法描述坐标系之间的映射关系，而必须采用齐次变换矩阵${}_{B}^{A}\boldsymbol{T}$。

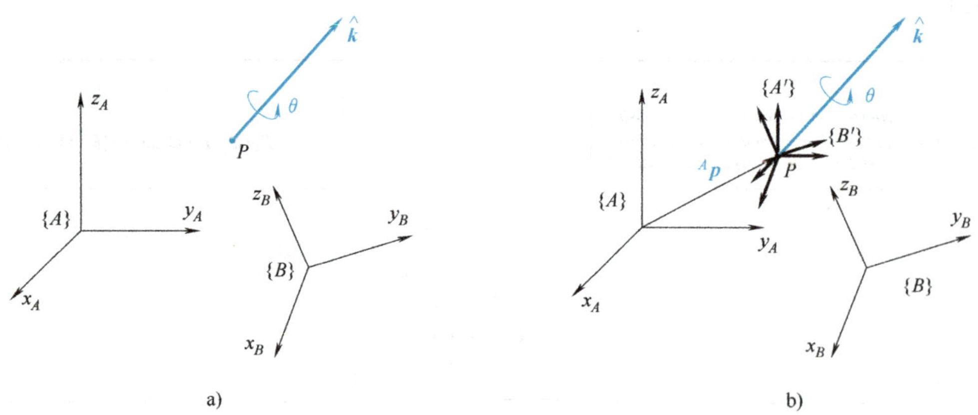

图 4.46　绕等效轴-角的旋转变换

首先定义两个中间坐标系 $\{A'\}$ 和 $\{B'\}$，它们的原点在 P 点；令 $\{A'\}$ 与 $\{A\}$ 固联、$\{B'\}$ 与 $\{B\}$ 固联；且 $\{A'\}$ 与 $\{B'\}$ 的姿态分别与 $\{A\}$ 和 $\{B\}$ 相同（图 4.46b）。

旋转之前，令 $\{B\}$ 与 $\{A\}$ 重合、$\{B'\}$ 与 $\{A'\}$ 重合，因此可建立如下映射关系

$$ {}^{A}_{A'}\boldsymbol{T}=\begin{pmatrix} {}^{A}_{A'}\boldsymbol{I} & {}^{A}\boldsymbol{p}_{A'ORG} \\ \boldsymbol{0} & 1 \end{pmatrix} \tag{4.170} $$

$$ {}^{B'}_{B}\boldsymbol{T}=\begin{pmatrix} {}^{B'}_{B}\boldsymbol{I} & {}^{B'}\boldsymbol{p}_{BORG} \\ \boldsymbol{0} & 1 \end{pmatrix} \tag{4.171} $$

式中，${}^{A}\boldsymbol{p}_{A'ORG}={}^{B}\boldsymbol{p}_{B'ORG}=-{}^{A'}\boldsymbol{p}_{AORG}=-{}^{B'}\boldsymbol{p}_{BORG}$。

令 $\{B'\}$ 绕单位轴 $\hat{\boldsymbol{k}}$ 旋转 θ 角，由于轴 $\hat{\boldsymbol{k}}$ 也过 $\{A'\}$ 的原点，因此可通过等效轴-角的旋转矩阵计算旋转之后 $\{B'\}$ 相对于 $\{A'\}$ 的姿态矩阵，即

$$ {}^{A'}_{B'}\boldsymbol{R}=\boldsymbol{R}_{\hat{k}}(\theta)=\begin{pmatrix} k_x^2(1-c\theta)+c\theta & k_xk_y(1-c\theta)-k_zs\theta & k_xk_z(1-c\theta)+k_ys\theta \\ k_xk_y(1-c\theta)+k_zs\theta & k_y^2(1-c\theta)+c\theta & k_yk_z(1-c\theta)-k_xs\theta \\ k_xk_z(1-c\theta)-k_ys\theta & k_yk_z(1-c\theta)+k_xs\theta & k_z^2(1-c\theta)+c\theta \end{pmatrix} $$

由此进一步得到 $\{B'\}$ 相对 $\{A'\}$ 的齐次变换矩阵

$$ {}^{A'}_{B'}\boldsymbol{T}=\begin{pmatrix} {}^{A'}_{B'}\boldsymbol{R} & 0 \\ \boldsymbol{0} & 1 \end{pmatrix} \tag{4.172} $$

同时，由于 $\{B'\}$ 与 $\{B\}$ 固联，$\{B\}$ 随 $\{B'\}$ 绕 $\hat{\boldsymbol{k}}$ 旋转，因此${}^{B'}_{B}\boldsymbol{T}$ 保持不变。由此根据图 4.47 所示的齐次变换关系图建立连续变换方程

$$ {}^{A}_{B}\boldsymbol{T}={}^{A}_{A'}\boldsymbol{T}{}^{A'}_{B'}\boldsymbol{T}{}^{B'}_{B}\boldsymbol{T} \tag{4.173} $$

将式（4.170）~式（4.172）代入到式（4.173）中，展开可得

$$ {}^{A}_{B}\boldsymbol{T}=\begin{pmatrix} {}^{A}_{A'}\boldsymbol{I} & {}^{A}\boldsymbol{p}_{A'ORG} \\ \boldsymbol{0} & 1 \end{pmatrix}\begin{pmatrix} {}^{A'}_{B'}\boldsymbol{R} & \boldsymbol{0} \\ \boldsymbol{0} & 1 \end{pmatrix}\begin{pmatrix} {}^{B'}_{B}\boldsymbol{I} & {}^{B'}\boldsymbol{p}_{BORG} \\ \boldsymbol{0} & 1 \end{pmatrix}=\begin{pmatrix} {}^{A}_{B}\boldsymbol{R} & {}^{A}_{B'}\boldsymbol{R}{}^{B'}\boldsymbol{p}_{BORG}+{}^{A}\boldsymbol{p}_{A'ORG} \\ \boldsymbol{0} & 1 \end{pmatrix} \tag{4.174} $$

同时，${}^{A'}_{B'}\boldsymbol{R}={}^{A}_{B}\boldsymbol{R}={}^{A}_{B'}\boldsymbol{R}=\boldsymbol{R}_{\hat{k}}(\theta)$，式（4.174）简化成

$$ {}^{A}_{B}\boldsymbol{T}=\begin{pmatrix} {}^{A}_{B}\boldsymbol{R} & (\boldsymbol{I}-{}^{A}_{B}\boldsymbol{R}){}^{A}\boldsymbol{p}_{A'ORG} \\ \boldsymbol{0} & 1 \end{pmatrix} \tag{4.175} $$

简写为

$$ \boldsymbol{T}=\begin{pmatrix} \boldsymbol{R}_{\hat{k}}(\theta) & (\boldsymbol{I}-\boldsymbol{R}_{\hat{k}}(\theta))\boldsymbol{p} \\ \boldsymbol{0} & 1 \end{pmatrix} \tag{4.176} $$

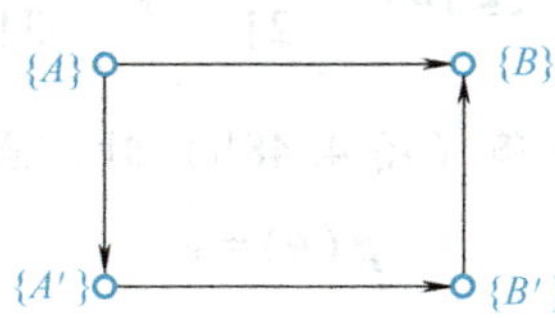

图 4.47 齐次变换关系图

式（4.175）和式（4.176）给出的就是基于等效轴-角形式的齐次变换公式。

【知识扩展】 齐次变换矩阵的指数表示

事实上，齐次变换矩阵与旋转矩阵一样，也可以用矩阵指数来表示。例如，图 4.48a 所示为一个转动关节，设 $\hat{\boldsymbol{k}}$ 表示其旋转轴方向的单位矢量，$\boldsymbol{r}$ 为轴上一点。如果物体以单位角速度 $\omega=1$ 绕轴线 $\hat{\boldsymbol{k}}$ 作匀速转动，则该角速度可用矢量 $\hat{\boldsymbol{\omega}}=\omega\hat{\boldsymbol{k}}=\hat{\boldsymbol{k}}$ 表示。于是，物体上

一点 $\boldsymbol{p}$ 的速度 $\dot{\boldsymbol{p}}$ 可以表示为

$$\dot{\boldsymbol{p}}(t)=\hat{\boldsymbol{\omega}}\times(\boldsymbol{p}(t)-\boldsymbol{r}) \tag{4.177}$$

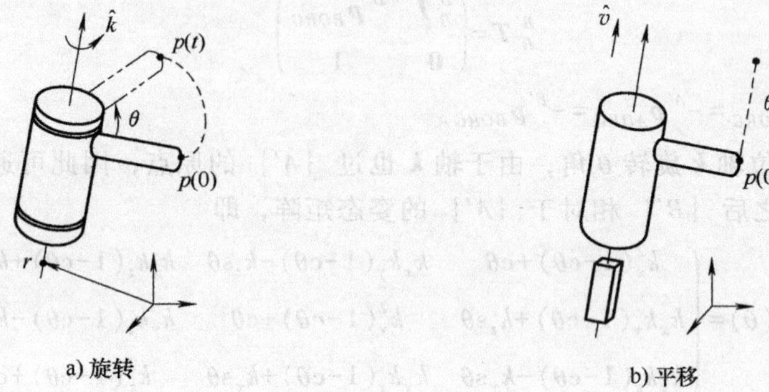

图 4.48　刚体运动

引入 4×4 矩阵 $[\hat{\boldsymbol{\xi}}]$，即

$$[\hat{\boldsymbol{\xi}}]=\begin{pmatrix}[\hat{\boldsymbol{\omega}}] & \boldsymbol{v}\\ \boldsymbol{0} & 0\end{pmatrix} \tag{4.178}$$

式中，$\boldsymbol{v}=\boldsymbol{r}\times\hat{\boldsymbol{\omega}}$，则式（4.178）可写成

$$\begin{pmatrix}\dot{\boldsymbol{p}}\\ 0\end{pmatrix}=\begin{pmatrix}\hat{\boldsymbol{\omega}} & \boldsymbol{r}\times\hat{\boldsymbol{\omega}}\\ \boldsymbol{0} & 0\end{pmatrix}\begin{pmatrix}\boldsymbol{p}\\ 1\end{pmatrix}=\begin{pmatrix}[\hat{\boldsymbol{\omega}}] & \boldsymbol{v}\\ \boldsymbol{0} & 0\end{pmatrix}\begin{pmatrix}\boldsymbol{p}\\ 1\end{pmatrix}=[\hat{\boldsymbol{\xi}}]\begin{pmatrix}\boldsymbol{p}\\ 1\end{pmatrix} \tag{4.179}$$

也可以写成

$$\dot{\boldsymbol{p}}=[\hat{\boldsymbol{\xi}}]\boldsymbol{p} \tag{4.180}$$

式（4.180）是一个以 θ（代替时间参数 t）为自变量的一阶线性微分方程，其解为

$$\boldsymbol{p}(\theta)=\mathrm{e}^{[\hat{\boldsymbol{\xi}}]\theta}\boldsymbol{p}(0) \tag{4.181}$$

式中，$\boldsymbol{p}(0)$ 为该点的初始位置；$\mathrm{e}^{[\hat{\boldsymbol{\xi}}]\theta}$ 为矩阵指数。进行泰勒级数展开，得

$$\mathrm{e}^{[\hat{\boldsymbol{\xi}}]\theta}=\boldsymbol{I}+[\hat{\boldsymbol{\xi}}]\theta+\frac{([\hat{\boldsymbol{\xi}}]\theta)^2}{2!}+\frac{([\hat{\boldsymbol{\xi}}]\theta)^3}{3!}+\cdots \tag{4.182}$$

同样，当刚体以单位速度 $\hat{\boldsymbol{v}}$ 平移（图 4.48b）时，点 $\boldsymbol{p}$ 的速度为

$$\dot{\boldsymbol{p}}(\theta)=\hat{\boldsymbol{v}} \tag{4.183}$$

求解该微分方程，得

$$\boldsymbol{p}(\theta)=\mathrm{e}^{[\hat{\boldsymbol{\xi}}]\theta}\boldsymbol{p}(0) \tag{4.184}$$

其中，θ 代表移动量（由于是匀速移动），而

$$[\hat{\boldsymbol{\xi}}]=\begin{pmatrix}\boldsymbol{0} & \hat{\boldsymbol{v}}\\ \boldsymbol{0} & 0\end{pmatrix} \tag{4.185}$$

以上各式中的 4×4 矩阵 $[\hat{\boldsymbol{\xi}}]$ 可以认为是对反对称矩阵 $[\hat{\boldsymbol{\omega}}]$ 的推广。首先给出一个类似 $[\hat{\boldsymbol{\omega}}]$ 的表达，即

$$[\hat{\boldsymbol{\xi}}]=\begin{cases}\begin{pmatrix}[\hat{\boldsymbol{\omega}}] & \boldsymbol{v}\\ \boldsymbol{0} & 0\end{pmatrix} & \hat{\boldsymbol{\omega}}\neq 0\\ \begin{pmatrix}\boldsymbol{0} & \hat{\boldsymbol{v}}\\ \boldsymbol{0} & 0\end{pmatrix} & \hat{\boldsymbol{\omega}}=0\end{cases} \tag{4.186}$$

或者写成6维列矢量，即

$$\hat{\boldsymbol{\xi}}=\begin{cases}\begin{pmatrix}\hat{\boldsymbol{\omega}}\\ \boldsymbol{v}\end{pmatrix} & \hat{\boldsymbol{\omega}}\neq 0\\ \begin{pmatrix}\boldsymbol{0}\\ \hat{\boldsymbol{v}}\end{pmatrix} & \hat{\boldsymbol{\omega}}=0\end{cases} \tag{4.187}$$

或者写成Plücker坐标形式（具体见附录A），即

$$\hat{\boldsymbol{\xi}}=\begin{cases}(\hat{\boldsymbol{\omega}};\ \boldsymbol{v}) & \hat{\boldsymbol{\omega}}\neq 0\\ (\boldsymbol{0}\ ;\ \hat{\boldsymbol{v}}) & \hat{\boldsymbol{\omega}}=0\end{cases} \tag{4.188}$$

式中，$\hat{\boldsymbol{\xi}}$ 称为单位运动旋量（unitary twist），在不引起混淆的情况下，简称运动旋量（twist）。

可以证明，给定任一 $\hat{\boldsymbol{\xi}}$ 和 θ，满足 $e^{[\hat{\boldsymbol{\xi}}]\theta}=\boldsymbol{T}$，且满足

$$e^{[\hat{\boldsymbol{\xi}}]\theta}=\begin{pmatrix}e^{[\hat{\boldsymbol{\omega}}]\theta} & (\boldsymbol{I}-e^{[\hat{\boldsymbol{\omega}}]\theta})(\hat{\boldsymbol{\omega}}\times\boldsymbol{v})+\hat{\boldsymbol{\omega}}\hat{\boldsymbol{\omega}}^{\mathrm{T}}\boldsymbol{v}\theta\\ \boldsymbol{0} & 1\end{pmatrix}\doteq\begin{pmatrix}\boldsymbol{R} & \boldsymbol{p}\\ \boldsymbol{0} & 1\end{pmatrix} \tag{4.189}$$

反之，给定任一 $\boldsymbol{T}$，也必存在 $\hat{\boldsymbol{\xi}}$ 和 θ，使得 $\boldsymbol{T}=e^{[\hat{\boldsymbol{\xi}}]\theta}$，相关的详细证明过程，有兴趣的读者可查询参考文献［51］。

因此可通过齐次变换算子 $e^{[\hat{\boldsymbol{\xi}}]\theta}$ 将机器人的初始位姿变换到最终位姿，即

$$\boldsymbol{p}(\theta)=e^{[\hat{\boldsymbol{\xi}}]\theta}\boldsymbol{p}(0) \tag{4.190}$$

式中，$\boldsymbol{p}(\theta)$ 和 $\boldsymbol{p}(0)$ 都是相对同一坐标系来表示的。

【例4-20】 将坐标系｛A｝绕过点 ${}^{A}\boldsymbol{p}=(1,\ 2,\ 3)^{\mathrm{T}}$ 的矢量 $\hat{\boldsymbol{k}}=(\sqrt{2}/2,\ \sqrt{2}/2,\ 0)^{\mathrm{T}}$ 旋转30°角，求齐次变换矩阵 $\boldsymbol{T}$。

解：(1) 求 $\boldsymbol{R}_{\hat{k}}(\theta)$ 将相关参数代入式（4.121），得

$$\boldsymbol{R}_{\hat{k}}(\theta)=\boldsymbol{R}_{\hat{k}}(30°)=\begin{pmatrix}0.933 & 0.067 & 0.354\\ 0.067 & 0.933 & -0.354\\ -0.354 & 0.354 & 0.866\end{pmatrix}$$

(2) 求 $\boldsymbol{T}$ 将相关参数代入式（4.176），得

$$\boldsymbol{T}=\begin{pmatrix}\boldsymbol{R}_{\hat{k}}(\theta) & (\boldsymbol{I}-\boldsymbol{R}_{\hat{k}}(\theta))\boldsymbol{p}\\ \boldsymbol{0} & 1\end{pmatrix}=\begin{pmatrix}0.933 & 0.067 & 0.354 & -1.13\\ 0.067 & 0.933 & -0.354 & 1.13\\ -0.354 & 0.354 & 0.866 & 0.05\\ 0 & 0 & 0 & 1\end{pmatrix}$$

4.6 本章小结

1）为描述机器人的位姿，通常借助两个坐标系：一个是与地（或机架）相固联的坐标系，即固定坐标系或惯性坐标系 $\{A\}$；另一个是相对坐标系或物体坐标系 $\{B\}$，即与运动刚体固联的坐标系。一种方便描述机器人末端位姿的做法便是将物体坐标系附着在机器人末端某一特征点处，进而定量描述物体坐标系相对惯性坐标系的位置和姿态。

2）在机器人姿态的描述中，常用方法有旋转矩阵、欧拉角、*R-P-Y* 角、等效轴-角、单位四元数，它们之间彼此存在映射关系（图 4.45 和表 4.2）。其中旋转矩阵与单位四元数是全局参数，不存在奇异；其他均为局部参数，存在奇异。

表 4.2　其他姿态描述方法与姿态矩阵的转换公式

类型	转换公式	主要特征
姿态矩阵	${}_B^A\boldsymbol{R}=\begin{pmatrix} r_{11} & r_{12} & r_{13} \\ r_{21} & r_{22} & r_{23} \\ r_{31} & r_{32} & r_{33} \end{pmatrix}=\begin{pmatrix} \cos(\hat{x}_B\cdot\hat{x}_A) & \cos(\hat{y}_B\cdot\hat{x}_A) & \cos(\hat{z}_B\cdot\hat{x}_A) \\ \cos(\hat{x}_B\cdot\hat{y}_A) & \cos(\hat{y}_B\cdot y_A) & \cos(\hat{z}_B\cdot\hat{y}_A) \\ \cos(\hat{x}_B\cdot\hat{z}_A) & \cos(\hat{y}_B\cdot\hat{z}_A) & \cos(\hat{z}_B\cdot\hat{z}_A) \end{pmatrix}$	九个参数 全局变量 无奇异
Z-Y-Z 欧拉角 $\boldsymbol{R}_{zyz}(\phi,\theta,\psi)$	$\begin{cases}\phi=\mathrm{Atan2}(r_{23},r_{13})\\ \theta=\mathrm{Atan2}(\sqrt{r_{31}^2+r_{32}^2},r_{33})\\ \psi=\mathrm{Atan2}(r_{32},-r_{31})\end{cases}$	三个参数 局部变量 有奇异($\sin\theta=0$)
X-Y-Z 固定角 $\boldsymbol{R}_{XYZ}(\phi,\theta,\psi)$	$\begin{cases}\theta=\mathrm{Atan2}(-r_{31},\sqrt{r_{11}^2+r_{21}^2})\\ \phi=\mathrm{Atan2}(r_{21},r_{11})\\ \psi=\mathrm{Atan2}(r_{32},r_{33})\end{cases}$	三个参数 局部变量 有奇异($\cos\theta=0$)
等效轴-角	$\theta=\cos^{-1}\left(\dfrac{r_{11}+r_{22}+r_{33}}{2}-1\right)$	四个参数 局部变量 有奇异($\sin\theta=0$)
单位四元数	$\begin{cases}\varepsilon_0=\dfrac{1}{2}\sqrt{1+r_{11}+r_{22}+r_{33}}\\ \varepsilon_1=\dfrac{r_{32}-r_{23}}{4\varepsilon_0}\\ \varepsilon_2=\dfrac{r_{13}-r_{31}}{4\varepsilon_0}\\ \varepsilon_3=\dfrac{r_{21}-r_{12}}{4\varepsilon_0}\end{cases}$	四个参数 全局变量 无奇异

3）机器人运动过程中，需要进行刚体运动变换，映射与算子是其中两种基本操作。对某一矢量在不同坐标系之间的变换为映射，而同一参考坐标系下对矢量的某种运动操作为算子。常见的映射和算子变换均包括平移、旋转、一般齐次变换等。

4）欧拉转动定理：任一旋转矩阵 $\boldsymbol{R}$ 总可以等效为绕某一固定轴的旋转运动，即

$$\boldsymbol{R}_{\hat{k}}(\theta)=\mathrm{e}^{[\hat{k}]\theta}=\boldsymbol{I}+[\hat{\boldsymbol{k}}]\sin\theta+[\hat{\boldsymbol{k}}]^2(1-\cos\theta)$$

5）一般刚体运动可用齐次变换（矩阵）来实现，即 ${}^A\boldsymbol{p}={}_B^A\boldsymbol{T}\,{}^B\boldsymbol{p}$。其中

$$ {}_{B}^{A}\boldsymbol{T}=\begin{pmatrix} {}_{B}^{A}\boldsymbol{R} & {}^{A}\boldsymbol{p}_{BORG} \\ \boldsymbol{0} & 1 \end{pmatrix}_{4\times4} $$

6）可利用变换矩阵的递推特性来建立变换方程，进而求取两个特定坐标系之间的映射关系（齐次变换矩阵），这是建立机器人运动学方程的基础。

延读文献

[1] CRAIG J J. 机器人学导论［M］. 负超，王伟，译. 4版. 北京：机械工业出版社，2018.

[2] JAZAR R N. 应用机器人学：运动学、动力学与控制技术.［M］. 2版. 周高峰，等译. 北京：机械工业出版社，2018.

[3] LYNCH K M，PARK F C. 现代机器人学机构、规划与控制［M］. 于靖军，贾振中，译. 北京：机械工业出版社，2019.

[4] MURRAY R，Li Z X，Sastry S. 机器人操作的数学导论［M］. 徐卫良，钱瑞明，译. 北京：机械工业出版社，1998.

[5] 黄真，赵永生，赵铁石. 高等空间机构学［M］. 北京：高等教育出版社，2005.

[6] 熊有伦，李文龙，陈文斌，等. 机器人学：建模、控制与视觉［M］. 武汉：华中科技大学出版社，2018.

[7] 于靖军，刘辛军，丁希仑. 机器人机构学的数学基础［M］. 2版. 北京：机械工业出版社，2016.

[8] 战强. 机器人学：机构、运动学、动力学及运动规划［M］. 北京：清华大学出版社，2019.

习　题

一、问答题

4-1　什么条件下，两个旋转矩阵可以交换？

4-2　如果旋转角度足够小，任意两个旋转矩阵是否可以交换顺序？

4-3　在欧拉角的定义中，连续旋转总是基于正交（坐标）轴来进行的，这种限制是否是必需的？

二、论证、分析题

4-4　证明任何姿态矩阵（或旋转矩阵）行列式的值恒等于1。

4-5　证明 $\dot{\boldsymbol{R}}\boldsymbol{R}^{-1}$ 和 $\boldsymbol{R}^{-1}\dot{\boldsymbol{R}}$ 都是反对称矩阵。

4-6　求解姿态矩阵 $\boldsymbol{R}$ 的特性：

（1）求解姿态矩阵 $\boldsymbol{R}$ 的特征值，并求与特征值为1对应的特征矢量。

（2）令姿态矩阵 $\boldsymbol{R}=(\boldsymbol{r}_1\quad \boldsymbol{r}_2\quad \boldsymbol{r}_3)$，试证明 $\det(\boldsymbol{R})=\boldsymbol{r}_1^{\mathrm{T}}(\boldsymbol{r}_2\times\boldsymbol{r}_3)$。

（3）证明姿态矩阵 $\boldsymbol{R}$ 满足 $[\boldsymbol{R}\boldsymbol{u}]=\boldsymbol{R}\hat{\boldsymbol{u}}\boldsymbol{R}^{\mathrm{T}}$。

4-7　假设一个刚体内嵌有两个单位位置矢量，证明，无论刚体如何旋转，两个矢量的夹角保持不变。

4-8　验证姿态矩阵满足凯莱公式：对于任何一个正交阵，总存在一个反对称矩阵 $[\boldsymbol{s}]$，满足

$$ \boldsymbol{R}=(\boldsymbol{I}_3-[\boldsymbol{s}])^{-1}(\boldsymbol{I}_3+[\boldsymbol{s}]) $$

4-9　求解下列矩阵中所缺元素的值。

（1）$\boldsymbol{T}=\begin{pmatrix} ? & -\sqrt{2}/2 & ? & 2 \\ \sqrt{2}/2 & ? & ? & 4 \\ ? & ? & 1 & 0 \\ 0 & 0 & 0 & 1 \end{pmatrix}$　　（2）$\boldsymbol{T}=\begin{pmatrix} ? & 0 & -1 & 1 \\ ? & 0 & 0 & 2 \\ ? & -1 & 0 & 2 \\ 0 & 0 & 0 & 1 \end{pmatrix}$

(3) $\boldsymbol{T}=\begin{pmatrix} ? & 0 & ? & 1 \\ 0.5 & ? & ? & 1 \\ 0 & ? & ? & 0 \\ 0 & 0 & 0 & 1 \end{pmatrix}$

4-10　一矢量${}^{A}\boldsymbol{p}$绕 z_A 轴旋转 30°，然后绕 x_A 轴旋转 45°，求按上述顺序旋转后得到的旋转矩阵。

4-11　物体坐标系 {B} 最初与惯性坐标系 {A} 重合，将坐标系 {B} 绕 z_B 轴旋转 30°，再绕新坐标系的 x'_B轴旋转 45°，求按上述顺序旋转后得到的旋转矩阵。

4-12　已知一齐次变换矩阵

$$\boldsymbol{T}=\begin{pmatrix} \sqrt{3}/2 & -1/2 & 0 & 2 \\ 1/2 & \sqrt{3}/2 & 0 & 4 \\ 0 & 0 & 1 & 0 \\ 0 & 0 & 0 & 1 \end{pmatrix}$$

试求解该变换的逆变换 $\boldsymbol{T}^{-1}$。

4-13　证明平面齐次变换矩阵（Planar Homogenous Transformation Matrix）满足

$$\boldsymbol{D}=\begin{pmatrix} \cos\alpha & -\sin\alpha & x_Q-x_P\cos\alpha+y_P\sin\alpha \\ \sin\alpha & \cos\alpha & y_Q-y_P\sin\alpha-y_P\cos\alpha \\ 0 & 0 & 1 \end{pmatrix}$$

4-14　已知刚体绕 z 轴方向的轴线旋转 30°，且轴线经过点 $(1,\ 1,\ 0)^{\mathrm{T}}$，求物体坐标系 {B} 相对惯性坐标系 {A} 的位姿。

4-15　已知刚体绕 x 轴方向的轴线旋转 30°，且轴线经过点 $(1,\ 0,\ 1)^{\mathrm{T}}$，求物体坐标系 {B} 相对惯性坐标系 {A} 的齐次变换矩阵。

4-16　已知一机器人末端工具中心点为 P_0，求经过机器人的一般运动变换（旋转 $\boldsymbol{R}_{3\times3}$ 和平移 $\boldsymbol{p}_{3\times1}$）后点 P_0 的表达，并写出其逆变换矩阵表达。

4-17　试证明绕固定坐标轴 X-Y-Z 旋转三次的最终姿态与以相反顺序绕运动坐标轴 X-Y-Z 旋转三次的最终姿态相同，即 $\boldsymbol{R}_{ZYX}(\alpha,\beta,\gamma)=\boldsymbol{R}_{zyx}(\gamma,\beta,\alpha)$。

4-18　在描述空间姿态的各种方法中，欧拉角描述被称为是一种局部参数的描述方法。以 Z-X-Z 欧拉角为例，试证明当 $\theta=0$ 时，姿态矩阵奇异。

4-19　求经连续旋转之后的复合旋转矩阵${}^{A}_{B}\boldsymbol{R}=\boldsymbol{R}_x$（30°）$\boldsymbol{R}_z$（45°）的等效转轴 $\hat{\boldsymbol{k}}$ 和转角 θ。

4-20　已知姿态矩阵

$$\boldsymbol{R}=\begin{pmatrix} \sqrt{3}/2 & -1/2 & 0 \\ \sqrt{3}/4 & 3/4 & -1/2 \\ 1/4 & \sqrt{3}/4 & \sqrt{3}/2 \end{pmatrix}$$

求与之等效的 Z-Y-Z 及 Z-Y-X 欧拉角。

4-21　已知姿态矩阵

$$\boldsymbol{R}=\begin{pmatrix} 1 & 0 & 0 \\ 0 & \sqrt{3}/2 & -1/2 \\ 0 & 1/2 & \sqrt{3}/2 \end{pmatrix}$$

求与之等效的 X-Y-Z 固定角。

4-22　已知姿态矩阵

$$\boldsymbol{R}=\begin{pmatrix} 0 & 1 & 0 \\ 0 & 0 & -1 \\ -1 & 0 & 0 \end{pmatrix}$$

求与之对应的等效轴-角及相应的欧拉参数。

4-23 T&T（Tilt & Torsion）是加拿大学者 Benev 提出的一种描述刚体姿态的方法，它实质上是一种修正的 X-Y-Z 欧拉角。如果某类机构在运动过程中始终满足 Torsion 角为零，该机构称为零扭角机构（Zero-torsion Mechanism）。试通过查阅文献，找出 3~5 种零扭角机构的例子。

4-24 试证明相似变换

$$\boldsymbol{R}_a(\theta)=\boldsymbol{R}_z(\phi)\boldsymbol{R}_y(\theta)\boldsymbol{R}_z^{-1}(\phi)=\boldsymbol{R}_{zyz}(\phi,\ \theta,\ -\phi)$$

4-25 若姿态矩阵

$$\boldsymbol{R}=\begin{pmatrix} r_{11} & r_{12} & 0 \\ r_{21} & r_{22} & r_{23} \\ r_{31} & r_{32} & r_{33} \end{pmatrix}$$

能用只具有两个参数的欧拉角来描述，即

$$\boldsymbol{R}=\begin{pmatrix} \mathrm{c}\theta & -\mathrm{s}\theta & 0 \\ \mathrm{s}\theta\mathrm{c}\phi & \mathrm{c}\theta\mathrm{c}\phi & -\mathrm{s}\phi \\ \mathrm{s}\theta\mathrm{s}\phi & \mathrm{c}\theta\mathrm{s}\phi & \mathrm{c}\phi \end{pmatrix}$$

试确定这两个欧拉角的取值范围。

4-26 当前工业机器人领域经常要定义四种坐标系：参考坐标系 $\{A\}$、末端或工具坐标系 $\{T\}$、图像坐标系 $\{C\}$ 和工件坐标系 $\{W\}$，如图 4.49 所示。

（1）基于图中所给尺寸，试确定 ${}^A_W\boldsymbol{T}$ 和 ${}^C_W\boldsymbol{T}$。

（2）若 ${}^T_C\boldsymbol{T}=\begin{pmatrix} 1 & 0 & 0 & 4 \\ 0 & 1 & 0 & 0 \\ 0 & 0 & 1 & 0 \\ 0 & 0 & 0 & 1 \end{pmatrix}$，试求 ${}^A_T\boldsymbol{T}$。

4-27 考虑一个由航天器搭载的操作臂，如图 4.50 所示。其中有四个参考坐标系：地球坐标系 $\{e\}$、卫星坐标系 $\{s\}$、航天器坐标系 $\{a\}$ 和操作臂坐标系 $\{r\}$。

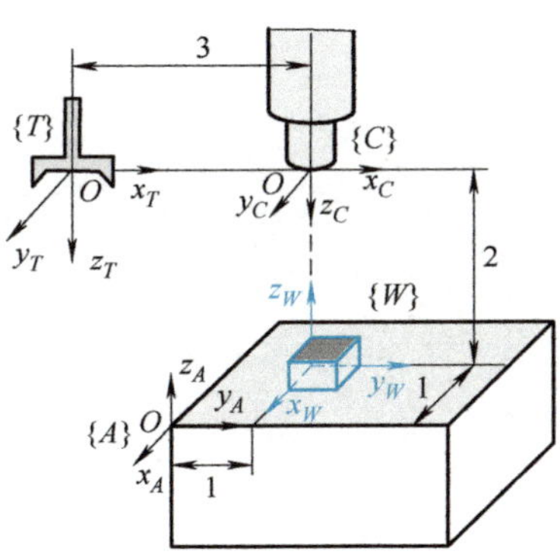

图 4.49 工业机器人

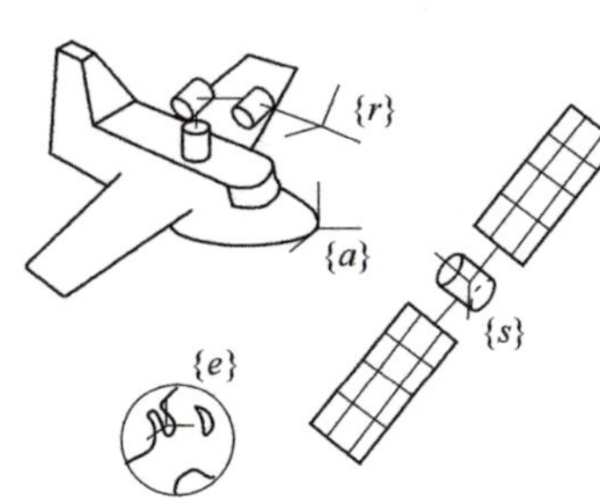

图 4.50 航天器中的操作臂

（1）若已知 ${}^e_a\boldsymbol{T}$、${}^a_r\boldsymbol{T}$ 和 ${}^e_s\boldsymbol{T}$，试求 ${}^r_s\boldsymbol{T}$。

（2）假设从地球坐标系 $\{e\}$ 上看卫星坐标系 $\{s\}$ 的原点为 $(1,\ 1,\ 1)^{\mathrm{T}}$，且

$${}^e_r\boldsymbol{T}=\begin{pmatrix} -1 & 0 & 0 & 1 \\ 0 & 1 & 0 & 1 \\ 0 & 0 & -1 & 1 \\ 0 & 0 & 0 & 1 \end{pmatrix}$$

试求从操作臂坐标系 $\{r\}$ 上观察卫星坐标系 $\{s\}$ 原点的坐标。

4-28 已知一速度矢量 ${}^{B}\boldsymbol{v}$ 和齐次变换矩阵 ${}_{B}^{A}\boldsymbol{T}$

$$
{}^{B}\boldsymbol{v}=\begin{pmatrix}1\\2\\3\end{pmatrix},\ {}_{B}^{A}\boldsymbol{T}=\begin{pmatrix}\sqrt{3}/2 & -1/2 & 0 & 5\\ 1/2 & \sqrt{3}/2 & 0 & -2\\ 0 & 0 & 1 & 3\\ 0 & 0 & 0 & 1\end{pmatrix}
$$

试计算 ${}^{A}\boldsymbol{v}$。

三、MATLAB 编程题

4-29 试通过 MATLAB 编程或利用机器人工具箱验证习题【4-9】。

4-30 试通过 MATLAB 编程或利用机器人工具箱验证习题【4-10】。

4-31 试通过 MATLAB 编程或利用机器人工具箱验证习题【4-11】。

4-32 试通过 MATLAB 编程或利用机器人工具箱验证习题【4-18】。

4-33 试通过 MATLAB 编程或利用机器人工具箱验证习题【4-19】。

4-34 试通过 MATLAB 编程或利用机器人工具箱验证习题【4-20】。

4-35 试通过 MATLAB 编程或利用机器人工具箱验证习题【4-21】。

4-36 试通过 MATLAB 编程或利用机器人工具箱验证习题【4-25】。

4-37 试通过 MATLAB 编程或利用机器人工具箱验证习题【4-26】。

第5章　串联机器人的位移分析

【内容导读与学习目标】

机器人运动学主要研究机器人的运动特性，而不考虑机器人运动时所需的驱动力。因此，机器人运动学只涉及所有与运动有关的几何参数。运动学通常包含两个方面的内容：正运动学（Forward Kinematics）与逆运动学（Inverse Kinematics），用以研究机器人关节位移（速度、加速度）与末端位移（速度、加速度）之间的映射关系。

本章重点讨论串联机器人的位移求解问题。通过本章的学习，希望读者能够：

1）学会利用D-H参数法求解串联机器人的正运动学。

2）了解串联机器人的逆运动学求解原理及方法。

3）了解利用POE公式求解串联机器人运动学的原理及方法。

4）掌握机器人工作空间、可达工作空间和灵活工作空间等概念。

5.1　位移分析的主要任务及意义

授课视频

机器人运动学主要研究机器人的运动特性，而不考虑机器人运动时需要的驱动力。因此，机器人运动学只涉及所有与运动有关的几何参数。

运动学通常包含两个方面的内容：正运动学和逆运动学。一般情况下，已知关节的运动输入量求末端输出量称为正运动学；反之，已知末端输出量求关节输入量称为逆运动学。已知各关节参数求解末端执行器相对基坐标系的位置和姿态（简称位姿），为位移（Displacement）正解；反之为位移反解。

与位移分析一样，速度、加速度分析也是机器人运动学的重要研究内容。速度分析属于一阶运动学的研究范畴，是进行运动特性分析、运动综合以及静、动力学分析及综合的基础，一阶运动学分析的核心是建立反映输入输出关系的速度雅可比矩阵。而加速度分析属于二阶运动学的研究范畴，是连接机构运动学与动力学的重要纽带。机器人的位移、速度、加速度分析都可以归于运动学建模，而位移分析是速度、加速度分析的基础。

串联机器人由一组通过运动副（关节）串行连接的刚性连杆构成。不管机器人关节采用何种运动副，都可以将它们分解为单自由度的转动副和移动副。

本章重点讨论串联机器人的位移求解问题。例如，如图 5.1 所示的 6 自由度串联机器人，其末端工具的位姿矩阵${}_T^0\boldsymbol{T}$一定与关节变量 $(q_1, q_2, \cdots, q_n)^{\mathrm{T}}$ 有关。对于该机器人，其位移正解的本质在于已知关节变量 $(q_1, q_2, \cdots, q_6)^{\mathrm{T}}$，求解末端位姿${}_T^0\boldsymbol{T}$。为此，需要构建从关节变量到末端构件位姿矩阵的映射，即求出

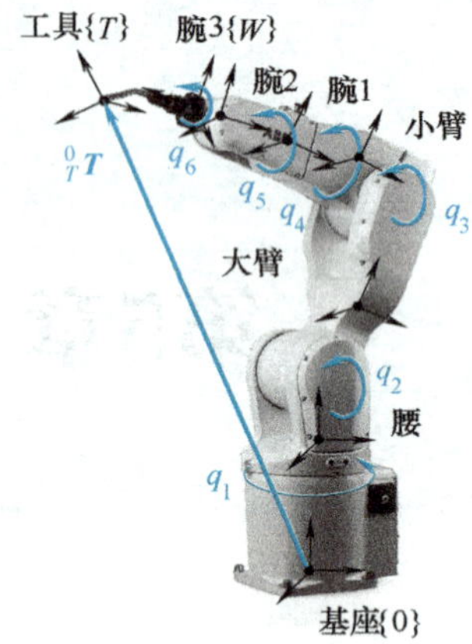

图 5.1 串联机器人的位移求解模型

$$
{}_T^0\boldsymbol{T}=\begin{pmatrix} {}_T^0\boldsymbol{R} & {}^0\boldsymbol{p}_{TORG} \\ \boldsymbol{0} & 1 \end{pmatrix}=\begin{pmatrix} r_{11} & r_{12} & r_{13} & p_1 \\ r_{21} & r_{22} & r_{23} & p_2 \\ r_{31} & r_{32} & r_{33} & p_3 \\ 0 & 0 & 0 & 1 \end{pmatrix} \tag{5.1}
$$

式（5.1）中的各元素，满足

$$
r_{i,j}=f_{i,j}(q_1,\cdots,q_6),p_i=g_i(q_1,\cdots,q_6),i,j=1,2,3 \tag{5.2}
$$

求解串联机器人位移正解的意义在于：①构建机器人学的数学描述体系，是后续逆运动学、速度分析、动力学分析的理论基础；②在设计阶段根据结构参数评估机器人工作空间。

相反，对于图 5.1 所示的 6 自由度串联机器人，若已知其末端位姿矩阵${}_T^0\boldsymbol{T}$，需求解关节变量 $(q_1, q_2, \cdots, q_6)^{\mathrm{T}}$，这便是求串联机器人位移反解的主要任务。为此，需建立从末端构件位姿矩阵到关节变量的映射，即

$$
q_i=f_i(r_{11},\cdots,r_{33},p_1,p_2,p_3) \quad (i=1,\ 2,\ \cdots,\ 6) \tag{5.3}
$$

求解串联机器人位移反解的意义在于：在实际应用中，通常给定机器人末端位姿，要求求解期望的关节变量，然后通过控制关节变量到指定值，使得末端工具达到给定位姿。例如，对于焊接机器人，工件上的焊缝位置事先是已知的，为控制机器人按已知轨迹进行作业，需通过位移反解求出各关节变量，再将其输入控制器，进而控制关节运动，使末端到达焊缝上方的期望位姿，完成预期的焊接任务。因此，位移反解是机器人应用的基础。

5.2 位移分析的基本原理与基本方法

5.2.1 基本原理：闭环方程

首先回顾一下机械原理中所学的平面机构运动学分析的一种基本方法——封闭矢量多边形法。例如，在平面机构的位置分析中，无论图解法还是解析法，都需要建立机构位置分析的封闭矢量多边形，或闭环方程（Close-Loop Equation），相应的方法称为封闭矢量多边形法。

封闭矢量多边形法的基本原理是：将机构中每一构件看作一个矢量，根据机构的环路特性，可将运动过程中的机构简化为一个或多个封闭矢量多边形，由此建立约束方程，并求解此方程。

例如，如图 5.2 所示的对心曲柄滑块机构，建立封闭矢量多边形很容易得到滑块的位移方程，即

$$\boldsymbol{O}_1\boldsymbol{A}=\boldsymbol{O}_1\boldsymbol{B}+\boldsymbol{B}\boldsymbol{A} \tag{5.4}$$

写成复指数形式，即

$$r\mathrm{e}^{\mathrm{j}\theta}=x\mathrm{e}^{\mathrm{j}0^\circ}+l\mathrm{e}^{\mathrm{j}\varphi} \tag{5.5}$$

基于欧拉公式（$\mathrm{e}^{\mathrm{j}\theta}=\cos\theta+\mathrm{j}\sin\theta$），将实部、虚部分解，并消去中间参数 φ，得到机构输入 θ 与输出 x 之间的映射关系式

$$x=r\cos\theta+\sqrt{l^2-r^2\sin^2\theta} \tag{5.6}$$

式（5.6）给出的是对心曲柄滑块机构的位置正解方程，即已知曲柄的输入角 θ，求解滑块的输出行程 x。由式（5.6），并利用三角函数公式，可以进一步导出对心曲柄滑块机构的位置反解方程，即已知滑块的行程 x，求解对应的曲柄转角 θ，感兴趣的读者可自行推导。

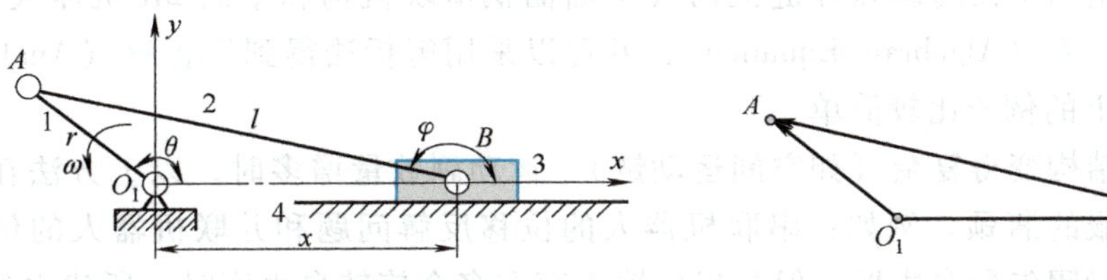

a) 机构简图　　b) 封闭矢量多边形

图 5.2　对心曲柄滑块机构的运动学求解

以上求解平面连杆机构运动学的方法同样可用于机器人机构上。下面介绍一个平面 2R 机器人正、反运动学求解的例子。

【例 5-1】　利用封闭矢量多边形法对平面 2R 机器人进行位移分析。

解：平面 2R 机器人本质上是一个开式运动链。为此，建立如图 5.3 所示的参考坐标系，对应的闭环方程为

$$\boldsymbol{OB}=\boldsymbol{OA}+\boldsymbol{AB}$$

写成复指数形式

$$^{B}\boldsymbol{p}=l_1\mathrm{e}^{\mathrm{j}\theta_1}+l_2\mathrm{e}^{\mathrm{j}(\theta_1+\theta_2)} \tag{5.7}$$

基于欧拉公式，将实部、虚部分解得到

$$\begin{cases}x_B=l_1\cos\theta_1+l_2\cos(\theta_1+\theta_2)\\ y_B=l_1\sin\theta_1+l_2\sin(\theta_1+\theta_2)\end{cases} \tag{5.8}$$

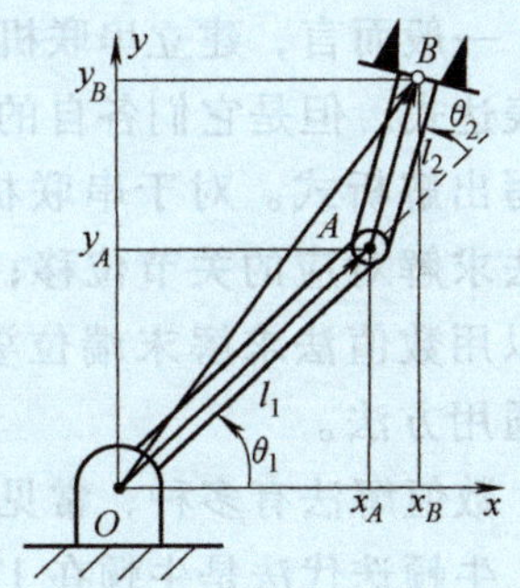

图 5.3　平面 2R 机器人

进一步定义该机器人末端的姿态角 $\varphi=\theta_1+\theta_2$。当已知各杆的长度（$l_1$ 和 l_2）以及输入的角度参数（θ_1 和 θ_2）时，由式（5.8）很容易计算出末端参考点 B 的坐标，这一问题为机器人的位移正解。

反之，当已知各杆的长度（l_1 和 l_2）和末端参考点 B 的坐标，也可以由式（5.8）计算出输入的角度参数（θ_1 和 θ_2），这一问题称为机器人的位移反解。具体推导过程从略，结果表达如下

$$\theta_2=\cos^{-1}\left(\frac{x_B^2+y_B^2-l_1^2-l_2^2}{2l_1l_2}\right) \tag{5.9}$$

$$\theta_1=\tan^{-1}\left(\frac{y_B(l_1+l_2\cos\theta_2)-x_Bl_2\sin\theta_2}{x_B(l_1+l_2\cos\theta_2)+y_Bl_2\sin\theta_2}\right) \tag{5.10}$$

式中，$\sin\theta_2=\pm\sqrt{1-\cos^2\theta_2}$。因此机构对应两组解，即在给定已知条件下，该机器人对应两组（装配）位形（Configuration），具体如图 5.4 所示。

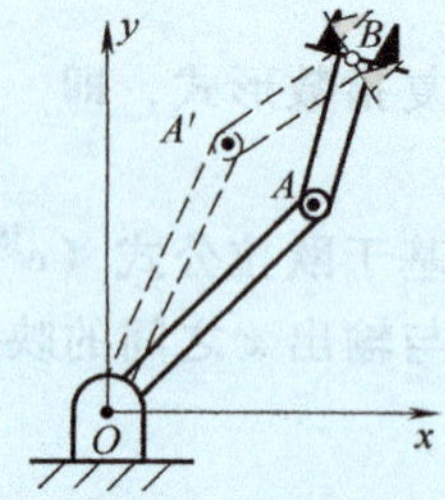

图 5.4　平面 2R 机器人的两组装配位形

对于上文给出的平面闭链和开链机构（平面曲柄滑块机构和平面 2R 机器人），都能建立起相应的代数方程（Algebraic Equation），并可以采用解析法得到解析解（Analytical Solution）。不过，以上的例子比较简单。

当机器人的结构变得复杂（如空间运动链）、运动副数量增多时，以上方法在建模求解时会遇到难以克服的瓶颈。例如：串联机器人的位移反解问题和并联机器人的位移正解问题，尽管仍存在封闭矢量多边形，但是当机器人存在多个旋转自由度时，所建立的代数方程会呈现高次方程和超越函数等形式，再利用解析法求解将变得无能为力。

5.2.2　求解逆运动学的通用方法：数值法

数值法是一种通用的近似求解方法，能够得到复杂超越方程的数值解（Numerical Solution）。有时，虽然一些高次方程能够得到解析解，但过程繁杂，也经常采用数值法求解。

一般而言，建立串联机器人位移正解和并联机器人位移反解模型相对简单，总能获得解析表达式。但是它们各自的逆问题，即串联机器人位移反解和并联机器人位移正解，却很难写出解析式。对于串联机器人，若已知其正运动学模型并给定末端位姿，可以利用数值法求解对应的关节位移；对于并联机器人，如果已知其逆运动学模型，并给定关节值，可以用数值法求解末端位姿。因此，在机器人位移分析中，数值法是求解逆运动学的一种通用方法。

数值解法有多种，常见的有迭代法、链式算法等，其中最常用的方法是牛顿迭代法。

牛顿迭代法是牛顿在 17 世纪提出的一种方程近似求根法。该方法的基本原理是使用迭代的方法来求解函数方程 $f(x)=0$ 的根，从代数上看是对函数的泰勒级数展开，几何上则是不断求取切线的过程。

对于方程 $f(x)=0$，任取的近似解 $x=x^k$ 一般不会正好是方程的根，因此有 $f(x^k)\neq 0$。这时，可以计算函数在 x^k 处的斜率，得到 $f(x)$ 对应曲线在 x^k 处的切线与 x 轴的交点 x^{k+1}。如果 x^{k+1} 比 x^k 更接近函数根的精确解，就用 x^{k+1} 代替 x^k。只要不断用此方法更新 x，就可以得到无限接近精确解的结果。具体算法如下：

1）对于近似解 $x=x^k$ 和设定的误差 ε，判断其是否满足

$$|f(x^k)|\leqslant\varepsilon \tag{5.11}$$

2）如果不满足，则在 $x=x^k$ 处对函数 $f(x)$ 进行泰勒级数展开

$$f(x)=f(x^k)+f'(x^k)(x-x^k)+\cdots \tag{5.12}$$

3）取式（5.12）的前两项（线性化过程），并令 $f(x^{k+1})=0$，得到在 x^k 处与函数 $f(x)$ 相切的切线方程

$$f(x^k)+f'(x^k)(x^{k+1}-x^k)=0 \tag{5.13}$$

4）设 $f'(x^k)\neq 0$，由式（5.13）得第 k 次迭代增量

$$\Delta x^k=x^{k+1}-x^k=-[f'(x^k)]^{-1}f(x^k) \tag{5.14}$$

5）得到新的近似解

$$x^{k+1}=x^k+\Delta x^k \tag{5.15}$$

6）利用新得到的近似解 x^{k+1} 重复 1）~5）步，直到满足终止条件式（5.11）。

在迭代计算过程中，k 为迭代次数。启动迭代时，需先人为选定迭代的初值 $x=x^0$，$k=0$。牛顿迭代求根法的原理如图 5.5 所示。

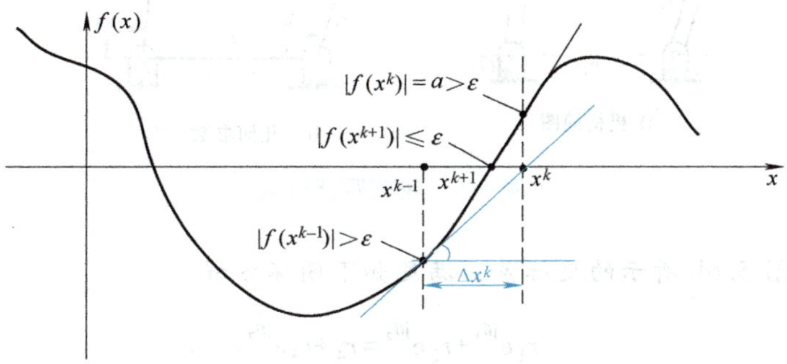

图 5.5　牛顿迭代求根法原理

机器人是一类多变量系统，需要用到多维空间的牛顿迭代法，相应的方法又称为牛顿-拉夫森法（Newton-Raphson Method）。例如，对于具有 n 个变量 $\boldsymbol{x}=(x_1, x_2, \cdots, x_n)^{\mathrm{T}}$ 的多元方程组

$$\begin{cases} f_1(x_1, x_2, \cdots, x_n)=0 \\ f_2(x_1, x_2, \cdots, x_n)=0 \\ \vdots \qquad\qquad \vdots \\ f_n(x_1, x_2, \cdots, x_n)=0 \end{cases} \tag{5.16}$$

采用迭代法求根的具体步骤如下：

1）对于近似解 $\boldsymbol{x}^k=(x_1^k, x_2^k, \cdots, x_n^k)^{\mathrm{T}}$，判断其是否满足

$$|f(\boldsymbol{x}^k)|\leqslant\varepsilon \tag{5.17}$$

2）如果不满足式（5.17），则将其代入

$$\Delta\boldsymbol{x}^k=\begin{pmatrix}\Delta x_1^k\\ \Delta x_2^k\\ \vdots\\ \Delta x_n^k\end{pmatrix}=\begin{pmatrix}\frac{\partial f_1}{\partial x_1} & \frac{\partial f_1}{\partial x_2} & \cdots & \frac{\partial f_1}{\partial x_n}\\ \frac{\partial f_2}{\partial x_1} & \frac{\partial f_2}{\partial x_2} & \cdots & \frac{\partial f_2}{\partial x_n}\\ \vdots & \vdots & & \vdots\\ \frac{\partial f_n}{\partial x_1} & \frac{\partial f_n}{\partial x_2} & \cdots & \frac{\partial f_n}{\partial x_n}\end{pmatrix}^{-1}_{|\boldsymbol{x}=\boldsymbol{x}^k}\begin{pmatrix}-f_1\\ -f_2\\ \vdots\\ -f_n\end{pmatrix}_{|\boldsymbol{x}=\boldsymbol{x}^k} \tag{5.18}$$

求得迭代增量 $\Delta\boldsymbol{x}^k=(\Delta x_1^k, \Delta x_2^k, \cdots, \Delta x_n^k)^{\mathrm{T}}$。

3）新的近似解

$$\boldsymbol{x}^{k+1}=\boldsymbol{x}^k+\Delta\boldsymbol{x}^k \tag{5.19}$$

4）利用新得到的近似解 $\boldsymbol{x}^{k+1}$，重复步骤1)～3)，直至满足终止条件式（5.17）。

下面以铰链四杆机构为例，简述上述算法的应用。

【例 5-2】 如图 5.6a 所示的铰链四杆机构，已知各杆尺寸以及输入角 θ_1，求输出杆的运动。

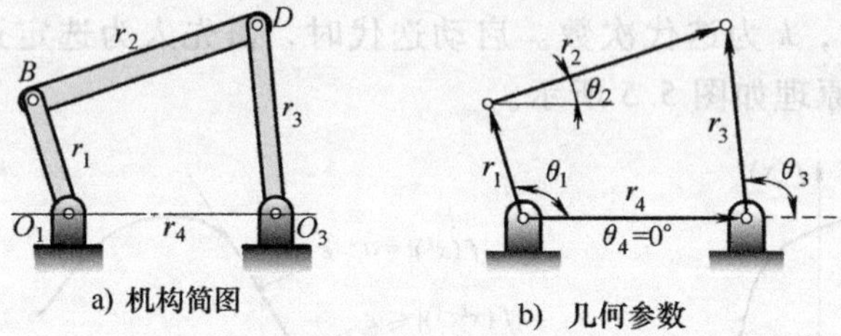

图 5.6 铰链四杆机构

解：建立如图 5.6b 所示的坐标系，满足如下闭环方程

$$r_1\mathrm{e}^{\mathrm{j}\theta_1}+r_2\mathrm{e}^{\mathrm{j}\theta_2}=r_4+r_3\mathrm{e}^{\mathrm{j}\theta_3} \tag{5.20}$$

基于实部、虚部分解得到

$$\begin{cases} f_1=r_1\cos\theta_1+r_2\cos\theta_2-r_3\cos\theta_3-r_4=0 \\ f_2=r_1\sin\theta_1+r_2\sin\theta_2-r_3\sin\theta_3=0 \end{cases} \tag{5.21}$$

由于方程中两个未知量是 θ_2 和 θ_3，因此相应的迭代增量为 $(\Delta\theta_2, \Delta\theta_3)^{\mathrm{T}}$。由式（5.21）可求得

$$\begin{pmatrix} \dfrac{\partial f_1}{\partial\theta_2} & \dfrac{\partial f_1}{\partial\theta_3} \\ \dfrac{\partial f_2}{\partial\theta_2} & \dfrac{\partial f_2}{\partial\theta_3} \end{pmatrix}=\begin{pmatrix} -r_2\sin\theta_2 & r_3\sin\theta_3 \\ r_2\cos\theta_2 & -r_3\cos\theta_3 \end{pmatrix} \tag{5.22}$$

因此，式（5.18）可写成

$$\begin{pmatrix} -r_2\sin\theta_2 & r_3\sin\theta_3 \\ r_2\cos\theta_2 & -r_3\cos\theta_3 \end{pmatrix}\begin{pmatrix} \Delta\theta_2 \\ \Delta\theta_3 \end{pmatrix}=-\begin{pmatrix} r_1\cos\theta_1+r_2\cos\theta_2-r_3\cos\theta_3-r_4 \\ r_1\sin\theta_1+r_2\sin\theta_2-r_3\sin\theta_3 \end{pmatrix} \tag{5.23}$$

若已知 $r_1=8\mathrm{cm}$，$r_2=30\mathrm{cm}$，$r_3=30\mathrm{cm}$，$r_4=40\mathrm{cm}$，$\varepsilon=10^{-5}$，取不同的输入转角值，并初步给定两个待求变量的初值，按上述步骤及方程编写程序，得到的运算结果见表 5.1。

可以看出，当 $\theta_1=0°$ 时，迭代 20 次后计算得到的结果（θ_3）满足终止条件值（$\varepsilon=10^{-5}$）；当 $\theta_1=20°$ 时，计算结果（θ_3）满足终止条件值时，只需迭代 17 次。

表 5.1　铰链四杆机构位置数值求解的运算结果

迭代次数	初始角 $\theta_1=0°$		初始角 $\theta_1=20°$	
k	θ_2	θ_3	θ_2	θ_3
0	50	100	20	58
1	38.37246	120.81377	57.21932	116.62921
2	47.35093	126.73142	53.91695	116.27695
3	56.70367	126.01388	52.06113	117.32498
4	58.05204	123.98092	…	…
5	58.76898	122.60597	…	…
6	58.45575	122.07511	…	…
7	58.03434	122.02039	…	…
⋮	⋮	⋮	⋮	⋮
15			52.27718	118.09296
16			52.27706	118.09300
17			52.27703	118.09305
18	57.76896	122.23098		
19	57.76901	122.23098		
20	57.76904	122.23097		

5.3　D-H 参数与串联机器人的正运动学求解

5.3.1　D-H 参数法的由来

n 自由度的串联机器人实质上是一种由 n 个单自由度运动副（俗称关节）连接 $n+1$ 个杆所组成的开式运动链。通常定义基座（Base）或机架（Frame）为杆 0，末端为杆 n，串联机器人可看作是从基座 0 到末端 n 的开式链。除了基座和末端杆，串联机器人的各中间连杆通常连接有两个关节。因为习惯上以基座为基准考察机器人系统，所以称各连杆靠近基座的关节为前向或近端关节，靠近末端的关节为后向或远端关节。

一般而言，串联机器人末端相对于基座的位姿很重要，这是因为，工具通常安装在末端连杆的法兰上。对于如图 5.7 所示 6 自由度串联机器人，末端工具相对于基座的位姿矩阵为${}_6^0\boldsymbol{T}$。

串联机器人的各连杆从基座到末端通过关节依次相连，各关节变量逐次作用于后续连杆。而每对相邻连杆之间的相对位姿仅取决于它们之间的关节变量。写成函数的形式，即

$$ {}_{i}^{i-1}\boldsymbol{T}=f(q_i) \tag{5.24}$$

式中，$f(q_i)$ 可以理解为${}_{i}^{i-1}\boldsymbol{T}$ 中前三行元素函数表达式的集合。

如果已知各相邻连杆间的位姿矩阵${}_{i}^{i-1}\boldsymbol{T}$，由第 4 章的变换方程可知，把它们依次相乘，即可得到基座与末端杆之间的位姿关系${}_6^0\boldsymbol{T}$，即

$$ {}_6^0\boldsymbol{T}={}_1^0\boldsymbol{T}\cdots{}_{i}^{i-1}\boldsymbol{T}\cdots{}_6^5\boldsymbol{T} \tag{5.25}$$

显然，${}^0_6\boldsymbol{T}$ 前三行元素的表达式一定包含链路上的所有关节变量。这样，就得到了串联机器人的位移正解，即从关节变量到末端位姿（或位形）之间的映射。

位姿矩阵 ${}^{i-1}_{i}\boldsymbol{T}$ 实际上是表示两个相邻连杆固联坐标系（简称连杆坐标系）之间的关系，因此，建立连杆坐标系是获得位姿矩阵的第一步。连杆坐标系的选择既要能反映连杆的几何特征，又要便于获得简洁的位姿矩阵。而建立连杆坐标系的 D-H 参数法正好能够满足这些要求，并在机器人学中得到了广泛应用。

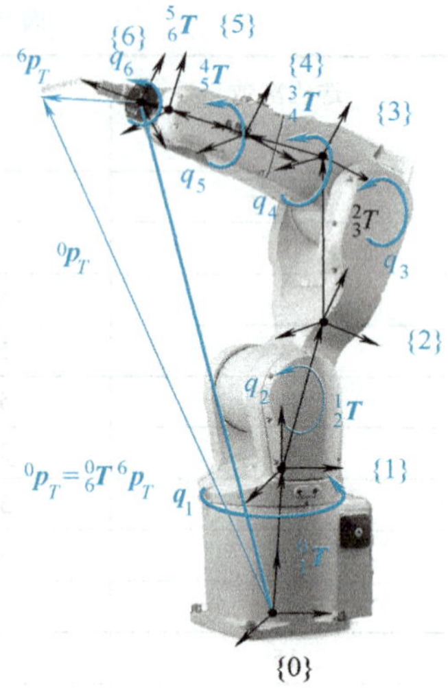

图 5.7 串联机器人的运动学模型

D-H 参数法由美国西北大学机械工程系的两名教授迪纳维特（Denavit）和哈登伯格（Hartenberg）于 1955 年首次提出。他们提出的 D-H 参数法称为“标准 D-H 参数法”。如图 5.8a 所示，在标准 D-H 参数法中，连杆坐标系 $\{i\}$ 置于连杆 i 的后端或远端，因此又称之为后置坐标系下的 D-H 参数法。

1986 年，Khalil 与 Kleinfinger 提出了一种“改进的 D-H 参数法”，如图 5.8b 所示。其中每个连杆坐标系被固接在该连杆的前端或近端，因此又称之为前置坐标系下的 D-H 参数法。经过此变化，参数符号在某些方面显得更加清晰和简洁。因此，前置坐标系下的 D-H 参数法也更为常用。

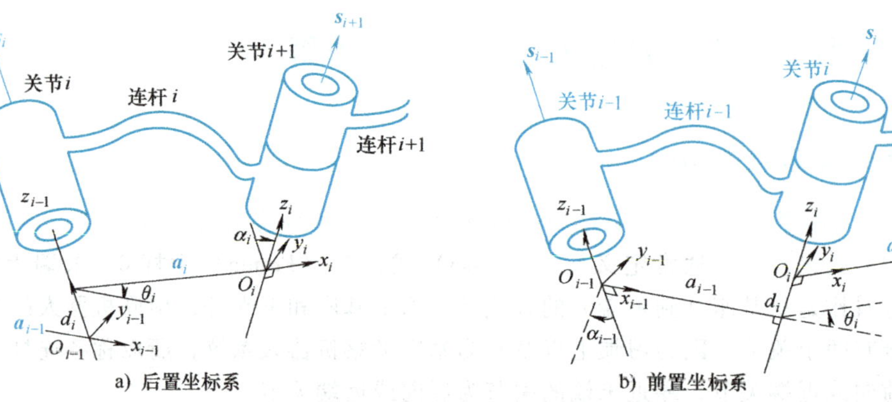

图 5.8 转动关节坐标系及 D-H 参数的定义

【背景知识】 雅克·迪纳维特（1930—2012）机器人运动学建模 D-H 参数法的主要提出者。1958 年从美国西北大学机械工程系博士毕业后，成为该系的教师。在那里，与哈登伯格的合作正式开始。两人 1964 年合作出版了有关空间机构与机器人运动学的奠基之作 *Kinematic Synthesis of Linkages*。

理查德·哈登伯格（1907—1997）美国西北大学机械工程系教授，在该校任教 56 年。他对运动学的研究激发了学界在 20 世纪 60 年代对该领域的极大兴趣，他的工作为利用计算机进行复杂机构的分析和设计打下了科学基础。

为此，本书将重点讨论前置坐标系下的 D-H 参数法及其应用，辅之以对比介绍标准 D-H 参数法的相关知识。

5.3.2 D-H 参数定义

作为机器人的重要组成元素之一，各连杆都可以看作是刚体，其结构参数可通过两端两关节轴线的空间关系来确定（这里只关注影响其运动学的结构参数）；而各关节变量作为连杆的连接参数，可通过与之相邻的两连杆之间的位置关系来定义。换言之，每个连杆坐标系都对应一组参数，包括两个相邻连杆的结构参数（连杆长度与扭角）及其连接参数（偏距与转角），分别如图 5.9 和图 5.10 所示。具体定义如下：

1. 连杆 $i-1$ 的长度 a_{i-1}

连杆 $i-1$ 的长度 a_{i-1} 定义为关节 $i-1$ 轴线 $\boldsymbol{s}_{i-1}$ 与关节 i 轴线 $\boldsymbol{s}_i$ 的公法线（或公垂线）长度（图 5.9），它实际反映的是相邻两关节轴线之间的最短距离。显然，当两轴线相交时，$a_{i-1}=0$。图中有意将连杆画成弯曲的形状，就是为了说明 a_{i-1} 与连杆的几何形状是无关的。

2. 连杆 $i-1$ 的扭角 α_{i-1}

连杆 $i-1$ 的扭角 α_{i-1} 定义为关节 $i-1$ 轴线 $\boldsymbol{s}_{i-1}$ 与关节 i 轴线 $\boldsymbol{s}_i$ 之间的夹角（图 5.9），其取值范围为±90°。假定扭角 α_{i-1} 的旋转轴沿公法线 a_{i-1} 从轴 $\boldsymbol{s}_{i-1}$ 指向轴 $\boldsymbol{s}_i$，其方向遵循右手定则，规定从轴 $\boldsymbol{s}_{i-1}$ 转到轴 $\boldsymbol{s}_i$ 为正。若关节轴线平行，$\alpha_{i-1}=0$。

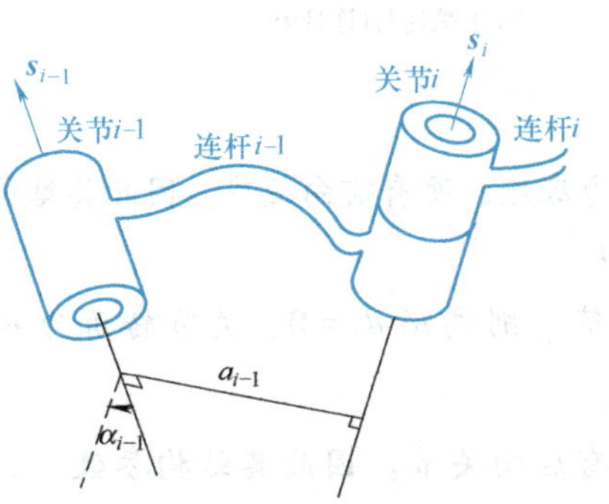

图 5.9 相邻连杆结构参数的定义

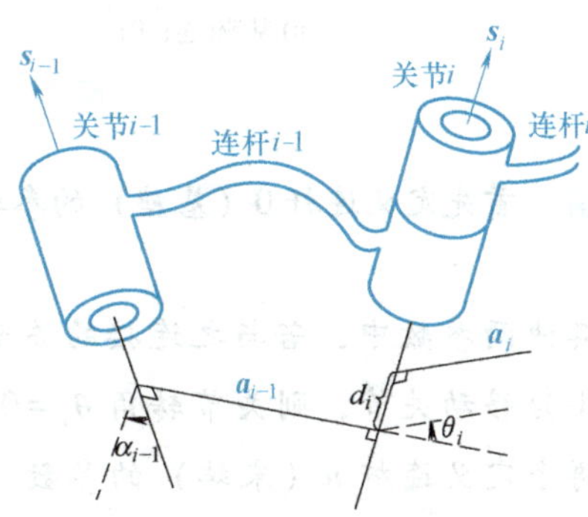

图 5.10 相邻连杆连接参数的定义

3. 连杆 i 的偏距 d_i

连杆 i 的偏距 d_i 定义为从 $\boldsymbol{a}_{i-1}$ 与轴线 $\boldsymbol{s}_i$ 的交点到 $\boldsymbol{a}_i$ 与轴线 $\boldsymbol{s}_i$ 交点的有向距离（图 5.10）。对于移动关节，d_i 为变量；而对于旋转关节，d_i 则为结构参数（常值）。

4. 关节 i 的转角 θ_i

关节 i 的转角 θ_i 定义为连杆公法线 $\boldsymbol{a}_{i-1}$ 与 $\boldsymbol{a}_i$ 之间的夹角，其方向以 d_i 方向为转轴方向，遵循右手定则绕 $\boldsymbol{s}_i$ 旋转，从 $\boldsymbol{a}_{i-1}$ 到 $\boldsymbol{a}_i$ 为正（图 5.10）。关节角 θ_i 实质反映的是连杆 i 相对连杆 $i-1$ 的转角。因此，对于旋转关节，θ_i 为变量；而对于移动关节，θ_i 则为结构参数（常值）。

注意，机器人的结构参数是由机器人本体结构特征决定的，当机械结构装配完成后，结构参数就不再发生变化。

【例 5-3】 连杆的结构参数实例：机器人中间某连杆，两端为旋转关节，关节分布及尺寸如图 5.11 所示。试确定该连杆的结构参数。

解：具体步骤如下：

1）作两关节轴线并编号。

2）作轴线公法线 $\boldsymbol{a}_{i-1}$。

3）根据图中尺寸，得该连杆长度为 $a_{i-1}=7$。

4）作两轴线的夹角 α_{i-1}。

5）根据夹角方向定义，得该连杆扭角为 $\alpha_{i-1}=45°$。

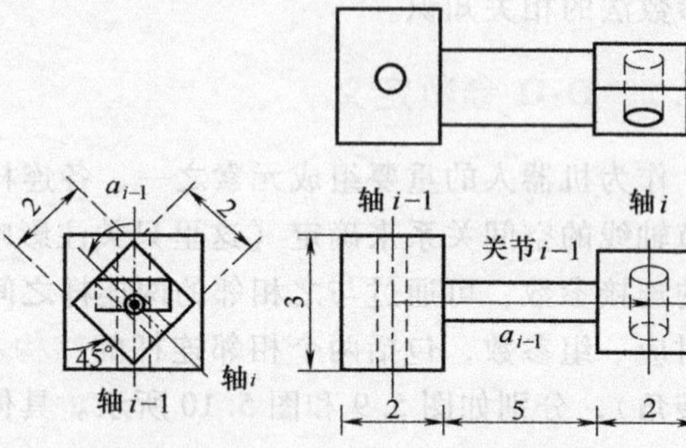

图 5.11 相邻连杆之间的连接示意图

【例 5-4】 两类特殊连杆（基座和末端连杆，如图 5.12 所示）的参数定义。

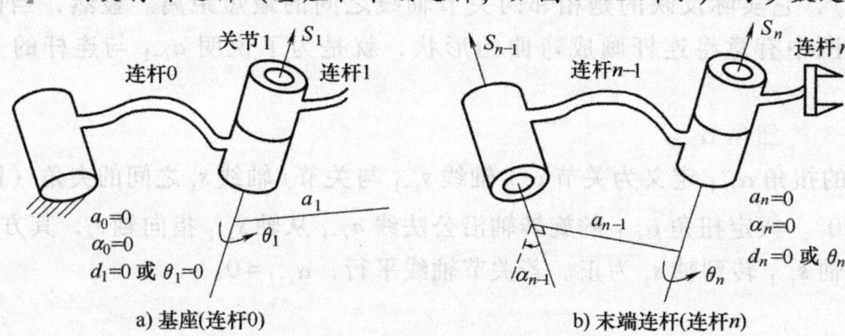

图 5.12 特殊连杆的参数定义

解：首先定义连杆 0（基座）的参数：由于杆 0 为基座，没有前向关节。因此其结构参数

$$a_0=0,\ \alpha_0=0$$

其他两参数中，若与之连接的关节 1 为旋转关节，则偏距 $d_1=0$，关节转角为 θ_1；若关节 1 为移动关节，则关节转角 $\theta_1=0$，偏距为 d_1。

再来定义连杆 n（末端）的参数：由于杆 n 没有后向关节。因此其结构参数

$$a_n=0,\ \alpha_n=0$$

其他两参数中，若与之连接的关节 n 为旋转关节，则偏距 $d_n=0$，关节转角为 θ_n；若关节 n 为移动关节，则关节转角 $\theta_n=0$，偏距为 d_n。

5.3.3 前置坐标系及前置 D-H 矩阵

明确了连杆参数后，即可建立连杆坐标系。下面以中间某连杆为例，给出建立前置坐标系的原则，具体如图 5.8b 所示。

（1）连杆坐标系 $\{i\}$ 定义在关节 i 上，且与连杆 i 固联，原点取在 $\boldsymbol{a}_i$ 与关节轴线 $\boldsymbol{s}_i$ 的交点处。$\boldsymbol{z}_i$ 轴与轴线 $\boldsymbol{s}_i$ 重合，$\boldsymbol{x}_i$ 轴沿 $\boldsymbol{a}_i$ 方向由关节 i 指向关节 $i+1$，$\boldsymbol{y}_i$ 轴由右手定则确定。如果轴线 $\boldsymbol{s}_i$ 与轴线 $\boldsymbol{s}_{i+1}$ 相交，则原点在交点处，$\boldsymbol{x}_i$ 与 $\boldsymbol{s}_i$ 和 $\boldsymbol{s}_{i+1}$ 构成的平面垂直，有两个可选方向。

对于基座坐标系和末端连杆坐标系，需要做一些特殊规定，如图 5.13 所示。

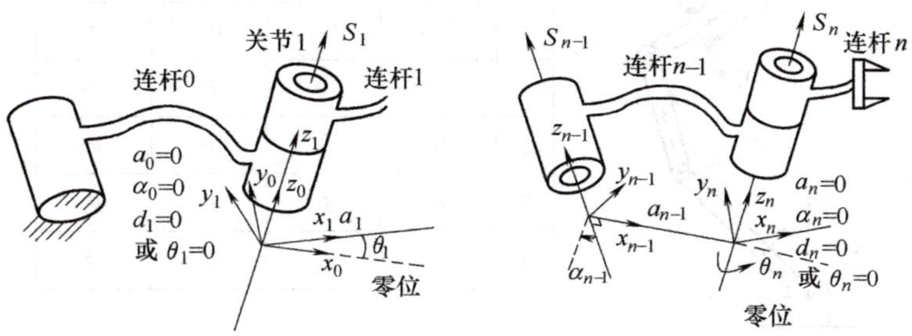

a) 基座(连杆0)　　b) 末端连杆(连杆n)

图 5.13　特殊连杆坐标系的定义

（2）基坐标系 {0}　该坐标系为惯性坐标系（固定不动）。理论上可以任意设定，但为使问题简化，常做一些特殊规定：令 {0} 的原点与 {1} 的原点重合，z_0 轴与 z_1 轴重合。设定当关节变量 $q_1=0$ 时，{0} 与 {1} 重合（注意：$a_0=0$，$\alpha_0=0$）。

（3）末端连杆坐标系 {n}　考虑末端连杆 n 没有后向关节，因此可设定 {n} 的原点在 $\boldsymbol{a}_{n-1}$ 与关节 n 轴线 $\boldsymbol{s}_n$ 的交点处，z_n 轴与关节 n 轴线 $\boldsymbol{s}_n$ 重合。设定当关节变量 $q_n=0$ 时，$\boldsymbol{x}_n$ 与 $\boldsymbol{x}_{n-1}$ 共线且同向。

以上约定可使尽可能多的 D-H 参数为 0，从而简化运算。

对于关节数为 n 的机器人，一般共需建立（n+1）个连杆坐标系，包括基坐标系 {0}、中间连杆坐标系 {i} 和末端连杆坐标系 {n}[⊖]。建立各连杆坐标系时，通常遵循的原则是先建立中间连杆坐标系，再建立基坐标系 {0} 和末端连杆坐标系 {n}。

【例 5-5】　标出如图 5.14 所示的平面 3R 机器人的连杆坐标系，给出其前置 D-H 参数。

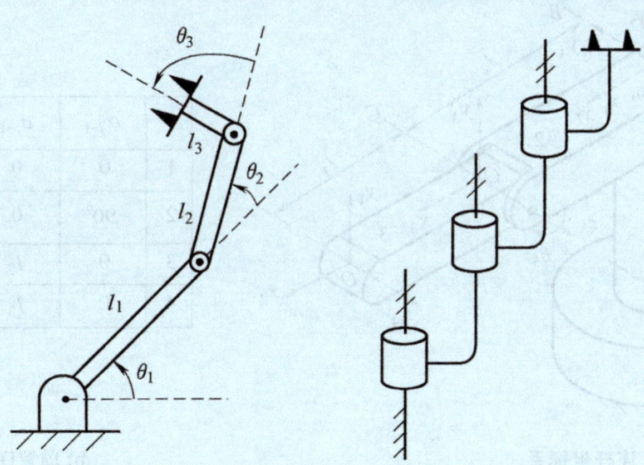

a)　　b)

图 5.14　平面 3R 机器人

解： 根据前文定义的规则很容易建立起各连杆坐标系，并给出相应的前置 D-H 参数，具体如图 5.15 所示。注意，定义 {0} 时，按照上述规则，应取在基座上，且 {0} 与 {1} 重合。

⊖ 为使后续运动学建模完整，还需在末端执行器处再建立一个连杆参考系 {n+1}。该坐标系坐标轴与 {n} 系平行。

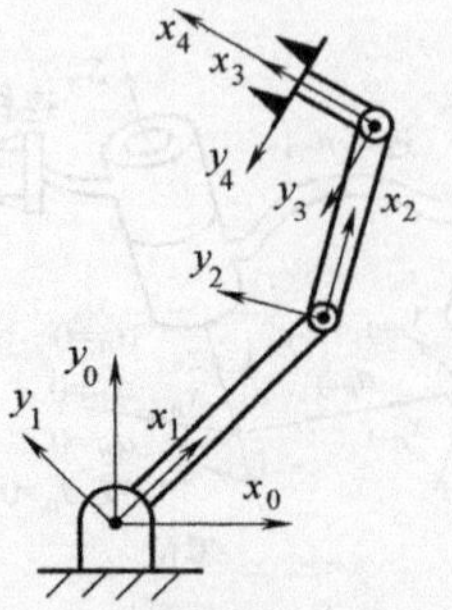

a) 连杆坐标系

i	α_{i-1}	a_{i-1}	d_i	θ_i
1	0	0	0	θ_1
2	0	l_1	0	θ_2
3	0	l_2	0	θ_3
4	0	l_3	0	θ

b) 前置D-H参数

图 5.15 3R 机器人的连杆坐标系及其前置 D-H 参数

【例 5-6】 标出如图 5.16a 所示的空间 3R 机器人的连杆坐标系，给出其前置 D-H 参数。

解：根据前文定义的规则建立各连杆坐标系，并给出相应的 D-H 参数，具体如图 5.16 所示。

此例中，关节 1 轴线与关节 2 轴线相交，因此，x_1 与两轴线构成的平面垂直，且 {1} 原点在轴线交点处，x_1 的方向可以有两个选择。此外，坐标系 {1} 和 {2} 的 z 轴可以是图中所示方向，也可以是图示的相反方向，相应的 D-H 参数也会发生变化。根据特殊规定，使 {0} 与 {1} 重合，所以图中的 {0} 并不在基座 0 上，但是，应当清楚 {0} 与基座固联。

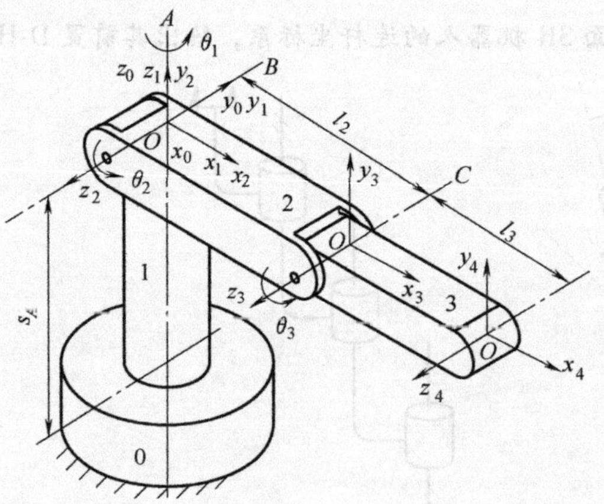

a) 连杆坐标系

i	α_{i-1}	a_{i-1}	d_i	θ_i
1	0	0	0	θ_1
2	90°	0	0	θ_2
3	0	l_2	0	θ_3
4	0	l_3	0	0

b) 前置D-H参数

图 5.16 空间 3R 机器人及其前置 D-H 参数

建立了连杆坐标系，也就确定了相邻连杆的 D-H 参数。在此基础上，利用第 4 章有关连续坐标变换的知识，即可给出相邻连杆之间位姿关系的描述。

如图 5.17 所示，可通过以下四步导出从连杆坐标系 $\{i-1\}$ 到坐标系 $\{i\}$ 的齐次变换 ${}_{i}^{i-1}\boldsymbol{T}$。

1）坐标系 $\{i-1\}$ 绕 x_{i-1} 轴（$\boldsymbol{a}_{i-1}$）旋转角 α_{i-1}，得到中间坐标系 $\{R\}$（图 5.17b）。

2）坐标系 $\{R\}$ 沿 x_{i-1} 轴平移 a_{i-1}，得到中间坐标系 $\{Q\}$（图 5.17c）。

3）坐标系 $\{Q\}$ 绕 z_i 轴（$\boldsymbol{s}_i$）旋转角 θ_i，得到中间坐标系 $\{P\}$（图 5.17d）。

4）坐标系 $\{P\}$ 沿 z_i 轴平移 d_i，与坐标系 $\{i\}$ 重合（图 5.17d）。

由于以上四步都是相对动坐标系描述的，遵循矩阵“从左到右”相乘的原则，因此得到

$$ {}^{i-1}_{i}\boldsymbol{T}={}^{i-1}_{R}\boldsymbol{T}{}^{R}_{Q}\boldsymbol{T}{}^{Q}_{P}\boldsymbol{T}{}^{P}_{i}\boldsymbol{T}=\mathrm{Rot}(\hat{\boldsymbol{x}},\alpha_{i-1})\mathrm{Trans}(\hat{\boldsymbol{x}},a_{i-1})\mathrm{Rot}(\hat{\boldsymbol{z}},\theta_i)\mathrm{Trans}(\hat{\boldsymbol{z}},d_i) \tag{5.26} $$

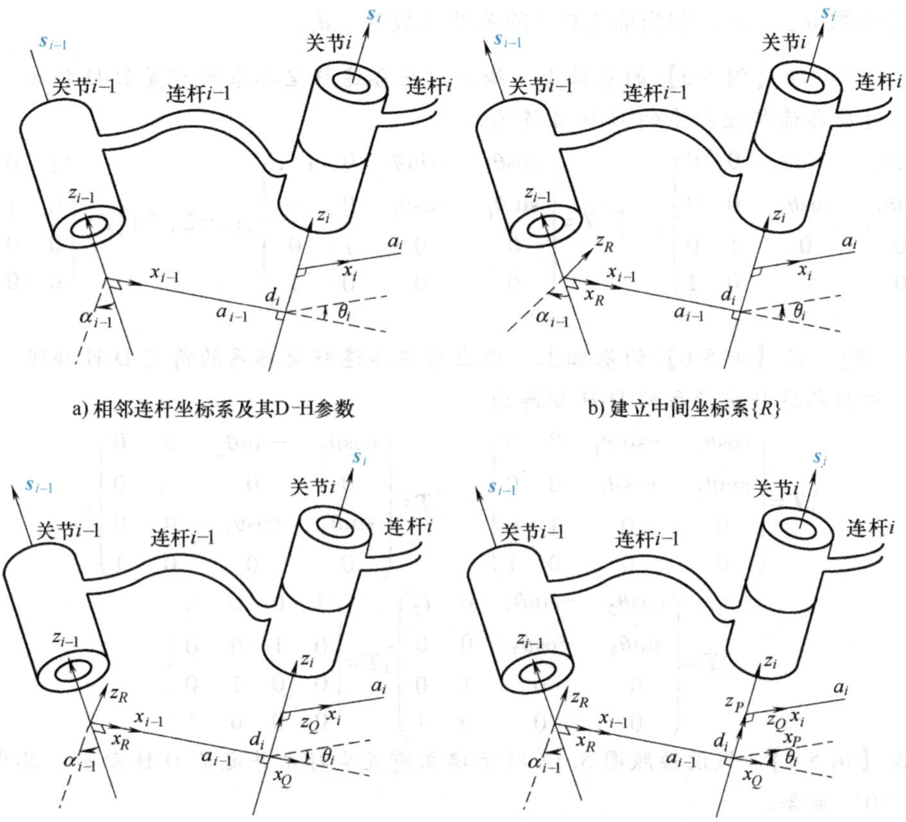

a) 相邻连杆坐标系及其D-H参数　　b) 建立中间坐标系{R}

c) 建立中间坐标系{Q}　　d) 建立中间坐标系{P}

图 5.17　中间坐标系的定义

式（5.26）中各项分别如下：

$$ \mathrm{Rot}(\hat{\boldsymbol{x}},\alpha_{i-1})=\begin{pmatrix}1&0&0&0\\0&\mathrm{c}\alpha_{i-1}&-\mathrm{s}\alpha_{i-1}&0\\0&\mathrm{s}\alpha_{i-1}&\mathrm{c}\alpha_{i-1}&0\\0&0&0&1\end{pmatrix}\quad \mathrm{Trans}(\hat{\boldsymbol{x}},a_{i-1})=\begin{pmatrix}1&0&0&a_{i-1}\\0&1&0&0\\0&0&1&0\\0&0&0&1\end{pmatrix} $$

$$ \mathrm{Rot}(\hat{\boldsymbol{z}},\theta_i)=\begin{pmatrix}\mathrm{c}\theta_i&-\mathrm{s}\theta_i&0&0\\\mathrm{s}\theta_i&\mathrm{c}\theta_i&0&0\\0&0&1&0\\0&0&0&1\end{pmatrix}\quad \mathrm{Trans}(\hat{\boldsymbol{z}},d_i)=\begin{pmatrix}1&0&0&0\\0&1&0&0\\0&0&1&d_i\\0&0&0&1\end{pmatrix} \tag{5.27} $$

将式（5.27）代入式（5.26），计算可得

$$
{}^{i-1}_{i}\boldsymbol{T}=\begin{pmatrix} \cos\theta_i & -\sin\theta_i & 0 & a_{i-1} \\ \sin\theta_i\cos\alpha_{i-1} & \cos\theta_i\cos\alpha_{i-1} & -\sin\alpha_{i-1} & -d_i\sin\alpha_{i-1} \\ \sin\theta_i\sin\alpha_{i-1} & \cos\theta_i\sin\alpha_{i-1} & \cos\alpha_{i-1} & d_i\cos\alpha_{i-1} \\ 0 & 0 & 0 & 1 \end{pmatrix} \tag{5.28}
$$

考虑齐次变换矩阵${}^{i-1}_{i}\boldsymbol{T}$是由 D-H 参数所确定的，因此又称该矩阵为前置（改进）D-H 矩阵。

同时应注意到，利用前置 D-H 矩阵得到的两相邻连杆位姿矩阵${}^{i-1}_{i}\boldsymbol{T}$，包含了前一个连杆 $i-1$ 的结构参数 a_{i-1}、α_{i-1} 和当前连杆 i 的关节参数 θ_i、d_i。

【例 5-7】 在【例 5-5】的基础上，给出对应各连杆坐标系的前置 D-H 矩阵。

解：对应各连杆坐标系的 D-H 矩阵为

$$
{}^{0}_{1}\boldsymbol{T}=\begin{pmatrix} \cos\theta_1 & -\sin\theta_1 & 0 & 0 \\ \sin\theta_1 & \cos\theta_1 & 0 & 0 \\ 0 & 0 & 1 & 0 \\ 0 & 0 & 0 & 1 \end{pmatrix},\quad {}^{i-1}_{i}\boldsymbol{T}=\begin{pmatrix} \cos\theta_i & -\sin\theta_i & 0 & l_{i-1} \\ \sin\theta_i & \cos\theta_i & 0 & 0 \\ 0 & 0 & 1 & 0 \\ 0 & 0 & 0 & 1 \end{pmatrix},(i=2,\ 3)\ {}^{3}_{4}\boldsymbol{T}=\begin{pmatrix} 1 & 0 & 0 & l_3 \\ 0 & 1 & 0 & 0 \\ 0 & 0 & 1 & 0 \\ 0 & 0 & 0 & 1 \end{pmatrix} \tag{5.29}
$$

【例 5-8】 在【例 5-6】的基础上，给出对应各连杆坐标系的前置 D-H 矩阵。

解：对应各连杆坐标系的 D-H 矩阵为

$$
{}^{0}_{1}\boldsymbol{T}=\begin{pmatrix} \cos\theta_1 & -\sin\theta_1 & 0 & 0 \\ \sin\theta_1 & \cos\theta_1 & 0 & 0 \\ 0 & 0 & 1 & 0 \\ 0 & 0 & 0 & 1 \end{pmatrix},\quad {}^{1}_{2}\boldsymbol{T}=\begin{pmatrix} \cos\theta_2 & -\sin\theta_2 & 0 & 0 \\ 0 & 0 & -1 & 0 \\ \sin\theta_2 & \cos\theta_2 & 0 & 0 \\ 0 & 0 & 0 & 1 \end{pmatrix},
$$

$$
{}^{2}_{3}\boldsymbol{T}=\begin{pmatrix} \cos\theta_3 & -\sin\theta_3 & 0 & l_2 \\ \sin\theta_3 & \cos\theta_3 & 0 & 0 \\ 0 & 0 & 1 & 0 \\ 0 & 0 & 0 & 1 \end{pmatrix}\ {}^{3}_{4}\boldsymbol{T}=\begin{pmatrix} 1 & 0 & 0 & l_3 \\ 0 & 1 & 0 & 0 \\ 0 & 0 & 1 & 0 \\ 0 & 0 & 0 & 1 \end{pmatrix} \tag{5.30}
$$

回顾【例 5-6】。假设按照图 5.18 所示建立前置坐标系并定义 D-H 参数，其中坐标系 {1} 与 {0} 重合。

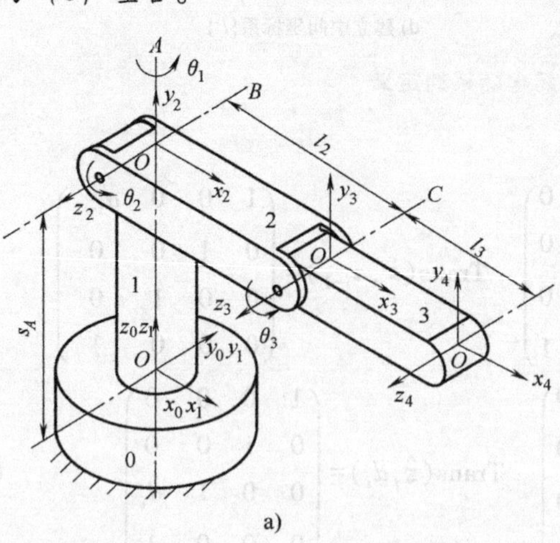

i	α_{i-1}	a_{i-1}	d_i	θ_i
1	0	0	0	θ_1
2	90°	0	s_A	θ_2
3	0	l_2	0	θ_3
4	0	l_3	0	0

b)

图 5.18 错误的坐标系设置

根据图 5.18 所示 D-H 参数和式（5.28），可得各相邻连杆坐标系之间的 D-H 矩阵为

$$
{}^0_1\boldsymbol{T}=\begin{pmatrix}\cos\theta_1 & -\sin\theta_1 & 0 & 0\\ \sin\theta_1 & \cos\theta_1 & 0 & 0\\ 0 & 0 & 1 & 0\\ 0 & 0 & 0 & 1\end{pmatrix},\quad {}^1_2\boldsymbol{T}=\begin{pmatrix}\cos\theta_2 & -\sin\theta_2 & 0 & 0\\ 0 & 0 & -1 & -s_A\\ \sin\theta_2 & \cos\theta_2 & 0 & 0\\ 0 & 0 & 0 & 1\end{pmatrix}
$$

$$
{}^2_3\boldsymbol{T}=\begin{pmatrix}\cos\theta_3 & -\sin\theta_3 & 0 & l_2\\ \sin\theta_3 & \cos\theta_3 & 0 & 0\\ 0 & 0 & 1 & 0\\ 0 & 0 & 0 & 1\end{pmatrix},\quad {}^3_4\boldsymbol{T}=\begin{pmatrix}1 & 0 & 0 & l_3\\ 0 & 1 & 0 & 0\\ 0 & 0 & 1 & 0\\ 0 & 0 & 0 & 1\end{pmatrix}
$$

通过验证｛2｝原点在｛1｝的坐标，可以明显看出${}^1_2\boldsymbol{T}$不正确。

仔细分析图 5.18 所示｛1｝和｛2｝的关系可以发现，无法利用式（5.26）所示的四个中间坐标系通过连续变换使｛1｝与｛2｝重合。因此，图 5.18 所示｛1｝与｛2｝的关系也就不遵循式（5.28）。此时，若仍按照式（5.28）建立 D-H 矩阵，将得到错误的结果。

通过这个实例可以看到，对于关节轴线垂直的情况，要慎重选择坐标系位置。图 5.18 所示坐标系｛1｝的原点应该选择关节 1 与关节 2 轴线的交点，这样才能确保两个相邻坐标系能够通过式（5.26）的变换顺序重合。

当然，也可以自行创建两坐标系间的变换矩阵，而不套用式（5.28）。例如，图 5.18 所示的坐标系｛1｝可以先绕 x 轴旋转 90°，再沿 y 轴移动 s_A，最后绕 z 轴旋转 θ_2 与坐标系｛2｝重合，由此得到

$$
{}^1_2\boldsymbol{T}=\mathrm{Rot}(\hat{x},90^\circ)\,\mathrm{Trans}(\hat{y},s_A)\,\mathrm{Rot}(\hat{z},\theta_2)=\begin{pmatrix}\cos\theta_2 & -\sin\theta_2 & 0 & 0\\ 0 & 0 & -1 & 0\\ \sin\theta_2 & \cos\theta_2 & 0 & s_A\\ 0 & 0 & 0 & 1\end{pmatrix}
$$

5.3.4 基于前置 D-H 参数法的串联机器人位移求解

串联机器人位移求解是指根据已知关节参数，求解末端工具坐标系｛$\boldsymbol{T}$｝相对基坐标系｛0｝的位姿矩阵${}^0_T\boldsymbol{T}$。

由前文分析可知，串联机器人的每个连杆相对于前一个连杆的相对位姿${}^{i-1}_{i}\boldsymbol{T}$由该连杆关节参数 q_i 唯一确定。因此，机器人末端位姿的求解可以通过合成各个关节引起的刚体运动来获得。

具体而言，对于 n 自由度的串联机器人，建立了各连杆坐标系及其对应的 D-H 参数之后，便得到了相应的 n 个 D-H 矩阵，将所有矩阵按顺序相乘，即可计算出末端工具坐标系｛$\boldsymbol{T}$｝相对基坐标系｛0｝的位姿${}^0_T\boldsymbol{T}$。

对于具有 n 个关节的串联机器人，其位置解的一般计算公式为

$$
{}^0_T\boldsymbol{T}={}^0_1\boldsymbol{T}\,{}^1_2\boldsymbol{T}\cdots{}^{n-1}_{\;\;n}\boldsymbol{T}\,{}^n_T\boldsymbol{T} \tag{5.31}
$$

式中，${}^0_nT$ 表示机器人末端执行器相对于基坐标系 {0} 的位姿，且可以表示为

$$
{}^0_T\boldsymbol{T}=\begin{pmatrix} {}^0_T\boldsymbol{R} & {}^0\boldsymbol{p} \\ 0 & 1 \end{pmatrix}=\begin{pmatrix} {}^0_n\boldsymbol{R} & {}^0\boldsymbol{P} \\ 0 & 1 \end{pmatrix} \tag{5.32}
$$

式（5.32）又称为串联机器人位移求解的闭环方程。

【例 5-9】 利用前置 D-H 参数法对【例 5-5】中的平面 3R 机器人进行正向位移求解。

解：【例 5-7】已经给出了该机器人的 D-H 参数和相邻连杆坐标系间的齐次变换矩阵，进而可根据式（5.31）对其进行正运动学求解。

将式（5.29）代入式（5.31），得到

$$
{}^0_4\boldsymbol{T}={}^0_1\boldsymbol{T}{}^1_2\boldsymbol{T}{}^2_3\boldsymbol{T}{}^3_4\boldsymbol{T}=\begin{pmatrix} c\theta_{123} & -s\theta_{123} & 0 & l_1c\theta_1+l_2c\theta_{12}+l_3c\theta_{123} \\ s\theta_{123} & c\theta_{123} & 0 & l_1s\theta_1+l_2s\theta_{12}+l_3s\theta_{123} \\ 0 & 0 & 1 & 0 \\ 0 & 0 & 0 & 1 \end{pmatrix} \tag{5.33}
$$

式中，θ_{ij} 是 $\theta_i+\theta_j$ 的简写，$c\theta_{ij}=\cos(\theta_i+\theta_j)$，$s\theta_{ij}=\sin(\theta_i+\theta_j)$，依此类推。此简写方式适用于本书后续各章。如果用${}^0_n\boldsymbol{T}=f(x, y, \varphi)$ 表示机器人末端的位姿，则由式（5.33）可以得到

$$
\begin{cases} x=l_1c\theta_1+l_2c\theta_{12}+l_3c\theta_{123} \\ y=l_1s\theta_1+l_2s\theta_{12}+l_3s\theta_{123} \\ \varphi=\theta_{123} \end{cases} \tag{5.34}
$$

【思考题】 式（5.34）中的 φ 如何定义？

【例 5-10】 利用前置 D-H 参数法对 PUMA560 机器人（图 3.22）进行正向位移分析。

解：首先建立各连杆坐标系，如图 5.18 所示。相关连杆参数及几何参数的取值见表 5.2。

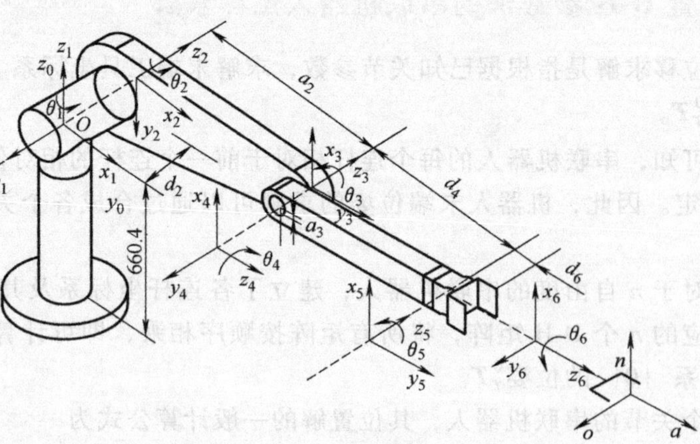

图 5.19 PUMA 560 机器人 D-H 坐标系

表 5.2　PUMA 560 机器人的连杆参数

连杆 i	变量 θ_i	α_{i-1}/(°)	a_{i-1}	d_i	变量范围/(°)
1	θ_1	0	0	0	-160~160
2	θ_2	-90	0	d_2	-225~45
3	θ_3	0	a_2	0	-45~225
4	θ_4	-90	a_3	d_4	-110~170
5	θ_5	90	0	0	-100~100
6	θ_6	-90	0	0	-266~266

根据表 5.2 中的连杆参数，可求得各连杆的前置 D-H 矩阵如下

$$
{}_1^0\boldsymbol{T}=\begin{pmatrix} c\theta_1 & -s\theta_1 & 0 & 0\\ s\theta_1 & c\theta_1 & 0 & 0\\ 0 & 0 & 1 & 0\\ 0 & 0 & 0 & 1\end{pmatrix},\quad
{}_2^1\boldsymbol{T}=\begin{pmatrix} c\theta_2 & -s\theta_2 & 0 & 0\\ 0 & 0 & 1 & d_2\\ -s\theta_2 & -c\theta_2 & 0 & 0\\ 0 & 0 & 0 & 1\end{pmatrix},\quad
{}_3^2\boldsymbol{T}=\begin{pmatrix} c\theta_3 & -s\theta_3 & 0 & a_2\\ s\theta_3 & c\theta_3 & 0 & 0\\ 0 & 0 & 1 & 0\\ 0 & 0 & 0 & 1\end{pmatrix}
$$

$$
{}_4^3\boldsymbol{T}=\begin{pmatrix} c\theta_4 & -s\theta_4 & 0 & a_3\\ 0 & 0 & 1 & d_4\\ -s\theta_4 & -c\theta_4 & 0 & 0\\ 0 & 0 & 0 & 1\end{pmatrix},\quad
{}_5^4\boldsymbol{T}=\begin{pmatrix} c\theta_5 & -s\theta_5 & 0 & 0\\ 0 & 0 & -1 & 0\\ s\theta_5 & c\theta_5 & 0 & 0\\ 0 & 0 & 0 & 1\end{pmatrix},\quad
{}_6^5\boldsymbol{T}=\begin{pmatrix} c\theta_6 & -s\theta_6 & 0 & 0\\ 0 & 0 & 1 & 0\\ -s\theta_6 & -c\theta_6 & 0 & 0\\ 0 & 0 & 0 & 1\end{pmatrix}
\tag{5.35}
$$

将式（5.35）代入式（5.31）中，得到该机器人的闭环方程

$$
{}_6^0\boldsymbol{T}={}_1^0\boldsymbol{T}(\theta_1){}_2^1\boldsymbol{T}(\theta_2){}_3^2\boldsymbol{T}(\theta_3){}_4^3\boldsymbol{T}(\theta_4){}_5^4\boldsymbol{T}(\theta_5){}_6^5\boldsymbol{T}(\theta_6) \tag{5.36}
$$

为各关节变量的函数。θ_i（$i=1$，2，…，6）取不同值时，将得到不同的变换矩阵${}_6^0\boldsymbol{T}$，即

$$
{}_6^0\boldsymbol{T}=\begin{pmatrix} n_x & o_x & a_x & p_x\\ n_y & o_y & a_y & p_y\\ n_z & o_z & a_z & p_z\\ 0 & 0 & 0 & 1\end{pmatrix} \tag{5.37}
$$

式中的元素是 θ_i（$i=1$，2，…，6）的函数，且满足

$$
\begin{aligned}
n_x&=c_1[c_{23}(c_4c_5c_6-s_4s_6)-s_{23}s_5c_6]+s_1(s_4c_5c_6+c_4s_6)\\
n_y&=s_1[c_{23}(c_4c_5c_6-s_4s_6)-s_{23}s_5c_6]-c_1(s_4c_5c_6+c_4s_6)\\
n_z&=-s_{23}(c_4c_5c_6-s_4s_6)-c_{23}s_5c_6\\
o_x&=c_1[c_{23}(-c_4c_5s_6-s_4c_6)+s_{23}s_5s_6]+s_1(c_4c_6-s_4c_5s_6)\\
o_y&=s_1[c_{23}(-c_4c_5s_6-s_4c_6)+s_{23}s_5s_6]-c_1(c_4c_6-s_4c_5s_6)\\
o_z&=-s_{23}(-c_4c_5c_6-s_4s_6)+c_{23}s_5s_6\\
a_x&=-c_1(c_{23}c_4s_5+s_{23}c_5)-c_1s_4s_5\\
a_y&=-s_1(c_{23}c_4s_5+s_{23}c_5)+c_1s_4s_5
\end{aligned}
$$

$$a_z=s_{23}c_4s_5-c_{23}c_5$$

$$p_x=c_1(a_2c_2+a_3c_{23}-d_4s_{23})-d_2s_1 \tag{5.38}$$

$$p_y=s_1(a_2c_2+a_3c_{23}-d_4s_{23})-d_2c_1$$

$$p_z=-a_3s_{23}-a_2s_2-d_4c_{23}$$

为验证所得${}_6^0\boldsymbol{T}$是否正确，选取一组特殊参数（$\theta_1=90°$，$\theta_2=0°$，$\theta_3=-90°$，$\theta_4=\theta_5=\theta_6=0°$），计算对应的齐次变换矩阵${}_6^0\boldsymbol{T}$。将以上参数代入式（5.37）和式（5.38），计算结果为

$${}_6^0\boldsymbol{T}=\begin{pmatrix}0&1&0&-d_2\\0&0&1&a_2+d_4\\1&0&0&a_3\\0&0&0&1\end{pmatrix} \tag{5.39}$$

【思考题】 如何用$f(p_x, p_x, p_z, \alpha, \beta, \gamma)$的形式表示${}_6^0\boldsymbol{T}$？其中，$\alpha$，$\beta$，$\gamma$表示末端姿态角。

*5.3.5 后置 D-H 参数法与串联机器人的正向运动学求解

本节对后置坐标系及正向位移求解问题做简单介绍。

首先对图 5.8a 所示的各符号定义如下。

（1）连杆坐标系｛i｝的建立原则　原点取在$\boldsymbol{a}_i$与轴线$\boldsymbol{s}_{i+1}$的交点处，z_i轴沿轴线$\boldsymbol{s}_{i+1}$方向，$\boldsymbol{x}_i$轴沿$\boldsymbol{a}_i$方向。

（2）连杆i的长度a_i　关节i轴线（$\hat{z}_{i-1}$）与关节i+1轴线（$\hat{z}_i$）的公法线长度。

（3）连杆i的扭角α_i　关节i轴线（$\hat{z}_{i-1}$）到关节i+1轴线（$\hat{z}_i$）的转角，遵循右手定则。

（4）偏距d_i　从$\boldsymbol{a}_{i-1}(\hat{\boldsymbol{x}}_{i-1})$与轴线$\boldsymbol{s}_i(\hat{z}_{i-1})$交点到$\boldsymbol{a}_i(\hat{\boldsymbol{x}}_i)$与轴线$\boldsymbol{s}_i(\hat{z}_i)$交点的有向距离；

（5）关节i的转角θ_i　连杆i相对连杆i-1的转角。

（6）基坐标系｛0｝与末端连杆坐标系｛n｝的选取原则　类同于前置坐标系的情况。

与前置法相比，可以发现，其优点在于后置坐标系下与连杆坐标系｛i｝相关的四个参数具有相同的下标i，而不足之处在于关节变量θ_i或d_i没有在连杆i本身的坐标系轴线上表达，因此并不直观。

同样，从图 5.8a 所示可以看到，每个连杆坐标系｛i｝都对应着四个参数：a_i，α_i，d_i，θ_i。也可通过以下四步导出从连杆坐标系｛i-1｝到坐标系｛i｝的齐次变换矩阵${}_i^{i-1}\boldsymbol{T}$。

1）绕$\boldsymbol{s}_i(\hat{z}_{i-1})$轴转动$\theta_i$。

2）沿$\boldsymbol{s}_i(\hat{z}_{i-1}$轴）平移$d_i$。

3）沿$\boldsymbol{a}_i(\hat{\boldsymbol{x}}_i$轴）平移$a_i$。

4）绕$\boldsymbol{a}_i(\hat{\boldsymbol{x}}_i$轴）转动$\alpha_i$。

由于以上四步都是相对动坐标系描述的，遵循从左到右矩阵相乘的原则，得到

$$
\begin{aligned}
{}^{i-1}_{i}\boldsymbol{T} &= \mathrm{Rot}(\hat{z},\theta_i)\,\mathrm{Trans}(\hat{z},d_i)\,\mathrm{Rot}(\hat{x},\alpha_i)\,\mathrm{Trans}(\hat{x},\alpha_i) \\
&= \begin{pmatrix} \cos\theta_i & -\sin\theta_i\cos\alpha_i & \sin\theta_i\sin\alpha_i & a_i\cos\theta_i \\ \sin\theta_i & \cos\theta_i\cos\alpha_i & -\cos\theta_i\sin\alpha_i & a_i\sin\theta_i \\ 0 & \sin\alpha_i & \cos\alpha_i & d_i \\ 0 & 0 & 0 & 1 \end{pmatrix}
\end{aligned}
\tag{5.40}
$$

与前置坐标系情况类似，建立后置坐标系下各连杆坐标系及其对应的 D-H 参数之后，便得到了后置（标准）D-H 矩阵；再将所有矩阵按顺序相乘，即可得到该串联机器人的位移正解方程。

【例 5-11】　利用后置 D-H 参数法对图 5.20a 所示平面 3R 机器人进行正向位移求解。

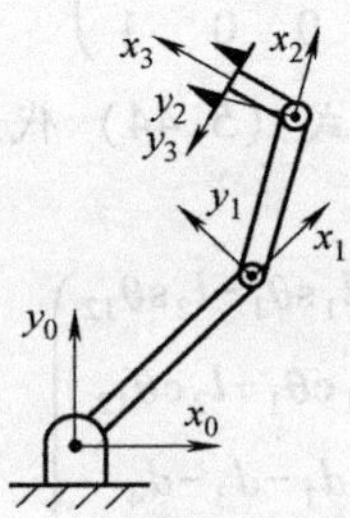

a) 连杆坐标系

i	α_i	a_i	d_i	θ_i
1	0	l_1	0	θ_1
2	0	l_2	0	θ_2
3	0	l_3	0	θ_3

b) 后置D-H参数

图 5.20　3R 机器人的连杆坐标系及其后置 D-H 参数

解：根据相关规则很容易建立起连杆坐标系，并给出相应的 D-H 参数，具体如图 5.20b 所示。对应各连杆坐标系的 D-H 矩阵为

$$
{}^{i-1}_{i}\boldsymbol{T} = \begin{pmatrix} \cos\theta_i & -\sin\theta_i & 0 & l_i\cos\theta_i \\ \sin\theta_i & \cos\theta_i & 0 & l_i\sin\theta_i \\ 0 & 0 & 1 & 0 \\ 0 & 0 & 0 & 1 \end{pmatrix}, i=1,2,3 \tag{5.41}
$$

再根据式（5.31）对其正运动学进行求解。具体而言，将式（5.41）代入式（5.31）中，得到

$$
{}^{0}_{3}\boldsymbol{T} = {}^{0}_{1}\boldsymbol{T}{}^{1}_{2}\boldsymbol{T}{}^{2}_{3}\boldsymbol{T} = \begin{pmatrix} c\theta_{123} & -s\theta_{123} & 0 & l_1c\theta_1+l_2c\theta_{12}+l_3c\theta_{123} \\ s\theta_{123} & c\theta_{123} & 0 & l_1s\theta_1+l_2s\theta_{12}+l_3s\theta_{123} \\ 0 & 0 & 1 & 0 \\ 0 & 0 & 0 & 1 \end{pmatrix} \tag{5.42}
$$

如果用 ${}^{0}_{n}\boldsymbol{T}=f(x,\ y,\ \varphi)$ 表示机器人末端的位姿，则由式（5.42）可以得到

$$
\begin{cases} x = l_1c\theta_1+l_2c\theta_{12}+l_3c\theta_{123} \\ y = l_1s\theta_1+l_2s\theta_{12}+l_3s\theta_{123} \\ \varphi = \theta_{123} \end{cases} \tag{5.43}
$$

【例 5-12】　利用后置 D-H 参数法对图 5.21 所示 SCARA 机器人进行正向位移求解。

解：根据相关规则建立连杆坐标系（图 5.22a），并给出相应的 D-H 参数，具体如图 5.22b 所示。对应各连杆坐标系的 D-H 矩阵为

$$ {}_1^0\boldsymbol{T}=\begin{pmatrix}\cos\theta_1 & -\sin\theta_1 & 0 & l_1\cos\theta_1\\ \sin\theta_1 & \cos\theta_1 & 0 & l_1\sin\theta_1\\ 0 & 0 & 1 & d_1\\ 0 & 0 & 0 & 1\end{pmatrix},\ {}_2^1\boldsymbol{T}=\begin{pmatrix}\cos\theta_2 & \sin\theta_2 & 0 & l_2\cos\theta_2\\ \sin\theta_2 & -\cos\theta_2 & 0 & l_2\sin\theta_2\\ 0 & 0 & -1 & 0\\ 0 & 0 & 0 & 1\end{pmatrix}, $$

$$ {}_3^2\boldsymbol{T}=\begin{pmatrix}\cos\theta_3 & -\sin\theta_3 & 0 & 0\\ \sin\theta_3 & \cos\theta_3 & 0 & 0\\ 0 & 0 & 1 & d_3\\ 0 & 0 & 0 & 1\end{pmatrix},\ {}_4^3\boldsymbol{T}=\begin{pmatrix}1 & 0 & 0 & 0\\ 0 & 1 & 0 & 0\\ 0 & 0 & 1 & d_4\\ 0 & 0 & 0 & 1\end{pmatrix} \tag{5.44}$$

再根据式（5.31）对其正运动学进行求解。具体而言，将式（5.44）代入式（5.31）中，得到

$$ {}_4^0\boldsymbol{T}={}_1^0\boldsymbol{T}{}_2^1\boldsymbol{T}{}_3^2\boldsymbol{T}{}_4^3\boldsymbol{T}=\begin{pmatrix}c\theta_{123} & -s\theta_{123} & 0 & -l_1s\theta_1-l_2s\theta_{12}\\ s\theta_{123} & c\theta_{123} & 0 & l_1c\theta_1+l_2c\theta_{12}\\ 0 & 0 & -1 & d_1-d_3-d_4\\ 0 & 0 & 0 & 1\end{pmatrix} \tag{5.45}$$

如果用 ${}_n^0\boldsymbol{T}=f(x,\ y,\ z,\ \varphi)$ 表示机器人末端的位姿，则由式（5.49）可以得到

$$\begin{cases}x=-l_1s\theta_1-l_2s\theta_{12}\\ y=l_1c\theta_1+l_2c\theta_{12}\\ z=d_1-d_3-d_4\\ \varphi=\theta_{123}\end{cases} \tag{5.46}$$

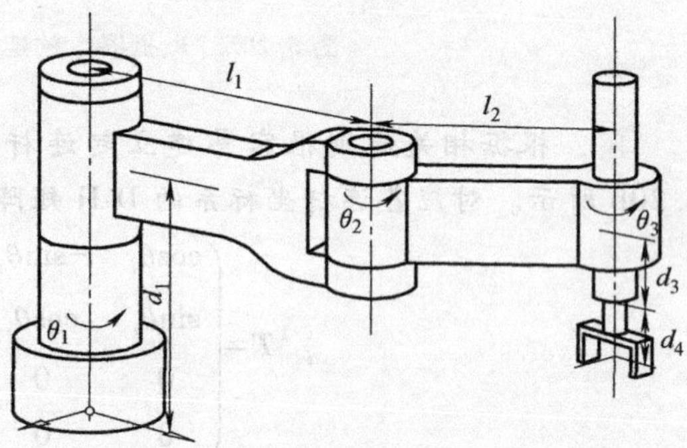

图 5.21 SCARA 机器人的各参数分布

【例 5-13】 利用后置 D-H 参数法对图 5.16a 所示空间 3R 机器人进行正向位移求解。

解：根据相关规则建立连杆坐标系（图 5.23a），并给出该机器人的后置 D-H 参数（图 5.23b），然后建立相邻连杆坐标系间的后置 D-H 矩阵

$$ {}_1^0\boldsymbol{T}=\begin{pmatrix}\cos\theta_1 & -\sin\theta_1 & 0 & 0\\ \sin\theta_1 & \cos\theta_1 & 0 & 0\\ 0 & 0 & 1 & s_A\\ 0 & 0 & 0 & 1\end{pmatrix},\ {}_2^1\boldsymbol{T}=\begin{pmatrix}\cos\theta_2 & -\sin\theta_2 & 0 & l_2\\ 0 & 0 & -1 & 0\\ \sin\theta_2 & \cos\theta_2 & 0 & 0\\ 0 & 0 & 0 & 1\end{pmatrix},\ {}_3^2\boldsymbol{T}=\begin{pmatrix}\cos\theta_3 & -\sin\theta_3 & 0 & l_3\\ \sin\theta_3 & \cos\theta_3 & 0 & 0\\ 0 & 0 & 1 & 0\\ 0 & 0 & 0 & 1\end{pmatrix} \tag{5.47}$$

由此可求得从坐标系 ${}_1^0\boldsymbol{T}$ 到坐标系 ${}_3^2\boldsymbol{T}$ 的组合坐标变换矩阵 ${}_3^0\boldsymbol{T}$

$$ {}_3^0\boldsymbol{T}={}_1^0\boldsymbol{T}{}_2^1\boldsymbol{T}{}_3^2\boldsymbol{T} \tag{5.48}$$

因此，求得空间 3R 机器人的正向位移解为

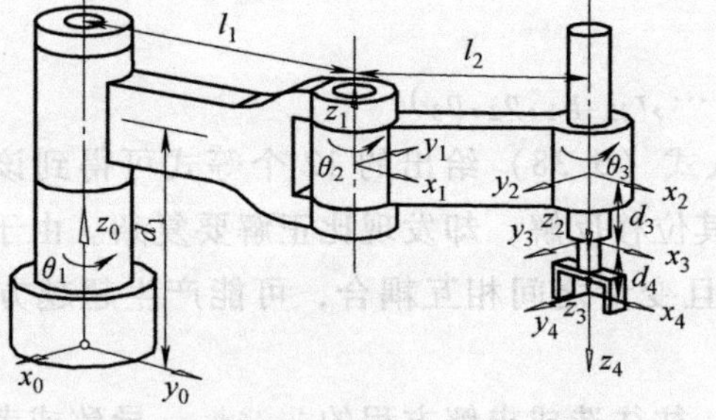

a) 连杆坐标系

i	α_i	a_i	d_i	θ_i
1	0	l_1	d_1	θ_1
2	π	l_2	0	θ_2
3	0	0	d_3	θ_3
4	0	0	d_4	0

b) 后置D-H参数

图 5.22　SCARA 机器人的连杆坐标系及其后置 D-H 参数

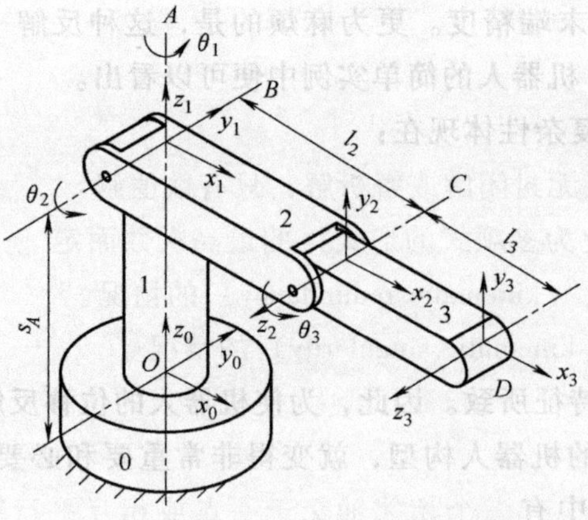

a) 连杆坐标系

i	α_i	a_i	d_i	θ_i
1	0	0	s_A	θ_1
2	90°	l_2	0	θ_2
3	0	l_3	0	θ_3

b) 后置D-H参数

图 5.23　空间 3R 机器人及其后置 D-H 参数

$$
{}^0_3\boldsymbol{T}=\begin{pmatrix} l_2\cos\theta_1\cos\theta_2+l_3\cos\theta_1\cos(\theta_2+\theta_3) \\ l_2\sin\theta_1\cos\theta_2+l_3\sin\theta_1\cos(\theta_2+\theta_3) \\ s_A+l_2\sin\theta_2+l_3\sin(\theta_2+\theta_3) \end{pmatrix} \tag{5.49}
$$

5.4　串联机器人的位移反解

串联机器人的位移反解是指给定末端工具坐标系所期望的位姿，求解与该位姿相对应的各个关节变量。

对于串联机器人，当关节变量已知时，末端位置一般是唯一的，即位移正解是唯一的，求解相对简单。但对于位移反解问题，情况又如何呢？以 5.3 节给出 6 自由度串联机器人的运动学公式为例，重写如下

$$
{}^0_6\boldsymbol{T}={}^0_1\boldsymbol{T}(q_1)\,{}^1_2\boldsymbol{T}(q_2)\,{}^2_3\boldsymbol{T}(q_3)\,{}^3_4\boldsymbol{T}(q_4)\,{}^4_5\boldsymbol{T}(q_5)\,{}^5_6\boldsymbol{T}(q_6)=\begin{pmatrix} r_{11} & r_{12} & r_{13} & p_1 \\ r_{21} & r_{22} & r_{23} & p_2 \\ r_{31} & r_{32} & r_{33} & p_3 \\ 0 & 0 & 0 & 1 \end{pmatrix} \tag{5.50}
$$

式中，r_{ij}、p_i 已知，且都由关节变量 q_i 确定，待求值为 q_i。即串联机器人位移反解的过程可以归结为求解其逆运动学模型的过程，即

$$q_{1\sim n}=g_{1\sim n}(r_{11},\cdots,r_{33},p_1,p_2,p_3) \tag{5.51}$$

以 PUMA560 机器人的位移反解为例，从式（5.38）给出的 12 个等式可得到该机器人的位移正解；反过来，如果利用该方程求解其位移反解，却发现比正解要复杂。由于待求的是关节角，方程中存在大量的反三角函数，且变量之间相互耦合，可能产生超越方程（导致无解析解）。

扩展到一般情况，关节量之间相互耦合，往往造成求解方程的非线性，导致或者不存在封闭解，或者只能进行数值求解，从而给串联机器人运动学反解的求解带来一定的困难。由于数值解法的迭代特性（由 5.2.2 节的例子可以看到），它一般要比相应的解析解求解速度慢得多，由此产生的误差也会影响机器人的末端精度。更为麻烦的是，这种反解一般为多解，不具有唯一性。这从 5.2.1 节中平面 2R 机器人的简单实例中便可以看出。

一般而言，串联机器人逆运动学问题的复杂性体现在：

1）运动学方程通常为非线性，可能导致无封闭解或解析解，只有数值解。

2）可能存在多解，视运动学方程（转化为多项式的形式）的最高次数而定。

3）可能存在无穷多个解，如运动学冗余（kinematic redundancy）的情况。

4）可能不存在可行解，如运动学奇异（kinematic singularity）的情况。

上述四种情况，均由机器人的特殊结构特征所致。因此，为使机器人的位移反解问题变得简单且有封闭解，设计具有特殊几何结构的机器人构型，就变得非常重要和必要。Pieper 就曾提出，对于 6-DOF 的串联机器人，当其中有三个相邻轴交于一点或相互平行时，该机器人的位移反解才具有解析解。本节后文对此结论有相应证明，而此结论也间接验证了成功应用的工业机器人大都采用特殊构型的原因。

【背景知识】 机构学的“珠穆朗玛峰”问题　对于具有转动轴线位置任意分布的 6-DOF 串联机器人而言，尽管工程价值不大，但其理论意义却十分重要。机构学国际资深学者弗洛丹斯坦（Freudenstein）教授在 1973 年发表的综述性论文《机构学的过去、现在和将来》中，把用空间任意方向的 7 个转动副轴连接的、由 7 个空间杆组成的空间七杆机构的位移反解分析问题（简称空间 7R 机构），比喻成机构运动学分析中的“珠穆朗玛峰”问题。1986 年，李宏友和廖启征两名博士生，在北京邮电大学梁崇高教授和北京航空航天大学张启先教授的指导下，利用新的矢量法与复数法，伴以投影半角正切定理及混合关系式，圆满解决了空间 7R 机构位移反解分析问题，实质上也解决了轴线任意分布的 6R 串联机器人位移反解求解的难题。

从下面几个例子，可以看出串联机器人逆运动学求解的复杂性、多解性。

【例 5-14】 对图 5-14 所示的平面 3R 机器人求位移反解。

解：平面 3R 机器人的位移正解方程已由前文给出。现在求解该问题的逆问题：即已知末端执行器的某一位姿 $(x, y, \varphi)^{\mathrm{T}}$，求对应的三个关节变量值。

解法一：代数法。根据式（5.33）或（5.43），可得

$$\begin{cases} x = l_1 c\theta_1 + l_2 c\theta_{12} + l_3 c\theta_{123} \\ y = l_1 s\theta_1 + l_2 s\theta_{12} + l_3 s\theta_{123} \\ \varphi = \theta_{123} \end{cases} \tag{5.52}$$

对式（5.52）进行变换，得到

$$\begin{cases} x' = x - l_3 c\varphi = l_2 c\theta_{12} + l_1 c\theta_1 \\ y' = y - l_3 s\varphi = l_2 s\theta_{12} + l_1 s\theta_1 \\ \varphi = \theta_{123} \end{cases} \tag{5.53}$$

对式（5.53）中的前两个等式两边求平方和再相加，得到

$$l_1^2 + l_2^2 + 2l_1 l_2 c\theta_2 = x'^2 + y'^2 \tag{5.54}$$

即

$$c\theta_2 = \frac{x'^2 + y'^2 - l_1^2 - l_2^2}{2l_1 l_2} \tag{5.55}$$

$$s\theta_2 = \pm\sqrt{1 - c^2\theta_2} \tag{5.56}$$

$$\theta_2 = \text{Atan2}(s\theta_2,\ c\theta_2) \tag{5.57}$$

确定 θ_2 之后，再来求解 θ_1。将 θ_2 代入式（5.57）中，求得

$$c\theta_1 = \frac{(l_1 + l_2 c\theta_2) x' + l_2 s\theta_2 y'}{x'^2 + y'^2} \tag{5.58}$$

$$s\theta_1 = \frac{(l_1 + l_2 c\theta_2) y' - l_2 s\theta_2 x'}{x'^2 + y'^2} \tag{5.59}$$

$$\theta_1 = \text{Atan2}(s\theta_1,\ c\theta_1) \tag{5.60}$$

最后再由式（5.53）可得

$$\theta_3 = \varphi - \theta_1 - \theta_2 \tag{5.61}$$

解法二：几何法。采用几何方法对平面3R机器人求位移反解，具体如图5.24所示。显然，由三角形余弦定理很容易导出与代数法完全相同的结果，具体过程从略。

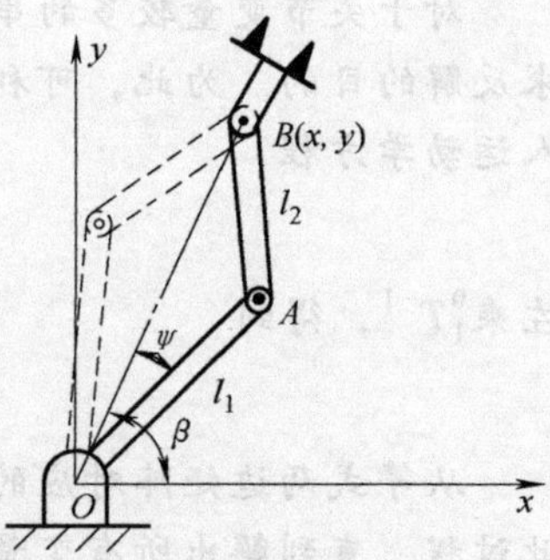

图5.24 几何法求解3R机器人逆运动学示意

简单对【例5-14】进行分析、对比，发现：

1）无论代数法还是几何法，都可以得到该机器人位移反解的解析表达式，即存在封闭解。

2）不同于位移正解的唯一性，位移反解存在多解。对于平面3R机器人，基本上末端每个位姿都存在两组解（图中实线与虚线所示位姿对应着同一末端位姿下的两组位移反解）。

【例5-15】 对【例5-13】的空间3R机器人求位移反解。

解：由式（5.54）可知，该机器人运动学正解为

$$\begin{cases} x_D = l_2 \cos\theta_1 \cos\theta_2 + l_3 \cos\theta_1 \cos(\theta_2 + \theta_3) \\ y_D = l_2 \sin\theta_1 \cos\theta_2 + l_3 \sin\theta_1 \cos(\theta_2 + \theta_3) \\ z_D - s_A = l_2 \sin\theta_2 + l_3 \sin(\theta_2 + \theta_3) \end{cases} \tag{5.62}$$

对式（5.62）两边求平方和相加，得到

$$x_D^2+y_D^2+(z_D-s_A)^2=l_2^2+l_3^2+2l_2l_3\cos\theta_3 \tag{5.63}$$

由此可得

$$\theta_3=\cos^{-1}\left(\frac{x_D^2+y_D^2+(z_D-s_A)^2-l_2^2-l_3^2}{2l_3l_3}\right) \tag{5.64}$$

对应有两组解，再由式（5.66）可得

$$\theta_1=\mathrm{Atan2}(y_D,\ x_D) \tag{5.65}$$

$$\theta_2=\mathrm{Atan2}[(z_D-s_A)(l_2+l_3\cos\theta_3)\cos\theta_1-x_Dl_3\sin\theta_3,\ x_D(l_2+l_3\cos\theta_3)+(z_D-s_A)l_3\sin\theta_3\cos\theta_1] \tag{5.66}$$

式中，$\sin\theta_3=\pm\sqrt{1-\cos^2\theta_3}$。

【例 5-16】 对【例 5-10】中的 PUMA560 机器人求位移反解。

解：重新写出运动方程

$$ {}_6^0\boldsymbol{T}=\begin{pmatrix} n_x & o_x & a_x & p_x \\ n_y & o_y & a_y & p_y \\ n_z & o_z & a_z & p_z \\ 0 & 0 & 0 & 1 \end{pmatrix}={}_1^0\boldsymbol{T}(\theta_1){}_2^1\boldsymbol{T}(\theta_2){}_3^2\boldsymbol{T}(\theta_3){}_4^3\boldsymbol{T}(\theta_4){}_5^4\boldsymbol{T}(\theta_5){}_6^5\boldsymbol{T}(\theta_6) \tag{5.67}$$

若末端连杆的位姿已经给定，即式（5.67）中${}_6^0\boldsymbol{T}$的元素均为已知，则求关节变量θ_1，θ_2，…，θ_6的值称为位移反解。

对于关节变量较多的串联机器人，由于关节之间高度耦合，需逐次消元，以达到简化求反解的目的。为此，可利用 Paul 反变换法来实现。具体而言，对于一般性的串联机器人运动学方程

$${}_1^0\boldsymbol{T}(\theta_1){}_2^1\boldsymbol{T}(\theta_2)\cdots{}_n^{n-1}\boldsymbol{T}(\theta_n)={}_n^0\boldsymbol{T} \tag{5.68}$$

左乘${}_1^0\boldsymbol{T}^{-1}$，得到

$${}_2^1\boldsymbol{T}(\theta_2)\cdots{}_n^{n-1}\boldsymbol{T}(\theta_n)={}_1^0\boldsymbol{T}^{-1}{}_n^0\boldsymbol{T} \tag{5.69}$$

从等式两边矩阵对应的元素中寻找含单关节变量的等式，进而求出该变量。不断重复此过程，直到解出所有变量。下面以 PUMA560 为例，给出具体求解过程。

（1）求θ_1 考虑具体的关节数，式（5.68）可写成

$${}_1^0\boldsymbol{T}(\theta_1){}_2^1\boldsymbol{T}(\theta_2)\cdots{}_6^5\boldsymbol{T}(\theta_6)={}_6^0\boldsymbol{T} \tag{5.70}$$

用逆变换${}_1^0\boldsymbol{T}^{-1}$左乘方程式（5.70）的两端，得

$${}_2^1\boldsymbol{T}(\theta_2)\cdots{}_6^5\boldsymbol{T}(\theta_6)={}_1^0\boldsymbol{T}^{-1}{}_6^0\boldsymbol{T}={}_6^1\boldsymbol{T}$$

对左端展开，得

$$\begin{pmatrix} \mathrm{c}_1 & \mathrm{s}_1 & 0 & 0 \\ -\mathrm{s}_1 & \mathrm{c}_1 & 0 & 0 \\ 0 & 0 & 1 & 0 \\ 0 & 0 & 0 & 1 \end{pmatrix}\begin{pmatrix} n_x & o_x & a_x & p_x \\ n_y & o_y & a_y & p_y \\ n_z & o_z & a_z & p_z \\ 0 & 0 & 0 & 1 \end{pmatrix}={}_6^1\boldsymbol{T} \tag{5.71}$$

为进一步求解，可先把求解过程中要用到的几个中间变换矩阵求出，具体如下

$$ {}_6^4\boldsymbol{T}=\begin{pmatrix} c_5c_6 & -c_5s_6 & -s_5 & 0 \\ s_6 & c_6 & 0 & 0 \\ s_5s_6 & -s_5c_6 & c_5 & 0 \\ 0 & 0 & 0 & 1 \end{pmatrix} \tag{5.72}$$

$$ {}_6^3\boldsymbol{T}={}_4^3\boldsymbol{T}{}_6^4\boldsymbol{T}=\begin{pmatrix} c_4c_5c_6-s_4s_6 & -c_4c_5s_6-s_4c_6 & -c_4s_5 & a_3 \\ s_5s_6 & -s_5c_6 & c_5 & d_4 \\ -s_4s_5s_6-c_4s_6 & s_4c_5s_6-c_4c_6 & s_4s_5 & 0 \\ 0 & 0 & 0 & 1 \end{pmatrix} \tag{5.73}$$

$$ {}_3^1\boldsymbol{T}={}_2^1\boldsymbol{T}{}_3^2\boldsymbol{T}=\begin{pmatrix} c_{23} & -s_{23} & 0 & a_2c_2 \\ 0 & 0 & 1 & d_2 \\ -s_{23} & -c_{23} & 0 & -a_2s_2 \\ 0 & 0 & 0 & 1 \end{pmatrix} \tag{5.74}$$

由式（5.73）和式（5.74），可得${}_6^1\boldsymbol{T}$，即

$$ {}_6^1\boldsymbol{T}={}_3^1\boldsymbol{T}{}_6^3\boldsymbol{T} \tag{5.75}$$

令

$$ {}_6^1\boldsymbol{T}=\begin{pmatrix} {}^1n_x & {}^1o_x & {}^1a_x & {}^1p_x \\ {}^1n_y & {}^1o_y & {}^1a_y & {}^1p_y \\ {}^1n_z & {}^1o_z & {}^1a_z & {}^1p_z \\ 0 & 0 & 0 & 1 \end{pmatrix} \tag{5.76}$$

由式（5.75）和式（5.76），可导出

$$\begin{aligned} &{}^1n_x=c_{23}(c_4c_5c_6-s_4s_6)-s_{23}s_5c_6 \\ &{}^1n_y=s_4c_5c_6-c_4s_6 \\ &{}^1n_z=-s_{23}(c_4c_5c_6-s_4s_6)-c_{23}s_5c_6 \\ &{}^1o_x=-c_{23}(c_4c_5s_6+s_4c_6)+s_{23}s_5s_6 \\ &{}^1o_y=s_4c_5s_6-c_4c_6, \\ &{}^1o_z=s_{23}(c_4c_5s_6+s_4c_6)+c_{23}s_5s_6 \\ &{}^1a_x=-c_{23}c_4s_5-s_{23}c_5, \\ &{}^1a_y=s_4s_5, \\ &{}^1a_z=s_{23}c_4s_5-c_{23}c_5 \\ &\boxed{\begin{aligned} &{}^1p_x=a_2c_2+a_3c_{23}-d_4s_{23} \\ &{}^1p_y=d_2 \\ &{}^1p_z=-a_2s_2-a_3s_{23}-d_4c_{23} \end{aligned}} \end{aligned} \tag{5.77}$$

令式（5.76）两端的第二行第四列（2，4）对应的元素相等，结合式（5.71）的计算结果，可得

$$-p_x s_1 + p_y c_1 = d_2 = {}^1p_y \tag{5.78}$$

这是一个只含有未知数 θ_1 的三角函数方程，很容易求解，这里不再赘述。

（2）求 θ_3、θ_2　在选定 θ_1 的一个解之后，再令式（5.76）两端（1，4）和（3，4）分别对应的元素相等，即得两方程

$$\begin{cases} c_1 p_x + s_1 p_y = a_3 c_{23} - d_4 s_{23} + a_2 c_2 \\ -p_z = a_3 s_{23} + d_4 c_{23} + a_2 s_2 \end{cases} \tag{5.79}$$

化简以上两式，消去 θ_2 得

$$a_3 c_3 - d_4 s_3 = k \tag{5.80}$$

式中

$$k = \frac{p_x^2 + p_y^2 + p_z^2 - a_2^2 - a_3^2 - d_2^2 - d_4^2}{2a_2} \tag{5.81}$$

θ_3 解出后回代式（5.80），即可求出 θ_2。

（3）求 θ_4、θ_5　写出相应的矩阵方程

$$ {}^0_3\boldsymbol{T}^{-1}\,{}^0_6\boldsymbol{T} = {}^3_4\boldsymbol{T}(\theta_4)\,{}^4_5\boldsymbol{T}(\theta_5)\,{}^5_6\boldsymbol{T}(\theta_6) = {}^3_6\boldsymbol{T} \tag{5.82}$$

式（5.73）已经给出了 ${}^3_6\boldsymbol{T}$ 的值，这里重写一遍。

$$ {}^3_6\boldsymbol{T} = {}^3_4\boldsymbol{T}\,{}^4_6\boldsymbol{T} = \begin{pmatrix} c_4c_5c_6 - s_4s_6 & -c_4c_5s_6 - s_4c_6 & \boxed{-c_4s_5} & a_3 \\ s_5s_6 & -s_5c_6 & c_5 & d_4 \\ -s_4s_5s_6 - c_4s_6 & s_4c_5s_6 - c_4c_6 & s_4s_5 & 0 \\ 0 & 0 & 0 & 1 \end{pmatrix} \tag{5.83}$$

由于 $\theta_1 \sim \theta_3$ 的值已求出，因此式（5.82）的左端为已知值（代入相关参数即可求解），式（5.82）的右端值见式（5.83）。

再令式（5.82）的两端（1，3）和（3，3）分别对应的元素相等，可得

$$\begin{cases} a_x c_1 c_{23} + a_y s_1 c_{23} - a_z s_{23} = -c_4 s_5 \\ -a_x s_1 + a_y c_1 = s_4 s_5 \end{cases} \tag{5.84}$$

只要 $s_5 \neq 0$ 时，便可求出 θ_4

$$\theta_4 = \mathrm{Atan2}(-a_x s_1 + a_y c_1, -a_x c_1 c_{23} - a_y s_1 c_{23} + a_z s_{23}) \tag{5.85}$$

当 $s_5 = 0$ 时，机械手处于奇异位形。此时，关节轴 4 和 6 重合，只能解出 θ_4 与 θ_6 的和或者差。奇异位形可以由式（5.85）中的两个变量是否都接近零来判别。若都接近零，则为奇异位形，否则，不是奇异位形。在奇异位姿时，可任意选取 θ_4 的值，再计算相应 θ_5 的值。θ_4 解出后代回式（5.85）可求出 θ_5。

（4）求 θ_6　写出相应的矩阵方程

$$ {}^0_5\boldsymbol{T}^{-1}(\theta_1, \theta_2, \theta_3, \cdots, \theta_5)\,{}^0_6\boldsymbol{T} = {}^5_6\boldsymbol{T}(\theta_6) \tag{5.86}$$

由于 $\theta_1 \sim \theta_5$ 的值已求出，因此式（5.86）的左端为已知值（代入相关参数即可求解）；式（5.86）的右端满足齐次变换矩阵

$$
{}_6^5\boldsymbol{T}=\begin{pmatrix} \boxed{\begin{matrix} c\theta_6 \\ 0 \\ -s\theta_6 \end{matrix}} & \begin{matrix} -s\theta_6 \\ 0 \\ -s\theta_6 \end{matrix} & \begin{matrix} 0 \\ 1 \\ 0 \end{matrix} & \begin{matrix} 0 \\ 0 \\ 0 \end{matrix} \\ 0 & 0 & 0 & 1 \end{pmatrix} \tag{5.87}
$$

再令式（5.86）的两端（3，1）和（1，1）分别对应的元素相等，即可求得 θ_6。

求解时可以发现该机器人的位移反解个数不是唯一的，理论上存在 8 组解。这意味着机器人到达一个确定的目标或者实现相同的位姿有 8 组不同的解。图 5.25 所示为其中的四种，每一种解都存在前三个关节角相等、而末端关节角不等的另一个解。不过，由于关节运动等限制，这 8 组解中的一部分在实际中可能并不存在。

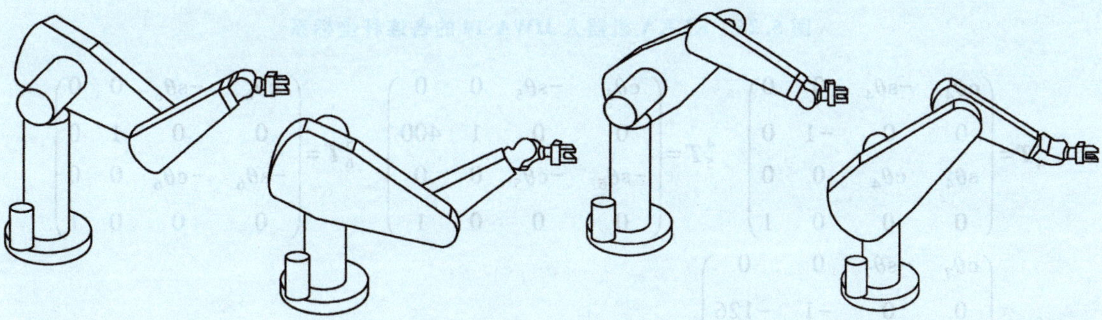

图 5.25　PUMA 机器人同一位姿下的四种构型

上面所给的例子都存在封闭解或解析解。其中，【例 5-14】中的平面 3R 机器人是三个转动轴线相互平行，【例 5-16】中 PUMA560 机器人末端的三个转动轴线交于一点。这两种特殊的几何分布都满足前文给出的 Pieper 法则，因此一定会有封闭解或解析解。

5.5　综合实例

本节以 7-DOF 串联机器人 KUKA iiwa-14 为例，介绍该机器人位移正、反解的求解过程。

1. D-H 建模

利用前置 D-H 参数法对 KUKA IIWA-14 7-DOF 串联机器人进行运动学分析。各连杆坐标系如图 5.26 所示。建立连杆坐标系后，可得到相应的连杆参数，如图 5.26b 所示。

2. 正运动学分析

代入图 5.26b 中所示的连杆参数，可计算得到坐标系｛i｝相对于坐标系｛i-1｝的齐次变换矩阵为

$$
{}_1^0\boldsymbol{T}=\begin{pmatrix} c\theta_1 & -s\theta_1 & 0 & 0 \\ s\theta_1 & c\theta_1 & 0 & 0 \\ 0 & 0 & 1 & 340 \\ 0 & 0 & 0 & 1 \end{pmatrix} \quad {}_2^1\boldsymbol{T}=\begin{pmatrix} c\theta_2 & -s\theta_2 & 0 & 0 \\ 0 & 0 & 1 & 0 \\ -s\theta_2 & -c\theta_2 & 0 & 0 \\ 0 & 0 & 0 & 1 \end{pmatrix} \quad {}_3^2\boldsymbol{T}=\begin{pmatrix} c\theta_3 & -s\theta_3 & 0 & 0 \\ 0 & 0 & -1 & -400 \\ s\theta_3 & c\theta_3 & 0 & 0 \\ 0 & 0 & 0 & 1 \end{pmatrix}
$$

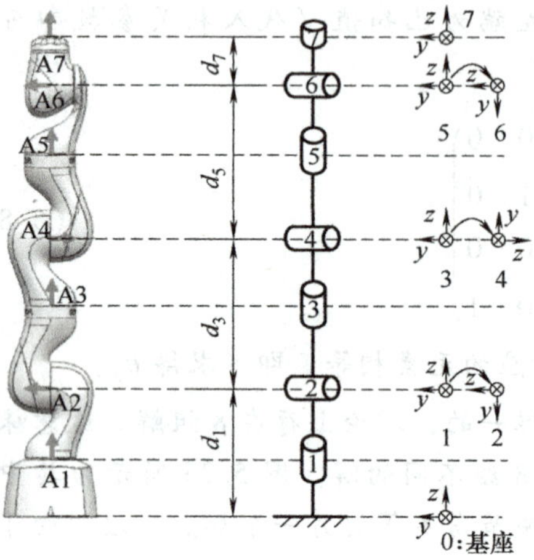

a)

KUKA IIWA-14的连杆参数

i	α_{i-1}	a_{i-1}	d_i	θ_i
1	0	0	d_1=340	θ_1
2	−π/2	0	0	θ_2
3	π/2	0	d_3=400	θ_3
4	π/2	0	0	θ_4
5	−π/2	0	d_5=400	θ_5
6	−π/2	0	0	θ_6
7	π/2	0	d_7=126	θ_7

b)

图 5.26　KUKA 机器人 IIWA-14 的各连杆坐标系

$$
{}_4^3\boldsymbol{T}=\begin{pmatrix} c\theta_4 & -s\theta_4 & 0 & 0\\ 0 & 0 & -1 & 0\\ s\theta_4 & c\theta_4 & 0 & 0\\ 0 & 0 & 0 & 1\end{pmatrix}\quad
{}_5^4\boldsymbol{T}=\begin{pmatrix} c\theta_5 & -s\theta_5 & 0 & 0\\ 0 & 0 & 1 & 400\\ -s\theta_5 & -c\theta_5 & 0 & 0\\ 0 & 0 & 0 & 1\end{pmatrix}\quad
{}_6^5\boldsymbol{T}=\begin{pmatrix} c\theta_6 & -s\theta_6 & 0 & 0\\ 0 & 0 & 1 & 0\\ -s\theta_6 & -c\theta_6 & 0 & 0\\ 0 & 0 & 0 & 1\end{pmatrix}
$$

$$
{}_7^6\boldsymbol{T}=\begin{pmatrix} c\theta_7 & -s\theta_7 & 0 & 0\\ 0 & 0 & -1 & -126\\ s\theta_7 & c\theta_7 & 0 & 0\\ 0 & 0 & 0 & 1\end{pmatrix} \tag{5.88}
$$

给定 7 个关节变量 $\{\theta_1,\ \theta_2,\ \theta_3,\ \theta_4,\ \theta_5,\ \theta_6,\ \theta_7\}$，即可得到末端坐标系相对基坐标系的变换矩阵为

$$
{}_7^0\boldsymbol{T}={}_1^0\boldsymbol{T}\,{}_2^1\boldsymbol{T}\,{}_3^2\boldsymbol{T}\,{}_4^3\boldsymbol{T}\,{}_5^4\boldsymbol{T}\,{}_6^5\boldsymbol{T}\,{}_7^6\boldsymbol{T} \tag{5.89}
$$

3. 逆运动学求解

由于 IIWA-14 具有 7 个自由度，若对其求逆解，会产生无数多个解。一种处理方法是固定某个关节不动（变为常值），这样就变成了 6 自由度操作臂，它具有有限组位移反解。

本例假设第三个关节不动（$\theta_3=0$），固定其他关节的分析过程与之类似。为了求解简便，添加了辅助点 F 与辅助坐标系 $\{7'\}$，如图 5.27 所示。已知${}_7^0\boldsymbol{T}$，即

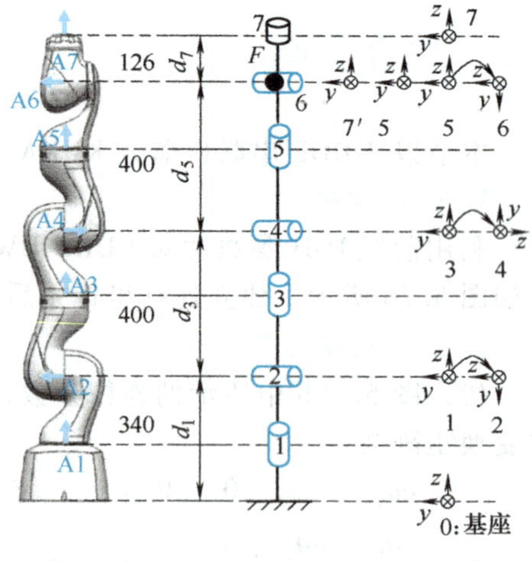

图 5.27　KUKA 机器人 IIWA-14 的各连杆坐标系（求逆解）

$$
{}_7^0\boldsymbol{T}=\begin{pmatrix} {}_7^0\boldsymbol{R} & {}_7^0\boldsymbol{p}\\ 0 & 1\end{pmatrix}=\begin{pmatrix} n_x & o_x & a_x & p_x\\ n_y & o_y & a_y & p_y\\ n_z & o_z & a_z & p_z\\ 0 & 0 & 0 & 1\end{pmatrix} \tag{5.90}
$$

坐标系 $\{7\}$ 与辅助坐标系 $\{7'\}$ 的关系为

$$
{}^{0}_{7'}\boldsymbol{T}={}^{0}_{7}\boldsymbol{T}{}^{7}_{7'}\boldsymbol{T}=\begin{pmatrix} n_x & o_x & a_x & p_x \\ n_y & o_y & a_y & p_y \\ n_z & o_z & a_z & p_z \\ 0 & 0 & 0 & 1 \end{pmatrix}\begin{pmatrix} 1 & 0 & 0 & 0 \\ 0 & 1 & 0 & 0 \\ 0 & 0 & 1 & -126 \\ 0 & 0 & 0 & 1 \end{pmatrix}=\begin{pmatrix} n_x & o_x & a_x & p_x-126a_x \\ n_y & o_y & a_y & p_y-126a_y \\ n_z & o_z & a_z & p_z-126a_z \\ 0 & 0 & 0 & 1 \end{pmatrix} \tag{5.91}
$$

辅助点 F 相对 $\{0\}$ 的位姿与其相对 $\{4\}$ 的位姿满足

$$
{}^{0}_{F}\boldsymbol{p}={}^{0}_{4}\boldsymbol{T}{}^{4}_{F}\boldsymbol{p} \tag{5.92}
$$

通过齐次变换矩阵连乘可得${}^{0}_{4}\boldsymbol{T}$，其中只含未知参数 θ_1、θ_2 和 θ_4；由于辅助点 F 为坐标系 $\{7'\}$ 的坐标原点，由式（5.92）可知，${}^{0}_{F}\boldsymbol{p}=(p_x-126a_x,\ p_y-126a_y,\ p_z-126a_z)^{\mathrm{T}}$；且由图中几何关系，易得${}^{4}_{F}\boldsymbol{p}=(0,\ 400,\ 0)^{\mathrm{T}}$，由此可得

$$
\begin{pmatrix} p_x-126a_x \\ p_y-126a_y \\ p_z-126a_z \\ 1 \end{pmatrix}=\begin{pmatrix} 400c\theta_1(c\theta_4 s\theta_2-c\theta_2 s\theta_4+s\theta_2) \\ 400s\theta_1(c\theta_4 s\theta_2-c\theta_2 s\theta_4+s\theta_2) \\ 400(s\theta_2 s\theta_4+c\theta_2 c\theta_4+c\theta_2)+340 \\ 1 \end{pmatrix} \tag{5.93}
$$

观察式（5.93），当 $\cos\theta_1\neq 0$ 时，可直接解出 θ_1

$$
\tan\theta_1=\frac{p_y-126a_y}{p_x-126a_z} \tag{5.94}
$$

θ_1 有两个解 θ_{11} 和 θ_{12}，且满足 $\theta_{11}=\theta_{12}+n\pi$（$n$ 为整数）。

再应用三角函数的知识解出 θ_2 和 θ_4，过程忽略。可以得出结论：当 $\theta_1=\theta_{11}$ 时，$\{\theta_2,\ \theta_4\}$ 有两组解；当 $\theta_1=\theta_{12}$ 时，$\{\theta_2,\ \theta_4\}$ 也有两组解。

接下来求解关节角 θ_5、θ_6 和 θ_7。通过图 5.27 所示观察到 F 点相对于坐标系 $\{5_{\text{fixed}}\}$ 的姿态是先绕 $\{5_{\text{fixed}}\}$ 的 z 轴旋转 θ_5，再绕 $\{5_{\text{fixed}}\}$ 的 y 轴旋转 θ_6，最后绕 $\{5_{\text{fixed}}\}$ 的 z 轴旋转 θ_7，即为 z-y-z 固定姿态角。由此可得

$$
{}^{5_{\text{fixed}}}_{F}\boldsymbol{R}={}^{0}_{\mathrm{F}}\boldsymbol{R}({}_{5_{\text{fixed}}}{}^{0}\boldsymbol{R})^{-1} \tag{5.95}
$$

由于之前已计算出 θ_1、θ_2 和 θ_4，且 $\theta_3=0$，$\theta_{5\text{fixed}}=0$，因此可得

$$
\boldsymbol{R}_{zyz}(\theta_7,\theta_6,\theta_5)=\begin{pmatrix} c\theta_5 c\theta_6 c\theta_7-s\theta_5 s\theta_7 & -c\theta_5 c\theta_6 s\theta_7-s\theta_5 s\theta_7 & c\theta_5 s\theta_6 \\ s\theta_5 c\theta_6 c\theta_7+c\theta_5 s\theta_7 & -s\theta_5 c\theta_6 s\theta_7+c\theta_5 s\theta_7 & s\theta_5 s\theta_6 \\ -s\theta_6 c\theta_7 & s\theta_6 s\theta_7 & c\theta_6 \end{pmatrix}
$$

$$
={}^{0}_{F}\boldsymbol{R}({}_{5_{\text{fixed}}}{}^{0}\boldsymbol{R})^{-1}=\begin{pmatrix} b_{11} & b_{12} & b_{13} \\ b_{21} & b_{22} & b_{23} \\ b_{31} & b_{32} & b_{33} \end{pmatrix} \tag{5.96}
$$

由此可解出 θ_6 的两个解 θ_{61} 和 θ_{62}，且满足 $\theta_{61}=-\theta_{62}$。当 θ_6 取值为 θ_{61} 时，可得 $\{\theta_5,\theta_7\}$ 的一组解

$$
\begin{cases} \sin\theta_5\sin\theta_{61}=b_{23} \\ \sin\theta_7\sin\theta_{61}=b_{33} \end{cases} \tag{5.97}
$$

当 θ_6 取值为 θ_{62} 时，可得 $\{\theta_5,\ \theta_7\}$ 的另一组解。

至此求得了关节变量所有解，共有 8 组解，其中 θ_1、θ_4、θ_6 各有 2 组解，在其值确定的情况下，θ_2、θ_5、θ_7 有唯一确定值。

*5.6 串联机器人位移求解的指数积公式

本节介绍的机器人运动学求解方法简称为指数积（Product of Exponentials，POE）公式，是美国 Harvard 大学的 Brockett 于 1983 年提出的。用 POE 公式来求解串联机器人运动学正反解，从某种程度上要比 D-H 参数法简单、直观，因为它无需建立各连杆坐标系，只用两个坐标系即可：一个是基坐标系或惯性坐标系 {0}，另一个是与末端执行器固联的物体坐标系或工具坐标系 {T}。

由于各关节的运动由与之关联的关节轴线的运动旋量产生，由此可以给出相应的运动学的几何描述。回顾本书 4.5 节的扩展知识，如果用 $\hat{\boldsymbol{\xi}}$ 表示该关节轴线的单位运动旋量，则沿此轴线的刚体运动可表示为

$$\boldsymbol{T}(q)=\mathrm{e}^{[\hat{\boldsymbol{\xi}}]q}\boldsymbol{T}(0) \tag{5.98}$$

式中，如果 $\hat{\boldsymbol{\xi}}$ 对应的是转动副轴线，则 q 表示转角 θ；反之，如果 $\hat{\boldsymbol{\xi}}$ 对应的是一个移动副方向线，则 q 表示移动距离 d。

下面考虑一个 2 自由度串联机器人的正运动学求解，如图 5.28 所示。

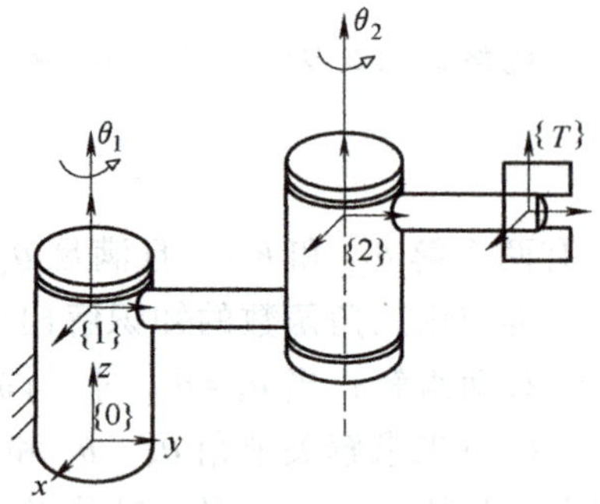

图 5.28 2 自由度的机器人

首先将转动副 1 固定不动只转动 θ_2，这时 $\theta_1=0$，这时工具坐标系的位姿只与 θ_2 有关。根据式（5.98），可得

$${}^0_T\boldsymbol{T}(\theta_2)=\mathrm{e}^{[\hat{\boldsymbol{\xi}}_2]\theta_2}\,{}^0_T\boldsymbol{T}(\boldsymbol{0}) \tag{5.99}$$

然后将转动副 2 固定不动只转动 θ_1，根据刚体运动的叠加原理可以得到

$${}^0_T\boldsymbol{T}(\theta_1,\theta_2)=\mathrm{e}^{[\hat{\boldsymbol{\xi}}_1]\theta_1}\,{}^0_T\boldsymbol{T}(\theta_2)=\mathrm{e}^{[\hat{\boldsymbol{\xi}}_1]\theta_1}\mathrm{e}^{[\hat{\boldsymbol{\xi}}_2]\theta_2}\,{}^0_T\boldsymbol{T}(\boldsymbol{0}) \tag{5.100}$$

由递推原理，上面所得的结论完全可以推广到具有 n 个关节的串联机器人正运动学的求解。定义机器人的初始位形（通常称为零位）为机器人对应于 $\boldsymbol{q}=\boldsymbol{0}$ 时的位姿，并用 ${}^0_T\boldsymbol{T}(\boldsymbol{0})$ 表示机器人处于初始位形时末端工具相对基座的齐次变换。对于每个关节都可以构造一个单位运动旋量 $\boldsymbol{\xi}_i$，这时除第 i 个关节之外的所有其他关节均固定于初始位形（$\theta_j=0$）。

对于转动副

$$\hat{\boldsymbol{\xi}}_i=\begin{pmatrix}\hat{\boldsymbol{\omega}}_i\\ \boldsymbol{r}_i\times\hat{\boldsymbol{\omega}}_i\end{pmatrix} \tag{5.101}$$

对于移动副

$$\hat{\boldsymbol{\xi}}_i=\begin{pmatrix}\boldsymbol{0}\\ \hat{\boldsymbol{v}}_i\end{pmatrix} \tag{5.102}$$

这时，机器人正运动学的指数积公式为：

$${}^0_T\boldsymbol{T}(\boldsymbol{q})=\mathrm{e}^{[\hat{\boldsymbol{\xi}}_1]\theta_1}\mathrm{e}^{[\hat{\boldsymbol{\xi}}_2]\theta_2}\cdots\mathrm{e}^{[\hat{\boldsymbol{\xi}}_i]\theta_i}\cdots\mathrm{e}^{[\hat{\boldsymbol{\xi}}_n]\theta_n}\,{}^0_T\boldsymbol{T}(0) \tag{5.103}$$

利用指数积公式，机器人运动学完全可以用机器人各个关节的运动旋量坐标表征。

对比式（5.103）与式（5.31），发现两者表达形式很类似。自然有读者会思考这样的问题：D-H 参数与其对应的运动旋量坐标之间是否为一一映射的关系（即${}_i^{i-1}\boldsymbol{T}(\theta_i)=\mathrm{e}^{[\hat{\boldsymbol{\xi}}_i]\theta_i}$）？答案是否定的。这是因为每个运动副的旋量坐标都是相对基坐标系来描述的，它不能反映相邻连杆之间的相对运动。事实上，$\hat{\boldsymbol{\xi}}_i$ 所代表的物理意义为第 i 个关节在初始位姿下相对惯性坐标系的单位运动旋量坐标，详见文献［51］。多数情况下可通过观察直接得到 $\hat{\boldsymbol{\xi}}_i$。

下面举例来说明如何应用指数积公式对机器人的正运动学问题进行求解。

【例 5-17】 利用 POE 公式对图 5.29a 所示的平面 3R 机器人进行正运动学求解。

解：建立基坐标系｛0｝和工具坐标系｛T｝，坐标系与参数如图 5.29a 所示。取机器人完全展开时的位姿为初始位形（图 5.29b）。初始位形时基坐标系与工具坐标系的变换矩阵为

$$
{}_T^0\boldsymbol{T}(\boldsymbol{0})=\begin{pmatrix} \boldsymbol{I}_{3\times3} & \begin{matrix} l_1+l_2+l_3 \\ 0 \\ 0 \end{matrix} \\ \boldsymbol{0} & 1 \end{pmatrix}
$$

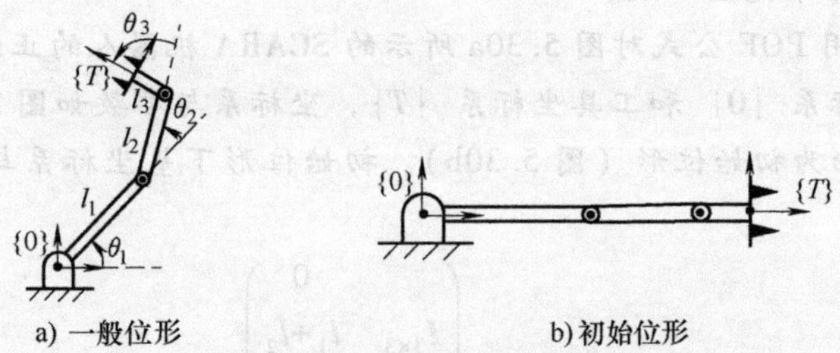

图 5.29　平面 3R 机器人的坐标系建立

各个关节的单位运动旋量

$$
\hat{\boldsymbol{\omega}}_1=\hat{\boldsymbol{\omega}}_2=\hat{\boldsymbol{\omega}}_3=\begin{pmatrix}0\\0\\1\end{pmatrix},\ \boldsymbol{r}_1=\begin{pmatrix}0\\0\\0\end{pmatrix},\ \boldsymbol{r}_2=\begin{pmatrix}l_1\\0\\0\end{pmatrix},\ \boldsymbol{r}_3=\begin{pmatrix}l_1+l_2\\0\\0\end{pmatrix}
$$

因此

$$
\hat{\boldsymbol{\xi}}_1=\begin{pmatrix}\hat{\boldsymbol{\omega}}_1\\ \boldsymbol{r}_1\times\hat{\boldsymbol{\omega}}_1\end{pmatrix}=\begin{pmatrix}0\\0\\1\\0\\0\\0\end{pmatrix}\quad
\hat{\boldsymbol{\xi}}_2=\begin{pmatrix}\hat{\boldsymbol{\omega}}_2\\ \boldsymbol{r}_2\times\hat{\boldsymbol{\omega}}_2\end{pmatrix}=\begin{pmatrix}0\\0\\1\\0\\-l_1\\0\end{pmatrix}\quad
\hat{\boldsymbol{\xi}}_3=\begin{pmatrix}\hat{\boldsymbol{\omega}}_3\\ \boldsymbol{r}_3\times\hat{\boldsymbol{\omega}}_3\end{pmatrix}=\begin{pmatrix}0\\0\\1\\0\\-l_1-l_2\\0\end{pmatrix}
$$

考虑到

$$
\mathrm{e}^{[\hat{\boldsymbol{\xi}}_i]\theta_i}=\begin{pmatrix}\mathrm{e}^{[\hat{\boldsymbol{\omega}}_i]\theta_i} & (\boldsymbol{I}-\mathrm{e}^{[\hat{\boldsymbol{\omega}}_i]\theta_i})(\hat{\boldsymbol{\omega}}_i\times\boldsymbol{v}_i)+\hat{\boldsymbol{\omega}}_i\hat{\boldsymbol{\omega}}_i^{\mathrm{T}}\boldsymbol{v}_i\theta_i \\ \boldsymbol{0} & 1\end{pmatrix},\ \hat{\boldsymbol{\omega}}_i\neq\boldsymbol{0}
$$

则

$$\mathrm{e}^{[\hat{\xi}_1]\theta_1}=\begin{pmatrix}\mathrm{c}\theta_1 & -\mathrm{s}\theta_1 & 0 & 0\\ \mathrm{s}\theta_1 & \mathrm{c}\theta_1 & 0 & 0\\ 0 & 0 & 1 & 0\\ 0 & 0 & 0 & 1\end{pmatrix},\ \mathrm{e}^{[\hat{\xi}_2]\theta_2}=\begin{pmatrix}\mathrm{c}\theta_2 & -\mathrm{s}\theta_2 & 0 & l_1(1-\mathrm{c}\theta_2)\\ \mathrm{s}\theta_2 & \mathrm{c}\theta_2 & 0 & -l_1\mathrm{s}\theta_2\\ 0 & 0 & 1 & 0\\ 0 & 0 & 0 & 1\end{pmatrix},$$

$$\mathrm{e}^{[\hat{\xi}_3]\theta_3}=\begin{pmatrix}\mathrm{c}\theta_3 & -\mathrm{s}\theta_3 & 0 & (l_1+l_2)(1-\mathrm{c}\theta_3)\\ \mathrm{s}\theta_3 & \mathrm{c}\theta_3 & 0 & -(l_1+l_2)\mathrm{s}\theta_3\\ 0 & 0 & 1 & 0\\ 0 & 0 & 0 & 1\end{pmatrix}$$

因此，由式（5.103）可得

$${}_T^0\boldsymbol{T}(\boldsymbol{\theta})=\mathrm{e}^{[\hat{\xi}_1]\theta_1}\mathrm{e}^{[\hat{\xi}_2]\theta_2}\mathrm{e}^{[\hat{\xi}_3]\theta_3}{}_T^0\boldsymbol{T}(\boldsymbol{0})=\begin{pmatrix}\mathrm{c}\theta_{123} & -\mathrm{s}\theta_{123} & 0 & l_1\mathrm{c}\theta_1+l_2\mathrm{c}\theta_{12}+l_3\mathrm{c}\theta_{123}\\ \mathrm{s}\theta_{123} & \mathrm{c}\theta_{123} & 0 & l_1\mathrm{s}\theta_1+l_2\mathrm{s}\theta_{12}+l_3\mathrm{s}\theta_{123}\\ 0 & 0 & 1 & 0\\ 0 & 0 & 0 & 1\end{pmatrix}$$

这与【例 5-11】的结果完全一致。

【例 5-18】 利用 POE 公式对图 5.30a 所示的 SCARA 机器人的正运动学进行求解。

解：建立基坐标系 {0} 和工具坐标系 {T}，坐标系与参数如图 5.30a 所示。取机器人完全展开时的位形为初始位形（图 5.30b）。初始位形下基坐标系与工具坐标系的变换矩阵为

$${}_T^0\boldsymbol{T}(\boldsymbol{0})=\begin{pmatrix}\boldsymbol{I}_{3\times3} & \begin{matrix}0\\ l_1+l_2\\ l_0\end{matrix}\\ \boldsymbol{0} & 1\end{pmatrix}$$

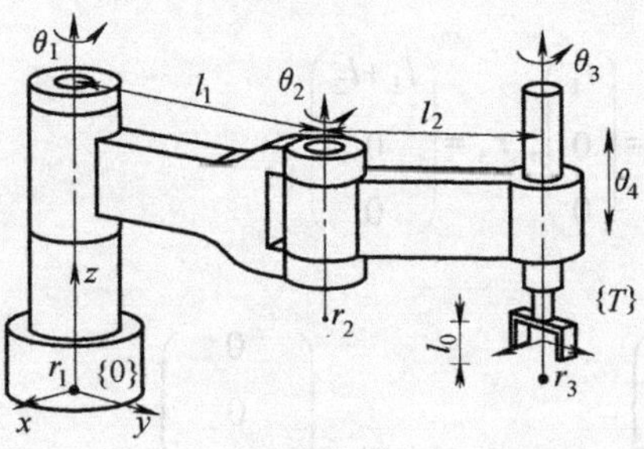

a) 一般位形

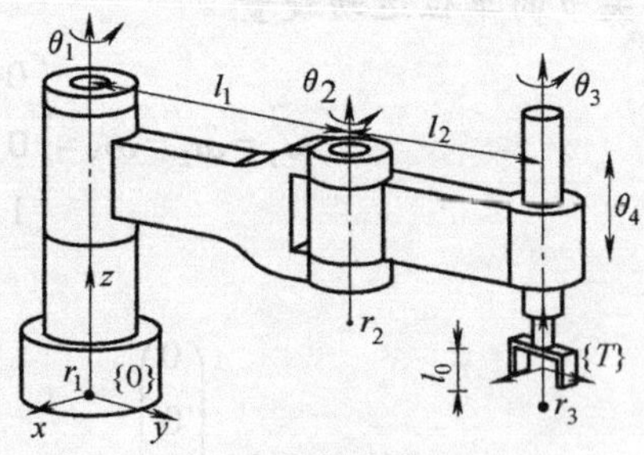

b) 初始位形

图 5.30 SCARA 机器人

各个关节的单位运动旋量分别为

$$\hat{\boldsymbol{\omega}}_1=\hat{\boldsymbol{\omega}}_2=\hat{\boldsymbol{\omega}}_3=\boldsymbol{\omega}_4=\begin{pmatrix}0\\0\\1\end{pmatrix},\ \boldsymbol{r}_1=\begin{pmatrix}0\\0\\0\end{pmatrix},\ \boldsymbol{r}_2=\begin{pmatrix}0\\l_1\\0\end{pmatrix},\ \boldsymbol{r}_3=\begin{pmatrix}0\\l_1+l_2\\0\end{pmatrix}$$

因此

$$\hat{\boldsymbol{\xi}}_1=\begin{pmatrix}\hat{\boldsymbol{\omega}}_1\\ \boldsymbol{r}_1\times\hat{\boldsymbol{\omega}}_1\end{pmatrix}=\begin{pmatrix}0\\0\\1\\0\\0\\0\end{pmatrix}\quad \hat{\boldsymbol{\xi}}_2=\begin{pmatrix}\hat{\boldsymbol{\omega}}_2\\ \boldsymbol{r}_2\times\hat{\boldsymbol{\omega}}_2\end{pmatrix}=\begin{pmatrix}0\\0\\1\\l_1\\0\\0\end{pmatrix}\quad \hat{\boldsymbol{\xi}}_3=\begin{pmatrix}\hat{\boldsymbol{\omega}}_3\\ \boldsymbol{r}_3\times\hat{\boldsymbol{\omega}}_3\end{pmatrix}=\begin{pmatrix}0\\0\\1\\l_1+l_2\\0\\0\end{pmatrix}\quad \hat{\boldsymbol{\xi}}_4=\begin{pmatrix}\boldsymbol{0}\\ \hat{\boldsymbol{v}}_4\end{pmatrix}=\begin{pmatrix}0\\0\\0\\0\\0\\1\end{pmatrix}$$

考虑到

$$\begin{cases}\mathrm{e}^{[\hat{\boldsymbol{\xi}}]\theta}=\begin{pmatrix}\mathrm{e}^{[\hat{\boldsymbol{\omega}}]\theta} & (\boldsymbol{I}-\mathrm{e}^{[\hat{\boldsymbol{\omega}}]\theta})(\hat{\boldsymbol{\omega}}\times\boldsymbol{v})+\hat{\boldsymbol{\omega}}\hat{\boldsymbol{\omega}}^{\mathrm{T}}\boldsymbol{v}\theta\\ \boldsymbol{0} & 1\end{pmatrix}, & \hat{\boldsymbol{\omega}}\neq\boldsymbol{0}\\ \mathrm{e}^{[\hat{\boldsymbol{\xi}}]\theta}=\begin{pmatrix}\boldsymbol{I} & \hat{\boldsymbol{v}}\theta\\ \boldsymbol{0} & 1\end{pmatrix}, & \hat{\boldsymbol{\omega}}=\boldsymbol{0}\end{cases}$$

则

$$\mathrm{e}^{[\hat{\boldsymbol{\xi}}_1]\theta_1}=\begin{pmatrix}\mathrm{c}\theta_1 & -\mathrm{s}\theta_1 & 0 & 0\\ \mathrm{s}\theta_1 & \mathrm{c}\theta_1 & 0 & 0\\ 0 & 0 & 1 & 0\\ 0 & 0 & 0 & 1\end{pmatrix},\mathrm{e}^{[\hat{\boldsymbol{\xi}}_2]\theta_2}=\begin{pmatrix}\mathrm{c}\theta_2 & -\mathrm{s}\theta_2 & 0 & l_1\mathrm{s}\theta_2\\ \mathrm{s}\theta_2 & \mathrm{c}\theta_2 & 0 & l_1(1-\mathrm{c}\theta_2)\\ 0 & 0 & 1 & 0\\ 0 & 0 & 0 & 1\end{pmatrix},$$

$$\mathrm{e}^{[\hat{\boldsymbol{\xi}}_3]\theta_3}=\begin{pmatrix}\mathrm{c}\theta_3 & -\mathrm{s}\theta_3 & 0 & (l_1+l_2)\mathrm{s}\theta_2\\ \mathrm{s}\theta_3 & \mathrm{c}\theta_3 & 0 & (l_1+l_2)(1-\mathrm{c}\theta_2)\\ 0 & 0 & 1 & 0\\ 0 & 0 & 0 & 1\end{pmatrix},\mathrm{e}^{[\hat{\boldsymbol{\xi}}_4]d_4}=\begin{pmatrix}1 & 0 & 0 & 0\\ 0 & 1 & 0 & 0\\ 0 & 0 & 1 & d_4\\ 0 & 0 & 0 & 1\end{pmatrix}$$

将上面各参数式代入式（5.103），可得到机器人的运动学正解

$${}_T^0\boldsymbol{T}(\boldsymbol{q})=\mathrm{e}^{[\hat{\boldsymbol{\xi}}_1]\theta_1}\mathrm{e}^{[\hat{\boldsymbol{\xi}}_2]\theta_2}\mathrm{e}^{[\hat{\boldsymbol{\xi}}_3]\theta_3}\mathrm{e}^{[\hat{\boldsymbol{\xi}}_4]d_4}\,{}_T^0\boldsymbol{T}(\boldsymbol{0})=\begin{pmatrix}\mathrm{c}\theta_{123} & -\mathrm{s}\theta_{123} & 0 & -l_1\mathrm{s}\theta_1-l_2\mathrm{s}\theta_{12}\\ \mathrm{s}\theta_{123} & \mathrm{c}\theta_{123} & 0 & l_1\mathrm{c}\theta_1+l_2\mathrm{c}\theta_{12}\\ 0 & 0 & 1 & l_0+d_4\\ 0 & 0 & 0 & 1\end{pmatrix}$$

5.7　位姿描述与工作空间

5.7.1　位姿描述

机器人的空间状态可以用所有活动连杆位姿或者末端位姿来描述。

对于 n 个自由度全驱动机器人，无论是中间连杆位姿还是末端位姿，都可由一组 n 个关节变量加以确定。这样的一组变量称为关节矢量（Joint Vector）。所有关节矢量构成的空间称为关节空间（Joint Space）。机器人的运动控制问题通常在关节空间中进行考量。

连杆位姿表征了机器人占据的空间，称为机器人的位形空间（Configuration Space）。关节空间与位形空间存在一一对应关系。空间路径规划中的避碰问题，通常需要在位形空间进行讨论。

机器人末端位姿的重要性显而易见，因为工具通常安装在末端。末端位姿通常在相对于基坐标系的笛卡儿坐标系中描述，因此，机器人末端位姿空间又称为笛卡儿空间（Cartesian Space）。事实上，笛卡儿空间更普遍的称谓是操作空间（Operational Space）或任务空间（Task Space）。本章前文的位移分析，就是讨论如何建立关节空间与任务空间的映射关系。

除此之外，还有一个可能遇到的概念：驱动空间（Actuation Space）。一般来说，大多数工业机器人的驱动器都不是直驱型，有些带有减速器，有些还有其他中间传动机构（如用直线驱动器通过四杆机构驱动旋转关节等）。对于具有传动机构的关节，从驱动器到各关节需经过至少一级的运动转换。这些情况下，需要将关节矢量表示成一组驱动器变量，即驱动矢量的函数。由驱动矢量构成的空间称为驱动空间。

图 5.31 所示为驱动空间、关节空间与任务空间三者的映射关系。

事实上，上述三者之间的映射关系可以在连续体机器人运动学上得到充分反映。对其运动学正解而言，第一阶段以驱动变量（已知）为基础，计算得到连续体机器人各关节特征的运动学正解，该阶段为驱动空间向关节空间映射；第二阶段则根据得到的各关节特征，计算出整个连续体机器人的末端位姿，该过程为关节空间向任务空间映射。其运动学反解过程与正解过程正好相反：第一阶段用给定机器人的末端位姿计算出连续体机器人各关节的方向角和弯曲角，由任务空间向关节空间映射；第二阶段是用上述计算得到的各关节特征，计算出相应的驱动条件（如柔索长度的变化等），这个过程由关节空间向驱动空间映射。整个过程如图 5.32 所示。

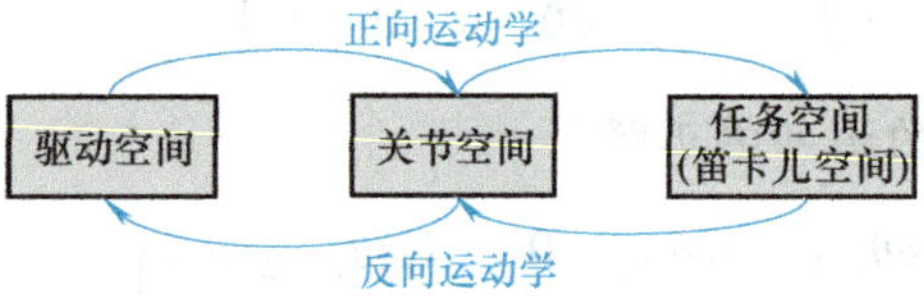

图 5.31　机器人三种空间的映射关系示意

图 5.32　连续体机器人运动学分析过程中的空间映射

5.7.2　工作空间

根据机器人的位移正、反解，可以进一步确定机器人的工作空间（Workspace）。

机器人工作空间的概念最早由 Roth 在 1975 年提出，是指机器人末端可到达的区域（空间点集合），其大小是衡量机器人性能的重要指标。实际上，一般多自由度机构至少包含两种类型的工作空间：可达工作空间（Reachable Workspace）和灵活工作空间（Dexterous Workspace）。

可达工作空间是指机器人末端至少能以一种姿态可以到达的所有位置点的集合。灵活工作空间是指机器人末端可以从任何方向（以任何姿态）到达的位置点的集合。换句话说，如果机器人末端位于灵活工作空间的 Q 点时，机器人末端可以绕通过 Q 点的所有直线轴线作整周转动。显然，灵活工作空间是可达工作空间的一个子空间。灵活工作空间又称为机器人可达工作空间的一级子空间，而可达工作空间的其余部分称为可达工作空间的二级子空间。

以平面 2R 机器人为例，根据可达工作空间和灵活工作空间的定义，很容易确定它的两类工作空间，具体如图 5.33 所示。

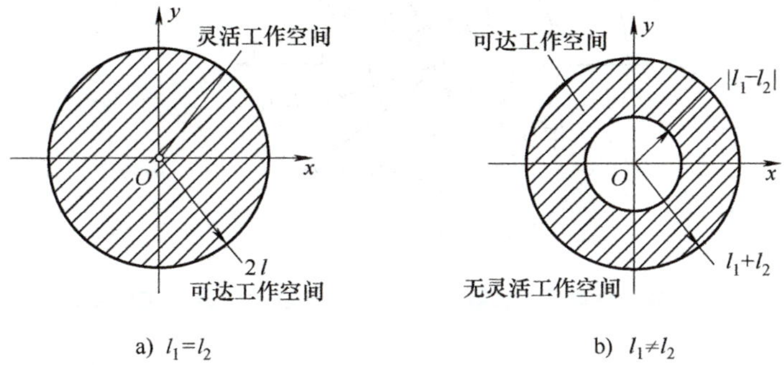

图 5.33 不同尺寸参数下的两类工作空间对比

若 $l_1=l_2=l$，则可达工作空间为半径为 $2l$ 的圆（含内部），灵活工作空间为圆心点。

若 $l_1\neq l_2$，则可达工作空间为内径为 $|l_1-l_2|$、外径为 $|l_1+l_2|$ 的圆环，灵活工作空间为空集。

显然，当灵活工作空间为一点或空集时，其运动灵活性比较差。若想提高机器人的灵活性，可以增加一个 R 关节，变成平面 3R 机器人。

机器人的结构越复杂，确定其工作空间就越困难。目前主要有三种方法：

（1）解析法　通过运动学正反解的解析形式方程获得机器人工作空间边界的完整数学描述。对于高自由度机器人，由于很难得到其解析表达式，因此该方法只适用于简单机器人机构的工作空间分析。

（2）几何法　对于串联机器人，可通过考虑每个关节的约束，从而最终得到机器人末端的工作空间。该方法的优点是快速，并且利于与计算机的结合，得到直观的三维图；其缺点是难以将所有的约束都考虑进去，且得到的工作空间缺少完整的数学描述。

（3）离散法（蒙特卡洛法）　对于串联机器人，考虑驱动关节范围、连杆干涉等约束，将驱动关节组成的关节空间离散为一系列的点，通过正运动学计算机器人末端的所有位姿，可以得到串联机器人的离散工作空间。该方法适用性广，适用于所有机器人，其主要缺点是计算量大，计算精度取决于离散点的密度。

工作空间的大小和形状是衡量机器人性能的重要指标之一。对于不同类型的机器人机构，或者不同尺寸参数组成的同种机构，掌握其工作空间的变化及分布情况，是实现机器人构型设计和轨迹规划等不可缺少的条件，同时也是根据工作空间性能指标，优化结构参数的前提和基础。

【例 5-19】　对于图 5.14 所示的平面 3R 机器人，假设 $l_1>l_2$，$l_2>l_3$，$l_1\leqslant l_2+l_3$，求该机器人的可达工作空间与灵活工作空间。

解： 根据机器人的可达工作空间与灵活工作空间的定义，结合【例 5-11】或【例 5-14】的结果，可以得到如图 5.34 所示的工作空间图示。其中，可达工作空间是半径为 $l_1+l_2+l_3$ 的圆；灵活工作空间分别是内径为 $|l_1-l_2+l_3|$、外径为 $|l_1+l_2-l_3|$ 的一个圆环，以及半径为 $|l_2+l_3-l_1|$ 的一个圆。

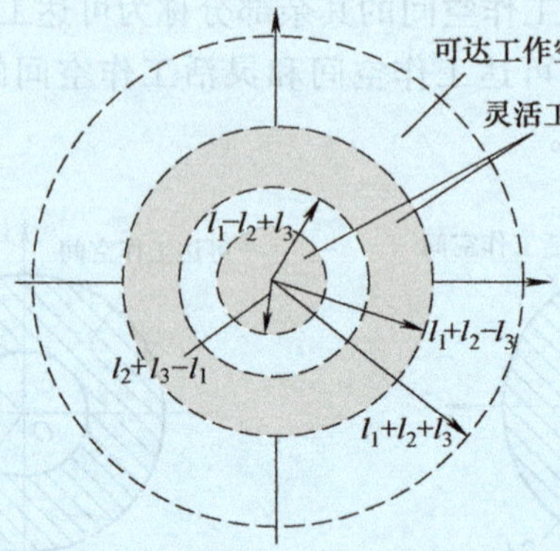

图 5.34 平面 3R 机器人的可达工作空间与灵活工作空间

5.8 本章小结

1）机器人运动学通常包含两个方面的内容：正运动学与逆运动学。已知运动输入量求输出量为正运动学；反之，已知输出量求输入量为逆运动学。串联机器人中，已知各关节输入求解末端输出（位姿），为正运动学（位移正解）；反之为逆运动学（位移反解）；并联机器人中，末端输出构件为动平台。

2）为了描述空间各连杆间的相对位姿，常采用 D-H 参数法。D-H 参数法的核心在于为每个关节处的连杆坐标系建立齐次变换矩阵，以表示与前一个连杆坐标系之间的关系。这样连续变换的结果最终可反映出末端与基座之间的位移关系。具体方程为

$$
{}^{i-1}_{i}\boldsymbol{T}=\begin{pmatrix}\cos\theta_i & -\sin\theta_i & 0 & a_{i-1}\\ \sin\theta_i\cos\alpha_{i-1} & \cos\theta_i\cos\alpha_{i-1} & -\sin\alpha_{i-1} & -d_i\sin\alpha_{i-1}\\ \sin\theta_i\sin\alpha_{i-1} & \cos\theta_i\sin\alpha_{i-1} & \cos\alpha_{i-1} & d_i\cos\alpha_{i-1}\\ 0 & 0 & 0 & 1\end{pmatrix}\quad\text{(前置 D-H 矩阵)}
$$

$$
{}^{i-1}_{i}\boldsymbol{T}=\begin{pmatrix}\cos\theta_i & -\sin\theta_i\cos\alpha_i & \sin\theta_i\sin\alpha_i & a_i\cos\theta_i\\ \sin\theta_i & \cos\theta_i\cos\alpha_i & -\cos\theta_i\sin\alpha_i & a_i\sin\theta_i\\ 0 & \sin\alpha_i & \cos\alpha_i & d_i\\ 0 & 0 & 0 & 1\end{pmatrix}\quad\text{(后置 D-H 矩阵)}
$$

3）串联机器人的位移正解是指在给定相邻连杆的相对运动情况下，确定机器人末端执行器的位姿。串联机器人的位移反解是指给定工具坐标系所期望的位姿，找出与该位姿对映的各个关节输出。可采用 D-H 参数法求解串联机器人的位移正、反解。该方法本质上是一种代数解析法。具体公式为

$$
{}^{0}_{T}\boldsymbol{T}=\begin{pmatrix}{}^{0}_{n}\boldsymbol{R} & {}^{0}\boldsymbol{p}\\ 0 & 1\end{pmatrix}={}^{0}_{1}\boldsymbol{T}{}^{1}_{2}\boldsymbol{T}\cdots{}^{n-1}_{n}\boldsymbol{T}{}^{n}_{T}\boldsymbol{T}
$$

4）采用 POE 公式求解串联机器人的运动学。与 D-H 参数法相比，该方法实质上可看作是一种几何法，有直观的几何意义。它无需建立各连杆坐标系，只用两个坐标系即可：一

个是基坐标系 {0}，另一个是末端工具坐标系 {T}。其中，机器人正运动学的指数积公式为

$$ {}_{T}^{0}\boldsymbol{T}(q_1,\cdots,q_n)=\mathrm{e}^{[\hat{\boldsymbol{\xi}}_1]q_1}\mathrm{e}^{[\hat{\boldsymbol{\xi}}_2]q_2}\cdots\mathrm{e}^{[\hat{\boldsymbol{\xi}}_i]q_i}\cdots\mathrm{e}^{[\hat{\boldsymbol{\xi}}_n]q_n}{}_{T}^{0}\boldsymbol{T}(\boldsymbol{0}) $$

式中，$\hat{\boldsymbol{\xi}}_i$ 代表的物理意义是第 i 个关节在初始位姿下相对基坐标系的单位运动旋量坐标。

5）对于串联机器人，当关节变量已知时，位移正解通常是唯一的，求解相对简单。而反解由于关节量之间相互耦合，造成串联机器人位移方程本质上为多元非线性方程（组），导致或者不存在封闭解，或者只能进行数值求解，给求解带来困难。不仅如此，反解结果一般为多解，不具有唯一性。

6）串联机器人的位移反解方程复杂程度与其结构特征紧密相关。对于 6-DOF 的串联机器人，当其中有三个相邻轴交于一点或相互平行时，该机器人具有解析解。而轴线任意分布的 6R 串联机器人位移反解求解虽然异常复杂（已被中国学者攻克），但存在理论研究价值。

7）工作空间的大小和形状是衡量机器人机构性能的重要指标。根据机器人的位置正、反解，可以进一步确定机器人的工作空间。机器人的工作空间至少包含两类工作空间：可达工作空间和灵活工作空间。可达工作空间是指机器人末端至少能以一种姿态可以到达的所有位置点的集合；灵活工作空间是指机器人末端可以从任何方向（以任何姿态）到达的位置点的集合。灵活工作空间是可达工作空间的一个子空间。

延读文献

[1]　CRAIG J J. 机器人学导论［M］. 负超，王伟译. 4 版. 北京：机械工业出版社，2018.

[2]　MURRAY R，LI Z X，Sastry S. 机器人操作的数学导论［M］. 徐卫良，钱瑞明 译. 北京：机械工业出版社，1998.

[3]　LYNCH K M，PARK F C. 现代机器人学机构、规划与控制［M］. 于靖军，贾振中 译. 北京：机械工业出版社，2019.

[4]　TSAI L W. Robot Analysis：The Mechanics of Serial and Parallel Manipulators［M］. New York：Wiley-Interscience Publication，1999.

[5]　黄真，赵永生，赵铁石. 高等空间机构学［M］. 北京：高等教育出版社，2005.

[6]　熊有伦，丁汉，刘恩沧. 机器人学［M］. 北京：机械工业出版社，1993.

[7]　于靖军，刘辛军，丁希仑，等. 机器人机构学的数学基础［M］. 北京：机械工业出版社，2008.

[8]　战强. 机器人学：机构、运动学、动力学及运动规划［M］. 北京：清华大学出版社，2019.

习　　题

一、问答题

5-1　对于串联机器人，求解其正、反解的意义是什么？

5-2　某一特定串联机器人的位移反解个数与哪些因素有关？是否与 D-H 参数及连杆坐标系的选取有关？

5-3　简述 6-DOF 串联机器人运动学反解的方法及各自优缺点。

5-4　所有的 3-DOF 串联机器人的运动学反解是否都有封闭解？为什么？

二、论证、分析题

5-5　利用几何法求平面 3R 机器人的位移正、反解，并以本章相关的例题结果进行相互验证。

5-6　证明串联机器人的正运动学中，机器人末端执行器的运动与转动及移动的顺序无关。

5-7　试分别建立如图 5.35 所示各串联机器人在前、后置坐标系下的 D-H 参数。

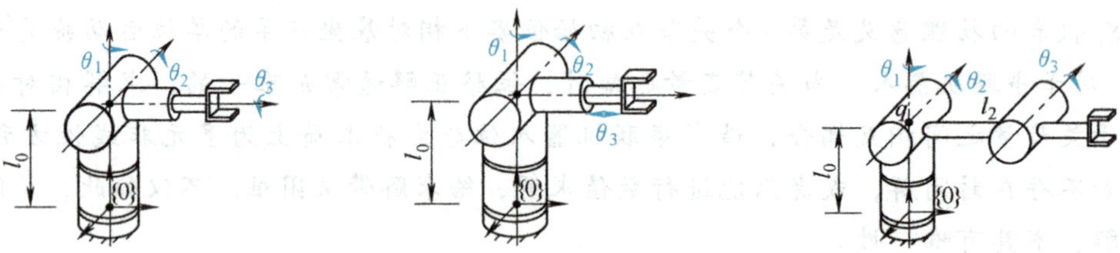

a)　　b)　　c)

图 5.35　三种 3-DOF 的串联机器人

5-8　试建立如图 5.36 所示串联机器人在前置坐标系下的 D-H 参数。

5-9　试建立如图 5.37 所示 Stanford 机器人在前置坐标系下的 D-H 参数。

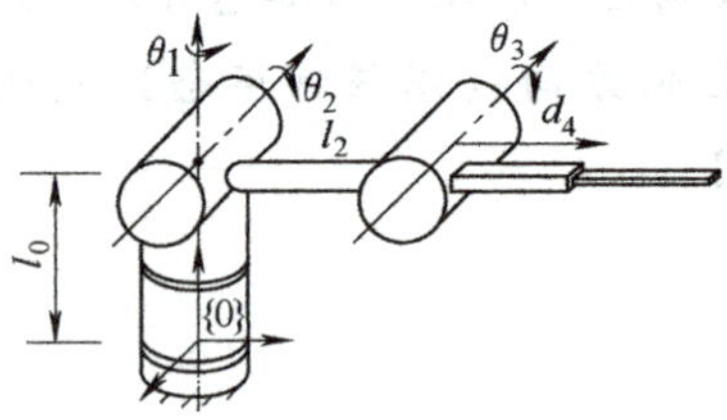

图 5.36　4-DOF 的 RRRP 串联机器人

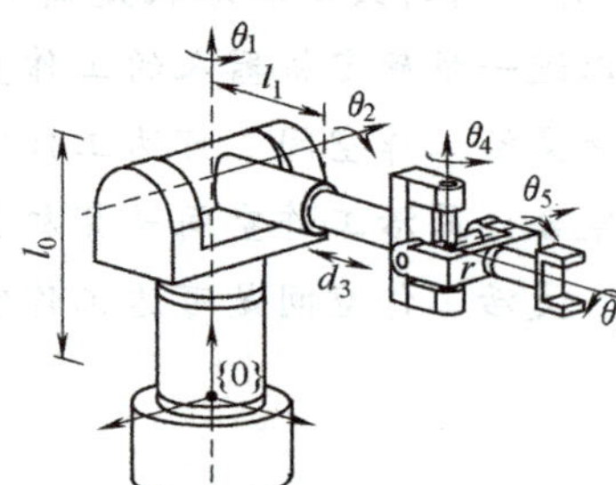

图 5.37　Stanford 机器人

5-10　对于如下 ${}^{i-1}_{i}\boldsymbol{T}$，求出与之对应的四个 D-H 参数值（前置坐标系下度量）。

(1) $\boldsymbol{T}=\begin{pmatrix}0 & 1 & 0 & 3\\ 1 & 0 & 0 & 0\\ 0 & 0 & 1 & 1\\ 0 & 0 & 0 & 1\end{pmatrix}$　(2) $\boldsymbol{T}=\begin{pmatrix}\cos\beta & \sin\beta & 0 & 1\\ \sin\beta & -\cos\beta & 0 & 0\\ 0 & 0 & -1 & -2\\ 0 & 0 & 0 & 1\end{pmatrix}$　(3) $\boldsymbol{T}=\begin{pmatrix}0 & -1 & 0 & -1\\ 0 & 0 & -1 & 2\\ 1 & 0 & 0 & 0\\ 0 & 0 & 0 & 1\end{pmatrix}$

5-11　利用前置 D-H 参数法对图 5.35 所示的三种串联机器人求位移正解。

5-12　利用前置 D-H 参数法对图 5.36 所示的 4-DOF 串联机器人求位移正解。

5-13　利用前置 D-H 参数法对图 5.37 所示的 Stanford 机器人求位移正解。

5-14　利用 Paul 反变换法对图 5.37 所示的 Stanford 机器人求位移反解。

5-15　图 5.38 所示为一 5-DOF 串联机器人。图 5.38a 所示为该机器人的整体模型，图 5.38b 所示为其中球形手腕及其分解结构图。试建立该机器人的 D-H 参数（前置坐标系下度量），并对其进行正、反运动学求解。

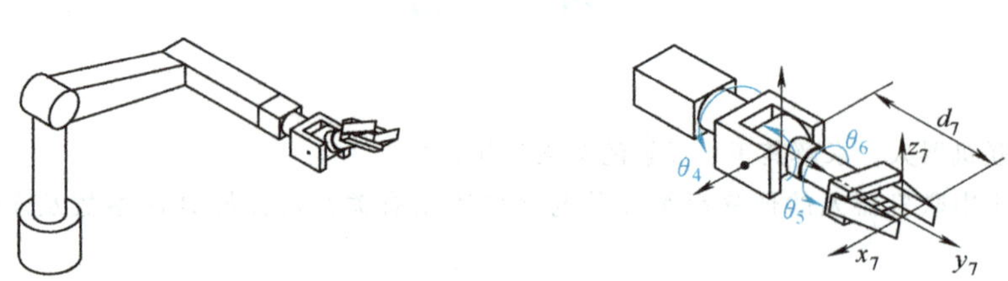

a) 机器人整体模型　　b) 球形手腕

图 5.38　具有球形手腕的 5 自由度串联机器人

5-16　Pieper 准则提出了串联机器人存在解析解的两个充分条件：①三个相邻转动关节的轴线交于一点；②三个相邻转动关节的轴线相互平行。试从现有的商用工业机器人中各找出 2~3 个应用实例。

5-17　利用 POE 公式法对图 5.36 所示的 4-DOF 串联机器人求位移正解。

5-18　利用 POE 公式法对图 5.37 所示的 Stanford 机器人求位移正解。

5-19　利用几何法求平面 3R 机器人（$l_1=l_2=2l_3$）的可达工作空间和灵活工作空间。

三、MATLAB 编程题

5-20　采用 MATLAB 软件，编写平面 3R 机器人位移正解求解程序，并利用机器人工具箱进行验证（选择一组参数：$l_1=l_2=0.4\text{m}$，$l_3=0.2\text{m}$）。

5-21　采用 MATLAB 软件，编写平面 3R 机器人（杆长均为 1）的位移反解求解程序，并利用机器人工具箱进行验证（已知一组位姿参数：${}_T^0\boldsymbol{T}=\begin{pmatrix}0 & 1 & 0 & -3\\ -1 & 0 & 0 & 2\\ 0 & 0 & 1 & 0\\ 0 & 0 & 0 & 1\end{pmatrix}$）。

5-22　采用 MATLAB 软件，编写 SCARA 机器人位移正、反解求解程序，并利用机器人工具箱进行验证（查阅相关文献，选择一组合适的参数）。

5-23　采用 MATLAB 软件，编写 PUMA560 机器人位移正、反解求解程序，并利用机器人工具箱进行验证（查阅相关文献，选择一组合适的参数）。

第6章　串联机器人的速度与静力分析

【内容导读与学习目标】

机器人的速度与静力分析主要关注两者在关节空间与操作空间的映射关系。雅可比是实现机器人速度与静力分析的纽带，同时也是性能分析的基础。通过本章的学习，希望读者能够：

1）掌握机器人速度雅可比及力雅可比的概念及求解方法。

2）掌握速度雅可比与力雅可比之间的对偶关系。

3）了解基于雅可比的性能分析与评价方法。

授课视频

6.1　速度与静力分析的主要任务及意义

机器人的速度分析是指建立机器人末端工具广义速度（包含线速度和角速度）与关节速度之间的映射关系，关注广义速度在关节空间与操作空间之间的映射。例如，对于图 6.1 所示的 6 自由度串联机器人，速度分析的主要任务，是给出其末端工具相对基坐标系的广义速度矢量 $\dot{\boldsymbol{x}}$ 与关节速度矢量 $\dot{\boldsymbol{q}}$ 之间的映射关系，其矩阵形式为

$$\dot{\boldsymbol{x}} = \boldsymbol{J}\dot{\boldsymbol{q}} \tag{6.1}$$

式（6.1）称为机器人的一阶微分正运动学方程，后文简称为微分正运动学，其中一个重要参数 $\boldsymbol{J}$，就是本章将要重点讨论的雅可比矩阵（Jacobian Matrix），更精确的定义是速度雅可比矩阵，简称速度雅可比（或雅可比）。

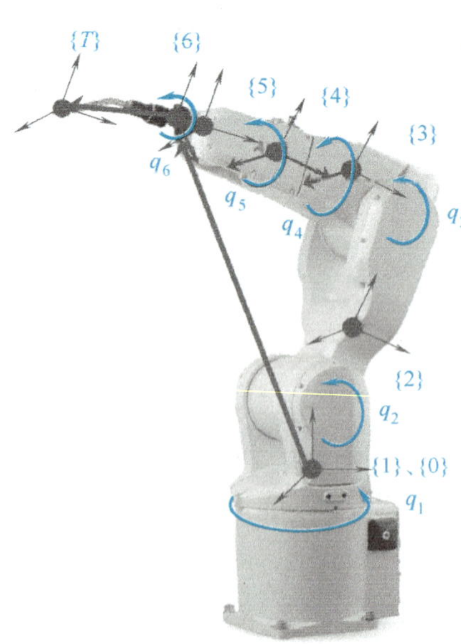

图 6.1　6 自由度串联机器人

从设计角度看，速度雅可比是机器人性能分析、评价及优化的基础。通过分析雅可比的秩，可以探究串联机器人的奇异性；另外，许多用于串联机器人运

动学设计的性能指标，如灵巧性等，也都基于雅可比来构造。

雅可比的逆可以将末端操作空间的广义速度映射到关节速度，如下式所示（假设 $\boldsymbol{J}$ 为方阵，且可逆）

$$\dot{\boldsymbol{q}}=\boldsymbol{J}^{-1}\dot{\boldsymbol{x}} \tag{6.2}$$

式（6.2）称为微分逆运动学方程，利用它可以根据末端广义速度计算各关节速度。这样，无需求解该机器人的逆运动学（即位移反解），即可实现机器人对笛卡儿空间路径的跟踪。因为，只要机器人能够准确跟踪任意时刻的速度，就能跟踪指定的位姿。这对实现机器人的轨迹控制非常有用。

机器人的静力学分析是指在机器人静力平衡状态下，建立末端负载或广义力（包含力与力矩）与关节驱动或平衡力/力矩（简称关节力/力矩）之间的映射关系，它主要关注广义力在关节空间与操作空间之间的映射。例如，对于图 6.1 所示的 6 自由度串联机器人，其静力分析的主要任务是给出其末端负载 $\boldsymbol{F}$ 与 6 个关节力矩 $\boldsymbol{\tau}$ 之间的映射关系，写成矩阵形式

$$\boldsymbol{\tau}=\boldsymbol{J}_{\mathrm{F}}\boldsymbol{F} \tag{6.3}$$

式（6.3）中的重要参数 $\boldsymbol{J}_{\mathrm{F}}$，称为静力雅可比。通过本章的学习，读者会发现静力雅可比与速度雅可比之间存在转置关系。

由式（6.3）可知，当末端负载已知，很容易求出各个关节力矩。因此，机器人静力学分析的主要用途之一为，通过确定驱动力/力矩经过机器人关节后的传递效果，合理选择驱动器或者进行机器人刚度控制。

总之，串联机器人的速度分析与静力分析通过雅可比有机地衔接在一起，它们构成了后续机器人动力学建模与控制的基础。

为了获得式（6.1），首先需要明确广义速度矢量 $\dot{\boldsymbol{x}}$ 的定义和雅可比的概念，在此基础上才能讨论机器人雅可比矩阵的求解。

本章将研究三种雅可比矩阵的求解方法：直接微分法、矢量积法和递推法。其中，直接微分法严格按照雅可比矩阵的概念，通过求位姿矩阵的时间微分直接得到雅可比；矢量积法针对串联机器人多采用移动和转动关节的特点，利用矢量积公式研究各关节运动对末端运动的影响，得到一种根据位姿矩阵求解雅可比的方法；而递推法则按照理论力学的经典方法，研究机器人相邻两杆件间的速度关系，从而建立从基座到末端的速度递推方程，雅可比可以从速度递推方程中整理出来。

之后，本章将结合雅可比讨论串联机器人的奇异类型；通过分析雅可比矩阵的结构，给出通用的雅可比求逆方法；阐述如何基于雅可比，探究冗余度机器人的冗余性。

接下来，根据虚功原理导出力雅可比与速度雅可比的转置关系，给出静力雅可比的递推求解方法。

最后，围绕速度雅可比和静力雅可比讨论机器人的灵巧性指标。

6.2　速度矢量和雅可比的定义

6.2.1　广义速度矢量的符号表达和定义

在笛卡儿坐标系中，广义速度矢量 $\dot{\boldsymbol{x}}=(\boldsymbol{v},\ \boldsymbol{\omega})^{\mathrm{T}}$ 是一个六维矢量，它由两个三维矢量组

成：线速度矢量 $\boldsymbol{v}$ 和角速度矢量 $\boldsymbol{\omega}$。

1. 线速度矢量的符号表达

假设以位置矢量来描述空间中一点，则该位置矢量对时间的导数就是该点的线速度矢量。但是，由于速度的相对性，定义线速度矢量还需额外的信息。

如图 6.2 所示，假设存在两个坐标系：$\{A\}$ 和 $\{B\}$，Q 点相对 $\{B\}$（严格意义上讲，是相对 $\{B\}$ 的原点）的线速度可表示成其对应的位置矢量 ${}^{B}\boldsymbol{q}$ 的时间导数，即

$$^{B}\boldsymbol{V}_{Q}=\frac{\mathrm{d}}{\mathrm{d}t}{}^{B}\boldsymbol{q}=\lim_{\Delta t\to 0}\frac{^{B}\boldsymbol{q}(t+\Delta t)-{}^{B}\boldsymbol{q}(t)}{\Delta t} \tag{6.4}$$

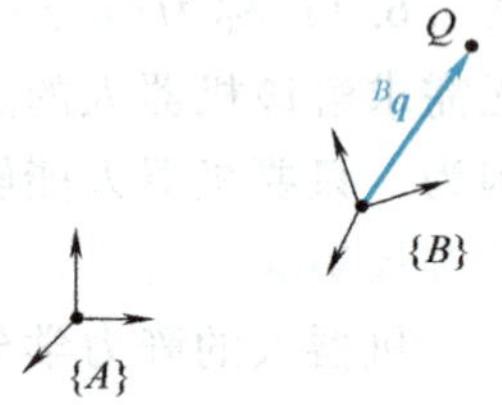

图 6.2 线速度在不同坐标系中的描述

若 Q 点相对 $\{B\}$ 的位置不随时间发生变化，即 ${}^{B}\boldsymbol{q}$ 为常数矢量，那么 Q 点相对于 $\{B\}$ 的速度为零。但是，如果此时 $\{B\}$ 相对于 $\{A\}$ 的速度不为零，那么 Q 点相对于 $\{A\}$ 的速度也不为零。因此，表示线速度时必须明确速度的参考坐标系（Reference Frame），即相对参照物。本书用符号 $\boldsymbol{V}_{Q}^{B}$ 表示 Q 点以 $\{B\}$ 为参考坐标系时的线速度矢量，其中速度的参考坐标系（或参考点）用右上标标记。

同一个线速度矢量还可以在与参考坐标系不同的坐标系中进行描述或表达，本书用左上角来标记描述坐标系，这一点与位置描述相同。例如，若在 $\{A\}$ 中描述速度矢量 $\boldsymbol{V}_{Q}^{B}$，则写成

$$^{A}\boldsymbol{V}_{Q}^{B}=\frac{^{A}\mathrm{d}}{\mathrm{d}t}({}^{B}\boldsymbol{q}) \tag{6.5}$$

注意：${}^{A}\boldsymbol{V}_{Q}^{B}$ 是 Q 点相对于参考坐标系 $\{B\}$ 原点的线速度在 $\{A\}$ 中的表达，而非 Q 点相对于 $\{A\}$ 原点的速度。

类似地，${}^{B}\boldsymbol{V}_{Q}^{B}$ 是 Q 点以 $\{B\}$ 为参考坐标系的线速度在 $\{B\}$ 中的表达。这种情况下，参考坐标系与描述坐标系相同，可简写为 ${}^{B}\boldsymbol{V}_{Q}$。

可见，任一线速度的描述都需明确两点：①相对谁运动，即确定参考坐标系；②在哪个坐标系中描述，即确定描述坐标系。

作为自由矢量，线速度矢量总是满足

$$^{A}\boldsymbol{V}_{Q}^{B}={}_{B}^{A}\boldsymbol{R}({}^{B}\boldsymbol{V}_{Q}) \tag{6.6}$$

式（6.6）右边的速度矢量 ${}^{B}\boldsymbol{V}_{Q}$，省略了右上角标，表明它的参考坐标系是 $\{B\}$。

实际应用中，经常讨论某个坐标系原点以惯性坐标系 $\{U\}$ 或 $\{0\}$ 为参考坐标系的速度，而不是相对任意坐标系（原点）的速度。对于这种情况，可以省略表示惯性坐标系的符号

$$\boldsymbol{v}_{C}={}^{U}\boldsymbol{V}_{CORG}^{U} \tag{6.7}$$

式中，右下标 $CORG$ 表示坐标系 $\{C\}$ 的原点，参考坐标系和描述坐标系均为惯性坐标系 $\{U\}$。而 $\boldsymbol{v}_{C}$ 表示坐标系 $\{C\}$ 的原点相对于惯性参考坐标系 $\{U\}$ 的线速度在 $\{U\}$ 中的描述。

同样，$\boldsymbol{v}_{C}$ 也可以在其他坐标系中描述。例如，${}^{B}\boldsymbol{v}_{C}$ 为 $\{C\}$ 的原点相对于惯性参考坐标系 $\{U\}$ 的线速度在 $\{B\}$ 中的描述，其中参考坐标系 $\{U\}$ 没有出现在右上角标。

注意上述表达式中符号大小写的区分：小写表示以惯性坐标系 $\{U\}$ 为速度参考坐标系。

【例 6-1】 如图 6.3 所示，{U} 为惯性坐标系，坐标系 {T} 固联在时速 100km/h 的火车上，坐标系 {C} 固联在时速 30km/h 的汽车上。两车均朝着 {U} 的 y 方向前进，旋转矩阵 ${}_T^U\boldsymbol{R}$ 和 ${}_C^U\boldsymbol{R}$ 已知且为常数。求 $\frac{{}^U\mathrm{d}}{\mathrm{d}t}{}^U\boldsymbol{p}_{CORG}$，${}^C\boldsymbol{V}_{TORG}^U$，${}^C\boldsymbol{V}_{CORG}^T$。

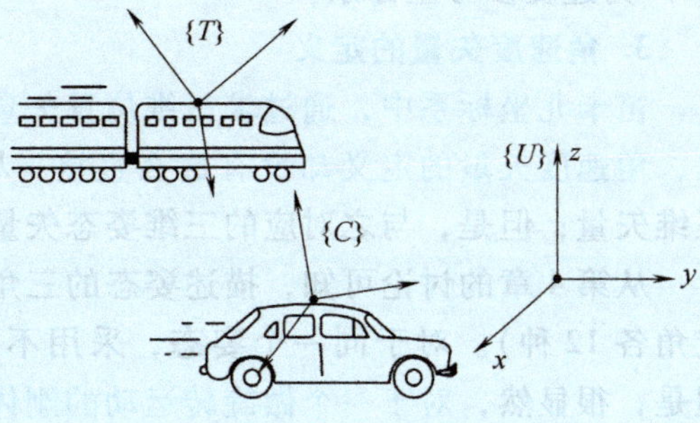

图 6.3 坐标系与速度表达示例

解：根据线速度符号定义，$\frac{{}^U\mathrm{d}}{\mathrm{d}t}{}^U\boldsymbol{P}_{CORG}$ 为 {C} 原点相对于惯性坐标系 {U} 的线速度在 {U} 中的表达

$$\frac{{}^U\mathrm{d}}{\mathrm{d}t}{}^U\boldsymbol{p}_{CORG}={}^U\boldsymbol{V}_{CORG}=\boldsymbol{v}_C=30\hat{\boldsymbol{y}}$$

${}^C\boldsymbol{V}_{TORG}^U$ 为 {T} 原点相对于 {U} 的线速度在 {C} 中的表达

$${}^C\boldsymbol{V}_{TORG}^U={}_U^C\boldsymbol{R}({}^U\boldsymbol{V}_{TORG})={}_C^U\boldsymbol{R}^{-1}\boldsymbol{v}_{TORG}={}_C^U\boldsymbol{R}^{-1}(100\hat{\boldsymbol{y}})$$

${}^C\boldsymbol{V}_{CORG}^T$ 为 {C} 原点相对于 {T} 的线速度在 {C} 中的表达。为此，首先求得 {C} 原点相对于 {T} 的线速度在 {U} 中的表达

$${}^U\boldsymbol{V}_{CORG}^T={}^U\boldsymbol{V}_{CORG}-{}^U\boldsymbol{V}_{TORG}=-70\hat{\boldsymbol{y}}$$

然后，将其变换到 {C} 坐标系

$${}^C\boldsymbol{V}_{CORG}^T={}_U^C\boldsymbol{R}({}^U\boldsymbol{V}_{CORG}^T)={}_C^U\boldsymbol{R}^{-1}(-70\hat{\boldsymbol{y}})$$

2. 角速度矢量的符号表达

质点的运动只有线速度，而没有角速度；只有刚体运动才既有线速度，又有角速度。因此，角速度需要在刚体层面来考察，一种便捷的方法是度量与刚体固联的坐标系（简称刚体固联坐标系）的旋转运动。

如图 6.4 所示，假设两个原点重合的坐标系 {A} 和 {B}，其中 {A} 为参考坐标系，{B} 为刚体固联坐标系。在任一瞬时，{B} 相对于 {A} 绕某一定义在 {A} 中的瞬时旋转轴转动，它们之间的相对角速度写成 ${}^A\boldsymbol{\Omega}_B^A$，即坐标系 {B} 相对于参考坐标系 {A} 的角速度在坐标系 {A} 中的描述，简写为 ${}^A\boldsymbol{\Omega}_B$。角速度矢量也可以在不同坐标系表达，如 ${}^C\boldsymbol{\Omega}_B^A$ 为 {B} 相对于 {A} 的角速度在 {C} 中的描述。

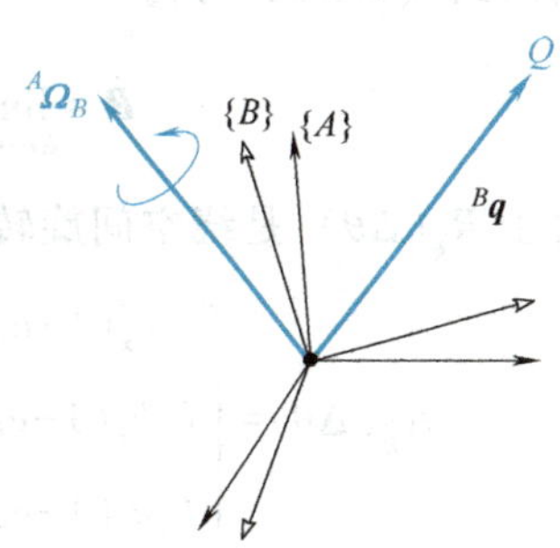

图 6.4 角速度在不同坐标系中的描述

同样，特殊情况下也可以用简化符号表示。当参考坐标系和描述坐标系均为惯性坐标系 {U} 或 {0} 时，可简化为

$$\boldsymbol{\omega}_C={}^U\boldsymbol{\Omega}_C \tag{6.8}$$

式中，$\boldsymbol{\omega}_C$ 为坐标系 {C} 相对惯性坐标系 {U} 的角速度矢量在 {U} 中的描述。

$\boldsymbol{\omega}_C$ 也可以在其他坐标系中描述。例如，${}^B\boldsymbol{\omega}_C$ 表示坐标系 {C} 相对于惯性坐标系 {U}（或 {0}）的角速度在坐标系 {B} 中的描述，其中参考坐标系 {U} 没有出现在右上角标。

注意式（6.7）和式（6.8）中存在变量符号大小写的区分：小写表示以惯性坐标系

$\{U\}$ 为速度参考坐标系。

3. 角速度矢量的定义

笛卡儿坐标系中，通过求三维位置矢量的时间导数，可以很容易地定义线速度矢量，但是，角速度矢量的定义却没有这么直接。尽管直观上，人们知道角速度矢量${}^{A}\boldsymbol{\Omega}_{B}$ 也是一个三维矢量；但是，与之对应的三维姿态矢量却很难明确。

从第 4 章的讨论可知，描述姿态的三角度表示法有 24 种之多（欧拉角 12 种、R-P-Y 固定角各 12 种）。对于同一个姿态，采用不同的三角度表示法，对应的姿态矢量值也不同。但是，很显然，对于一个做旋转运动的刚体，无论采用哪种姿态矢量表示法，对应的角速度都应相同。因此，不能简单地用某种三角度姿态矢量的时间导数来定义角速度矢量。

姿态矢量与旋转矩阵的关系表明，无论采用哪种三角度矢量表示姿态，它们对应的旋转矩阵都相同，这说明旋转矩阵是一种更为通用的姿态表示法。那么，能否根据旋转矩阵的时间导数得到角速度矢量的表达式？

如图 6.4 所示，假设当前时刻，$\{B\}$ 相对于参考坐标系 $\{A\}$ 的旋转矩阵为${}^{A}_{B}\boldsymbol{R}$。当 $\{B\}$ 相对于 $\{A\}$ 有角速度${}^{A}\boldsymbol{\Omega}_{B}$ 时，${}^{A}_{B}\boldsymbol{R}$ 可表示为时间函数 $\boldsymbol{R}(t)$（ 这里为了简洁，省略了上下标 ）。于是，$\boldsymbol{R}(t)$ 对时间的导数为

$$\dot{\boldsymbol{R}}=\lim_{\Delta t\to 0}\frac{\boldsymbol{R}(t+\Delta t)-\boldsymbol{R}(t)}{\Delta t} \tag{6.9}$$

式（6.9）中，假设在 Δt 时间间隔内，$\{B\}$ 绕 $\{A\}$ 中的单位瞬时旋转轴 $\hat{\boldsymbol{k}}=(k_x,\ k_y,\ k_z)^{\mathrm{T}}$ 旋转一个微小角度 $\Delta\theta$，$\boldsymbol{R}(t)$ 变换到了 $\boldsymbol{R}(t+\Delta t)$，这与图 6.4 所示角速度矢量${}^{A}\boldsymbol{\Omega}_{B}$ 的描述相符。这样，$\boldsymbol{R}(t+\Delta t)$ 与 $\boldsymbol{R}(t)$ 之间存在一个姿态变换 $\boldsymbol{R}_{\hat{\omega}}(\Delta\theta)$。瞬时旋转轴 $\hat{\boldsymbol{k}}$ 定义在 $\{A\}$ 中，因此 $\boldsymbol{R}(t)$ 和 $\boldsymbol{R}_{\hat{k}}(\Delta\theta)$ 是相对参考坐标系 $\{A\}$ 的两次变换，属于算子操作，将 $\boldsymbol{R}_{\hat{k}}(\Delta\theta)$ 左乘 $\boldsymbol{R}(t)$ 得到 $\boldsymbol{R}(t+\Delta t)$，即

$$\boldsymbol{R}(t+\Delta t)=\boldsymbol{R}_{\hat{k}}(\Delta\theta)\boldsymbol{R}(t) \tag{6.10}$$

代入式（6.9），可得

$$\dot{\boldsymbol{R}}=\lim_{\Delta t\to 0}\left(\frac{\boldsymbol{R}_{\hat{k}}(\Delta\theta)-\boldsymbol{I}_3}{\Delta t}\boldsymbol{R}(t)\right)=\lim_{\Delta t\to 0}\left(\frac{\boldsymbol{R}_{\hat{k}}(\Delta\theta)-\boldsymbol{I}_3}{\Delta t}\right)\boldsymbol{R}(t) \tag{6.11}$$

由于 $\boldsymbol{R}_{\hat{k}}(\Delta\theta)$ 是绕空间旋转轴 $\hat{\boldsymbol{k}}$ 转动得到的，可以用等效轴-角对应的旋转矩阵来计算

$$\boldsymbol{R}_{\hat{k}}(\Delta\theta)=\begin{pmatrix} k_x^2(1-\mathrm{c}\Delta\theta)+\mathrm{c}\Delta\theta & k_xk_y(1-\mathrm{c}\Delta\theta)-k_z\mathrm{s}\Delta\theta & k_xk_z(1-\mathrm{c}\Delta\theta)+k_y\mathrm{s}\Delta\theta \\ k_xk_y(1-\mathrm{c}\Delta\theta)+k_z\mathrm{s}\Delta\theta & k_y^2(1-\mathrm{c}\Delta\theta)+\mathrm{c}\Delta\theta & k_yk_z(1-\mathrm{c}\Delta\theta)-k_x\mathrm{s}\Delta\theta \\ k_xk_z(1-\mathrm{c}\Delta\theta)-k_y\mathrm{s}\Delta\theta & k_yk_z(1-\mathrm{c}\Delta\theta)+k_x\mathrm{s}\Delta\theta & k_z^2(1-\mathrm{c}\Delta\theta)+\mathrm{c}\Delta\theta \end{pmatrix} \tag{6.12}$$

考虑到在小角度情况下，三角函数可以等效为

$$\sin(\Delta\theta)\approx\Delta\theta,\ \cos(\Delta\theta)\approx 1 \tag{6.13}$$

代入式（6.12），可简化成

$$\boldsymbol{R}_{\hat{k}}(\Delta\theta)=\begin{pmatrix} 1 & -k_z\Delta\theta & k_y\Delta\theta \\ k_z\Delta\theta & 1 & -k_x\Delta\theta \\ -k_y\Delta\theta & k_x\Delta\theta & 1 \end{pmatrix} \tag{6.14}$$

再代入到式（6.11）中，得

$$\dot{\boldsymbol{R}}=\lim_{\Delta t\to 0}\left(\frac{\boldsymbol{R}_{\hat{k}}(\Delta\theta)-\boldsymbol{I}_3}{\Delta t}\right)\boldsymbol{R}(t)$$

$$=\lim_{\Delta t\to 0}\frac{\begin{pmatrix}0&-k_z\Delta\theta&k_y\Delta\theta\\k_z\Delta\theta&0&-k_x\Delta\theta\\-k_y\Delta\theta&k_x\Delta\theta&0\end{pmatrix}}{\Delta t}\boldsymbol{R}(t)$$

$$=\begin{pmatrix}0&-k_z\dot{\theta}&k_y\dot{\theta}\\k_z\dot{\theta}&0&-k_x\dot{\theta}\\-k_y\dot{\theta}&k_x\dot{\theta}&0\end{pmatrix}\boldsymbol{R}(t)\tag{6.15}$$

令

$$\Omega_x=k_x\dot{\theta},\ \Omega_y=k_y\dot{\theta},\ \Omega_z=k_z\dot{\theta},\ \boldsymbol{S}=\begin{pmatrix}0&-\Omega_z&\Omega_y\\\Omega_z&0&-\Omega_x\\-\Omega_y&\Omega_x&0\end{pmatrix}$$

显然，$\boldsymbol{S}$ 是一个反对称矩阵。将 $\boldsymbol{S}$ 代入式（6.15）并省略时间变量，可得

$$\dot{\boldsymbol{R}}=\boldsymbol{S}\boldsymbol{R}$$

$$\dot{\boldsymbol{R}}\boldsymbol{R}^{-1}=\dot{\boldsymbol{R}}\boldsymbol{R}^{\mathrm{T}}=\boldsymbol{S}\tag{6.16}$$

式（6.16）给出了旋转矩阵时间导数的显式表达，说明旋转矩阵的时间导数与它逆的积或转置的积是一个反对称矩阵。这是旋转矩阵的一个重要特性。回顾【例 4-12】对 X-Y-Z 欧拉角或固定角旋转矩阵针对小角度情况的讨论，可以得出具有等效物理意义的结果。

此外，利用旋转矩阵的单位正交特性也能得出上述结论，具体推导过程留作习题验证（习题 6-4）。

由式（6.16）的推导可看出，反对称矩阵 $\boldsymbol{S}$ 是在求解 $\dot{\boldsymbol{R}}$ 时得出的，它包含了与姿态时间导数相关的信息。巧合的是，$\boldsymbol{S}$ 中仅包含三个独立元素。把 $\boldsymbol{S}$ 中的元素提取出来，得到一个三维矢量

$$\boldsymbol{\Omega}=\mathrm{vex}\begin{pmatrix}0&-\Omega_z&\Omega_y\\\Omega_z&0&-\Omega_x\\-\Omega_y&\Omega_x&0\end{pmatrix}=\begin{pmatrix}\Omega_x\\\Omega_y\\\Omega_z\end{pmatrix}\tag{6.17}$$

式中，vex(·) 为从反对称矩阵中提取矢量的函数。

定义

$$\boldsymbol{\Omega}=\begin{pmatrix}\Omega_x\\\Omega_y\\\Omega_z\end{pmatrix}=\begin{pmatrix}\dot{\theta}k_x\\\dot{\theta}k_y\\\dot{\theta}k_z\end{pmatrix}=\dot{\boldsymbol{\theta}}\hat{\boldsymbol{k}}\tag{6.18}$$

为刚体的广义角速度矢量，用 $\boldsymbol{\omega}$ 来表达。

广义角速度矢量可以理解为：在任一时刻，刚体的转动总能用绕空间某一瞬时单位轴 $\hat{\boldsymbol{k}}$ 的旋转来表示，其对应的数学描述为一空间矢量 $\boldsymbol{\Omega}=\dot{\boldsymbol{\theta}}\hat{\boldsymbol{k}}$。其中，单位矢量 $\hat{\boldsymbol{k}}$ 表示旋转方向，

$|\boldsymbol{\Omega}|=\dot{\boldsymbol{\theta}}$ 表示转速大小。

由图 6.4 所示的坐标系定义可知，$\boldsymbol{\Omega}$ 就是${}^{A}\boldsymbol{\Omega}_{B}$。当参考坐标系和描述坐标系均为惯性坐标系 $\{U\}$ 时，可简写为 $\boldsymbol{\omega}$，称为空间广义角速度矢量，它描述了刚体相对于惯性坐标系的角速度。

如果瞬时旋转轴 $\hat{\boldsymbol{k}}$ 定义在图 6.4 所示的坐标系 $\{B\}$ 中，则根据式（6.9）推导的广义角速度矢量也可在 $\{B\}$ 中表达，即${}^{B}\boldsymbol{\Omega}_{B}^{A}$（或${}^{B}\boldsymbol{\omega}$），称为物体广义角速度矢量。它对应的反对称矩阵为

$$[{}^{B}\boldsymbol{\Omega}_{B}^{A}]=\boldsymbol{R}^{-1}\dot{\boldsymbol{R}} \tag{6.19}$$

且与${}^{A}\boldsymbol{\Omega}_{B}$（或${}^{A}\boldsymbol{\omega}$）之间存在如下关系

$${}^{A}\boldsymbol{\Omega}_{B}={}_{B}^{A}\boldsymbol{R}({}^{B}\boldsymbol{\Omega}_{B}^{A}) \text{ 或 } {}^{A}\boldsymbol{\omega}={}_{B}^{A}\boldsymbol{R}\,{}^{B}\boldsymbol{\omega} \tag{6.20}$$

式（6.19）和式（6.20）的证明留作习题（习题 6-5 和习题 6-6）。

如果不做特殊说明，本书后文所说角速度矢量即指空间广义角速度矢量。

4. 牵连线速度的矢量积公式

如图 6.4 所示，$\{B\}$ 相对于 $\{A\}$ 的角速度${}^{A}\boldsymbol{\Omega}_{B}$ 会带来点 Q 相对于 $\{A\}$ 的线速度，称为牵连线速度。由于 $\{A\}$ 与 $\{B\}$ 的原点重合，因此点 Q 在两个坐标系间的位置矢量关系为

$${}^{A}\boldsymbol{q}={}_{B}^{A}\boldsymbol{R}\,{}^{B}\boldsymbol{q} \tag{6.21}$$

式（6.21）对时间求导，并注意到 Q 为 $\{B\}$ 中的定点，即${}^{B}\dot{\boldsymbol{q}}={}^{B}\boldsymbol{V}_{Q}=0$，可得

$${}^{A}\boldsymbol{V}_{Q}={}_{B}^{A}\dot{\boldsymbol{R}}\,{}^{B}\boldsymbol{q}=\boldsymbol{S}_{B}^{A}\boldsymbol{R}\,{}^{B}\boldsymbol{q}=\begin{pmatrix}0 & -\Omega_z & \Omega_y\\ \Omega_z & 0 & -\Omega_x\\ -\Omega_y & \Omega_x & 0\end{pmatrix}{}^{A}\boldsymbol{q}=[\boldsymbol{\Omega}]\,{}^{A}\boldsymbol{q}=\boldsymbol{\Omega}\times{}^{A}\boldsymbol{q} \tag{6.22}$$

式（6.22）就是理论力学中的求解牵连线速度的矢量积公式。其中，定义

$$[\boldsymbol{\Omega}]=\boldsymbol{\Omega}\times=\boldsymbol{S}=\begin{pmatrix}0 & -\Omega_z & \Omega_y\\ \Omega_z & 0 & -\Omega_x\\ -\Omega_y & \Omega_x & 0\end{pmatrix}=\mathrm{skew}(\boldsymbol{\Omega})$$

式中，skew(·) 为从三维矢量生成反对称矩阵的函数，本书用 [ ] 来简写。

可见，利用旋转矩阵的微分，可以很容易地从理论上证明牵连线速度的矢量积公式。

对于 $\{A\}$、$\{B\}$ 原点不重合，点 Q 为 $\{B\}$ 中动点的一般情况，同样可以利用微分关系得到空间中一点在不同参考坐标系中的速度关系，这将在 6.2.2 小节详述。

5. 广义角速度矢量的求解

对式（6.16）中的旋转矩阵进行展开

$$\dot{\boldsymbol{R}}\boldsymbol{R}^{-1}=\dot{\boldsymbol{R}}\boldsymbol{R}^{\mathrm{T}}=\begin{pmatrix}\dot{r}_{11} & \dot{r}_{12} & \dot{r}_{13}\\ \dot{r}_{21} & \dot{r}_{22} & \dot{r}_{23}\\ \dot{r}_{31} & \dot{r}_{32} & \dot{r}_{33}\end{pmatrix}\begin{pmatrix}r_{11} & r_{21} & r_{31}\\ r_{12} & r_{22} & r_{32}\\ r_{13} & r_{23} & r_{33}\end{pmatrix}=\begin{pmatrix}0 & -\Omega_z & \Omega_y\\ \Omega_z & 0 & -\Omega_x\\ -\Omega_y & \Omega_x & 0\end{pmatrix} \tag{6.23}$$

由于左右矩阵的对应元素相等，可以得到三个独立方程

$$\begin{aligned}\Omega_x&=\dot{r}_{31}r_{21}+\dot{r}_{32}r_{22}+\dot{r}_{33}r_{23}\\ \Omega_y&=\dot{r}_{11}r_{31}+\dot{r}_{12}r_{32}+\dot{r}_{13}r_{33}\\ \Omega_z&=\dot{r}_{21}r_{11}+\dot{r}_{22}r_{12}+\dot{r}_{23}r_{13}\end{aligned} \tag{6.24}$$

如果已经通过 D-H 矩阵获得了机器人末端相对于基坐标系的旋转矩阵 $\boldsymbol{R}$，即得到了式

(6.24) 右边各项关于关节变量的表达式 $r_{i,j}(\boldsymbol{q})$。把其中的微分项 $\dot{r}_{ij}$ ($\boldsymbol{q}$) 对关节变量 $\boldsymbol{q}$ 中的各元素进行全微分展开，并代入式（6.24），就可得到用关节变量 $\boldsymbol{q}$ 表达的广义角速度矢量 $\boldsymbol{\omega}$。这将在 6.2.2 节详述。

6. 广义角速度矢量与姿态角速度矢量

广义角速度矢量是严格根据旋转矩阵的时间微分得到的，它描述了刚体当前时刻绕固定空间转轴的角速度。第 4 章给出了姿态的矢量表示法，包括三角度（固定角或欧拉角）法和等效轴-角法。姿态矢量的时间微分也能表示刚体角速度，称为姿态角速度矢量，但是，其物理意义与广义角速度矢量不同。例如，工程上常用 Z-Y-Z 欧拉角的时间微分

$$\dot{\boldsymbol{\Theta}}_{zyz}=\begin{pmatrix}\dot{\phi}\\ \dot{\theta}\\ \dot{\psi}\end{pmatrix} \tag{6.25}$$

事实上，任意一种姿态角速度矢量与广义角速度矢量之间都存在固定的变换关系。由于式（6.16）恒成立，因此，可以利用姿态矩阵 $\boldsymbol{R}$ 与姿态矢量的关系，根据式（6.24）建立姿态角速度矢量与广义角速度矢量之间的变换关系。

当用三角度矢量 $\boldsymbol{\Theta}$ 表示姿态时，式（6.24）等号右侧的每一项都是姿态角的函数。把式（6.24）中的微分项 $\dot{r}_{ij}(\boldsymbol{\Theta})$ 对姿态角 $\boldsymbol{\Theta}$ 的三个元素进行全微分展开，即可得到姿态角速度矢量与广义角速度矢量之间的变换关系。例如，对于 Z-Y-Z 欧拉角，有

$$\boldsymbol{\Omega}=\boldsymbol{E}_{zyz}(\boldsymbol{\Theta}_{zyz})\dot{\boldsymbol{\Theta}}_{zyz} \tag{6.26}$$

式中，变换矩阵

$$\boldsymbol{E}_{zyz}(\boldsymbol{\Theta}_{zyz})=\begin{pmatrix}0 & -\mathrm{s}\phi & \mathrm{c}\phi\mathrm{s}\theta\\ 0 & \mathrm{c}\phi & \mathrm{s}\phi\mathrm{s}\theta\\ 1 & 0 & \mathrm{c}\theta\end{pmatrix} \tag{6.27}$$

式中，$\boldsymbol{E}(\boldsymbol{\Theta})$ 反映了姿态角速度矢量与广义角速度矢量之间的关系。它同时也是姿态矢量的函数，随三个姿态角变化。$\boldsymbol{E}(\boldsymbol{\Theta})$ 与姿态矢量的定义有关，因此，有必要用下标注明所用的三角度表示法。与 Z-Y-X 欧拉角速度矢量对应的 $\boldsymbol{E}_{zyx}(\boldsymbol{\Theta}_{zyx})$ 表达式的求解留作习题（习题 6-9）。

需要注意的是，广义角速度 $\boldsymbol{\Omega}$ 并不等价于等效轴-角矢量的时间微分。因为，等效轴-角的等效轴通常并不是运动刚体的当前瞬时转轴。当刚体存在角速度 $\boldsymbol{\Omega}$ 时，其瓷态等效轴-角表示中的等效轴 $\hat{\boldsymbol{k}}$ 和转角 θ 都会随时间发生变化。利用姿态矩阵 $\boldsymbol{R}$ 与等效轴-角之间的关系（4.130），结合式（6.24），可以得到等效轴-角矢量的微分与广义角速度矢量之间的变换矩阵。

广义角速度矢量与姿态角速度矢量之间的变换矩阵，一般包含非线性项。因此，绕刚体空间定轴的等速转动，通常对应着姿态矢量的非匀速变化；反之，如果使某姿态矢量匀速变化，则通常对应着刚体的空间变速转动，即广义角速度矢量的方向和大小都会变化。

6.2.2　任意两刚体之间的速度关系

利用角速度矢量的定义，可以很容易得出空间中一点以不同坐标系为参考坐标系时的速度关系。

如图 6.5 所示，坐标系 {A} 和 {B} 分别为刚体坐标系，{B} 的原点在 {A} 中的位置矢量表示为 ${}^{A}\boldsymbol{p}_{BORG}$，{$B$} 相对 {$A$} 存在一般运动：既有转动速度 ${}^{A}\boldsymbol{\Omega}_{B}$，也有平动速

度$^A\boldsymbol{V}_{BORG}$。空间中一点 Q 在 $\{B\}$ 中的位置矢量表示为$^B\boldsymbol{q}$，它随 $\{B\}$ 转动，且以 $\{B\}$ 为参考坐标系时的线速度为$^B\boldsymbol{V}_Q$。现在要考察 Q 点以 $\{A\}$ 为参考坐标系时的线速度$^A\boldsymbol{V}_Q$。

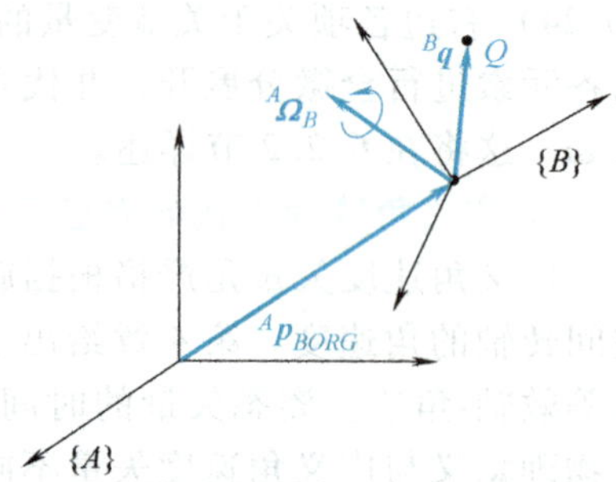

图 6.5　刚体间的速度关系

由第 4 章知识可知，点 Q 在 $\{A\}$ 中的位置矢量表示为

$$^A\boldsymbol{q}={}^A\boldsymbol{p}_{BORG}+{}^A_B\boldsymbol{R}\,{}^B\boldsymbol{q} \tag{6.28}$$

对式（6.28）求导，得

$$^A\boldsymbol{V}_Q={}^A\boldsymbol{V}_{BORG}+{}^A_B\boldsymbol{R}\,{}^B\boldsymbol{V}_Q+{}^A_B\dot{\boldsymbol{R}}\,{}^B\boldsymbol{q}_Q \tag{6.29}$$

由式（6.16）和式（6.22）可知

$$^A_B\dot{\boldsymbol{R}}=[{}^A\boldsymbol{\Omega}_B]{}^A_B\boldsymbol{R}={}^A\boldsymbol{\Omega}_B\times{}^A_B\boldsymbol{R}$$

代入式（6.29），得

$$^A\boldsymbol{V}_Q={}^A\boldsymbol{V}_{BORG}+{}^A_B\boldsymbol{R}\,{}^B\boldsymbol{V}_Q+{}^A\boldsymbol{\Omega}_B\times{}^A_B\boldsymbol{R}\,{}^B\boldsymbol{q} \tag{6.30}$$

式（6.30）表示了一个动点 Q 以两个存在相对运动的坐标系分别作为参考坐标系时，两个线速度矢量的关系，它包含了所有的运动要素。可以注意到，该式与理论力学中点的速度合成定理一致。等号右侧第二项对应相对速度，第一、三项对应由参考坐标系的相对运动引起的牵连速度（包括平动和转动）。

当两参考坐标系相对静止时，有$^A\boldsymbol{V}_{BORG}=0$，$^A\boldsymbol{\Omega}_B=0$，则式（6.30）简化为

$$^A\boldsymbol{V}_Q={}^A_B\boldsymbol{R}\,{}^B\boldsymbol{V}_Q \tag{6.31}$$

式（6.31）就是线速度矢量在相对静止的两个坐标系中进行描述时的坐标映射关系，与 4.2.6 小节的分析相符。

如果 Q 点是刚体 $\{B\}$ 上的一个定点，即$^B\boldsymbol{V}_Q=0$，则式（6.30）变为

$$^A\boldsymbol{V}_Q={}^A\boldsymbol{V}_{BORG}+{}^A\boldsymbol{\Omega}_B\times{}^A_B\boldsymbol{R}\,{}^B\boldsymbol{q} \tag{6.32}$$

在 6.3.2 节利用递推法求解机器人速度雅可比矩阵的过程中，将会用到式（6.32）。

6.2.3　雅可比的定义

设 m 维矢量 $\boldsymbol{x}=(x_1, \cdots, x_m)^{\mathrm{T}}$ 中的每一个元素 x_i（$i=1, 2, \cdots, m$）都是 n 维矢量 $\boldsymbol{q}=(q_1, \cdots, q_n)^{\mathrm{T}}$ 中元素的函数

$$x_i=f_i(q_1,q_2,\cdots,q_j,\cdots,q_n) \tag{6.33}$$

式中，m 和 n 分别为矢量 $\boldsymbol{x}$、$\boldsymbol{q}$ 的广义坐标数。

利用多元函数求导法则，可得到上述 x_i 关于 $\boldsymbol{q}$ 的全微分，即

$$\delta x_i=\sum_{j=1}^{n}\frac{\partial f_i(q_1,q_2,\cdots,q_n)}{\partial q_j}\delta q_j=\sum_{j=1}^{n}\frac{\partial f_i}{\partial q_j}\delta q_j \tag{6.34}$$

如果式（6.33）可以写成矢量值函数的形式

$$\boldsymbol{x}=\begin{pmatrix}x_1\\ \vdots\\ x_m\end{pmatrix}=\begin{pmatrix}f_1(q_1,q_2,\cdots,q_n)\\ \vdots\\ f_m(q_1,q_2,\cdots,q_n)\end{pmatrix} \tag{6.35}$$

则式（6.34）可用矩阵和矢量表达，即

$$\begin{pmatrix}\delta x_1\\ \vdots\\ \delta x_m\end{pmatrix}=\begin{pmatrix}\dfrac{\partial f_1}{\partial q_1} & \cdots & \dfrac{\partial f_1}{\partial q_n}\\ \vdots & & \vdots\\ \dfrac{\partial f_m}{\partial q_1} & \cdots & \dfrac{\partial f_m}{\partial q_n}\end{pmatrix}\begin{pmatrix}\delta q_1\\ \vdots\\ \delta q_n\end{pmatrix} \tag{6.36}$$

令

$$\delta\boldsymbol{x}=\begin{pmatrix}\delta x_1\\ \vdots\\ \delta x_m\end{pmatrix},\ \boldsymbol{J}=\begin{pmatrix}\dfrac{\partial f_1}{\partial q_1} & \cdots & \dfrac{\partial f_1}{\partial q_n}\\ \vdots & & \vdots\\ \dfrac{\partial f_m}{\partial q_1} & \cdots & \dfrac{\partial f_m}{\partial q_n}\end{pmatrix},\ \delta\boldsymbol{q}=\begin{pmatrix}\delta q_1\\ \vdots\\ \delta q_n\end{pmatrix}$$

则式（6.36）可以简写为用矩阵表达的通式，即

$$\delta\boldsymbol{x}=\boldsymbol{J}(\boldsymbol{q})\delta\boldsymbol{q} \tag{6.37}$$

式中，$\boldsymbol{J}(\boldsymbol{q})$ 是矢量值函数对矢量变量的全微分式，称为雅可比矩阵（Jacobian Matrix），以普鲁士数学家卡尔·雅可比命名。

将式（6.37）两端同时除以 δt，得到关于时间的导数

$$\dot{\boldsymbol{x}}=\boldsymbol{J}(\boldsymbol{q})\dot{\boldsymbol{q}} \tag{6.38}$$

若 $\boldsymbol{x}$ 表示机器人末端位姿矢量，$\boldsymbol{q}$ 表示机器人关节矢量，那么式（6.38）就反映了末端速度矢量 $\dot{\boldsymbol{x}}$ 与关节速度矢量 $\dot{\boldsymbol{q}}$ 之间的映射。此时，称 $\boldsymbol{J}(\boldsymbol{q})$ 为机器人的速度雅可比。

式（6.38）中，末端速度矢量 $\dot{\boldsymbol{x}}$ 通常以惯性坐标系为参考系，对于机器人，一般指基坐标系 {0}。$\dot{\boldsymbol{x}}$ 包含两个部分，分别表示线速度和角速度。对于 $\dot{\boldsymbol{x}}$ 中的角速度部分，如果采用式（6.18）的广义角速度矢量 $\boldsymbol{\omega}$ 来表达，则 $\dot{\boldsymbol{x}}=(\boldsymbol{v},\ \boldsymbol{\omega})^{\mathrm{T}}$，与之对应的速度雅可比称为几何雅可比（Geometrical Jacobi）；如果采用式（6.25）所示的姿态角速度矢量 $\dot{\boldsymbol{\Theta}}$ 来表达，则 $\dot{\boldsymbol{x}}_{\boldsymbol{\Theta}}=(\boldsymbol{v},\ \dot{\boldsymbol{\Theta}})^{\mathrm{T}}$，对应的速度雅可比称为解析雅可比（Analytical Jacobi）。

【背景知识】　卡尔·雅可比（1804—1851）普鲁士数学家。被誉为数学史上最勤奋的学者之一，与欧拉一样也是一位多产的数学家。21 岁即获得柏林大学理学博士学位，之后留校任教。雅可比于 1829 年发表了一篇有关椭圆函数的经典著作《椭圆函数基本新理论》，书中介绍了以 n 个 n 元函数的偏导数为元素的行列式，并以他的名字命名为雅可比式（Jacobian）。现在数学中的许多定理、公式和方程、积分、矩阵、行列式及多种数学符号的名称都冠以雅可比的名字。

6.3　速度雅可比的求解

6.3.1　直接微分法

对于有 n 个关节的串联机器人，其末端位姿矩阵 ${}^{0}_{T}\boldsymbol{T}$ 中的元素 $r_{i,j}$ 和 p_i 是关节矢量 $\boldsymbol{q}=$

$(q_1, \cdots, q_n)^{\mathrm{T}}$ 的函数

$$ {}_T^0\boldsymbol{T}=\begin{pmatrix} {}_T^0\boldsymbol{R} & {}^0\boldsymbol{p}_{TORG} \\ \boldsymbol{0} & 1 \end{pmatrix}=\begin{pmatrix} r_{11} & r_{12} & r_{13} & p_1 \\ r_{21} & r_{22} & r_{23} & p_2 \\ r_{31} & r_{32} & r_{33} & p_3 \\ 0 & 0 & 0 & 1 \end{pmatrix} \tag{6.39} $$

$$ r_{i,j}=f_{i,j}(q_1,\cdots,q_n),\ p_i=g_i(q_1,\cdots,q_n),\ i,j=1,2,3 $$

下面讨论如何根据雅可比矩阵的定义，求末端位姿矩阵${}_T^0\boldsymbol{T}$ 的时间微分，直接获得串联机器人的速度雅可比。首先看两个简单的例子。

【例 6-2】 平面 2R 机器人各参数如图 6.6 所示，利用直接微分法求解末端工具坐标系 {3} 相对于基坐标系 {0} 的速度雅可比。

解：采用前置坐标系建立如图 6.6 所示的连杆坐标系，根据 D-H 参数，建立连杆坐标系之间的位姿矩阵如下

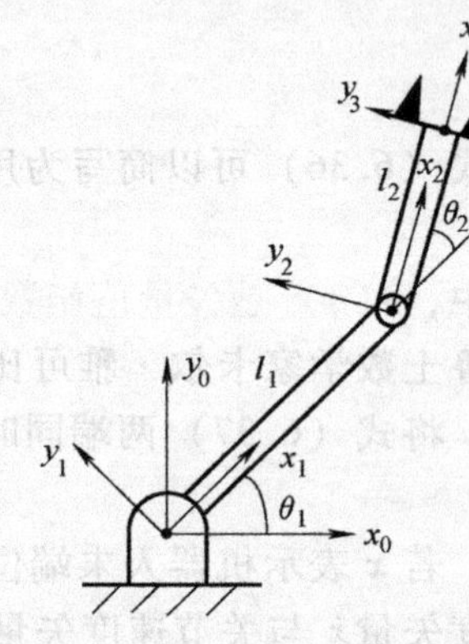

图 6.6 平面 2R 机器人

$$ {}_1^0\boldsymbol{T}=\begin{pmatrix} c\theta_1 & -s\theta_1 & 0 & 0 \\ s\theta_1 & c\theta_1 & 0 & 0 \\ 0 & 0 & 1 & 0 \\ 0 & 0 & 0 & 1 \end{pmatrix},\ {}_2^1\boldsymbol{T}=\begin{pmatrix} c\theta_2 & -s\theta_2 & 0 & l_1 \\ s\theta_2 & c\theta_2 & 0 & 0 \\ 0 & 0 & 1 & 0 \\ 0 & 0 & 0 & 1 \end{pmatrix}, $$

$$ {}_3^2\boldsymbol{T}=\begin{pmatrix} 1 & 0 & 0 & l_2 \\ 0 & 1 & 0 & 0 \\ 0 & 0 & 1 & 0 \\ 0 & 0 & 0 & 1 \end{pmatrix} $$

末端工具坐标系 {3} 相对于基坐标系 {0} 的位姿矩阵为

$$ {}_3^0\boldsymbol{T}={}_1^0\boldsymbol{T}{}_2^1\boldsymbol{T}{}_3^2\boldsymbol{T}=\begin{pmatrix} c\theta_{12} & -s\theta_{12} & 0 & l_1c\theta_1+l_2c\theta_{12} \\ s\theta_{12} & c\theta_{12} & 0 & l_1s\theta_1+l_2s\theta_{12} \\ 0 & 0 & 1 & 0 \\ 0 & 0 & 0 & 1 \end{pmatrix} \tag{6.40} $$

以基坐标系 {0} 为惯性坐标系，则末端相对于基坐标系 {0} 的速度矢量为${}^0\dot{\boldsymbol{x}}_3=({}^0\boldsymbol{v}_3, {}^0\boldsymbol{\omega}_3)^{\mathrm{T}}$，首先求解线速度矢量${}^0\boldsymbol{v}_3$ 的表达式。

线速度矢量${}^0\boldsymbol{v}_3$ 只与${}_3^0\boldsymbol{T}$ 的最后一列元素有关，因此有

$$ {}^0\boldsymbol{v}_3=\begin{pmatrix} {}^0v_{3x} \\ {}^0v_{3y} \\ {}^0v_{3z} \end{pmatrix}=\begin{pmatrix} {}^0\dot{p}_x \\ {}^0\dot{p}_y \\ {}^0\dot{p}_z \end{pmatrix} $$

式中

$$ {}^0\dot{p}_x=(-l_1s\theta_1-l_2s\theta_{12})\dot{\theta}_1+(-l_2s\theta_{12})\dot{\theta}_2 $$

$$ {}^0\dot{p}_y=(l_1c\theta_1+l_2c\theta_{12})\dot{\theta}_1+(l_2c\theta_{12})\dot{\theta}_2 $$

$$ {}^0\dot{p}_z=0 $$

写成矩阵的形式，得

$$
{}^{0}\boldsymbol{v}_3=\begin{pmatrix}{}^{0}v_{3x}\\{}^{0}v_{3y}\\{}^{0}v_{3z}\end{pmatrix}=\begin{pmatrix}-l_1\mathrm{s}\theta_1-l_2\mathrm{s}\theta_{12} & -l_2\mathrm{s}\theta_{12}\\ l_1\mathrm{c}\theta_1+l_2\mathrm{c}\theta_{12} & l_2\mathrm{c}\theta_{12}\\ 0 & 0\end{pmatrix}\begin{pmatrix}\dot{\theta}_1\\ \dot{\theta}_2\end{pmatrix}\tag{6.41}
$$

再来求角速度矢量${}^{0}\boldsymbol{\omega}_3$的表达式。从式（6.4）可知其对应旋转矩阵为

$$
{}_{3}^{0}\boldsymbol{R}=\begin{pmatrix}\mathrm{c}\theta_{12} & -\mathrm{s}\theta_{12} & 0\\ \mathrm{s}\theta_{12} & \mathrm{c}\theta_{12} & 0\\ 0 & 0 & 1\end{pmatrix}
$$

把${}_{3}^{0}\boldsymbol{R}$的各项代入式（6.24），得

$$
\begin{aligned}
{}^{0}\omega_{3x}&=\dot{r}_{31}r_{21}+\dot{r}_{32}r_{22}+\dot{r}_{33}r_{23}=0\\
{}^{0}\omega_{3y}&=\dot{r}_{11}r_{31}+\dot{r}_{12}r_{32}+\dot{r}_{13}r_{33}=0\\
{}^{0}\omega_{3z}&=\dot{r}_{21}r_{11}+\dot{r}_{22}r_{12}+\dot{r}_{23}r_{13}=\dot{\theta}_1+\dot{\theta}_2
\end{aligned}
$$

由于平面2R机器人的旋转自由度被限制在oxy平面内，通过直接观察，也可以得出末端角速度等于两关节角速度之和的结论。把上式写成矩阵形式

$$
{}^{0}\boldsymbol{\omega}_3=\begin{pmatrix}{}^{0}\omega_{3x}\\{}^{0}\omega_{3y}\\{}^{0}\omega_{3z}\end{pmatrix}=\begin{pmatrix}0 & 0\\ 0 & 0\\ 1 & 1\end{pmatrix}\begin{pmatrix}\dot{\theta}_1\\ \dot{\theta}_2\end{pmatrix}\tag{6.42}
$$

合并式（6.41）和式（6.42），得

$$
{}^{0}\dot{\boldsymbol{x}}_3=\begin{pmatrix}{}^{0}\boldsymbol{v}_3\\{}^{0}\boldsymbol{\omega}_3\end{pmatrix}=\begin{pmatrix}{}^{0}v_{3x}\\{}^{0}v_{3y}\\{}^{0}v_{3z}\\{}^{0}\omega_{3x}\\{}^{0}\omega_{3y}\\{}^{0}\omega_{3z}\end{pmatrix}=\begin{pmatrix}-l_1\mathrm{s}\theta_1-l_2\mathrm{s}\theta_{12} & -l_2\mathrm{s}\theta_{12}\\ l_1\mathrm{c}\theta_1+l_2\mathrm{c}\theta_{12} & l_2\mathrm{c}\theta_{12}\\ 0 & 0\\ 0 & 0\\ 0 & 0\\ 1 & 1\end{pmatrix}\begin{pmatrix}\dot{\theta}_1\\ \dot{\theta}_2\end{pmatrix}\tag{6.43}
$$

因此，根据速度雅可比的定义式，平面2R机器人末端相对于基坐标系的速度雅可比为

$$
{}^{0}\boldsymbol{J}_3=\begin{pmatrix}-l_1\mathrm{s}\theta_1-l_2\mathrm{s}\theta_{12} & -l_2\mathrm{s}\theta_{12}\\ l_1\mathrm{c}\theta_1+l_2\mathrm{c}\theta_{12} & l_2\mathrm{c}\theta_{12}\\ 0 & 0\\ 0 & 0\\ 0 & 0\\ 1 & 1\end{pmatrix}_{6\times 2}\tag{6.44}
$$

【例 6-3】 空间 3R 机器人各参数如图 6.7 所示，利用直接微分法求解末端坐标系 {4} 相对于基坐标系 {0} 的速度雅可比。

解：由【例 5-8】得到的各连杆坐标系的 D-H 矩阵，可进一步计算得到该空间 3R 机器人的坐标系 {4} 相对于基坐标系 {0} 的位姿矩阵

$$
{}_4^0\boldsymbol{T}=\begin{pmatrix} c\theta_1 c\theta_{23} & -c\theta_1 s\theta_{23} & s\theta_1 & l_2 c\theta_1 c\theta_2+l_3 c\theta_1 c\theta_{23} \\ s\theta_1 c\theta_{23} & -s\theta_1 s\theta_{23} & -c\theta_1 & l_2 s\theta_1 c\theta_2+l_3 s\theta_1 c\theta_{23} \\ s\theta_{23} & c\theta_{23} & 0 & l_2 s\theta_2+l_3 s\theta_{23} \\ 0 & 0 & 0 & 1 \end{pmatrix} \tag{6.45}
$$

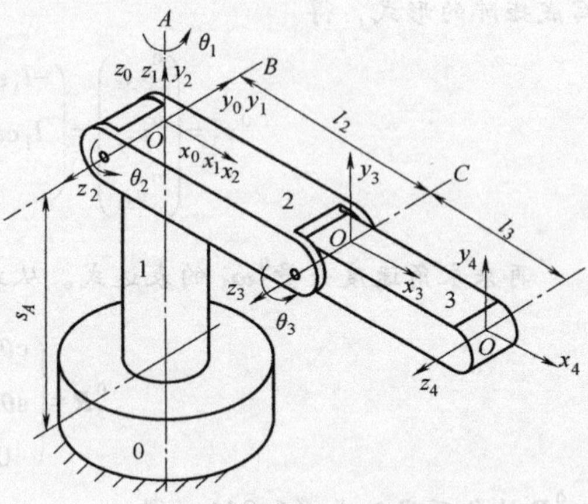

图 6.7 空间 3R 机器人

为得到速度矢量 ${}^0\dot{\boldsymbol{x}}_4=({}^0\boldsymbol{v}_4,{}^0\boldsymbol{\omega}_4)^{\mathrm{T}}$ 的表达式，首先求解线速度矢量 ${}^0\boldsymbol{v}_4$ 的表达式

$$
{}^0\boldsymbol{v}_4=\begin{pmatrix} {}^0v_{4x} \\ {}^0v_{4y} \\ {}^0v_{4z} \end{pmatrix}=\begin{pmatrix} \dot{p}_1 \\ \dot{p}_2 \\ \dot{p}_3 \end{pmatrix}=\begin{pmatrix} -l_2 s\theta_1 c\theta_2-l_3 s\theta_1 c\theta_{23} & -l_2 c\theta_1 s\theta_2-l_3 c\theta_1 s\theta_{23} & -l_3 c\theta_1 s\theta_{23} \\ l_2 c\theta_1 c\theta_2+l_3 c\theta_1 c\theta_{23} & -l_2 s\theta_1 s\theta_2-l_3 s\theta_1 s\theta_{23} & -l_3 s\theta_1 s\theta_{23} \\ 0 & l_2 c\theta_2+l_3 c\theta_{23} & l_3 c\theta_{23} \end{pmatrix}\begin{pmatrix} \dot{\theta}_1 \\ \dot{\theta}_2 \\ \dot{\theta}_3 \end{pmatrix} \tag{6.46}
$$

由于空间 3R 机器人的角速度矢量分布在三维空间，因此，必须根据旋转矩阵的时间微分求解 ${}^0\boldsymbol{\omega}_4$ 的表达式。从式 (6.45) 可知其对应旋转矩阵为

$$
{}_4^0\boldsymbol{R}=\begin{pmatrix} c\theta_1 c\theta_{23} & -c\theta_1 s\theta_{23} & s\theta_1 \\ s\theta_1 c\theta_{23} & -s\theta_1 s\theta_{23} & -c\theta_1 \\ s\theta_{23} & c\theta_{23} & 0 \end{pmatrix} \tag{6.47}
$$

把 ${}_4^0\boldsymbol{R}$ 的各项代入式 (6.24)，得

$$
\begin{aligned}
{}^0\omega_{4x}&=\dot{r}_{31}r_{21}+\dot{r}_{32}r_{22}+\dot{r}_{33}r_{23}=\dot{\theta}_2 s\theta_1+\dot{\theta}_3 s\theta_1 \\
{}^0\omega_{4y}&=\dot{r}_{11}r_{31}+\dot{r}_{12}r_{32}+\dot{r}_{13}r_{33}=-\dot{\theta}_2 c\theta_1-\dot{\theta}_3 c\theta_1 \\
{}^0\omega_{4z}&=\dot{r}_{21}r_{11}+\dot{r}_{22}r_{12}+\dot{r}_{23}r_{13}=\dot{\theta}_1
\end{aligned} \tag{6.48}
$$

将式 (6.48) 写成矢量和矩阵的形式，并与式 (6.46) 合并，得

$$
{}^0\dot{\boldsymbol{x}}_4=\begin{pmatrix} {}^0\boldsymbol{v}_4 \\ {}^0\boldsymbol{\omega}_4 \end{pmatrix}=\begin{pmatrix} {}^0v_{4x} \\ {}^0v_{4y} \\ {}^0v_{4z} \\ {}^0\omega_{4x} \\ {}^0\omega_{4y} \\ {}^0\omega_{4z} \end{pmatrix}=\begin{pmatrix} -l_2 s\theta_1 c\theta_2-l_3 s\theta_1 c\theta_{23} & -l_2 c\theta_1 s\theta_2-l_3 c\theta_1 s\theta_{23} & -l_3 c\theta_1 s\theta_{23} \\ l_2 c\theta_1 c\theta_2-l_3 s\theta_1 c\theta_{23} & -l_2 s\theta_1 s\theta_2-l_3 c\theta_1 s\theta_{23} & -l_3 c\theta_1 s\theta_{23} \\ 0 & l_2 c\theta_2+l_3 c\theta_{23} & l_3 c\theta_{23} \\ 0 & s\theta_1 & s\theta_1 \\ 0 & -c\theta_1 & -c\theta_1 \\ 1 & 0 & 0 \end{pmatrix}\begin{pmatrix} \dot{\theta}_1 \\ \dot{\theta}_2 \\ \dot{\theta}_3 \end{pmatrix} \tag{6.49}
$$

因此，根据速度雅可比的定义式，空间 3R 机器人末端相对于基坐标系的速度雅可比矩阵为

$$
{}^{0}\boldsymbol{J}_4=\begin{pmatrix}
-l_2 s\theta_1 c\theta_2-l_3 s\theta_1 c\theta_{23} & -l_2 c\theta_1 s\theta_2-l_3 c\theta_1 s\theta_{23} & -l_3 c\theta_1 s\theta_{23}\\
l_2 c\theta_1 c\theta_2-l_3 s\theta_1 c\theta_{23} & -l_2 s\theta_1 s\theta_2-l_3 c\theta_1 s\theta_{23} & -l_3 c\theta_1 s\theta_{23}\\
0 & l_2 c\theta_2+l_3 c\theta_{23} & l_3 c\theta_{23}\\
0 & s\theta_1 & s\theta_1\\
0 & -c\theta_1 & -c\theta_1\\
1 & 0 & 0
\end{pmatrix}_{6\times 3}
\tag{6.50}
$$

把上述两个例子进一步推广到 n 自由度串联机器人。如图 6.1 所示的 6 自由度串联机器人，其末端工具坐标系 $\{T\}$ 与 n 杆固联，位姿矩阵${}_{T}^{0}\boldsymbol{T}$ 的分解形式为

$$
{}_{T}^{0}\boldsymbol{T}=\begin{pmatrix}{}_{T}^{0}\boldsymbol{R} & {}^{0}\boldsymbol{p}_{TORG}\\ \boldsymbol{0} & 1\end{pmatrix}_{4\times 4}
\tag{6.51}
$$

式中

$$
{}^{0}\boldsymbol{p}_{TORG}=\begin{pmatrix}{}^{0}p_{Tx}\\ {}^{0}p_{Ty}\\ {}^{0}p_{Tz}\end{pmatrix};\quad {}_{T}^{0}\boldsymbol{R}=\begin{pmatrix}r_{11} & r_{12} & r_{13}\\ r_{21} & r_{22} & r_{23}\\ r_{31} & r_{32} & r_{33}\end{pmatrix}
$$

对式（6.51）进行全微分，即可得到末端相对于惯性坐标系 $\{0\}$ 的速度矢量${}^{0}\dot{\boldsymbol{x}}_T=({}^{0}\boldsymbol{v}_T,{}^{0}\boldsymbol{\omega}_T)^{\mathrm{T}}$ 表达式以及速度雅可比${}^{0}\boldsymbol{J}(\boldsymbol{q})$。求解的一般过程如下。

1. 求解线速度矢量

直接对位姿矩阵第四列的线速度项${}^{0}\boldsymbol{p}_{TORG}$ 求导，得到${}^{0}\boldsymbol{v}_T$ 的表达式

$$
{}^{0}\boldsymbol{v}_T=\begin{pmatrix}{}^{0}v_{Tx}\\ {}^{0}v_{Ty}\\ {}^{0}v_{Tz}\end{pmatrix}=\begin{pmatrix}
\dfrac{\partial\,{}^{0}p_{Tx}}{\partial q_1}, & \cdots, & \dfrac{\partial\,{}^{0}p_{Tx}}{\partial q_n}\\
\dfrac{\partial\,{}^{0}p_{Ty}}{\partial q_1}, & \cdots, & \dfrac{\partial\,{}^{0}p_{Ty}}{\partial q_n}\\
\dfrac{\partial\,{}^{0}p_{Tz}}{\partial q_1}, & \cdots, & \dfrac{\partial\,{}^{0}p_{Tz}}{\partial q_n}
\end{pmatrix}\dot{\boldsymbol{q}}_{n\times 1}={}^{0}\boldsymbol{J}_v(\boldsymbol{q})_{3\times n}\dot{\boldsymbol{q}}_{n\times 1}
\tag{6.52}
$$

式中，${}^{0}\boldsymbol{J}_v(\boldsymbol{q})$ 是 $3\times n$ 阶矩阵，反映了关节速度矢量与末端线速度矢量的映射关系。

2. 求解角速度矢量

把旋转矩阵${}_{T}^{0}\boldsymbol{R}$ 中的对应项代入式（6.24），并进行全微分展开，得到${}^{0}\boldsymbol{\omega}_T$ 的表达式

$$
{}^{0}\boldsymbol{\omega}_T=\begin{pmatrix}{}^{0}\omega_{Tx}\\ {}^{0}\omega_{Ty}\\ {}^{0}\omega_{Tz}\end{pmatrix}=\begin{pmatrix}
\dfrac{\partial r_{31}}{\partial q_1}r_{21}+\dfrac{\partial r_{32}}{\partial q_1}r_{22}+\dfrac{\partial r_{33}}{\partial q_1}r_{23}, & \cdots, & \dfrac{\partial r_{31}}{\partial q_n}r_{21}+\dfrac{\partial r_{32}}{\partial q_n}r_{22}+\dfrac{\partial r_{33}}{\partial q_n}r_{23}\\
\dfrac{\partial r_{11}}{\partial q_1}r_{31}+\dfrac{\partial r_{12}}{\partial q_1}r_{32}+\dfrac{\partial r_{13}}{\partial q_1}r_{33}, & \cdots, & \dfrac{\partial r_{11}}{\partial q_n}r_{31}+\dfrac{\partial r_{12}}{\partial q_n}r_{32}+\dfrac{\partial r_{13}}{\partial q_n}r_{33}\\
\dfrac{\partial r_{21}}{\partial q_1}r_{11}+\dfrac{\partial r_{22}}{\partial q_1}r_{12}+\dfrac{\partial r_{23}}{\partial q_1}r_{13}, & \cdots, & \dfrac{\partial r_{21}}{\partial q_n}r_{11}+\dfrac{\partial r_{22}}{\partial q_n}r_{12}+\dfrac{\partial r_{23}}{\partial q_n}r_{23}
\end{pmatrix}\dot{\boldsymbol{q}}_{n\times 1}={}^{0}\boldsymbol{J}_\omega(\boldsymbol{q})_{3\times n}\dot{\boldsymbol{q}}_{n\times 1}
\tag{6.53}
$$

式中，${}^0\boldsymbol{J}_\omega(\boldsymbol{q})$ 也是 $3\times n$ 阶矩阵，反映了关节速度矢量与末端角速度矢量的映射关系。

3. 完整的速度雅可比表达式

合并式（6.52）和式（6.53），即得到了完整的末端速度矢量和雅可比 ${}^0\boldsymbol{J}(\boldsymbol{q})$ 表达式

$$ {}^0\dot{\boldsymbol{x}}_T=\begin{pmatrix}{}^0\boldsymbol{v}_T\\ {}^0\boldsymbol{\omega}_T\end{pmatrix}_{6\times1}=\begin{pmatrix}{}^0\boldsymbol{J}_v(\boldsymbol{q})\\ {}^0\boldsymbol{J}_\omega(\boldsymbol{q})\end{pmatrix}_{6\times n}\dot{\boldsymbol{q}}_{n\times1}={}^0\boldsymbol{J}(\boldsymbol{q})_{6\times n}\dot{\boldsymbol{q}}_{n\times1} \tag{6.54}$$

有关式（6.52）和式（6.53）中速度雅可比通式的推导过程留作习题（习题 6-10）。

式（6.54）中，${}^0\dot{\boldsymbol{x}}_T$ 是机器人末端在笛卡儿空间的速度矢量在机器人操作空间的度量，故又称为操作空间速度矢量；而 $\dot{\boldsymbol{q}}$ 是在机器人关节空间内度量，则称为关节速度矢量。因此，式（6.54）的速度雅可比实质上反映机器人的关节空间速度向操作空间速度传递的广义传动比。

速度雅可比也可以表示机器人任意中间杆 i 的笛卡儿空间速度矢量与关节速度矢量的关系，如【例 6-3】中的 ${}^0J_3$，就需要对 ${}^0_i\boldsymbol{T}$ 求全微分来获得对应的速度雅可比 ${}^0J_i$。

从速度雅可比 $\boldsymbol{J}(\boldsymbol{q})$ 的构造可以看出，完整的 $\boldsymbol{J}(\boldsymbol{q})$ 有 6 个行矢量，前 3 行与线速度矢量相关，后 3 行与角速度矢量相关。$\boldsymbol{J}(\boldsymbol{q})$ 的列数等于机器人主动关节数 n。此外，$\boldsymbol{J}(\boldsymbol{q})$ 中的各元素与 D-H 参数中的结构参数和关节参数都有关，说明 $\boldsymbol{J}(\boldsymbol{q})$ 的取值随机器人位姿改变而发生变化。$\boldsymbol{J}(\boldsymbol{q})$ 内含了机器人的位姿信息，可以反映机器人的工作性能，后文将详细讨论。

6.3.2 递推法

由串联机器人的特点可知，机器人各连杆的速度由它与基座之间的所有关节速度决定，即每个连杆的速度都反映了它之前所有关节的速度。考虑到相邻连杆之间只有一个自由度，它们的相对速度仅由连接关节的速度决定，因此，可利用递推的思想，从机器人基座到末端逐个计算各连杆的速度，进而得到末端速度矢量表达式以及速度雅可比。

本节在 6.2.2 节有关两刚体间速度关系式（6.32）的基础上，研究任意相邻连杆间的速度递推公式。

图 6.8 所示为机器人两相邻连杆坐标系 $\{i\}$ 和 $\{i+1\}$，采用前置 D-H 法建立坐标系，$\{i+1\}$ 原点在 $\{i\}$ 中的位置矢量为 ${}^i\boldsymbol{p}_{i+1}$。两连杆的速度矢量都以惯性坐标系 $\{0\}$ 为参考坐标系，符号说明如下：

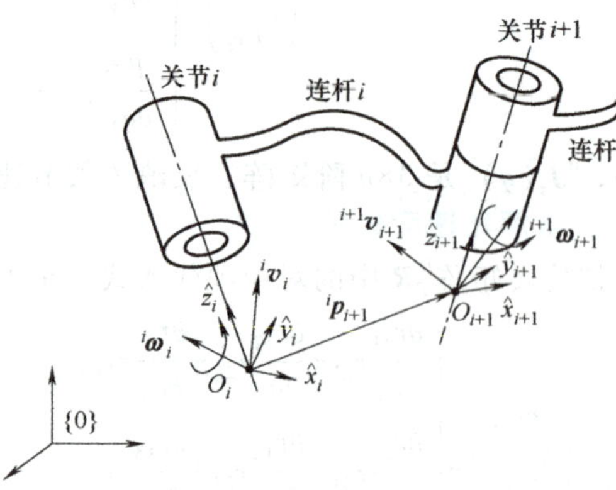

图 6.8 连杆间的速度传递

（1）${}^i\boldsymbol{v}_i$ 和 ${}^i\boldsymbol{\omega}_i$　杆 i 以 $\{0\}$ 为参考坐标系的线速度和角速度矢量在 $\{i\}$ 中的描述。

（2）${}^i\boldsymbol{v}_{i+1}$ 和 ${}^i\boldsymbol{\omega}_{i+1}$　杆 $i+1$ 以 $\{0\}$ 为参考坐标系的线速度和角速度矢量在 $\{i\}$ 中的描述。

（3）${}^{i+1}\boldsymbol{v}_{i+1}$ 和 ${}^{i+1}\boldsymbol{\omega}_{i+1}$　杆 $i+1$ 以 $\{0\}$ 为参考坐标系的线速度和角速度矢量在 $\{i+1\}$ 中的描述。

（4）$\dot{\theta}_{i+1}$　转动关节速度，为标量。

（5）$\dot{d}_{i+1}$ 移动关节速度，为标量。

根据前置 D-H 坐标系的定义，关节速度方向沿 $\hat{z}_{i+1}$ 轴。因此，关节速度矢量在 $\{i+1\}$ 中的描述为

$$\text{旋转关节}\quad \dot{\theta}_{i+1}{}^{i+1}\hat{z}_{i+1}=\dot{\theta}_{i+1}\begin{pmatrix}0\\0\\1\end{pmatrix}=\begin{pmatrix}0\\0\\\dot{\theta}_{i+1}\end{pmatrix}$$
$$\text{移动关节}\quad \dot{d}_{i+1}{}^{i+1}\hat{z}_{i+1}=\dot{d}_{i+1}\begin{pmatrix}0\\0\\1\end{pmatrix}=\begin{pmatrix}0\\0\\\dot{d}_{i+1}\end{pmatrix} \tag{6.55}$$

现在的问题是，已知相邻连杆间的旋转矩阵${}_i^{i+1}\boldsymbol{R}$，连杆 i 的速度矢量${}^i\boldsymbol{v}_i$、${}^i\boldsymbol{\omega}_i$ 和关节 $i+1$ 的速度 $\dot{\theta}_{i+1}$ 或 $\dot{d}_{i+1}$，求${}^{i+1}\boldsymbol{v}_{i+1}$ 和${}^{i+1}\boldsymbol{\omega}_{i+1}$ 的表达式。

1. 旋转关节的速度递推公式

（1）角速度　当关节 $i+1$ 为旋转关节时，$\{i+1\}$ 的角速度等于 $\{i\}$ 的角速度${}^i\boldsymbol{\omega}_i$ 加上关节 $i+1$ 的角速度 $\dot{\theta}_{i+1}{}^{i+1}\hat{z}_{i+1}$。注意，只有同一坐标系中描述的矢量才可以相加，因此，上述关系在 $\{i\}$ 中可表示为

$${}^i\boldsymbol{\omega}_{i+1}={}^i\boldsymbol{\omega}_i+{}_{i+1}^{i}\boldsymbol{R}\dot{\theta}_{i+1}{}^{i+1}\hat{z}_{i+1} \tag{6.56}$$

对式（6.56）的两端左乘旋转矩阵${}_i^{i+1}\boldsymbol{R}$，得到 $\{i+1\}$ 中的角速度表示

$${}^{i+1}\boldsymbol{\omega}_{i+1}={}_i^{i+1}\boldsymbol{R}{}^i\boldsymbol{\omega}_i+\dot{\theta}_{i+1}{}^{i+1}\hat{z}_{i+1} \tag{6.57}$$

（2）线速度　由式（6.32）可知，当杆长不变时，$\{i+1\}$ 原点的线速度就等于 $\{i\}$ 原点的线速度${}^i\boldsymbol{v}_i$ 加上连杆 i 角速度${}^i\boldsymbol{\omega}_i$ 产生的牵连线速度${}^i\boldsymbol{\omega}_i\times{}^i\boldsymbol{p}_{i+1}$。此关系在 $\{i\}$ 中可表示为

$${}^i\boldsymbol{v}_{i+1}={}^i\boldsymbol{v}_i+{}^i\boldsymbol{\omega}_i\times{}^i\boldsymbol{p}_{i+1} \tag{6.58}$$

对式（6.58）两端左乘旋转矩阵${}_i^{i+1}\boldsymbol{R}$，得到 $\{i+1\}$ 中的线速度表示

$${}^{i+1}\boldsymbol{v}_{i+1}={}_i^{i+1}\boldsymbol{R}({}^i\boldsymbol{v}_i+{}^i\boldsymbol{\omega}_i\times{}^i\boldsymbol{p}_{i+1}) \tag{6.59}$$

（3）递推公式　式（6.57）与式（6.59）共同构成了关节 $i+1$ 为转动关节时的速度递推公式。即为

$$\begin{cases}{}^{i+1}\boldsymbol{\omega}_{i+1}={}_i^{i+1}\boldsymbol{R}{}^i\boldsymbol{\omega}_i+\dot{\theta}_{i+1}{}^{i+1}\hat{z}_{i+1}\\{}^{i+1}\boldsymbol{v}_{i+1}={}_i^{i+1}\boldsymbol{R}({}^i\boldsymbol{v}_i+{}^i\boldsymbol{\omega}_i\times{}^i\boldsymbol{p}_{i+1})\\{}^0\boldsymbol{\omega}_0=\boldsymbol{0}\\{}^0\boldsymbol{v}_0=\boldsymbol{0}\end{cases} \tag{6.60}$$

2. 移动关节的速度递推公式

当关节 $i+1$ 为移动关节时，$\{i+1\}$ 相对 $\{i\}$ 只有移动没有转动，${}^{i+1}\boldsymbol{\omega}_{i+1}$ 与${}^i\boldsymbol{\omega}_i$ 仅存在坐标映射的关系；$\{i+1\}$ 原点的线速度${}^{i+1}\boldsymbol{v}_{i+1}$ 则需要在式（6.59）的基础上再加上关节移动速度 $\dot{d}_{i+1}{}^{i+1}\hat{z}_{i+1}$。

类似于旋转关节的推导过程，可推导出移动关节的速度递推公式为

$$\begin{cases} {}^{i+1}\boldsymbol{\omega}_{i+1} = {}^{i+1}_{i}\boldsymbol{R}\,{}^{i}\boldsymbol{\omega}_i \\ {}^{i+1}\boldsymbol{v}_{i+1} = {}^{i+1}_{i}\boldsymbol{R}({}^{i}\boldsymbol{v}_i + {}^{i}\boldsymbol{\omega}_i \times {}^{i}\boldsymbol{p}_{i+1}) + \dot{d}_{i+1}\,{}^{i+1}\hat{z}_{i+1} \\ {}^{0}\boldsymbol{\omega}_0 = \boldsymbol{0} \\ {}^{0}\boldsymbol{v}_0 = \boldsymbol{0} \end{cases} \tag{6.61}$$

式（6.60）和式（6.61）给出了机器人相邻连杆｛i｝与｛i+1｝间的完整速度递推公式。

式（6.60）和式（6.61）不仅可用于求解机器人各连杆的速度矢量，也将在第 9 章的牛顿-欧拉法中用于推导串联机器人的动力学方程。

相对于直接微分法，递推法在编程实现上具有优势。因为递推公式只需指定关节形式、相邻坐标系的旋转矩阵、杆长矢量和关节速度，即可通过循环调用，逐次计算从基座到末端的各杆件速度矢量${}^{i+1}\dot{\boldsymbol{x}}_{i+1} = ({}^{i+1}\boldsymbol{v}_{i+1}, {}^{i+1}\boldsymbol{\omega}_{i+1})^{\mathrm{T}}$。可见，递推法不需要推导机器人各连杆相对基座的位姿矩阵${}^{0}_{i+1}\boldsymbol{T}$以及速度雅可比${}^{0}\boldsymbol{J}_{i+1}(\boldsymbol{q})$的显式表达式。

当然，针对某个确定的机器人，仍可以通过公式的迭代递推，获得末端或中间连杆的速度雅可比${}^{i+1}\boldsymbol{J}_{i+1}(\boldsymbol{q})$的显式表达。

需要注意的是，利用式（6.60）和式（6.61）得出速度矢量${}^{i+1}\dot{\boldsymbol{x}}_{i+1} = ({}^{i+1}\boldsymbol{v}_{i+1}, {}^{i+1}\boldsymbol{\omega}_{i+1})^{\mathrm{T}}$，虽然仍以惯性坐标系｛0｝为参考坐标系，但是，它们却是在当前连杆坐标系｛i+1｝中的描述，而非在惯性坐标系｛0｝中，这一点与直接微分法不同。因此，递推法得到的速度雅可比${}^{i+1}\boldsymbol{J}_{i+1}(\boldsymbol{q})$与直接微分法得到的速度雅可比${}^{0}\boldsymbol{J}_{i+1}(\boldsymbol{q})$存在区别。

3. 速度雅可比在不同坐标系中的描述

如果需要获得速度矢量在｛0｝中的描述${}^{0}\dot{\boldsymbol{x}}_{i+1} = ({}^{0}\boldsymbol{v}_{i+1}, {}^{0}\boldsymbol{\omega}_{i+1})^{\mathrm{T}}$，可将式（6.60）和式（6.61）的结果左乘矩阵${}^{0}_{i+1}\boldsymbol{R}$，即进行以下坐标映射变换

$${}^{0}\boldsymbol{\omega}_{i+1} = {}^{0}_{i+1}\boldsymbol{R}\,{}^{i+1}\boldsymbol{\omega}_{i+1},\ {}^{0}\boldsymbol{v}_{i+1} = {}^{0}_{i+1}\boldsymbol{R}\,{}^{i+1}\boldsymbol{v}_{i+1} \tag{6.62}$$

根据速度雅可比的定义

$${}^{0}\dot{\boldsymbol{x}}_{i+1} = {}^{0}\boldsymbol{J}_{i+1}(\boldsymbol{q})\dot{\boldsymbol{q}} = \begin{pmatrix} {}^{0}\boldsymbol{v}_{i+1} \\ {}^{0}\boldsymbol{\omega}_{i+1} \end{pmatrix} \qquad {}^{i+1}\dot{\boldsymbol{x}}_{i+1} = {}^{i+1}\boldsymbol{J}_{i+1}(\boldsymbol{q})\dot{\boldsymbol{q}} = \begin{pmatrix} {}^{i+1}\boldsymbol{v}_{i+1} \\ {}^{i+1}\boldsymbol{\omega}_{i+1} \end{pmatrix} \tag{6.63}$$

将式（6.62）代入式（6.63），得

$${}^{0}\boldsymbol{J}_{i+1}(\boldsymbol{q})\dot{\boldsymbol{q}} = \begin{pmatrix} {}^{0}_{i+1}\boldsymbol{R} & \boldsymbol{0} \\ \boldsymbol{0} & {}^{0}_{i+1}\boldsymbol{R} \end{pmatrix} \begin{pmatrix} {}^{i+1}\boldsymbol{v}_{i+1} \\ {}^{i+1}\boldsymbol{\omega}_{i+1} \end{pmatrix} = \begin{pmatrix} {}^{0}_{i+1}\boldsymbol{R} & \boldsymbol{0} \\ \boldsymbol{0} & {}^{0}_{i+1}\boldsymbol{R} \end{pmatrix} {}^{i+1}\boldsymbol{J}_{i+1}(\boldsymbol{q})\dot{\boldsymbol{q}} \tag{6.64}$$

两端消掉$\dot{\boldsymbol{q}}$，即可得到${}^{i+1}\boldsymbol{J}_{i+1}(\boldsymbol{q})$与${}^{0}\boldsymbol{J}_{i+1}(\boldsymbol{q})$的变换公式

$${}^{0}\boldsymbol{J}_{i+1}(\boldsymbol{q}) = \begin{pmatrix} {}^{0}_{i+1}\boldsymbol{R} & \boldsymbol{0} \\ \boldsymbol{0} & {}^{0}_{i+1}\boldsymbol{R} \end{pmatrix} {}^{i+1}\boldsymbol{J}_{i+1}(\boldsymbol{q}) \tag{6.65}$$

实际上，描述坐标系｛0｝和｛i+1｝也可以是任意坐标系｛A｝和｛B｝（只要参考坐标系一致），由此得到

$${}^{A}\boldsymbol{J} = \begin{pmatrix} {}^{A}_{B}\boldsymbol{R} & \boldsymbol{0} \\ \boldsymbol{0} & {}^{A}_{B}\boldsymbol{R} \end{pmatrix} {}^{B}\boldsymbol{J} \tag{6.66}$$

当刚体及某点的速度矢量在不同坐标系 $\{A\}$、$\{B\}$ 中描述时，式（6.66）给出了对应的速度雅可比变换关系。注意：式（6.66）仅反映坐标变换，变换前后刚体速度矢量和速度雅可比的参考坐标系相同。

下面利用递推法求平面 2R 机器人的末端速度矢量和速度雅可比表达式，并与【例 6-2】的结论进行对比。

【例 6-4】 平面 2R 机器人各参数如图 6.6 所示。利用递推法求该机器人末端的线速度和角速度。

解：采用前置坐标系建立如图 6.6 所示的连杆坐标系，根据 D-H 参数，建立连杆坐标系之间的坐标变换矩阵如下：

$$
{}_1^0\boldsymbol{T}=\begin{pmatrix} c\theta_1 & -s\theta_1 & 0 & 0 \\ s\theta_1 & c\theta_1 & 0 & 0 \\ 0 & 0 & 1 & 0 \\ 0 & 0 & 0 & 1 \end{pmatrix},\ {}_2^1\boldsymbol{T}=\begin{pmatrix} c\theta_2 & -s\theta_2 & 0 & l_1 \\ s\theta_2 & c\theta_2 & 0 & 0 \\ 0 & 0 & 1 & 0 \\ 0 & 0 & 0 & 1 \end{pmatrix},\ {}_3^2\boldsymbol{T}=\begin{pmatrix} 1 & 0 & 0 & l_2 \\ 0 & 1 & 0 & 0 \\ 0 & 0 & 1 & 0 \\ 0 & 0 & 0 & 1 \end{pmatrix}
$$

由于平面 2R 机器人仅包含旋转关节，因此仅用到递推公式（6.60），与之相关的各旋转矩阵及平移矢量如下：

$$
{}_0^1\boldsymbol{R}=\begin{pmatrix} c\theta_1 & s\theta_1 & 0 \\ -s\theta_1 & c\theta_1 & 0 \\ 0 & 0 & 1 \end{pmatrix},\ {}_1^2\boldsymbol{R}=\begin{pmatrix} c\theta_2 & s\theta_2 & 0 \\ -s\theta_2 & c\theta_2 & 0 \\ 0 & 0 & 1 \end{pmatrix},\ {}_2^3\boldsymbol{R}=\begin{pmatrix} 1 & 0 & 0 \\ 0 & 1 & 0 \\ 0 & 0 & 1 \end{pmatrix},\ {}^0\boldsymbol{p}_1=\begin{pmatrix} 0 \\ 0 \\ 0 \end{pmatrix},\ {}^1\boldsymbol{p}_2=\begin{pmatrix} l_1 \\ 0 \\ 0 \end{pmatrix},\ {}^2\boldsymbol{p}_3=\begin{pmatrix} l_2 \\ 0 \\ 0 \end{pmatrix}
$$

对于基坐标系 $\{0\}$，满足

$$
{}^0\boldsymbol{\omega}_0={}^0\boldsymbol{v}_0=\begin{pmatrix} 0 \\ 0 \\ 0 \end{pmatrix}
$$

利用速度递推公式（6.60）求解机器人末端速度矢量 ${}^3\dot{\boldsymbol{x}}_3=({}^3\boldsymbol{v}_3,{}^3\boldsymbol{\omega}_3)^{\mathrm{T}}$

$$
{}^1\boldsymbol{\omega}_1={}_0^1\boldsymbol{R}\,{}^0\boldsymbol{\omega}_0+\dot{\theta}_1\,{}^1\hat{z}_1=\dot{\theta}_1\,{}^1\hat{z}_1=\begin{pmatrix} 0 \\ 0 \\ \dot{\theta}_1 \end{pmatrix}
$$

$$
{}^1\boldsymbol{v}_1={}_0^1\boldsymbol{R}({}^0\boldsymbol{v}_0+{}^0\boldsymbol{\omega}_0\times{}^0\boldsymbol{p}_1)=\begin{pmatrix} 0 \\ 0 \\ 0 \end{pmatrix}
$$

$$
{}^2\boldsymbol{\omega}_2={}_1^2\boldsymbol{R}\,{}^1\boldsymbol{\omega}_1+\dot{\theta}_2\,{}^2\hat{z}_2=\begin{pmatrix} 0 \\ 0 \\ \dot{\theta}_1+\dot{\theta}_2 \end{pmatrix}
$$

$$
{}^2\boldsymbol{v}_2={}_1^2\boldsymbol{R}({}^1\boldsymbol{v}_1+{}^1\boldsymbol{\omega}_1\times{}^1\boldsymbol{p}_2)=\begin{pmatrix} c\theta_2 & s\theta_2 & 0 \\ -s\theta_2 & c\theta_2 & 0 \\ 0 & 0 & 1 \end{pmatrix}\left(\begin{pmatrix} 0 \\ 0 \\ 0 \end{pmatrix}+\begin{pmatrix} 0 \\ 0 \\ \dot{\theta}_1 \end{pmatrix}\times\begin{pmatrix} l_1 \\ 0 \\ 0 \end{pmatrix}\right)=\begin{pmatrix} l_1\dot{\theta}_1 s\theta_2 \\ l_1\dot{\theta}_1 c\theta_2 \\ 0 \end{pmatrix}
$$

$$ {}^{3}\boldsymbol{\omega}_3 = {}^{3}_{2}\boldsymbol{R}\,{}^{2}\boldsymbol{\omega}_2 = {}^{2}\boldsymbol{\omega}_2 = \begin{pmatrix} 0 \\ 0 \\ \dot{\theta}_1+\dot{\theta}_2 \end{pmatrix} $$

$$ {}^{3}\boldsymbol{v}_3 = {}^{3}_{2}\boldsymbol{R}({}^{2}\boldsymbol{v}_2 + {}^{2}\boldsymbol{\omega}_2 \times {}^{2}\boldsymbol{p}_3) = {}^{2}\boldsymbol{v}_2 + {}^{2}\boldsymbol{\omega}_2 \times {}^{2}\boldsymbol{p}_3 = \begin{pmatrix} l_1\dot{\theta}_1 s\theta_2 \\ l_1\dot{\theta}_1 c\theta_2 \\ 0 \end{pmatrix} + \left(\begin{pmatrix} 0 \\ 0 \\ \dot{\theta}_1+\dot{\theta}_2 \end{pmatrix} \times \begin{pmatrix} l_2 \\ 0 \\ 0 \end{pmatrix}\right) = \begin{pmatrix} l_1\dot{\theta}_1 s\theta_2 \\ l_1\dot{\theta}_1 c\theta_2 + l_2(\dot{\theta}_1+\dot{\theta}_2) \\ 0 \end{pmatrix} $$

$$ {}^{3}\dot{\boldsymbol{x}}_3 = \begin{pmatrix} {}^{3}\boldsymbol{v}_3 \\ {}^{3}\boldsymbol{\omega}_3 \end{pmatrix} = \begin{pmatrix} l_1\dot{\theta}_1 s\theta_2 \\ l_1\dot{\theta}_1 c\theta_2 + l_2(\dot{\theta}_1+\dot{\theta}_2) \\ 0 \\ 0 \\ 0 \\ \dot{\theta}_1+\dot{\theta}_2 \end{pmatrix} = \begin{pmatrix} l_1 s\theta_2 & 0 \\ l_1 c\theta_2 + l_2 & l_2 \\ 0 & 0 \\ 0 & 0 \\ 0 & 0 \\ 1 & 1 \end{pmatrix} \begin{pmatrix} \dot{\theta}_1 \\ \dot{\theta}_2 \end{pmatrix} \tag{6.67} $$

因此，在坐标系 {3} 中表达的末端速度雅可比 ${}^{3}\boldsymbol{J}_3$ 为

$$ {}^{3}\boldsymbol{J}_3 = \begin{pmatrix} l_1 s\theta_2 & 0 \\ l_1 c\theta_2 + l_2 & l_2 \\ 0 & 0 \\ 0 & 0 \\ 0 & 0 \\ 1 & 1 \end{pmatrix}_{6\times 2} \tag{6.68} $$

注意区别式 (6.67) 和式 (6.43)，以及式 (6.68) 和式 (6.44)。

利用式 (6.65) 可以获得速度雅可比和速度矢量在 {0} 中的表达 ${}^{0}\boldsymbol{J}_3$ 和 ${}^{0}\dot{\boldsymbol{x}}_3 = ({}^{0}\boldsymbol{v}_3, {}^{0}\boldsymbol{\omega}_3)^{\mathrm{T}}$。为此，需要计算 {0} 与 {3} 之间的旋转矩阵 ${}^{0}_{3}\boldsymbol{R}$

$$ {}^{0}_{3}\boldsymbol{R} = {}^{0}_{1}\boldsymbol{R}\,{}^{1}_{2}\boldsymbol{R}\,{}^{3}_{2}\boldsymbol{R} = \begin{pmatrix} c\theta_{12} & -s\theta_{12} & 0 \\ s\theta_{12} & c\theta_{12} & 0 \\ 0 & 0 & 1 \end{pmatrix} $$

因而，由式 (6.66)，可得

$$ {}^{0}\boldsymbol{J}_3 = \begin{pmatrix} {}^{0}_{3}\boldsymbol{R} & \boldsymbol{0} \\ \boldsymbol{0} & {}^{0}_{3}\boldsymbol{R} \end{pmatrix} {}^{3}\boldsymbol{J}_3 = \begin{pmatrix} -l_1 s\theta_1 - l_2 s\theta_{12} & -l_2 s\theta_{12} \\ l_1 c\theta_1 + l_2 c\theta_{12} & l_2 c\theta_{12} \\ 0 & 0 \\ 0 & 0 \\ 0 & 0 \\ 1 & 1 \end{pmatrix}_{6\times 2} \tag{6.69} $$

$$
{}^0\dot{\boldsymbol{x}}_3=\begin{pmatrix}{}^0\boldsymbol{v}_3\\{}^0\boldsymbol{\omega}_3\end{pmatrix}={}^0\boldsymbol{J}_3\begin{pmatrix}\dot{\theta}_1\\\dot{\theta}_2\end{pmatrix}=\begin{pmatrix}-l_1\mathrm{s}\theta_1-l_2\mathrm{s}\theta_{12} & -l_2\mathrm{s}\theta_{12}\\ l_1\mathrm{c}\theta_1+l_2\mathrm{c}\theta_{12} & l_2\mathrm{c}\theta_{12}\\ 0&0\\0&0\\0&0\\1&1\end{pmatrix}\begin{pmatrix}\dot{\theta}_1\\\dot{\theta}_2\end{pmatrix} \tag{6.70}
$$

式（6.69）和式（6.70）与【例 6-2】中通过直接微分法得到的结果完全相同。

＊6.3.3　矢量积法

串联机器人速度雅可比 ${}^0\boldsymbol{J}$ 的第 i 列，对应其他关节速度为零时，关节 i 的速度对末端速度的影响。考虑串联机器人的关节通常不是移动副就是转动副，因此，通过分析单个关节对末端速度的作用，可以分别得到 ${}^0\boldsymbol{J}$ 的各列，进而得到完整的速度雅可比。

基于此思路，可以得到一种直接利用速度矢量积公式来获得末端线速度的方法，即矢量积法（Whitney，1972）。尽管矢量积法在计算上并没有特别的优点，但是通过了解它的推导过程，能加深对速度雅可比物理意义的理解。

下面分别针对移动关节和旋转关节，讨论任意关节 i 的速度对末端 $\{T\}$ 广义速度 ${}^0\dot{\boldsymbol{x}}_T$ 的作用。

1. 移动关节的作用

如图 6.9 所示串联机器人中，移动关节 i 的速度大小为 $\dot{d}_i$。以基坐标系 $\{0\}$ 为参考系，假定其他关节速度均为零，则末端执行器将获得与关节 i 相等的线速度，而角速度则为零，即

$$
{}^0\boldsymbol{v}_{T\{i\}}=\dot{d}_i\,{}^0\hat{\boldsymbol{z}}_i \qquad {}^0\boldsymbol{\omega}_{T\{i\}}=\boldsymbol{0} \tag{6.71}
$$

式中，下标 $\{i\}$ 表示与关节 i 相关；${}^0\hat{z}_i$ 为关节 i 的 z 轴在 $\{0\}$ 中的表达，它对应旋转矩阵 ${}^0_i\boldsymbol{R}$ 的第 3 列。

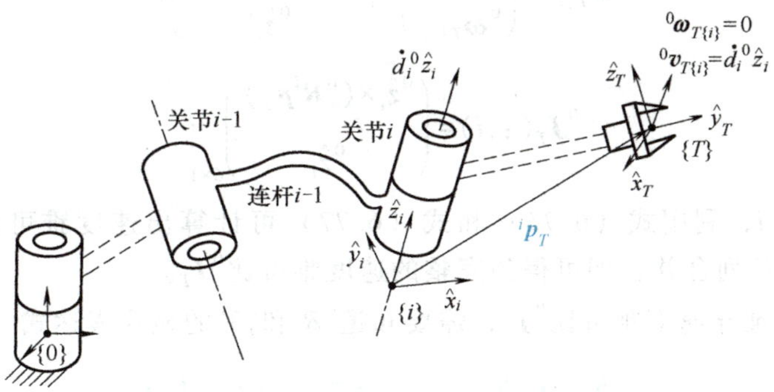

图 6.9　移动关节对末端速度的作用

因此，与移动关节 i 相关的末端速度矢量及其所对应的速度雅可比第 i 列分别为

$$
{}^0\dot{\boldsymbol{x}}_{T\{i\}}=\begin{pmatrix}{}^0\boldsymbol{v}_{T\{i\}}\\{}^0\boldsymbol{\omega}_{T\{i\}}\end{pmatrix}=\begin{pmatrix}{}^0\hat{\boldsymbol{z}}_i\\\boldsymbol{0}\end{pmatrix}\dot{d}_i \tag{6.72}
$$

$$
{}^{0}\boldsymbol{J}_{T}(:,i)=\begin{pmatrix}{}^{0}\hat{\boldsymbol{z}}_{i}\\ \boldsymbol{0}\end{pmatrix}_{6\times 1} \tag{6.73}
$$

式中，(:，i) 表示矩阵的第 i 列。

2. 旋转关节的作用

如图 6.10 所示，关节 i 为旋转关节，速度大小为 $\dot{\theta}_i$，则末端执行器将获得与关节 i 相等的角速度，而线速度则根据矢量积公式得到，即

$$
\begin{cases}{}^{0}\boldsymbol{\omega}_{\{i\}}=\dot{\theta}_{i}{}^{0}\hat{\boldsymbol{z}}_{i}\\ {}^{0}\boldsymbol{v}_{T\{i\}}={}^{0}\boldsymbol{\omega}_{T\{i\}}\times{}^{0}\boldsymbol{p}_{T}^{i}\end{cases} \tag{6.74}
$$

式中，矢量${}^{0}\boldsymbol{p}_{T}^{i}$ 是末端坐标系 $\{T\}$ 原点相对于 $\{i\}$ 原点的位置矢量${}^{i}\boldsymbol{p}_{T}$ 在 $\{0\}$ 中的表达，可由下式计算

$$
{}^{0}\boldsymbol{p}_{T}^{i}={}_{i}^{0}\boldsymbol{R}^{i}\boldsymbol{p}_{T} \tag{6.75}
$$

式中，${}^{i}\boldsymbol{p}_{T}$ 包含在位姿矩阵${}_{T}^{i}\boldsymbol{T}$ 的第 4 列。

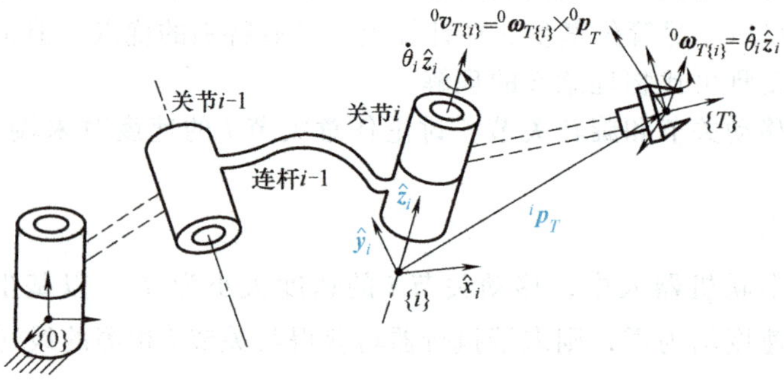

图 6.10 旋转关节对末端速度的作用

因此，与旋转关节 i 相关的末端速度矢量及其所对应的速度雅可比第 i 列分别为

$$
{}^{0}\dot{\boldsymbol{x}}_{T\{i\}}=\begin{pmatrix}{}^{0}\boldsymbol{v}_{T\{i\}}\\ {}^{0}\boldsymbol{\omega}_{T\{i\}}\end{pmatrix}=\begin{pmatrix}{}^{0}\hat{\boldsymbol{z}}_{i}\times({}_{i}^{0}\boldsymbol{R}^{i}\boldsymbol{p}_{T})\\ {}^{0}\hat{\boldsymbol{z}}_{i}\end{pmatrix}\dot{\theta}_{i} \tag{6.76}
$$

$$
{}^{0}\boldsymbol{J}_{T}(:,i)=\begin{pmatrix}{}^{0}\hat{\boldsymbol{z}}_{i}\times({}_{i}^{0}\boldsymbol{R}^{i}\boldsymbol{p}_{T})\\ {}^{0}\hat{\boldsymbol{z}}_{i}\end{pmatrix}_{6\times 1} \tag{6.77}
$$

针对每个关节 i，利用式（6.73）和式（6.77）可计算出速度雅可比中与之对应的列 ${}^{0}\boldsymbol{J}_{T}$（:，i）。再将各列合并，即可得到完整的速度雅可比${}^{0}\boldsymbol{J}_{T}$。

利用矢量积法推导速度雅可比${}^{0}\boldsymbol{J}_{T}$，需要知道${}_{i}^{0}\boldsymbol{R}$ 和${}_{T}^{i}\boldsymbol{T}$ 的显式表达式，可根据下式计算

$$
{}_{i}^{0}\boldsymbol{R}={}_{1}^{0}\boldsymbol{R}_{2}^{1}\boldsymbol{R}\cdots{}_{i}^{i-1}\boldsymbol{R},\ {}_{T}^{i}\boldsymbol{T}={}_{i+1}^{i}\boldsymbol{T}\cdots{}_{n}^{n-1}\boldsymbol{T}_{T}^{n}\boldsymbol{T} \tag{6.78}
$$

下面仍以平面 2R 机器人求解末端速度雅可比为例，说明矢量积法的具体应用。

【例 6-5】 用矢量积法求平面 2R 机器人的速度雅可比。

解：【例 6-4】已经利用前置 D-H 法得到了平面 2R 机器人各相邻杆的位姿矩阵，重写如下

$$
{}_1^0\boldsymbol{T}=\begin{pmatrix} c\theta_1 & -s\theta_1 & 0 & 0\\ s\theta_1 & c\theta_1 & 0 & 0\\ 0 & 0 & 1 & 0\\ 0 & 0 & 0 & 1\end{pmatrix},\ {}_2^1\boldsymbol{T}=\begin{pmatrix} c\theta_2 & -s\theta_2 & 0 & l_1\\ s\theta_2 & c\theta_2 & 0 & 0\\ 0 & 0 & 1 & 0\\ 0 & 0 & 0 & 1\end{pmatrix},\ {}_3^2\boldsymbol{T}=\begin{pmatrix} 1 & 0 & 0 & l_2\\ 0 & 1 & 0 & 0\\ 0 & 0 & 1 & 0\\ 0 & 0 & 0 & 1\end{pmatrix}
$$

平面2R机器人只有旋转关节，因此，需要利用式（6.77）计算出速度雅可比的各列。为此，需要首先获得${}_1^0\boldsymbol{R}$、${}_2^0\boldsymbol{R}$、${}_3^2\boldsymbol{T}$、${}_3^1\boldsymbol{T}$的显式，其中${}_1^0\boldsymbol{R}$包含在${}_1^0\boldsymbol{T}$中，只有${}_2^0\boldsymbol{R}$和${}_3^1\boldsymbol{T}$未知。省略推导过程，把它们列写如下

$$
{}_2^0\boldsymbol{R}=\begin{pmatrix} c\theta_{12} & -s\theta_{12} & 0\\ s\theta_{12} & c\theta_{12} & 0\\ 0 & 0 & 1\end{pmatrix},\ {}_3^1\boldsymbol{T}=\begin{pmatrix} c\theta_2 & -s\theta_2 & 0 & l_1+l_2c\theta_2\\ s\theta_2 & c\theta_2 & 0 & l_2s\theta_2\\ 0 & 0 & 1 & 0\\ 0 & 0 & 0 & 1\end{pmatrix}
$$

令式（6.77）中的$i=1$，得速度雅可比的第1列（对应旋转关节1）

$$
{}^0\boldsymbol{J}_3(:,1)=\begin{pmatrix} {}^0\hat{z}_1\times({}_1^0\boldsymbol{R}\,{}^1\boldsymbol{p}_3)\\ {}^0\hat{z}_1\end{pmatrix}
$$

式中

$$
{}^0\hat{z}_1=\begin{pmatrix}0\\0\\1\end{pmatrix},\quad {}^1\boldsymbol{p}_3=\begin{pmatrix} l_1+l_2c\theta_2\\ l_2s\theta_2\\ 0\end{pmatrix}
$$

由此得到

$$
{}^0\hat{z}_1\times({}_1^0\boldsymbol{R}\,{}^1\boldsymbol{p}_3)=[{}^0\hat{z}_1]\,{}_1^0\boldsymbol{R}\,{}^1\boldsymbol{p}_3=\begin{pmatrix}0 & -1 & 0\\ 1 & 0 & 0\\ 0 & 0 & 0\end{pmatrix}\begin{pmatrix} c\theta_1 & -s\theta_1 & 0\\ s\theta_1 & c\theta_1 & 0\\ 0 & 0 & 1\end{pmatrix}\begin{pmatrix} l_1+l_2c\theta_2\\ l_2s\theta_2\\ 0\end{pmatrix}=\begin{pmatrix} -l_1s\theta_1-l_2s\theta_{12}\\ l_1c\theta_1+l_2c\theta_{12}\\ 0\end{pmatrix}
$$

$$
{}^0\boldsymbol{J}_3(:,1)=\begin{pmatrix} -l_1s\theta_1-l_2s\theta_{12}\\ l_1c\theta_1+l_2c\theta_{12}\\ 0\\ 0\\ 0\\ 1\end{pmatrix} \tag{6.79a}
$$

令式（6.77）中的$i=2$，得速度雅可比的第2列（对应旋转关节2）

$$
{}^0\boldsymbol{J}_3(:,2)=\begin{pmatrix} {}^0\hat{z}_2\times({}_2^0\boldsymbol{R}\,{}^2\boldsymbol{p}_3)\\ {}^0\hat{z}_2\end{pmatrix}
$$

式中

$$
{}^0\hat{z}_2=\begin{pmatrix}0\\0\\1\end{pmatrix},\quad {}^2\boldsymbol{p}_3=\begin{pmatrix} l_2\\ 0\\ 0\end{pmatrix}
$$

由此得到

$$
{}^{0}\hat{z}_2\times({}^{0}_{2}\boldsymbol{R}^{2}\boldsymbol{p}_3)=[{}^{0}\hat{z}_2]{}^{0}_{2}\boldsymbol{R}^{2}\boldsymbol{p}_3=\begin{pmatrix}0&-1&0\\1&0&0\\0&0&0\end{pmatrix}\begin{pmatrix}c\theta_{12}&-s\theta_{12}&0\\s\theta_{12}&c\theta_{12}&0\\0&0&1\end{pmatrix}\begin{pmatrix}l_2\\0\\0\end{pmatrix}=\begin{pmatrix}-l_2s\theta_{12}\\l_2c\theta_{12}\\0\end{pmatrix}
$$

$$
{}^{0}\boldsymbol{J}_3(:,2)=\begin{pmatrix}-l_2s\theta_{12}\\l_2c\theta_{12}\\0\\0\\0\\1\end{pmatrix}\tag{6.79b}
$$

合并式（6.79a）和式（6.79b），得到平面2R机器人速度雅可比的完整表达式

$$
{}^{0}\boldsymbol{J}_3=\begin{pmatrix}-l_1s\theta_1-l_2s\theta_{12}&-l_2s\theta_{12}\\l_1c\theta_1+l_2c\theta_{12}&l_2c\theta_{12}\\0&0\\0&0\\0&0\\1&1\end{pmatrix}
$$

与【例6-2】和【例6-4】的结果对比，可以看到，三种计算方法的结果一致。

通过上述实例，可以看到矢量积法并没有计算上的优势。但是，它能很好地体现串联机器人速度雅可比的物理意义，即速度雅可比的每一列反映的是当其他关节速度为零时，该列对应的关节速度对末端速度的影响。需要注意的是，矢量积法得到的速度雅可比${}^{0}\boldsymbol{J}_T$也是在基坐标系{0}中描述的。

虽然本小节是以末端速度雅可比为例进行讨论，但是，与直接微分法和递推法一样，矢量积法也适用于串联机器人的任意中间连杆。因为，串联机器人某中间连杆的速度，仅取决于它与基座之间的关节速度，而与其后面关节的速度无关。

6.3.4 几何雅可比与解析雅可比之间的变换

前文讨论的某连杆的速度矢量${}^{0}\dot{\boldsymbol{x}}=({}^{0}\boldsymbol{v},{}^{0}\boldsymbol{\omega})^{\mathrm{T}}$，都采用了广义角速度矢量$\boldsymbol{\omega}$来描述姿态随时间的变化，因此，获得的速度雅可比都是几何雅可比${}^{0}\boldsymbol{J}$。实际应用中，有时会用连杆的姿态角速度$\dot{\boldsymbol{\Theta}}$来描述其姿态变化，即${}^{0}\dot{\boldsymbol{x}}_{\boldsymbol{\Theta}}=({}^{0}\boldsymbol{v},{}^{0}\dot{\boldsymbol{\Theta}})^{\mathrm{T}}$，此时，对应的速度雅可比称为解析雅可比${}^{0}\boldsymbol{J}_{\boldsymbol{\Theta}}$。一般情况下，${}^{0}\boldsymbol{J}$与${}^{0}\boldsymbol{J}_{\boldsymbol{\Theta}}$不相等，不过，它们之间存在确定的变换关系。

根据速度雅可比的定义

$$
{}^{0}\dot{\boldsymbol{x}}=\begin{pmatrix}{}^{0}\boldsymbol{v}\\{}^{0}\boldsymbol{\omega}\end{pmatrix}={}^{0}\boldsymbol{J}\dot{\boldsymbol{q}}\qquad {}^{0}\dot{\boldsymbol{x}}_{\boldsymbol{\Theta}}=\begin{pmatrix}{}^{0}\boldsymbol{v}\\{}^{0}\dot{\boldsymbol{\Theta}}\end{pmatrix}={}^{0}\boldsymbol{J}_{\boldsymbol{\Theta}}\dot{\boldsymbol{q}}\tag{6.80}
$$

由式（6.26）可知，$\dot{\boldsymbol{\Theta}}$与$\boldsymbol{\omega}$之间可通过变换矩阵$\boldsymbol{E}(\boldsymbol{\Theta})$相互变换，即满足

$$
\boldsymbol{\omega}=\boldsymbol{E}(\boldsymbol{\Theta})\dot{\boldsymbol{\Theta}}\tag{6.81}
$$

将式（6.81）代入式（6.80），并消掉 $\dot{\boldsymbol{q}}$，可得

$$
{}^{0}\boldsymbol{J}=\begin{pmatrix}\boldsymbol{I} & \boldsymbol{0}\\ \boldsymbol{0} & \boldsymbol{E}(\boldsymbol{\Theta})\end{pmatrix}{}^{0}\boldsymbol{J}_{\boldsymbol{\Theta}} \tag{6.82}
$$

解析雅可比 ${}^{0}\boldsymbol{J}_{\boldsymbol{\Theta}}$ 的左上标表明它是在基坐标系 $\{0\}$ 中描述的，如果要在末端坐标系 $\{T\}$ 中进行描述，可根据式（6.66）进行坐标变换，但需将其中的 ${}_{B}^{A}\boldsymbol{R}$ 变为 ${}_{0}^{T}\boldsymbol{R}$。

6.4　奇异位姿与运动学奇异

6.4.1　有关奇异的基本概念

式（6.1）代表了微分正运动学方程，利用速度雅可比 $\boldsymbol{J}(\boldsymbol{q})$，实现了从关节空间速度到操作空间广义速度的映射；而式（6.2）。代表微分逆运动学方程，则利用速度雅可比的逆 $\boldsymbol{J}^{-1}(\boldsymbol{q})$，将操作空间广义速度映射至关节空间速度。这在机器人控制中很重要，但比较遗憾的是，$\boldsymbol{J}^{-1}(\boldsymbol{q})$ 却并不总是存在。

速度雅可比 $\boldsymbol{J}(\boldsymbol{q})$ 是关节位置的函数，它的取值随机器人位姿变化而改变。当机器人处于一些特殊位形时，$\boldsymbol{J}(\boldsymbol{q})$ 中的部分列矢量将线性相关，导致 $\boldsymbol{J}(\boldsymbol{q})$ 降秩。这些使 $\boldsymbol{J}(\boldsymbol{q})$ 不满秩的位形称为机器人奇异位形（Singular Configuration）。在数学上，则称这些与奇异位形对应的关节位置矢量为运动学奇异点，简称奇异点或奇异（Singular Point/Singularity）。与普通机构的奇异点位置类似，处于奇异位形的机器人也表现出一些特殊性质，主要表现在：

1）当机器人处于奇异位置时，其运动能力退化；在操作空间的某些方向上，不会有运动输出，但是在这些方向上能抵抗很大的末端负载力/力矩。

2）奇异点处的速度逆运动学存在无穷多解，因此，难以根据指定的操作空间速度计算关节速度，给控制带来困难。

3）奇异点附近，在操作空间的某方向上可获得很小的速度，有时也会需要某些关节以极大的速度运行。

因此，研究机器人的奇异性具有重要意义。

可以利用“线性代数”中的相关知识来研究 $\boldsymbol{J}(\boldsymbol{q})$ 不满秩的条件。例如，当 $\boldsymbol{J}(\boldsymbol{q})$ 的行列式等于零时，与之对应的机器人位姿即为奇异位姿。通过研究机器人机构中运动副的空间布局，能更简单和直观地揭示奇异点对应的奇异位形。

可以将串联机器人的奇异分为两大类：

（1）边界奇异　串联机器人处于完全伸展或折叠状态时的位姿对应着边界奇异。边界奇异并不是真正的缺陷，只要不让机器人运动到工作空间的边界即可避免。这在实际工程中是合理且易实现的。

（2）内部奇异　内部奇异在机器人可达工作空间的内部，通常由两个或两个以上的运动轴共线、平行，或末端执行器处于其他特殊位形引起的。与边界奇异不同，内部奇异可能造成严重的问题，因为即使在机器人的灵活工作空间内规划路径，仍然有可能遇到内部奇异。

下面通过分析平面 2R 机器人，直观地体验运动学奇异的影响。

【例 6-6】 如图 6.11 所示，求平面 2R 机器人的奇异位形，并考察当末端沿坐标系 {3} 的 x_3 轴以 1m/s 的速度运动，且接近奇异位姿时，关节速度如何变化？

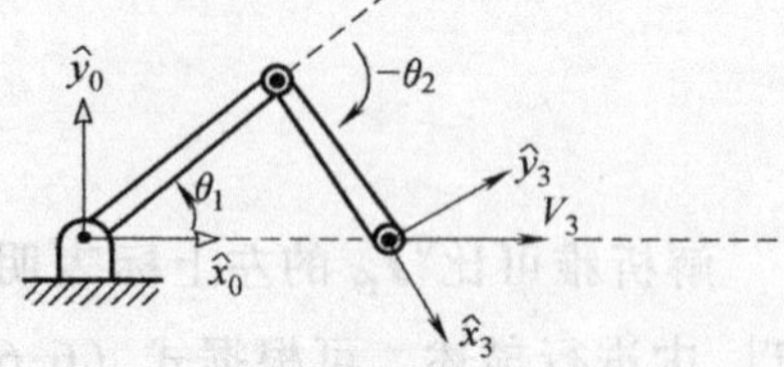

图 6.11 末端以恒定速度运动的平面 2R 机器人

解：【例 6-4】中已经给出平面 2R 机器人在末端坐标系 {3} 中的速度雅可比 $^3\boldsymbol{J}_3$，即式 (6.68)。取其前两行

$$^3\boldsymbol{J}_3=\begin{pmatrix} l_1 s\theta_2 & 0 \\ l_1 c\theta_2+l_2 & l_2 \end{pmatrix}$$

该机器人位于奇异位形时，$^3J_3$ 不满秩，它的行列式应等于零，即

$$\det(^3\boldsymbol{J}_3)=\begin{vmatrix} l_1 s\theta_2 & 0 \\ l_1 c\theta_2+l_2 & l_2 \end{vmatrix}=0$$

求解该方程可以得到

$$l_1 l_2 \sin\theta_2=0$$

显然，当 $\theta_2=0°$ 或 180° 时，机器人处于奇异位形。

1) 如果 $\theta_2=0°$，机器人完全展开。

2) 如果 $\theta_2=180°$，机器人处于折叠状态。

这两种位形下，机器人末端只能沿图示 y_3 方向（垂直于手臂方向）移动，而不能沿 x_3 方向移动，机器人失去了 1 个自由度。此时，机器人末端处于极限位置，关节变量的取值对应着边界奇异点，$^3\boldsymbol{J}_3$ 的两个列矢量线性相关，逆不存在。

当末端速度已知时，可以根据式 (6.2) 计算关节速度。为此，首先要得到速度雅可比的逆

$$^3\boldsymbol{J}_3^{-1}=\frac{1}{l_1 l_2 s\theta_2}\begin{pmatrix} l_2 & l_1 c\theta_2+l_2 \\ 0 & -l_1 s_1-l_2 s_{12} \end{pmatrix}$$

当要求末端以 1m/s 的速度沿 x_3 轴方向运动时，关节速度为

$$\begin{pmatrix} \dot{\theta}_1 \\ \dot{\theta}_2 \end{pmatrix}={}^3\boldsymbol{J}_3^{-1}\begin{pmatrix} \dot{x}_B \\ \dot{y}_B \end{pmatrix}={}^3\boldsymbol{J}_3^{-1}\begin{pmatrix} 1 \\ 0 \end{pmatrix}=\begin{pmatrix} \dfrac{1}{l_1 s_2} \\ 0 \end{pmatrix}$$

将 $\theta_2=0°$ 或 $\theta_2=180°$ 代入上式，可知关节 1 的速度将趋向于无穷大。

6.4.2 奇异性分析

边界奇异很容易就能找到。对于多自由度机器人的内部奇异，尽管知道其对应的速度雅可比行列式等于零，但是却难以通过对机器人全位姿空间的搜索来寻找奇异点。注意到大多数串联机器人普遍采用臂+球形腕的构型模式，因此，可以把奇异问题分解为两个独立的问题加以讨论：

1）前三个或更多连杆构成的臂部机构的奇异——臂奇异。

2）腕部机构的奇异——腕奇异。

为了方便讨论，考虑机器人自由度 $n=6$ 的情况。如图 6.12 所示的 PUMA 机器人，可以把它看作一个空间 3R 臂和球形腕的组合，据此把它的速度雅可比写成分块矩阵的形式

$$\boldsymbol{J}=\begin{pmatrix}\boldsymbol{J}_{11} & \boldsymbol{J}_{12}\\ \boldsymbol{J}_{21} & \boldsymbol{J}_{22}\end{pmatrix} \tag{6.83}$$

其中，每个分块为 3×3 阶矩阵，$\boldsymbol{J}_{12}$ 和 $\boldsymbol{J}_{22}$ 对应腕关节。当这三个关节都是旋转关节时，由矢量积法中的式（6.77）可知，$\boldsymbol{J}_{12}$ 和 $\boldsymbol{J}_{22}$ 的表达式分别为

$$\begin{aligned}\boldsymbol{J}_{12}&=\begin{pmatrix}{}^0\hat{z}_4\times({}^0_4\boldsymbol{R}^4\boldsymbol{p}_T) & {}^0\hat{z}_5\times({}^0_5\boldsymbol{R}^5\boldsymbol{p}_T) & {}^0\hat{z}_6\times({}^0_6\boldsymbol{R}^6\boldsymbol{p}_T)\end{pmatrix}_{3\times3}\\ \boldsymbol{J}_{22}&=\begin{pmatrix}{}^0\hat{z}_4 & {}^0\hat{z}_5 & {}^0\hat{z}_6\end{pmatrix}_{3\times3}\end{aligned} \tag{6.84}$$

对于｛4｝、｛5｝、｛6｝三个关节轴线交于一点的球形腕，如果令末端工具坐标系｛T｝的原点与球形腕中心重合，则${}^4\boldsymbol{p}_T={}^5\boldsymbol{p}_T={}^6\boldsymbol{p}_T=\boldsymbol{0}$，因此有

$$\boldsymbol{J}_{12}=\begin{pmatrix}\boldsymbol{0} & \boldsymbol{0} & \boldsymbol{0}\end{pmatrix}$$

这样，式（6.83）所示的雅可比矩阵就变成了一个分块下三角矩阵，速度雅可比行列式简化为

$$\det(\boldsymbol{J})=\det(\boldsymbol{J}_{11})\det(\boldsymbol{J}_{22}) \tag{6.85}$$

由此就实现了臂和腕的奇异解耦。这时，再针对它们单独讨论奇异问题，其中

1）由条件 $\det(\boldsymbol{J}_{11})=0$ 可确定臂奇异。

2）由条件 $\det(\boldsymbol{J}_{22})=0$ 可确定腕奇异。

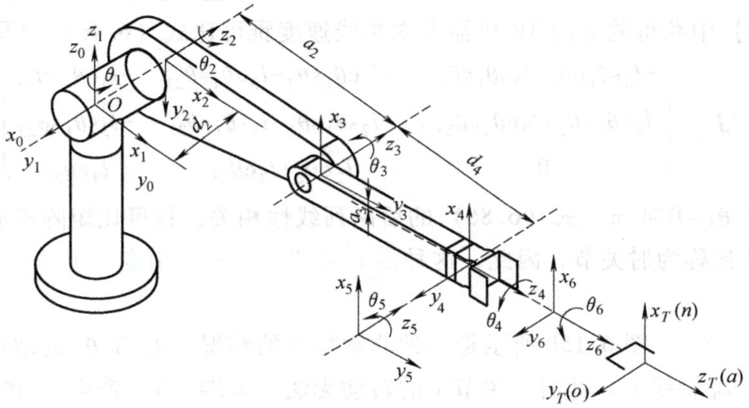

图 6.12 PUMA 机器人的臂腕结构

1. 腕奇异

继续考察式（6.84）分块矩阵中的 $\boldsymbol{J}_{22}$ 可以发现，只要单位矢量${}^0\hat{z}_4$、${}^0\hat{z}_5$、${}^0\hat{z}_6$ 线性相关，腕关节就处于奇异状态，对应的奇异位姿为 z_4 轴和 z_6 轴共线。此时，关节 5 的转角取值为

$$\theta_5=0 \text{ 或 } \theta_5=\pi$$

图 6.13 所示为 $\theta_5=0$ 时的位姿。在该奇异位姿下，无论末端三个关节的速度取何值，末端姿态速度矢量的 $\boldsymbol{y}_T(\boldsymbol{o})$ 轴（参见图 6.13）分量均为零。在逆运动学问题上，如果设定

末端转速${}^{T}\dot{\theta}_z$，则无法获得$\dot{\theta}_4$和$\dot{\theta}_6$的确切解；如果${}^{T}\dot{\theta}_y$为有限值，则关节速度无穷大。

因此，尽管腕奇异位于关节的有效工作空间内，但是从操作空间的角度看，在机器人可达工作空间的任意位置，都有可能遇到腕奇异。因此，进行末端运动规划时，一定要注意避免发生腕奇异。

2. 臂奇异

臂奇异与机器人手臂的关节分布有关。以 PUMA 机器人的拟人臂为例（它实际上是【例 6-3】中的空间 3R 机器人），除了臂完全展开时的边界奇异外，还有如图 6.14 所示的两种情况。

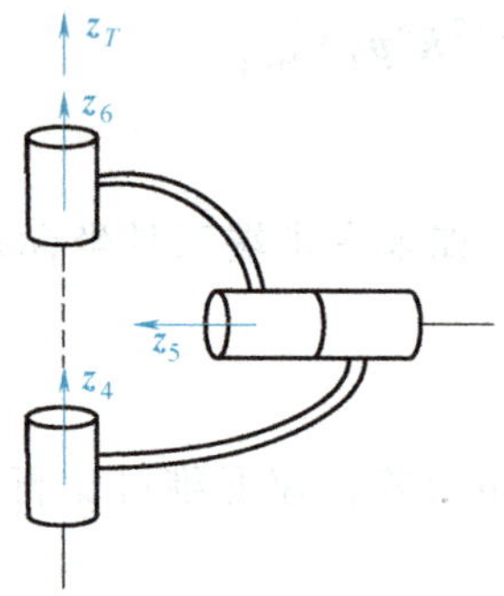

图 6.13 腕部的奇异位形

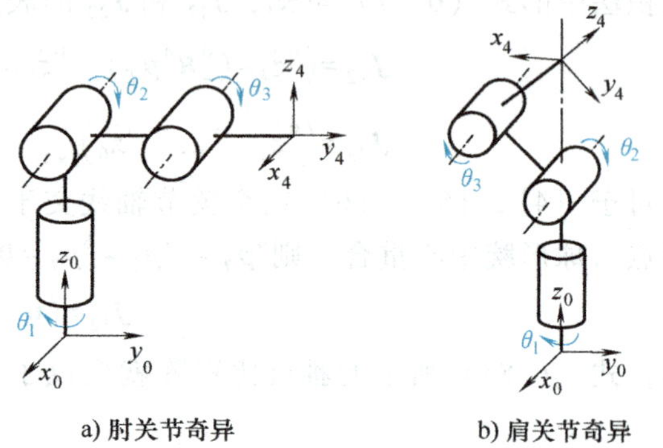

图 6.14 空间 3R 拟人臂的奇异分布

(1) 肘关节奇异 当肘关节 3 的关节角满足$\theta_3=0$或$\theta_3=\pi$时，手臂位姿为肘关节完全伸出或缩回的状态，如图 6.15a 所示。此时，尽管手臂不处于边界奇异点状态，却仍然损失了沿y_4方向的运动能力。这与平面 2R 机器人第 2 关节伸直或折叠的情况类似。

将【例 6-3】中获得的空间 3R 机器人末端线速度雅可比式（6.46）改写为

$$
{}^{0}\boldsymbol{J}_{4v}=\begin{pmatrix} -l_2 s\theta_1 c\theta_2-l_3 s\theta_1 c\theta_{23} & -l_2 c\theta_1 s\theta_2-l_3 c\theta_1 s\theta_{23} & -l_3 c\theta_1 s\theta_{23} \\ l_2 c\theta_1 c\theta_2+l_3 c\theta_1 c\theta_{23} & -l_2 s\theta_1 s\theta_2-l_3 s\theta_1 s\theta_{23} & -l_3 s\theta_1 s\theta_{23} \\ 0 & l_2 c\theta_2+l_3 c\theta_{23} & l_3 c\theta_{23} \end{pmatrix} \tag{6.86}
$$

可以发现，如果$\theta_3=0$或π，式（6.86）的后两列线性相关，雅可比矩阵不满秩。

由于关节 3 被称为肘关节，因此，这种因肘关节处于特殊角度产生的奇异，称为肘关节奇异。

(2) 肩关节奇异 图 6.15b 所示是一种非常特殊的情况：θ_2和θ_3的取值使得腕部球铰的中心正好位于z_0轴线上。此时，关节 1 的转动无法让末端 {4} 产生x_0和y_0方向的速度。把【例 5-8】中获得的空间 3R 机器人末端位姿矩阵式（5.30）重写为

$$
{}_{4}^{0}\boldsymbol{T}=\begin{pmatrix} c\theta_1 c\theta_{23} & -c\theta_1 s\theta_{23} & s\theta_1 & l_2 c\theta_1 c\theta_2+l_3 c\theta_1 c\theta_{23} \\ s\theta_1 c\theta_{23} & -s\theta_1 s\theta_{23} & -c\theta_1 & l_2 s\theta_1 c\theta_2+l_3 s\theta_1 c\theta_{23} \\ s\theta_{23} & c\theta_{23} & 0 & l_2 s\theta_2+l_3 s\theta_{23} \\ 0 & 0 & 0 & 1 \end{pmatrix} \tag{6.87}
$$

此时，${}_{4}^{0}\boldsymbol{T}$第 4 列的前两项${}^{0}p_{4x}$和${}^{0}p_{4y}$都等于零，奇异条件为

$$
l_2 c\theta_2+l_3 c\theta_{23}=0
$$

这种由于肩关节的特殊取值导致的奇异，称为肩关节奇异。

(3) 平行轴奇异　图 6.15 所示为一种与拟人臂不同的常用臂构型，它存在另一类常见的臂奇异类型。当关节 2 的取值满足 $\theta_2=\pi/2$ 或 $3\pi/2$ 时，关节 3 与关节 1 的轴线平行，使得末端 {4} 不可能获得沿 z_0 方向的运动。这种由于特殊的关节取值导致两个关节轴线平行的情况，称为平行轴奇异。

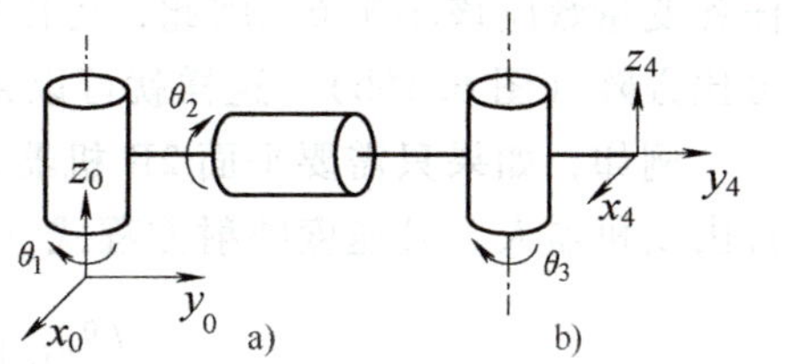

图 6.15　平行轴奇异

6.5　机器人自由度类型与速度雅可比

借助奇异位形来分析奇异状态，具有简单、直观的优点，但是它是一种定性分析。如果需要定量分析奇异对机器人性能和控制的影响，就需要分析在奇异状态下速度雅可比的特性。

当串联机器人处于奇异位形时，其速度雅可比矩阵降秩，机器人雅可比矩阵的行列式为零。从运动控制角度看，在操作路径和关节轨迹规划时不仅要避开奇异，而且还要尽量远离奇异。因为当机器人接近奇异时，其雅可比矩阵呈病态分布，不仅会导致逆矩阵的精度降低，使运动输入与输出之间的传递关系失真，而且会引起部分关节的速度过大，如【例 6-6】。

由奇异导致的雅可比矩阵降秩，与少自由度机器人速度雅可比的缺项似乎有某些相似之处。为了更清晰地理解雅可比的结构特性，需要根据机器人的自由度类型进行详细讨论。

3.2 节按照自由度的多少对机器人进行了分类，包括：少自由度机器人、全自由度机器人和冗余自由度机器人（后面简称为冗余度机器人）。事实上，机器人属于哪种自由度类型，既与主动关节数 n 有关，也取决于使用者在操作空间中定义的任务变量数 m。

1. 少自由度机器人的速度雅可比

以平面 3R 机器人为例，如果仅要求在平面内定位末端点，此时，任务变量数 $m=2$，则平面 3R 机器人是冗余的；如果还需要确定平面内的末端指向，则 $m=3$，平面 3R 机器人就是全自由度的；如果进一步要求获得平面外的运动，那么平面 3R 机器人就是少自由度的。

上述分析也体现在速度雅可比矩阵的结构中，如图 6.16 所示。

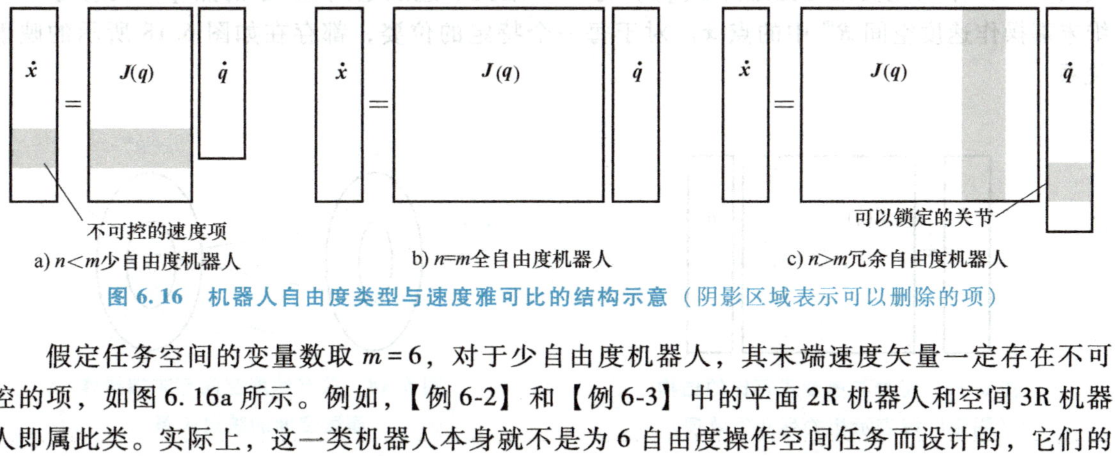

图 6.16　机器人自由度类型与速度雅可比的结构示意（阴影区域表示可以删除的项）

假定任务空间的变量数取 $m=6$，对于少自由度机器人，其末端速度矢量一定存在不可控的项，如图 6.16a 所示。例如，【例 6-2】和【例 6-3】中的平面 2R 机器人和空间 3R 机器人即属此类。实际上，这一类机器人本身就不是为 6 自由度操作空间任务而设计的，它们的任务变量数应该小于 6。因此，可以把不可控的速度项和对应的雅可比行删除，得到一个雅可比方阵（图 6.16b）。这样就可以将少自由度机器人当作全自由度机器人来分析。

例如，如果只需要平面 2R 机器人到达平面内的指定点，则 $n=m=2$，它就成为一个全自由度机器人，其速度映射方程式（6.44）可写为

$$ {}^{0}\dot{\boldsymbol{x}}_3=\begin{pmatrix}{}^{0}v_{3x}\\ {}^{0}v_{3y}\end{pmatrix}=\begin{pmatrix}-l_1\mathrm{s}\theta_1-l_2\mathrm{s}\theta_{12} & -l_2\mathrm{s}\theta_{12}\\ l_1\mathrm{c}\theta_1+l_2\mathrm{c}\theta_{12} & l_2\mathrm{c}\theta_{12}\end{pmatrix}\begin{pmatrix}\dot{\theta}_1\\ \dot{\theta}_2\end{pmatrix} $$

其速度雅可比为 2×2 阶方阵。

对于空间 3R 机器人，如果只需其末端到达三维空间中的指定点，则 $n=m=3$，其速度映射方程式（6.46）可写为

$$ {}^{0}\dot{\boldsymbol{x}}_4=\begin{pmatrix}{}^{0}v_{4x}\\ {}^{0}v_{4y}\\ {}^{0}v_{4z}\end{pmatrix}=\begin{pmatrix}-l_2\mathrm{s}\theta_1\mathrm{c}\theta_2-l_3\mathrm{s}\theta_1\mathrm{c}\theta_{23} & -l_2\mathrm{c}\theta_1\mathrm{s}\theta_2-l_3\mathrm{c}\theta_1\mathrm{s}\theta_{23} & -l_3\mathrm{c}\theta_1\mathrm{s}\theta_{23}\\ l_2\mathrm{c}\theta_1\mathrm{c}\theta_2-l_3\mathrm{s}\theta_1\mathrm{c}\theta_{23} & -l_2\mathrm{s}\theta_1\mathrm{s}\theta_2-l_3\mathrm{c}\theta_1\mathrm{s}\theta_{23} & -l_3\mathrm{c}\theta_1\mathrm{s}\theta_{23}\\ 0 & l_2\mathrm{c}\theta_2+l_3\mathrm{c}\theta_{23} & l_3\mathrm{c}\theta_{23}\end{pmatrix}\begin{pmatrix}\dot{\theta}_1\\ \dot{\theta}_2\\ \dot{\theta}_3\end{pmatrix} $$

其速度雅可比也为 3×3 阶方阵。

2. 冗余度机器人的速度雅可比

以 5.5 节介绍的 7 自由度机器人为例，由于操作空间中的任务变量数最多为 6，所以它是一个冗余度机器人。

当指定末端速度矢量后，冗余度机器人的关节速度有无穷解。进行速度控制时，可以简单地锁定（$n-m$）个关节，并删除雅可比矩阵中的对应列，得到一个雅可比方阵用于求逆计算，如图 6.16c 所示。但是，这样的简单处理牺牲了冗余自由度带来的优点。

3. 速度雅可比与奇异

无论哪种类型的机器人，一旦其处于奇异状态，速度雅可比就存在相关列，这可能导致可控任务变量数减少，如图 6.17 所示。

4. 雅可比与速度之间的映射

上述讨论的内容可从集合论的角度来概括，把机器人微分运动学方程重写为

$$ \dot{\boldsymbol{x}}=\boldsymbol{J}(\boldsymbol{q})\dot{\boldsymbol{q}} \tag{6.88} $$

式（6.88）中的速度雅可比矩阵 $\boldsymbol{J}(\boldsymbol{q})$，将 $n\times1$ 维关节速度空间 $\boldsymbol{R}^n$ 中的点 $\dot{\boldsymbol{q}}$，映射为 $m\times1$ 维末端操作速度空间 $\boldsymbol{R}^m$ 中的点 $\dot{\boldsymbol{x}}$。对于每一个特定的位姿，都存在如图 6.18 所示的映射关系：

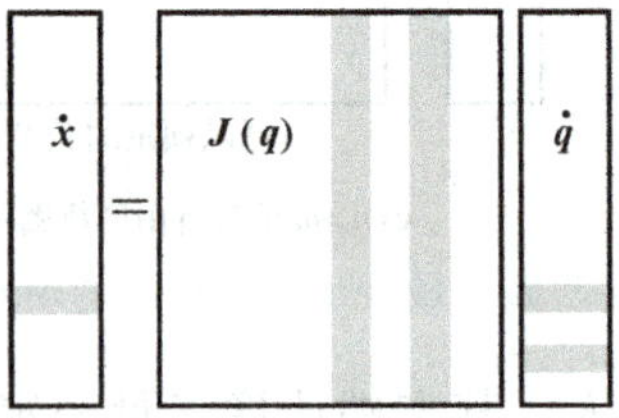

图 6.17 奇异与速度雅可比的结构（阴影区域表示相关列和失效项）

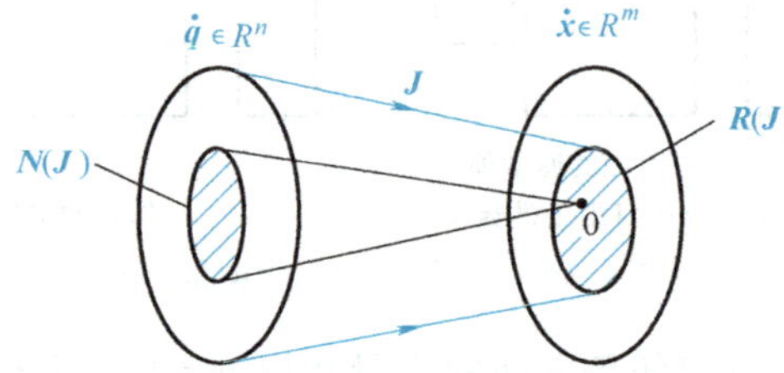

图 6.18 关节速度空间与末端操作速度空间的映射关系

1）在所给定的机器人位姿下，$\boldsymbol{J}(\boldsymbol{q})$ 的值域空间（Range Space）为末端操作速度空间 $\boldsymbol{R}^m$ 的子空间 $\boldsymbol{R}(\boldsymbol{J})$。

2）在给定的机器人位姿下，不能产生末端操作速度的关节速度空间的子空间 $\boldsymbol{N}(\boldsymbol{J})$ 称为 $\boldsymbol{J}(\boldsymbol{q})$ 的零空间（Null Space）。

对于任何机器人，如果雅可比矩阵满秩，有

$$\dim(\boldsymbol{R}(\boldsymbol{J}))=m \qquad \dim(\boldsymbol{N}(\boldsymbol{J}))=n-m$$

将 $\boldsymbol{J}(\boldsymbol{q})$ 的列张成整个末端操作速度空间 $\boldsymbol{R}^m$，值域空间的维数等于末端操作空间的任务维数。反之，如果机器人处于奇异位形，雅可比在奇异点处退化，机器人末端在某些方向上不能产生运动，值域空间 $\boldsymbol{R}(\boldsymbol{J})$ 的维数下降，而零空间 $\boldsymbol{N}(\boldsymbol{J})$ 的维数上升，这是因为

$$\dim(\boldsymbol{R}(\boldsymbol{J}))+\dim(\boldsymbol{N}(\boldsymbol{J}))=n$$

永远成立，与 $\boldsymbol{J}(\boldsymbol{q})$ 的秩无关。

对于冗余度机器人，由于 $n>m$，因此，即使在非奇异位形下（满秩），它的零空间也非空，即 $\boldsymbol{N}(\boldsymbol{J})\neq\varnothing$。此时，对于给定的任意关节速度变量 $\dot{\boldsymbol{q}}_0$，总可以找到一个 $n\times n$ 阶矩阵 $\boldsymbol{P}$，把 $\dot{\boldsymbol{q}}_0$ 映射到关节速度的零空间 $\boldsymbol{R}(\boldsymbol{P})\equiv\boldsymbol{N}(\boldsymbol{J})$，即

$$\boldsymbol{J}(\boldsymbol{q})\boldsymbol{P}\dot{\boldsymbol{q}}_0=\boldsymbol{0}$$

把 $\dot{\boldsymbol{q}}_0$ 叠加到任意一个关节速度变量 $\dot{\boldsymbol{q}}^*$ 上，可得到一个新的关节速度变量 $\dot{\boldsymbol{q}}$

$$\dot{\boldsymbol{q}}=\dot{\boldsymbol{q}}^*+\boldsymbol{P}\dot{\boldsymbol{q}}_0 \tag{6.89}$$

这样，当用 $\dot{\boldsymbol{q}}$ 或 $\dot{\boldsymbol{q}}^*$ 控制机器人关节时，将在末端操作空间获得相同的速度，即

$$\boldsymbol{J}(\boldsymbol{q})\dot{\boldsymbol{q}}=\boldsymbol{J}(\boldsymbol{q})(\dot{\boldsymbol{q}}^*+\boldsymbol{P}\dot{\boldsymbol{q}}_0)=\boldsymbol{J}(\boldsymbol{q})\dot{\boldsymbol{q}}^* \tag{6.90}$$

这一结论对于求解冗余度机器人的关节速度非常重要。利用它，可以有效发挥冗余度机器人的优点。$\boldsymbol{P}\dot{\boldsymbol{q}}_0$ 使 $\dot{\boldsymbol{q}}_0$ 表现为不改变末端位形的内部结构运动，可以在不影响末端运动的情况下重新配置机器人位形，以远离奇异点，躲避障碍物或避开关节极限位置。下文将讨论此问题。

*6.6　雅可比的广义逆

机器人的控制任务通常会给定末端速度 $\dot{\boldsymbol{x}}$，要求据此计算关节速度 $\dot{\boldsymbol{q}}$，这是微分逆运动学问题，即

$$\dot{\boldsymbol{q}}=\boldsymbol{J}^{-1}(\boldsymbol{q})\dot{\boldsymbol{x}} \tag{6.91}$$

式中，逆雅可比 $\boldsymbol{J}^{-1}(\boldsymbol{q})$ 将操作空间速度映射为关节空间速度。显然，微分逆运动学问题的首要工作就是求解逆雅可比。

如前所述，少自由度机器人可以减少任务变量数，当作全自由度机器人处理，此时其雅可比是方阵；而全自由度机器人的雅可比就是方阵。对于满秩方阵，可以简单地进行求逆运算。

但是，对于冗余度机器人或机器人处于奇异状态，雅可比不是方阵或不满秩，这时，就不能简单求逆了。

6.6.1　冗余度机器人的逆雅可比

冗余度机器人的主动关节数大于任务变量数，$n>m$，其雅可比矩阵的列数大于行数。此

时，式（6.91）存在无穷多解。为了有效利用冗余度机器人的优点，一般不会采用锁定某个关节的做法，而是试图从多个解中找到一个最优解。

可以用有约束的线性最优化方法寻找最优解。无论如何，逆问题的解都要满足微分运动学方程 $\dot{\boldsymbol{x}}=\boldsymbol{J}(\boldsymbol{q})\dot{\boldsymbol{q}}$，因此，它就是约束条件；待优化的目标函数则要根据任务需求来定义。

1. 普通最优解与雅可比的右广义逆

首先考虑没有特定任务需求的情况，定义目标函数

$$g(\dot{\boldsymbol{q}})=\frac{1}{2}\dot{\boldsymbol{q}}^{\mathrm{T}}\boldsymbol{W}\dot{\boldsymbol{q}} \tag{6.92}$$

式中，$\boldsymbol{W}$ 为某个 $n\times n$ 阶对称正定加权矩阵，可以认为式（6.92）代表了关节驱动能量，优化目标为使其取最小值。

为了满足约束条件，利用拉格朗日乘子合并式（6.88）和式（6.92），得到一个改进的目标泛函，即

$$g(\dot{\boldsymbol{q}},\boldsymbol{\lambda})=\frac{1}{2}\dot{\boldsymbol{q}}^{\mathrm{T}}\boldsymbol{W}\dot{\boldsymbol{q}}+\boldsymbol{\lambda}^{\mathrm{T}}(\dot{\boldsymbol{x}}-\boldsymbol{J}\dot{\boldsymbol{q}}) \tag{6.93}$$

式中，$\boldsymbol{\lambda}$ 为待定的 $m\times1$ 阶拉格朗日乘子矢量，它把解的误差纳入优化目标函数，使求得的关节速度 $\dot{\boldsymbol{q}}$ 满足指定的末端速度 $\dot{\boldsymbol{x}}$。

当式（6.93）最小化时，就得到了使驱动能量和解误差综合最小的最优解。为此，待求的关节速度解和拉格朗日乘子应满足如下必要条件

$$\left(\frac{\partial g}{\partial\dot{\boldsymbol{q}}}\right)^{\mathrm{T}}=0 \qquad \left(\frac{\partial g}{\partial\boldsymbol{\lambda}}\right)^{\mathrm{T}}=0 \tag{6.94}$$

由第一个必要条件，得

$$\dot{\boldsymbol{q}}=\boldsymbol{W}^{-1}\boldsymbol{J}^{\mathrm{T}}\boldsymbol{\lambda} \tag{6.95}$$

由第二个必要条件，得

$$\dot{\boldsymbol{x}}=\boldsymbol{J}\dot{\boldsymbol{q}} \tag{6.96}$$

式（6.95）和式（6.96）说明了满足微分运动学约束条件。

将式（6.95）代入式（6.96），得

$$\dot{\boldsymbol{x}}=\boldsymbol{J}\boldsymbol{W}^{-1}\boldsymbol{J}^{\mathrm{T}}\boldsymbol{\lambda} \tag{6.97}$$

当 $\boldsymbol{J}$ 满秩时，$\boldsymbol{J}\boldsymbol{W}^{-1}\boldsymbol{J}^{\mathrm{T}}$ 是秩为 m 的 $m\times m$ 阶方阵，故可逆。由此，求解 $\boldsymbol{\lambda}$ 得到

$$\boldsymbol{\lambda}=(\boldsymbol{J}\boldsymbol{W}^{-1}\boldsymbol{J}^{\mathrm{T}})^{-1}\dot{\boldsymbol{x}} \tag{6.98}$$

注意，在微分逆运动学问题中，$\dot{\boldsymbol{x}}$ 为已知量。

再将式（6.98）代回式（6.95），得到关节速度的最优解

$$\dot{\boldsymbol{q}}=\boldsymbol{W}^{-1}\boldsymbol{J}^{\mathrm{T}}(\boldsymbol{J}\boldsymbol{W}^{-1}\boldsymbol{J}^{\mathrm{T}})^{-1}\dot{\boldsymbol{x}} \tag{6.99}$$

对式（6.99）左右两侧同时左乘 $\boldsymbol{J}$，可以证明该解严格满足约束条件，也即微分运动学方程。

为简化计算，可以令加权矩阵 $\boldsymbol{W}$ 为单位阵 $\boldsymbol{I}$，于是最优解简化为

$$\dot{\boldsymbol{q}}=\boldsymbol{J}^{\dagger}\dot{\boldsymbol{x}} \tag{6.100}$$

式中

$$\boldsymbol{J}^{\dagger}=\boldsymbol{J}^{\mathrm{T}}(\boldsymbol{J}\boldsymbol{J}^{\mathrm{T}})^{-1} \tag{6.101}$$

定义 $\boldsymbol{J}^{\dagger}$ 为 $\boldsymbol{J}$ 的右广义逆（Right Generalized Inverse），它对应的最优解使关节速度矢量的模

取局部最小值，称为普通最优解（General Optimal Solution）。

2. 零空间与特殊最优解

由式（6.90）可知，可以利用映射矩阵 $\boldsymbol{P}$ 得到 $\boldsymbol{J}$ 在零空间的投影，进而使得某个指定的关节速度矢量 $\dot{\boldsymbol{q}}_0$ 不对末端速度产生影响。利用冗余度机器人零空间的这一特性，可以设计优化函数，以满足一些特殊需求。为此，设计一个新的目标函数

$$g'(\dot{\boldsymbol{q}},\boldsymbol{\lambda})=\frac{1}{2}(\dot{\boldsymbol{q}}-\dot{\boldsymbol{q}}_0)^{\mathrm{T}}(\dot{\boldsymbol{q}}-\dot{\boldsymbol{q}}_0)+\boldsymbol{\lambda}^{\mathrm{T}}(\dot{\boldsymbol{x}}-\boldsymbol{J}\dot{\boldsymbol{q}}) \tag{6.102}$$

式中，第一部分 $1/2(\dot{\boldsymbol{q}}-\dot{\boldsymbol{q}}_0)^{\mathrm{T}}(\dot{\boldsymbol{q}}-\dot{\boldsymbol{q}}_0)$ 用来使 $\dot{\boldsymbol{q}}-\dot{\boldsymbol{q}}_0$ 的模最小化，使求得的关节速度 $\dot{\boldsymbol{q}}$ 尽可能靠近满足某个特殊需求的关节速度 $\dot{\boldsymbol{q}}_0$；第二部分仍然用于满足指定的末端速度 $\dot{\boldsymbol{x}}$。

为实现 $g'(\dot{\boldsymbol{q}},\boldsymbol{\lambda})$ 最小化，需满足式（6.94）所示的必要条件

由第一个必要条件，得

$$\dot{\boldsymbol{q}}=\boldsymbol{J}^{\mathrm{T}}\boldsymbol{\lambda}+\dot{\boldsymbol{q}}_0 \tag{6.103}$$

由第二个必要条件，得

$$\dot{\boldsymbol{x}}=\boldsymbol{J}\dot{\boldsymbol{q}} \tag{6.104}$$

式（6.103）和式（6.104）说明 $g'(\dot{\boldsymbol{q}},\boldsymbol{\lambda})$ 的最优解能够满足微分运动学约束条件。

将式（6.103）代入式（6.104），得

$$\boldsymbol{\lambda}=(\boldsymbol{J}\boldsymbol{J}^{\mathrm{T}})^{-1}(\dot{\boldsymbol{x}}-\boldsymbol{J}\dot{\boldsymbol{q}}_0) \tag{6.105}$$

最后，把 $\boldsymbol{\lambda}$ 代回式（6.103），得

$$\dot{\boldsymbol{q}}=\boldsymbol{J}^{\dagger}\dot{\boldsymbol{x}}+(\boldsymbol{I}_n-\boldsymbol{J}^{\dagger}\boldsymbol{J})\dot{\boldsymbol{q}}_0 \tag{6.106}$$

式中，$\boldsymbol{I}_n$ 表示 $n\times n$ 阶单位阵。

式（6.106）所代表的最优解由两项组成：第一项即为式（6.100），它使得关节速度的模最小，是一个普通最优解；第二项获得一个既满足 $\dot{\boldsymbol{q}}_0$ 又对末端速度没有影响的速度矢量。$(\boldsymbol{I}_n-\boldsymbol{J}^{\dagger}\boldsymbol{J})$ 是一个把 $\boldsymbol{J}$ 映射到零空间的矩阵 $\boldsymbol{P}$，这样的解称为特殊最优解。

可以看到，式（6.106）提供了一种在满足指定末端速度的基础上，使关节作额外运动，以满足其他特殊需求的方法。显然，$\dot{\boldsymbol{q}}_0$ 需要根据特殊需求来指定，一种常见的方法是令

$$\dot{\boldsymbol{q}}_0=k_0\left(\frac{\partial w(\boldsymbol{q})}{\partial \boldsymbol{q}}\right) \tag{6.107}$$

式中，$w(\boldsymbol{q})$ 是与需求相关的第二目标函数；$k_0>0$，是调整 $\dot{\boldsymbol{q}}_0$ 模值的加权系数。

当根据需求选定了 $w(\boldsymbol{q})$ 后，式（6.107）将获得使 $w(\boldsymbol{q})$ 取局部极值的 $\dot{\boldsymbol{q}}_0$，同时，也不会对指定的末端速度造成影响。这是因为，式（6.106）保证了式（6.107）是与约束条件和普通最优解相容的特殊目标函数。

3. 常用特殊目标函数

实际使用中，冗余度机器人的常见特殊需求包括：远离奇异点、远离关节极限以及与障碍物保持距离。下面简要介绍与之对应的特殊目标函数。

（1）远离奇异点　定义

$$w(\boldsymbol{q})=\sqrt{\det(\boldsymbol{J}(\boldsymbol{q})\boldsymbol{J}^{\mathrm{T}}(\boldsymbol{q}))} \tag{6.108}$$

式中，$w(\boldsymbol{q})$ 称为可操作度（Manipulability），它在奇异点处为零。根据式（6.107）使其最

大化，利用冗余性使机器人远离奇异点。

（2）远离关节极限　定义

$$w(\boldsymbol{q})=\frac{1}{2n}\sum_{i=1}^{n}\left(\frac{q_i-\bar{q}_i}{q_{i\max}-q_{i\min}}\right)^2 \tag{6.109}$$

式中，$q_{i\max}$ 和 $q_{i\min}$ 表示关节 i 的最大和最小位置值；$\bar{q}_i$ 表示关节 i 的中值。根据式（6.107）使 $w(\boldsymbol{q})$ 最大化，可以利用冗余性使机器人各关节尽量靠近它们的中间位置。

（3）与障碍物保持距离　定义

$$w(\boldsymbol{q})=\min_{\boldsymbol{p},\boldsymbol{o}}\|\boldsymbol{p}(\boldsymbol{q})-\boldsymbol{o}\| \tag{6.110}$$

式中，$\boldsymbol{o}$ 代表操作空间中障碍物上某点的空间位置矢量。例如，如果以球形表示障碍物，$\boldsymbol{o}$ 可表示球心；$\boldsymbol{p}$ 是机器人结构上距离 $\boldsymbol{o}$ 最近的点。根据式（6.107）使 $w(\boldsymbol{q})$ 最大化，可以利用冗余性使机器人尽量远离障碍物。

6.6.2 奇异位姿下的逆雅可比

只有当雅可比满秩时，才能计算出式（6.91）和式（6.100）中雅可比的逆 $\boldsymbol{J}^{-1}$ 和右广义逆 $\boldsymbol{J}^{\dagger}$。当机器人处于奇异位形时，雅可比不满秩，这两个公式就变得没有意义。

如前所述，处于奇异点的雅可比存在线性相关列。此时，末端速度矢量 $\dot{\boldsymbol{x}}$ 的部分元素始终为零。只有设定的 $\dot{\boldsymbol{x}}=0$ 时，才能从剩下的线性无关方程中解得 $\dot{\boldsymbol{q}}$，否则就无解，例如，对处于臂奇异状态的机器人指定坐标系｛0｝中 x_0 和 y_0 方向的速度。即便 $\dot{\boldsymbol{x}}$ 满足奇异约束条件，也会出现多解的情况，例如，对于处于腕奇异状态的机器人，$\dot{\theta}_4$和 $\dot{\theta}_6$的解可任意分配。总之，无法把式（6.91）和式（6.100）作为关节速度的通用解法来使用。

不仅如此，即便机器人不在奇异点，而仅在奇异点的邻域内，也会带来问题。此时，对于方阵型的雅可比，虽然它的逆可解，但是其行列式的值很小，会导致某些关节的速度很快。例如，如图 6.15b 所示，如果让机器人的腕部从左向右运动，只要它的轨迹经过关节轴 z_0 的附近，即便该轨迹不通过肩奇异点，即 z_0 轴，机器人肩关节速度 $\dot{\theta}_1$也需要很大才能确保跟踪给定轨迹。

尽管如此，奇异雅可比的求逆方法仍然有意义。实际使用中，不能保证机器人永远不处于奇异位形，因此，必须有针对地奇异位形的关节速度求解方法。本节简要介绍两种常用的奇异雅可比求逆方法。

1. 奇异值分解（SVD）

奇异值分解（SVD）是一种通用的矩阵求逆方法，它甚至适用于不满秩的非方阵。SVD 在多种仿真软件中都有可供调用的函数。

给定一个 $m\times n$ 阶矩阵 $\boldsymbol{J}$。假设 $m<n$，则矩阵 $\boldsymbol{J}\boldsymbol{J}^{\mathrm{T}}$ 有 m 个非负特征值 $\lambda_1\geqslant\lambda_2\geqslant\cdots\lambda_m\geqslant0$，这些特征值可以表示为

$$\lambda_i=\sigma_i^2\qquad\sigma_i\geqslant0 \tag{6.111}$$

式中，$\sigma_1\geqslant\sigma_2\geqslant\cdots\geqslant\sigma_m\geqslant0$ 称为矩阵 $\boldsymbol{J}$ 的奇异值。据此，可得矩阵 $\boldsymbol{J}$ 的奇异值分解式

$$\boldsymbol{J}=\boldsymbol{U}\boldsymbol{\Sigma}\boldsymbol{V}^{\mathrm{T}} \tag{6.112}$$

式中，$\boldsymbol{U}$ 是一个 $m\times m$ 阶正交矩阵，其列矢量 $\boldsymbol{u}_m$ 由 m 个 $\boldsymbol{J}\boldsymbol{J}^{\mathrm{T}}$ 的特征矢量组成，即

$$\boldsymbol{U}=(\boldsymbol{u}_1\quad\boldsymbol{u}_2\quad\cdots\quad\boldsymbol{u}_m)$$

$\boldsymbol{V}$ 是一个 $n\times n$ 阶正交矩阵，其列矢量 $\boldsymbol{v}_n$ 由 n 个 $\boldsymbol{J}^{\mathrm{T}}\boldsymbol{J}$ 的特征矢量组成，即

$$\boldsymbol{V}=(\boldsymbol{v}_1 \quad \boldsymbol{v}_2 \quad \cdots \quad \boldsymbol{v}_n)$$

$\boldsymbol{\Sigma}$ 是一个 $m\times n$ 阶矩阵，且

$$\boldsymbol{\Sigma}=\begin{pmatrix}\boldsymbol{D} & \boldsymbol{0}\\ \boldsymbol{0} & \boldsymbol{0}\end{pmatrix} \quad \boldsymbol{D}=\mathrm{diag}\{\sigma_1,\sigma_2,\cdots,\sigma_r\}$$

而 $\sigma_1\geqslant\sigma_2\geqslant\cdots\geqslant\sigma_r>0$ 是矩阵 $\boldsymbol{J}$ 的非零奇异值，其个数 r 等于 $\boldsymbol{J}$ 的秩。

由此，可得到矩阵 $\boldsymbol{J}$ 广义逆的通式

$$\boldsymbol{J}^{\dagger}=\boldsymbol{V}\boldsymbol{\Sigma}^{\dagger}\boldsymbol{U}^{\mathrm{T}} \tag{6.113}$$

式中

$$\boldsymbol{\Sigma}^{\dagger}=\begin{pmatrix}\boldsymbol{D}^{\dagger} & \boldsymbol{0}\\ \boldsymbol{0} & \boldsymbol{0}\end{pmatrix} \qquad \boldsymbol{D}^{\dagger}=\mathrm{diag}\left\{\frac{1}{\sigma_1},\frac{1}{\sigma_2},\cdots,\frac{1}{\sigma_r}\right\}$$

2. 逆减消最小二乘法

简单而言，逆减消最小二乘法就是在奇异矩阵 $\boldsymbol{J}$ 的对角线元素上加一个小的数，使其偏离奇异点，再进行求逆计算。考虑非方阵的情况，可以在右广义逆的基础上进行此操作。由此得到 $\boldsymbol{J}$ 的伪逆（Pseudo Inverse），即

$$\boldsymbol{J}^{*}=\boldsymbol{J}^{\mathrm{T}}(\boldsymbol{J}\boldsymbol{J}^{\mathrm{T}}+k^2\boldsymbol{I}_m)^{-1} \tag{6.114}$$

式中，k 是为了改善求逆条件而在对角线上增加的减消因子。显然，将伪逆 $\boldsymbol{J}^{*}$ 代入微分逆运动学方程计算得到的关节速度，将使末端速度 $\dot{\boldsymbol{x}}$ 偏离理想值。这是在跟踪不合理的末端给定速度的要求下，为摆脱奇异点而不得不付出的代价。

式（6.114）可由式（6.115）所示目标函数的最优化条件计算得到

$$g''(\dot{\boldsymbol{q}})=\frac{1}{2}(\dot{\boldsymbol{x}}-\boldsymbol{J}\dot{\boldsymbol{q}})^{\mathrm{T}}(\dot{\boldsymbol{x}}-\boldsymbol{J}\dot{\boldsymbol{q}})+\frac{1}{2}k^2\dot{\boldsymbol{q}}^{\mathrm{T}}\dot{\boldsymbol{q}} \tag{6.115}$$

该优化目标函数即限制了末端速度相对理想值的偏离程度，同时也使关节速度的范数有界。减消因子 k 的取值决定了两个目标之间的相对权重，k 越大，末端速度偏差越大，关节速度的范数越小。

6.7　串联机器人静力学

从机构的角度看，串联机器人不仅传递运动，也传递动力。本节考虑一种简单情况：当机器人处于静平衡状态且末端对环境施加广义力 $\boldsymbol{F}_{\mathrm{e}}$ 时，机器人保持当前位姿所需要的广义关节力 $\boldsymbol{\tau}$。在设计阶段可以用于预估机器人关节驱动器的输出力矩。

6.7.1　静力雅可比

把机器人视为一个从关节到末端的功率传动装置。当不考虑功率损失时，关节输出功率应该等于末端功率。功率包含两个要素：力和速度。把速度考虑成微位移，即可利用虚功原理（Principle of Virtual Work）导出机器人末端广义力 $\boldsymbol{F}_{\mathrm{e}}$ 与广义关节力 $\boldsymbol{\tau}$ 之间的映射关系。

静平衡状态下，假设机器人末端以接触力 $\boldsymbol{F}_{\mathrm{e}}$ 作用环境，使其变形，从而导致末端发生微位移 $\mathrm{d}\boldsymbol{x}$。此时，末端作的虚功为 $\boldsymbol{F}_{\mathrm{e}}^{\mathrm{T}}\mathrm{d}\boldsymbol{x}$。

$\boldsymbol{F}_e$ 来源于广义关节力 $\boldsymbol{\tau}$，而末端微位移 $\mathrm{d}\boldsymbol{x}$ 必然对应着关节微位移 $\mathrm{d}\boldsymbol{q}$。此时，广义关节力作的虚功为 $\boldsymbol{\tau}^{\mathrm{T}}\mathrm{d}\boldsymbol{q}$。如果不考虑摩擦及重力影响，$\boldsymbol{F}_e$ 与 $\boldsymbol{\tau}$ 所作虚功应相等，即

$$\boldsymbol{F}_e^{\mathrm{T}}\mathrm{d}\boldsymbol{x}=\boldsymbol{\tau}^{\mathrm{T}}\mathrm{d}\boldsymbol{q} \tag{6.116}$$

由机器人速度雅可比的定义，得

$$\mathrm{d}\boldsymbol{x}=\boldsymbol{J}\mathrm{d}\boldsymbol{q} \tag{6.117}$$

将式（6.117）代入式（6.116），并消去 $\mathrm{d}\boldsymbol{q}$，得

$$\boldsymbol{\tau}=\boldsymbol{J}_{\mathrm{F}}\boldsymbol{F}_e \tag{6.118}$$

式中

$$\boldsymbol{J}_{\mathrm{F}}=\boldsymbol{J}^{\mathrm{T}} \tag{6.119}$$

称为机器人的静力雅可比矩阵，简称静力雅可比。它把末端操作空间的广义力映射为关节空间的广义力。

静力雅可比 $\boldsymbol{J}_{\mathrm{F}}$ 是末端速度雅可比 $\boldsymbol{J}$ 的转置。这说明无需求逆运算，即可根据末端广义力 $\boldsymbol{F}_e$ 计算得到广义关节力 $\boldsymbol{\tau}$。这一特性利于在控制中实现末端力控制或补偿末端负载。

式（6.118）并没有明确各物理量在哪个坐标系中描述。实际上，机器人末端的广义输出力通常有两种表达方式：一种在末端工具坐标系｛T｝中的描述，即 ${}^T\boldsymbol{F}_e$；另一种在基坐标系｛0｝中的描述，即 ${}^0\boldsymbol{F}_e$。为此，可修改式（6.118）以明确坐标系表达。

若在末端坐标系｛T｝中描述，则有

$$\boldsymbol{\tau}={}^T\boldsymbol{J}_{\mathrm{F}}\,{}^T\boldsymbol{F}_e \tag{6.120}$$

在基坐标系｛0｝中描述，则有

$$\boldsymbol{\tau}={}^0\boldsymbol{J}_{\mathrm{F}}\,{}^0\boldsymbol{F}_e \tag{6.121}$$

式中，广义关节力在关节空间描述与末端广义力的描述坐标系无关。

${}^T\boldsymbol{F}_e$ 与 ${}^0\boldsymbol{F}_e$ 是同一个力矢量分别在末端坐标系｛T｝和基坐标系｛0｝中的描述。无论在哪个坐标系中描述，它对末端输出的功率应该相等，即

$${}^T\boldsymbol{F}_e^{\mathrm{T}}\,{}^T\dot{\boldsymbol{x}}={}^0\boldsymbol{F}_e^{\mathrm{T}}\,{}^0\dot{\boldsymbol{x}} \tag{6.122}$$

将末端速度矢量在不同坐标系描述的变换关系

$${}^T\dot{\boldsymbol{x}}={}_0^T\boldsymbol{R}\,{}^0\dot{\boldsymbol{x}}$$

代入式（6.122），得

$${}^0\boldsymbol{F}_e={}_T^0\boldsymbol{R}\,{}^T\boldsymbol{F}_e \tag{6.123}$$

由式（6.65）可知，当参考坐标系不变，针对同一个末端速度矢量的速度雅可比分别在坐标系｛0｝和｛T｝中描述时，应满足

$${}^0\boldsymbol{J}=\begin{pmatrix}{}_T^0\boldsymbol{R} & \boldsymbol{0}\\ \boldsymbol{0} & {}_T^0\boldsymbol{R}\end{pmatrix}{}^T\boldsymbol{J} \tag{6.124}$$

将式（6.124）代入式（6.119），得

$${}^0\boldsymbol{J}_{\mathrm{F}}={}^T\boldsymbol{J}_{\mathrm{F}}\begin{pmatrix}{}_0^T\boldsymbol{R} & \boldsymbol{0}\\ \boldsymbol{0} & {}_0^T\boldsymbol{R}\end{pmatrix} \tag{6.125}$$

需要注意的是，式（6.123）和式（6.125）是针对同一个末端广义力进行的变换，它仅涉及描述坐标系的改变。

当机器人处于奇异位形时，静力雅可比不满秩，在几何上对应着机构的死点位置（连

杆间的压力角为 90°），微小的关节力/力矩将对应着极大的末端输出力。

【例 6-7】 利用【例 6-4】的结论，讨论平面 2R 机器人的静力雅可比。假设杆长 $l_1=l_2=1$，当 $\theta_1=\theta_2=90°$ 且末端输出的接触力为 ${}^3\boldsymbol{F}_e=(1,\ 1)^{\mathrm{T}}$ 时，求关节力 $\boldsymbol{\tau}$。

解：平面 2R 机器人末端的静力雅可比在坐标系 {0} 中的描述为

$$
{}^0\boldsymbol{J}_F={}^0\boldsymbol{J}_3^{\mathrm{T}}=\begin{pmatrix}-l_1 s\theta_1-l_2 s\theta_{12} & l_1 c\theta_1+l_2 c\theta_{12}\\ -l_2 s\theta_{12} & l_2 c\theta_{12}\end{pmatrix}
$$

在末端坐标系 {3} 中的描述为

$$
{}^3\boldsymbol{J}_F={}^3\boldsymbol{J}_3^{\mathrm{T}}=\begin{pmatrix}l_1 s_2 & l_2+l_1 c_2\\ 0 & l_2\end{pmatrix}
$$

由于末端力矢量在坐标系 {3} 中表达，因此，利用下式求解关节力

$$
\boldsymbol{\tau}={}^3\boldsymbol{J}_F\,{}^3\boldsymbol{F}_e
$$

代入已知条件，得

$$
\boldsymbol{\tau}=\begin{pmatrix}\dfrac{\sqrt{2}}{2} & 1+\dfrac{\sqrt{2}}{2}\\ 0 & 1\end{pmatrix}\begin{pmatrix}1\\1\end{pmatrix}=\begin{pmatrix}1+\sqrt{2}\\1\end{pmatrix} \tag{6.126}
$$

接下来在基坐标系 {0} 中再次计算广义关节力 $\boldsymbol{\tau}$。首先在 {0} 中描述末端广义力矢量：

$$
{}^0\boldsymbol{F}_3={}^0_3\boldsymbol{R}\,{}^3\boldsymbol{F}_3
$$

式中

$$
{}^0_3\boldsymbol{R}=\begin{pmatrix}c\theta_{12} & -s\theta_{12}\\ s\theta_{12} & c\theta_{12}\end{pmatrix}
$$

利用下式计算广义关节力

$$
\boldsymbol{\tau}={}^0\boldsymbol{J}_F\,{}^0\boldsymbol{F}_3={}^0\boldsymbol{J}_F\,{}^0_3\boldsymbol{R}\,{}^3\boldsymbol{F}_3
$$

代入已知条件，得

$$
\boldsymbol{\tau}=\begin{pmatrix}-\dfrac{\sqrt{2}}{2}-1 & \dfrac{\sqrt{2}}{2}\\ -1 & 0\end{pmatrix}\begin{pmatrix}0 & -1\\ 1 & 0\end{pmatrix}\begin{pmatrix}1\\1\end{pmatrix}=\begin{pmatrix}1+\sqrt{2}\\1\end{pmatrix} \tag{6.127}
$$

式 (6.127) 与式 (6.126) 相同。可见，无论在哪个坐标系表达，广义关节力的计算结果都一样。

6.7.2 静力雅可比与速度雅可比之间的对偶性

由以上讨论可知，机器人末端广义力与关节力/力矩之间的映射关系可用静力雅可比 $\boldsymbol{J}_F$ 来表达；而另一方面，静力雅可比的转置 $\boldsymbol{J}_F^{\mathrm{T}}$ 就是速度雅可比 $\boldsymbol{J}$，可用于描述末端广义速度与关节速度之间的映射关系。前者反映的是机器人静力传递关系，而后者描述的是速度传递关系。可见，机器人静力学与其微分运动学（速度）之间存在密切联系。

机器人的速度与静力之间的对偶性（Duality），可用如图 6.19 所示的线性映射图来表示。机器人的微分运动学方程是从关节空间（n 维矢量空间 $\mathbb{V}^n$）向操作空间（m 维矢量空间 $\mathbb{V}^m$）的线性映射，其中，n 表示关节数，m 表示操作空间的维数。速度雅可比矩阵 $\boldsymbol{J}(\boldsymbol{q})$ 与给定的位姿 $\boldsymbol{q}$ 一一对应。

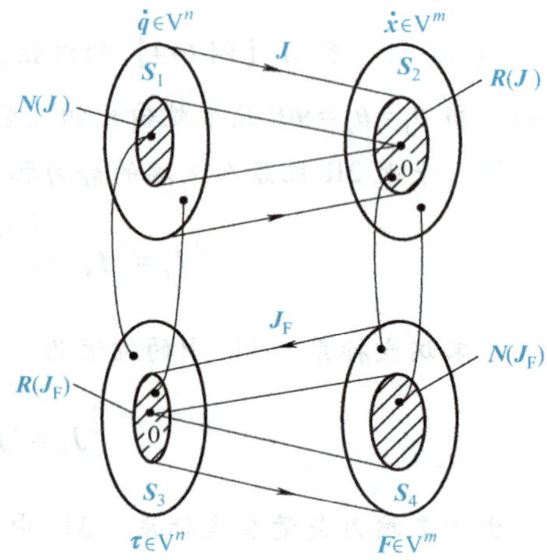

图 6.19 一阶微分运动学与静力学的对偶性

速度雅可比对于速度映射的意义已经在 6.5 节中说明。

与速度映射不同，静力映射是从操作空间向关节空间的线性映射。因此，广义关节力 $\boldsymbol{\tau}$ 总是由末端操作力 $\boldsymbol{F}_e$ 唯一确定。反过来，对于给定的广义关节力，末端操作力却并不总存在，这与速度的情况类似。

零空间 $\boldsymbol{N}(\boldsymbol{J}_F)$ 代表不需要任何关节力/力矩与之平衡的所有末端力的集合，这时的末端力全部由机器人机构本身承担（如利用约束反力来平衡）；而域空间 $\boldsymbol{R}(\boldsymbol{J}_F)$ 代表所有用于平衡末端力的关节力/力矩集合。

$\boldsymbol{J}$ 与 $\boldsymbol{J}_F$ 的域空间和零空间有着密切关系。由线性代数的相关理论可知，零空间 $\boldsymbol{N}(\boldsymbol{J})$ 是域空间 $\boldsymbol{R}(\boldsymbol{J}_F)$ 在 $\mathbb{V}^n$ 上的正交补，反之亦然。若用 $\boldsymbol{S}_1$ 表示 $\boldsymbol{N}(\boldsymbol{J})$ 在 $\mathbb{V}^n$ 上的正交补，则 $\boldsymbol{S}_1$ 与 $\boldsymbol{R}$（$\boldsymbol{J}_F$）等价；同样若用 $\boldsymbol{S}_3$ 表示 $\boldsymbol{R}(\boldsymbol{J}_F)$ 在 $\mathbb{V}^n$ 上的正交补，则 $\boldsymbol{S}_3$ 与 $\boldsymbol{N}(\boldsymbol{J})$ 等价。

上述论述在控制中的意义在于，如果某个确定的关节速度矢量在末端操作空间的某些方向不产生速度，那么该关节速度矢量位于零空间 $\boldsymbol{N}(\boldsymbol{J})$，与这些关节速度矢量平行的关节力矢量不会被任何末端力平衡。在这种情况下，为了保持末端静止不动，与零空间关节速度矢量平行的关节力矢量必须为零。

在操作空间 $\mathbb{V}^m$ 中存在类似的对应关系，即域空间 $\boldsymbol{R}(\boldsymbol{J})$ 是零空间 $\boldsymbol{N}(\boldsymbol{J}_F)$ 的正交补。故 $\boldsymbol{S}_2$ 与 $\boldsymbol{N}(\boldsymbol{J}_F)$ 等价，$\boldsymbol{S}_4$ 与 $\boldsymbol{R}(\boldsymbol{J})$ 等价。因此当外力作用在末端不能运动的方向时，不需要关节力/力矩来平衡末端操作力；同样，当外力加在末端可以运动的方向时，必须全部由关节力/力矩来平衡。如果静力雅可比矩阵降秩或机器人处于奇异位形，$\boldsymbol{N}(\boldsymbol{J}_F)$ 不为零，外力的一部分就由约束反力来平衡。

由于速度方程是一阶微分运动学方程，所以速度与静力之间的这种关系又被称之为一阶微分运动学与静力学的对偶性。

6.7.3 递推法计算关节力/力矩

根据末端广义力计算关节力/力矩，除了利用静力雅可比，递推法也是一种有效的手段。后文在推导机器人动力学方程的牛顿-欧拉法中，也会用递推法计算关节间的相互作用力，因此，有必要加以讨论。

与推导微分运动学方程的递推法类似，静力学方程的递推法也是通过分析杆与杆之间的力传递来实现的。由于末端广义力已知，因此，静力递推的顺序是从末端到基座“向内递推”，这与微分运动学的“向外递推”的顺序正好相反。

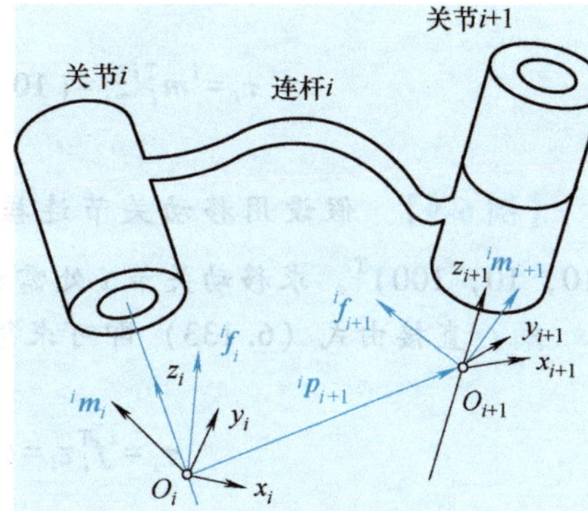

图 6.20　连杆坐标系下的静力分布

首先采用前置坐标系建立如图 6.20 所示的连杆坐标系，并标注连杆两端的关节力。

对于第 i 个杆，若不考虑连杆自重，应满足如下静力平衡方程

$$ {}^{i}\boldsymbol{f}_i - {}^{i}\boldsymbol{f}_{i+1} = \boldsymbol{0} \tag{6.128}$$

式中，${}^{i}\boldsymbol{f}_i$ 为杆（$i-1$）施加给杆 i 的力在 $\{i\}$ 中的表达；${}^{i}\boldsymbol{f}_{i+1}$ 为杆 i 施加给杆（$i+1$）的力（或末端杆件施加给环境的力）在 $\{i\}$ 中的表达，它前面的负号表示其反作用力，即杆（$i+1$）对杆 i 的作用力。

类似，可以得到力矩平衡方程

$$ {}^{i}\boldsymbol{m}_i - {}^{i}\boldsymbol{m}_{i+1} - {}^{i}\boldsymbol{p}_{i+1} \times {}^{i}\boldsymbol{f}_{i+1} = 0 \tag{6.129}$$

式中，${}^{i}\boldsymbol{m}_i$ 为杆（$i-1$）施加给杆 i 的力矩在 $\{i\}$ 中的表达；${}^{i}\boldsymbol{m}_{i+1}$ 为杆 i 施加给杆（$i+1$）的力矩（或末端杆件施加给环境的力矩）在 $\{i\}$ 中的表达；${}^{i}\boldsymbol{p}_{i+1}$ 为 $\{i\}$ 原点到 $\{i+1\}$ 原点的位置矢量在 $\{i\}$ 中的表达；式（6.129）中的第三项 ${}^{i}\boldsymbol{p}_{i+1} \times {}^{i}\boldsymbol{f}_{i+1}$ 为 ${}^{i}\boldsymbol{f}_{i+1}$ 的反作用力附加于杆 i 的力矩。

为保持描述的一致性，${}^{i}\boldsymbol{f}_{i+1}$ 和 ${}^{i}\boldsymbol{m}_{i+1}$ 应当在 $\{i+1\}$ 中表达，即 ${}^{i+1}\boldsymbol{f}_{i+1}$ 和 ${}^{i+1}\boldsymbol{m}_{i+1}$，它们之间的变换关系为

$$ {}^{i}\boldsymbol{f}_{i+1} = {}^{i}_{i+1}\boldsymbol{R}\,{}^{i+1}\boldsymbol{f}_{i+1}$$

$$ {}^{i}\boldsymbol{m}_{i+1} = {}^{i}_{i+1}\boldsymbol{R}\,{}^{i+1}\boldsymbol{m}_{i+1}$$

将上述两式分别代入式（6.128）和式（6.129），得

$$ {}^{i}\boldsymbol{f}_i = {}^{i}_{i+1}\boldsymbol{R}\,{}^{i+1}\boldsymbol{f}_{i+1} \tag{6.130}$$

$$ {}^{i}\boldsymbol{m}_i = {}^{i}_{i+1}\boldsymbol{R}\,{}^{i+1}\boldsymbol{m}_{i+1} + {}^{i}\boldsymbol{p}_{i+1} \times {}^{i}\boldsymbol{f}_i \tag{6.131}$$

式（6.130）和式（6.131）就是连杆间静力传递的递推方程。

当 $i=n$ 时，对应的末端力 ${}^{n+1}\boldsymbol{f}_{n+1}$ 和力矩 ${}^{n+1}\boldsymbol{m}_{n+1}$ 一般已知，根据递推方程可以得到 ${}^{n}\boldsymbol{f}_n$ 和 ${}^{n}\boldsymbol{m}_n$。继续递推，即可得到每个连杆两端的作用力和力矩。

由于连杆（$i-1$）对连杆 i 的作用力 ${}^{i}\boldsymbol{f}_i$ 或力矩 ${}^{i}\boldsymbol{m}_i$，沿移动关节导轨的力分量或绕旋转关节轴的力矩分量由驱动器提供，因此，${}^{i}\boldsymbol{f}_i$ 或 ${}^{i}\boldsymbol{m}_i$ 与关节轴线矢量 ${}^{i}\hat{\boldsymbol{z}}_i$ 的点积，即为待求关节力/力矩。

对于转动关节，关节驱动力矩为

$$\tau_i = {}^{i}\boldsymbol{m}_i^{\mathrm{T}}\,{}^{i}\hat{\boldsymbol{z}}_i \tag{6.132}$$

对于移动关节，关节驱动力为

$$\tau_i = {}^{i}\boldsymbol{f}_i^{\mathrm{T}}\,{}^{i}\hat{\boldsymbol{z}}_i \tag{6.133}$$

上述驱动力和力矩即可平衡末端静力负载。

【例 6-8】　假设用转动关节连接的连杆 i 处于静平衡状态，关节 i 处所受的力矩 ${}^{i}\boldsymbol{m}_i = (10,\ 10,\ 100)^{\mathrm{T}}$。求转动关节 i 处需施加的平衡驱动力矩。

解：直接由式（6.132）即可求得转动关节 i 处需施加的平衡驱动力矩为

$$\tau_i={}^i\boldsymbol{m}_i^{\mathrm{T}}{}^i\hat{z}_i=(10\quad 10\quad 100)\begin{pmatrix}0\\0\\1\end{pmatrix}\mathrm{N\cdot m}=100\mathrm{N\cdot m}$$

【例 6-9】 假设用移动关节连接的连杆 i 处于静平衡状态，关节 i 处所受的力 ${}^i\boldsymbol{f}_i=(10,\ 10,\ 100)^{\mathrm{T}}$。求移动关节 i 处需施加的平衡驱动力。

解：直接由式 (6.133) 即可求得移动关节 i 处需施加的平衡驱动力为

$$\tau_i={}^i\boldsymbol{f}_i^{\mathrm{T}}\hat{z}_i=(10\quad 10\quad 100)\begin{pmatrix}0\\0\\1\end{pmatrix}\mathrm{N}=100\mathrm{N}$$

【例 6-10】 用递推法推导平面 2R 机器人的静力平衡方程。如图 6.21 所示，采用前置坐标系建立 D-H 参数，已知末端对环境施加的作用力为 ${}^3\boldsymbol{f}_3=(f_x,\ f_y,\ 0)^{\mathrm{T}}$，力矩为零，求各关节的驱动力矩。

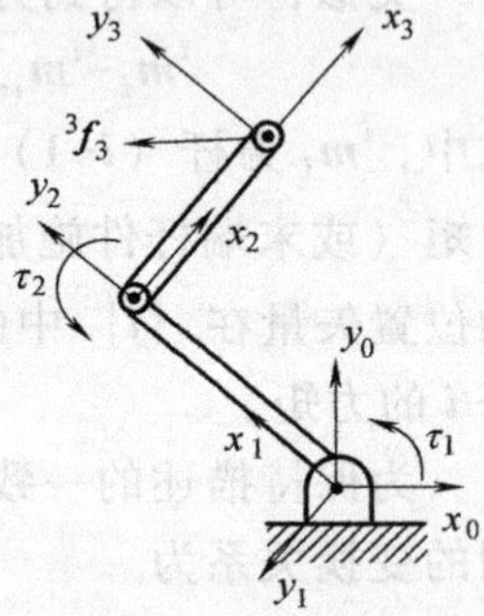

图 6.21 平面 2R 机器人的静力平衡

解：建立各连杆坐标系，如图 6.21 所示。

写出可能用到的旋转矩阵、坐标原点矢量、负载矢量如下

$${}_2^1\boldsymbol{R}=\begin{pmatrix}c_2&-s_2&0\\s_2&c_2&0\\0&0&1\end{pmatrix}\quad {}_3^2\boldsymbol{R}=\begin{pmatrix}1&0&0\\0&1&0\\0&0&1\end{pmatrix}\quad {}^1\boldsymbol{p}_2=\begin{pmatrix}l_1\\0\\0\end{pmatrix}$$

$${}^2\boldsymbol{p}_3=\begin{pmatrix}l_2\\0\\0\end{pmatrix}\quad {}^3\boldsymbol{f}_3=\begin{pmatrix}f_x\\f_y\\0\end{pmatrix}\quad {}^3\boldsymbol{m}_3=\begin{pmatrix}0\\0\\0\end{pmatrix}$$

将上述已知量从末端到基座向内递推，计算关节平衡力矩。

对于关节 2，有

$${}^2\boldsymbol{f}_2={}_3^2\boldsymbol{R}{}^3\boldsymbol{f}_3=\begin{pmatrix}1&0&0\\0&1&0\\0&0&1\end{pmatrix}\begin{pmatrix}f_x\\f_y\\0\end{pmatrix}=\begin{pmatrix}f_x\\f_y\\0\end{pmatrix}$$

$${}^2\boldsymbol{m}_2={}_3^2\boldsymbol{R}{}^3\boldsymbol{m}_3+{}^2\boldsymbol{p}_3\times{}^2\boldsymbol{f}_2=\begin{pmatrix}1&0&0\\0&1&0\\0&0&1\end{pmatrix}\begin{pmatrix}0\\0\\0\end{pmatrix}+\begin{pmatrix}l_2\\0\\0\end{pmatrix}\times\begin{pmatrix}f_x\\f_y\\0\end{pmatrix}=\begin{pmatrix}0\\0\\l_2f_y\end{pmatrix}$$

因此

$$\tau_2={}^2\boldsymbol{m}_2^{\mathrm{T}}{}^2\hat{z}_2=(0\quad 0\quad l_2f_y)\begin{pmatrix}0\\0\\1\end{pmatrix}=l_2f_y$$

对于关节 1，有

$${}^1\boldsymbol{f}_1={}_2^1\boldsymbol{R}{}^2\boldsymbol{f}_2=\begin{pmatrix}c_2&-s_2&0\\s_2&c_2&0\\0&0&1\end{pmatrix}\begin{pmatrix}f_x\\f_y\\0\end{pmatrix}=\begin{pmatrix}f_xc_2-f_ys_2\\f_xs_2+f_yc_2\\0\end{pmatrix}$$

$$ {}^{1}\boldsymbol{m}_1={}_2^1\boldsymbol{R}^2\boldsymbol{m}_2+{}^1\boldsymbol{p}_2\times{}^1\boldsymbol{f}_1=\begin{pmatrix}c_2 & -s_2 & 0\\ s_2 & c_2 & 0\\ 0 & 0 & 1\end{pmatrix}\begin{pmatrix}0\\0\\l_2f_y\end{pmatrix}+\begin{pmatrix}l_1\\0\\0\end{pmatrix}\times\begin{pmatrix}f_xc_2-f_ys_2\\f_xs_2+f_yc_2\\0\end{pmatrix}=\begin{pmatrix}0\\0\\f_xl_1s_2+f_yl_1c_2+f_yl_2\end{pmatrix} $$

因此

$$ \tau_1={}^1\boldsymbol{m}_1^{\mathrm{T}}\,{}^1\hat{z}_1=(0\quad 0\quad l_1f_xs_2+l_1f_yc_2+l_2f_y)\begin{pmatrix}0\\0\\1\end{pmatrix}=l_1f_xs_2+l_1f_yc_2+l_2f_y $$

最终得到关节平衡力矩

$$ \tau_1=l_1f_xs_2+l_1f_yc_2+l_2f_y $$
$$ \tau_2=l_2f_y $$

写成矩阵形式

$$ \begin{pmatrix}\tau_1\\ \tau_2\end{pmatrix}=\begin{pmatrix}l_1s_2 & l_2+l_1c_2\\ 0 & l_2\end{pmatrix}\begin{pmatrix}f_x\\ f_y\end{pmatrix} \tag{6.134} $$

可得在坐标系 {3} 中表达的静力雅可比为

$$ {}^3\boldsymbol{J}_F=\begin{pmatrix}l_1s_2 & l_2+l_1c_2\\ 0 & l_2\end{pmatrix} \tag{6.135} $$

式 (6.135) 所示结果与【例 6-7】相同。

理论上，无论串联机器人的关节数多少，都可以采用向内递推法逐一计算出机器人关节的平衡驱动力及力矩。这说明内递推法也可以作为串联机器人静力分析的通用性方法来使用。更为有意义的是，向内递推法提供了一种迭代算法，易于编程实现，可有效提高计算效率。这与串联机器人速度分析的向外递推法类似。

6.7.4 刚体上两点间速度和力的关系

实际使用中，机器人腕部有时安装有力/力矩传感器，而机器人末端会根据任务需要安装不同的工具，如图 6.22 所示。当工具安装好后，可认为工具与传感器是同一个刚体，它们之间的相对位姿矩阵${}_S^T\boldsymbol{T}$已知且为常数矩阵。

一般而言，由于力/力矩传感器不会经常拆卸，它相对于腕部的关系是固定的，所以力/力矩传感器坐标系 {S} 原点的广义速度矢量${}^S\dot{\boldsymbol{x}}_S^0$可以根据微分运动学方程直接计算得到。同时，力/力矩传感器还可以为控制器提供作用于坐标系 {S} 原点的广义力矢量${}^S\boldsymbol{F}_S$。然而，工具会随着需求的不同经常更换，而使用者关心的通常是工具坐标系 {T} 原点的广义速度矢量${}^T\dot{\boldsymbol{x}}_T^0$和广义力矢量${}^T\boldsymbol{F}_T$，因此，经常需要根据${}^S\dot{\boldsymbol{x}}_S^0$和${}^S\boldsymbol{F}_S$计算${}^T\dot{\boldsymbol{x}}_T^0$和${}^T\boldsymbol{F}_T$。

如图 6.23 所示，这种刚体上两点间速度和力的关系可以推广到一般情况。对处于静力平衡状态的一个刚体，已知刚体上某坐标系 {B} 处的速度${}^B\boldsymbol{v}_B$、${}^B\boldsymbol{\omega}_B$（参考坐标系为 {0}）和作用在 {B} 上的静力${}^B\boldsymbol{f}_B$、${}^B\boldsymbol{m}_B$，要得到刚体上另一个坐标系 {A} 的速度${}^A\boldsymbol{v}_A$、${}^A\boldsymbol{\omega}_A$以及作用在 {A} 上的静力${}^A\boldsymbol{f}_A$、${}^A\boldsymbol{m}_A$。需要注意的是：这种两个不同坐标系之间速度和力的关系，不仅涉及描述坐标系的变换，各物理量本身也不同。

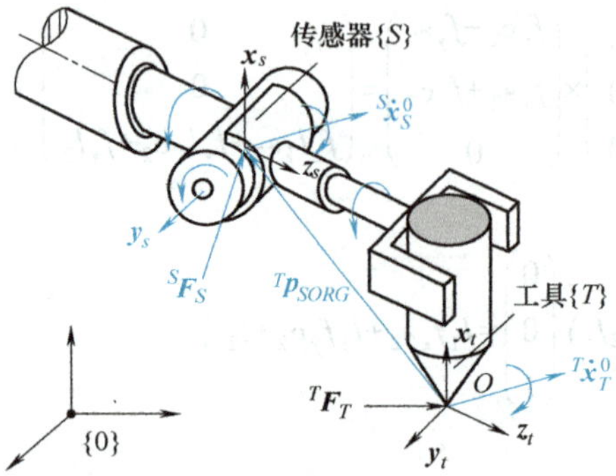

图 6.22　机器人末端工具与传感器之间的速度和力关系

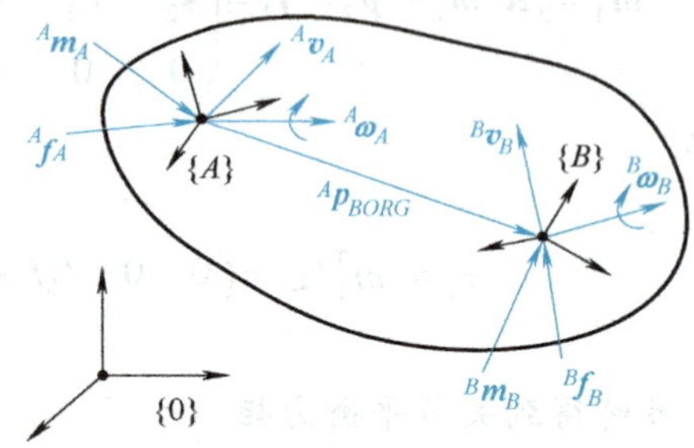

图 6.23　同一刚体上两坐标系间的速度和力关系

实际上，刚体上两端速度和力的关系，在推导机器人连杆两端速度和力的递推方程时已经得到，见式（6.60）、式（6.61）、式（6.130）和式（6.131）。用两个一般坐标系 $\{\boldsymbol{A}\}$ 和 $\{\boldsymbol{B}\}$ 替换其中的 $\{i+1\}$ 和 $\{i\}$，将其重新整理如下。

由于没有活动关节，因此角速度之间的关系满足式（6.61），即

$$^{A}\boldsymbol{\omega}_A={}_B^A\boldsymbol{R}\,^{B}\boldsymbol{\omega}_B \tag{6.136}$$

而线速度关系满足式（6.60），即

$$^{A}\boldsymbol{v}_A={}_B^A\boldsymbol{R}\,^{B}\boldsymbol{v}_B+{}_B^A\boldsymbol{R}\,^{B}\boldsymbol{\omega}_B\times{}^{B}\boldsymbol{p}_{AORG} \tag{6.137}$$

式中，线速度中含有由角速度引起的伴随线速度（方程右端第二项），故有

$${}_B^A\boldsymbol{R}\,^{B}\boldsymbol{\omega}_B\times{}^{B}\boldsymbol{p}_{AORG}=-({}_B^A\boldsymbol{R}\,^{B}\boldsymbol{\omega}_B)\times{}^{A}\boldsymbol{p}_{BORG}={}^{A}\boldsymbol{p}_{BORG}\times{}_B^A\boldsymbol{R}\,^{B}\boldsymbol{\omega}_B=[{}^{A}\boldsymbol{p}_{BORG}]{}_B^A\boldsymbol{R}\,^{B}\boldsymbol{\omega}_B \tag{6.138}$$

将式（6.138）代入式（6.137），并与式（6.136）合并写成矩阵形式，得

$$\begin{pmatrix}^{A}\boldsymbol{\omega}_A\\ ^{A}\boldsymbol{v}_A\end{pmatrix}=\begin{pmatrix}{}_B^A\boldsymbol{R} & \boldsymbol{0}\\ [{}^{A}\boldsymbol{p}_{BORG}]{}_B^A\boldsymbol{R} & {}_B^A\boldsymbol{R}\end{pmatrix}\begin{pmatrix}^{B}\boldsymbol{\omega}_B\\ ^{B}\boldsymbol{v}_B\end{pmatrix} \tag{6.139}$$

注意：为了与之后的力关系矩阵保持一致，式（6.139）中的角速度和线速度矢量的排列顺序与之前不同。

定义伴随矩阵（Adjoint Matrix）

$${}_B^A\mathrm{Ad}_T=\begin{pmatrix}{}_B^A\boldsymbol{R} & \boldsymbol{0}\\ [{}^{A}\boldsymbol{p}_{BORG}]{}_B^A\boldsymbol{R} & {}_B^A\boldsymbol{R}\end{pmatrix}_{6\times 6} \tag{6.140}$$

则式（6.139）可简写成

$$^{A}\dot{\boldsymbol{x}}_A^0={}_B^A\mathrm{Ad}_T\,^{B}\dot{\boldsymbol{x}}_B^0 \tag{6.141}$$

式中，$^{A}\dot{\boldsymbol{x}}_A^0=(^{A}\boldsymbol{\omega}_A,{}^{A}\boldsymbol{v}_A)^{\mathrm{T}}$，$^{B}\dot{\boldsymbol{x}}_B^0=(^{B}\boldsymbol{\omega}_B,{}^{B}\boldsymbol{v}_B)^{\mathrm{T}}$。

力的关系满足式（6.130）和式（6.131），即

$$\begin{cases}^{A}\boldsymbol{f}_A={}_B^A\boldsymbol{R}\,^{B}\boldsymbol{f}_B\\ ^{A}\boldsymbol{m}_A={}_B^A\boldsymbol{R}\,^{B}\boldsymbol{m}_B+{}^{A}\boldsymbol{p}_{BORG}\times{}_B^A\boldsymbol{R}\,^{B}\boldsymbol{f}_B\end{cases} \tag{6.142}$$

同样写成矩阵的形式，得到

$$\begin{pmatrix}^{A}\boldsymbol{f}_A\\ ^{A}\boldsymbol{n}_A\end{pmatrix}=\begin{pmatrix}{}_B^A\boldsymbol{R} & \boldsymbol{0}\\ [{}^{A}\boldsymbol{p}_{BORG}]{}_B^A\boldsymbol{R} & {}_B^A\boldsymbol{R}\end{pmatrix}\begin{pmatrix}^{B}\boldsymbol{f}_B\\ ^{B}\boldsymbol{n}_B\end{pmatrix}\quad 或\quad {}^{A}\boldsymbol{F}_A={}_B^A\mathrm{Ad}_T\,^{B}\boldsymbol{F}_B \tag{6.143}$$

【例 6-11】 若图 6.23 所示传感器坐标系 $\{S\}$ 与末端工具坐标系 $\{T\}$ 各自坐标轴相互平行，而传感器坐标原点相对于工具坐标系原点的位置矢量为 ${}^{T}\boldsymbol{p}_{SORG}=(p_x, p_y, p_z)^{\mathrm{T}}$，力传感器测量的广义力（或力旋量）为 $\boldsymbol{F}_{\text{sensor}}=(f_{sx}, f_{sy}, f_{sz}, m_{sx}, m_{sy}, m_{sz})^{\mathrm{T}}$，求工具坐标系处的广义力（或力旋量）$\boldsymbol{F}_{\text{tool}}$。

解： 根据坐标系定义力传感器测得的力矢量为 ${}^{S}\boldsymbol{F}_S$，工具力矢量为 ${}^{T}\boldsymbol{F}_T$。

由 ${}^{S}\boldsymbol{F}_S$ 计算 ${}^{T}\boldsymbol{F}_T$ 的伴随矩阵为

$$
{}_{S}^{T}\mathrm{Ad}_{T}=\begin{pmatrix} {}_{S}^{T}\boldsymbol{R} & \boldsymbol{0} \\ [{}^{T}\boldsymbol{p}_{SORG}]{}_{S}^{T}\boldsymbol{R} & {}_{S}^{T}\boldsymbol{R} \end{pmatrix}=\begin{pmatrix} \boldsymbol{I}_3 & \boldsymbol{0} \\ [\boldsymbol{p}] & \boldsymbol{I}_3 \end{pmatrix}=\begin{pmatrix} 1 & 0 & 0 & 0 & 0 & 0 \\ 0 & 1 & 0 & 0 & 0 & 0 \\ 0 & 0 & 1 & 0 & 0 & 0 \\ 0 & -p_z & p_y & 1 & 0 & 0 \\ p_z & 0 & -p_x & 0 & 1 & 0 \\ -p_y & p_x & 0 & 0 & 0 & 1 \end{pmatrix}
$$

根据式（6.143），可得

$$
\boldsymbol{F}_{\text{tool}}={}^{T}\boldsymbol{F}_T={}_{S}^{T}\mathrm{Ad}_{T}\,{}^{S}\boldsymbol{F}_S={}_{S}^{T}\mathrm{Ad}_{T}\boldsymbol{F}_{\text{sensor}}
$$

即

$$
\begin{pmatrix} f_{tx} \\ f_{ty} \\ f_{tz} \\ m_{tx} \\ m_{ty} \\ m_{tz} \end{pmatrix}=\begin{pmatrix} 1 & 0 & 0 & 0 & 0 & 0 \\ 0 & 1 & 0 & 0 & 0 & 0 \\ 0 & 0 & 1 & 0 & 0 & 0 \\ 0 & -p_z & p_y & 1 & 0 & 0 \\ p_z & 0 & -p_x & 0 & 1 & 0 \\ -p_y & p_x & 0 & 0 & 0 & 1 \end{pmatrix}\begin{pmatrix} f_{sx} \\ f_{sy} \\ f_{sz} \\ n_{sx} \\ n_{sy} \\ n_{sz} \end{pmatrix}
$$

6.8　串联机器人性能分析与评价

6.8.1　灵巧性分析

从机器人的奇异性分析可以看到，当机器人处于奇异位形时，末端执行器在某一个或更多方向上会失去移动或转动的能力。接下来的一个问题是：当机器人接近奇异位形时的性能如何？哪些位形下机器人末端运动的能力会减弱，以及在何种程度上减弱？

奇异位形从定性的角度描述了机器人的运动性能，由此可以判断出机器人的输入与输出的运动传递能力是否失真，但无法给出定量的结论。因此，有必要引入新的评价标准，来定量衡量这种运动传递失真的程度或传动效果。其中有一个称为灵巧性（Dexterity）或灵巧度（有些教科书又称为灵活度）的指标可以实现此目的。具体而言，衡量机器人灵巧性的指标目前主要有两种：一是可操作度；二是条件数（Condition number）。

1. 可操作度

微分运动学方程 $\dot{\boldsymbol{x}}=\boldsymbol{J}\dot{\boldsymbol{q}}$ 是一种线性变换（Linear Transformation），它把 $\mathbb{R}^n$ 空间中的点变

换到$\mathbb{R}^m$空间中。考虑一种特殊情况：把关节速度空间中的特定边界（如圆或球面），映射到末端速度空间的边界（如椭圆或椭球面）。通过考察这种特殊映射的变形情况，可以定量地衡量机器人的灵巧性。

以平面2R机器人为例。首先定义关节速度 $\dot{\boldsymbol{q}}=(\dot{\theta}_1, \dot{\theta}_2)^{\mathrm{T}}$，令其满足 $\dot{\boldsymbol{q}}^{\mathrm{T}}\dot{\boldsymbol{q}}=1$，则关节速度矢量被限定在一个单位圆上，如图6.24所示，$\dot{\theta}_1$与$\dot{\theta}_2$分别代表横、纵轴。

利用速度雅可比的逆映射，可得

$$\dot{\boldsymbol{x}}^{\mathrm{T}}(\boldsymbol{J}\boldsymbol{J}^{\mathrm{T}})^{-1}\dot{\boldsymbol{x}}=1 \tag{6.144}$$

令 $\boldsymbol{A}=\boldsymbol{J}\boldsymbol{J}^{\mathrm{T}}$，式（6.144）简化为

$$\dot{\boldsymbol{x}}^{\mathrm{T}}\boldsymbol{A}^{-1}\dot{\boldsymbol{x}}=1 \tag{6.145}$$

式（6.145）把关节速度空间中的一个单位圆映射成末端速度空间中的一个椭圆，该椭圆称为可操作度椭圆（Manipulability Ellipse）。图6.24所示为对应平面2R机器人在两组不同位形下的可操作度椭圆实例。

利用可操作度椭圆可以进一步度量某一给定位姿接近奇异位形的程度。例如，通过比较可操作度椭圆的两个长短半轴的长度 l_{max} 和 l_{min}，椭圆形状越接近于圆，即 l_{max}/l_{min} 趋近于1，末端到达任意方向就越容易，也就越远离奇异位形。反之，随着机器人的位形逐渐接近奇异位形，椭圆逐渐退化成一个线段，意味着末端沿某一方向运动的能力将会丧失。

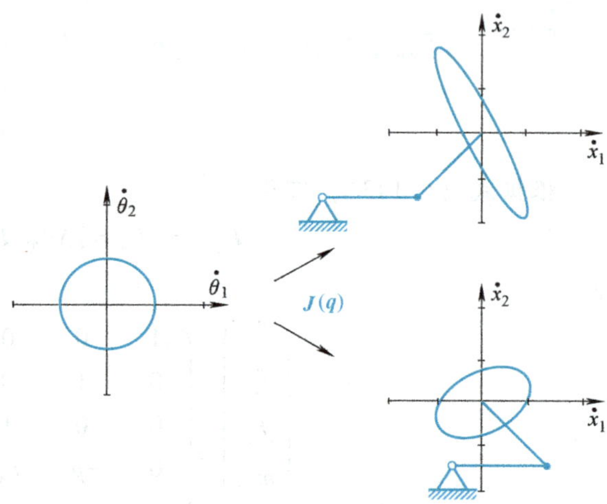

图6.24　与平面2R机器人两组不同位姿相对应的可操作度椭圆

将上述思想扩展到一般情况。对于一个n自由度串联机器人，首先定义一个可表示n维关节速度空间 $\dot{\boldsymbol{q}}$ 的单元球，即

$$\dot{\boldsymbol{q}}^{\mathrm{T}}\dot{\boldsymbol{q}}=1 \tag{6.146}$$

如果雅可比$\boldsymbol{J}$为方阵且非奇异，则通过速度雅可比的逆映射，得

$$\dot{\boldsymbol{q}}^{\mathrm{T}}\dot{\boldsymbol{q}}=(\boldsymbol{J}^{-1}\dot{\boldsymbol{x}})^{\mathrm{T}}(\boldsymbol{J}^{-1}\dot{\boldsymbol{x}})=\dot{\boldsymbol{x}}^{\mathrm{T}}\boldsymbol{J}^{-\mathrm{T}}\boldsymbol{J}^{-1}\dot{\boldsymbol{x}}=\dot{\boldsymbol{x}}^{\mathrm{T}}(\boldsymbol{J}\boldsymbol{J}^{\mathrm{T}})^{-1}\dot{\boldsymbol{x}}=1 \tag{6.147}$$

令 $\boldsymbol{A}=\boldsymbol{J}\boldsymbol{J}^{\mathrm{T}}$，由线性代数知识可知，若$\boldsymbol{J}$满秩，矩阵 $\boldsymbol{A}=\boldsymbol{J}\boldsymbol{J}^{\mathrm{T}}$ 为方阵，且为对称正定阵，$\boldsymbol{A}^{-1}$ 也是如此。因此，对于任一对称正定阵 $\boldsymbol{A}^{-1}$，都有

$$\dot{\boldsymbol{x}}^{\mathrm{T}}\boldsymbol{A}^{-1}\dot{\boldsymbol{x}}=1 \tag{6.148}$$

根据式（6.148）可定义n维可操作度椭球（Manipulability Ellipsoid）。

物理上，可操作度椭球对应的是当关节速率满足$|\dot{\boldsymbol{q}}|=1$时的末端速度。类似于前文对可操作度椭圆的分析，当椭球的形状越接近球，即所有方向的半径在同一数量级时，机器人的运动性能就越好；反之，若其中某一个或几个半径比其他小若干个数量级，表明机器人在该位形下很难实现小半径所对应的末端速度。

令$\boldsymbol{A}$的特征矢量、特征值和奇异值分别为$\boldsymbol{u}_i$、$\boldsymbol{\lambda}_i$和$\boldsymbol{\sigma}_i$，$\boldsymbol{u}_i$表示椭球的主轴方向，$\boldsymbol{\sigma}_i=\sqrt{\boldsymbol{\lambda}_i}$为主轴的半径长，而椭球的体积$V$与各主轴半径长的乘积成正比，即

$$V \propto \sqrt{\lambda_1 \lambda_2 \cdots \lambda_n} = \sqrt{\det(\boldsymbol{A})} = \sqrt{\det(\boldsymbol{A}^{-1})} = \sqrt{\det(\boldsymbol{J}\boldsymbol{J}^{\mathrm{T}})} \tag{6.149}$$

将椭球的体积定义为机器人可操作度的全局型度量指标，得到 Yoshikawa 可操作度

$$w = \sqrt{\det(\boldsymbol{J}\boldsymbol{J}^{\mathrm{T}})} \tag{6.150}$$

利用 $\boldsymbol{J}$ 的奇异值，式（6.150）也可以写成

$$w = \sigma_1 \sigma_2 \cdots \sigma_n \tag{6.151}$$

显然，当机器人处于奇异位姿时，可操作度为 0。

对于冗余度机器人，它的雅可比 $\boldsymbol{J}$ 为非方阵，可以用右广义逆 $\boldsymbol{J}(\boldsymbol{q})^{\dagger}$ 代替 $\boldsymbol{J}(\boldsymbol{q})^{-1}$，同样可以得出上述结论。$\boldsymbol{J}$ 的奇异值可用前文介绍过的 SVD 法得到。

2. 条件数

可操作度 w 是一种全局性指标，不能评判机器人当前位姿接近奇异点的程度。为此，可结合矩阵的性质，利用条件数对纯移动或纯转动机器人的灵活性进行评判。

根据矩阵理论中的知识可知，雅可比 $\boldsymbol{J}$ 的条件数为

$$\kappa(\boldsymbol{J}) = \sigma_{\max} / \sigma_{\min} = \sqrt{\lambda_{\max}(\boldsymbol{J}\boldsymbol{J}^{\mathrm{T}})} / \sqrt{\lambda_{\min}(\boldsymbol{J}\boldsymbol{J}^{\mathrm{T}})} \tag{6.152}$$

式中，$\sigma_{\max}$ 和 $\sigma_{\min}$ 分别为最大、最小奇异值。条件数 $\kappa(\boldsymbol{J})$ 反映了可操作度椭球的偏心程度。

由于速度雅可比是一个与机器人几何尺寸及位姿有关的量，因此，雅可比条件数与机构几何尺寸及位姿有关，不同位形下末端执行器对应的雅可比条件数一般不同，但其最小值为 1。工作空间内条件数为 1 时所对应的点为各向同性（Isotropic）点，相应的位形为运动学各向同性（Kinematics Isotropy），即满足

$$\kappa(\boldsymbol{J}) = 1 \tag{6.153}$$

这时，机器人的运动传递性能最佳。反之，如果雅可比条件数的值为无穷大，机构则处于奇异位形。事实上，有些机器人可能在整个工作空间内无各向同性点。

【例 6-12】 求平面 2R 机器人的雅可比条件数及各向同性的条件，设定杆长度参数 $l_1 = \sqrt{2}$ m，$l_2 = 1$m。

解： 首先应用代数方法求解平面 2R 机器人的条件。【例 6-4】给出了它的速度雅可比，代入相关参数得到

$$\boldsymbol{J} = \begin{pmatrix} -\sqrt{2}\,\mathrm{s}\theta_1 - \mathrm{s}\theta_{12} & -\mathrm{s}\theta_{12} \\ \sqrt{2}\,\mathrm{c}\theta_1 + \mathrm{c}\theta_{12} & \mathrm{c}\theta_{12} \end{pmatrix}$$

因此

$$\boldsymbol{J}\boldsymbol{J}^{\mathrm{T}} = \begin{pmatrix} 2\sqrt{2}\,\mathrm{c}\theta_2 + 3 & \sqrt{2}\,\mathrm{c}\theta_2 + 1 \\ \sqrt{2}\,\mathrm{c}\theta_2 + 1 & 1 \end{pmatrix}$$

可以看出，矩阵 $\boldsymbol{J}\boldsymbol{J}^{\mathrm{T}}$ 与 θ_1 无关。进一步求解该矩阵的特征值，得到

$$\begin{cases} \lambda_1 = (2-\sqrt{2})(-\mathrm{c}\theta_2 + 1) \\ \lambda_2 = (2+\sqrt{2})(\mathrm{c}\theta_2 + 1) \end{cases} \tag{6.154}$$

由式（6.154）可知，该机器人的雅可比条件数随着 θ_2 值变化而发生变化。当 $\theta_2 = 0°$

时，λ_1 为零，因此雅可比条件数为无穷大，机构处于奇异位形。当 $\theta_2=90°$ 时，$\lambda_1=2-\sqrt{2}$，$\lambda_2=2+\sqrt{2}$，该位形下的雅可比条件数为 $1/(\sqrt{2}-1)$。很显然，雅可比条件数越接近 1 越好，最好等于 1，即具有各向同性。这时应满足条件 $\lambda_1=\lambda_2$。

当 $\lambda_1=\lambda_2$ 时，很容易计算出

$$\theta_2=3\pi/4 \text{ 或者 } \theta_2=5\pi/4$$

根据此条件，可画出此参数条件下，该机器人处于运动学各向同性的位形点位，如图 6.25 所示。

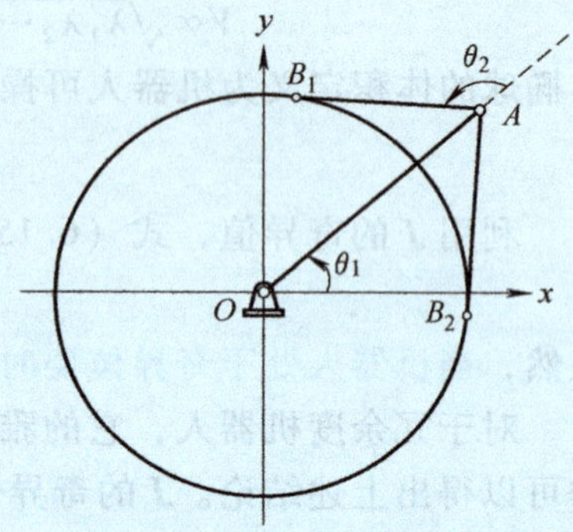

图 6.25　平面 2R 机器人运动学各向同性的位姿点位分布

以上两种度量指标从不同角度反映了机器人的灵巧性，但也都有各自的优缺点。总之，一方面应用可操作度可直接判别奇异位形，但对评定灵巧性指标有缺陷；而应用雅可比条件数在评定纯移动或纯转动的灵巧性方面比较合理，但对于一类既有转动又有移动的机器人，无法保证其结论的正确性。

6.8.2　力椭球

也可以利用静力雅可比把关节力边界映射到末端力边界，来评判机器人的力特性。仍以平面 2R 机器人为例，首先将关节力矩 $\boldsymbol{\tau}=(\tau_1,\ \tau_2)^{\mathrm{T}}$ 定义为一单位圆的形状，如图 6.26 所示，τ_1 与 τ_2 分别代表横、纵轴，且满足 $\boldsymbol{\tau}^{\mathrm{T}}\boldsymbol{\tau}=1$。通过静力雅可比的映射 $\boldsymbol{\tau}=\boldsymbol{J}^{\mathrm{T}}\boldsymbol{F}_{\mathrm{e}}$，可得

$$\boldsymbol{F}_{\mathrm{e}}^{\mathrm{T}}\boldsymbol{J}\boldsymbol{J}^{\mathrm{T}}\boldsymbol{F}_{\mathrm{e}}=1 \tag{6.155}$$

令 $\boldsymbol{A}=\boldsymbol{J}\boldsymbol{J}^{\mathrm{T}}$，式（6.155）简化为

$$\boldsymbol{F}_{\mathrm{e}}^{\mathrm{T}}\boldsymbol{A}\boldsymbol{F}_{\mathrm{e}}=1 \tag{6.156}$$

通过式（6.156），可将表示关节力矩（边界）的单位圆映射成表示末端力（边界）的一个椭圆，该椭圆称为力椭圆（Force Ellipse）。图 6.26 所示为对应平面 2R 机器人两组不同位姿下的力椭圆实例。

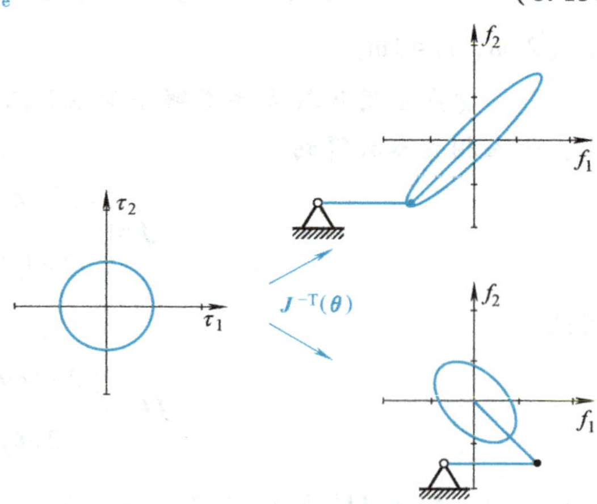

图 6.26　与 2R 平面开链机器人两组不同位姿相对应的力椭圆

力椭圆反映了机器人末端在不同方向上输出力的难易程度。对照前文的可操作度椭圆和图中的力椭圆，明显可以看出，若在某一方向上比较容易产生末端速度，该方向产生力就变得比较困难，反之亦然，具体如图 6.26 所示。事实上，对于给定的机器人位姿，可操作度椭圆与力椭圆的主轴方向完全重合，但力椭圆的主轴长度与可操作度椭圆的主轴长度正好相反（如果前者长，后者一定短；反之亦然）。

同样可将上述思想扩展到一般情况。对于一个通用的 n 自由度串联机器人，首先定义一

个可表示 n 维关节驱动空间 $\boldsymbol{\tau}$ 的单元球，即满足

$$\boldsymbol{\tau}^{\mathrm{T}}\boldsymbol{\tau}=1 \tag{6.157}$$

通过静力雅可比的映射，即

$$\boldsymbol{\tau}^{\mathrm{T}}\boldsymbol{\tau}=(\boldsymbol{J}^{\mathrm{T}}\boldsymbol{F}_{\mathrm{e}})^{\mathrm{T}}(\boldsymbol{J}^{\mathrm{T}}\boldsymbol{F}_{\mathrm{e}})=\boldsymbol{F}_{\mathrm{e}}^{\mathrm{T}}\boldsymbol{J}\boldsymbol{J}^{\mathrm{T}}\boldsymbol{F}_{\mathrm{e}}=\boldsymbol{F}_{\mathrm{e}}^{\mathrm{T}}(\boldsymbol{J}\boldsymbol{J}^{\mathrm{T}})\boldsymbol{F}_{\mathrm{e}}=1 \tag{6.158}$$

令 $\boldsymbol{A}=\boldsymbol{J}\boldsymbol{J}^{\mathrm{T}}$，由线性代数知识可知，若 $\boldsymbol{J}$ 满秩，矩阵 $\boldsymbol{A}=\boldsymbol{J}\boldsymbol{J}^{\mathrm{T}}$ 为方阵，且为对称正定阵。因此，对于任一对称正定阵 $\boldsymbol{A}$

$$\boldsymbol{F}_{\mathrm{e}}^{\mathrm{T}}\boldsymbol{A}\boldsymbol{F}_{\mathrm{e}}=1 \tag{6.159}$$

由此可根据式（6.159）定义 n 维力椭球（Force Ellipsoid）的概念。物理上，力椭球对应关节力矩满足 $|\boldsymbol{\tau}|=1$ 时的末端力。类似于前文对力椭圆的分析，当椭球的形状越接近球，即所有的半径在同一数量级时，机器人的传力性能就越好。力椭球反映了机器人末端在不同方向上输出力的难易程度。

【例 6-13】　讨论平面 2R 机器人的力椭圆。设定杆长 $l_1=\sqrt{2}\,\mathrm{m}$，$l_2=1\mathrm{m}$。

解：该机器人的静力雅可比为

$$\boldsymbol{J}^{\mathrm{T}}=\begin{pmatrix}-l_1 s\theta_1-l_2 s\theta_{12} & l_1 c\theta_1+l_2 c\theta_{12}\\ -l_2 s\theta_{12} & l_2 c\theta_{12}\end{pmatrix}$$

当两个关节角分别选取 $\theta_1=0$，$\theta_2=\pi/2$，可得

$$\boldsymbol{J}\boldsymbol{J}^{\mathrm{T}}=\begin{pmatrix}2 & -\sqrt{2}\\ -\sqrt{2} & 2\end{pmatrix}$$

$\boldsymbol{J}\boldsymbol{J}^{\mathrm{T}}$ 的两个特征值分别为 $\lambda_1=2-\sqrt{2}$，$\lambda_2=2+\sqrt{2}$。将 $\boldsymbol{J}\boldsymbol{J}^{\mathrm{T}}$ 代入到式（6.158），可得

$$2f_x^2-2\sqrt{2}f_xf_y+f_y^2=(2-\sqrt{2})\left(\frac{f_x}{\sqrt{2}}+\frac{f_y}{\sqrt{2}}\right)^2+(2+\sqrt{2})\left(\frac{f_x}{\sqrt{2}}-\frac{f_y}{\sqrt{2}}\right)^2=1$$

由此可给出相应的力椭圆及其主轴示意图，如图 6.27 所示。

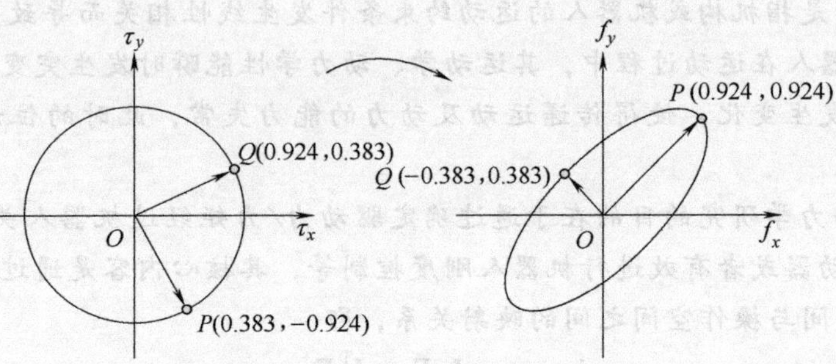

图 6.27　平面 2R 机器人的力椭圆

【知识扩展】　基于雅可比矩阵评价机器人运动性能的局限性

在以上介绍的串联机器人的运动性能评价过程中，往往采用基于雅可比矩阵的条件数、可操作度等对灵巧性进行评价。在并联机构领域，也有文献将雅可比条件数的倒数应用于精度、灵巧性以及距离奇异远近的评价中。然而研究发现，当该指标应用在具有移动

和转动混合自由度的并联机构时，由于雅可比矩阵中元素的单位量纲不统一而使该指标存在严重的不一致性。

众所周知，并联机构的本质功能不外乎输出运动或抵抗外载荷。换言之，并联机构的工作机理是在机构的输入端（支链驱动端）和输出端（动平台）之间传递、约束相关的运动和力，运动/力传递和约束特性反映了并联机构的本质特性。清华大学刘辛军教授等受［16，42］传动角（与坐标系无关）的思想启发，基于旋量理论定义了一系列运动/力传递特性指标和运动/力约束特性指标，进而建立起一套新的适合并联机构的运动学性能评价指标体系。

6.9 本章小结

1）机器人的速度分析是指建立机器人末端广义速度（包含线速度和角速度）与关节速度之间的映射关系，它主要关注广义速度在关节空间与操作空间的映射。例如，可根据末端位姿速度矢量计算出关节速度矢量，由此生成笛卡儿路径，无需求解逆运动学，有助于实现机器人的轨迹控制。

2）速度雅可比矩阵是机器人性能分析、评价与优化的基础。许多有关设计的运动性能指标都是基于雅可比矩阵来构造的，如灵巧性、运动奇异性、各向同性等。

3）速度雅可比矩阵反映机器人的关节空间向操作空间运动速度传递的广义传动比，即

$$\dot{\boldsymbol{x}}=\boldsymbol{J}\dot{\boldsymbol{q}}$$

4）在对机器人机构的速度分析中，可以直接用对位移方程进行微分求解的方法得到速度雅可比，但是对于复杂机构，直接微分法的推导过程较为复杂；向外递推法建立的机器人连杆之间的速度递推关系与机构构型无关，具有通用性，利于编程实现，但是不能直接给出速度雅可比；矢量积法利用移动和转动关节对末端运动作用，直接根据位姿矩阵得到速度雅可比，与微分法在计算复杂度上相当。

5）奇异位形是指机构或机器人的运动约束条件发生线性相关而导致失效的某一特殊位置和姿态。当机器人在运动过程中，其运动学、动力学性能瞬时发生突变，或处于死点、失去稳定、自由度发生变化，使得传递运动及动力的能力失常，此时的位形都属于奇异位形范畴。

6）机器人静力学研究的目的在于通过确定驱动力/力矩经过机器人关节后的传动效果，进而合理选择驱动器或者有效进行机器人刚度控制等，其核心内容是通过静力雅可比建立起力/力矩在关节空间与操作空间之间的映射关系，即

$$\boldsymbol{\tau}=\boldsymbol{J}_{\mathrm{F}}\boldsymbol{F}_{\mathrm{e}}=\boldsymbol{J}^{\mathrm{T}}\boldsymbol{F}_{\mathrm{e}}$$

其中，静力雅可比与速度雅可比互为转置。

7）衡量机器人灵巧性主要有两类指标：一是雅可比条件数，二是可操作度。工作空间内雅可比条件数为1时，对应的位形为运动学各向同性。这时，机构处于最佳的运动传递性能。反之，如果条件数的值为无穷大，机构处于奇异位形。

8）通过 $\boldsymbol{J}\boldsymbol{J}^{\mathrm{T}}$ 映射得到可操作度椭球或力椭球，前者可度量机器人不同位形远离奇异的程度，而后者反映了机器人生成不同方向力的难易程度。对于给定的机器人位形，可操作度椭球与力椭球的主轴方向完全重合，但两者的主轴长度正好相反。

延读文献

[1] CRAIG J J. 机器人学导论［M］. 负超，王伟，译. 4版. 北京：机械工业出版社，2018.

[2] LYNCH K M，PARK F C. 现代机器人学机构、规划与控制［M］. 于靖军，贾振中，译. 北京：机械工业出版社，2019.

[3] SICILIANO B，KHATIB O. Handbook of Robotics［M］. 2th ed. Berlin：Springer，2016.

[4] SICILIANO B，SCIAVICCO L，VILLANI L，et al. Robotics：Modelling，Planning and Control［M］. Berlin：Springer，2009.

[5] TSAI L W. Robot Analysis：The Mechanics of Serial and Parallel Manipulators［M］. New York：Wiley-Interscience Publication，1999.

[6] 黄真，赵永生，赵铁石. 高等空间机构学［M］. 北京：高等教育出版社，2007.

[7] 熊有伦，李文龙，陈文斌，等. 机器人学：建模、控制与视觉［M］. 武汉：华中科技大学出版社，2018.

[8] 于靖军，刘辛军，丁希仑. 机器人机构学的数学基础［M］. 2版. 北京：机械工业出版社，2016.

习 题

一、问答题

6-1 对于一个6自由度串联机器人的速度雅可比矩阵，各元素的单位量纲是否一致？

6-2 解析雅可比与几何雅可比有何异同？

6-3 速度雅可比矩阵不仅与机器人所处的位形相关，也依赖于所选择的参考坐标系。这一特性势必影响机器人性能的评价。试思考一下，在已知的奇异性、灵巧性等指标中，哪些性能可能不受位形或（及）参考坐标系的影响？

二、论证、分析题

6-4 试利用旋转矩阵 $\boldsymbol{R}$ 的单位正交特性，证明 $\dot{\boldsymbol{R}}\boldsymbol{R}^{-1}$ 和 $\boldsymbol{R}^{-1}\dot{\boldsymbol{R}}$ 均为反对称矩阵。

6-5 如果图6.4所示的单位旋转轴 $\hat{\boldsymbol{\omega}}$ 定义在刚体坐标系 $\{B\}$ 中，且根据式（6.19）定义的角速度矢量也是在 $\{B\}$ 中表达，则称为物体角速度 ${}^{B}\boldsymbol{\Omega}_{B}^{A}$。试证明 $[{}^{B}\boldsymbol{\Omega}_{B}^{A}]=\boldsymbol{R}^{-1}\dot{\boldsymbol{R}}$。

6-6 利用题6-5结论，证明对于角速度这类线矢量，任意两个坐标系 $\{A\}$ 和 $\{B\}$ 之间的变换公式满足类似的关系

$$
{}^{A}\boldsymbol{\omega}={}^{A}_{B}\boldsymbol{R}\,{}^{B}\boldsymbol{\omega}
$$

6-7 定义两类刚体广义速度：空间广义速度的矩阵形式为 $[{}^{A}\boldsymbol{V}]=\dot{\boldsymbol{T}}\boldsymbol{T}^{-1}$，物体广义速度的矩阵形式为 $[{}^{B}\boldsymbol{V}]=\boldsymbol{T}^{-1}\dot{\boldsymbol{T}}$。试证明 ${}^{A}\boldsymbol{V}=\mathrm{Ad}_{\boldsymbol{T}}\,{}^{B}\boldsymbol{V}$。

6-8 已知两个相对静止的参考坐标系 $\{A\}$ 和 $\{B\}$，两者间的齐次变换矩阵为

$$
{}^{A}_{B}\boldsymbol{T}=\begin{pmatrix}\sqrt{3}/2 & -1/2 & 0 & 10\\ 1/2 & \sqrt{3}/2 & 0 & 0\\ 0 & 0 & 1 & 5\\ 0 & 0 & 0 & 1\end{pmatrix}
$$

若某一广义速度在坐标系 $\{A\}$ 中的表达是

$$
{}^{A}\boldsymbol{V}=({}^{A}\boldsymbol{\omega},{}^{A}\boldsymbol{v})^{\mathrm{T}}=(\sqrt{2},\sqrt{2},0,0,2,-3)^{\mathrm{T}}
$$

求该广义速度在坐标系 $\{B\}$ 中的表达。

6-9 求 Z-Y-X 欧拉角速度矢量与广义角速度矢量之间的变换矩阵。

6-10 证明式（6-52）和式（6-53）。

6-11 一个用末端坐标系中的 Z-Y-Z 欧拉角描述姿态的平面 3R 串联机器人，求解反映末端杆输出姿态角速度与各关节速度映射关系的雅可比矩阵。

6-12 利用递推法求解平面 3R 机器人相对基坐标系 {0} 的速度雅可比矩阵。

6-13 利用递推法求解如图 5.35 所示三种 3 自由度串联机器人相对基坐标系 {0} 的雅可比矩阵。

6-14 已知一个平面 3R 串联机器人的正运动学方程为

$$
{}_3^0\boldsymbol{T}=\begin{pmatrix} c\theta_1 c\theta_{23} & -c\theta_1 s\theta_{23} & s\theta_1 & l_1 c\theta_1 + l_2 c\theta_1 c\theta_2 \\ s\theta_1 c\theta_{23} & -s\theta_1 s\theta_{23} & -c\theta_1 & l_1 s\theta_1 + l_2 s\theta_1 c\theta_2 \\ s\theta_{23} & c\theta_{23} & 0 & l_2 s\theta_2 \\ 0 & 0 & 0 & 1 \end{pmatrix}
$$

用直接微分法求 ${}^0\boldsymbol{J}(\boldsymbol{\theta})$。

6-15 已知图 6.28 所示的平面 3R 串联机器人。

（1）试利用直接微分法计算该机构的正反解运动学，并导出该机构的速度雅可比。

（2）该机构是否存在奇异位姿？如果存在，试给出奇异位姿存在的几何条件。

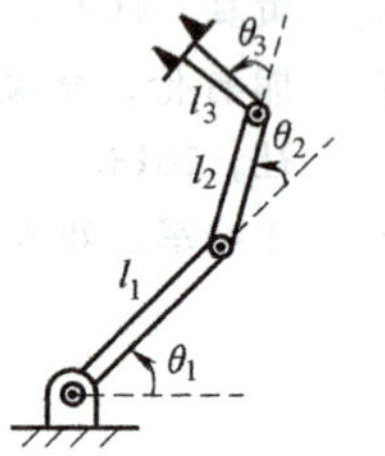

图 6.28 习题 6-15 图

6-16 利用向外递推法获得如图 6.7 所示空间 3R 机构的速度雅可比 ${}^4\boldsymbol{J}_4$。

6-17 利用矢量积法求解如图 5.35 所示三种 3 自由度串联机器人相对基坐标系 {0} 的速度雅可比。

6-18 利用矢量积法求解如图 6.29 所示 RRRP 串联机器人相对基坐标系 {0} 的速度雅可比。

6-19 利用矢量积法求解如图 6.30 所示 RRPRRR 串联机器人相对基坐标系 {0} 的速度雅可比。

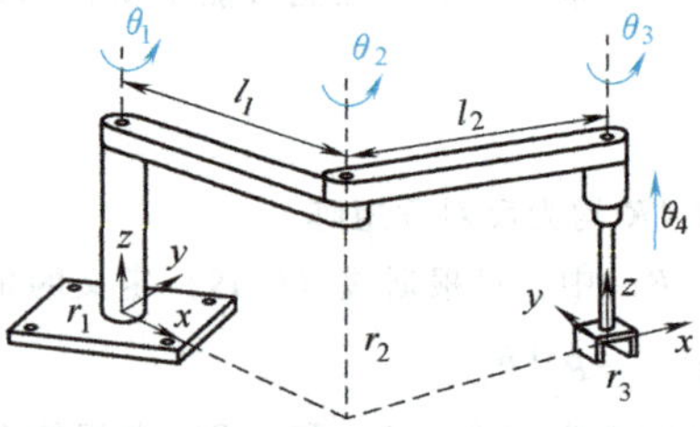

图 6.29 RRRP 串联机器人

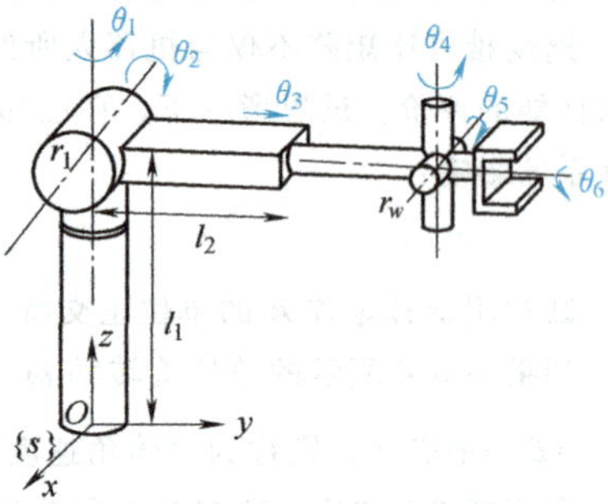

图 6.30 RRPRRR 串联机器人

6-20 图 6.31 所示为处于初始位姿下的 RRRP 串联机器人。$\boldsymbol{p}$ 为末端工具坐标系 {T} 原点相对基坐标系 {0} 的坐标。确定当 $\theta_1=\theta_2=0$，$\theta_3=\pi/2$，$\theta_4=L$ 时，机器人分别相对 {0} 和 {T} 的速度雅可比。

6-21 利用矢量积法求解如图 6.32 所示串联机器人相对基坐标系 {0} 的速度雅可比。

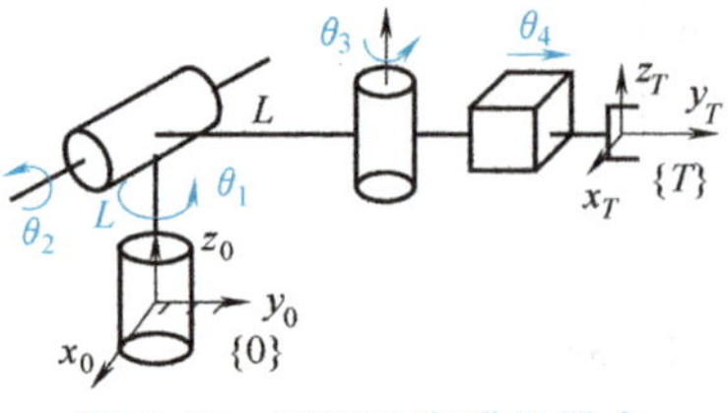

图 6.31 RRRP 串联机器人

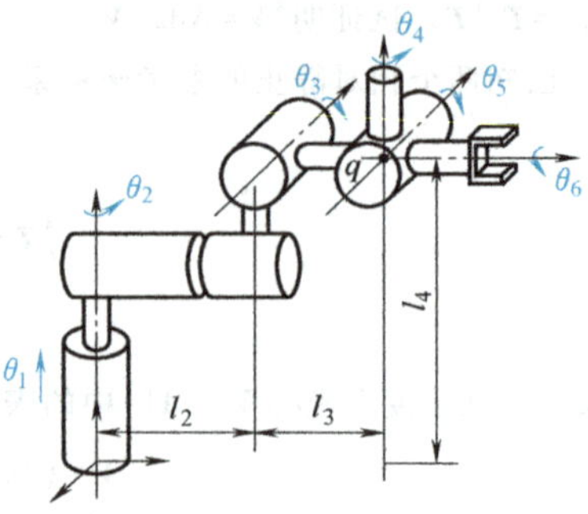

图 6.32 习题 6-21 图

6-22 【例 6-9】讨论过 PUMA560 的奇异位形问题，前提是部分连杆参数存在偏置。若 PUMA560 的连杆参数 a_3 无偏置（$a_3=0$），证明这种情况下会发生一种新的奇异，并给出奇异位形出现的几何条件。

6-23 设计一个平面 3R 机器人，使它的速度雅可比矩阵在其所有位形下都是单位矩阵。

6-24 试推导平面串联 2R 机器人各向同性点存在的条件。

6-25 试推导平面串联 3R 机器人奇异性与各向同性点存在的条件。

6-26 当图 6.29 所示 RRRP 串联机器人的杆 1 和杆 2 长度之和为常数时，求解它们的相对长度为何值时，机器人的可操作度指标最大?

6-27 试利用递推法推导图 6.6 所示平面 2R 机器人的静力平衡方程。

6-28 利用式（6.122）验证平面 2R 机器人静力雅可比在不同坐标系之间的变换关系式（6.119）和式（6.120）。

6-29 已知图 6.6 所示平面 2R 机器人（相对基坐标系）的速度雅可比矩阵为

$$^0\boldsymbol{J}=\begin{pmatrix}-l_1 \mathrm{s}\theta_1-l_2 \mathrm{s}\theta_{12} & -l_2 \mathrm{s}\theta_{12}\\ l_1 \mathrm{c}\theta_1+l_2 \mathrm{c}\theta_{12} & l_2 \mathrm{c}\theta_{12}\end{pmatrix}$$

为使机器人末端施加的静态操作力为 $^0\boldsymbol{F}_{\mathrm{e}}=(10,\ 0)^{\mathrm{T}}$，求相应的关节力矩（忽略重力和摩擦力的影响）。

6-30 对于图 6.33 所示的平面 RP 操作臂。

（1）利用向外递推法求解其速度雅可比。

（2）利用向内递推法求解其静力雅可比。

6-31 在图 6.34 所示平面 2R 机器人的末端施加一个静态操作力，该力在其末端坐标系的表示为 $^3\boldsymbol{F}_{\mathrm{e}}$。不考虑重力和摩擦力的影响，求此时该机器人相对应的关节平衡力矩。

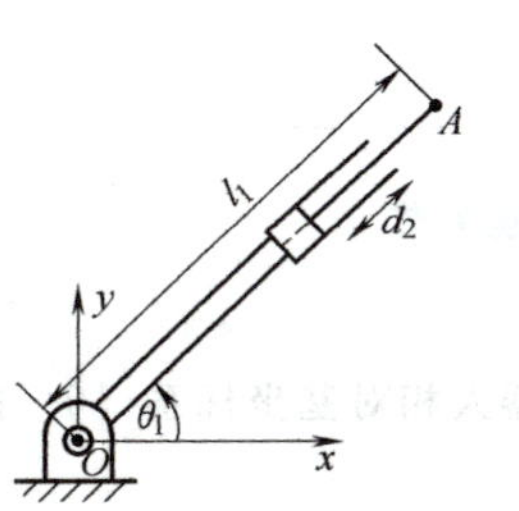

图 6.33　平面 RP 操作臂

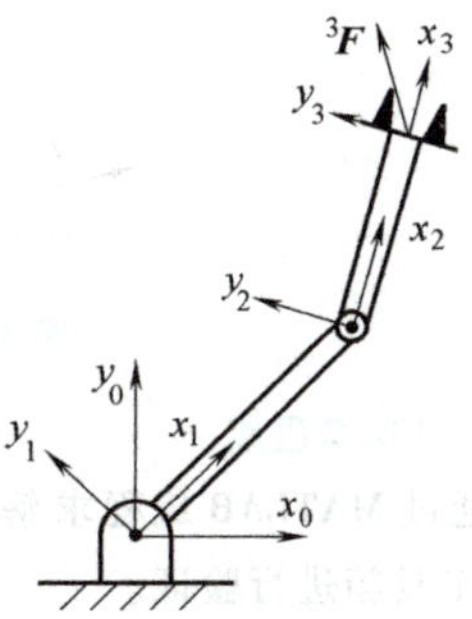

图 6.34　平面 2R 机器人

6-32 PUMA 机器人的腕关节如图 6.35 所示，其末端附着磨头，用于磨削工件表面。

（1）腕部各关节的位姿参数见表 6.1。磨头与工件表面的接触点为 A，其在坐标系｛3｝中的坐标为（10，0，5）(cm)，试推导由关节位姿至 A 点位移的 6×3 阶雅可比矩阵。

表 6.1　PUMA 机器人腕关节的 D-H 参数

i	α_i(°)	a_i	d_i/cm
1	-90	0	40
2	90	0	0
3	0	0	10

（2）磨削过程中，作用在磨头 A 点上的广义力（或力旋量）为 6×1 的 $\boldsymbol{F}_{\mathrm{e}}$，试求相应的关节力矩；特

殊情况下，当工件表面与 Ox_0y_0 平面平行时，法向力 $f_n=-10\text{N}$，切向力 $f_t=-8\text{N}$，绕 z_3 的力矩为 $0.04\text{N}\cdot\text{m}$，试计算等效的关节力矩。其中关节角为 $\theta_1=90°$，$\theta_2=45°$，$\theta_3=0°$。

（3）机器人的腕部力传感器与坐标系 {3} 固联，测得 3 个力与 3 个力矩，表示成

$$\boldsymbol{F}_s=(f_{sx},f_{sy},f_{sz},m_{sx},m_{sy},m_{sz})^{\mathrm{T}}$$

求作用在工具端点 A 处的广义力（或力旋量）$\boldsymbol{F}_e$（相对参考系 {0}）。

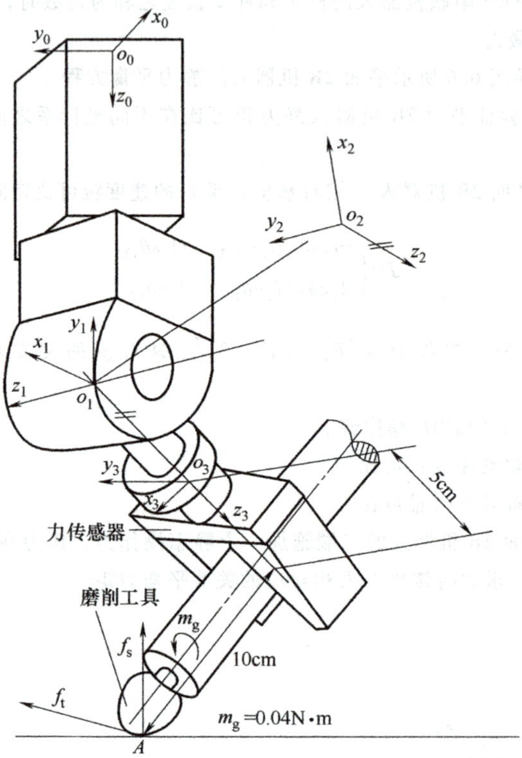

图 6.35　PUMA 机器人磨削时的腕关节

三、MATLAB 编程题

6-33　试通过 MATLAB 编程求解图 6.28 所示平面 3R 串联机器人相对基坐标系 {0} 的速度雅可比，并利用机器人工具箱进行验证。

6-34　试通过 MATLAB 编程求解图 6.28 所示平面 3R 串联机器人各向同性点存在的条件，并利用机器人工具箱进行验证。

6-35　试通过 MATLAB 编程求解习题 6-29，并利用机器人工具箱进行验证。

6-36　试通过 MATLAB 编程求解习题 6-31，并利用机器人工具箱进行验证。

第7章　并联机器人运动学基础

【内容导读与学习目标】

并联机器人是与传统串联机器人互为补充的一类机器人。本书 3.4 节已对该类机器人的常用机构及特征做了介绍，本章将重点介绍有关并联机器人运动学的基础问题，如正/逆运动学求解、速度雅可比与奇异性等。

通过本章的学习，希望能够：

1）了解有关并联机器人的主要应用。

2）掌握并联机器人的正、逆运动学计算原理及方法。

3）了解并联机器人奇异位姿的求解方法。

授课视频

7.1　并联机器人的主要应用

并联机器人最早的应用可追溯到 1938 年 Pollard 提出的用于汽车喷漆的设备。1949 年，Gough 提出了一种基于并联机构的轮胎测试平台（图 7.1），这是并联机构真正得到应用的机械装置。1965 年英国高级工程师 Stewart 提出将此构型用于飞行模拟器。之后，并/混联装置受到国际学术界与工程界的广泛关注，并逐渐成为机构学与先进制造领域的研究热点。

图 7.1　轮胎磨损测试实验平台

在不同的应用领域，对并/混联装置的称谓也有所不同，比较典型的有：并联机器人、并联操作手、并联运动机器（Parallel Kinematics Machines，简称 PKM）等，它们的典型应用如下。

1. 动态模拟器

动态模拟器是最早应用并联机构的装置之一，主要利用并联机构的大负载、高动态性能。随着人们对各类模拟设备的动态性能要求越来越高，例如，高速火车、舰船、汽车、飞行器的动态性能试验台、模拟驾驶舱等在大转角下的高频响应，基于并联机构的动态模拟器得到了广泛应用。

一类模拟器称为运动模拟器（Motion Simulators），典型的如飞行训练模拟器（图 7.2a）、海况模拟器、摇摆台、地震模拟器（图 7.2b）、空间对接过程模拟器、稳定跟踪系统，甚至公共娱乐设施等，已为人们所熟知并产品化。另一类称为负载模拟器（Load Simulators），在半物理加载试验、力标定等应用场合向对象施加力/力矩，而被加载对象有高速精密机床、减速器、轧机张力系统、材料试验机、飞行器舵机（图 7.2c）、汽车制动系统等。在上述设备中，Stewart 平台是应用最广泛的并联机构。

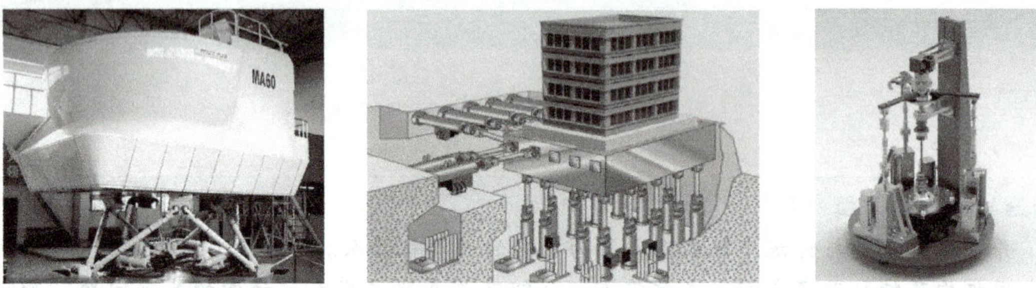

a) 并联式飞行训练模拟器　　b) 地震模拟器　　c) 负载模拟器

图 7.2　典型动态模拟器

2. 高速、高加速机械手

并/混联式高速及高加速机械手虽然在应用上比模拟器晚了 20 年（20 世纪 80 年代后期才开始出现），但却是并联机构应用最为成功的装置之一，主要是利用该类机构的轻质、负载自重比大而具有的高速、高加速度。高速、高加速度操作在许多自动化生产线中有着迫切而广泛的需求，例如，半导体芯片的制备、电池、巧克力等体小量大的规则物品分拣等，一些场合对加速度的要求高达 10g 以上。并联构型由于可实现运动部分的质量很轻（如电动机放在基座上或采用复合铰链等轻质结构），恰好可以满足此类要求。应用比较成功的这类机器人包括 Delta 机器人（图 2.13）、Adept 机器人（图 7.3a）、Tricept 机械手、Ninja 超冗余机械手和 X4 机械手（图 7.3b）等。

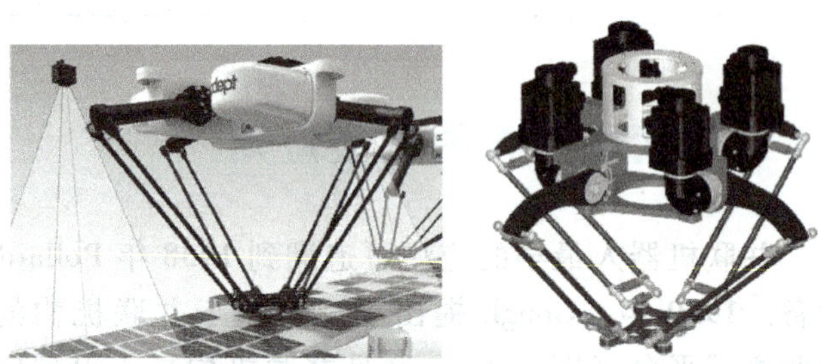

a) Adept机器人　　b) X4机械手

图 7.3　高速、高加速机械手

3. 超精密定位平台

并联机构与柔性铰链相结合，可实现超高精度（微纳尺度）定位平台或操作手的设计，甚至可以设计出微观尺度下的机械本体。此类装置可广泛应用于生物医学工程、集成电路（IC）、微机电系统/微光机电系统（MEMS/MOEMS）的制造、封装及组装等各类设备，显微测量装置等的微操作、微加工、微装配等场合。比较成功的应用是用于细胞基因注射或染色体切割的微操作机器人等（图 7.4）。

4. 并联机床（PKM）

PKM 是一类以并联机构作为部分或全部进给机构的机电一体化装置。20 世纪 90 年代，

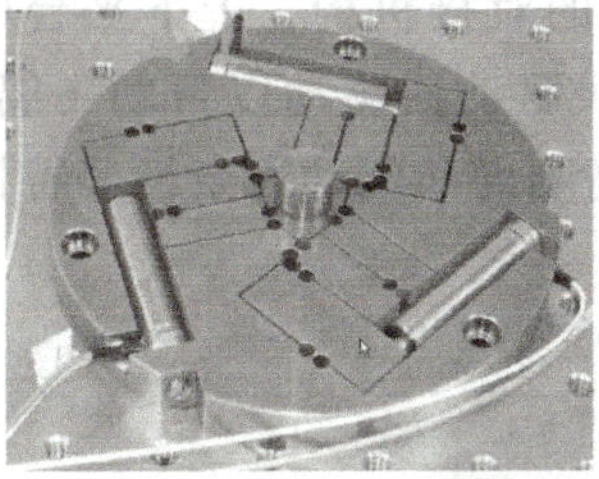
a) 3-RRR超精密定位平台

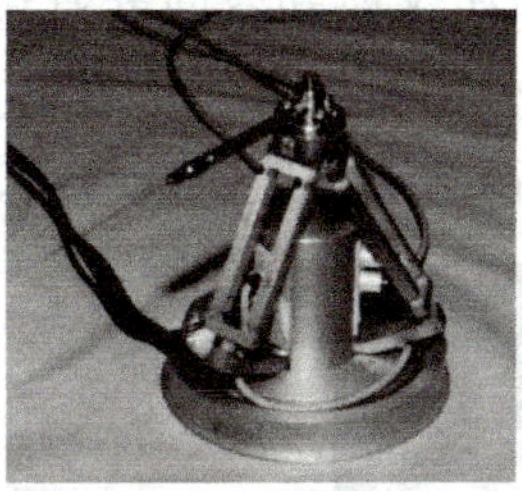
b) 三维移动超精密定位平台

c) 二维平动纳米定位平台

图 7.4　超精密定位平台

国际上首次出现并联虚轴机床，可“多轴联动”，实现复杂空间曲面加工（图 7.5a、b）。与传统数控机床相比，PKM 具有结构简单、制造方便、刚度好、质量轻、速度快、精度高、价格低等优点。例如，DS Technology 公司制造的 Z3 并联动力头（图 7.5c），已应用于航空航天领域中大型结构件的高速铣削加工。

a) 五轴加工并联机床

b) 便携式五轴加工并联机床

c) Z3刀头

图 7.5　并联机床

5. 多维力感测元件与力触觉交互装置

多维力/力矩传感器也是并联机构应用较为成功的例子。多维力传感器中的并联机构以传感器敏感元件的形式出现，主要利用了并联机构与柔性铰链结合后精度高、微运动下的运动解耦等特性。Stewart 平台常用作六维力/力矩传感器的敏感元件，它是一个典型的耦合型微应变器件，需要借助标定矩阵解耦（图 7.6a）。现在越来越多的人机交互设备采用并联机构，例如，采用并联柔索进行传动，直接作用于末端，满足精度和负载的要求（图 7.6b）。

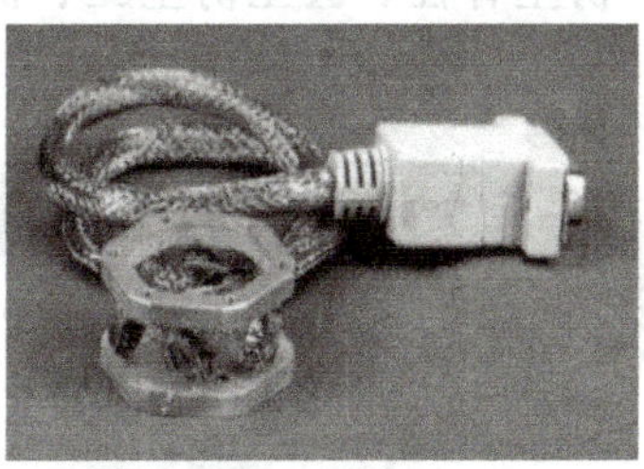
a) 六维力/力矩传感器

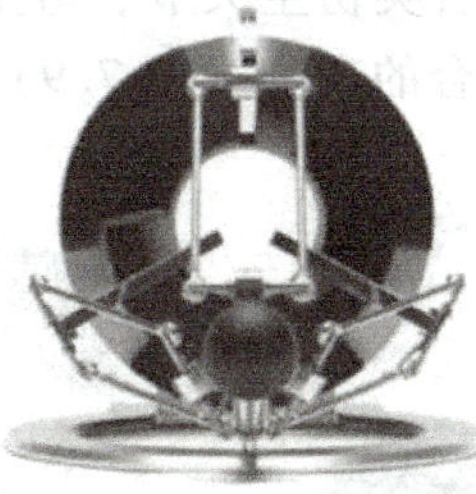
b) 六维触觉交互设备

图 7.6　多维力感测与力触觉交互

6. 深空探测

深空探测领域有着各种各样的任务需求：如驱动、指向、导引、追踪、展开、对接、探测等（图 7.7）。例如，并联机构可用作飞船和空间站对接器的对接机构，上下平台中间都有通孔作为对接后的通道，上下平台作为对接环，由 6 个直线驱动器驱动以帮助飞船对正。这里利用了并联机构的高动态特性、高速高加速、高精度、高刚度和驱动冗余性等特性。

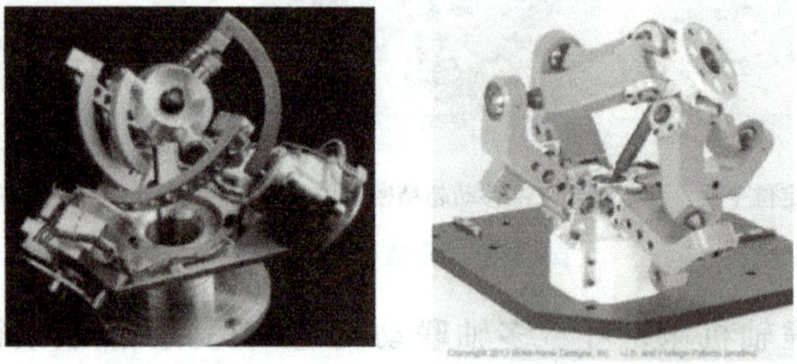

a) 球面并联灵巧眼　　b) 类球面并联灵巧眼

图 7.7　深空探测装置

7. 医疗器械

在医疗领域，由于要求定位精度高、安全度高等因素，并/混联机构常出现在各类显微外科手术机器人中，如脑外科、腹腔外科、矫形外科、眼科、泌尿外科等。例如，在机器人末端经常采用基于 VCM 的并联设计方法，以保证机器人的操作安全性（图 7.8）。

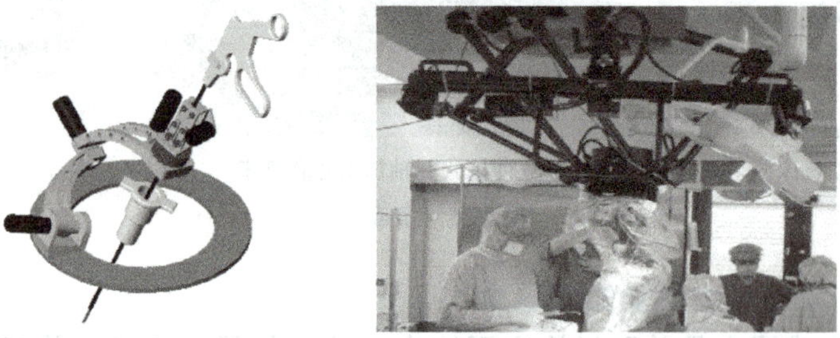

a) 2-DOF外科手术用RCM机械手　　b) 并联医疗机器人

图 7.8　医疗器械

8. 仿生装置

许多自然设计都采用了并联构型，因此将并联机构用在仿生装置中的确是天经地义的事情。如多指灵巧手、各类仿生关节、仿生腰、仿生脊柱、甚至仿生腿、仿生毛虫等，都是并联机构同仿生学相结合的产物（图 7.9）。

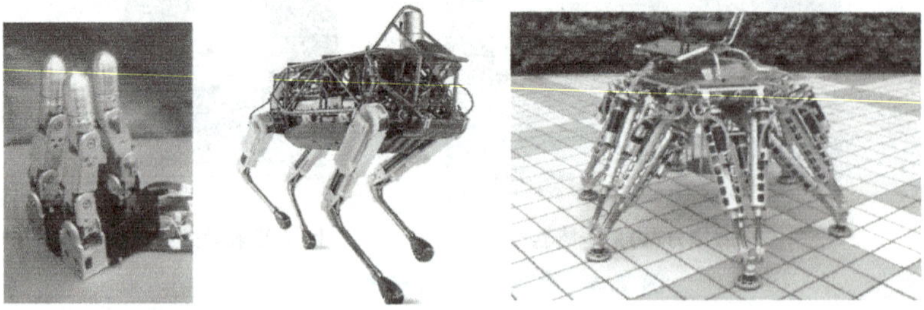

a) 仿生灵巧手　　b) 四足仿生机器人Spot　　c) 六足仿生移动机器人

图 7.9　仿生装置

总之，由于外载荷可以由所有驱动器共同承受，并联机构具有高的承载能力。这类机构一般在精度、刚度和速度等方面具有优势，它们可以广泛应用于飞行模拟器、微细操作、力/力矩传感器、并联机床和轻工业中。

【小知识】　具有高灵活性特征的5-DOF混联式加工机器人

随着科技的迅猛发展，现代零部件如发动机箱体、螺旋桨、涡轮叶片、航空结构件等的设计越来越先进，复杂程度不断增加，对加工工艺的要求也越来越高。由于这些零部件大都具有很多处于不同倾斜角度的孔、沟槽和平面等特征，若采用传统三轴机床加工，一般需要多次装卡，而且要有附加设备参与。为保证精度，希望加工设备能够实现一次装卡、五面加工（图7.10）。传统五轴数控机床多采用串联机构来实现多轴联动，但姿态调整时间长、动态响应特性差，难以满足上述复杂零部件的加工要求。研究表明，利用并联机构的运动学特性，五轴联动并/混联机床或加工机器人所表现的性能要胜过传统的五轴联动串联加工中心。这种机床一部分结构采用并联功能模块来实现高速、高刚度和高精度的加工性能，另一部分则采用串联模块实现大工作空间特性，从而使机床的综合性能更优。

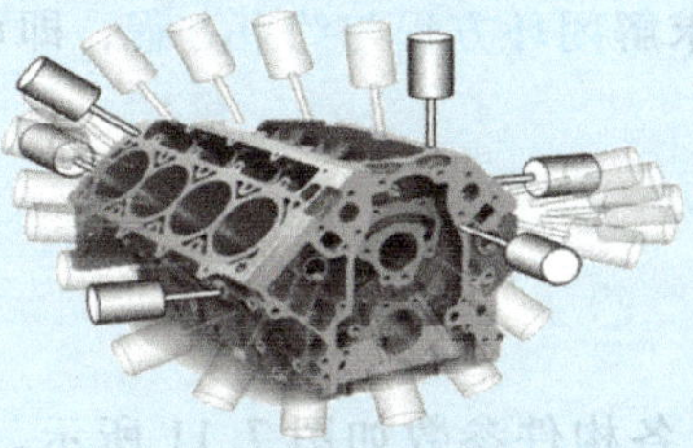

a) 一次装卡五面加工示意图

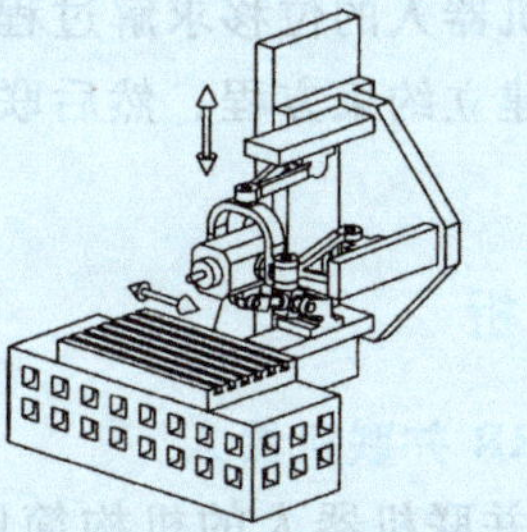

b) 五轴混联加工机器人

图7.10　五面加工装置

有关并联机器人的命名与分类、自由度计算等内容已在第3章有所介绍，本章重点介绍与运动学相关的基础知识。

7.2　并联机器人的位移求解

7.2.1　求解方法概述

并联机器人位移分析的主要任务就是找到输入杆的长度与运动平台（作为输出杆）位置与姿态之间的关系。已知输入参数求输出参数是机构的运动学正解，反之已知输出参数求输入参数是并联机器人的运动学反解。一般情况下，串联机器人的位移正解十分简单，但反解比较复杂。而由于结构的原因，一般像Stewart平台这样的并联机器人的反解相对容易，但位移正解却因包含非线性方程组而十分复杂，使得相当一部分并联机器人的位移正解比较困难。

与串联机器人类似，并联机器人的位移解也可分为封闭解法和数值解法两种。封闭解法通常是基于某种数学方法（包括多环封闭矢量多边形法、几何法、矩阵法、旋量法、四元数法等)，通过建立约束方程，再从约束方程组中消去未知数，得到单参数的多项式后再求解。其优点在于能够得到解析表达式，进而求得全部解。这是对其进行性能分析（如工作空间等）的基础。但该类解法难度很大，不具有通用性，而且在实时控制领域中，从众多解中获取一个实用合理的解比较困难。而数值解法能迅速方便地对任何构型进行求解，但是一般得不到全部的解。

数值解法主要有三类：第一类是使用经典的 Newton-Raphson 法求其正解。这一类算法每次迭代都需要计算雅可比矩阵及其逆矩阵，工作量较大，而且各算法对初值都比较敏感，不合适的初值可能影响迭代过程的收敛。第二类算法包括神经网络法、蚁群算法等人工智能算法，这类算法虽然没有繁琐的数学推导，但是精度普遍不高，且计算速度较慢，在并联机构的正解中，不推荐使用这类算法。第三类算法是数值修正法，依据并联机器人的局部结构特征，例如，支链的长度、支链与水平面的夹角等信息，进行反复的计算、修正，最终求得正解。

与串联机器人位移求解普遍采用 D-H 参数法或 POE 公式有所差异的是，并联机器人很少采用这两种方法求解。主要是由于并联机器人中存在多个闭环，采用这两种方法都非常复杂。因此，并联机器人的位移求解过程中，通常利用封闭矢量多边形建立独立闭环，再利用机构的几何特征建立约束方程；然后联立求解闭环方程与约束方程，即可得到并联机器人的位移正、反解。

7.2.2 实例分析

1. 平面 3-RRR 并联机器人

平面 3-RRR 并联机器人的机构简图及各构件参数如图 7.11 所示。图中的等边三角形 $\Delta A_1A_2A_3$ 为定平台，等边三角形 $\Delta C_1C_2C_3$ 是动平台，C 为动平台的中心，机器人的基座与动平台处于同一平面内（基平面）。考虑设计的各向同性，为了消除因温度变化引起材料变形对机构性能的影响，把三条支链 $A_iB_iC_i$（$i=1, 2, 3$，下同）设计成对称结构，即以 C 为中心绕圆周间隔 120°分布。由于该机构的运动副轴线都垂直于基平面，因此动平台只具有平面运动。不难证明，该机构具有两个移动（XY 平面内）和一个转动（转轴垂直于 XY 平面）的自由度。基坐标系 $\{0\}$ 固联在基座上，平台坐标系 $\{P\}$ 原点在动平台的中心。

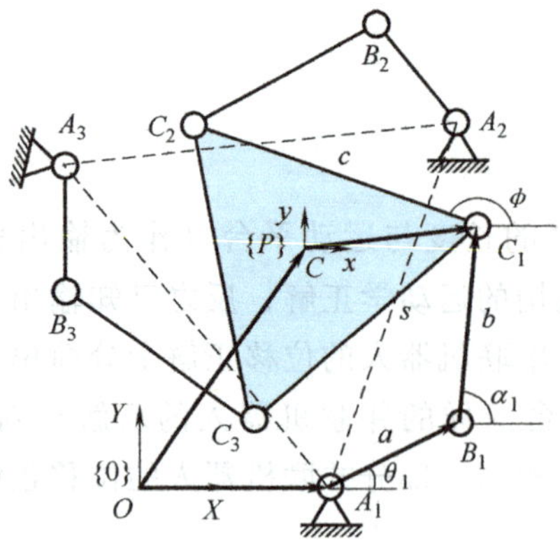

a) 选取一般坐标系

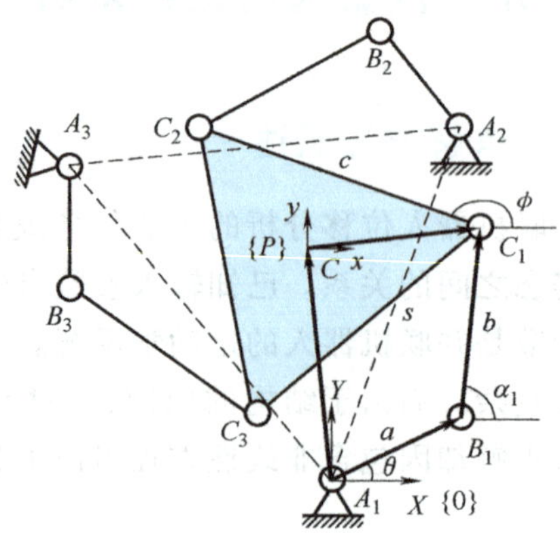

b) 选取特殊坐标系

图 7.11 3-RRR 并联机器人机构简图

根据图 7.11a 所示的各矢量分布，计算出 A_i、B_i 和 C_i 的位置坐标

$$ {}^{0}\boldsymbol{a}_i=\left(x_{Ai},\ y_{Ai}\right)^{\mathrm{T}}\quad (i=1,2,3) \tag{7.1}$$

$$ {}^{0}\boldsymbol{b}_i=\begin{pmatrix} x_{Bi}=x_{Ai}+ac\theta_i \\ y_{Bi}=y_{Ai}+as\theta_i \end{pmatrix}\quad (i=1,2,3) \tag{7.2}$$

$$ {}^{0}\boldsymbol{c}_i=\begin{pmatrix} x_{Ci}=x_{Ai}+ac\theta_i+bc(\theta_i+\alpha_i) \\ y_{Ci}=y_{Ai}+as\theta_i+bs(\theta_i+\alpha_i) \end{pmatrix}\quad (i=1,2,3) \tag{7.3}$$

式中，θ_i 和 α_i 分别为 A_iB_i、B_iC_i 与 X 轴的夹角（$i=1,2,3$）。

注意到 C_1 点与 C_2、C_3 点之间的位姿关系满足

$$\begin{cases} x_{C_2}=x_{C_1}+cc\phi \\ y_{C_2}=y_{C_1}+cs\phi \end{cases} \tag{7.4}$$

$$\begin{cases} x_{C_3}=x_{C_1}+cc\left(\phi+\dfrac{\pi}{3}\right) \\ y_{C_3}=y_{C_1}+cs\left(\phi+\dfrac{\pi}{3}\right) \end{cases} \tag{7.5}$$

式中，ϕ 为 C_1C_2 与 X 轴的夹角。

为简化计算，基坐标系可选在一个特殊位置即 A_1 点处，如图 7.11b 所示。这时 ${}^{0}A_1=(0,\ 0)^{\mathrm{T}}$，${}^{0}A_2$ 和 ${}^{0}A_3$ 均为已知量（与所选取的位姿有关）。

将 ${}^{0}A_1$ 代入式（7.3），可得

$$\begin{cases} x_{C_1}-ac\theta_1=bc(\theta_1+\alpha_1) \\ y_{C_1}-as\theta_1=bs(\theta_1+\alpha_1) \end{cases} \tag{7.6}$$

对式（7.6）两边平方求和，消掉中间项 α_1，由此可得

$$x_{C_1}^2+y_{C_1}^2-2x_{C_1}ac\theta_1-2y_{C_1}as\theta_1+a^2-b^2=0 \tag{7.7}$$

类似，将式（7.4）和式（7.5）代入式（7.3）中，再分别消掉中间项 α_2、α_3，可导出其他两个方程。具体如下：

$$x_{C_1}^2+y_{C_1}^2-2x_{C_1}x_{A_2}-2y_{C_1}y_{A_2}+x_{A_2}^2+y_{A_2}^2+c^2+a^2-b^2+2x_{C_1}cc\phi+2y_{C_1}cs\phi-2x_{C_1}ac\theta_2-2y_{C_1}as\theta_2-$$
$$2acc\phi c\theta_2-2cx_{A_2}c\phi-2cy_{A_2}s\phi+2ax_{A_2}c\theta_2+2ay_{A_2}s\theta_2-2acs\phi s\theta_2=0 \tag{7.8}$$

$$x_{C_1}^2+y_{C_1}^2-2x_{C_1}x_{A_3}-2y_{C_1}y_{A_3}+x_{A_3}^2+y_{A_3}^2+c^2+a^2-b^2+2x_{C_1}cc\left(\phi+\frac{\pi}{3}\right)+2y_{C_1}cs\left(\phi+\frac{\pi}{3}\right)-2x_{C_1}ac\theta_3-2y_{C_1}as\theta_3-$$
$$2acc\left(\phi+\frac{\pi}{3}\right)c\theta_3-2cx_{A_3}c\left(\phi+\frac{\pi}{3}\right)-2cy_{A_3}s\left(\phi+\frac{\pi}{3}\right)+2ax_{A_3}c\theta_3+2ay_{A_3}s\theta_3-2acs\left(\phi+\frac{\pi}{3}\right)s\theta_3=0 \tag{7.9}$$

将式（7.7）~式（7.9）写成通式的形式

$$y(x_{C_1},\ y_{C_1},\ \phi)=f_i(\theta_i)\quad (i=1,2,3) \tag{7.10}$$

（1）运动学反解　该机构的运动学反解是指，已知动平台中心点的坐标和动平台的姿态角 $(x_C,\ y_C,\ \varphi)^{\mathrm{T}}$，求解三个驱动关节角 $(\theta_1,\ \theta_2,\ \theta_3)^{\mathrm{T}}$。

注意到

$$\begin{cases} x_C = \dfrac{1}{3}\sum\limits_{i=1}^{3} x_{C_i} \\ y_C = \dfrac{1}{3}\sum\limits_{i=1}^{3} y_{C_i} \\ \varphi = \dfrac{\pi}{6} + \phi \end{cases} \tag{7.11}$$

结合式（7.4）、式（7.5）和式（7.11），可以看出，若已知 $(x_C, y_C, \varphi)^{\mathrm{T}}$，便可求出 $(x_{C_1}, y_{C_1}, \phi)^{\mathrm{T}}$；再由式（7.7）~式（7.9），可进一步求出 $(\theta_1, \theta_2, \theta_3)^{\mathrm{T}}$。换句话说，该机构的位移反解问题可以归结为已知 $(x_{C_1}, y_{C_1}, \phi)^{\mathrm{T}}$，求 $(\theta_1, \theta_2, \theta_3)^{\mathrm{T}}$。

具体而言，式（7.7）可以写成如下形式

$$k_1 \mathrm{s}\theta_1 + k_2 \mathrm{c}\theta_1 + k_3 = 0 \tag{7.12}$$

式中，$k_1 = -2y_{C_1}a$；$k_2 = -2x_{C_1}a$；$k_3 = x_{C_1}^2 + y_{C_1}^2 + a^2 - b^2$。

由半角公式计算可得

$$\theta_1 = \mathrm{Atan2}\left(-k_1 \pm \sqrt{k_1^2 + k_2^2 - k_3^2},\ k_3 - k_2\right) \tag{7.13}$$

式（7.13）表明，当给定动平台的位姿时，可以对应两组关节角或支链位姿。同理，也可以计算得到另外两个关节的角度或两个支链的位姿。化简得到的是一组 8 次多项式，由此得到 8 组可能的位移反解（过程从略，读者可自行推导）。

（2）运动学正解　该机构的运动学正解是指，已知三个驱动关节角 $(\theta_1, \theta_2, \theta_3)^{\mathrm{T}}$，计算动平台中心点的坐标和动平台的姿态角 $(x_C, y_C, \varphi)^{\mathrm{T}}$，或者 $(x_{C_1}, y_{C_1}, \phi)^{\mathrm{T}}$。

化简式（7.7）~式（7.9）（两两相减），可以得到有关 $\sin\phi$ 和 $\cos\phi$ 线性方程的形式，具体求解方法同上，过程从略。同样会得到 8 组可能的位移正解。

2. 空间 3-RPS 并联平台

3-RPS 并联平台的机构简图如图 7.12a 所示。三个支链对称分布，基座上三个转动副的轴线方向固定且分别与基座相连，动平台与三个支链各用一球铰相连，各个支链又与其所对

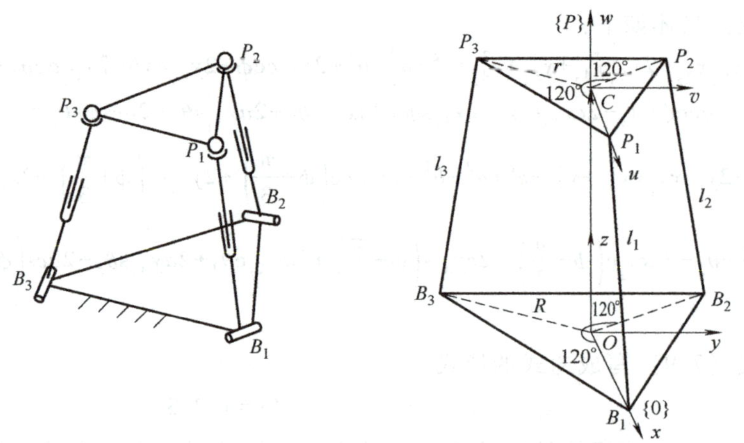

a) 机构简图　　b) 坐标系的设定

图 7.12　3-RPS 并联平台机构

应的转动副的轴线方向垂直。该机构的驱动副是各支链上的移动副。

解法一（封闭解法）：封闭矢量多边形+约束方程

（1）位移反解 首先建立如图 7.12b 所示的基坐标系 $\{0\}(O\text{-}xyz)$ 和平台坐标系 $\{P\}(C\text{-}uvw)$。定平台各个铰链点 B_i（$i=1, 2, 3$）相对基坐标系 $\{0\}$ 的坐标分别为

$$ {}^{0}\boldsymbol{b}_1=\begin{pmatrix} R\\ 0\\ 0 \end{pmatrix}\quad {}^{0}\boldsymbol{b}_2=\begin{pmatrix} -\dfrac{1}{2}R\\ \dfrac{\sqrt{3}}{2}R\\ 0 \end{pmatrix}\quad {}^{0}\boldsymbol{b}_3=\begin{pmatrix} -\dfrac{1}{2}R\\ -\dfrac{\sqrt{3}}{2}R\\ 0 \end{pmatrix} \tag{7.14} $$

动平台各个铰链点 P_i（$i=1, 2, 3$）相对平台坐标系 $\{P\}$ 的坐标分别为

$$ {}^{P}\boldsymbol{p}_1=\begin{pmatrix} r\\ 0\\ 0 \end{pmatrix}\quad {}^{P}\boldsymbol{p}_2=\begin{pmatrix} -\dfrac{1}{2}r\\ \dfrac{\sqrt{3}}{2}r\\ 0 \end{pmatrix}\quad {}^{P}\boldsymbol{p}_3=\begin{pmatrix} -\dfrac{1}{2}r\\ -\dfrac{\sqrt{3}}{2}r\\ 0 \end{pmatrix} \tag{7.15} $$

通过平台坐标系 $\{P\}$ 相对于基坐标系 $\{0\}$ 的齐次变换矩阵 ${}^{0}_{P}\boldsymbol{T}$，即

$$ {}^{0}_{P}\boldsymbol{T}=\begin{pmatrix} n_1 & o_1 & a_1 & x_C\\ n_2 & o_2 & a_2 & y_C\\ n_3 & o_3 & a_3 & z_C\\ 0 & 0 & 0 & 1 \end{pmatrix} \tag{7.16} $$

可求得动平台各个铰链点 P_i（$i=1, 2, 3$）相对基坐标系的坐标为

$$ \begin{pmatrix} {}^{0}\boldsymbol{p}_i\\ 1 \end{pmatrix}={}^{0}_{P}\boldsymbol{T}\begin{pmatrix} {}^{P}\boldsymbol{p}_i\\ 1 \end{pmatrix} \tag{7.17} $$

注意，式（7.16）中的九个姿态参数中，只有三个是独立的。

将式（7.15）和式（7.16）代入式（7.17），得到 P_i（$i=1, 2, 3$）相对基坐标系的坐标值为

$$ {}^{0}\boldsymbol{p}_1=\begin{pmatrix} n_1r+x_C\\ n_2r+y_C\\ n_3r+z_C \end{pmatrix},\ {}^{0}\boldsymbol{p}_2=\begin{pmatrix} -\dfrac{1}{2}n_1r+\dfrac{\sqrt{3}}{2}o_1r+x_C\\ -\dfrac{1}{2}n_2r+\dfrac{\sqrt{3}}{2}o_2r+y_C\\ -\dfrac{1}{2}n_3r+\dfrac{\sqrt{3}}{2}o_3r+z_C \end{pmatrix},\ {}^{0}\boldsymbol{p}_3=\begin{pmatrix} -\dfrac{1}{2}n_1r-\dfrac{\sqrt{3}}{2}o_1r+x_C\\ -\dfrac{1}{2}n_2r-\dfrac{\sqrt{3}}{2}o_2r+y_C\\ -\dfrac{1}{2}n_3r-\dfrac{\sqrt{3}}{2}o_3r+z_C \end{pmatrix} \tag{7.18} $$

各支链应满足如下杆长约束方程，即

$$ |{}^{0}\boldsymbol{p}_i-{}^{0}\boldsymbol{b}_i|=l_i\quad (i=1,2,3) \tag{7.19} $$

将式（7.14）和式（7.18）代入式（7.19），得

$$ \begin{cases} l_1^2=(n_1r+x_C-R)^2+(n_2r+y_C)^2+(n_3r+z_C)^2\\ l_2^2=\dfrac{1}{4}[(-n_1r+\sqrt{3}\hat{o}_1r+2x_C+R)^2+(-n_2r+\sqrt{3}o_2r+2y_C-\sqrt{3}R)^2+(-n_3r+\sqrt{3}o_3r+2z_C)^2]\\ l_3^2=\dfrac{1}{4}[(-\hat{n}_1r-\sqrt{3}\hat{o}_1r+2x_C+R)^2+(-n_2r-\sqrt{3}o_2r+2y_C+\sqrt{3}R)^2+(-n_3r-\sqrt{3}o_3r+2z_C)^2] \end{cases} \tag{7.20} $$

注意，式（7.20）中含有六个未知数，但只有三个方程，因此还需要再找三个附加的几何约束方程，才能有确定解。

考虑到 3-RPS 机构的结构特点，各支链与其对应的转动副轴线 $\boldsymbol{u}_i$（$i=1, 2, 3$）始终垂直，因此满足如下几何条件

$$\boldsymbol{B}_i\boldsymbol{P}_i \perp \boldsymbol{u}_i \text{ 或} ({}^0\boldsymbol{p}_i - {}^0\boldsymbol{b}_i)\cdot \boldsymbol{u}_i = 0 \ (i=1,2,3) \tag{7.21}$$

式中，$\boldsymbol{u}_i=(\cos\theta_i, \sin\theta_i, 0)^{\mathrm{T}}$，$\theta_1=90°$，$\theta_2=210°$，$\theta_3=330°$。代入具体值，得到

$$\begin{cases} n_2 r + y_C = 0 \\ \sqrt{3}n_1 r - 3o_1 r - 2\sqrt{3}x_C = -n_2 r + \sqrt{3}o_2 r + 2y_C \\ -\sqrt{3}n_1 r - 3o_1 r + 2\sqrt{3}x_C = -n_2 r - \sqrt{3}o_2 r + 2y_C \end{cases} \tag{7.22}$$

式（7.22）可进一步简化为

$$\begin{cases} rn_2 + y_C = 0 \\ o_1 = n_2 \\ 2x_C = r(n_1 - o_2) \end{cases} \tag{7.23}$$

将式（7.20）和式（7.23）以及反映姿态参数的六个约束方程联立求解可得到该机构的位移反解。由于方程组的未知个数与方程数一致，故方程的解是确定的。利用初等数学的知识即可求得，这里从略。

（2）位移正解　动平台三个铰链点 P_i（$i=1, 2, 3$）的坐标可由下面公式来计算

$$\begin{cases} x_{P_i} = x_{B_i} - l_i\cos\varphi_i\cos(\theta_i - 90°) \\ y_{P_i} = y_{B_i} - l_i\cos\varphi_i\sin(\theta_i - 90°) \quad (i=1,2,3) \\ z_{P_i} = l_i\sin\varphi_i \end{cases} \tag{7.24}$$

式中，φ_i 为 $\boldsymbol{u}_i$ 与 $\boldsymbol{B}_i\boldsymbol{P}_i$ 之间所夹的锐角（$i=1, 2, 3$）。代入具体数值得

$${}^0\boldsymbol{p}_1 = \begin{pmatrix} R - l_1\cos\varphi_1 \\ 0 \\ l_1\sin\varphi_1 \end{pmatrix},\quad {}^0\boldsymbol{p}_2 = \begin{pmatrix} -\dfrac{1}{2}(R - l_2\cos\varphi_2) \\ \dfrac{\sqrt{3}}{2}(R - l_2\cos\varphi_2) \\ l_2\sin\varphi_2 \end{pmatrix},\quad {}^0\boldsymbol{p}_3 = \begin{pmatrix} -\dfrac{1}{2}(R - l_3\cos\varphi_3) \\ -\dfrac{\sqrt{3}}{2}(R - l_3\cos\varphi_3) \\ l_3\sin\varphi_3 \end{pmatrix} \tag{7.25}$$

再根据

$$|{}^0\boldsymbol{p}_i\,{}^0\boldsymbol{p}_j| = \sqrt{3}r \quad (i=1,2,3) \tag{7.26}$$

将式（7.25）代入式（7.26）从而建立正解方程，可求得 φ_i（$i=1, 2, 3$）。然后回代式（7.24），求得各个铰链点的坐标值（x_{P_i}，y_{P_i}，z_{P_i}）（$i=1, 2, 3$）。最后根据

$$\begin{cases} x_C = \dfrac{1}{3}\sum\limits_{i=1}^{3} x_{P_i} \\ y_C = \dfrac{1}{3}\sum\limits_{i=1}^{3} y_{P_i} \\ z_C = \dfrac{1}{3}\sum\limits_{i=1}^{3} z_{P_i} \end{cases} \tag{7.27}$$

求得动平台中心点 C 的坐标值，然后，根据位置与姿态的关系式求得三个独立的姿态参数，从而完成该机构的位移正解。

以上解法是一种相对通用的并联机器人位移分析方法，其中并没有考虑 3-RPS 平台本身具有的某些特性。例如，该机构的位姿参数之间存在耦合关系，会产生伴随运动；还有该机构经证明为零扭转机构（Zero-torsion Mechanism），可以采用 $T\&T$ 法[3] 描述该机构的姿态等。下面考虑这些特点，采用另外一种方法来求该机构的位移解。

解法二（数值解法）

（1）位移反解 3-RPS 并联平台具有 3 个自由度，分别为沿 z 轴的平移、绕动平台 x 轴和 y 轴的转动。机构其余 3 个自由度，即沿 x 轴的平移、沿 y 轴的平移及绕动平台 z 轴的转动，该机构运动过程中会产生伴随运动，伴随运动的值与机构的输入参数有关。

采用 Z-Y-Z 欧拉角描述该机器人的姿态。即先绕动平台的 w 轴旋转 α 角，然后绕旋转之后的自身 v 轴旋转 β 角，最后再次绕旋转之后的自身 w 轴旋转 γ 角。对应的姿态矩阵为

$$\begin{aligned}\boldsymbol{R}(\alpha,\beta,\gamma)&=\boldsymbol{R}_z(\alpha)\boldsymbol{R}_y(\beta)\boldsymbol{R}_z(\gamma)\\&=\begin{pmatrix}\mathrm{c}\alpha\mathrm{c}\beta\mathrm{c}\gamma-\mathrm{s}\alpha\mathrm{s}\gamma & -\mathrm{c}\alpha\mathrm{c}\beta\mathrm{s}\gamma-\mathrm{s}\alpha\mathrm{c}\gamma & \mathrm{c}\alpha\mathrm{s}\beta\\ \mathrm{s}\alpha\mathrm{c}\beta\mathrm{c}\gamma+\mathrm{c}\alpha\mathrm{s}\gamma & -\mathrm{s}\alpha\mathrm{c}\beta\mathrm{s}\gamma+\mathrm{c}\alpha\mathrm{c}\gamma & \mathrm{s}\alpha\mathrm{s}\beta\\ -\mathrm{s}\beta\mathrm{c}\gamma & \mathrm{s}\beta\mathrm{s}\gamma & \mathrm{c}\beta\end{pmatrix}\end{aligned} \tag{7.28}$$

动平台各个铰链点 $P_i(i=1, 2, 3)$ 相对基坐标系的坐标

$${}^0\boldsymbol{p}_i={}^0_P\boldsymbol{R}\,{}^P\boldsymbol{p}_i+{}^0\boldsymbol{c} \tag{7.29}$$

对应的几何约束方程为

$$\boldsymbol{B}_i\boldsymbol{P}_i\perp\boldsymbol{u}_i\quad(i=1,2,3) \tag{7.30}$$

式中，$\boldsymbol{u}_i=(\cos\theta_i,\ \sin\theta_i,\ 0)^{\mathrm{T}}$，$\theta_1=90°$，$\theta_2=210°$，$\theta_3=330°$。

联立式（7.28）~式（7.30）可解得其他三个运动（伴随运动）的计算公式

$$\begin{cases}x_C=r\cos2\alpha(\cos\beta-1)/2\\ y_C=r\sin2\alpha(1-\cos\beta)/2\\ \gamma=-\alpha\end{cases} \tag{7.31}$$

最后，可根据式（7.20）求得该机构的运动学反解，过程略。

（2）位移正解 动、定平台原点的连线、定平台原点与转动副中心的连线、支链转动副中心与球副中心的连线、支链球副中心与动平台的连线可组成一个四边形，如图 7.13 所示（以支链 1 所组成的四边形为例）。

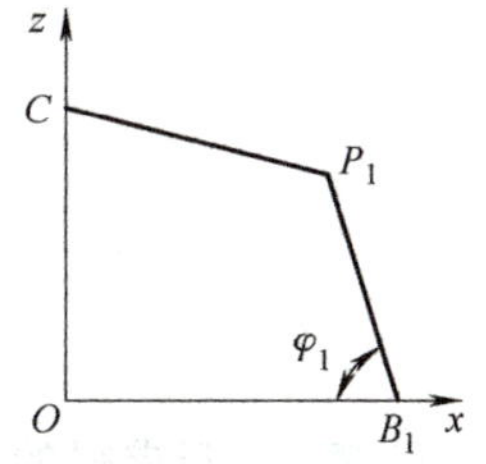

图 7.13 由支链 1 所组成的封闭四边形

三条支链共组成三个四边形，其中有一个公共边 OC。考虑实际平台运行时会产生伴随运动，该四边形一般为一个异面四边形，即 C 点不在点 O、点 P_i、点 B_i 所组成的平面中。如图 7.13 所示，球铰 P_i 的坐标只与 φ_i 有关，即

$${}^0\boldsymbol{p}_1=\begin{pmatrix}R-l_1\cos\varphi_1\\0\\l_1\sin\varphi_1\end{pmatrix},\quad {}^0\boldsymbol{p}_2=\begin{pmatrix}-\dfrac{1}{2}(R-l_2\cos\varphi_2)\\ \dfrac{\sqrt{3}}{2}(R-l_2\cos\varphi_2)\\ l_2\sin\varphi_2\end{pmatrix},\quad {}^0\boldsymbol{p}_3=\begin{pmatrix}-\dfrac{1}{2}(R-l_3\cos\varphi_3)\\ -\dfrac{\sqrt{3}}{2}(R-l_3\cos\varphi_3)\\ l_3\sin\varphi_3\end{pmatrix} \tag{7.32}$$

若给定动平台原点 C 的（初始）坐标，由球铰中心 P_i 距动平台原点 C 的距离始终为 r，即可解出 φ_i，进而得到 P_i 的坐标。当动平台原点 C 与实际位置重合时，P_i 即为球铰中心的真实位置，完成运动学正解的求解。具体过程如下。

步骤 1：动平台原点的坐标表示为（x_C，y_C，z_C），其中 z_C 的初值选取为三条支链长度的均值，即 $z_C=(l_1+l_2+l_3)/3$。动平台初始转角选取为 $\alpha=\beta=0$。

步骤 2：由式（7.31）计算出动平台中心的伴随运动 x_C、y_C，并以这两个值更新原动平台原点的坐标值（x_C，y_C，z_C）。

步骤 3：根据球铰中心 P_i 到动平台原点（x_C，y_C，z_C）的距离为 r，解出偏角 φ_i 的值。即由式

$$|\overrightarrow{P_iC}|=r,\quad i=1,2,3 \tag{7.33}$$

可求得

$$\begin{cases}\varphi_1=\pi-\arcsin\left(\dfrac{(R-x_C)^2+y_C{}^2+z_C{}^2+l_1{}^2-r^2}{2l_1\sqrt{(R-x_C)^2+z_C{}^2}}\right)-\arccos\left(\dfrac{z_C}{\sqrt{(R-x_C)^2+z_C{}^2}}\right)\\ \varphi_2=\pi-\arcsin\left(\dfrac{(R/2+x_C)^2+(\sqrt{3}R/2-y_C)^2+z_C{}^2+l_2{}^2-r^2}{l_2\sqrt{(2R+x_C-\sqrt{3}y_C)^2+4z_C{}^2}}\right)-\arccos\left(\dfrac{2z_C}{\sqrt{(2R+x_C-\sqrt{3}y_C)^2+4z_C{}^2}}\right)\\ \varphi_3=\pi-\arcsin\left(\dfrac{(R/2+x_C)^2+(\sqrt{3}R/2+y_C)^2+z_C{}^2+l_3{}^2-r^2}{l_3\sqrt{(2R+x_C+\sqrt{3}y_C)^2+4z_C{}^2}}\right)-\arccos\left(\dfrac{2z_C}{\sqrt{(2R+x_C+\sqrt{3}y_C)^2+4z_C{}^2}}\right)\end{cases} \tag{7.34}$$

步骤 4：将解出的 φ_i 代入式（7.33）中，可得到球副中心 P_i（相对基坐标系）的坐标。

步骤 5：计算动平台所在平面（$\Delta P_1P_2P_3$）的法矢量 $\hat{\boldsymbol{n}}=(n_x,n_y,n_z)^{\mathrm{T}}$，由此求出动平台偏角 α 和 β。相关计算公式为

$$\alpha=\begin{cases}\arccos\dfrac{n_x}{\sqrt{n_x^2+n_y^2}} & n_y\geqslant 0\\ 2\pi-\arccos\dfrac{n_x}{\sqrt{n_x^2+n_y^2}} & n_y<0\end{cases} \tag{7.35}$$

$$\beta=\arccos\frac{n_z}{\sqrt{n_x^2+n_y^2+n_z^2}} \tag{7.36}$$

步骤 6：若求得的动平台偏角 α、β 与上一次计算得到的偏角（若为第一次，则为初始偏差值）差值满足精度要求，执行步骤 7。反之，返回步骤 2。

步骤 7：求动平台中心的 z 轴坐标，即

$$z_C=\frac{1}{3}(p_{1z}+p_{2z}+p_{3z}) \tag{7.37}$$

步骤 8：若求得的动平台中心的 z 轴坐标与上一次计算得到的 z 轴坐标（若为第一次，则为初始值）差值不在精度范围内，返回步骤 2；若满足精度要求，完成运动学正解求解。

以上步骤可用计算流程图来描述，如图 7.14 所示。

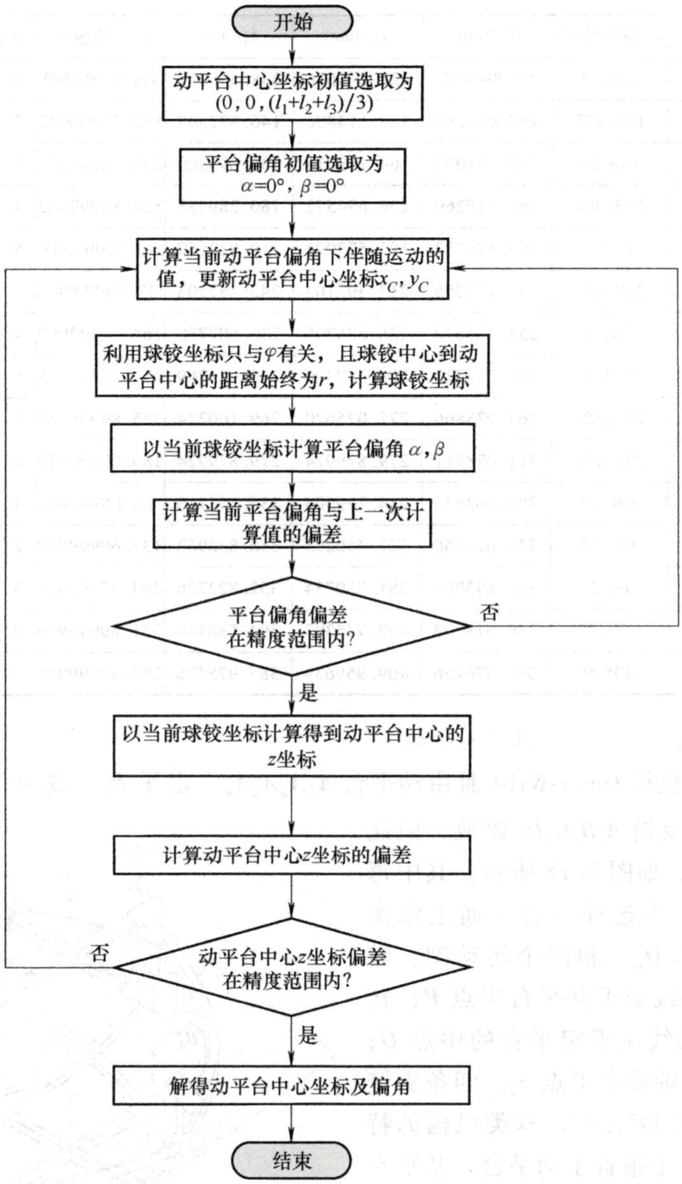

图 7.14　正解算法的计算流程图

(3) 算例　任意选取一组输入参数，即动平台的偏角及高度，通过位移反向求解，求得三条支链的长度 l_i；再以这三条支链的长度作为输入参数，用上述算法进行位移正向求解，求得动平台偏角及高度；最后与位移反解的输入参数进行对比，验证算法的正确性与精度。

选取输入参数时，在动平台高度为 100~200mm、200~300mm、300~400mm 三个区间内分别随机选取 5 组数据，α 的取值范围为 0°~360°，β 的取值范围为 0°~10°。计算数据见表 7.1。由表中数据可以看出，任意一组的正解计算值与初始输入参数之间的绝对误差均小于 10^{-6}，满足精度要求。

表 7.1　运动学正解算法的精度验证

α 输入值/°	β 输入值/°	z_c 输入值/°	l_1/mm	l_2/mm	l_3/mm	α 计算值/°	β 计算值/°	z_C 计算值/°
18.4	9.1	106.14	91.897081	123.295676	138.546005	16.39999999	9.10000001	106.13999982
100.25	3.48	129.478	140.061386	123.614806	146.892508	100.25000012	3.48000001	129.47799983
235.486	7.256	146.21	167.611093	164.189018	131.095900	235.48599959	7.25600001	146.20999983
324.9	4.8	175.364	168.815269	196.694571	180.289988	324.89999962	4.80000001	175.36399983
90	5	190.0	195.876527	181.573991	210.812560	90.00000003	5.00000001	189.99999983
37.4	8.4	210.895	194.137285	212.397102	243.187208	37.39999988	8.40000003	210.89499982
164.25	4.48	234.56	254.326640	228.536706	235.607788	164.24999999	4.48000001	234.55999983
252.394	6.295	250.0	261.013313	269.189400	233.921769	252.39399958	6.29500003	249.99999983
335.9	1.2	264.358	264.928866	272.025620	269.100274	335.89999958	1.20000000	264.35799983
180	6	286.186	311.078411	279.879924	279.879924	180.00000020	6.00000002	286.18599983
82.4	8.7	304.32	303.963635	284.729504	336.147716	82.40000000	8.70000004	304.31999982
137.61	2.84	333.31	344.014466	327.450265	338.838962	137.60999999	2.84000001	333.30999983
294.351	5.281	360.25	355.893204	381.759734	352.822726	294.35099958	5.28100003	360.24999983
351.9	9.5	379.42	350.618093	402.745397	394.588460	351.89999959	9.50000006	379.41999982
270	4	395.0	397.876456	409.959639	385.975476	269.99999958	4.00000003	394.99999983

3. 2自由度指向机构 Omni-Wrist Ⅲ

2 自由度指向机构 Omni-Wrist Ⅲ 由动平台 $A_1A_2A_3A_4$、定平台（或基平台）$D_1D_2D_3D_4$ 和四条相同的 4R 支链 $A_iB_iC_iD_i$ 组成，因此又称为 4-4R 机构，如图 7.15 所示。其中每一条支链都包括三个连杆（自下而上依次是 A_iB_i、B_iC_i 和 C_iD_i）和四个转动副。转动副 C_i 和 D_i 的轴线交于动平台中点 P；转动副 A_i 和 B_i 的轴线交于定平台的中点 O；转动副 B_i 和 C_i 的轴线交于点 S_i。四条支链的结构相同，间隔 90°分布。这类机构的特点在于始终存在一个垂直于动平台、基平台中心连线 OP 的对称面 H，运动过程中，动平台、基平台以及 A_iB_i、C_iD_i 杆所在平面始终关于 H 平面对称。此对称面可由 $S_1 \sim S_4$ 点的位置确定，实际上为平面 $S_1S_2S_3S_4$。

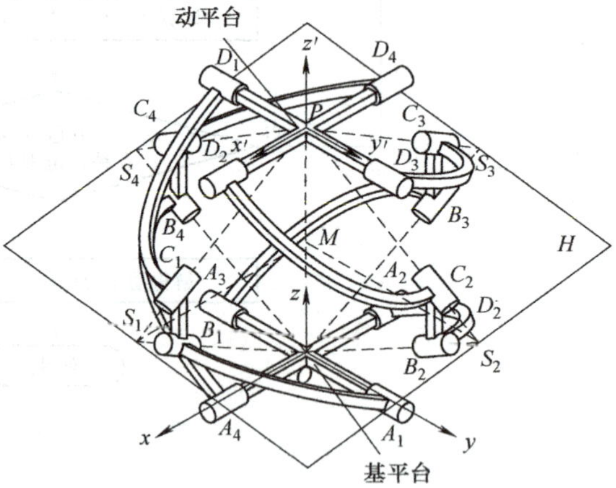

图 7.15　并联机构示意图

基于该机构的特殊几何分布，可利用几何法对其运动学进行分析。

（1）逆运动学求解　在定平台上建立基坐标系 O-xyz，z 轴垂直于基平台向上，不失一般性，令 y 轴与 OA_1 重合，x 轴与 y 轴、z 轴形成右手坐标系。四条支链的分布由 y 轴按右手螺旋方向与 OS_i 在 Oxy 平面上的投影的夹角 β_i 确定，$\beta_1=0$，$\beta_2=90°$，$\beta_3=180°$，$\beta_4=270°$。在动平台上建立坐标系 P-$x'y'z'$，z'轴垂直于动平台向上，初始状态下坐标系 P-$x'y'z'$ 与基坐标系 O-xyz 各轴平行。用矢量 $\boldsymbol{OS}_i$ 来表示 S_i 点的空间位置，则有

$$OS_i=R_z(\beta_i)\begin{pmatrix}L\cos\alpha_{Ai}\\0\\L\sin\alpha_{Ai}\end{pmatrix}=\begin{pmatrix}L\cos\beta_i\cos\alpha_{Ai}\\L\sin\beta_i\cos\alpha_{Ai}\\L\sin\alpha_{Ai}\end{pmatrix}\tag{7.38}$$

式中，α_{Ai} 是 OS_i 与其在 Oxy 平面投影的夹角，即杆 A_iB_i 相对转动副 R_{Ai} 的转角，$R_z(\beta_i)$ 表示绕 z 轴旋转 β_i 角，$|\boldsymbol{s}_i|=L$。

使用 z' 轴在 O-xyz 坐标系中的指向 $(\varphi,\ \theta)^{\mathrm{T}}$ 来定义动平台姿态。如图 7.16 所示，E 为 z 轴与 z' 轴反向延长线的交点，E 点也在对称面 H 上。考虑运动过程中 OP 的长度 R 始终不变，用矢量 $\boldsymbol{OP}=(x,\ y,\ z)^{\mathrm{T}}$ 来表示点的空间位置，$\boldsymbol{OP}$ 与动平台姿态角 $(\varphi,\ \theta)^{\mathrm{T}}$ 之间满足如下关系

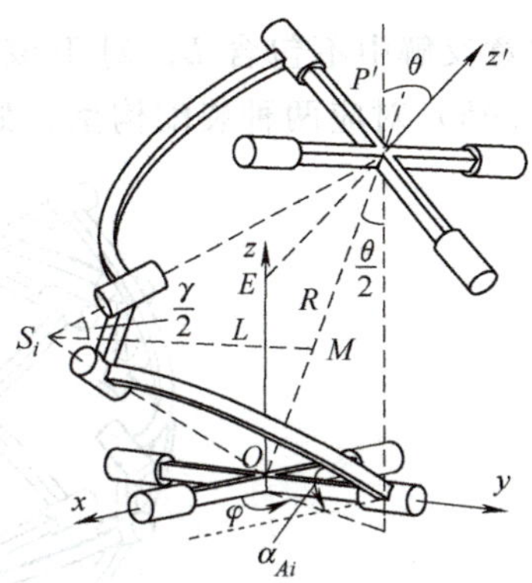

图 7.16　4-4R 机构空间位置与指向示意图

$$\boldsymbol{OP}=\begin{pmatrix}x\\y\\z\end{pmatrix}=\begin{pmatrix}R\sin\dfrac{\theta}{2}\cos\varphi\\R\sin\dfrac{\theta}{2}\sin\varphi\\R\cos\dfrac{\theta}{2}\end{pmatrix}=\begin{pmatrix}2L\sin\dfrac{\gamma}{2}\sin\dfrac{\theta}{2}\cos\varphi\\2L\sin\dfrac{\gamma}{2}\sin\dfrac{\theta}{2}\sin\varphi\\2L\sin\dfrac{\gamma}{2}\cos\dfrac{\theta}{2}\end{pmatrix}\tag{7.39}$$

式中，γ 为等腰三角形 ΔOS_iP 中的 $\angle OS_iP$，由 B_iC_i 杆的形状决定，称为 Omni-Wrist Ⅲ 的结构参数，R 为 P 点所在球面的半径，$|\boldsymbol{OP}|=R=2L\sin\gamma/2$。

在矢量 $\boldsymbol{OP}$ 已知的情况下，可根据式（7.39）推导出姿态角 $(\varphi,\ \theta)^{\mathrm{T}}$，即

$$\begin{cases}\theta=\mathrm{Atan2}(\sqrt{x^2+y^2},z)\\\varphi=\mathrm{Atan2}(y,x)\end{cases}\tag{7.40}$$

由于方位角 φ 取值范围为 $(0,\ 2\pi)$，因此式（7.40）中使用双变量反正切函数 Atan2( ) 来求解方位角。

一般情况下，Omni-Wrist Ⅲ机构以转动副 R_{A1} 与 R_{A2} 为驱动副，α_{A1} 与 α_{A2} 为驱动转角。驱动转角 α_{Ai} 角定义为：以矢量 $\boldsymbol{OA}_i$ 为转轴，A_iB_i 杆按右手法则转向基平面所转过的角度，如图 7.16 所示。在运动过程中，由于机构的镜像对称性，动平台和基平台中心连线 OP 始终垂直于对称面 H 并交 H 于 OP 中点 M，即 OP 始终垂直于 MS_i，考虑 $\boldsymbol{MS}_i=\boldsymbol{OS}_i-\boldsymbol{OM}$，利用这一关系可得到如下几何约束方程

$$\boldsymbol{OP}\cdot\left(\boldsymbol{OS}_i-\frac{1}{2}\boldsymbol{OP}\right)=0\tag{7.41}$$

将式（7.38）和式（7.39）代入式（7.41），展开得到

$$\sin\frac{\theta}{2}\cos\alpha_{Ai}\cos(\beta_i-\varphi_i)+\cos\frac{\theta}{2}\sin\alpha_{Ai}-\sin\frac{\gamma}{2}=0\tag{7.42}$$

将式（7.42）简写成下列形式

$$m\sin\alpha_{Ai}+k_i\cos\alpha_{Ai}-n=0\tag{7.43}$$

式中，$m=\cos\theta/2$；$k_i=\sin\theta/2\cos(\beta_i-\varphi)$；$n=\sin\gamma/2$。

通过半角公式容易求得

$$\alpha_{Ai}=\text{Asin2}\left(\frac{mn-k_i\sqrt{k_i^2+m^2-n^2}}{k_i^2+m^2}\right) \tag{7.44}$$

或者

$$\alpha_{Ai}=\text{Asin2}\left(\frac{k_i n-m\sqrt{k_i^2+m^2-n^2}}{k_i^2+m^2}\right) \tag{7.45}$$

注意反解中不包含 L，对于该机构，其指向能力仅由结构参数 γ 决定。式（7.44）和式（7.45）对应两种装配构型，如图 7.17 所示。这两种构型实际上是等效的。

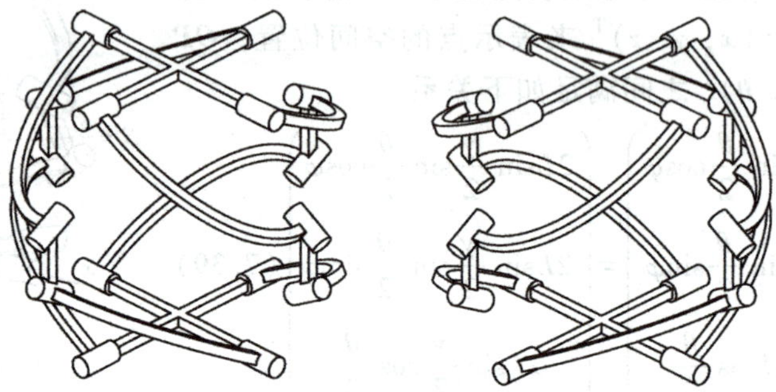

a) 4-4R机构构型Ⅰ　　b) 4-4R机构构型Ⅱ

图 7.17　4-4R 并联机构中的两种实用构型

（2）正运动学求解　基于 Omni-Wrist Ⅲ具有对称面 H 的几何特性，下面利用几何方法求取机构的正运动学。将机构的几何约束抽象出来，如图 7.18 所示。

可以看出，由于 ΔOS_1S_2 与 ΔPS_1S_2 都是等腰三角形，令 F 点为线段 S_1S_2 的中点，于是有 $OF\perp S_1S_2$ 和 $PF\perp S_1S_2$，S_1S_2 为平面 OPF 的法线。$\boldsymbol{OP}$ 可以表示为

$$\boldsymbol{OP}=\boldsymbol{FP}-\boldsymbol{FO} \tag{7.46}$$

式中，由于 F 是线段 S_1S_2 的中点，根据式（7.39），$\boldsymbol{FO}$ 可表示为

$$\boldsymbol{FP}=-\left(\frac{L\cos\alpha_{A1}}{2},\frac{L\cos\alpha_{A2}}{2},\frac{L(\sin\alpha_{A1}+\sin\alpha_{A2})}{2}\right)^{\mathrm{T}} \tag{7.47}$$

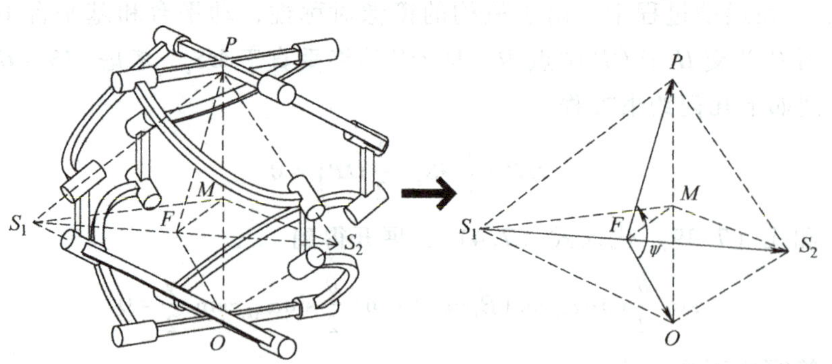

图 7.18　4-4R 并联机构几何约束示意图

$\boldsymbol{FP}$ 可以由 $\boldsymbol{FO}$ 绕 $\boldsymbol{S_1S_2}$ 旋转 ψ 角得到。同样根据式（7.38），$\boldsymbol{S_1S_2}$ 可表示为

$$\boldsymbol{S_1S_2}=\boldsymbol{OS}_2-\boldsymbol{OS}_1=[-L\cos\alpha_{A1},L\cos\alpha_{A2},L\sin\alpha_{A2}-L\sin\alpha_{A1}]^{\mathrm{T}} \tag{7.48}$$

由图 7.18 所示可知，ΔFMO 与 ΔFMP 为直角三角形且全等，旋转角度 ψ 可表示为

$$\psi=\arcsin\left(\frac{|\boldsymbol{MO}|}{|\boldsymbol{FO}|}\right) \tag{7.49}$$

绕旋转轴 $\boldsymbol{S}_1\boldsymbol{S}_2$ 转动角 ψ 的旋转矩阵 $\boldsymbol{R}_S$ 可表示为

$$\boldsymbol{R}_S=\begin{pmatrix} s_x^2(1-\cos\psi)+\cos\psi & s_ys_x(1-\cos\psi)-s_z\sin\psi & s_zs_x(1-\cos\psi)+s_y\sin\psi \\ s_xs_y(1-\cos\psi)+s_z\cos\psi & s_y^2(1-\cos\psi)+\cos\psi & s_zs_y(1-\cos\psi)-s_x\sin\psi \\ s_xs_z(1-\cos\psi)-s_y\cos\psi & s_ys_z(1-\cos\psi)+s_x\sin\psi & s_z^2(1-\cos\psi)+\cos\psi \end{pmatrix} \tag{7.50}$$

式中，$(s_x, s_y, s_z)^{\mathrm{T}}$ 是对应 $\boldsymbol{S}_1\boldsymbol{S}_2$ 的单位矢量，且

$$s_x=\frac{-\cos\alpha_{A1}}{\sqrt{2-2\sin\alpha_{A1}\sin\alpha_{A2}}}\quad s_y=\frac{\cos\alpha_{A2}}{\sqrt{2-2\sin\alpha_{A1}\sin\alpha_{A2}}}\quad s_z=\frac{\sin\alpha_{A2}-\sin\alpha_{A1}}{\sqrt{2-2\sin\alpha_{A1}\sin\alpha_{A2}}}$$

将式（7.47）~式（7.50）代入式（7.46），得到 4-4R 并联机构的运动学正解为

$$\boldsymbol{OP}=\begin{pmatrix}x\\y\\z\end{pmatrix}=\boldsymbol{FP}-\boldsymbol{FO}=\boldsymbol{R}_S\boldsymbol{FO}-\boldsymbol{FO}=(\boldsymbol{R}_S-\boldsymbol{I})\,\boldsymbol{FO} \tag{7.51}$$

将求得的 P 点坐标代入式（7.40），即可求得机构的姿态 $(\varphi, \theta)^{\mathrm{T}}$。

【例 7-1】 绘制 Omni-Wrist Ⅲ 的工作空间。

解： Omni-Wrist Ⅲ 作为 2 自由度并联指向机构，主要考虑其绕空间两轴的转动，即动平台姿态 $(\varphi\ \theta)^{\mathrm{T}}$ 的取值范围。由式（7.40）可知，其空间位置与输出姿态一一对应。

判断空间一点是否在工作空间内需要满足以下两个条件：①对于动平台中心的某一空间位置 $(x, y, z)^{\mathrm{T}}$，将其相应的姿态 $(\varphi, \theta)^{\mathrm{T}}$ 代入运动学逆解方程应有实数解；②支链之间不能相互干涉。

假设球面半径 $R=100\text{mm}$，基于上文该机构运动学反解公式，并考虑杆间不发生干涉。绘制出当 γ 分别为 $\pi/6$、$\pi/4$ 和 $\pi/3$ 时，机器人工作空间的分布曲线，如图 7.19~图 7.21 所示。

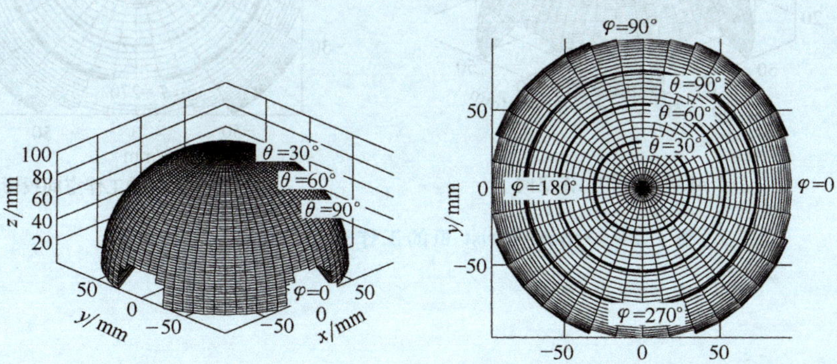

a) 4-4R并联机构工作空间　　b) 4-4R并联机构工作空间投影

图 7.19　Omni-Wrist Ⅲ的工作空间示意图（$\gamma=\pi/6$）

其中，图 7.19a~图 7.21a 展示了 Omni-Wrist Ⅲ 动平台中心点 P 在整个指向空间 $[\varphi\in(0,2\pi),\ \theta\in(0,\pi)]$ 内的位置分布及其随机构形状参数 γ 的变化趋势，随着 γ 角的增

大，机构的指向能力也逐渐提高；图 7.19b、图 7.20b、图 7.21b 则展示了该机构的工作空间在 Oxy 平面上的投影情况，可以看到，在支链分布的方位上，机构的倾斜能力受到了限制。而在两条支链所夹的方位上，机构的指向能力最好。实际上，由于 Omni-Wrist Ⅲ 对称面上下对称的特殊几何结构，其动平台在半球空间内运动时即可获得几乎全方向 $[\varphi\in(0,2\pi),\ \theta\in(0,\pi)]$ 上的指向能力。

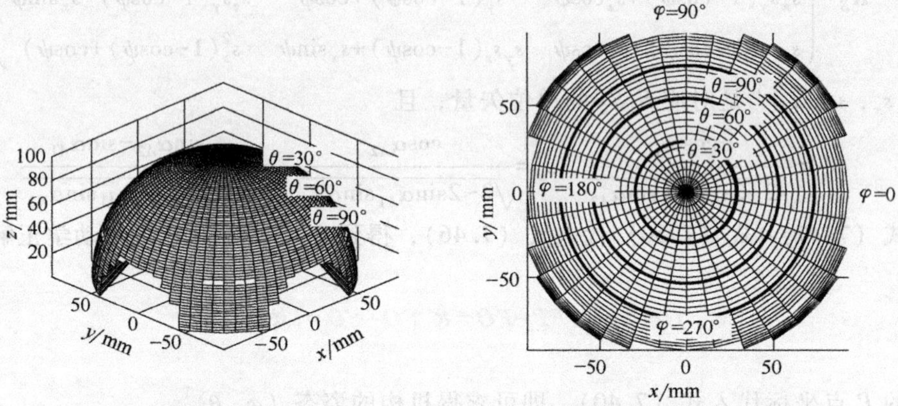

a) 4-4R并联机构工作空间　　b) 4-4R并联机构工作空间投影

图 7.20　Omni-Wrist Ⅲ的工作空间示意图（$\gamma=\pi/4$）

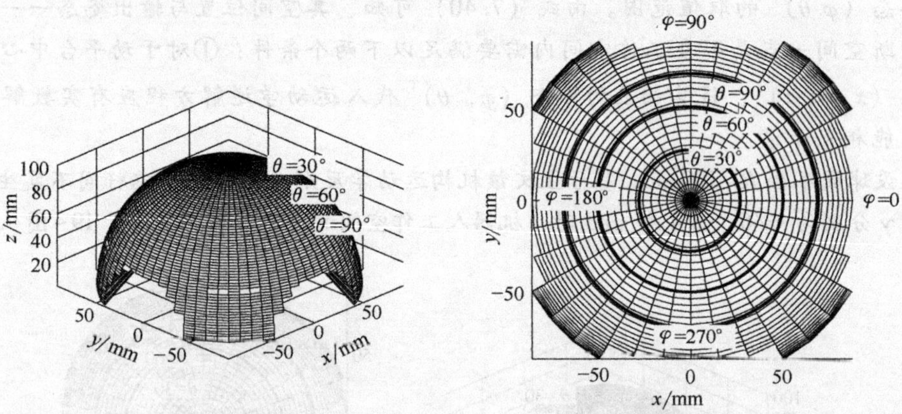

a) 4-4R并联机构工作空间　　b) 4-4R并联机构工作空间投影

图 7.21　Omni-Wrist Ⅲ的工作空间示意图（$\gamma=\pi/3$）

7.3　并联机器人的速度雅可比

相对于串联机器人，并联机器人的速度雅可比矩阵求解要复杂得多，这主要是并联机器人所具有的多环结构特点决定的。有关求解的方法有多种，其中有两种方法比较常用：位移方程直接求导法和旋量法。

7.3.1　位移方程直接求导法

本节以平面3-RRR并联机器人为例说明该方法的应用。

图7.22所示为3-RRR机构简图中的矢量关系，可以得到

$$\boldsymbol{OC}+\boldsymbol{CC}_i=\boldsymbol{OA}_i+\boldsymbol{A}_i\boldsymbol{B}_i+\boldsymbol{B}_i\boldsymbol{C}_i\quad (i=1,2,3) \tag{7.52}$$

或者

$$\boldsymbol{p}_C+\boldsymbol{r}_i=\boldsymbol{R}_i+\boldsymbol{a}_i+\boldsymbol{b}_i\quad (i=1,2,3) \tag{7.53}$$

以上各矢量均相对基坐标系{0}来描述。为表示简便，忽略角标。

根据式(7.53)，对等式两边关于时间t求导，则可得到机构的速度关系表达式，即

$$\boldsymbol{v}_C+\boldsymbol{\omega}_C\times\boldsymbol{r}_i=\boldsymbol{\omega}_{Ai}\times(\boldsymbol{a}_i+\boldsymbol{b}_i)+\boldsymbol{\omega}_{Bi}\times\boldsymbol{b}_i \tag{7.54}$$

式中，$\boldsymbol{v}_C$、$\boldsymbol{\omega}_C$、$\boldsymbol{\omega}_{Ai}$、$\boldsymbol{\omega}_{Bi}$分别代表点C的线速度、点C的角速度和铰链A_i、铰链B_i的角速度。

对式(7.54)两边点乘$\boldsymbol{b}_i$（这样可消掉中间变量$\boldsymbol{\omega}_{Bi}$），并利用矢量的混合积运算特性，有

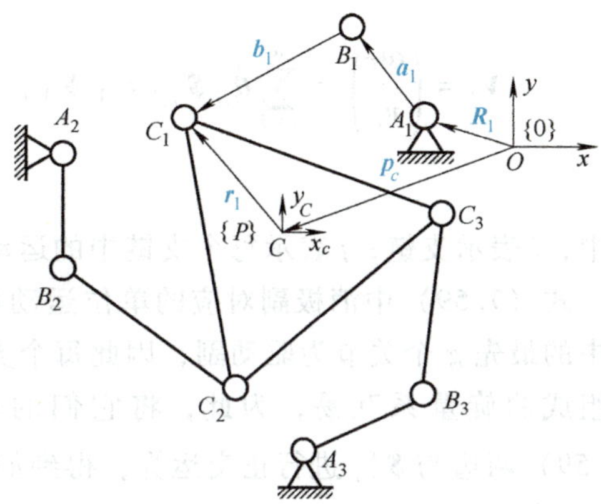

图7.22　3-RRR并联机器人机构简图

$$\boldsymbol{v}_C\cdot\boldsymbol{b}_i+(\boldsymbol{r}_i\times\boldsymbol{b}_i)\cdot\boldsymbol{\omega}_C=(\boldsymbol{a}_i\times\boldsymbol{b}_i)\cdot\boldsymbol{\omega}_{Ai} \tag{7.55}$$

将式(7.55)写成矩阵形式，则

$$\begin{pmatrix}\boldsymbol{b}_1^{\mathrm{T}} & (\boldsymbol{r}_1\times\boldsymbol{b}_1)^{\mathrm{T}}\\ \boldsymbol{b}_2^{\mathrm{T}} & (\boldsymbol{r}_2\times\boldsymbol{b}_2)^{\mathrm{T}}\\ \boldsymbol{b}_3^{\mathrm{T}} & (\boldsymbol{r}_3\times\boldsymbol{b}_3)^{\mathrm{T}}\end{pmatrix}\begin{pmatrix}\boldsymbol{v}_C\\ \boldsymbol{\omega}_C\end{pmatrix}=\begin{pmatrix}(\boldsymbol{a}_1\times\boldsymbol{b}_1)^{\mathrm{T}}\\ (\boldsymbol{a}_2\times\boldsymbol{b}_2)^{\mathrm{T}}\\ (\boldsymbol{a}_3\times\boldsymbol{b}_3)^{\mathrm{T}}\end{pmatrix}\begin{pmatrix}\boldsymbol{\omega}_{A1}\\ \boldsymbol{\omega}_{A2}\\ \boldsymbol{\omega}_{A3}\end{pmatrix} \tag{7.56}$$

考虑该机构的运动只输出平面运动，因此有$\boldsymbol{v}_C=(v_x, v_y, v_z)^{\mathrm{T}}=(v_x, v_y, 0)^{\mathrm{T}}$且$\boldsymbol{\omega}_C=(\omega_x, \omega_y, \omega_z)^{\mathrm{T}}=(0, 0, \omega_z)^{\mathrm{T}}$。

此外，机构中铰链A_i、B_i、C_i转轴的矢量方向为$(0, 0, 1)^{\mathrm{T}}$，因此，$\boldsymbol{\omega}_{Ai}=(0, 0, \dot{\theta}_i)^{\mathrm{T}}$和$\boldsymbol{\omega}_{Bi}=(0, 0, \dot{\theta}_{Bi})^{\mathrm{T}}$。另外，如图7.22所示，矢量$\boldsymbol{b}_i$沿$z$轴的方向矢量为0，且矢量$\boldsymbol{r}_i\times\boldsymbol{b}_i$沿$x$轴、$y$轴的方向矢量也均为0，只存在$z$轴方向的矢量，即$\boldsymbol{r}_i\times\boldsymbol{b}_i=(0, 0, |\boldsymbol{r}_i\times\boldsymbol{b}_i|)^{\mathrm{T}}$。因此，式(7.56)可以简化为

$$\boldsymbol{J}_X\dot{\boldsymbol{X}}=\boldsymbol{J}_\Theta\dot{\boldsymbol{\Theta}} \tag{7.57}$$

式中，$\dot{\boldsymbol{X}}=\begin{pmatrix}v_x & v_y & \omega_z\end{pmatrix}^{\mathrm{T}}$；$\dot{\boldsymbol{\Theta}}=\begin{pmatrix}\dot{\theta}_1 & \dot{\theta}_2 & \dot{\theta}_3\end{pmatrix}^{\mathrm{T}}$；$\boldsymbol{J}_X=\begin{pmatrix}(\boldsymbol{b}_1+\boldsymbol{r}_1\times\boldsymbol{b}_1)^{\mathrm{T}}\\ (\boldsymbol{b}_2+\boldsymbol{r}_2\times\boldsymbol{b}_2)^{\mathrm{T}}\\ (\boldsymbol{b}_3+\boldsymbol{r}_3\times\boldsymbol{b}_3)^{\mathrm{T}}\end{pmatrix}$；$\boldsymbol{J}_\Theta=\begin{pmatrix}(\boldsymbol{a}_1\times\boldsymbol{b}_1)^{\mathrm{T}}\\ (\boldsymbol{a}_2\times\boldsymbol{b}_2)^{\mathrm{T}}\\ (\boldsymbol{a}_3\times\boldsymbol{b}_3)^{\mathrm{T}}\end{pmatrix}$。

由式(7.57)可以得到该机器人的一阶运动学方程为

$$\dot{\boldsymbol{X}}=\boldsymbol{J}\dot{\boldsymbol{\Theta}} \tag{7.58}$$

其中，$\boldsymbol{J}=\boldsymbol{J}_X^{-1}\boldsymbol{J}_\Theta$即为平面3-RRR机器人的速度雅可比矩阵。

*7.3.2 旋量法

典型的并联机构由 m 个支链组成，每个支链通常至少存在一个驱动关节（主动副），而其余关节为消极副。同样为了便于表征，需要将多自由度运动副运动学等效成单自由度运动副的组合形式，这样可以将每一个支链看成是由若干单自由度运动副组成的开环运动链，其末端与运动平台连接。表征运动平台的瞬时速度旋量可以写成

$$\boldsymbol{V}_C=\begin{pmatrix}\boldsymbol{\omega}_C\\\boldsymbol{v}_C\end{pmatrix}=\sum_{j=1}^{n}\dot{\boldsymbol{\theta}}_{j,i}\boldsymbol{\$}_{j,i}=[\boldsymbol{\$}_{1,i}\quad\boldsymbol{\$}_{2,i}\quad\cdots\quad\boldsymbol{\$}_{n,i}]\begin{pmatrix}\dot{\boldsymbol{\theta}}_{1,i}\\\dot{\boldsymbol{\theta}}_{2,i}\\\vdots\\\dot{\boldsymbol{\theta}}_{n,i}\end{pmatrix}\quad(i=1,2,\cdots,m)\tag{7.59}$$

式中，i 表示支链；j 表示每个支链中的运动副。

式（7.59）中消极副对应的单位运动旋量可以通过互易旋量系理论消除。假设每个支链中的最先 g 个关节为驱动副，因此每个支链中至少存在 g 个反旋量与该支链中所有消极副所组成的旋量系互易，为此，将它们的单位旋量表示成 $\boldsymbol{\$}^{r}_{j,i}$（$j=1,\ 2,\ \cdots,\ g$）。对式（7.59）两边与 $\boldsymbol{\$}^{r}_{j,i}$ 进行正交运算，得到如下关系式

$$\boldsymbol{J}_{r,i}\boldsymbol{V}_C=\boldsymbol{J}_{\theta,i}\dot{\boldsymbol{\theta}}_i\tag{7.60}$$

式中，$\boldsymbol{J}_{\mathrm{r},i}=\begin{pmatrix}\boldsymbol{\$}^{\mathrm{T}}_{\mathrm{r}1,i}\\\boldsymbol{\$}^{\mathrm{T}}_{\mathrm{r}2,i}\\\vdots\\\boldsymbol{\$}^{\mathrm{T}}_{\mathrm{r}g,i}\end{pmatrix}_{g\times6}$；$\boldsymbol{J}_{\theta,i}=\begin{pmatrix}\boldsymbol{\$}^{\mathrm{T}}_{\mathrm{r}1,i}\boldsymbol{\$}_{1,i}&\boldsymbol{\$}^{\mathrm{T}}_{\mathrm{r}1,i}\boldsymbol{\$}_{2,i}&\cdots&\boldsymbol{\$}^{\mathrm{T}}_{\mathrm{r}1,i}\boldsymbol{\$}_{g,i}\\\boldsymbol{\$}^{\mathrm{T}}_{\mathrm{r}2,i}\boldsymbol{\$}_{1,i}&\boldsymbol{\$}^{\mathrm{T}}_{\mathrm{r}2,i}\boldsymbol{\$}_{2,i}&\cdots&\boldsymbol{\$}^{\mathrm{T}}_{\mathrm{r}2,i}\boldsymbol{\$}_{g,i}\\\vdots&\vdots&\cdots&\vdots\\\boldsymbol{\$}^{\mathrm{T}}_{\mathrm{r}g,i}\boldsymbol{\$}_{1,i}&\boldsymbol{\$}^{\mathrm{T}}_{\mathrm{r}g,i}\boldsymbol{\$}_{2,i}&\cdots&\boldsymbol{\$}^{\mathrm{T}}_{\mathrm{r}g,i}\boldsymbol{\$}_{g,i}\end{pmatrix}_{g\times g}$；$\dot{\boldsymbol{\theta}}_i=\begin{pmatrix}\dot{\theta}_{1,i}\\\dot{\theta}_{2,i}\\\vdots\\\dot{\theta}_{g,i}\end{pmatrix}$。

式（7.60）包含 m 个方程，写成矩阵形式

$$\boldsymbol{J}_X\boldsymbol{V}_C=\boldsymbol{J}_{\Theta}\dot{\boldsymbol{\Theta}}\tag{7.61}$$

式中，矩阵 $\boldsymbol{J}_X=\begin{pmatrix}\boldsymbol{J}_{\mathrm{r},1}\\\boldsymbol{J}_{\mathrm{r},2}\\\vdots\\\boldsymbol{J}_{\mathrm{r},m}\end{pmatrix}$；$\boldsymbol{J}_{\Theta}=\begin{pmatrix}\boldsymbol{J}_{\theta,1}&0&\cdots&0\\0&\boldsymbol{J}_{\theta,2}&\cdots&0\\\vdots&\vdots&\cdots&\vdots\\0&0&\cdots&\boldsymbol{J}_{\theta,m}\end{pmatrix}$；$\dot{\boldsymbol{\Theta}}=(\dot{\theta}_{1,1}\ \cdots\ \dot{\theta}_{g,1}\ \ \dot{\theta}_{1,2}\ \cdots\ \dot{\theta}_{g,2}\ \cdots\ \dot{\theta}_{g,m})^{\mathrm{T}}$。

【例 7-2】 试计算 Stewart-Gough 平台（图 7.23）的速度雅可比矩阵。

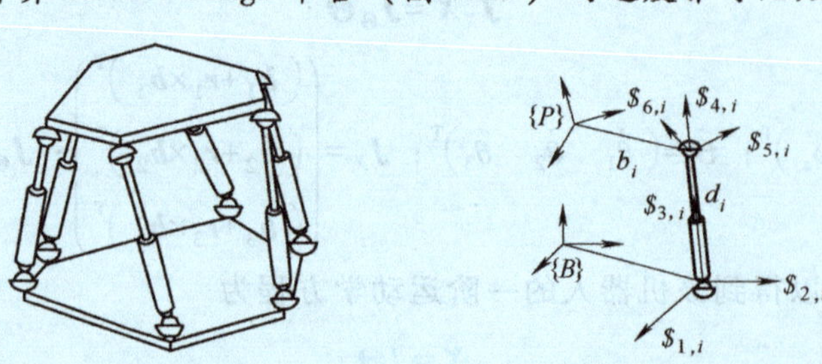

图 7.23 Stewart-Gough 平台

解：Stewart-Gough 平台中支链的等效运动链为 UPS，即每个支链由六个单自由度的运动副组成，因此对应六个运动副的单位旋量坐标所示如下，其中第三个为驱动副（为移动副）。

$$\hat{\$}_{1,i}=\begin{pmatrix}\hat{s}_{1,i}\\(b_i-d_i)\times\hat{s}_{1,i}\end{pmatrix},\ \hat{\$}_{2,i}=\begin{pmatrix}\hat{s}_{2,i}\\(b_i-d_i)\times\hat{s}_{2,i}\end{pmatrix},\ \hat{\$}_{3,i}=\begin{pmatrix}\mathbf{0}\\\hat{s}_{3,i}\end{pmatrix},$$

$$\hat{\$}_{4,i}=\begin{pmatrix}\hat{s}_{4,i}\\b_i\times\hat{s}_{4,i}\end{pmatrix},\ \hat{\$}_{5,i}=\begin{pmatrix}\hat{s}_{5,i}\\b_i\times\hat{s}_{5,i}\end{pmatrix},\ \hat{\$}_{6,i}=\begin{pmatrix}\hat{s}_{6,i}\\b_i\times\hat{s}_{6,i}\end{pmatrix}$$

注意支链中所有消极副的轴线均与驱动副的轴线相交，因此可以直接得到消极副旋量系的一个反旋量，即

$$\hat{\$}_{r,i}=\begin{pmatrix}\hat{s}_{3,i}\\b_i\times\hat{s}_{3,i}\end{pmatrix}\quad(i=1,2,\cdots,6)$$

由此满足

$$\hat{\$}_{r,i}^{\mathrm{T}}V_C=d_i\quad(i=1,2,\cdots,6)$$

写成矩阵形式

$$J_XV_C=\dot{\Theta}$$

或者

$$V_C=J_X^{-1}\dot{\Theta}$$

式中，$J_X=\begin{pmatrix}\hat{\$}_{r,1}^{\mathrm{T}}\\\hat{\$}_{r,2}^{\mathrm{T}}\\\vdots\\\hat{\$}_{r,6}^{\mathrm{T}}\end{pmatrix}=\begin{pmatrix}\hat{s}_{3,1}^{\mathrm{T}}&(b_1\times\hat{s}_{3,1})^{\mathrm{T}}\\\hat{s}_{3,2}^{\mathrm{T}}&(b_2\times\hat{s}_{3,2})^{\mathrm{T}}\\\vdots&\vdots\\\hat{s}_{3,6}^{\mathrm{T}}&(b_6\times\hat{s}_{3,6})^{\mathrm{T}}\end{pmatrix}$；$\dot{\Theta}=\begin{pmatrix}\dot{d}_1\\\dot{d}_2\\\vdots\\\dot{d}_6\end{pmatrix}$。

7.4　并联机器人的奇异性分析

7.4.1　并联机器人奇异的分类

对于串联机器人，并联机器人的奇异位形问题要复杂得多。例如，当机构的静力雅可比矩阵变为奇异阵时，静力学反解不存在，这时，机构处于不定位形。一方面，如果矩阵降秩，其操作平台尚有自由度未被约束，这时机器人将失去控制；另一方面，如果矩阵不降秩，但运动平台的自由度发生变化，这时虽然机器人是稳定的，然而由于其自由度的数目或性质发生变化，造成某些方向的连续运动不能实现。因此无论发生哪一种奇异位形，在设计和应用并联机器人时应该避开。实际上，机器人除了避开奇异位形之外，即使当机器人工作在奇异位形附近时，其稳定性、刚度性能以及运动传递性能也会发生预想不到的变化。

因此，对并联机器人的奇异位形进行分类并分析各种类型奇异位形的特点，是进一步研

究并联机器人奇异性的基础。

最常见的奇异分类方法是：把并联机器人的驱动关节看成输入，记为 $\boldsymbol{\Theta}$，而末端执行器看成输出，记为 $\boldsymbol{X}$。根据速度约束方程 $\boldsymbol{J}_X\dot{\boldsymbol{X}}=\boldsymbol{J}_\Theta\dot{\boldsymbol{\Theta}}$，把并联机构的奇异位姿分为三种类型：逆运动学奇异（第一类奇异，$\det(\boldsymbol{J}_\Theta)=0$），正运动学奇异（第二类奇异，$\det(\boldsymbol{J}_X)=0$）和组合奇异（第三类奇异，$\det(\boldsymbol{J}_X)=0$，且 $\det(\boldsymbol{J}_\Theta)=0$）。

另外一种常见的分类方法是将并联机构的奇异分为支链奇异（Limb Singularity），驱动奇异（Actuation Singularity）和平台奇异（Platform Singularity）。支链奇异是支链中的运动旋量系发生不必要的线性相关，从而引入意外约束，导致支链运动控制失效。驱动奇异是指由于驱动器安装的数目和位置不尽合理，造成机构在运动过程中发生载荷上的突变，其后果可能造成机构运动锁死甚至烧毁电动机。平台奇异是指动平台的约束旋量系发生线性相关，造成该旋量系降秩，即所谓约束奇异状态。这时，机构的瞬时自由度增加，其受力状态、运动学及动力学性能也会发生突变。

7.4.2 并联机器人奇异的求解方法简介

1. 代数法

任一机器人的奇异位姿最终都可用一个或某些矩阵（典型的莫过于机器人的速度雅可比矩阵）是否满秩来判断，代数法就是计算这些矩阵的行列式为零时的条件，奇异位姿是行列式所对应的非线性方程的解。虽然对于一般的机器人都可以写出判断行列式所对应的非线性方程，但是对于多自由度的并联机器人，即使采用符号运算软件，这样的非线性方程求解还是非常复杂。因此代数的方法只适用于比较简单或者比较特殊的并联机器人。

2. 旋量法或线几何法

旋量理论已广泛用于复杂机构尤其是并联机器人奇异位姿的分析。Merlet 曾采用线几何理论，不需要复杂的代数计算，就可以分析出一个特殊的 Stewart 平台所有可能的奇异位姿[19]。

【例 7-3】 对图 7.24a 所示的平面 3-RRR 并联机器人进行奇异性分析。

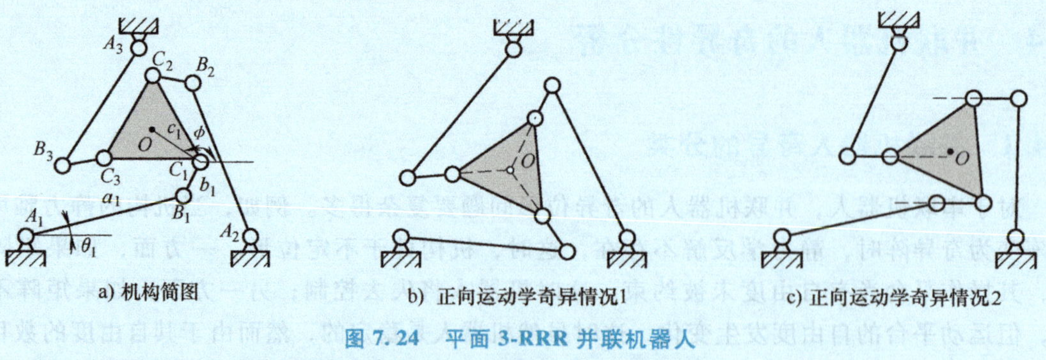

图 7.24 平面 3-RRR 并联机器人

解： 根据封闭矢量多边形法建立三个独立的闭环方程

$$\boldsymbol{A}_i\boldsymbol{O}+\boldsymbol{OC}_i=\boldsymbol{A}_i\boldsymbol{B}_i+\boldsymbol{B}_i\boldsymbol{C}_i\quad(i=1,2,3)$$

对上式关于时间 t 求导，可以得到如下关系式（或直接利用 7.3.1 节的结果）

$$J_X\dot{X}=J_{\Theta}\dot{\Theta}$$

式中，输入变量 $\dot{\Theta}=(\dot{\theta}_1,\dot{\theta}_2,\dot{\theta}_3)^{\mathrm{T}}$，输出变量 $\dot{X}=(v_{ox}\quad v_{oy}\quad \dot{\varphi}\quad)^{\mathrm{T}}$，

$$J_X=\begin{pmatrix} b_{1x} & b_{1y} & c_{1x}b_{1y}-c_{1y}b_{1x} \\ b_{2x} & b_{2y} & c_{2x}b_{2y}-c_{2y}b_{2x} \\ b_{3x} & b_{3y} & c_{3x}b_{3y}-c_{3y}b_{3x} \end{pmatrix},\quad J_{\Theta}=\begin{pmatrix} a_{1x}b_{1y}-a_{1y}b_{1x} & 0 & 0 \\ 0 & a_{2x}b_{2y}-a_{2y}b_{2x} & 0 \\ 0 & 0 & a_{3x}b_{3y}-a_{3y}b_{3x} \end{pmatrix}$$

发生第一类奇异（逆运动学奇异）的条件：$\det(J_{\Theta})=0$，即 $a_i\times b_i=a_{ix}b_{iy}-a_{iy}b_{ix}=0$ （$i=1$，或 2，或 3），意味着每个支链中靠近机架的两根杆折叠在一起或完全展开的状态。这时，动平台的自由度数减少。

发生第二类奇异（正运动学奇异）的条件：$\det(J_X)=0$。这时有两种可能：

1） $c_i\times b_i=c_{ix}b_{iy}-c_{iy}b_{ix}=0$　（$i=1$、2 或 3），意味着每个支链中靠近动平台的两根杆折叠在一起或完全展开的状态，展开的示意图如图 7.24b 所示。

2）矩阵 J_X 的前两列线性相关，表示三个 B_iC_i 杆相互平行，如图 7.24c 所示。

这两种情况下，动平台的自由度数增多。即使锁住输入，动平台也可能存在自由度的输出。

发生第三类奇异（组合型奇异）的条件：$\det(J_X)=0$，且 $\det(J_{\Theta})=0$。这时也存在两种可能：

1） $|A_1A_2|=|A_2A_3|=|A_1A_3|=\sqrt{3}a_i, b_i=c_i$　$(i=1,2,3)$。

2） $|A_1A_2|=|A_2A_3|=|A_1A_3|=|C_1C_2|=|C_2C_3|=|C_1C_3|$，且 $b_i=a_i$　（$i=1$，2，3）。

7.5　本章小结

1）并联机器人位移分析的主要任务是找到输入杆的长度（或输入转角）与动平台的位置与姿态之间的关系。一般情况下，并联机器人的位移反解简单，但正解复杂，与串联机器人正好相反。与串联机器人类似的是，并联机器人的位移解也可分为封闭解法和数值解法两种。封闭解法通常是基于某种数学方法（包括多环封闭矢量多边形法、几何法、矩阵法、旋量法、四元数法等），通过建立约束方程，再从约束方程组中消去未知数，以得到单参数的多项式后再求解。其优点在于能够得到解析表达式，进而求得全部解，但解的难度很大，不具有通用性。而数值解法能迅速方便地对任何机构求解，但一般得不到全部解。

2）相比串联机器人而言，并联机器人的速度雅可比矩阵求解要复杂得多，这主要是并联机器人所具有的多环结构特点决定的。有关求解的方法有多种，其中有两种方法比较常用：位移方程直接求导法和旋量法。

3）相对串联机器人而言，并联机器人的奇异性问题要复杂得多，存在不同的分类方法，其中常用的是逆运动学奇异（第一类奇异）、正运动学奇异（第二类奇异）和组合奇异（第三类奇异）。常用的奇异求解方法包括代数法、旋量系与线几何法等。

延读文献

[1] HAMID D T. 并联机器人机构学与控制 [M]. 刘山，译. 北京：机械工业出版社，2018.

[2] LYNCH K M，Park F C. 现代机器人学机构、规划与控制 [M]. 于靖军，贾振中，译. 北京：机械工业出版社，2019.

[3] MERLET J P. *Parallel Robots* [M]. Netherlands：Springer，2006.

[4] TSAI L W. *Robot Analysis：The Mechanics of Serial and Parallel Manipulators* [M]. Nsew York：Wiley-Interscience Publication，1999.

[5] 黄真，赵永生，赵铁石. 高等空间机构学 [M]. 北京：高等教育出版社，2005.

[6] 刘辛军，谢福贵，汪劲松. 并联机器人机构学基础 [M]. 北京：高等教育出版社，2018.

习 题

一、问答题

7-1 并联机器人有哪些潜在的优、缺点？

7-2 并联机器人位移反解一定比位移正解简单吗？

7-3 相比串联机器人，并联机器人的奇异类型更为复杂多样。试结合具体实例，给出常见的并联机器人奇异类型。

二、论证、分析题

7-4 图 7.25 所示为一对称分布的平面 5R 机构，图 7.25a 所示为机构的 3D 模型，结构参数分布与参考坐标系如图 7.25b 所示。试求：

1）该机构的自由度。

2）该机构的位移正、反解。

3）该机构的速度雅可比矩阵。

4）该机构是否存在奇异位姿？

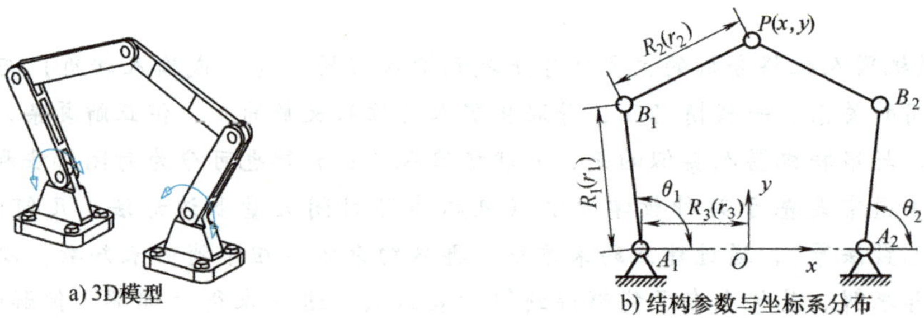

图 7.25 平面 5R 机构

7-5 图 7.26 所示为 3-RPR 平面并联机器人，移动副为驱动副。定义 $\boldsymbol{a}_i \in \mathbb{R}^2$ 是在基坐标系下从坐标原点 O 到关节 A_i 的矢量（i=1，2，3）；定义 $\boldsymbol{b}_i \in \mathbb{R}^2$ 从动平台的原点 P 到关节 B_i 的矢量（i=1，2，3）。

1）求解该并联机器人的位移反解。

2）求解该并联机器人的位移正解。

7-6 3-RPR 平面并联机器人的 3D 模型如图 7.27a 所示，各结构参数分布与坐标系如图 7.27b 所示。试求：

1）该机器人的位移正、反解。

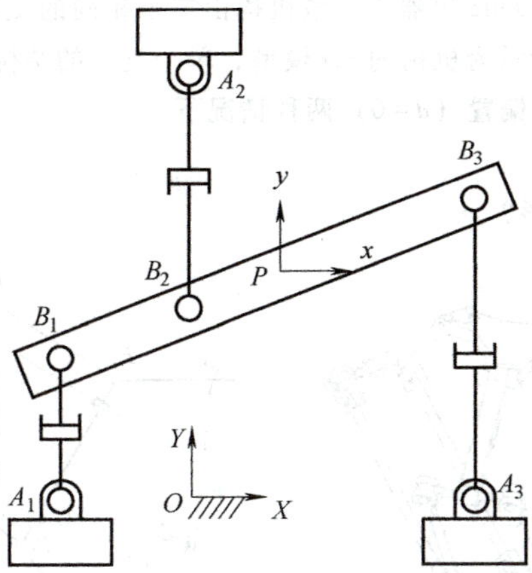

图 7.26　3-RPR 平面并联机器人

2）该机器人的速度雅可比矩阵。

3）该机器人是否存在奇异位形？

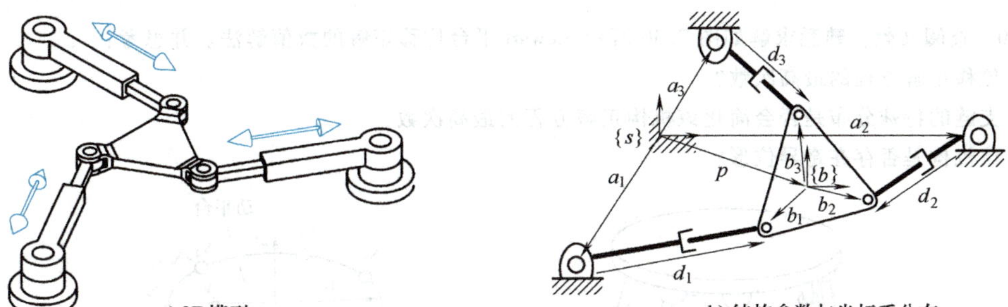

a) 3D模型　　　b) 结构参数与坐标系分布

图 7.27　3-RPR 平面并联机器人

7-7　试推导如图 7.28 所示 3-CS 并联平台的雅可比矩阵。3-CS 机构简图如图 7.28a 所示，三个圆柱副的轴线方向固定且分别与机架相连，运动平台与三个分支各用球铰（S）相连，各个分支又与其所对应的圆柱副的轴线方向相垂直（图 7.28b）。该机器人的驱动副是组成圆柱副的移动副。试建立该机器人的位移正、反解方程。

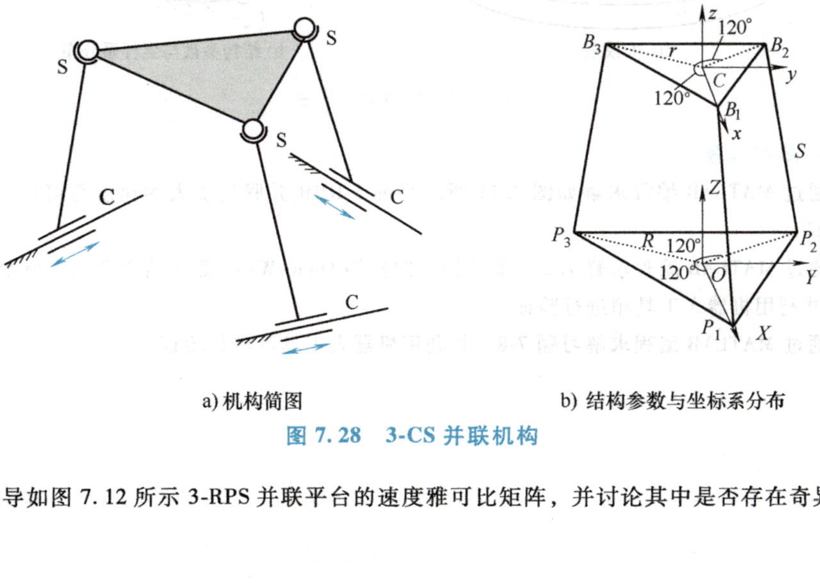

a) 机构简图　　　b) 结构参数与坐标系分布

图 7.28　3-CS 并联机构

7-8　试推导如图 7.12 所示 3-RPS 并联平台的速度雅可比矩阵，并讨论其中是否存在奇异位形。

7-9　图 7.29 所示为一改进型 Delta 机器人。该机构由三个相同的支链 RR（4R）R 组成，因此又称为 3-RR（4R）R 型机构。图 7.29a 所示为机构的 3D 模型，单个支链的结构参数分布与参考坐标系如图 7.29b 所示。试求：有偏置（$d \neq 0$）和无偏置（$d=0$）两种情况下

1）该机器人的位移正、反解。

2）该机器人是否存在奇异位形？

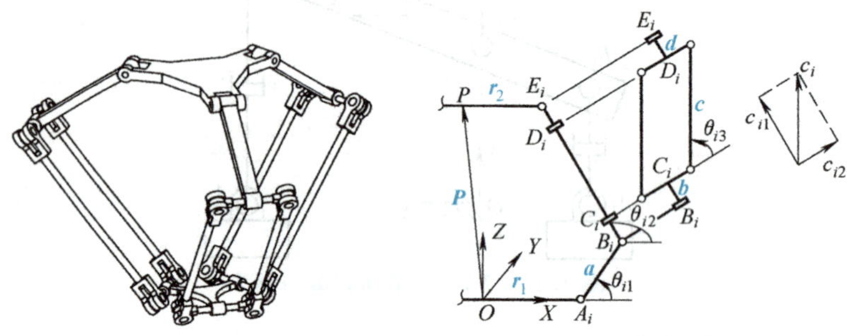

a) 3D 模型　　b) 结构参数与坐标系分布

图 7.29　3-RR（4R）R 型并联机器人

7-10　查阅文献，熟悉求解如图 7.30 所示 Stewart 平台位移正解的数值解法。并思考：

1）位移正解方程的最高次数？

2）支链的特殊分布是否会简化该机构正解方程的最高次数？

3）该机构是否存在奇异位形？

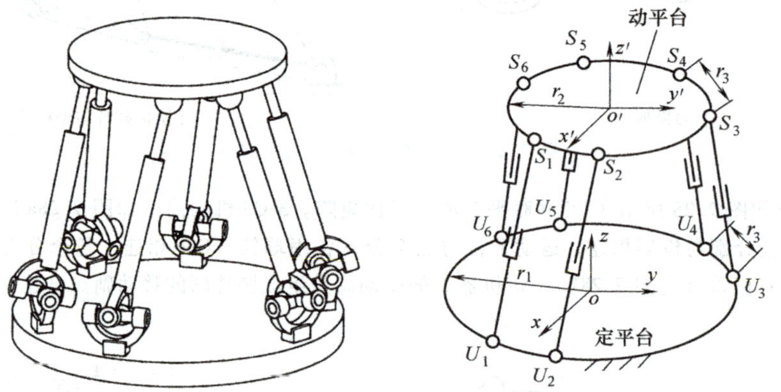

a) 3D模型　　b) 结构参数与坐标系分布

图 7.30　Stewart 平台

三、MATLAB 编程题

7-11　试通过 MATLAB 编程求解如图 7.11 所示平面 3-RRR 并联机器人的速度雅可比，并利用机器人工具箱进行验证。

7-12　试通过 MATLAB 编程求解 7.2.2 节所给指向机构 Omni-Wrist Ⅲ（结合算例中所给的参数）的位置正、反解，并利用机器人工具箱进行验证。

7-13　试通过 MATLAB 编程求解习题 7-8，并利用机器人工具箱进行验证。

第8章　串联机器人的动力学建模

【内容导读与学习目标】

相对于机器人运动学，机器人动力学显得异常复杂，但同时，机器人的动力学研究却十分重要。尤其在对以高速、重载等为特征的自动化设备需求日益强烈的今天，动力学问题越发突出。与机器人运动学类似，机器人动力学也分为正动力学与逆动力学两类问题。前者是已知关节驱动力/力矩，求解机器人的真实运动；而后者是计算实现预期运动所需的关节力/力矩。逆动力学分析是机器人控制、结构设计与驱动器选型的基础。

目前，分析机器人动力学的常用方法中，最为经典的是拉格朗日（Lagrange）法和牛顿-欧拉（Newton-Euler）法，本章主要介绍这两种方法。此外，本章还讨论实际机器人系统中摩擦、传动比对动力学模型的影响，建立了驱动空间动力学模型和操作空间动力学模型。通过学习，希望读者能够：

1）掌握基于拉格朗日方程的串联机器人动力学建模方法。

2）了解基于牛顿-欧拉方程的串联机器人动力学建模方法。

3）掌握从关节空间动力学模型到驱动空间动力学模型的变换方法。

4）了解从关节空间动力学模型到操作空间动力学模型的变换方法。

授课视频

8.1　机器人动力学建模的目的与意义

研究外载荷和关节驱动力作用下机器人的真实运动规律，属于机器人动力学研究范畴，为此需要建立广义力与运动学参数之间的函数关系式，即建立机器人动力学模型。

机器人动力学建模涵盖正、反两类问题。正问题是指给定关节力/力矩、末端外界负载，求解机器人的真实运动，对应着机器人动力学模型；逆问题是指已知机器人的运动规律（如关节轨迹点或末端轨迹点），以及末端外界负载，求解所期望的关节力/力矩，对应着机器人逆动力学模型。正问题主要用于机器人的动力学仿真，以实现对机器人真实或接近真实情况下的性能评价；而逆问题主要用于驱动器选型与机器人的运动控制。图 8.1 所示为 PUMA560 机器人的控制仿真框图，其中既用到了逆动力学模型，也用到了动力学模型。

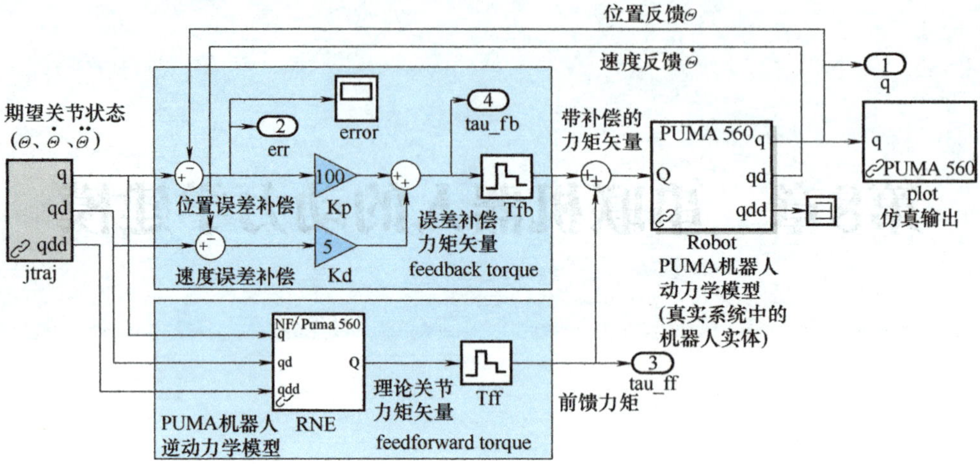

图 8.1　动力学模型在 PUMA560 机器人仿真控制中的应用

建立机器人动力学模型的方法有多种，如基于拉格朗日方程的分析力学方法，采用牛顿-欧拉方程的矢量力学方法以及基于凯恩方程的多体动力学方法等，这些经典的刚体动力学建模方法都可以用于机器人的动力学建模。

8.2　刚体的惯性

与机器人运动学不同的是，研究机器人动力学必须考虑惯性（Inertia）的影响。例如，一个水平移动滑块的动力学，必须考虑滑块的质量（Mass）；一个定轴转动齿轮，要用到惯性矩（Moment of Inertia，或转动惯量）的概念。三维运动的空间刚体动力学要复杂得多，因为其质量及惯性特性比质点更为复杂。这时需引入惯性张量（或惯性矩阵）的概念。本节主要介绍质心、惯性张量、平行轴定理以及主惯性矩等与刚体惯性有关的基本概念。

1. 质量与质心

由理论力学知识可知，刚体可看作是由若干个刚性连接的质点组成的质点系。其中，质点 i 的质量记为 m_i，它相对于参考坐标系原点的矢径为 $\boldsymbol{r}_i=(x_i, y_i, z_i)^{\mathrm{T}}$，如图 8.2a 所示。这时，刚体的质量为

$$m=\sum_i m_i \tag{8.1}$$

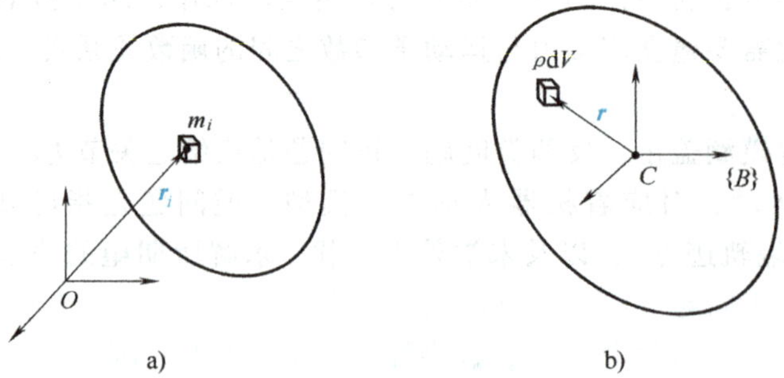

图 8.2　刚体的惯性特性：质量与质心

或者如图 8.2b 所示，令 $V\in\mathbb{R}^3$表示刚体的体积，假定刚体由各向同性材料（质量均匀分布）组成，则其密度 ρ 是个常值（本章只涉及此类情况）。这时，刚体的质量可以表示成

$$m=\int_V\rho\mathrm{d}V \tag{8.2}$$

在刚体的质心（Center of Mass）处，应满足

$$m\bar{\boldsymbol{r}}=\left(\sum_i m_i\right)\bar{\boldsymbol{r}}=\sum_i m_i\boldsymbol{r}_i \tag{8.3}$$

由此可确定质心位置，即质心的矢径满足

$$\bar{\boldsymbol{r}}=\frac{1}{m}\sum_i m_i\boldsymbol{r}_i \tag{8.4}$$

当参考坐标系原点取在质心位置时，有

$$\bar{\boldsymbol{r}}=\sum_i m_i\boldsymbol{r}_i=0 \tag{8.5}$$

2. 惯性矩

假设一刚体以角速度 $\boldsymbol{\omega}$ 绕定点 O 转动，这时，刚体上任一矢径为 $\boldsymbol{r}_i=(x_i,y_i,z_i)^{\mathrm{T}}$的质点 i 的线速度为

$$\boldsymbol{v}_i=\dot{\boldsymbol{r}}_i=\boldsymbol{\omega}\times\boldsymbol{r}_i \tag{8.6}$$

根据质点系的动量矩（Moment of Momentum）公式可知

$$\boldsymbol{L}_O=\sum_i\boldsymbol{r}_i\times m_i\dot{\boldsymbol{r}}_i=\sum_i m_i[\boldsymbol{r}_i\times(\boldsymbol{\omega}\times\boldsymbol{r}_i)]=\sum_i m_i[\boldsymbol{\omega}(\boldsymbol{r}_i^{\mathrm{T}}\boldsymbol{r}_i)-\boldsymbol{r}_i(\boldsymbol{r}_i^{\mathrm{T}}\boldsymbol{\omega})] \tag{8.7}$$

式（8.7）进一步化简得

$$\boldsymbol{L}_O=\sum_i m_i[(\boldsymbol{r}_i^{\mathrm{T}}\boldsymbol{r}_i)\boldsymbol{\omega}-\boldsymbol{r}_i\boldsymbol{r}_i^{\mathrm{T}}\boldsymbol{\omega}]=\left\{\sum_i m_i[(\boldsymbol{r}_i^{\mathrm{T}}\boldsymbol{r}_i)\boldsymbol{I}_3-\boldsymbol{r}_i\boldsymbol{r}_i^{\mathrm{T}}]\right\}\boldsymbol{\omega}={}^O\mathcal{I}\boldsymbol{\omega} \tag{8.8}$$

定义${}^O\mathcal{I}=\sum_i m_i[(\boldsymbol{r}_i^{\mathrm{T}}\boldsymbol{r}_i)\boldsymbol{I}_3-\boldsymbol{r}_i\boldsymbol{r}_i^{\mathrm{T}}]$为刚体相对定点 O 的惯性张量（Inertia Tensor），也称作惯性矩阵（Inertia Matrix）。根据该定义式，对各项分解展开得

$${}^O\mathcal{I}=\begin{pmatrix}\sum_i m_i(y_i^2+z_i^2) & -\sum_i m_ix_iy_i & -\sum_i m_ix_iz_i\\ -\sum_i m_ix_iy_i & \sum_i m_i(x_i^2+z_i^2) & -\sum_i m_iy_iz_i\\ -\sum_i m_ix_iz_i & -\sum_i m_iy_iz_i & \sum_i m_i(x_i^2+y_i^2)\end{pmatrix} \tag{8.9}$$

写成通式的形式

$${}^O\mathcal{I}=\begin{pmatrix}I_{xx} & -I_{xy} & -I_{xz}\\ -I_{xy} & I_{yy} & -I_{yz}\\ -I_{xz} & -I_{yz} & I_{zz}\end{pmatrix} \tag{8.10}$$

式中，I_{xx}、I_{yy}、I_{zz} 分别为刚体绕 x、y、z 轴的惯性矩；I_{xy}、I_{yz}、I_{xz} 分别为刚体绕轴 x、y，轴 y、z，轴 x、z 的惯性积。可以看出，这六个量的值与所选取的参考坐标系有关。

对比式（8.9）和式（8.10）可以看出：惯性张量为一对称阵。

式（8.10）中的各元素也可以通过积分方程来确定，即

$$
\begin{aligned}
I_{xx} &= \iiint_V (y^2 + z^2)\rho \mathrm{d}V \\
I_{yy} &= \iiint_V (x^2 + z^2)\rho \mathrm{d}V \\
I_{zz} &= \iiint_V (x^2 + y^2)\rho \mathrm{d}V \\
I_{xy} &= \iiint_V xy\rho \mathrm{d}V \\
I_{xz} &= \iiint_V xz\rho \mathrm{d}V \\
I_{yz} &= \iiint_V yz\rho \mathrm{d}V
\end{aligned}
\tag{8.11}
$$

【例 8-1】 已知均质杆为长方体，质量为 m，长度为 l，宽度为 w，高为 h，分别在杆的质心处和某个顶点处建立参考坐标系，坐标轴沿杆的主轴方向，如图 8.3 所示。分别求质心 C 和顶点 A 处的惯性张量。

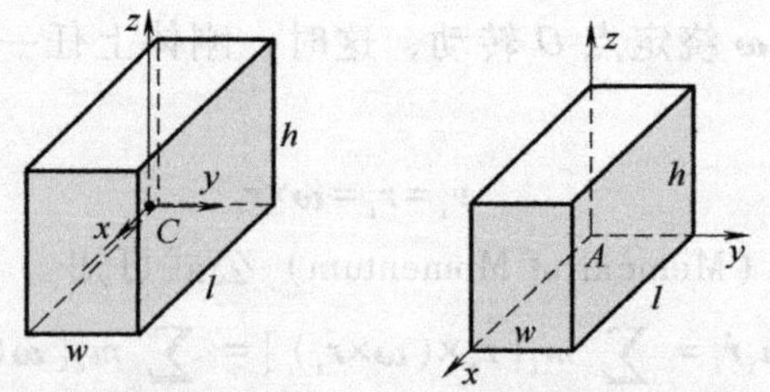

a) 参考坐标系在质心C处　　b) 参考坐标系在顶点A处

图 8.3　长方体的广义惯性张量

解： 首先计算参考坐标系在质心 C 处的惯性矩。根据定义式可得

$$^{C}I_{xx} = \int_V \rho(y^2 + z^2)\mathrm{d}V = \int_{-h/2}^{h/2}\int_{-w/2}^{w/2}\int_{-l/2}^{l/2} \frac{m}{lwh}(y^2 + z^2)\mathrm{d}x\mathrm{d}y\mathrm{d}z = \frac{m}{12}(w^2 + h^2)$$

$$^{C}I_{yy} = \int_V \rho(x^2 + z^2)\mathrm{d}V = \int_{-h/2}^{h/2}\int_{-w/2}^{w/2}\int_{-l/2}^{l/2} \frac{m}{lwh}(x^2 + z^2)\mathrm{d}x\mathrm{d}y\mathrm{d}z = \frac{m}{12}(l^2 + h^2)$$

$$^{C}I_{zz} = \int_V \rho(x^2 + y^2)\mathrm{d}V = \int_{-h/2}^{h/2}\int_{-w/2}^{w/2}\int_{-l/2}^{l/2} \frac{m}{lwh}(x^2 + y^2)\mathrm{d}x\mathrm{d}y\mathrm{d}z = \frac{m}{12}(l^2 + w^2)$$

$$^{C}I_{xy} = \int_V \rho xy\mathrm{d}V = -\int_{-h/2}^{h/2}\int_{-w/2}^{w/2}\int_{-l/2}^{l/2} \frac{m}{lwh}xy\mathrm{d}x\mathrm{d}y\mathrm{d}z = 0，同理\ ^{C}I_{xz} = {}^{C}I_{yz} = 0。$$

因此，相应的惯性张量为

$$^{C}\mathcal{I} = \begin{pmatrix} \frac{m}{12}(w^2+h^2) & 0 & 0 \\ 0 & \frac{m}{12}(l^2+h^2) & 0 \\ 0 & 0 & \frac{m}{12}(l^2+w^2) \end{pmatrix} \tag{8.12}$$

再计算参考坐标系在顶点 A 处的惯性矩。同样根据定义式可得

$$^{A}I_{xx}=\int_V \rho(y^2+z^2)\mathrm{d}V=\int_0^h\int_0^w\int_0^l \frac{m}{lwh}(y^2+z^2)\mathrm{d}x\mathrm{d}y\mathrm{d}z=\frac{m}{3}(w^2+h^2)$$

$$^{A}I_{yy}=\int_V \rho(x^2+z^2)\mathrm{d}V=\int_0^h\int_0^w\int_0^l \frac{m}{lwh}(x^2+z^2)\mathrm{d}x\mathrm{d}y\mathrm{d}z=\frac{m}{3}(l^2+h^2)$$

$$^{A}I_{zz}=\int_V \rho(x^2+y^2)\mathrm{d}V=\int_0^h\int_0^w\int_0^l \frac{m}{lwh}(x^2+y^2)\mathrm{d}x\mathrm{d}y\mathrm{d}z=\frac{m}{3}(l^2+w^2)$$

$$^{A}I_{xy}=\int_V \rho xy\mathrm{d}V=\int_0^h\int_0^w\int_0^l \frac{m}{lwh}xy\mathrm{d}x\mathrm{d}y\mathrm{d}z=\frac{m}{4}lw$$

$$^{A}I_{yz}=\int_V \rho yz\mathrm{d}V=\int_0^h\int_0^w\int_0^l \frac{m}{lwh}yz\mathrm{d}x\mathrm{d}y\mathrm{d}z=\frac{m}{4}wh$$

$$^{A}I_{xz}=\int_V \rho xz\mathrm{d}V=\int_0^h\int_0^w\int_0^l \frac{m}{lwh}xz\mathrm{d}x\mathrm{d}y\mathrm{d}z=\frac{m}{4}lh$$

因此，相应的惯性张量为

$$^{A}\mathcal{I}=\begin{pmatrix}\frac{m}{3}(w^2+h^2) & -\frac{m}{4}wl & -\frac{m}{4}lh\\ -\frac{m}{4}wl & \frac{m}{3}(l^2+h^2) & -\frac{m}{4}hw\\ -\frac{m}{4}lh & -\frac{m}{4}hw & \frac{m}{3}(l^2+w^2)\end{pmatrix} \tag{8.13}$$

在【例 8-1】的两个参考坐标系中，各相应坐标轴相互平行，因此可以采用平行移轴定理简化计算，即两个参考坐标系下的惯性张量可以相互转换。

【平行移轴定理】　将参考坐标系的原点由质心 C 处平移到另一点 A 处，刚体惯性张量的变换关系为

$$^{A}\mathcal{I}={}^{C}\mathcal{I}+m[(\boldsymbol{r}_C^{\mathrm{T}}\boldsymbol{r}_C)\boldsymbol{I}_3-\boldsymbol{r}_C\boldsymbol{r}_C^{\mathrm{T}}] \tag{8.14}$$

式中，$\boldsymbol{r}_C=(x_C,y_C,z_C)^{\mathrm{T}}$，为刚体质心相对 $\{A\}$ 原点的位置矢量。

式（8.14）展开得

$$\begin{cases}^{A}I_{xx}={}^{C}I_{xx}+m(y_C^2+z_C^2)\\ ^{A}I_{yy}={}^{C}I_{yy}+m(z_C^2+x_C^2)\\ ^{A}I_{zz}={}^{C}I_{zz}+m(x_C^2+y_C^2)\\ ^{A}I_{xy}={}^{C}I_{xy}+mx_Cy_C\\ ^{A}I_{yz}={}^{C}I_{yz}+my_Cz_C\\ ^{A}I_{zx}={}^{C}I_{zx}+mz_Cx_C\end{cases} \tag{8.15}$$

可以用式（8.15）验证式（8.13）的结果。

$$^{A}I_{xx}={}^{C}I_{xx}+m(y_C^2+z_C^2)=\frac{m}{12}(w^2+h^2)+m\left(\frac{w^2}{4}+\frac{h^2}{4}\right)=\frac{m}{3}(w^2+h^2)$$

$$^{A}I_{yy}={}^{C}I_{yy}+m(x_C^2+z_C^2)=\frac{m}{12}(l^2+h^2)+m\left(\frac{l^2}{4}+\frac{h^2}{4}\right)=\frac{m}{3}(l^2+h^2)$$

$$^{A}I_{zz}={}^{C}I_{zz}+m(x_C^2+y_C^2)=\frac{m}{12}(l^2+w^2)+m\left(\frac{l^2}{4}+\frac{w^2}{4}\right)=\frac{m}{3}(l^2+w^2)$$

$$^{A}I_{xy}={}^{C}I_{xy}+mx_Cy_C=0+m\left(\frac{l}{2}\cdot\frac{w}{2}\right)=\frac{m}{4}lw$$

$$^{A}I_{yz}={}^{C}I_{yz}+my_Cz_C=0+m\left(\frac{w}{2}\cdot\frac{h}{2}\right)=\frac{m}{4}wh$$

$$^{A}I_{xz}={}^{C}I_{xz}+mx_Cz_C=0+m\left(\frac{l}{2}\cdot\frac{h}{2}\right)=\frac{m}{4}lh$$

由上面的例子可以看出，刚体惯性张量 $\mathcal{I}$ 与所选择的参考坐标系（原点位置和坐标轴方向）直接相关㊀。例如，在某一特殊参考坐标系下，其惯性积可以为零。这时刚体的惯性张量 $\mathcal{I}$ 退化成对角阵，所选取的三个特殊坐标轴是 $\mathcal{I}$ 的特征矢量，称为惯性主轴（Principal Axes of Inertia），与三个惯性主轴对应的惯性矩称为主惯性矩（Principal Moments of Inertia）。例如，【例 8-1】将参考坐标系原点选在质心 C 处时，就满足这种特殊情况，相应的 x、y、z 轴就是惯性主轴；$^{C}\mathcal{I}$ 主对角线的三个元素为该刚体的主惯性矩。

事实上，可以证明刚体惯性张量 $\mathcal{I}$ 是对称正定阵，因此总可以对角化。相应地，一种求取惯性主轴和主惯性矩的方法就是求 $\mathcal{I}$ 的特征值和特征矢量，即

$$\mathcal{I}\boldsymbol{u}_i=\lambda_i\boldsymbol{u}_i\quad(i=1,2,3)\tag{8.16}$$

$$|\mathcal{I}-\lambda_i\boldsymbol{I}_{3\times3}|=0\tag{8.17}$$

式中，对应的三个特征矢量 $\boldsymbol{u}_i$（$i=1$，2，3）为惯性主轴，它们相互正交；λ_i（$i=1$，2，3）为三个主惯性矩。可通过式（8.13）的特征值及特征矢量进行验证。图 8.4 所示为密度均匀的常见刚体的惯性主轴，以及主惯性矩。

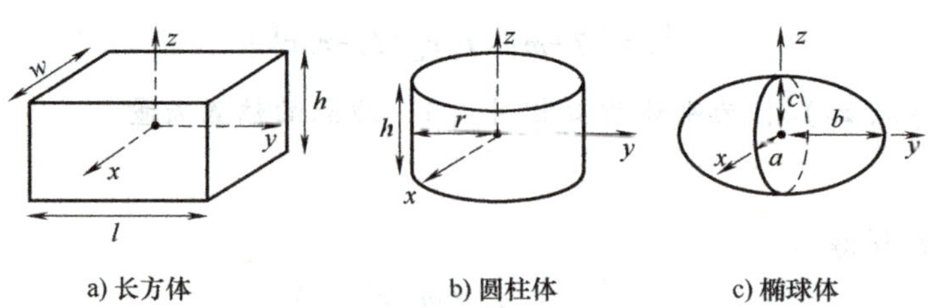

a) 长方体
$I_{xx}=m(w^2+h^2)/12$,
$I_{yy}=m(l^2+h^2)/12$,
$I_{zz}=m(l^2+w^2)/12$

b) 圆柱体
$I_{xx}=m(3r^2+h^2)/12$,
$I_{yy}=m(3r^2+h^2)/12$,
$I_{zz}=mr^2/2$

c) 椭球体
$I_{xx}=m(b^2+c^2)/5$,
$I_{yy}=m(a^2+c^2)/5$,
$I_{zz}=m(a^2+b^2)/5$

图 8.4 密度均匀刚体的惯性主轴以及主惯性矩

刚体惯性张量的几个重要特性总结如下：

㊀ 两个不同参考坐标系下的刚体惯性张量 $\mathcal{I}$ 之间满足相似变换的关系，即 $^{A}\mathcal{I}=\mathrm{Ad}_T{}^{B}\mathcal{I}\mathrm{Ad}_T^{\mathrm{T}}$。存在两种特殊情况：①若两坐标系共原点，则满足 $^{A}\mathcal{I}={}^{A}_{B}\boldsymbol{R}{}^{B}\mathcal{I}{}^{A}_{B}\boldsymbol{R}^{\mathrm{T}}$；②若两坐标系之间只存在平移关系，则满足平行移轴定理，即式（8.14）表示的公式。

1）过刚体质心的坐标系轴为其主轴，对应的惯性积为零，惯性矩为主惯性矩。

2）即使选取的参考坐标系不同，但惯性矩永远为正，而惯量积正负皆有可能。

3）任意参考坐标系下的惯性张量，其特征值为主惯性矩，对应的特征矢量为惯性主轴。

8.3　基于拉格朗日方程的串联机器人动力学建模

拉格朗日方程是以能量观点来研究机械系统的真实运动规律。理论力学中已经介绍了刚体的拉格朗日方程（第二类拉格朗日方程），这里不再赘述其推导过程，而直接给出拉格朗日方程的一般形式

$$\frac{\mathrm{d}}{\mathrm{d}t}\left(\frac{\partial L}{\partial \dot{q}_j}\right)-\frac{\partial L}{\partial q_j}=Q_j \qquad j=1,2,\cdots,n \tag{8.18}$$

式中，$L=T-U$ 为 Lagrange 函数，其中 T 为动能，U 为势能；q_j为广义坐标，这里一般指关节广义位移（线位移或者角位移）；Q_j为与广义坐标对应的不含有势力的广义力，可通过作用在系统上的非保守力所作的虚功来确定，通常指驱动力；n 为自由度数。

利用拉格朗日方程进行机械系统动力学分析，首先应确定机械系统的广义坐标，然后列出系统的动能、势能和广义力的表达式，再代入式（8.18），即可获得机械系统动力学方程。

下面以图 8.5 所示自由运动（末端不受环境力）的平面 2R 机器人为例，介绍利用拉格朗日方程建立动力学方程的过程。

选取两个关节转角，即 $\boldsymbol{\theta}=(\theta_1,\ \theta_2)^{\mathrm{T}}$ 为广义坐标，广义力 $\boldsymbol{\tau}_{\mathrm{f}}=(\tau_1,\ \tau_2)^{\mathrm{T}}$（注：下标 f 表示自由运动）则与关节力矩相对应。因此，该机构的拉格朗日方程可表示为如下形式

$$\tau_{\mathrm{f}i}=\frac{\mathrm{d}}{\mathrm{d}t}\frac{\partial L}{\partial \dot{\theta}_i}-\frac{\partial L}{\partial \theta_i} \qquad (i=1,\ 2) \tag{8.19}$$

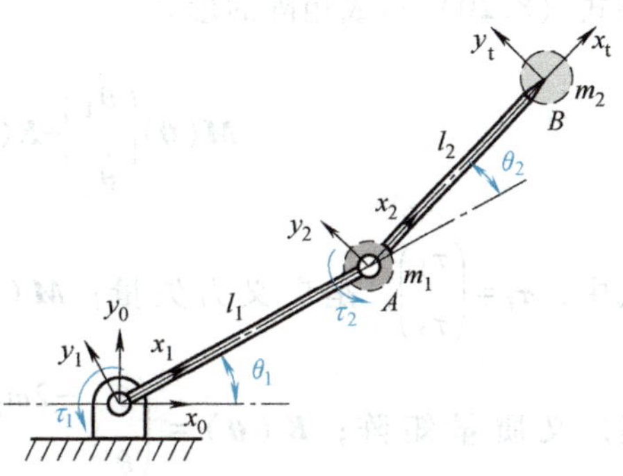

图 8.5　平面 2R 机器人

式中，拉氏函数 $L=T-U$。

该机器人在 xy 平面内移动，重力 $\boldsymbol{g}$ 沿 y 方向。在推导该机器人的动力学方程之前，必须明确机构中所有杆的质量及惯性特性。为简化起见，将两个杆质量均看作是位于各杆末端的集中质量（即各杆的质心在其末端）。

杆 1 质心的位置和速度

$$\begin{pmatrix}x_1\\y_1\end{pmatrix}=\begin{pmatrix}l_1\cos\theta_1\\l_1\sin\theta_1\end{pmatrix}$$

$$\begin{pmatrix}\dot{x}_1\\\dot{y}_1\end{pmatrix}=\begin{pmatrix}-l_1\sin\theta_1\\l_1\cos\theta_1\end{pmatrix}\dot{\theta}_1$$

杆 2 质心的位置和速度

$$\begin{pmatrix} x_2 \\ y_2 \end{pmatrix} = \begin{pmatrix} l_1\cos\theta_1 + l_2\cos(\theta_1+\theta_2) \\ l_1\sin\theta_1 + l_2\sin(\theta_1+\theta_2) \end{pmatrix}$$

$$\begin{pmatrix} \dot{x}_2 \\ \dot{y}_2 \end{pmatrix} = \begin{pmatrix} -l_1\sin\theta_1 - l_2\sin(\theta_1+\theta_2) & -l_2\sin(\theta_1+\theta_2) \\ l_1\cos\theta_1 + l_2\cos(\theta_1+\theta_2) & l_2\cos(\theta_1+\theta_2) \end{pmatrix} \begin{pmatrix} \dot{\theta}_1 \\ \dot{\theta}_2 \end{pmatrix}$$

因此，两杆的动能项分别为

$$T_1 = \frac{1}{2}m_1(\dot{x}_1^2+\dot{y}_1^2) = \frac{1}{2}m_1 l_1^2\dot{\theta}_1^2$$

$$T_2 = \frac{1}{2}m_2(\dot{x}_2^2+\dot{y}_2^2) = \frac{1}{2}m_2[(l_1^2+2l_1l_2\cos\theta_2+l_2^2)\dot{\theta}_1^2+2(l_2^2+2l_1l_2\cos\theta_2)\dot{\theta}_1\dot{\theta}_2+l_2^2\dot{\theta}_2^2]$$

两杆的势能项分别为

$$U_1 = m_1gy_1 = m_1gl_1\sin\theta_1$$

$$U_2 = m_2gy_2 = m_2g[l_1\sin\theta_1 + l_2\sin(\theta_1+\theta_2)]$$

将以上各式代入式（8.19），可得

$$\tau_1 = [m_1l_1^2+m_2(l_1^2+2l_1l_2\cos\theta_2+l_2^2)]\ddot{\theta}_1+m_2(l_1l_2\cos\theta_2+l_2^2)\ddot{\theta}_2-m_2l_1l_2(2\dot{\theta}_1\dot{\theta}_2+\dot{\theta}_2^2)\sin\theta_2+ (m_1+m_2)gl_1\cos\theta_1+m_2gl_2\cos(\theta_1+\theta_2)$$

$$\tau_2 = m_2(l_1l_2\cos\theta_2+l_2^2)\ddot{\theta}_1+m_2l_2^2\ddot{\theta}_2+m_2l_1l_2\dot{\theta}_1^2\sin\theta_2+m_2gl_2\cos(\theta_1+\theta_2) \tag{8.20}$$

将式（8.20）写成矩阵的形式

$$\boldsymbol{M}(\boldsymbol{\theta})\begin{pmatrix} \ddot{\theta}_1 \\ \ddot{\theta}_2 \end{pmatrix}+\boldsymbol{K}(\boldsymbol{\theta})\dot{\theta}_1\dot{\theta}_2+\boldsymbol{C}(\boldsymbol{\theta})\begin{pmatrix} \dot{\theta}_1^2 \\ \dot{\theta}_2^2 \end{pmatrix}+\boldsymbol{G}(\boldsymbol{\theta}) = \boldsymbol{\tau}_{\mathrm{f}} \tag{8.21}$$

式中，$\boldsymbol{\tau}_{\mathrm{f}} = \begin{pmatrix} \tau_1 \\ \tau_2 \end{pmatrix}$，是广义力矢量；$\boldsymbol{M}(\boldsymbol{\theta}) = \begin{pmatrix} m_1l_1^2+m_2(l_1^2+2l_1l_2\cos\theta_2+l_2^2) & m_2(l_1l_2\cos\theta_2+l_2^2) \\ m_2(l_1l_2\cos\theta_2+l_2^2) & m_2l_2^2 \end{pmatrix}$，是广义质量矩阵；$\boldsymbol{K}(\boldsymbol{\theta}) = \begin{pmatrix} \theta & -2m_2l_1l_2\sin\theta_2 \\ \theta & 0 \end{pmatrix}$，是反映哥氏力的系数矩阵；$\boldsymbol{C}(\boldsymbol{\theta}) = \begin{pmatrix} 0 & -m_2l_1l_2\sin\theta_2 \\ m_2l_1l_2\sin\theta_2 & 0 \end{pmatrix}$，是反映离心力的系数矩阵；$\boldsymbol{G}(\boldsymbol{\theta}) = \begin{pmatrix} (m_1+m_2)gl_1\cos\theta_1+m_2gl_2\cos(\theta_1+\theta_2) \\ m_2gl_2\cos(\theta_1+\theta_2) \end{pmatrix}$，是包含重力矩的矢量。

式（8.21）也可以写成一种简化形式

$$\boldsymbol{M}(\boldsymbol{\theta})\begin{pmatrix} \ddot{\theta}_1 \\ \ddot{\theta}_2 \end{pmatrix}+\boldsymbol{V}(\boldsymbol{\theta},\dot{\boldsymbol{\theta}})\begin{pmatrix} \dot{\theta}_1 \\ \dot{\theta}_2 \end{pmatrix}+\boldsymbol{G}(\boldsymbol{\theta}) = \boldsymbol{\tau}_{\mathrm{f}} \tag{8.22}$$

式中，$\boldsymbol{V}(\boldsymbol{\theta},\dot{\boldsymbol{\theta}}) = \begin{pmatrix} 0 & -m_2l_1l_2(2\dot{\theta}_1+\dot{\theta}_2)\sin\theta_2 \\ m_2l_1l_2\dot{\theta}_1\sin\theta_2 & 0 \end{pmatrix}$，是反映速度相关耦合力的合并系数矩阵。

以上即为利用拉格朗日法求得的平面 2R 机器人动力学方程。

将上述建模思想扩展到一般情况。假设某一串联机器人动力学的拉格朗日函数

$$L(\boldsymbol{q},\dot{\boldsymbol{q}})=T(\boldsymbol{q},\dot{\boldsymbol{q}})-U(\boldsymbol{q}) \tag{8.23}$$

式中，$T(\boldsymbol{q},\ \dot{\boldsymbol{q}})$ 为系统的动能；$U(\boldsymbol{q})$ 为系统的势能；$\boldsymbol{q}$ 为关节位移矢量。

基于拉格朗日函数的动力学方程为

$$\frac{\mathrm{d}}{\mathrm{d}t}\frac{\partial L}{\partial \dot{\boldsymbol{q}}}-\frac{\partial L}{\partial \boldsymbol{q}}=\boldsymbol{\tau}_{\mathrm{f}} \tag{8.24}$$

式中，$\boldsymbol{\tau}_{\mathrm{f}}$ 为仅考虑惯量和重力的关节驱动力矢量，即

$$\boldsymbol{\tau}_{\mathrm{f}}=\frac{\mathrm{d}}{\mathrm{d}t}\frac{\partial T}{\partial \dot{\boldsymbol{q}}}-\frac{\partial T}{\partial \boldsymbol{q}}+\frac{\partial U}{\partial \boldsymbol{q}} \tag{8.25}$$

单个连杆的动能可表示成

$$T_i=\frac{1}{2}\boldsymbol{v}_{C_i}^{\mathrm{T}}m_i\boldsymbol{v}_{C_i}+\frac{1}{2}{}^{i}\boldsymbol{\omega}_i^{\mathrm{T}}\,{}^{C}\mathcal{I}_i\,{}^{i}\boldsymbol{\omega}_i \tag{8.26}$$

式（8.26）右边的第一项为基于连杆质心线速度的移动动能，第二项为连杆角速度的转动动能。

对第 6 章的串联机器人速度雅可比公式进行分解，可得

$$\boldsymbol{v}_{C_i}={}^{C_i}\boldsymbol{J}_v\dot{\boldsymbol{q}}\ ,\ \ \boldsymbol{\omega}_i={}^{i}\boldsymbol{J}_\omega\dot{\boldsymbol{q}} \tag{8.27}$$

式中，${}^{C_i}\boldsymbol{J}_v$ 为构件 i 质心线速度对应的速度雅可比；${}^{i}\boldsymbol{J}_\omega$ 为构件 i 角速度对应的速度雅可比。

将式（8.27）代入式（8.26）中，得

$$T_i=\frac{1}{2}\boldsymbol{v}_{C_i}^{\mathrm{T}}m_i\boldsymbol{v}_{C_i}+\frac{1}{2}{}^{i}\boldsymbol{\omega}_i^{\mathrm{T}}\,{}^{C}\mathcal{I}_i\,{}^{i}\boldsymbol{\omega}_i=\frac{1}{2}\dot{\boldsymbol{q}}^{\mathrm{T}}({}^{C_i}\boldsymbol{J}_v^{\mathrm{T}}m_i\,{}^{C_i}\boldsymbol{J}_v+{}^{i}\boldsymbol{J}_\omega^{\mathrm{T}}\,{}^{C}\mathcal{I}_i\,{}^{i}\boldsymbol{J}_\omega)\dot{\boldsymbol{q}}=\frac{1}{2}\dot{\boldsymbol{q}}^{\mathrm{T}}\boldsymbol{M}_i\dot{\boldsymbol{q}} \tag{8.28}$$

式中，$\boldsymbol{M}_i$ 为构件 i 的广义质量矩阵（Generalized Mass Matrix），具体可以写成

$$\boldsymbol{M}_i=\begin{pmatrix}{}^{C_i}\boldsymbol{J}_v^{\mathrm{T}}m_i\,{}^{C_i}\boldsymbol{J}_v & \boldsymbol{0}\\ \boldsymbol{0} & {}^{i}\boldsymbol{J}_\omega^{\mathrm{T}}\,{}^{C}\mathcal{I}_i\,{}^{i}\boldsymbol{J}_\omega\end{pmatrix} \tag{8.29}$$

因此，机器人系统的总动能可以写成

$$T=\sum_{i=1}^{n}T_i=\sum_{i=1}^{n}\left(\frac{1}{2}\dot{\boldsymbol{q}}^{\mathrm{T}}\boldsymbol{M}_i\dot{\boldsymbol{q}}\right)=\frac{1}{2}\dot{\boldsymbol{q}}^{\mathrm{T}}\boldsymbol{M}\dot{\boldsymbol{q}} \tag{8.30}$$

式中，$\boldsymbol{M}$ 为系统的广义质量矩阵或广义惯性张量（Generalized Inertia Matrix，$n\times n$ 阶），为对称正定阵，其各元素是 $\boldsymbol{q}$ 的函数，而系统动能 T 是 $\boldsymbol{q}$ 和 $\dot{\boldsymbol{q}}$ 的函数。

对比质点的动能表达式

$$T=\frac{1}{2}mv^2=\frac{1}{2}v^{\mathrm{T}}mv$$

可以发现，机器人这一类多刚体机械系统的动能表达式在形式上与之非常类似。

下面计算单个连杆的势能。为此需定义一个零势能参考面（通常选基坐标系｛0｝作为零势能参考面），每个连杆的势能增量是重力作功的负值，即

$$U_i=-W_G=-m_i\boldsymbol{g}^{\mathrm{T}}\boldsymbol{r}_{C_i} \tag{8.31}$$

式中，$\boldsymbol{g}$ 表示重力加速度矢量，其取值与基坐标系定义有关，例如：如图 8.5 所示的坐标系定义，$\boldsymbol{g}=(0,-g,0)^{\mathrm{T}}$；$\boldsymbol{r}_{C_i}$ 为第 i 个连杆的质心 C_i 相对｛0｝原点的位置矢量，并在｛0｝中表达，它是关节位置矢量 $\boldsymbol{q}$ 的函数。

因此，机器人系统的总势能可以写成

$$U=\sum_{i=1}^{n}U_i=\sum_{i=1}^{n}(-m_i\boldsymbol{g}^{\mathrm{T}}\boldsymbol{r}_{C_i})\tag{8.32}$$

将式（8.30）与式（8.32）代入式（8.25）中，可得到如下形式的动力学方程

$$\boldsymbol{M}(\boldsymbol{q})\ddot{\boldsymbol{q}}+\boldsymbol{K}(\boldsymbol{q})\dot{\boldsymbol{q}}\dot{\boldsymbol{q}}+\boldsymbol{C}(\boldsymbol{q})\dot{\boldsymbol{q}}^2+\boldsymbol{G}(\boldsymbol{q})=\boldsymbol{\tau}_{\mathrm{f}}\tag{8.33}$$

式中，$\boldsymbol{M}(\boldsymbol{q})\ddot{\boldsymbol{q}}$ 为惯性力项，反映关节加速度对关节驱动力/力矩的影响。其中，$\boldsymbol{M}(\boldsymbol{q})$ 的对角线元素代表机器人的有效惯量，非对角元素代表耦合惯量，它们均随机器人的位姿变化而变化，同时跟负载也有关，变化范围大，对机器人的控制影响很大。因此，对于控制而言，得到 $\boldsymbol{M}(\boldsymbol{q})$ 中各元素的表达式至关重要。$\boldsymbol{K}(\boldsymbol{q})\dot{\boldsymbol{q}}\dot{\boldsymbol{q}}$ 为哥氏力项，反映由于一对关节速度耦合对关节驱动力/力矩的影响，其中 $\boldsymbol{K}(\boldsymbol{q})$ 为哥氏系数，为 $n\times n(n-1)/2$ 维矩阵，$\dot{\boldsymbol{q}}\dot{\boldsymbol{q}}=(\dot{q}_1\dot{q}_2,\ \dot{q}_1\dot{q}_3,\ \cdots,\ \dot{q}_{n-1}\dot{q}_n)^{\mathrm{T}}$；$\boldsymbol{C}(\boldsymbol{q})\dot{\boldsymbol{q}}^2$ 为离心力项，反映角加速度对关节驱动力的影响，其中，$\boldsymbol{C}(\boldsymbol{q})$ 称为离心系数，为 $n\times n$ 阶矩阵；$\boldsymbol{G}(\boldsymbol{q})$ 为重力项，反映各杆重力对关节驱动力的影响，为 $n\times 1$ 阶列矢量。

有时，为了表示简洁，将式（8.21）中的第二、三两项合并，表示成

$$\boldsymbol{M}(\boldsymbol{q})\ddot{\boldsymbol{q}}+\boldsymbol{V}(\boldsymbol{q},\ \dot{\boldsymbol{q}})\dot{\boldsymbol{q}}+\boldsymbol{G}(\boldsymbol{q})=\boldsymbol{\tau}_{\mathrm{f}}\tag{8.34}$$

式（8.34）为无末端接触力的关节驱动力通式。其中，$\boldsymbol{\tau}_{\mathrm{f}}$表示为克服机器人自身惯性力、耦合力和重力而需要的关节驱动力。

如果末端与环境有接触力 $\boldsymbol{F}_{\mathrm{e}}$（下标 e 表示环境），则可根据静力分析结论，计算末端接触力对应的关节负载 $\boldsymbol{\tau}_{\mathrm{e}}$，即满足

$$\boldsymbol{\tau}_{\mathrm{e}}=\boldsymbol{J}^{\mathrm{T}}\boldsymbol{F}_{\mathrm{e}}\tag{8.35}$$

关节总的驱动力 $\boldsymbol{\tau}$ 可通过下式来计算

$$\boldsymbol{\tau}=\boldsymbol{\tau}_{\mathrm{f}}+\boldsymbol{\tau}_{\mathrm{e}}\tag{8.36}$$

由此得到机器人与环境有接触力时的动力学方程

$$\boldsymbol{M}(\boldsymbol{q})\ddot{\boldsymbol{q}}+\boldsymbol{V}(\boldsymbol{q},\ \dot{\boldsymbol{q}})\dot{\boldsymbol{q}}+\boldsymbol{G}(\boldsymbol{q})+\boldsymbol{J}^{\mathrm{T}}\boldsymbol{F}_{\mathrm{e}}=\boldsymbol{\tau}\tag{8.37}$$

拉格朗日形式的机器人动力学方程求解过程小结如下：

1）选取广义坐标。

2）计算系统的动能。

3）计算系统的势能。

4）构造第二类拉格朗日函数（只适用于完整约束系统）。

5）以关节驱动力为广义力，构造拉格朗日动力学方程，求解仅考虑惯量和重力的关节驱动力矢量 $\boldsymbol{\tau}_{\mathrm{f}}$。

6）计算末端环境接触力 $\boldsymbol{F}_{\mathrm{e}}$ 对应的关节静负载 $\boldsymbol{\tau}_{\mathrm{e}}$。

7）最终的关节驱动力 $\boldsymbol{\tau}=\boldsymbol{\tau}_{\mathrm{f}}+\boldsymbol{\tau}_{\mathrm{e}}$。

【背景知识】约瑟夫·拉格朗日（1736—1813）法国著名的数学家、物理学家和天文学家。19 岁被任命为都灵皇家炮兵学校教授。30 岁时继承欧拉的职位成为普鲁士科学院数学部主任。1788 年，拉格朗日在其出版的专著《分析力学》中，将数学分析应用于质点和刚体力学，引进广义坐标的概念，建立了拉格朗日方程，将牛顿力学体系的运动方程从以力为基本概念的形式改变为以能量为基本概念的分析力学形式，为物理学在 19 世界的发展奠定了基础。

【例 8-2】 已知一平面 RP 操作臂，如图 8.6 所示。假设每根杆的质心都位于杆的末端，质量分别为 m_1 和 m_2，连杆 1 的质心到转动关节 1 转轴的距离为 l_1，连杆 2 的质心到关节 1 转轴的距离为 d_2。各连杆的惯性张量为

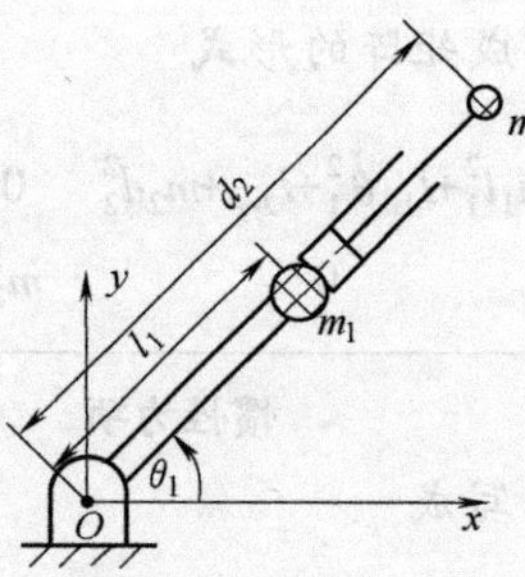

图 8.6 平面 RP 操作臂

$$^{C}\mathcal{I}_i=\begin{pmatrix} I_{ixx} & 0 & 0 \\ 0 & I_{iyy} & 0 \\ 0 & 0 & I_{izz} \end{pmatrix} \quad i=1,2$$

试利用拉格朗日法建立该操作臂的动力学方程。

解：该操作臂作两自由度空间运动。为此，选取广义坐标 $\boldsymbol{q}=(\theta_1,\ d_2)^{\mathrm{T}}$、广义力 $\boldsymbol{\tau}_{\mathrm{f}}=(\tau_1,f_2)^{\mathrm{T}}$。

杆 1 质心的位置和线速度

$$\begin{pmatrix} x_1 \\ y_1 \end{pmatrix}=\begin{pmatrix} l_1\cos\theta_1 \\ l_1\sin\theta_1 \end{pmatrix} \qquad \begin{pmatrix} \dot{x}_1 \\ \dot{y}_1 \end{pmatrix}=\begin{pmatrix} -l_1\sin\theta_1 \\ l_1\cos\theta_1 \end{pmatrix}\dot{\theta}_1$$

杆 2 质心的位置和线速度

$$\begin{pmatrix} x_2 \\ y_2 \end{pmatrix}=\begin{pmatrix} d_2\cos\theta_1 \\ d_2\sin\theta_1 \end{pmatrix} \qquad \begin{pmatrix} \dot{x}_2 \\ \dot{y}_2 \end{pmatrix}=\begin{pmatrix} -d_2\sin\theta_1 & \cos\theta_1 \\ d_2\cos\theta_1 & \sin\theta_1 \end{pmatrix}\begin{pmatrix} \dot{\theta}_1 \\ \dot{d}_2 \end{pmatrix}$$

因此，两杆的动能项分别为

$$T_1=\frac{1}{2}m_1(\dot{x}_1^2+\dot{y}_1^2)+\frac{1}{2}I_{1zz}\dot{\theta}_1^2=\frac{1}{2}m_1l_1^2\dot{\theta}_1^2+\frac{1}{2}I_{1zz}\dot{\theta}_1^2$$

$$T_2=\frac{1}{2}m_2(\dot{x}_2^2+\dot{y}_2^2)+\frac{1}{2}I_{2yy}\dot{\theta}_1^2=\frac{1}{2}m_2(d_2^2\dot{\theta}_1^2+\dot{d}_2^2)+\frac{1}{2}I_{2yy}\dot{\theta}_1^2$$

注意：连杆坐标系 {2} 的坐标轴方向与 {1} 不同。

两杆的势能项分别为

$$U_1=m_1gl_1\sin\theta_1$$

$$U_2=m_2gd_2\sin\theta_1$$

因此，系统的总动能

$$T(\boldsymbol{q},\dot{\boldsymbol{q}})=\sum_{i=1}^{2}T_i=\frac{1}{2}(m_1l_1^2+I_{1zz}+I_{2yy}+m_2d_2^2)\dot{\theta}_1^2+\frac{1}{2}m_2\dot{d}_2^2$$

系统的总势能

$$U(\boldsymbol{q})=\sum_{i=1}^{2}U_i=g(m_1l_1+m_2d_2)\sin\theta_1$$

代入式 (8.25)，并化简得

$$\begin{cases} \tau_1=(m_1l_1^2+I_{1zz}+I_{2yy}+m_2d_2^2)\ddot{\theta}_1+2m_2d_2\dot{\theta}_1\dot{d}_2+(m_1l_1+m_2d_2)g\cos\theta_1 \\ f_2=m_2\ddot{d}_2-m_2d_2\dot{\theta}_1^2+m_2g\sin\theta_1 \end{cases}$$

写成矩阵的形式

$$\underbrace{\begin{pmatrix} m_1l_1^2+I_{1zz}\dot{\theta}_1^2+I_{2yy}+m_2d_2^2 & 0 \\ 0 & m_2 \end{pmatrix}\begin{pmatrix}\ddot{\theta}_1\\ \ddot{d}_2\end{pmatrix}}_{\text{惯性力项}}+\underbrace{\begin{pmatrix}2m_2d_2\\0\end{pmatrix}\dot{\theta}_1\dot{d}_2}_{\text{哥氏力项}}+\underbrace{\begin{pmatrix}0 & 0\\ -m_2d_2 & 0\end{pmatrix}\begin{pmatrix}\dot{\theta}_1^2\\ \dot{d}_2^2\end{pmatrix}}_{\text{离心力项}}+\underbrace{\begin{pmatrix}(m_1l_1+m_2d_2)\ g\cos\theta_1\\ m_2g\sin\theta_1\end{pmatrix}}_{\text{重力项}}=\underbrace{\begin{pmatrix}\tau_1\\ f_2\end{pmatrix}}_{\text{驱动力}}$$

简写成

$$\boldsymbol{M}(\boldsymbol{q})\ddot{\boldsymbol{q}}+\boldsymbol{K}(\boldsymbol{q})\dot{\boldsymbol{q}}\dot{\boldsymbol{q}}+\boldsymbol{C}(\boldsymbol{q})\dot{\boldsymbol{q}}^2+\boldsymbol{G}(\boldsymbol{q})=\boldsymbol{\tau}_{\mathrm{f}}$$

式中，$\boldsymbol{M}(\boldsymbol{q})=\begin{pmatrix}m_1l_1^2+I_{1zz}+I_{2yy}+m_2d_2^2 & 0\\ 0 & m_2\end{pmatrix}$；$\boldsymbol{K}(\boldsymbol{q})=\begin{pmatrix}2m_2d_2\\0\end{pmatrix}$；$\boldsymbol{C}(\boldsymbol{q})=\begin{pmatrix}0 & 0\\ -m_2d_2 & 0\end{pmatrix}$；$\boldsymbol{G}(\boldsymbol{q})=\begin{pmatrix}(m_1l_1+m_2d_2)g\cos\theta_1\\ m_2g\sin\theta_1\end{pmatrix}$。

合并哥氏力和离心力的矩阵形式为

$$\underbrace{\begin{pmatrix} m_1l_1^2+I_{1zz}\dot{\theta}_1^2+I_{2yy}+m_2d_2^2 & 0 \\ 0 & m_2 \end{pmatrix}\begin{pmatrix}\ddot{\theta}_1\\ \ddot{d}_2\end{pmatrix}}_{\text{惯性力项}}+\underbrace{\begin{pmatrix}0 & 2m_2d_2\dot{\theta}_1\\ -m_2d_2\dot{\theta}_1 & 0\end{pmatrix}\begin{pmatrix}\dot{\theta}_1\\ \dot{d}_2\end{pmatrix}}_{\text{哥氏力+离心力项}}+\underbrace{\begin{pmatrix}(m_1l_1+m_2d_2)g\cos\theta_1\\ m_2g\sin\theta_1\end{pmatrix}}_{\text{重力项}}=\underbrace{\begin{pmatrix}\tau_1\\ f_2\end{pmatrix}}_{\text{驱动力}}$$

简写成

$$\boldsymbol{M}(\boldsymbol{q})\ddot{\boldsymbol{q}}+\boldsymbol{V}(\boldsymbol{q},\dot{\boldsymbol{q}})\dot{\boldsymbol{q}}+\boldsymbol{G}(\boldsymbol{q})=\boldsymbol{\tau}_{\mathrm{f}}$$

式中

$$\boldsymbol{V}(\boldsymbol{q},\dot{\boldsymbol{q}})=\begin{pmatrix}0 & 2m_2d_2\dot{\theta}_1\\ -m_2d_2\dot{\theta}_1 & 0\end{pmatrix}$$

【例 8-3】 图 8.6 所示为一平面 RP 操作臂。假设每根杆的质量都集中于末端，且 $m_1=10\text{kg}$，$m_2=5\text{kg}$，$l_1=1\text{m}$，$d_2=1\sim2\text{m}$。关节 1 的最大角速度 $\dot{\theta}_{1\max}=1/\text{s}$，最大角加速度 $\ddot{\theta}_{1\max}=1\text{r/s}^2$；关节 2 的最大速度 $v_{2\max}=1\text{m/s}$，最大加速度 $a_{2\max}=2\text{m/s}^2$。试计算以下两种情况下的关节驱动力/力矩。

1）手臂伸至最长，计算从垂直位置到水平位置，两个关节均为最大速度时，关节 1 的驱动力矩。

2）手臂缩至最短，两个关节均以最大加速度起动，计算在垂直与水平两个位置，关节 1 和 2 的驱动力/力矩。

解：利用拉格朗日法建立该操作臂的动力学方程，过程同【例 8-2】。

取 $\boldsymbol{q}=(\theta_1,\ d_2)^{\mathrm{T}}$ 为广义坐标，广义力 $\boldsymbol{\tau}_{\mathrm{f}}=(\tau_1,\ f_2)^{\mathrm{T}}$ 则与关节力矩相对应。

考虑各连杆质量集中在一点，各杆相对质心坐标系的惯性张量可忽略不计，即

$$^{C}\boldsymbol{I}_i=\mathbf{0}\quad (i=1,\ 2)$$

因此，两杆的动能项（只有移动项）分别为

$$T_1=\frac{1}{2}m_1(\dot{x}_1^2+\dot{y}_1^2)=\frac{1}{2}m_1 l_1^2\dot{\theta}_1^2$$

$$T_2=\frac{1}{2}m_2(\dot{x}_2^2+\dot{y}_2^2)=\frac{1}{2}m_2(d_2^2\dot{\theta}_1^2+\dot{d}_2^2)$$

两杆的势能项分别为

$$U_1=m_1 g l_1\sin\theta_1$$

$$U_2=m_2 g d_2\sin\theta_1$$

将以上各式代入式（8.25），可得

$$\begin{cases}\tau_1=(m_1 l_1^2+m_2 d_2^2)\ddot{\theta}_1+2m_2 d_2\dot{\theta}_1\dot{d}_2+(m_1 l_1+m_2 d_2)g\cos\theta_1\\ f_2=m_2\ddot{d}_2-m_2 d_2\dot{\theta}_1^2+m_2 g\sin\theta_1\end{cases}\tag{8.38}$$

写成矩阵的形式

$$\boldsymbol{M}(\boldsymbol{q})\ddot{\boldsymbol{q}}+\boldsymbol{V}(\boldsymbol{q},\dot{\boldsymbol{q}})\dot{\boldsymbol{q}}+\boldsymbol{G}(\boldsymbol{q})=\boldsymbol{\tau}_{\mathrm{f}}$$

式中，$\boldsymbol{M}(\boldsymbol{q})=\begin{pmatrix}m_1 l_1^2+m_2 d_2^2 & 0\\ 0 & m_2\end{pmatrix}$；$\boldsymbol{V}(\boldsymbol{q},\dot{\boldsymbol{q}})=\begin{pmatrix}0 & 2m_2 d_2\dot{\theta}_1\\ -m_2 d_2\dot{\theta}_1 & 0\end{pmatrix}$；$\boldsymbol{G}(\boldsymbol{q})=\begin{pmatrix}(m_1 l_1+m_2 d_2)g\cos\theta_1\\ m_2 g\sin\theta_1\end{pmatrix}$。

对于情况1)，对应的各参数如下

$$\begin{cases}\theta_1:\quad \pi/2\to 0,\quad \dot{\theta}_1=\dot{\theta}_{1\max}=1,\ \ddot{\theta}_1=0\\ d_2:\quad d_2=2,\quad \dot{d}_2=\dot{d}_{2\max}=1,\ \ddot{d}_2=0\end{cases}$$

将上述参数及已知参数代入式（8.38），得

$$\tau_1=20+196\cos\theta$$

绘制关节1的驱动力矩变化曲线图（图8.7）。由图可知，关节1从垂直位置运动到水平位置过程中，驱动力矩发生显著变化，且逐渐增大（从初始值20增大到终值216）。相比较而言，重力影响更大（第2项）。

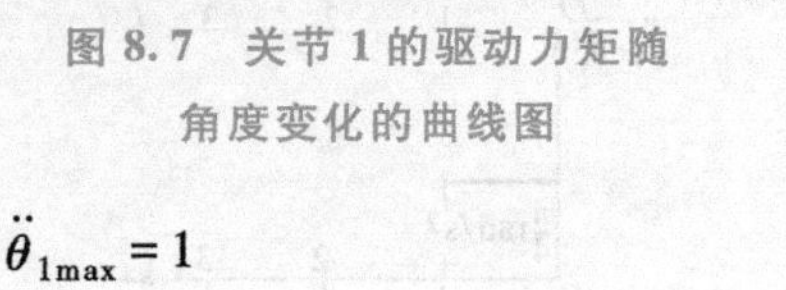

图8.7　关节1的驱动力矩随角度变化的曲线图

对于情况2)，对应的各参数如下

垂直时
$$\begin{cases}\theta_1:\quad \theta_1=90°,\quad \dot{\theta}_1=0,\quad \ddot{\theta}_1=\ddot{\theta}_{1\max}=1\\ d_2:\quad d_2=1,\quad \dot{d}_2=0,\quad \ddot{d}_2=\ddot{d}_{2\max}=2\end{cases}$$

水平时
$$\begin{cases}\theta_1:\quad \theta_1=0°,\quad \dot{\theta}_1=0,\quad \ddot{\theta}_1=\ddot{\theta}_{1\max}=1\\ d_2:\quad d_2=1,\quad \dot{d}_2=0,\quad \ddot{d}_2=\ddot{d}_{2\max}=2\end{cases}$$

将上述参数及已知参数代入式（8.38），得

$$\begin{cases}\tau_1=30+147\cos\theta\\ f_2=10+49\sin\theta\end{cases}$$

因此，在垂直位置时，$\tau_1=30\text{N}\cdot\text{m}$，$f_2=10\text{N}$；在水平位置时，$\tau_1=177\text{N}\cdot\text{m}$，$f_2=59\text{N}$。

由以上数据可知：

1）对该RP操作臂而言，施加给关节1的驱动力矩要大于关节2的驱动力，主要原因在于杆2本质上也是杆1的负载。这也解释了为什么工业机器人离基座最近的关节电动机（功率）一般要大于其他关节电动机。

2）重力负载对关节驱动的影响变化显著，水平位置时影响最大，垂直位置时影响最小（为0）。重力负载的这种显著影响也势必影响机器人的控制精度。为消除这种影响，工业机器人的设计中会采用重力补偿。常见的方法包括用平衡块或弹簧缸来补偿靠近基座关节（第1关节）的重力。

【例8-4】 如图8.8所示的平面2R操作臂，在关节O和A处分别安装有伺服电动机（连同减速器），分别产生驱动力矩τ_1、τ_2带动操作臂运动。两个臂长分别为$l_1=l_2=1\text{m}$，两臂的自重不计，A处的伺服电动机及减速器假定为集中质量$m_1=2\text{kg}$，B处末端夹持器连同重物的质量为$m_2=4\text{kg}$，且考虑在无重力环境下运动。图8.8a所示为两臂的运动规律，要求两臂在3s内从水平位置按等加速-等速-等减速运动规律分别转过90°，将重物由B_1点搬运到B_2点，如图8.8b所示。试计算τ_1、τ_2，分析图8.8a所示的运动规律是否可行，并提出修改意见。

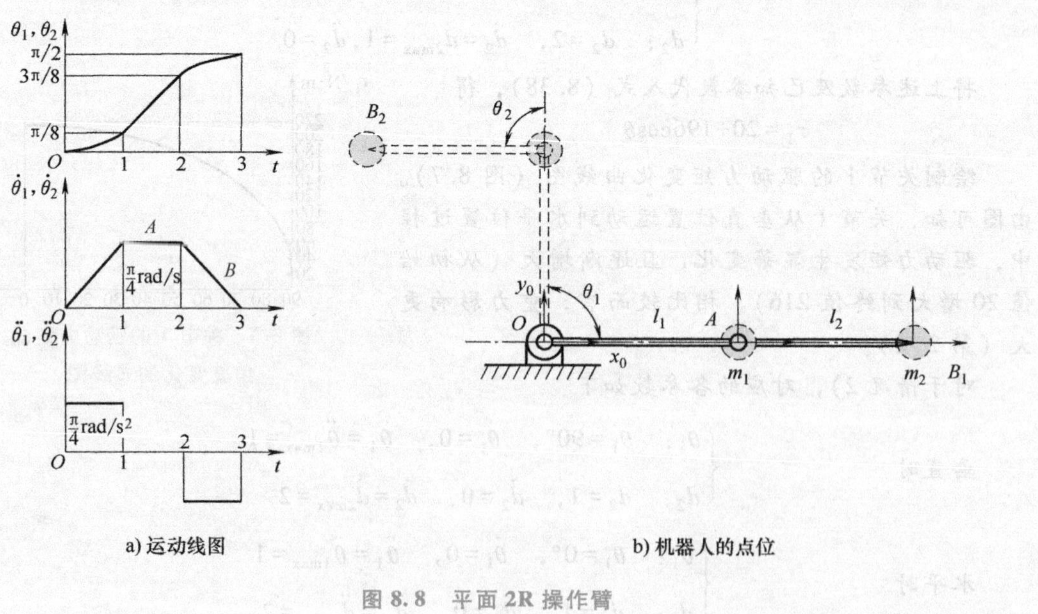

图8.8 平面2R操作臂

解：本节开始已给出了该操作臂的动力学模型（忽略重力项），见式（8.20），重写如下

$$\begin{pmatrix} M_{11} & M_{12} \\ M_{21} & M_{22} \end{pmatrix}\begin{pmatrix} \ddot{\theta}_1 \\ \ddot{\theta}_2 \end{pmatrix}+\begin{pmatrix} 0 & V_{12} \\ V_{21} & 0 \end{pmatrix}\begin{pmatrix} \dot{\theta}_1 \\ \dot{\theta}_2 \end{pmatrix}=\begin{pmatrix} \tau_1 \\ \tau_2 \end{pmatrix}$$

代入已知参数，可得

$M_{11}=10+8\cos\theta_2$，$M_{12}=M_{21}=4+4\cos\theta_2$，$M_{22}=4$，$V_{12}=-8\dot{\theta}_1\sin\theta_2-4\dot{\theta}_2\sin\theta_2$，$V_{21}=4\dot{\theta}_1\sin\theta_2$。

为便于计算，需将图 8.8a 所示的运动规律写成表达式的形式，即

$$\theta_1=\theta_2=\begin{cases} \pi t^2/8 & (t=0\sim1) \\ \pi(-1+2t)/8 & (t=1\sim2) \\ \pi(-5+6t-t^2)/8 & (t=2\sim3) \end{cases}$$

$$\dot{\theta}_1=\dot{\theta}_2=\begin{cases} \pi t/4 & (t=0\sim1) \\ \pi/4 & (t=1\sim2) \\ \pi(3-t)/4 & (t=2\sim3) \end{cases}$$

$$\ddot{\theta}_1=\ddot{\theta}_2=\begin{cases} \pi/4 & (t=0\sim1) \\ 0 & (t=1\sim2) \\ -\pi/4 & (t=2\sim3) \end{cases}$$

在 $t=0\sim3$s 区间取一系列时刻，计算出相应的驱动力矩 τ_1 和 τ_2，进而绘制出它们随转角变化的曲线，如图 8.9a 所示。驱动力矩中存在突变，这在实际中难以实现。现有的运动规律需要调整（注意，其根源在于图 8.9a 所示的角加速度线图中存在突变）。为保证驱动力矩的连续性，两臂的角速度和角加速度均应保证连续，为此需要将角加速度线图进行修正，例如，修正成如图 8.9b 所示的速度 S 曲线，使得角加速度连续。最终所求得的驱动力矩曲线如图 8.9c 所示。

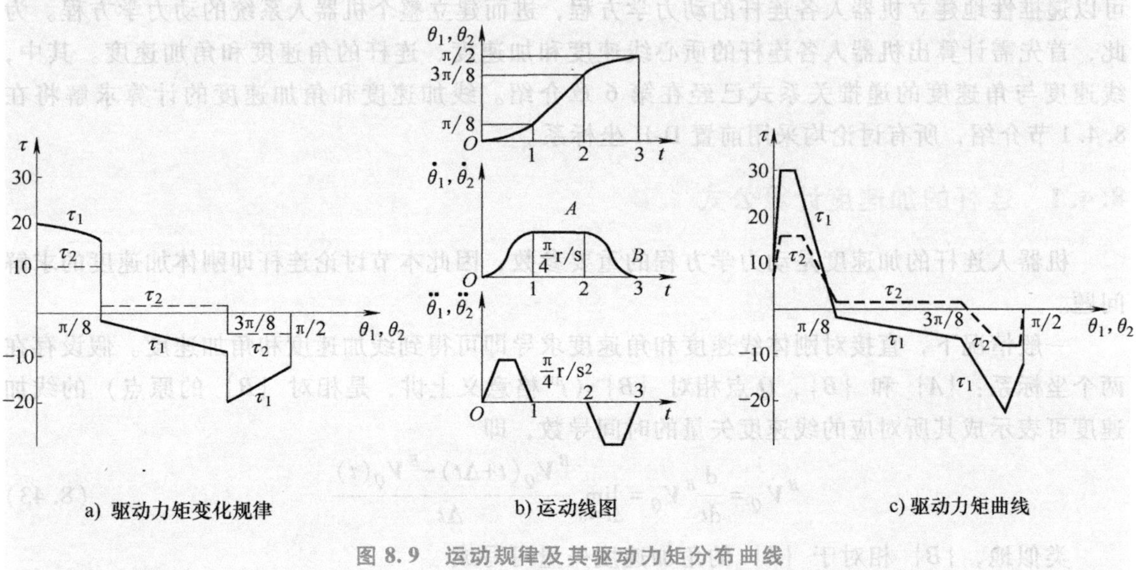

a) 驱动力矩变化规律　　b) 运动线图　　c) 驱动力矩曲线

图 8.9　运动规律及其驱动力矩分布曲线

8.4 基于牛顿-欧拉方程的串联机器人动力学建模

由理论力学知识可知，一般刚体运动可以分解为随质心的平动与绕质心的转动。其中，随质心平动的动力学特性可通过牛顿方程来描述，绕质心转动的动力学特性可通过欧拉方程来表达，简称为牛顿-欧拉方程。

(1) 牛顿方程（牛顿第二定律）

$$f=\frac{\mathrm{d}(m\boldsymbol{v}_C)}{\mathrm{d}t}=m\dot{\boldsymbol{v}}_C \tag{8.39}$$

式中，m 为刚体的质量；$\dot{\boldsymbol{v}}_C$为刚体质心相对于惯性坐标系 {0} 的线加速度；f 为作用在刚体质心处的合力在惯性坐标系 {0} 中的描述。

(2) 欧拉方程

$$^C\boldsymbol{m}=\frac{\mathrm{d}(^C\mathcal{I}^C\boldsymbol{\omega})}{\mathrm{d}t}={}^C\mathcal{I}^C\dot{\boldsymbol{\omega}}+{}^C\boldsymbol{\omega}\times{}^C\mathcal{I}^C\boldsymbol{\omega} \tag{8.40}$$

式中，$^C\mathcal{I}$ 为定义在质心坐标系 {C} 的刚体惯性张量；$^C\boldsymbol{\omega}$ 与$^C\dot{\boldsymbol{\omega}}$ 分别为刚体相对于惯性坐标系 {0} 的角速度和角加速度在 {C} 中的描述；$^C\boldsymbol{m}$ 为作用在刚体上的合力矩在 {C} 中的描述。如图 8.10 所示。

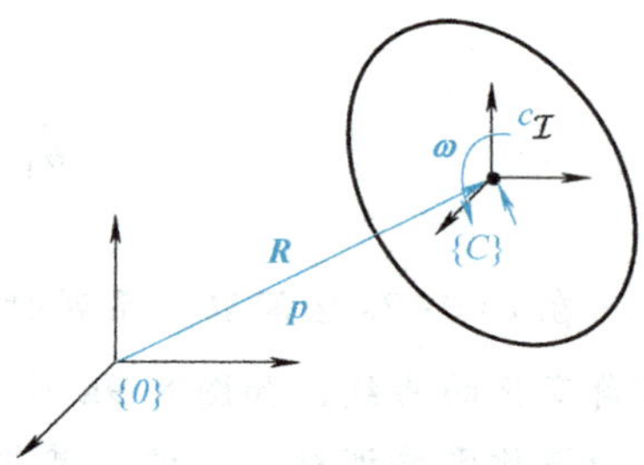

图 8.10 作用在刚体上的力

把式 (8.40) 变换到惯性坐标系 {0} 中

$$^0\boldsymbol{m}={}^0_C\boldsymbol{R}{}^C\mathcal{I}{}^0_C\boldsymbol{R}^{\mathrm{T}}{}^0\dot{\boldsymbol{\omega}}+{}^0\boldsymbol{\omega}\times({}^0_C\boldsymbol{R}{}^C\mathcal{I}{}^0_C\boldsymbol{R}^{\mathrm{T}}){}^0\boldsymbol{\omega} \tag{8.41}$$

化简后可得（注意，其中省略了表示惯性坐标系左上标）

$$\boldsymbol{m}={}^0\mathcal{I}\dot{\boldsymbol{\omega}}+\boldsymbol{\omega}\times({}^0\mathcal{I}\boldsymbol{\omega}) \tag{8.42}$$

牛顿-欧拉方程从力分析的角度给出了单个刚体的动力学模型。同样利用牛顿-欧拉方程可以递推性地建立机器人各连杆的动力学方程，进而建立整个机器人系统的动力学方程。为此，首先需计算出机器人各连杆的质心线速度和加速度、连杆的角速度和角加速度。其中，线速度与角速度的递推关系式已经在第 6 章介绍。线加速度和角加速度的计算求解将在 8.4.1 节介绍，所有讨论均采用前置 D-H 坐标系。

8.4.1 连杆的加速度计算公式

机器人连杆的加速度是动力学方程的重要参数，因此本节讨论连杆即刚体加速度的求解问题。

一般情况下，直接对刚体线速度和角速度求导即可得到线加速度和角加速度。假设存在两个坐标系：{A} 和 {B}，Q 点相对 {B}（严格意义上讲，是相对 {B} 的原点）的线加速度可表示成其所对应的线速度矢量的时间导数，即

$$^B\dot{\boldsymbol{V}}_Q=\frac{\mathrm{d}}{\mathrm{d}t}{}^B\boldsymbol{V}_Q=\lim_{\Delta t\to 0}\frac{^B\boldsymbol{V}_Q(t+\Delta t)-{}^B\boldsymbol{V}_Q(t)}{\Delta t} \tag{8.43}$$

类似地，{B} 相对于 {A} 的角加速度矢量可写成

$$^{A}\dot{\boldsymbol{\Omega}}_{B}=\frac{\mathrm{d}}{\mathrm{d}t}{}^{A}\boldsymbol{\Omega}_{B}=\lim_{\Delta t\to 0}\frac{^{A}\boldsymbol{\Omega}_{B}(t+\Delta t)-{}^{A}\boldsymbol{\Omega}_{B}(t)}{\Delta t}\tag{8.44}$$

实际讨论的刚体加速度参考的坐标系往往都是相对于世界坐标系 $\{U\}$ 或 $\{0\}$（原点），而不是针对任意坐标系（原点）的速度。对于这种情况，可以定义一种缩略符号

$$\dot{\boldsymbol{v}}_{B}={}^{U}\dot{\boldsymbol{V}}_{BORG}\tag{8.45}$$

$$\dot{\boldsymbol{\omega}}_{B}={}^{U}\dot{\boldsymbol{\Omega}}_{B}\tag{8.46}$$

式中，下角标 B 表示坐标系 $\{B\}$ 或其原点，参考坐标系为世界坐标系 $\{U\}$ 或 $\{0\}$。本章后面经常看到的符号 $^{i}\dot{\boldsymbol{v}}_{i+1}$（$^{i}\dot{\boldsymbol{\omega}}_{i+1}$）代表坐标系 $\{i+1\}$ 相对于世界坐标系 $\{U\}$ 或 $\{0\}$ 的线（角）加速度在坐标系 $\{i\}$ 中的描述。

下面讨论多刚体系统中刚体加速度的求解公式。

首先回顾 6.2.1 节有关刚体速度的描述。如图 8.11 所示，存在两个坐标系：$\{A\}$ 和 $\{B\}$，其中，$\{B\}$ 原点相对于 $\{A\}$ 的位置矢量为 $^{A}\boldsymbol{p}_{BORG}$；$\{B\}$ 相对于 $\{A\}$ 的旋转矩阵为 $^{A}_{B}\boldsymbol{R}$，且相对于 $\{A\}$ 的角速度为 $^{A}\boldsymbol{\Omega}_{B}$；$\{B\}$ 中有一矢量 $^{B}\boldsymbol{q}$，相对于 $\{B\}$ 原点的线速度为 $^{B}\boldsymbol{V}_{Q}$，且随 $\{B\}$ 旋转；Q 相对于 $\{A\}$ 的线速度为 $^{A}\boldsymbol{V}_{Q}$。

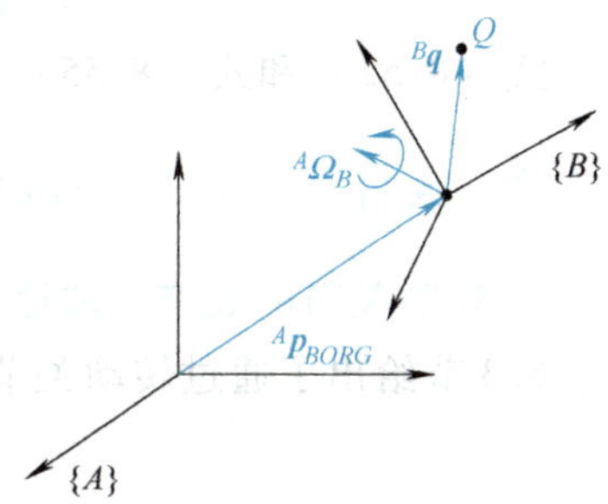

图 8.11　刚体间的速度关系

1. 刚体上一点的线加速度

在一般刚体运动情况下，式（6.30）表示了空间一点相对于两个参考坐标系速度的关系，重写如下

$$^{A}\boldsymbol{V}_{Q}={}^{A}\boldsymbol{V}_{BORG}+{}^{A}_{B}\boldsymbol{R}\,{}^{B}\boldsymbol{V}_{Q}+{}^{A}\boldsymbol{\Omega}_{B}\times({}^{A}_{B}\boldsymbol{R}\,{}^{B}\boldsymbol{q})\tag{8.47}$$

式（8.47）对时间求导，得

$$^{A}\dot{\boldsymbol{V}}_{Q}={}^{A}\dot{\boldsymbol{V}}_{BORG}+{}^{A}_{B}\dot{\boldsymbol{R}}\,{}^{B}\boldsymbol{V}_{Q}+{}^{A}_{B}\boldsymbol{R}\,{}^{B}\dot{\boldsymbol{V}}_{Q}+{}^{A}\dot{\boldsymbol{\Omega}}_{B}\times({}^{A}_{B}\boldsymbol{R}\,{}^{B}\boldsymbol{q})+{}^{A}\boldsymbol{\Omega}_{B}\times({}^{A}_{B}\dot{\boldsymbol{R}}\,{}^{B}\boldsymbol{q})+{}^{A}\boldsymbol{\Omega}_{B}\times({}^{A}_{B}\boldsymbol{R}\,{}^{B}\dot{\boldsymbol{q}})\tag{8.48}$$

由于

$$^{A}_{B}\dot{\boldsymbol{R}}={}^{A}\boldsymbol{\Omega}_{B}\times{}^{A}_{B}\boldsymbol{R},\quad {}^{B}\dot{\boldsymbol{q}}={}^{B}\boldsymbol{V}_{Q}\tag{8.49}$$

将式（8.49）代入式（8.48），得

$$\begin{aligned}^{A}\dot{\boldsymbol{V}}_{Q}&={}^{A}\dot{\boldsymbol{V}}_{BORG}+{}^{A}\boldsymbol{\Omega}_{B}\times({}^{A}_{B}\boldsymbol{R}\,{}^{B}\boldsymbol{V}_{Q})+{}^{A}_{B}\boldsymbol{R}\,{}^{B}\dot{\boldsymbol{V}}_{Q}+{}^{A}\dot{\boldsymbol{\Omega}}_{B}\times({}^{A}_{B}\boldsymbol{R}\,{}^{B}\boldsymbol{q})+\\&\quad{}^{A}\boldsymbol{\Omega}_{B}\times({}^{A}\boldsymbol{\Omega}_{B}\times{}^{A}_{B}\boldsymbol{R}\,{}^{B}\boldsymbol{q})+{}^{A}\boldsymbol{\Omega}_{B}\times({}^{A}_{B}\boldsymbol{R}\,{}^{B}\boldsymbol{V}_{Q})\\&=\underbrace{{}^{A}\dot{\boldsymbol{V}}_{BORG}+{}^{A}_{B}\boldsymbol{R}\,{}^{B}\dot{\boldsymbol{V}}_{Q}}_{\text{线性加速度}}+\underbrace{2\,{}^{A}\boldsymbol{\Omega}_{B}\times({}^{A}_{B}\boldsymbol{R}\,{}^{B}\boldsymbol{V}_{Q})}_{\text{哥氏加速度}}+\underbrace{{}^{A}\dot{\boldsymbol{\Omega}}_{B}\times({}^{A}_{B}\boldsymbol{R}\,{}^{B}\boldsymbol{q})}_{\text{欧拉加速度}}+\underbrace{{}^{A}\boldsymbol{\Omega}_{B}\times({}^{A}\boldsymbol{\Omega}_{B}\times{}^{A}_{B}\boldsymbol{R}\,{}^{B}\boldsymbol{q})}_{\text{向心加速度}}\end{aligned}\tag{8.50}$$

如果 Q 是刚体 $\{B\}$ 上的一定点，则 $^{B}\boldsymbol{q}$ 是常量，于是

$$\begin{cases}{}^{B}\boldsymbol{V}_{Q}=0\\{}^{B}\dot{\boldsymbol{V}}_{Q}=0\end{cases}\tag{8.51}$$

式（8.51）可简化为

$$^{A}\dot{\boldsymbol{V}}_{Q}={}^{A}\dot{\boldsymbol{V}}_{BORG}+{}^{A}\dot{\boldsymbol{\Omega}}_{B}\times({}^{A}_{B}\boldsymbol{R}\,{}^{B}\boldsymbol{q})+{}^{A}\boldsymbol{\Omega}_{B}\times({}^{A}\boldsymbol{\Omega}_{B}\times{}^{A}_{B}\boldsymbol{R}\,{}^{B}\boldsymbol{q})\tag{8.52}$$

2. 刚体角加速度

假设坐标系 $\{B\}$ 以角速度 $^{A}\boldsymbol{\Omega}_{B}$ 相对于坐标系 $\{A\}$ 转动，坐标系 $\{C\}$ 以角速度 $^{B}\boldsymbol{\Omega}_{C}$

相对于坐标系 $\{B\}$ 转动，则 $\{C\}$ 相对于 $\{A\}$ 的角速度可以通过矢量相加得到，即

$$^{A}\boldsymbol{\Omega}_{C}={}^{A}\boldsymbol{\Omega}_{B}+{}_{B}^{A}\boldsymbol{R}^{B}\boldsymbol{\Omega}_{C} \tag{8.53}$$

式（8.53）对时间求导，得

$$^{A}\dot{\boldsymbol{\Omega}}_{C}={}^{A}\dot{\boldsymbol{\Omega}}_{B}+{}_{B}^{A}\boldsymbol{R}^{B}\dot{\boldsymbol{\Omega}}_{C}+{}_{B}^{A}\dot{\boldsymbol{R}}^{B}\boldsymbol{\Omega}_{C} \tag{8.54}$$

把 ${}_{B}^{A}\dot{\boldsymbol{R}}={}^{A}\boldsymbol{\Omega}_{B}\times{}_{B}^{A}\boldsymbol{R}$ 代入式（8.54）得

$$^{A}\dot{\boldsymbol{\Omega}}_{C}={}^{A}\dot{\boldsymbol{\Omega}}_{B}+{}_{B}^{A}\boldsymbol{R}^{B}\dot{\boldsymbol{\Omega}}_{C}+{}^{A}\boldsymbol{\Omega}_{B}\times({}_{B}^{A}\boldsymbol{R}^{B}\boldsymbol{\Omega}_{C}) \tag{8.55}$$

式（8.52）和式（8.55）可用于串联机器人连杆的线加速度和角加速度求解。

8.4.2 连杆速度、加速度的向外递推公式

1. 转动关节的速度、加速度传递

6.3 节给出了通过转动关节相连的连杆 i 和 $i+1$ 的角速度递推公式，重写如下

$$^{i+1}\boldsymbol{\omega}_{i+1}={}_{i}^{i+1}\boldsymbol{R}^{i}\boldsymbol{\omega}_{i}+\dot{\theta}_{i+1}{}^{i+1}\hat{z}_{i+1} \tag{8.56}$$

根据 6.2.2 节所给的刚体间角加速度关系

$$^{A}\dot{\boldsymbol{\Omega}}_{C}={}^{A}\dot{\boldsymbol{\Omega}}_{B}+{}_{B}^{A}\boldsymbol{R}^{B}\dot{\boldsymbol{\Omega}}_{C}+{}^{A}\boldsymbol{\Omega}_{B}\times({}_{B}^{A}\boldsymbol{R}^{B}\boldsymbol{\Omega}_{C}) \tag{8.57}$$

或直接把式（8.56）对时间求导，可得

$$^{i+1}\dot{\boldsymbol{\omega}}_{i+1}={}_{i}^{i+1}\boldsymbol{R}^{i}\dot{\boldsymbol{\omega}}_{i}+{}^{i+1}\hat{z}_{i+1}\ddot{\theta}_{i+1}+{}_{i}^{i+1}\boldsymbol{R}^{i}\boldsymbol{\omega}_{i}\times{}^{i+1}\hat{z}_{i+1}\dot{\theta}_{i+1} \tag{8.58}$$

式（8.58）即为机器人相邻连杆通过转动关节（第 $i+1$ 个关节）连接时的角加速度递推公式。

同样，6.3 节也给出了通过转动关节相连的连杆 i 和 $i+1$ 的线速度递推公式，重写如下

$$^{i+1}\boldsymbol{v}_{i+1}={}_{i}^{i+1}\boldsymbol{R}({}^{i}\boldsymbol{v}_{i}+{}^{i}\boldsymbol{\omega}_{i}\times{}^{i}\boldsymbol{p}_{i+1}) \tag{8.59}$$

根据 6.2.2 节所给的刚体间线加速度关系

$$^{A}\dot{\boldsymbol{V}}_{Q}={}^{A}\dot{\boldsymbol{V}}_{BORG}+{}^{A}\dot{\boldsymbol{\Omega}}_{B}\times({}_{B}^{A}\boldsymbol{R}^{B}\boldsymbol{q})+{}^{A}\boldsymbol{\Omega}_{B}\times({}^{A}\boldsymbol{\Omega}_{B}\times{}_{B}^{A}\boldsymbol{R}^{B}\boldsymbol{q}) \tag{8.60}$$

可得

$$^{i}\dot{\boldsymbol{v}}_{i+1}={}^{i}\dot{\boldsymbol{v}}_{i}+{}^{i}\dot{\boldsymbol{\omega}}_{i}\times{}^{i}\boldsymbol{p}_{i+1}+{}^{i}\boldsymbol{\omega}_{i}\times({}^{i}\boldsymbol{\omega}_{i}\times{}^{i}\boldsymbol{p}_{i+1}) \tag{8.61}$$

将式（8.61）两端左乘旋转矩阵 ${}_{i}^{i+1}\boldsymbol{R}$，得到在 $\{i+1\}$ 中的描述，或直接把式（8.59）对时间求导，可得

$$^{i+1}\dot{\boldsymbol{v}}_{i+1}={}_{i}^{i+1}\boldsymbol{R}[{}^{i}\dot{\boldsymbol{v}}_{i}+{}^{i}\dot{\boldsymbol{\omega}}_{i}\times{}^{i}\boldsymbol{p}_{i+1}+{}^{i}\boldsymbol{\omega}_{i}\times({}^{i}\boldsymbol{\omega}_{i}\times{}^{i}\boldsymbol{p}_{i+1})] \tag{8.62}$$

式（8.62）即为机器人相邻连杆通过转动关节（第 $i+1$ 个关节）连接时的线加速度递推公式。

2. 移动关节的速度、加速度传递

当关节 $i+1$ 为移动关节时，杆 $i+1$ 沿 $\{i+1\}$ 的 z 轴移动，没有转动，${}_{i}^{i+1}\boldsymbol{R}$ 为常值阵，相应的运动传递关系（6.3 节已给出）重写如下

$$^{i+1}\boldsymbol{\omega}_{i+1}={}_{i}^{i+1}\boldsymbol{R}^{i}\boldsymbol{\omega}_{i} \tag{8.63}$$

$$^{i+1}\boldsymbol{v}_{i+1}={}_{i}^{i+1}\boldsymbol{R}({}^{i}\boldsymbol{v}_{i}+{}^{i}\boldsymbol{\omega}_{i}\times{}^{i}\boldsymbol{p}_{i+1})+\dot{d}_{i+1}{}^{i+1}\hat{z}_{i+1} \tag{8.64}$$

分别把式（8.63）和式（8.64）对时间求导，可得到机器人相邻连杆通过移动关节连

接时的角加速度与线加速度的向外递推公式，即

$$ {}^{i+1}\dot{\boldsymbol{\omega}}_{i+1} = {}^{i+1}_{i}\boldsymbol{R}\,{}^{i}\dot{\boldsymbol{\omega}}_{i} \tag{8.65}$$

$$ {}^{i+1}\dot{\boldsymbol{v}}_{i+1} = {}^{i+1}_{i}\boldsymbol{R}[{}^{i}\dot{\boldsymbol{v}}_{i} + {}^{i}\dot{\boldsymbol{\omega}}_{i}\times{}^{i}\boldsymbol{p}_{i+1} + {}^{i}\boldsymbol{\omega}_{i}\times({}^{i}\boldsymbol{\omega}_{i}\times{}^{i}\boldsymbol{p}_{i+1})] + 2\,{}^{i+1}\boldsymbol{\omega}_{i+1}\times{}^{i+1}\hat{z}_{i+1}\dot{d}_{i+1} + {}^{i+1}\hat{z}_{i+1}\ddot{d}_{i+1} \tag{8.66}$$

或根据 8.4.1 节给出的刚体间线加速度关系式（8.48）也可导出式（8.66）。

3. 连杆质心的速度与加速度

建立如图 8.12 所示与连杆 i 固联的质心坐标系 $\{C_i\}$，其坐标原点位于连杆 i 的质心处，坐标轴方向与 $\{i\}$ 一致。可进一步得到连杆质心的速度与加速度的公式如下

$$ {}^{i+1}\boldsymbol{v}_{C_{i+1}} = {}^{i+1}\boldsymbol{v}_{i+1} + {}^{i+1}\boldsymbol{\omega}_{i+1}\times{}^{i+1}\boldsymbol{p}_{C_{i+1}} \tag{8.67}$$

$$ {}^{i+1}\dot{\boldsymbol{v}}_{C_{i+1}} = {}^{i+1}\dot{\boldsymbol{v}}_{i+1} + {}^{i+1}\dot{\boldsymbol{\omega}}_{i+1}\times{}^{i+1}\boldsymbol{p}_{C_{i+1}} + {}^{i+1}\boldsymbol{\omega}_{i+1}\times({}^{i+1}\boldsymbol{\omega}_{i+1}\times{}^{i+1}\boldsymbol{p}_{C_{i+1}}) \tag{8.68}$$

注意，以上两式并不涉及关节运动。

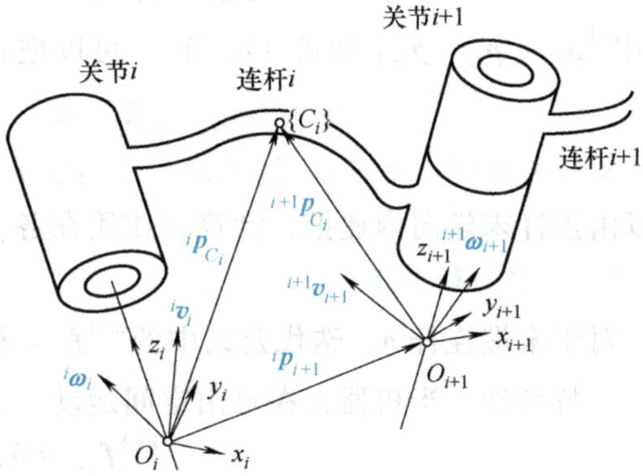

图 8.12　连杆速度、加速度的传递

式（8.56）~式（8.68）给出了机器人各连杆间的运动传递公式。利用上述公式，可依次从基座向外递推得到各连杆的线速度和角速度以及线加速度和角加速度。求解过程中需注意以下几点：

1）不考虑重力时，递推的初始值为：${}^{0}\boldsymbol{\omega}_0=\boldsymbol{0}, {}^{0}\boldsymbol{v}_0=\boldsymbol{0}, {}^{0}\dot{\boldsymbol{\omega}}_0=\boldsymbol{0}, {}^{0}\dot{\boldsymbol{v}}_0=\boldsymbol{0}$。

2）递推公式导出的值都是在各连杆自身坐标系中描述，如果需要在基座坐标系 $\{0\}$ 描述，则需左乘矩阵 ${}^{0}_{i+1}\boldsymbol{R}$，即

$$ {}^{0}\boldsymbol{\omega}_{i+1} = {}^{0}_{i+1}\boldsymbol{R}\,{}^{i+1}\boldsymbol{\omega}_{i+1} \qquad {}^{0}\boldsymbol{v}_{i+1} = {}^{0}_{i+1}\boldsymbol{R}\,{}^{i+1}\boldsymbol{v}_{i+1} \tag{8.69}$$

$$ {}^{0}\dot{\boldsymbol{\omega}}_{i+1} = {}^{0}_{i+1}\boldsymbol{R}\,{}^{i+1}\dot{\boldsymbol{\omega}}_{i+1} \qquad {}^{0}\dot{\boldsymbol{v}}_{i+1} = {}^{0}_{i+1}\boldsymbol{R}\,{}^{i+1}\dot{\boldsymbol{v}}_{i+1} \tag{8.70}$$

8.4.3　关节力/力矩的向内递推公式

图 8.13 所示为以任意连杆 i 的质心为惯性力矩参考点的受力图。其中，${}^{i}\boldsymbol{f}_i$ 和 ${}^{i}\boldsymbol{m}_i$ 分别为连杆 $i-1$ 作用在连杆 i 上的力和力矩；${}^{i+1}\boldsymbol{f}_{i+1}$ 和 ${}^{i+1}\boldsymbol{m}_{i+1}$ 分别为连杆 i 作用在连杆 $i+1$ 上的力和力矩，“-”表示 ${}^{i+1}\boldsymbol{f}_{i+1}$ 和 ${}^{i+1}\boldsymbol{m}_{i+1}$ 的反作用力和力矩（即连杆 $i+1$ 作用在连杆 i 上的力和力矩）；${}^{i}\boldsymbol{f}_{C_i}$ 和 ${}^{i}\boldsymbol{m}_{C_i}$ 为作用在连杆 i 质心处的惯性力和惯性力矩。由于关节 i 的驱动力是 ${}^{i}\boldsymbol{f}_i$ 和 ${}^{i}\boldsymbol{m}_i$ 在 z_i 轴上的投影，所以，只要根据加速度求解出 ${}^{i}\boldsymbol{f}_i$ 和 ${}^{i}\boldsymbol{m}_i$，即可得到关节驱动力。

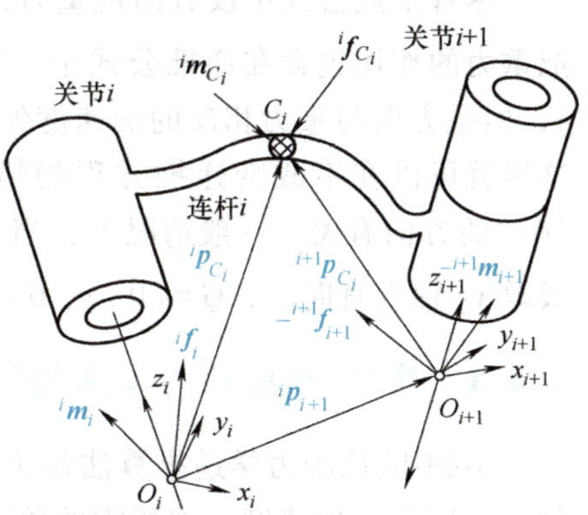

图 8.13　作用在杆 i 上的力

1. 作用在关节上的力

根据牛顿公式，可得

$$ {}^{i}\boldsymbol{f}_{C_i} = m_i\dot{\boldsymbol{v}}_{C_i} \tag{8.71}$$

式中，惯性力 ${}^{i}\boldsymbol{f}_{C_i}$ 等于连杆两端所受外力的合力，且

$$ {}^{i}\boldsymbol{f}_{C_i}={}^{i}\boldsymbol{f}_i+{}^{i}_{i+1}\boldsymbol{R}(-{}^{i+1}\boldsymbol{f}_{i+1}) \tag{8.72} $$

把式（8.72）写成迭代形式

$$ {}^{i}\boldsymbol{f}_i={}^{i}\boldsymbol{f}_{C_i}+{}^{i}_{i+1}\boldsymbol{R}\,{}^{i+1}\boldsymbol{f}_{i+1} \tag{8.73} $$

式（8.71）和式（8.73）是考虑了惯性力之后，关节 i 上力的递推计算公式。根据此公式，可以由连杆末端向内递推，计算出作用在各关节上的力。

2. 作用在关节上的力矩

根据欧拉公式，可得

$$ {}^{i}\boldsymbol{m}_{C_i}={}^{C}\mathcal{I}_i\,{}^{i}\dot{\boldsymbol{\omega}}_i+({}^{i}\boldsymbol{\omega}_i\times{}^{C}\mathcal{I}_i\,{}^{i}\boldsymbol{\omega}_i) \tag{8.74} $$

式中，惯性力矩 ${}^{i}\boldsymbol{m}_{C_i}$ 等于连杆两端相对于质心的所有力矩的合力矩，且

$$ {}^{i}\boldsymbol{m}_{C_i}={}^{i}\boldsymbol{m}_i+(-{}^{i}\boldsymbol{p}_{C_i})\times{}^{i}\boldsymbol{f}_i+{}^{i}_{i+1}\boldsymbol{R}(-{}^{i+1}\boldsymbol{n}_{i+1})+{}^{i}_{i+1}\boldsymbol{R}(-{}^{i+1}\boldsymbol{p}_{C_i})\times(-{}^{i+1}\boldsymbol{f}_{i+1}) \tag{8.75} $$

利用 ${}^{i+1}\boldsymbol{p}_{C_i}={}^{i}\boldsymbol{p}_{C_i}-{}^{i}\boldsymbol{p}_{i+1}$ 和式（8.73），可以把式（8.75）写成迭代形式

$$ {}^{i}\boldsymbol{m}_i={}^{i}\boldsymbol{m}_{C_i}+{}^{i}_{i+1}\boldsymbol{R}\,{}^{i+1}\boldsymbol{m}_{i+1}+{}^{i}\boldsymbol{p}_{i+1}\times{}^{i}_{i+1}\boldsymbol{R}\,{}^{i+1}\boldsymbol{f}_{i+1}+{}^{i}\boldsymbol{p}_{C_i}\times{}^{i}\boldsymbol{f}_{C_i} \tag{8.76} $$

式（8.74）和式（8.76）是考虑惯性力之后，关节 i 上力矩的递推计算公式。根据此公式，可以由连杆末端向内递推，计算出作用在各关节上的力矩。

3. 末端力和力矩

对于末端连杆 n，迭代公式中的 ${}^{n+1}\boldsymbol{f}_{n+1}$ 和 ${}^{n+1}\boldsymbol{m}_{n+1}$ 是末端连杆作用在环境上的接触力和力矩。特别地，当机器人在自由空间运动，末端不受外力时，末端力和力矩分别为

$$ {}^{n+1}\boldsymbol{f}_{n+1}=\boldsymbol{0},\quad {}^{n+1}\boldsymbol{m}_{n+1}=\boldsymbol{0} \tag{8.77} $$

4. 关节驱动力/力矩

考虑到关节轴线方向的外力和外力矩必须由关节驱动器提供，因此：

若关节 i 为转动关节，则关节驱动力矩为

$$ \tau_i={}^{i}\boldsymbol{m}_i^{\mathrm{T}}\,{}^{i}\hat{z}_i \tag{8.78} $$

若关节 i 为移动关节，则关节驱动力为

$$ \tau_i={}^{i}\boldsymbol{f}_i^{\mathrm{T}}\,{}^{i}\hat{z}_i \tag{8.79} $$

5. 重力的作用

尽管上述公式中没有出现重力，但是，通过把基座｛0｝的加速度设置为 ${}^{0}\dot{\boldsymbol{v}}_0=\boldsymbol{G}$，即可把重力的作用包含在递推公式中。其物理意义为：对机器人基座整体施加了一个大小等于 g，但是方向与重力相反的加速度矢量 $\boldsymbol{G}$。这样一个虚拟的向上加速度，与重力的效果相同。这样就可以在不改变递推方程的情况下，把重力作用考虑进来。$\boldsymbol{G}$ 的具体取值与坐标系｛0｝的方向有关。一般情况下，当 z_0 轴垂直向上时，$\boldsymbol{G}=(0,0,g)^{\mathrm{T}}$。若为平面机器人，一般取 y_0 轴垂直向上，$\boldsymbol{G}=(0,g,0)^{\mathrm{T}}$。

8.4.4 牛顿-欧拉动力学递推算法总结

牛顿-欧拉动力学递推算法便于编程实现串联机器人逆动力学问题的求解，即已知关节位移、速度、加速度，求所需的关节驱动力/力矩。

整个算法分为两个阶段：第一阶段采用向外递推，从基座到末端计算各连杆的速度和加速度；第二阶段采用向内递推，从末端到基座，首先根据牛顿-欧拉公式计算各连杆的惯性

力及惯性力矩，再计算作用在各关节上的力和力矩，最终得到各关节的驱动力/力矩。

在前置 D-H 坐标系下，相关公式总结如下。

1. 计算速度与加速度的向外递推公式（i：$0\to n$）

（1）初始值 ${}^{0}\boldsymbol{\omega}_0=\boldsymbol{0}, {}^{0}\boldsymbol{v}_0=\boldsymbol{0}, {}^{0}\dot{\boldsymbol{\omega}}_0=\boldsymbol{0}$，考虑重力时，${}^{0}\dot{\boldsymbol{v}}_0=(0\quad 0\quad g)^{\mathrm{T}}$，不考虑重力，则 ${}^{0}\dot{\boldsymbol{v}}_0=\boldsymbol{0}$。

（2）角速度

$$
{}^{i+1}\boldsymbol{\omega}_{i+1}=\begin{cases}{}_{i}^{i+1}\boldsymbol{R}\,{}^{i}\boldsymbol{\omega}_i+{}^{i+1}\hat{z}_{i+1}\dot{\theta}_{i+1} & \text{转动关节}\\ {}_{i}^{i+1}\boldsymbol{R}\,{}^{i}\boldsymbol{\omega}_i & \text{移动关节}\end{cases}
$$

（3）角加速度

$$
{}^{i+1}\dot{\boldsymbol{\omega}}_{i+1}=\begin{cases}{}_{i}^{i+1}\boldsymbol{R}\,{}^{i}\dot{\boldsymbol{\omega}}_i+{}^{i+1}\hat{z}_{i+1}\ddot{\theta}_{i+1}+{}_{i}^{i+1}\boldsymbol{R}\,{}^{i}\boldsymbol{\omega}_i\times{}^{i+1}\hat{z}_{i+1}\dot{\theta}_{i+1} & \text{转动关节}\\ {}_{i}^{i+1}\boldsymbol{R}\,{}^{i}\dot{\boldsymbol{\omega}}_i & \text{移动关节}\end{cases}
$$

（4）线速度

$$
{}^{i+1}\boldsymbol{v}_{i+1}=\begin{cases}{}_{i}^{i+1}\boldsymbol{R}({}^{i}\boldsymbol{v}_i+{}^{i}\boldsymbol{\omega}_i\times{}^{i}\boldsymbol{p}_{i+1}) & \text{转动关节}\\ {}_{i}^{i+1}\boldsymbol{R}({}^{i}\boldsymbol{v}_i+{}^{i}\boldsymbol{\omega}_i\times{}^{i}\boldsymbol{p}_{i+1})+\dot{d}_{i+1}\,{}^{i+1}\hat{z}_{i+1} & \text{移动关节}\end{cases}
$$

（5）线加速度

$$
{}^{i+1}\dot{\boldsymbol{v}}_{i+1}=\begin{cases}{}_{i}^{i+1}\boldsymbol{R}[{}^{i}\dot{\boldsymbol{v}}_i+{}^{i}\dot{\boldsymbol{\omega}}_i\times{}^{i}\boldsymbol{p}_{i+1}+{}^{i}\boldsymbol{\omega}_i\times({}^{i}\boldsymbol{\omega}_i\times{}^{i}\boldsymbol{p}_{i+1})] & \text{转动关节}\\ {}_{i}^{i+1}\boldsymbol{R}[{}^{i}\dot{\boldsymbol{v}}_i+{}^{i}\dot{\boldsymbol{\omega}}_i\times{}^{i}\boldsymbol{p}_{i+1}+{}^{i}\boldsymbol{\omega}_i\times({}^{i}\boldsymbol{\omega}_i\times{}^{i}\boldsymbol{p}_{i+1})]+2\,{}^{i+1}\boldsymbol{\omega}_{i+1}\times{}^{i+1}\hat{z}_{i+1}\dot{d}_{i+1}+{}^{i+1}\hat{z}_{i+1}\ddot{d}_{i+1} & \text{移动关节}\end{cases}
$$

（6）质心的加速度

$$
{}^{i+1}\dot{\boldsymbol{v}}_{C_{i+1}}={}^{i+1}\dot{\boldsymbol{v}}_{i+1}+{}^{i+1}\dot{\boldsymbol{\omega}}_{i+1}\times{}^{i+1}\boldsymbol{p}_{C_{i+1}}+{}^{i+1}\boldsymbol{\omega}_{i+1}\times({}^{i+1}\boldsymbol{\omega}_{i+1}\times{}^{i+1}\boldsymbol{p}_{C_{i+1}})
$$

2. 计算关节力与力矩的向内递推公式（i：$n\to 1$）

$$
{}^{i}\boldsymbol{f}_{C_i}=m_i\dot{\boldsymbol{v}}_{C_i}
$$

$$
{}^{i}\boldsymbol{m}_{C_i}={}^{C}\mathcal{I}_i\,{}^{i}\dot{\boldsymbol{\omega}}_i+({}^{i}\boldsymbol{\omega}_i\times{}^{C}\mathcal{I}_i\,{}^{i}\boldsymbol{\omega}_i)
$$

$$
{}^{i}\boldsymbol{f}_i={}^{i}\boldsymbol{f}_{C_i}+{}_{i+1}^{i}\boldsymbol{R}\,{}^{i+1}\boldsymbol{f}_{i+1}
$$

$$
{}^{i}\boldsymbol{m}_i={}^{i}\boldsymbol{m}_{C_i}+{}_{i+1}^{i}\boldsymbol{R}\,{}^{i+1}\boldsymbol{m}_{i+1}+{}^{i}\boldsymbol{p}_{i+1}\times{}_{i+1}^{i}\boldsymbol{R}\,{}^{i+1}\boldsymbol{f}_{i+1}+{}^{i}\boldsymbol{p}_{C_i}\times{}^{i}\boldsymbol{f}_{C_i}
$$

$$
\tau_i=\begin{cases}{}^{i}\boldsymbol{m}_i^{\mathrm{T}}\,{}^{i}\hat{z}_i & \text{转动关节}\\ {}^{i}\boldsymbol{f}_i^{\mathrm{T}}\,{}^{i}\hat{z}_i & \text{移动关节}\end{cases}
$$

注意：

1）当机器人自由运动时，末端受力为零，即 ${}^{n+1}\boldsymbol{f}_{n+1}=\boldsymbol{0}$，${}^{n+1}\boldsymbol{m}_{n+1}=\boldsymbol{0}$。

2）当机器人末端与环境接触时，把末端力矢量代入计算，可以直接得到含末端力矢量 $\boldsymbol{F}_{\mathrm{e}}$ 的动力学方程。

【例 8-5】 平面 2R 机器人各参数如图 8.14 所示。利用递推法求出机器人的牛顿-欧拉动力学方程（假设两杆的质量集中在连杆末端）。

解： 第一阶段：向外递推，计算各连杆的速度和加速度。

各杆质心在其连杆坐标系下的表示为

$$ {}^{i}\boldsymbol{p}_{C_i}=\begin{pmatrix} l_i \\ 0 \\ 0 \end{pmatrix} \quad (i=1,\ 2) $$

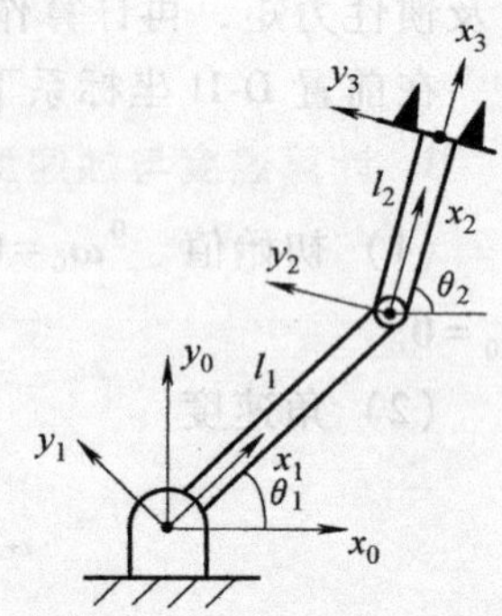

图 8.14 平面 2R 机器人

由于各杆质量集中在一点，因此各杆相对其质心坐标系的惯性张量均为 0，即

$$ {}^{C}\mathcal{I}_i=\boldsymbol{0} \quad (i=1,\ 2) $$

注意到

$$ {}^{i+1}\hat{z}_{i+1}=(0,\ 0,\ 1)^{\mathrm{T}},\ {}_{i+1}^{\ \ i}\boldsymbol{R}=\begin{pmatrix} \mathrm{c}\theta_{i+1} & -\mathrm{s}\theta_{i+1} & 0 \\ \mathrm{s}\theta_{i+1} & \mathrm{c}\theta_{i+1} & 0 \\ 0 & 0 & 1 \end{pmatrix},\ {}_{\ \ i}^{i+1}\boldsymbol{R}=\begin{pmatrix} \mathrm{c}\theta_{i+1} & \mathrm{s}\theta_{i+1} & 0 \\ -\mathrm{s}\theta_{i+1} & \mathrm{c}\theta_{i+1} & 0 \\ 0 & 0 & 1 \end{pmatrix} \quad (i=0,\ 1) $$

由于基座静止，因此有

$$ {}^{0}\boldsymbol{\omega}_0={}^{0}\boldsymbol{v}_0={}^{0}\dot{\boldsymbol{\omega}}_0=\boldsymbol{0} $$

考虑重力的影响，有

$$ {}^{0}\dot{\boldsymbol{v}}_0={}^{0}\boldsymbol{g}=(0,\ g,\ 0)^{\mathrm{T}} $$

对于杆 1

$$ {}^{1}\boldsymbol{\omega}_1={}_{0}^{1}\boldsymbol{R}\,{}^{0}\boldsymbol{\omega}_0+{}^{1}\hat{z}_1\dot{\theta}_1=\begin{pmatrix} 0 \\ 0 \\ \dot{\theta}_1 \end{pmatrix} $$

$$ {}^{1}\dot{\boldsymbol{\omega}}_1={}_{0}^{1}\boldsymbol{R}\,{}^{0}\dot{\boldsymbol{\omega}}_0+{}^{1}\hat{z}_1\ddot{\theta}_1+{}_{0}^{1}\boldsymbol{R}\,{}^{0}\boldsymbol{\omega}_0\times{}^{1}\hat{z}_1\dot{\theta}_1={}^{1}\hat{z}_1\ddot{\theta}_1=\begin{pmatrix} 0 \\ 0 \\ \ddot{\theta}_1 \end{pmatrix} $$

$$ {}^{1}\boldsymbol{v}_1={}_{0}^{1}\boldsymbol{R}({}^{0}\boldsymbol{v}_0+{}^{0}\boldsymbol{\omega}_0\times{}^{0}\boldsymbol{p}_1)=\boldsymbol{0} $$

$$ {}^{1}\dot{\boldsymbol{v}}_1={}_{0}^{1}\boldsymbol{R}[{}^{0}\dot{\boldsymbol{v}}_0+{}^{0}\dot{\boldsymbol{\omega}}_0\times{}^{0}\boldsymbol{p}_1+{}^{0}\boldsymbol{\omega}_0\times({}^{0}\boldsymbol{\omega}_0\times{}^{0}\boldsymbol{p}_1)]={}_{0}^{1}\boldsymbol{R}\,{}^{0}\dot{\boldsymbol{v}}_0=\begin{pmatrix} \mathrm{c}\theta_1 & \mathrm{s}\theta_1 & 0 \\ -\mathrm{s}\theta_1 & \mathrm{c}\theta_1 & 0 \\ 0 & 0 & 1 \end{pmatrix}\begin{pmatrix} 0 \\ g \\ 0 \end{pmatrix}=\begin{pmatrix} g\mathrm{s}\theta_1 \\ g\mathrm{c}\theta_1 \\ 0 \end{pmatrix} $$

$$ {}^{1}\dot{\boldsymbol{v}}_{C_1}={}^{1}\dot{\boldsymbol{v}}_1+{}^{1}\dot{\boldsymbol{\omega}}_1\times{}^{1}\boldsymbol{p}_{C_1}+{}^{1}\boldsymbol{\omega}_1\times({}^{1}\boldsymbol{\omega}_1\times{}^{1}\boldsymbol{p}_{C_1})=\begin{pmatrix} g\mathrm{s}\theta_1 \\ g\mathrm{c}\theta_1 \\ 0 \end{pmatrix}+\begin{pmatrix} 0 \\ 0 \\ \ddot{\theta}_1 \end{pmatrix}\times\begin{pmatrix} l_1 \\ 0 \\ 0 \end{pmatrix}+\left\{\begin{pmatrix} 0 \\ 0 \\ \dot{\theta}_1 \end{pmatrix}\times\left(\begin{pmatrix} 0 \\ 0 \\ \dot{\theta}_1 \end{pmatrix}\times\begin{pmatrix} l_1 \\ 0 \\ 0 \end{pmatrix}\right)\right\}=\begin{pmatrix} g\mathrm{s}\theta_1-l_1\dot{\theta}_1^2 \\ g\mathrm{c}\theta_1+l_1\ddot{\theta}_1 \\ 0 \end{pmatrix} $$

对于杆 2

$$ {}^{2}\boldsymbol{\omega}_2={}_{1}^{2}\boldsymbol{R}\,{}^{1}\boldsymbol{\omega}_1+{}^{2}\hat{z}_2\dot{\theta}_2=\begin{pmatrix} \mathrm{c}\theta_2 & \mathrm{s}\theta_2 & 0 \\ -\mathrm{s}\theta_2 & \mathrm{c}\theta_2 & 0 \\ 0 & 0 & 1 \end{pmatrix}\begin{pmatrix} 0 \\ 0 \\ \dot{\theta}_1 \end{pmatrix}+\begin{pmatrix} 0 \\ 0 \\ \dot{\theta}_2 \end{pmatrix}=\begin{pmatrix} 0 \\ 0 \\ \dot{\theta}_1+\dot{\theta}_2 \end{pmatrix} $$

$$
{}^{2}\dot{\boldsymbol{\omega}}_2={}_1^2\boldsymbol{R}{}^{1}\dot{\boldsymbol{\omega}}_1+{}^{2}\hat{z}_2\ddot{\theta}_2+{}_1^2\boldsymbol{R}{}^{1}\boldsymbol{\omega}_1\times{}^{2}\hat{z}_2\dot{\theta}_2
$$

$$
=\begin{pmatrix}c\theta_2 & s\theta_2 & 0\\ -s\theta_2 & c\theta_2 & 0\\ 0 & 0 & 1\end{pmatrix}\begin{pmatrix}0\\0\\ \ddot{\theta}_1\end{pmatrix}+\begin{pmatrix}0\\0\\ \ddot{\theta}_2\end{pmatrix}+\left\{\begin{pmatrix}c\theta_2 & s\theta_2 & 0\\ -s\theta_2 & c\theta_2 & 0\\ 0 & 0 & 1\end{pmatrix}\begin{pmatrix}0\\0\\ \dot{\theta}_1\end{pmatrix}\times\begin{pmatrix}0\\0\\ \dot{\theta}_2\end{pmatrix}\right\}=\begin{pmatrix}0\\0\\ \ddot{\theta}_1+\ddot{\theta}_2\end{pmatrix}
$$

$$
{}^{2}\boldsymbol{v}_2={}_1^2\boldsymbol{R}({}^{1}\boldsymbol{v}_1+{}^{1}\boldsymbol{\omega}_1\times{}^{1}\boldsymbol{p}_2)=\begin{pmatrix}c\theta_2 & s\theta_2 & 0\\ -s\theta_2 & c\theta_2 & 0\\ 0 & 0 & 1\end{pmatrix}\left\{\begin{pmatrix}0\\0\\ \dot{\theta}_1\end{pmatrix}\times\begin{pmatrix}l_1\\0\\0\end{pmatrix}\right\}=\begin{pmatrix}l_1\dot{\theta}_1 s\theta_2\\ l_1\dot{\theta}_1 c\theta_2\\ 0\end{pmatrix}
$$

$$
{}^{2}\dot{\boldsymbol{v}}_2={}_1^2\boldsymbol{R}[{}^{1}\dot{\boldsymbol{v}}_1+{}^{1}\dot{\boldsymbol{\omega}}_1\times{}^{1}\boldsymbol{p}_2+{}^{1}\boldsymbol{\omega}_1\times({}^{1}\boldsymbol{\omega}_1\times{}^{1}\boldsymbol{p}_2)]
$$

$$
=\begin{pmatrix}c\theta_2 & s\theta_2 & 0\\ -s\theta_2 & c\theta_2 & 0\\ 0 & 0 & 1\end{pmatrix}\left\{\begin{pmatrix}gs\theta_1\\ gc\theta_1\\ 0\end{pmatrix}+\begin{pmatrix}0\\0\\ \ddot{\theta}_1\end{pmatrix}\times\begin{pmatrix}l_1\\0\\0\end{pmatrix}+\begin{pmatrix}0\\0\\ \dot{\theta}_1\end{pmatrix}\times\left(\begin{pmatrix}0\\0\\ \dot{\theta}_1\end{pmatrix}\times\begin{pmatrix}l_1\\0\\0\end{pmatrix}\right)\right\}
$$

$$
=\begin{pmatrix}l_1(\ddot{\theta}_1 s\theta_2-\dot{\theta}_1^2 c\theta_2)+gs(\theta_1+\theta_2)\\ l_1(\ddot{\theta}_1 c\theta_2+\dot{\theta}_1^2 s\theta_2)+gc(\theta_1+\theta_2)\\ 0\end{pmatrix}
$$

$$
{}^{2}\dot{\boldsymbol{v}}_{C_2}={}^{2}\dot{\boldsymbol{v}}_2+{}^{2}\dot{\boldsymbol{\omega}}_2\times{}^{2}\boldsymbol{p}_{C_2}+{}^{2}\boldsymbol{\omega}_2\times({}^{2}\boldsymbol{\omega}_2\times{}^{2}\boldsymbol{p}_{C_2})
$$

$$
=\begin{pmatrix}l_1(\ddot{\theta}_1 s\theta_2-\dot{\theta}_1^2 c\theta_2)+gs(\theta_1+\theta_2)\\ l_1(\ddot{\theta}_1 c\theta_2+\dot{\theta}_1^2 s\theta_2)+gc(\theta_1+\theta_2)\\ 0\end{pmatrix}+\begin{pmatrix}0\\0\\ \ddot{\theta}_1+\ddot{\theta}_2\end{pmatrix}\times\begin{pmatrix}l_2\\0\\0\end{pmatrix}+\begin{pmatrix}0\\0\\ \dot{\theta}_1+\dot{\theta}_2\end{pmatrix}\times\left(\begin{pmatrix}0\\0\\ \dot{\theta}_1+\dot{\theta}_2\end{pmatrix}\times\begin{pmatrix}l_2\\0\\0\end{pmatrix}\right)
$$

$$
=\begin{pmatrix}l_1(\ddot{\theta}_1 s\theta_2-\dot{\theta}_1^2 c\theta_2)+gs(\theta_1+\theta_2)-l_2(\dot{\theta}_1+\dot{\theta}_2)^2\\ l_1(\ddot{\theta}_1 c\theta_2+\dot{\theta}_1^2 s\theta_2)+gc(\theta_1+\theta_2)+l_2(\ddot{\theta}_1+\ddot{\theta}_2)\\ 0\end{pmatrix}
$$

第二阶段：向内递推，计算各连杆的内力。

首先计算惯性力/力矩

$$
{}^{1}\boldsymbol{f}_{C_1}=m_1\dot{\boldsymbol{v}}_{C_1}=m_1\begin{pmatrix}gs\theta_1-l_1\dot{\theta}_1^2\\ gc\theta_1+l_1\ddot{\theta}_1\\ 0\end{pmatrix}
$$

$$
{}^{2}\boldsymbol{f}_{C_2}=m_2\dot{\boldsymbol{v}}_{C_2}=m_2\begin{pmatrix}l_1(\ddot{\theta}_1 s\theta_2-\dot{\theta}_1^2 c\theta_2)+gs(\theta_1+\theta_2)-l_2(\dot{\theta}_1+\dot{\theta}_2)^2\\ l_1(\ddot{\theta}_1 c\theta_2+\dot{\theta}_1^2 s\theta_2)+gc(\theta_1+\theta_2)+l_2(\ddot{\theta}_1+\ddot{\theta}_2)\\ 0\end{pmatrix}
$$

$$
{}^{1}\boldsymbol{m}_{C_1}={}^{1}\mathcal{I}_{C_1}{}^{1}\dot{\boldsymbol{\omega}}_1+({}^{1}\boldsymbol{\omega}_1\times{}^{1}\mathcal{I}_{C_1}{}^{1}\boldsymbol{\omega}_1)=\boldsymbol{0}
$$

$$ {}^2\boldsymbol{m}_{C_2} = {}^2\mathcal{I}_{C_2}{}^2\dot{\boldsymbol{\omega}}_2 + ({}^2\boldsymbol{\omega}_2 \times {}^2\mathcal{I}_{C_2}{}^2\boldsymbol{\omega}_2) = \boldsymbol{0} $$

对于杆 2

由于${}^3\boldsymbol{f}_3={}^3\boldsymbol{m}_3=\boldsymbol{0}$，代入相关公式得

$$ {}^2\boldsymbol{f}_2 = {}^2\boldsymbol{f}_{C_2} + {}^2_3\boldsymbol{R}\,{}^3\boldsymbol{f}_3 = {}^2\boldsymbol{f}_{C_2} = m_2\begin{pmatrix} l_1(\ddot{\theta}_1 \mathrm{s}\theta_2 - \dot{\theta}_1^2 \mathrm{c}\theta_2) + g\mathrm{s}(\theta_1+\theta_2) - l_2(\dot{\theta}_1+\dot{\theta}_2)^2 \\ l_1(\ddot{\theta}_1 \mathrm{c}\theta_2 + \dot{\theta}_1^2 \mathrm{s}\theta_2) + g\mathrm{c}(\theta_1+\theta_2) + l_2(\ddot{\theta}_1+\ddot{\theta}_2) \\ 0 \end{pmatrix} $$

$$ {}^2\boldsymbol{m}_2 = {}^2\boldsymbol{m}_{C_2} + {}^2_3\boldsymbol{R}\,{}^3\boldsymbol{m}_3 + {}^2\boldsymbol{p}_3 \times {}^2_3\boldsymbol{R}\,{}^3\boldsymbol{f}_3 + {}^2\boldsymbol{p}_{C_2} \times {}^2\boldsymbol{f}_{C_2} = {}^2\boldsymbol{p}_{C_2} \times {}^2\boldsymbol{f}_{C_2} $$

$$ = m_2 \begin{pmatrix} l_2 \\ 0 \\ 0 \end{pmatrix} \times \begin{pmatrix} l_1(\ddot{\theta}_1 \mathrm{s}\theta_2 - \dot{\theta}_1^2 \mathrm{c}\theta_2) + g\mathrm{s}(\theta_1+\theta_2) - l_2(\dot{\theta}_1+\dot{\theta}_2)^2 \\ l_1(\ddot{\theta}_1 \mathrm{c}\theta_2 + \dot{\theta}_1^2 \mathrm{s}\theta_2) + g\mathrm{c}(\theta_1+\theta_2) + l_2(\ddot{\theta}_1+\ddot{\theta}_2) \\ 0 \end{pmatrix} $$

$$ = \begin{pmatrix} 0 \\ 0 \\ m_2 l_2^2(\ddot{\theta}_1+\ddot{\theta}_2) + m_2 l_1 l_2 \ddot{\theta}_1(\mathrm{c}\theta_2 + \dot{\theta}_1^2 \mathrm{s}\theta_2) + m_2 l_2 g\mathrm{c}(\theta_1+\theta_2) \end{pmatrix} $$

因此，关节 2 的关节力矩为

$$ \tau_2 = {}^2\boldsymbol{m}_2^{\mathrm{T}\,2}\hat{z}_2 = m_2 l_2^2(\ddot{\theta}_1+\ddot{\theta}_2) + m_2 l_1 l_2 \ddot{\theta}_1(\mathrm{c}\theta_2 + \dot{\theta}_1^2 \mathrm{s}\theta_2) + m_2 l_2 g\mathrm{c}(\theta_1+\theta_2) \tag{8.80} $$

对于杆 1

$$ {}^1\boldsymbol{f}_1 = {}^1_2\boldsymbol{R}\,{}^2\boldsymbol{f}_2 + {}^1\boldsymbol{f}_{C_1} $$

$$ = m_2 \begin{pmatrix} \mathrm{c}\theta_1 & \mathrm{s}\theta_1 & 0 \\ -\mathrm{s}\theta_1 & \mathrm{c}\theta_1 & 0 \\ 0 & 0 & 1 \end{pmatrix} \begin{pmatrix} l_1(\ddot{\theta}_1 \mathrm{s}\theta_2 - \dot{\theta}_1^2 \mathrm{c}\theta_2) + g\mathrm{s}(\theta_1+\theta_2) - l_2(\dot{\theta}_1+\dot{\theta}_2)^2 \\ l_1(\ddot{\theta}_1 \mathrm{c}\theta_2 + \dot{\theta}_1^2 \mathrm{s}\theta_2) + g\mathrm{c}(\theta_1+\theta_2) + l_2(\ddot{\theta}_1+\ddot{\theta}_2) \\ 0 \end{pmatrix} + m_1 \begin{pmatrix} g\mathrm{s}\theta_1 - l_1\dot{\theta}_1^2 \\ g\mathrm{c}\theta_1 + l_1\ddot{\theta}_1 \\ 0 \end{pmatrix} $$

$$ = \begin{pmatrix} m_2 l_1 \ddot{\theta}_1 \mathrm{s}(\theta_1+\theta_2) - m_2 l_1 \dot{\theta}_1^2 \mathrm{c}(\theta_1+\theta_2) + m_2 g\mathrm{s}\theta_2 + m_2 l_2(\dot{\theta}_1+\dot{\theta}_2)^2(\mathrm{s}\theta_1 - \mathrm{c}\theta_1) + m_1 g\mathrm{s}\theta_1 - m_1 l_1 \dot{\theta}_1^2 \\ m_2 l_1 \ddot{\theta}_1 \mathrm{c}(\theta_1+\theta_2) + m_2 l_1 \dot{\theta}_1^2 \mathrm{s}(\theta_1+\theta_2) + m_2 g\mathrm{c}\theta_2 + m_2 l_2(\dot{\theta}_1+\dot{\theta}_2)^2(\mathrm{s}\theta_1 + \mathrm{c}\theta_1) + m_1 g\mathrm{c}\theta_1 + m_1 l_1 \ddot{\theta}_1 \\ 0 \end{pmatrix} $$

$$ {}^1\boldsymbol{m}_1 = {}^1_2\boldsymbol{R}\,{}^2\boldsymbol{m}_2 + {}^1\boldsymbol{p}_{C_1} \times {}^1\boldsymbol{f}_{C_1} + {}^1\boldsymbol{p}_2 \times {}^1_2\boldsymbol{R}\,{}^2\boldsymbol{f}_2 $$

$$ = \begin{pmatrix} 0 \\ 0 \\ m_2 l_2^2(\ddot{\theta}_1+\ddot{\theta}_2) + m_2 l_1 l_2 \ddot{\theta}_1(\mathrm{c}\theta_2 + \dot{\theta}_1^2 \mathrm{s}\theta_2) + m_2 l_2 g\mathrm{c}(\theta_1+\theta_2) \end{pmatrix} + \begin{pmatrix} 0 \\ 0 \\ m_1 l_1^2 \ddot{\theta}_1 + m_1 l_1 g\mathrm{c}\theta_1 \end{pmatrix} + $$

$$ \begin{pmatrix} 0 \\ 0 \\ m_2 l_1^2 \ddot{\theta}_1 - m_2 l_1 l_2(\dot{\theta}_1+\dot{\theta}_2)^2 \mathrm{s}\theta_2 + m_2 l_1 g\mathrm{s}(\theta_1+\theta_2)\mathrm{s}\theta_2 + m_2 l_1 l_2(\ddot{\theta}_1+\ddot{\theta}_2)\mathrm{c}\theta_2 + m_2 l_1 g\mathrm{c}(\theta_1+\theta_2)\mathrm{c}\theta_2 \end{pmatrix} $$

因此，关节 1 的关节力矩为

$$\tau_1={}^1\boldsymbol{m}_1^{\mathrm{T}1}\hat{z}_1=m_2l_2^2(\ddot{\theta}_1+\ddot{\theta}_2)+m_2l_1l_2(2\ddot{\theta}_1+\ddot{\theta}_2)\mathrm{c}\theta_2+(m_1+m_2)l_1^2\ddot{\theta}_1-m_2l_1l_2\mathrm{s}\theta_2(\dot{\theta}_2^2+2\dot{\theta}_1\dot{\theta}_2)+m_2l_2g\mathrm{c}(\theta_1+\theta_2)+(m_1+m_2)l_1g\mathrm{c}\theta_1 \tag{8.81}$$

式（8.80）和式（8.81）共同组成了封闭形式的动力学方程，即

$$\begin{cases}\tau_1=(m_1l_1^2+m_2l_2^2+m_2l_1^2+2m_2l_1l_2\mathrm{c}\theta_2)\ddot{\theta}_1+(m_2l_2^2+m_2l_1l_2\mathrm{c}\theta_2)\ddot{\theta}_2-m_2l_1l_2\mathrm{s}\theta_2(2\dot{\theta}_1\dot{\theta}_2+\dot{\theta}_2^2)+\\ \quad m_1gl_1\mathrm{c}\theta_1+m_2gl_2\mathrm{c}\theta_{12}+m_2gl_1\mathrm{c}\theta_1\\ \tau_2=(m_2l_2^2+m_2l_1l_2\mathrm{c}\theta_2)\ddot{\theta}_1+m_2l_2^2\ddot{\theta}_2+m_2l_1l_2\mathrm{s}\theta_2\dot{\theta}_1^2+m_2l_2g\mathrm{c}\theta_{12}\end{cases} \tag{8.82}$$

将式（8.82）写成矩阵形式，可得

$$\underbrace{\begin{pmatrix}\tau_1\\ \tau_2\end{pmatrix}}_{\boldsymbol{\tau}_{\mathrm{f}}}=\underbrace{\begin{pmatrix}m_1l_1^2+m_2(l_1^2+2l_1l_2\mathrm{c}\theta_2+l_2^2) & m_2(l_1l_2\mathrm{c}\theta_2+l_2^2)\\ m_2(l_1l_2\mathrm{c}\theta_2+l_2^2) & m_2l_2^2\end{pmatrix}}_{\boldsymbol{M}(\boldsymbol{q})}\begin{pmatrix}\ddot{\theta}_1\\ \ddot{\theta}_2\end{pmatrix}+\underbrace{\begin{pmatrix}0 & -m_2l_1l_2\mathrm{s}\theta_2(2\dot{\theta}_1+\dot{\theta}_2)\\ m_2l_1l_2\dot{\theta}_1\mathrm{s}\theta_2 & 0\end{pmatrix}}_{\boldsymbol{V}(\boldsymbol{q},\dot{\boldsymbol{q}})}\begin{pmatrix}\dot{\theta}_1\\ \dot{\theta}_2\end{pmatrix}+\underbrace{\begin{pmatrix}(m_1+m_2)l_1g\mathrm{c}\theta_1+m_2gl_2\mathrm{c}\theta_{12}\\ m_2gl_2\mathrm{c}\theta_{12}\end{pmatrix}}_{\boldsymbol{G}(\boldsymbol{q})}$$

可见，采用牛顿-欧拉法与拉格朗日法得到的结果一样［对比式（8.20）和式（8.82）］。同样，也可简写成如下形式

$$\boldsymbol{\tau}_{\mathrm{f}}=\boldsymbol{M}(\boldsymbol{q})\ddot{\boldsymbol{q}}+\boldsymbol{V}(\boldsymbol{q},\dot{\boldsymbol{q}})\dot{\boldsymbol{q}}+\boldsymbol{G}(\boldsymbol{q})$$

8.5 摩擦、传动比及驱动空间动力学

8.5.1 摩擦的影响

在真实系统中，运动副和传动系统引入的摩擦（Friction）往往不能忽略。因此，需要在式（8.50）的基础上增加一个摩擦项，得到包含摩擦和环境接触力的关节空间动力学方程

$$\boldsymbol{M}(\boldsymbol{q})\ddot{\boldsymbol{q}}+\boldsymbol{V}(\boldsymbol{q},\dot{\boldsymbol{q}})\dot{\boldsymbol{q}}+\boldsymbol{F}_{\mathrm{f}}(\dot{\boldsymbol{q}})+\boldsymbol{G}(\boldsymbol{q})+\boldsymbol{J}^{\mathrm{T}}\boldsymbol{F}_{\mathrm{e}}=\boldsymbol{\tau} \tag{8.83}$$

式中，$\boldsymbol{F}_{\mathrm{f}}(\dot{\boldsymbol{q}})$ 为 $n\times1$ 阶关节摩擦力矢量。

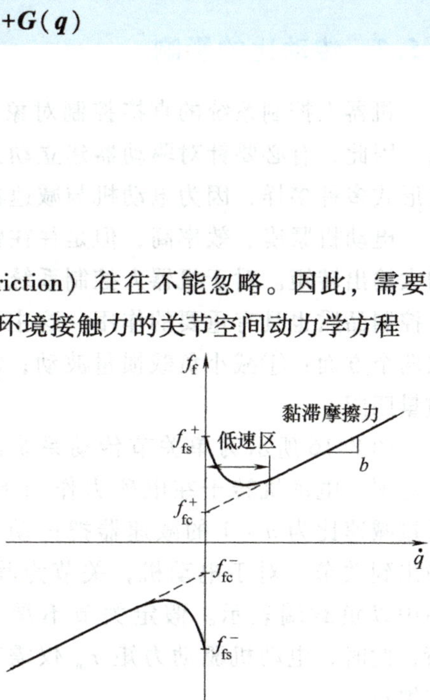

图 8.15 典型的关节摩擦力模型

在工程上，通常采用如图 8.15 所示的简化模型来描述单个关节的摩擦力，图中变量均为标量。当关节速度为零时，摩擦力 f_{f} 表现为静摩擦力 f_{fs}，方向与运动趋势相反；当关节克服最大静摩擦力发生运动后，摩擦力快速变小，并转换为动摩擦力。此时，动摩擦力是与速度方向相反、大小与关节速度呈近似线性的黏滞摩擦力（Viscous Friction）。

描述黏滞摩擦力与速度关系的斜线通常不通过零点，而是在坐标轴上有一个偏移量。该偏移量称为库仑摩擦力（Coulomb Friction）。由于库仑摩擦力也与运动方向有关，因此，最终的摩擦力曲线关于速度坐标轴上下对称。

对于低速段，常用线性黏滞摩擦力模型近似，即图 8.15 所示的虚线部分。由此，可得关节摩擦力的数学模型为

$$\boldsymbol{F}_{\mathrm{f}}(\dot{\boldsymbol{q}})=\begin{cases}\boldsymbol{\tau}-\boldsymbol{\tau}_{\mathrm{e}}-\boldsymbol{\tau}_{\mathrm{g}} & |\dot{\boldsymbol{q}}|=0\\ b\dot{\boldsymbol{q}}+\boldsymbol{F}_{\mathrm{fc}} & |\dot{\boldsymbol{q}}|>0\end{cases}\qquad \boldsymbol{F}_{\mathrm{fc}}=\begin{cases}\boldsymbol{0} & |\dot{\boldsymbol{q}}|=0\\ \boldsymbol{F}_{\mathrm{fc}}^{+} & |\dot{\boldsymbol{q}}|>0\\ \boldsymbol{F}_{\mathrm{fc}}^{-} & |\dot{\boldsymbol{q}}|<0\end{cases}\tag{8.84}$$

式中，$\boldsymbol{\tau}_{\mathrm{e}}$ 和 $\boldsymbol{\tau}_{\mathrm{g}}$ 分别为平衡环境接触力和重力所需的关节驱动力，$\boldsymbol{F}_{\mathrm{fc}}$ 为库仑摩擦力，b 为阻尼系数。

如果忽略库仑摩擦力的影响，则摩擦力模型可进一步简化为

$$\boldsymbol{F}_{\mathrm{f}}(\dot{\boldsymbol{q}})=\begin{cases}\boldsymbol{\tau}-\boldsymbol{\tau}_{\mathrm{e}}-\boldsymbol{\tau}_{\mathrm{g}} & |\dot{\boldsymbol{q}}|=0\\ b\dot{\boldsymbol{q}} & |\dot{\boldsymbol{q}}|>0\end{cases}\tag{8.85}$$

更进一步，当关节速度为零时，式（8.83）退化成静力学方程，即式（8.85）的第一项。此时，静摩擦力可根据重力、接触力和关节驱动力进行计算。如果关节速度不为零，则根据式（8.85）中的第二项计算动摩擦力。

把式（8.85）的第二项代入式（8.83），得出运动状态下考虑动摩擦力的关节空间动力学方程

$$\boldsymbol{\tau}=\boldsymbol{M}(\boldsymbol{q})\ddot{\boldsymbol{q}}+\boldsymbol{V}(\boldsymbol{q},\dot{\boldsymbol{q}})\dot{\boldsymbol{q}}+\boldsymbol{B}\dot{\boldsymbol{q}}+\boldsymbol{G}(\boldsymbol{q})+\boldsymbol{J}^{\mathrm{T}}\boldsymbol{F}_{\mathrm{e}}\tag{8.86}$$

式中，$\boldsymbol{B}$ 为各关节阻尼系数矩阵，是一个对角阵。

8.5.2 传动比的影响

机器人控制系统的直接控制对象是关节驱动器，而驱动器与关节之间通常存在传动机构。因此，有必要针对驱动器建立动力学方程，即驱动空间动力学方程。驱动器与传动机构的形式多种多样，因为电动机与减速器的组合最为常用，本节仅讨论此种情况。

电动机紧凑、效率高，但是往往输出力矩较小，因此，需通过减速器来降低输出转速、增大输出转矩。对于机器人控制系统，减速器的引入不仅仅为了适配驱动力矩，而且对于提升控制品质也具有重要的作用。这主要表现在两个方面：①减小负载惯量波动；②实现惯量匹配。

图 8.16 所示为单关节传动系统的简化示意图。电动机转子在电磁力作用下运转，通过减速比为 $n:1$ 的减速器把运动和力矩输出到关节。对于电动机，关节为其负载，图中以负载端表示。假定关节不承受外载荷，此时，电动机驱动力矩 τ_{m} 仅需克服系统惯量。

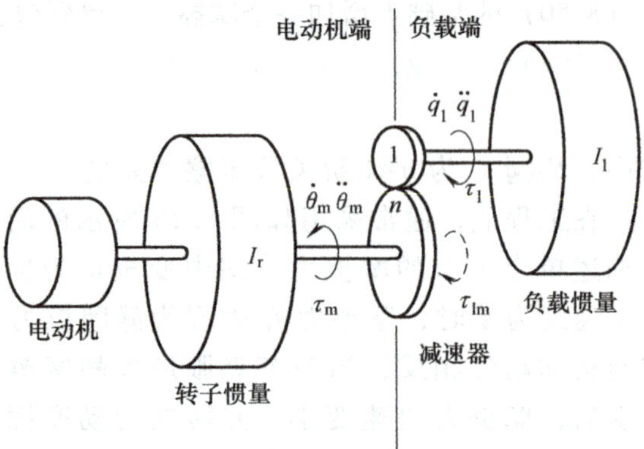

图 8.16 单关节传动示意

图中，电动机转子惯量为 I_{r}，负载惯量

为 I_1，电动机转子转速和加速度分别为 $\dot{\theta}_m$ 和 $\ddot{\theta}_m$，负载转速和加速度分别为 $\dot{q}_1$ 和 $\ddot{q}_1$，τ_1 为减速器输出力矩，τ_{1m} 为作用在电动机转子轴上的反力矩。显然，减速器两侧的速度、加速度和力矩之间满足如下关系

$$\dot{\theta}_m = n\dot{q}_1, \ddot{\theta}_m = n\ddot{q}_1, \tau_{1m} = \frac{\tau_1}{n}, \ddot{q}_1 = \frac{\tau_1}{I_1} \tag{8.87}$$

以电动机转子为考察对象，不考虑摩擦和阻尼时，其动力学方程为

$$\tau_m - \tau_{1m} = I_r \ddot{\theta}_m \tag{8.88}$$

将式（8.87）代入式（8.88），可得

$$\begin{aligned}\tau_m &= \left(I_r + \frac{1}{n^2}I_1\right)\ddot{\theta}_m \\ &= I_m \ddot{\theta}_m\end{aligned}$$

由此，可得

$$I_m = I_r + \frac{1}{n^2}I_1 \tag{8.89}$$

式中，I_m 为电动机转子侧的总等效惯性矩。

当对关节施加转矩时，电动机被动旋转，可以得到从减速器的输出端考察的关节空间总等效惯量 I，即

$$I = n^2 I_r + I_1 \tag{8.90}$$

由此可以得到

$$I = n^2 I_m \tag{8.91}$$

机器人常用伺服电动机的转子惯量通常很小。如果忽略电动机转子惯量，可以认为机器人某关节 i 的负载惯量 I_{1i} 就是机器人广义质量矩阵 $\boldsymbol{M}(\boldsymbol{q})$ 中的元素 m_{ii}。众所周知，m_{ii} 会随机器人位姿发生变化，有时，这种变化会非常大。例如，PUMA 机器人腰关节负载惯量的最大与最小值之比可以达到 2.16。这显然不利于电动机速度控制器的设计。引入减速器后，负载惯量以原值的 $1/n^2$ 等效到电动机转子上，极大地减小了电动机总等效惯量的波动，提高了控制算法的适应性。

此外，如果等效惯性矩过大，将导致电动机响应严重滞后，降低控制系统的稳定性。因此，在工程上，通常要求负载在转子侧的等效惯量满足

$$\frac{1}{n^2}I_1 \leqslant 4I_r \quad 或 \quad I_m \leqslant 5I_r \tag{8.92}$$

式（8.92）应作为减速器选型的一个重要条件。确定减速比的过程称为惯量匹配（Inertia Matching）[⊖]。

图 8.16 所示虽然是以电动机传动为例说明等效惯量的计算方法，但是，其分析方法同样适用于其他传动机构，如丝杠螺母机构。

对于阻尼系数，也存在类似的等效关系

⊖ 如果选用直接驱动型力矩电动机，也需要根据式（8.92）校验电动机惯量与负载惯量的关系，此时传动比 $n=1$。

$$B_m = B_r + B_l/n^2 \tag{8.93}$$

$$B = n^2 B_r + B_l \tag{8.94}$$

$$B = n^2 B_m \tag{8.95}$$

式中，B_m 为电动机转子侧的总等效阻尼系数；B_l 为负载端阻尼系数；B_r 为电动机转子阻尼系数；B 为关节空间总等效阻尼系数。

当电动机转子惯量和阻尼不可忽略时，需根据式（8.90）和式（8.95）计算关节空间的总等效惯量和等效阻尼。

【例 8-6】 假定【例 8-4】的其他条件不变，两关节所用电动机和减速器相同，且电动机转子惯量相等，$I_{m1}=I_{m2}=0.002\text{kg}\cdot\text{m}^2$，当传动比分别取 $n_1=n_2=10$ 和 $n_1=n_2=100$ 时，试计算关节空间等效质量矩阵 $\boldsymbol{M}$ 各元素。

解：【例 8-4】已经计算得到了连杆惯量为零时的等效质量矩阵

$$\boldsymbol{M}=\begin{pmatrix} M_{11} & M_{12} \\ M_{21} & M_{22} \end{pmatrix}=\begin{pmatrix} 10+8\cos\theta_2 & 4+4\cos\theta_2 \\ 4+4\cos\theta_2 & 4 \end{pmatrix} \tag{8.96}$$

根据拉格朗日方程，当考虑电动机转子惯量时，其动能将出现以下新增项

$$T_{新增}=\frac{1}{2}I_{m1}\dot{\theta}_{m1}^2+\frac{1}{2}I_{m2}\dot{\theta}_1^2+\frac{1}{2}I_{m2}\dot{\theta}_{m2}^2=\frac{1}{2}I_1\dot{\theta}_1^2+\frac{1}{2}I_{m2}\dot{\theta}_1^2+\frac{1}{2}I_2\dot{\theta}_2^2$$

式中，$\dot{\theta}_{m1}$、$\dot{\theta}_{m2}$ 为关节 1、2 的电动机转子转速；I_1，I_2 为两个连杆的总等效惯性矩，且

$$I_1 = I_{m1} n^2$$

$$I_2 = I_{m2} n^2$$

根据拉格朗日方程，得到与加速度相关的两个关节转矩新增项分别为

$$\tau_{1新增}=(I_1+I_{m2})\ddot{\theta}_1$$

$$\tau_{2新增}=I_2\ddot{\theta}_2$$

因此，式（8.96）中各元素也会出现对应的新增项，即

$$\boldsymbol{M}=\begin{pmatrix} M_{11}+I_1+I_{m2} & M_{12} \\ M_{21} & M_{22}+I_2 \end{pmatrix}=\begin{pmatrix} 10+8\cos\theta_2+I_1+I_{m2} & 4+4\cos\theta_2 \\ 4+4\cos\theta_2 & 4+I_2 \end{pmatrix} \tag{8.97}$$

当 $n=10$ 时

$$I_1 = I_2 = 0.2\text{kg}\cdot\text{m}^2$$

$$\boldsymbol{M}=\begin{pmatrix} 10.2+8\cos\theta_2 & 4+4\cos\theta_2 \\ 4+4\cos\theta_2 & 4.2 \end{pmatrix}$$

当 $n=100$ 时

$$I_1 = I_2 = 20\text{kg}\cdot\text{m}^2$$

$$\boldsymbol{M}=\begin{pmatrix} 30+8\cos\theta_2 & 4+4\cos\theta_2 \\ 4+4\cos\theta_2 & 24 \end{pmatrix}$$

从【例 8-6】可知，当传动比变大时，某关节 i 的惯量受电动机转子惯量的影响越来越

大，具体表现为两个方面：①关节 i 所需力矩更加依赖于 $\ddot{\theta}_i$，而更少受其他关节加速度的影响，等效质量矩阵变得更加对角化，即关节间的耦合相对减小；②等效质量矩阵各元素受位姿变化的影响相对减小。这也是大多数工业机器人的关节驱动电动机采用大传动比减速器的原因。但是，当电动机功率和额定转速一定时，大传动比会造成关节速度的降低，影响机器人的快速性。

8.5.3 驱动空间动力学方程

在控制中，最终关注的是关节驱动器的输出负载，因此，有必要考察如何将式（8.86）转换到驱动空间。简化起见，本节仅考虑驱动电动机与关节之间存在减速器的情况。如果关节与电动机之间通过连杆机构传递运动，则还要建立它们之间的运动学模型。

考虑减速器的作用，关节空间和驱动空间力矩矢量、速度矢量和加速度矢量的关系如下

$$\boldsymbol{\tau}=\boldsymbol{N}\boldsymbol{\tau}_{\mathrm{m}},\quad \dot{\boldsymbol{q}}=\boldsymbol{N}^{-1}\dot{\boldsymbol{\theta}}_{\mathrm{m}},\quad \ddot{\boldsymbol{q}}=\boldsymbol{N}^{-1}\ddot{\boldsymbol{\theta}}_{\mathrm{m}} \tag{8.98}$$

式中，$\boldsymbol{N}$ 为对角阵，其对角线元素为各关节减速器的减速比。

将式（8.98）代入式（8.86），得到机器人的驱动空间动力学模型

$$\boldsymbol{M}_{\mathrm{m}}(\boldsymbol{q})\ddot{\boldsymbol{\theta}}_{\mathrm{m}}+\boldsymbol{V}_{\mathrm{m}}(\boldsymbol{q},\dot{\boldsymbol{q}})\dot{\boldsymbol{\theta}}_{\mathrm{m}}+\boldsymbol{B}_{\mathrm{m}}\dot{\boldsymbol{\theta}}_{\mathrm{m}}+\boldsymbol{G}_{\mathrm{m}}(\boldsymbol{q})+\boldsymbol{N}^{-1}\boldsymbol{J}^{\mathrm{T}}\boldsymbol{F}_{\mathrm{e}}=\boldsymbol{\tau}_{\mathrm{m}} \tag{8.99}$$

式中，$\boldsymbol{M}_{\mathrm{m}}(\boldsymbol{q})=\boldsymbol{N}^{-1}\boldsymbol{M}(\boldsymbol{q})\boldsymbol{N}^{-1}$，为驱动空间广义质量矩阵（注：假定关节广义质量矩阵中已考虑电动机惯量，$\boldsymbol{q}$ 为关节位移，$\boldsymbol{N}$ 为各关节减速器传动比矩阵）；$\boldsymbol{V}_{\mathrm{m}}(\boldsymbol{q},\dot{\boldsymbol{q}})=\boldsymbol{N}^{-1}\boldsymbol{V}(\boldsymbol{q},\dot{\boldsymbol{q}})\boldsymbol{N}^{-1}$，为驱动空间哥氏力和离心力耦合项矩阵；$\boldsymbol{B}_{\mathrm{m}}=\boldsymbol{N}^{-1}\boldsymbol{B}\boldsymbol{N}^{-1}$，为驱动空间黏滞阻尼项矩阵；$\boldsymbol{G}_{\mathrm{m}}(\boldsymbol{q})=\boldsymbol{N}^{-1}\boldsymbol{G}(\boldsymbol{q})$ 为驱动空间重力矢量。

为每个电动机设计独立的位置闭环控制器时，可根据式（8.99）建立电动机动力学模型。

8.6 操作空间动力学方程

在有些应用场合，控制的期望值是在末端工具坐标系下表示的位姿矢量或力矢量。例如，要求机器人实时跟踪具有不确定轨迹的运动目标、控制机器人与环境的接触力等。此时，控制的目标变量是操作空间的位置矢量或力矢量，因此需要利用机器人的操作空间动力学模型，也称为笛卡儿空间动力学模型。

当需要在操作空间表达动力学方程时，则应在操作空间定义广义坐标和广义力。与6.7.1节推导末端力与关节力关系的过程类似，也可根据虚功原理得到操作空间广义力与关节空间力矢量之间的关系，即

$$\begin{cases}\boldsymbol{\tau}=\boldsymbol{J}^{\mathrm{T}}\boldsymbol{F}_{\mathrm{x}}\\ \boldsymbol{F}_{\mathrm{x}}=\boldsymbol{J}^{-\mathrm{T}}\boldsymbol{\tau}\end{cases} \tag{8.100}$$

式中，$\boldsymbol{\tau}$ 为关节空间中的驱动力/力矩矢量；$\boldsymbol{F}_{\mathrm{x}}$ 为与操作空间广义坐标对应的广义力矢量。

8.5.1节已经建立了含有摩擦力简化模型的关节空间动力学方程，重写如下

$$\boldsymbol{M}(\boldsymbol{q})\ddot{\boldsymbol{q}}+\boldsymbol{V}(\boldsymbol{q},\dot{\boldsymbol{q}})\dot{\boldsymbol{q}}+\boldsymbol{B}\dot{\boldsymbol{q}}+\boldsymbol{G}(\boldsymbol{q})+\boldsymbol{J}^{\mathrm{T}}\boldsymbol{F}_{\mathrm{e}}=\boldsymbol{\tau} \tag{8.101}$$

方程中的各项均可视为关节空间 $\boldsymbol{q}$ 中的一个力矢量：

1）$\boldsymbol{M}(\boldsymbol{q})\ddot{\boldsymbol{q}}$ 表示关节空间惯性力矢量。

2）$\boldsymbol{V}(\boldsymbol{q},\dot{\boldsymbol{q}})\dot{\boldsymbol{q}}$ 表示关节空间的哥氏力与离心力矢量。

3）$\boldsymbol{B}\dot{\boldsymbol{q}}$ 表示关节空间的摩擦力矢量。

4）$\boldsymbol{G}(\boldsymbol{q})$ 表示关节空间的重力矢量。

5）$\boldsymbol{\tau}$ 表示关节空间驱动力矢量。

6）$\boldsymbol{J}^{\mathrm{T}}\boldsymbol{F}_{\mathrm{e}}$ 表示转换到关节空间的环境接触力矢量。

注意：一般而言，$\boldsymbol{F}_{\mathrm{e}}$ 和 $\boldsymbol{J}$ 都在末端工具坐标系中表达，操作空间通常也在末端工具坐标系中定义。

由式（8.100）可知，在式（8.101）两边同时乘以 $\boldsymbol{J}^{-\mathrm{T}}$，可以把这些力矢量转换到操作空间，即

$$\boldsymbol{J}^{-\mathrm{T}}\boldsymbol{M}(\boldsymbol{q})\ddot{\boldsymbol{q}}+\boldsymbol{J}^{-\mathrm{T}}\boldsymbol{V}(\boldsymbol{q},\dot{\boldsymbol{q}})\dot{\boldsymbol{q}}+\boldsymbol{J}^{-\mathrm{T}}\boldsymbol{B}\dot{\boldsymbol{q}}+\boldsymbol{J}^{-\mathrm{T}}\boldsymbol{G}(\boldsymbol{q})+\boldsymbol{F}_{\mathrm{e}}=\boldsymbol{J}^{-\mathrm{T}}\boldsymbol{\tau} \tag{8.102}$$

根据式（8.102）得到关于末端位姿矢量 $\boldsymbol{x}$ 的动力学方程，以此来考察末端执行器的运动规律。由于

$$\dot{\boldsymbol{x}}=\boldsymbol{J}\dot{\boldsymbol{q}}$$

对上式求导得

$$\ddot{\boldsymbol{x}}=\dot{\boldsymbol{J}}\dot{\boldsymbol{q}}+\boldsymbol{J}\ddot{\boldsymbol{q}} \tag{8.103}$$

由此可以得到

$$\dot{\boldsymbol{q}}=\boldsymbol{J}^{-1}\dot{\boldsymbol{x}} \tag{8.104}$$

$$\ddot{\boldsymbol{q}}=\boldsymbol{J}^{-1}\ddot{\boldsymbol{x}}-\boldsymbol{J}^{-1}\dot{\boldsymbol{J}}\dot{\boldsymbol{q}}=\boldsymbol{J}^{-1}\ddot{\boldsymbol{x}}-\boldsymbol{J}^{-1}\dot{\boldsymbol{J}}\boldsymbol{J}^{-1}\dot{\boldsymbol{x}} \tag{8.105}$$

将式（8.104）和式（8.105）代入式（8.102），得到机器人的操作空间动力学方程

$$\boldsymbol{M}_{\mathrm{x}}(\boldsymbol{q})\ddot{\boldsymbol{x}}+\boldsymbol{N}_{\mathrm{x}}(\boldsymbol{q},\dot{\boldsymbol{q}})\dot{\boldsymbol{x}}+\boldsymbol{G}_{\mathrm{x}}(\boldsymbol{q})+\boldsymbol{F}_{\mathrm{e}}=\boldsymbol{F}_{\mathrm{x}} \tag{8.106}$$

式中，$\boldsymbol{M}_{\mathrm{x}}(\boldsymbol{q})=\boldsymbol{J}^{-\mathrm{T}}\boldsymbol{M}(\boldsymbol{q})\boldsymbol{J}^{-1}$，表示等效到操作空间的机器人广义质量矩阵；$\boldsymbol{N}_{\mathrm{x}}(\boldsymbol{q},\dot{\boldsymbol{q}})=\boldsymbol{J}^{-\mathrm{T}}[\boldsymbol{V}(\boldsymbol{q},\dot{\boldsymbol{q}})-\boldsymbol{M}\boldsymbol{J}^{-1}\dot{\boldsymbol{J}}+\boldsymbol{B}(\boldsymbol{q})]\boldsymbol{J}^{-1}$，表示等效到操作空间与广义速度有关的耦合力和阻力矩阵；$\boldsymbol{G}_{\mathrm{x}}(\boldsymbol{q})=\boldsymbol{J}^{-\mathrm{T}}\boldsymbol{G}(\boldsymbol{q})\boldsymbol{J}^{-1}$，表示等效到操作空间的重力矢量；$\boldsymbol{F}_{\mathrm{x}}$ 表示等效到操作空间的虚拟广义驱动力；$\boldsymbol{F}_{\mathrm{e}}$ 表示环境接触力。

注意：上述矩阵参数、力矢量和状态矢量都定义在末端工具坐标系，为简洁，省略了表示该坐标系的左上标。

直观上，可以把式（8.106）表示的操作空间动力学模型理解为：存在一个与机器人末端执行器共用坐标系的等效质量块，该质量块的广义质量为 $\boldsymbol{M}_{\mathrm{x}}$，在等效广义驱动力 $\boldsymbol{F}_{\mathrm{x}}$、环境接触力 $\boldsymbol{F}_{\mathrm{e}}$、等效重力 $\boldsymbol{G}_{\mathrm{x}}$、等效速度阻力 $\boldsymbol{N}_{\mathrm{x}}\dot{\boldsymbol{x}}$ 的作用下，具有加速度 $\ddot{\boldsymbol{x}}$，如图 8.17 所示。

由上可见，式（8.106）与式（8.101）一样，都完整地描述了机器人系统的动力学特性，只不过把关注的状态变量从关节矢量转换成了末端位姿矢量。

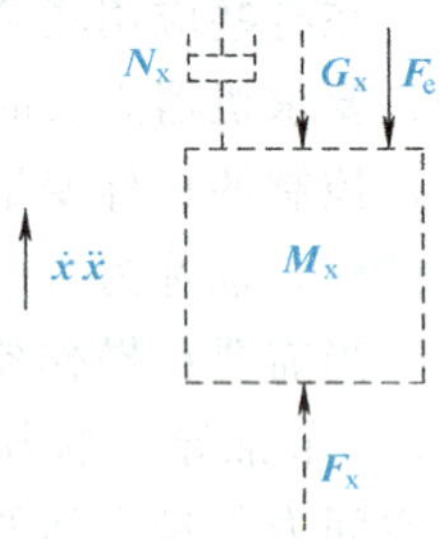

图 8.17　操作空间动力学模型示意

【例 8-7】 对于【例 8-5】中的平面 2R 机器人，忽略摩擦力和环境接触力，末端工具坐标系为 $o_3x_3y_3$，求操作空间动力学方程。

解：把【例 8-5】求得的关节空间动力学方程式和【例 6-7】中的静力雅可比矩阵式重写如下

$$\underbrace{\begin{pmatrix}\tau_1\\ \tau_2\end{pmatrix}}_{\boldsymbol{\tau}_{\mathrm{f}}}=\underbrace{\begin{pmatrix}m_1l_1^2+m_2l_2^2+m_2l_1^2+2m_2l_1l_2\mathrm{c}\theta_2 & m_2l_2^2+m_2l_1l_2\mathrm{c}\theta_2\\ m_2l_2^2+m_2l_1l_2\mathrm{c}\theta_2 & m_2l_2^2\end{pmatrix}}_{\boldsymbol{M}(\boldsymbol{q})}\begin{pmatrix}\ddot{\theta}_1\\ \ddot{\theta}_2\end{pmatrix}+\underbrace{\begin{pmatrix}0 & -m_2l_1l_2\mathrm{s}(2\dot{\theta}_1+\dot{\theta}_2)\theta_2\\ m_2l_1l_2\mathrm{s}\dot{\theta}_1 & 0\end{pmatrix}}_{\boldsymbol{V}(\boldsymbol{q},\,\dot{\boldsymbol{q}})}\begin{pmatrix}\dot{\theta}_1\\ \dot{\theta}_2\end{pmatrix}+$$

$$\underbrace{\begin{pmatrix}m_1gl_1\mathrm{c}\theta_1+m_2gl_2\mathrm{c}\theta_{12}+m_2gl_1\mathrm{c}\theta_1\\ m_2l_2g\mathrm{c}\theta_{12}\end{pmatrix}}_{\boldsymbol{G}(\boldsymbol{q})} \tag{8.107}$$

$$^3\boldsymbol{J}_{\mathrm{F}}={}^3\boldsymbol{J}^{\mathrm{T}}=\begin{pmatrix}l_1\mathrm{s}\theta_2 & l_2+l_1\mathrm{c}\theta_2\\ 0 & l_2\end{pmatrix}$$

静力雅可比矩阵的逆为

$$^3\boldsymbol{J}_{\mathrm{F}}^{-1}={}^3\boldsymbol{J}^{-\mathrm{T}}=\frac{1}{l_1l_2\mathrm{s}\theta_2}\begin{pmatrix}l_2 & -l_2-l_1\mathrm{c}\theta_2\\ 0 & l_1\mathrm{s}\theta_2\end{pmatrix}$$

速度雅可比矩阵为

$$^3\boldsymbol{J}=\begin{pmatrix}l_1\mathrm{s}\theta_2 & 0\\ l_2+l_1\mathrm{c}\theta_2 & l_2\end{pmatrix} \tag{8.108}$$

速度雅可比矩阵的逆为

$$^3\boldsymbol{J}^{-1}=\frac{1}{l_1l_2\mathrm{s}\theta_2}\begin{pmatrix}l_2 & 0\\ -l_2-l_1\mathrm{c}\theta_2 & l_1\mathrm{s}\theta_2\end{pmatrix}$$

对式（8.108）求导，得

$$^3\dot{\boldsymbol{J}}=\begin{pmatrix}l_1\mathrm{c}\theta_2\dot{\theta}_2 & 0\\ -l_1\mathrm{s}\theta_2\dot{\theta}_2 & 0\end{pmatrix}$$

把上述各式代入式（8.106）得

$$\boldsymbol{M}_{\mathrm{x}}(\boldsymbol{q})\ddot{\boldsymbol{x}}+\boldsymbol{N}_{\mathrm{x}}(\boldsymbol{q},\dot{\boldsymbol{q}})\dot{\boldsymbol{x}}+\boldsymbol{G}_{\mathrm{x}}(\boldsymbol{q})=\boldsymbol{F}_{\mathrm{x}} \tag{8.109}$$

式中，

$$\boldsymbol{M}_{\mathrm{x}}(\boldsymbol{q})=\begin{pmatrix}m_2+\dfrac{m_1}{\mathrm{s}^2\theta_2} & 0\\ 0 & m_2\end{pmatrix};\boldsymbol{V}_{\mathrm{x}}(\boldsymbol{q})=\begin{pmatrix}\dfrac{m_2l_2+m_2l_1\mathrm{c}\theta_2}{l_1\mathrm{s}\theta_2}\dot{\theta}_1+\dfrac{m_2l_1l_2\mathrm{s}_2^2\theta_2-m_1l_2^2\mathrm{c}\theta_2}{l_1^2\mathrm{s}^3\theta_2}\dot{\theta}_2 & -m_2(2\dot{\theta}_1+\dot{\theta}_2)\\ m_2(\dot{\theta}_1+\dot{\theta}_2) & 0\end{pmatrix},$$

$$\boldsymbol{G}_{\mathrm{x}}(\boldsymbol{q})=\begin{pmatrix}m_1g\dfrac{\mathrm{c}\theta_1}{\mathrm{s}\theta_2}+m_2g\mathrm{s}\theta_{12}\\ m_2g\mathrm{c}\theta_{12}\end{pmatrix}$$

可见，操作空间动力学模型各参数矩阵也是关节变量的函数。

8.7 本章小结

1）动力学分析是机器人控制、结构设计与驱动器选型的基础。分析机器人动力学的常用方法主要有拉格朗日法、牛顿-欧拉法和凯恩方程等，最为经典的是前两种。

2）与机器人运动学不同的是，机器人动力学研究必须考虑惯性的影响。影响惯性的参数主要包括质心、惯性张量等。

3）刚体惯性张量 $\mathcal{I}$ 及刚体广义惯性张量 $\boldsymbol{M}$ 的表达均与所选的参考坐标系有直接关系。不过，由于该矩阵为正定阵，因此可以对角化。当惯性积为零时，刚体惯性张量 $\mathcal{I}$ 退化成对角阵，$\mathcal{I}$ 的特征矢量为惯性主轴，与三个惯性主轴对应的惯性矩为主惯性矩。

4）利用拉格朗日法建立串联机器人动力学方程的一般过程：①选取广义坐标；②计算系统的动能；③计算系统的势能；④构造第二类拉格朗日函数（只适用于完整约束系统）；⑤构造关节驱动力拉格朗日动力学方程，求解仅考虑惯量和重力的关节驱动力矢量 $\boldsymbol{\tau}_{\mathrm{f}}$；⑥计算末端环境接触力 $\boldsymbol{F}_{\mathrm{e}}$ 引起的关节静负载 $\boldsymbol{\tau}_{\mathrm{e}}$；⑦计算最终的关节驱动力 $\boldsymbol{\tau}$；⑧最终建立系统关节空间的动力学方程 $\boldsymbol{M}(\boldsymbol{q})\ddot{\boldsymbol{q}}+\boldsymbol{V}(\boldsymbol{q},\dot{\boldsymbol{q}})\dot{\boldsymbol{q}}+\boldsymbol{G}(\boldsymbol{q})+\boldsymbol{J}^{\mathrm{T}}\boldsymbol{F}_{\mathrm{e}}=\boldsymbol{\tau}$。

5）可以采用前置（或后置）坐标系下递推形式的牛顿-欧拉动力学算法，来求解串联机器人的逆动力学问题，即已知关节位移、速度、加速度，求所需的关节力矩或者关节力。整个算法分为两个部分：第一部分为向外递推法，计算得到各连杆的速度和加速度，再由牛顿-欧拉公式计算出各连杆的惯性力及惯性力矩；第二部分为向内递推法，计算得到各杆受到的内力，进而得到关节驱动力或力矩。

6）实际机器人中，需要考虑摩擦和传动比对机器人动力学方程的影响。摩擦力矩可以采用简化的阻尼模型表示。当机器人电动机通过减速器带动关节运转时，把关节侧惯量和摩擦力除以传动比平方，即可折算到电动机转子侧。传动比的选择除了要满足输出端速度和力矩要求，还要满足惯量匹配要求。在关节传动中采用大传动比减速器，可以减小关节间耦合，利于电动机独立控制器的设计。

7）关节空间、驱动空间和操作空间的机器人动力学方程之间存在确定的关系。其中，关节空间动力学方程与驱动空间动力学方程通过传动机构的传动比实现变化，关节空间动力学方程与操作空间动力学方程则需要利用操作空间的雅可比矩阵实现变换。关节空间动力学方程一般在设计阶段用于衡量机器人的动力学特性，在实际应用中用于实现关节空间控制；驱动空间动力学方程用于建立关节电动机的控制模型，实现对电动机的控制；操作空间动力学方程用于实现对操作空间变量的控制。

延读文献

[1] CRAIG J J. 机器人学导论［M］. 负超，王伟，译. 4 版. 北京：机械工业出版社，2018.

[2] LYNCH K M, PARK F C. 现代机器人学机构、规划与控制［M］. 于靖军，贾振中，译. 北京：机械工业出版社，2019.

[3] TSAI L W. Robot Analysis：The Mechanics of Serial and Parallel Manipulators［M］. New York：Wiley-In-

terscience Publication, 1999.

[4]　战强．机器人学：机构、运动学、动力学及运动规划［M］．北京：清华大学出版社，2019.

[5]　熊有伦，李文龙，陈文斌，等．机器人学：建模、控制与视觉［M］．武汉：华中科技大学出版社，2018.

[6]　于靖军，刘辛军，丁希仑．机器人机构学的数学基础［M］．2版．北京：机械工业出版社，2016.

[7]　唐锡宽，金德闻．机械动力学［M］．北京：高等教育出版社，1983.

[8]　余跃庆，李哲．现代机械动力学［M］．北京：北京工业大学出版社，1998.

[9]　张策．机械动力学［M］．2版．北京：科学出版社，2015.

习　题

一、问答题

8-1　求解串联机器人动力学的意义是什么？

8-2　就计算效率而言，牛顿-欧拉迭代法是否一定比拉格朗日法高？

8-3　关节空间动力学模型、驱动空间动力学模型和操作空间动力学模型有何不同，分别用于什么场合？

二、论证、分析题

8-4　求一均质、截面为圆（半径为 r）、长度为 l 的圆柱体的广义质量矩阵（相对其质心）。

8-5　试证明平行移轴定理［式（8.14）］。

8-6　试证明在两个参考坐标系 $\{A\}$ 和 $\{B\}$ 共原点的情况下，满足 ${}^{A}\mathcal{I}={}_{B}^{A}\boldsymbol{R}\,{}^{B}\mathcal{I}\,{}_{B}^{A}\boldsymbol{R}^{\mathrm{T}}$。

8-7　有人用拉格朗日法推导的2自由度RP机器人动力学方程如下

$$\begin{cases}\tau_1=m_1(l_1^2+r)\ddot{\theta}+m_2r^2\ddot{\theta}+2m_2\dot{r}\dot{\theta}+[m_1(l_1+r\dot{\theta})+m_2(r+\dot{r})]g\cos\theta\\ f_2=m_1\dot{r}\ddot{\theta}+m_2\ddot{r}-m_1l_1\dot{r}-m_2r\dot{\theta}^2+m_2(r+1)g\sin\theta\end{cases}$$

其中有些项显然是错误的，请指出。

8-8　试用拉格朗日法求解平面3R机器人的关节空间动力学方程，假设各杆的质量集中在杆的末端。

8-9　试用拉格朗日法求解SCARA机器人的关节空间动力学方程，假设各杆的质量集中在杆的末端。

8-10　试用牛顿-欧拉法推导平面3R机器人的动力学方程，假设各杆的质量集中在杆的末端。

8-11　利用牛顿-欧拉法推导如图8.18所示的空间2R操作臂的动力学方程，假设每个杆的质量均集中在杆的末端，分别为 m_1 和 m_2，连杆长度分别为 l_1 和 l_2（不考虑摩擦和阻尼的影响）。

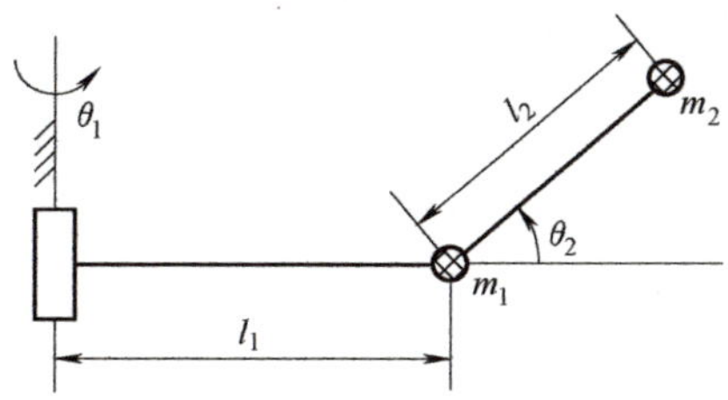

图8.18　空间2R操作臂

8-12　证明式（8.93）~式（8.95）。

8-13　【例8-6】中减速器取减速比分别为10和100时，验算是否符合惯量匹配原则。

8-14　直角坐标机器人的一个水平移动关节，采用电动机带动丝杠螺母机构驱动负载运动。设负载质量为 m_1，丝杠导程为 P，丝杠惯性矩为 I_s，电动机转子惯性矩为 I_m，试写出电动机端的总等效惯性矩表达式。

8-15 利用牛顿-欧拉法推导如图 8.7 所示的 RP 操作臂的关节空间动力学方程。假设每个杆的质量均集中在杆的质心处，分别为 m_1 和 m_2。若关节 1 用电动机+减速器驱动，电动机惯性矩为 I_{m1}，减速器传动比为 n_1，关节 2 安装电动机和丝杠螺母机构，电动机惯性矩为 I_{m2}，丝杠导程为 P_2，不计摩擦阻尼，试写出该操作臂的驱动空间动力学方程。

8-16 求解题 8-11 空间 2R 和题 8-15 中 RP 操作臂的操作空间动力学方程。

三、MATLAB 编程题

8-17 采用 MATLAB 软件编写程序。在考虑重力且关节轨迹采用如图 8.9b 所示的运动线图条件下，验证【例 8-4】中平面 2R 操作臂动力学响应，重新绘制驱动力矩曲线。若已知两个关节电动机完全一样，额定驱动力矩 $\tau_{m1}=\tau_{m2}=1\text{N}\cdot\text{m}$，电动机转子惯性矩为 $I_{m1}=I_{m2}=0.002\text{kg}\cdot\text{m}^2$，根据最大关节驱动力矩，确定两个关节电动机减速器的传动比，并进行惯量匹配校验。

8-18 采用 MATLAB 软件编写程序。验证习题 8-11 空间 2R 操作臂的动力学响应，设 $m_1=m_2=1\text{kg}$，$l_1=l_2=1\text{m}$，两个关节的运动轨迹与【例 8-4】中图 8.9b 所示的运动线图相同，在考虑重力的条件下，绘制两个关节的驱动力矩变化曲线。若已知两个关节电动机完全一样，额定驱动力矩 $\tau_{m1}=\tau_{m2}=1\text{N}\cdot\text{m}$，电动机转子惯性矩为 $I_{m1}=I_{m2}=0.01\text{kg}\cdot\text{m}^2$，根据最大关节驱动力矩，确定两个关节电动机减速器的传动比，并进行惯量匹配校验。

8-19 采用 MATLAB 软件编写程序。验证习题 8-15 中 RP 操作臂的动力学响应，设 $m_1=2\text{kg}$、$m_2=1\text{kg}$，$l_1=1\text{m}$，$d_2=1\sim2\text{m}$，两个关节都从 0 位置开始运动，关节 1 的终止位置为 90°，关节 2 的终止位置为 0.5m，两个关节的运动轨迹与【例 8-4】中图 8.9b 所示的运动线图相同，区别仅在于关节 2 采用直线位移单位毫米。试绘制两个关节的驱动力矩变化曲线，确定最大关节驱动力矩。若已知两个关节电动机完全一样，额定驱动力矩 $\tau_{m1}=\tau_{m2}=1\text{N}\cdot\text{m}$，电动机转子惯性矩为 $I_{m1}=I_{m2}=0.01\text{kg}\cdot\text{m}^2$，试根据最大关节驱动力矩确定关节 1 减速器的传动比 n_1，关节丝杠螺母机构的导程 p_2，并进行惯量匹配校验。

第9章　机器人轨迹生成

【内容导读与学习目标】

本章主要介绍为实现机器人连续运动，如何进行轨迹生成的问题，包括轨迹生成的一般概念、关节空间轨迹生成和笛卡儿空间轨迹生成等内容。

通过本章的学习，希望读者能够：

1）掌握机器人轨迹生成的概念。

2）了解常用的关节空间和笛卡儿空间轨迹生成方法。

3）轨迹生成与运动控制的关系。

授课视频

9.1　轨迹生成的一般概念

机器人的运动是一个随时间变化的动态过程，可以用机器人末端工具坐标系 $\{T\}$ 相对于基坐标系 $\{0\}$ 的位姿时间序列来表示。机器人控制器需要把位姿时间序列转变为关节变量的时间序列，才能实现对关节的运动控制。然而，实际使用中，用户更关注机器人末端工具点（TCP）能否到达空间中的若干特定位姿、运行路径，以及完成上述动作所需花费的时间。因此，从用户设定路径到机器人实现运动，需要经过路径规划、笛卡儿空间/操作空间轨迹生成和插补、运动学反解、关节空间轨迹生成（Trajectory Generation）和插补、关节伺服控制等一系列过程。

本章在不考虑动力学和控制模型的情况下，探讨笛卡儿空间和关节空间轨迹生成和插补的一般原理，以获得末端位姿和关节变量的时间序列。本章涉及的概念较多，因此，有必要先给出它们的定义。

1. 路径

路径（Path）是指空间中的一条曲线，是一个几何概念。

用一个约束方程 $\boldsymbol{p}=\boldsymbol{p}(s)$ 可以表达一条空间点路径。其中，$\boldsymbol{p}=(x,y,z)^{\mathrm{T}}$ 为刚体位置矢量，通常表示机器人上某刚体（如末端工具）本体坐标系原点的位置。s 是连续变化的标量，定义 $s\in[0,1]$，$s=0$ 对应路径起点，$s=1$ 对应路径终点。当 s 连续变化时，矢量函数

$\boldsymbol{p}(s)$ 就可以描述一条连续点路径。

因此，路径实际上是一个约束，它把空间某点的三个分量用一个标量参数联系起来。

机器人的空间路径通常还包括姿态信息。为此，仿照空间点路径的定义，可以定义姿态路径 $\boldsymbol{\Omega}=\boldsymbol{\Omega}(u)$。刚体姿态矢量可以有多种表示法，例如，$\boldsymbol{\Omega}=(\phi,\theta,\psi)^{\mathrm{T}}$ 为三角度表示法、$\boldsymbol{\Omega}=\theta(k_x,k_y,k_z)^{\mathrm{T}}$ 为等效轴-角表示法。$u\in[0,\ 1]$ 是标量，当 u 连续变化时，矢量函数 $\boldsymbol{\Omega}(u)$ 表示连续姿态路径。

如果 $u=s$，则意味着姿态与位置存在耦合关系，即一旦指定了刚体本体坐标系原点的位置，也就指定了刚体在该点处的姿态。姿态的表示方法有多种：三角度法、等效轴-角和单位四元数等。单位四元数虽然有四个分量，但是其独立分量只有三个，因此，上述定义仍然成立。

2. 路径点

将位置矢量和姿态矢量综合起来，就构成了对路径点的完整描述。在机器人中，它通常对应着机器人末端工具相对于基坐标系的一个位姿，是一个六维矢量，可表示为

$$^0\boldsymbol{x}_T=(^0\boldsymbol{p}_{TORG}\quad ^0\boldsymbol{\Omega}_T)^{\mathrm{T}}=(^0x_{TORG}\quad ^0y_{TORG}\quad ^0z_{TORG}\quad ^0\phi_T\quad ^0\theta_T\quad ^0\psi_T)^{\mathrm{T}} \tag{9.1}$$

其中，前三项表示位置，后三项表示姿态。

机器人末端位姿从 $^0\boldsymbol{x}_{TA}$ 变化到 $^0\boldsymbol{x}_{TB}$，会经历一系列中间路径点 $^0\boldsymbol{x}_{Ti}$。显然，路径也可理解为一系列路径点的集合。

3. 路径规划

当路径在机器人可行工作空间中时，每一个路径点至少对应着机器人的一个位姿，路径点的全体构成了机器人位形空间（Configuration Space）里的一个连续子空间。路径规划（Path Planning）是指在机器人位姿空间中生成一个连续的可行位形子空间。显然，路径规划为搜索问题。机器人的路径规划需要在六维空间中进行搜索，还要根据机器人的位形计算各杆的空间位姿和尺寸，以实现与障碍物的碰撞检测。机器人的自主路径规划需要专题讨论，不在本书研究范围内。

工业机器人的路径规划通常由用户协助完成，常用方式有两种：①示教编程（Teach by Showing）；②离线编程（Off-line Programming）。示教编程是指用户利用机器人附带的示教器，手动协助机器人生成路径，如图 9.1a 所示。示教时，用户操作机器人断续运动，把若干停止点设定为机器人的路径点（也称示教点），并指定运行速度。示教点之间的路径曲线既可以由用户指定，也可由机器人控制系统自动生成。机器人按照示教路径以指定速度自动

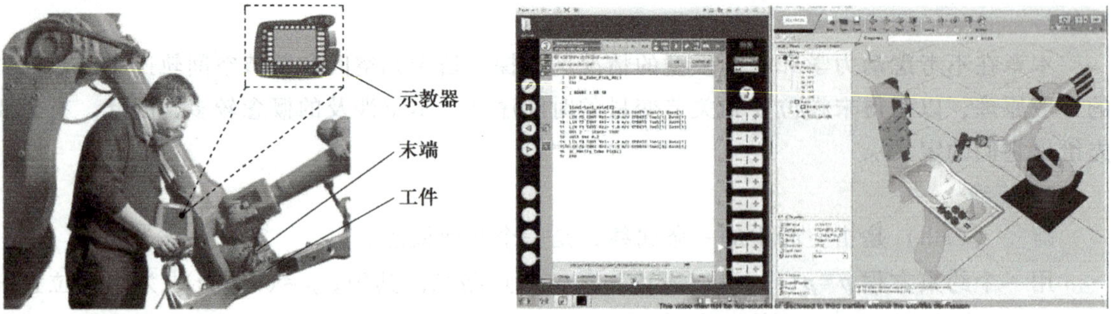

a) 示教编程　　b) 离线编程

图 9.1　机器人编程方式

运行的过程称为示教再现。

离线编程无需用户操作机器人，即可生成机器人的运行路径和速度。通常有两种离线编程方法：①用户在计算机上利用厂家提供的仿真环境设定机器人路径和运行速度；②用户编写程序读取被加工对象的 CAD/CAM 数据文件和加工工艺文件，自动生成路径和运行速度，如图 9.1b 所示。

无论是示教编程还是离线编程，最终都会获得一个机器人程序文件。将程序文件保存或下载到机器人控制器中，机器人即可完成指定运动。

4. 点到点模式

点位作业通常只需指定机器人末端工具的起始位姿、终止位姿和少数中间位姿，而无需指定位姿点之间的连接路径，典型的点位作业包括上/下料、点焊、激光打孔等。机器人实施点位作业，通常采用点到点（Point to Point，简称 PTP）编程模式（图 9.2）。在 PTP 模式下，用户只需指定机器人必须到达的路径点，机器人控制器将自动生成指定点之间的路径，并以设定速度完成运动。显然，此种运动模式操作简单、效率高，是工业机器人最常用的示教编程方式。

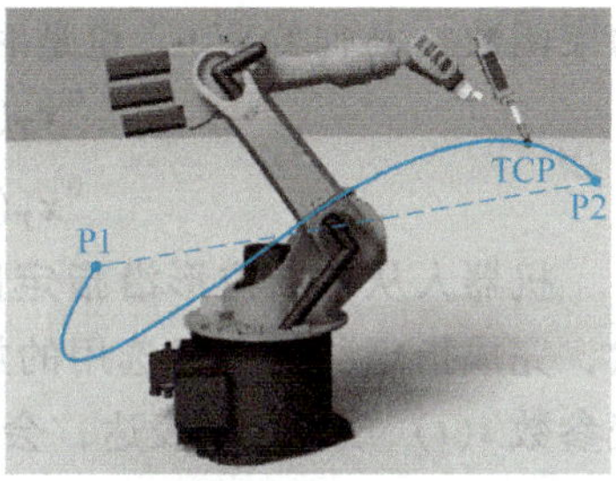

图 9.2　点到点（PTP）编程模式

5. 连续路径模式

对于要求末端工具严格按照某特定路径运行的作业，例如，打胶、喷涂、弧焊、切割、铣削等，就需要指定起始和终止位姿间的连续路径（Continuous Path，简称 CP），对应的编程模式称为连续路径模式，即 CP 模式。工业机器人编程系统中常用的路径是直线和圆弧，如图 9.3 所示。

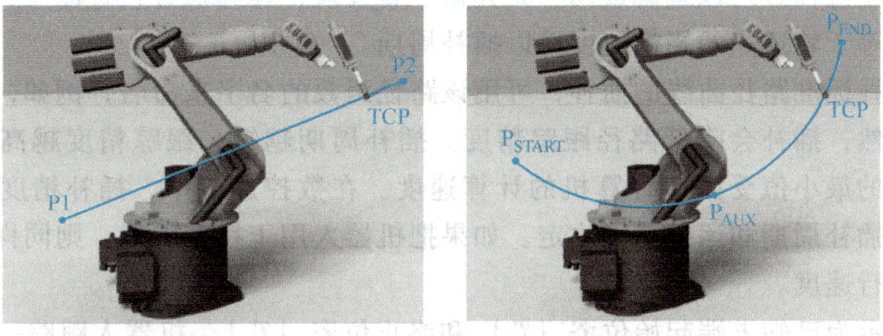

图 9.3　连续路径（CP）运动模式

对于一般的工业应用，这两种路径已经足够满足需求。其他类型的空间曲线，则通常用多个短直线或圆弧段进行逼近，如图 9.4 所示。显然，直线或圆弧段越短，则逼近精度越高，但是示教编程效率会降低。因此，如需要实现对空间任意曲线的高精度逼近，一般采用离线编程方式来实现。在数控加工中，为了获得更高的精度，还会用双圆弧、样条曲线等标准曲线来逼近加工轮廓。逼近精度是数控加工的研究内容，本书不予讨论。

6. 轨迹与轨迹生成

机器人完成某一指定路径所需要的时间，即轨迹（Trajectory）。显然，轨迹不但含有路

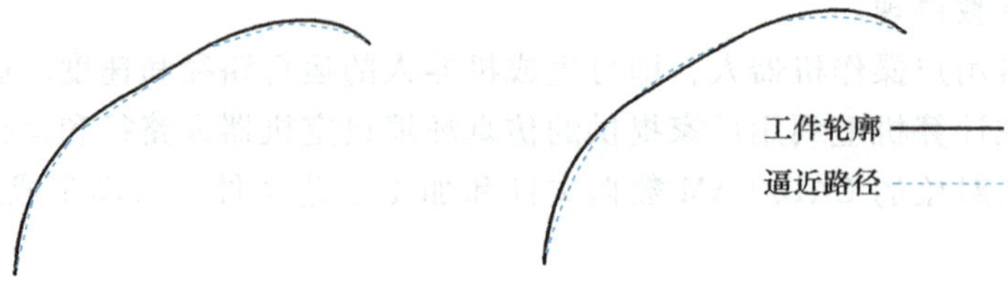

a) 直线路径逼近　　b) 圆弧路径逼近

图 9.4　利用直线和圆弧逼近加工轮廓

径的几何信息，还包含速度和加速度等物理信息。从数学上看，轨迹既是位姿点各分量间的约束函数（几何约束），也是时间的函数。因此，可以把轨迹简单地理解为路径的时间函数

$$
\begin{aligned}
{}^{0}\boldsymbol{x}_T(t) &= [\,{}^{0}\boldsymbol{p}_{TORG}(t)\quad {}^{0}\boldsymbol{\Omega}_T(t)\,]^{\mathrm{T}} \text{ 或} \\
{}^{0}\boldsymbol{x}_T(t) &= [\,{}^{0}\boldsymbol{p}_{TORG}(s(t))\quad {}^{0}\boldsymbol{\Omega}_T(u(t))\,]^{\mathrm{T}}
\end{aligned}
\tag{9.2}
$$

机器人从初始位形沿指定路径运动到终止位形的过程中，一定会进行加减速运动。显然，完成指定路径可以选用的加减速规律有很多种。在后文会看到，把轨迹函数用统一的时变参数 $s(t)$ 或 $u(t)$ 表达，会非常便于设定机器人跟踪路径时的加减速规律。

在满足特定约束的条件下，获得轨迹时间函数的过程，称为轨迹生成（Trajectory Generation）。一般而言，轨迹生成需满足的约束包括某些特定路径点的位姿坐标，以及在该点处的速度和加速度。

7. 轨迹插补

现代机器人的运动控制由计算机实现，因此，在完成运动控制时，必然会对连续轨迹函数在时间上进行离散化。如果轨迹上各处的速度和加速度已知，则可以按照一个固定时间周期，即插补周期，计算出轨迹上的离散位姿值。这一轨迹离散化的过程，称为轨迹插补或轨迹实时生成。轨迹插补可以理解成用一系列微小直线段，连续逼近轨迹曲线的过程。该微小直线段的长度等于轨迹点的当前速度乘以插补周期。

对任意一种标准路径曲线的插补，可用该路径函数的名字来命名，例如，直线插补、圆弧插补等。显然，插补会降低路径跟踪精度。插补周期越短，跟踪精度越高。但是在实践中，插补周期的最小值受限于计算机的计算速度。在数控加工中，插补精度是一个重要问题，它主要由插补周期和运行速度决定。如果把机器人用于精密加工，则同样需要仔细权衡插补周期和运行速度。

图 9.5 所示为已知末端起始位姿 $\{T_{\mathrm{I}}\}$ 和终止位姿 $\{T_{\mathrm{F}}\}$，机器人跟踪一条直线路径的情形。图中给出了笛卡儿空间中的一系列插补点及与其对应的末端位姿 $\boldsymbol{x}$ 分量的轨迹曲线和插补点。图中，关节 1 轨迹曲线的起始和终止值，根据笛卡儿空间中两个相邻插补点位姿的运动学逆解求得。进一步对关节曲线插补，可得到控制所需的离散关节变量。显然，关节插补周期远小于位姿插补周期。

8. 笛卡儿空间轨迹生成和插补

在笛卡儿空间定义路径、指定路径跟踪时间，并据此生成轨迹的过程，称为笛卡儿空间轨迹生成。对于用户，在笛卡儿空间定义末端工具的运行路径和轨迹是理所应当的。这样，用户在编程阶段就可以观察到机器人在空间中的运动状态，避免碰撞并及时修正路径偏差。前文的 CP 运动模式就需要在笛卡儿空间进行轨迹生成和插补。

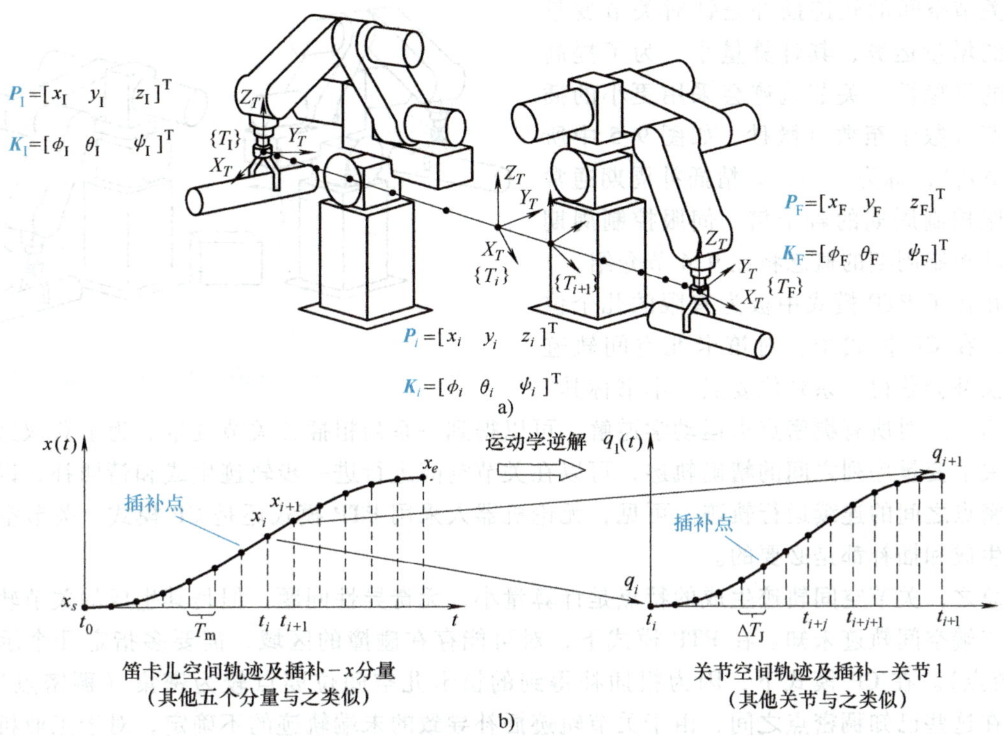

图 9.5　直线轨迹生成及插补示例

考虑机器人的运动实际上是关节驱动，因此，对笛卡儿空间中插补得到的每一个位姿轨迹点，都需要求解逆运动学，以获得对应的各关节位置、速度和加速度。从前面章节的分析可知，这里面的计算量非常可观。机器人在运动过程中会有实时避障或变速的要求，因此反解计算也要能在线实时进行。为了缓解计算机的运算压力，笛卡儿空间中的插补周期相对较大，这一过程称为粗插补。在机器人运动控制系统中，粗插补的周期一般称为运动控制周期（数毫秒，如图 9.5 中所示的 T_m）。更大的插补周期，将导致较低的路径跟踪精度。

总之，笛卡儿空间轨迹生成和插补的优点是：在真实物理空间中进行轨迹生成，机器人运动行为可预测，适用于需精确跟踪指定路径的 CP 运动模式。但同时也存在一些问题：如反解运算量大，难以实现高频率插补；另外，规划时为规避奇异点，要求用户了解机器人工作空间中的奇异点分布情况。

9. 关节空间轨迹生成和插补

在 PTP 运动模式下，用户只需在笛卡儿物理空间中指定若干位姿点（本书称为稀疏点）及对应速度，而无需指定空间路径。因此，也就无需在笛卡儿空间进行轨迹生成和插补。为了实现连续运动，机器人控制器根据运动逆解求得与稀疏点对应的关节位置、速度和加速度，进而在关节空间进行轨迹生成和插补，补全稀疏点之间的关节轨迹。

显然，关节空间的轨迹生成无需考虑奇异性问题，也无需频繁计算运动学逆解，计算效率高。但是，由于关节变量与机器人末端位姿之间往往存在非线性映射，用户将无法预知机器人的实际运动路径，实际使用中存在碰撞风险，如图 9.6 所示。因此，在存在碰撞风险的空间区域，应该多选择几个示教位姿点，以避开障碍物。

关节空间的轨迹插补是针对关节变量曲线的增量运算，其计算量小。为了提高控制的平稳性，关节轨迹会采用更小的插补周期（数十至数百微秒，如图 9.5 中所示的 ΔT_J），称为精插补。精插补周期通常是伺服控制周期的若干倍。伺服控制周期及运动控制周期的概念将在 9.4 节介绍。

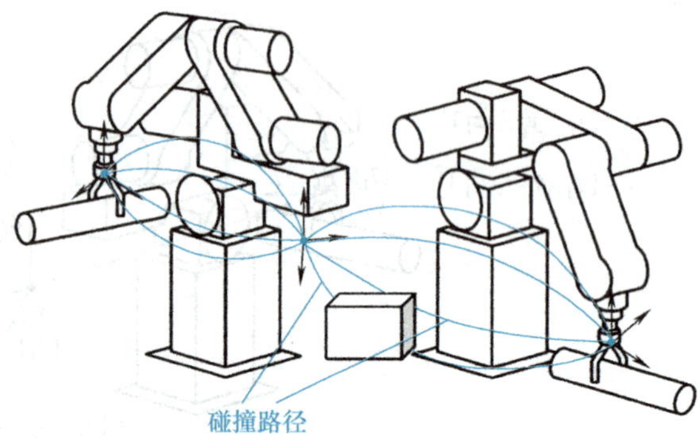

图 9.6　PTP 模式下轨迹的不确定性及碰撞风险

相比于 PTP 模式中极为有限的几个位姿点，在 CP 模式中，对笛卡儿空间轨迹的粗插补会获得一系列位姿点，本书称其为稠密点。对所有稠密点求运动学逆解，可以得到一系列粗插补关节变量。为了获取这些粗插补关节变量序列之间的精确轨迹，可以在关节空间进行进一步轨迹生成和精插补，以获得各稠密点之间的连续运行轨迹。可见，无论机器人采用 PTP 模式还是 CP 模式，关节空间的轨迹生成和插补都是必要的。

总之，关节空间轨迹生成的特点是计算量小，无奇异性问题，但是其生成的关节轨迹对应的末端空间轨迹未知。在 PTP 模式下，对可能存在碰撞的区域，需要多指定几个示教点（稀疏点）。在 CP 模式下，因为粗插补得到的笛卡儿空间位姿点较为密集（稠密点），所以，在这些已知稠密点之间，由于关节轨迹插补导致的末端轨迹的不确定，对于工业机器人的大多数应用场景来说是可以接受的。对机器人轨迹生成的实现过程总结如图 9.7 所示。

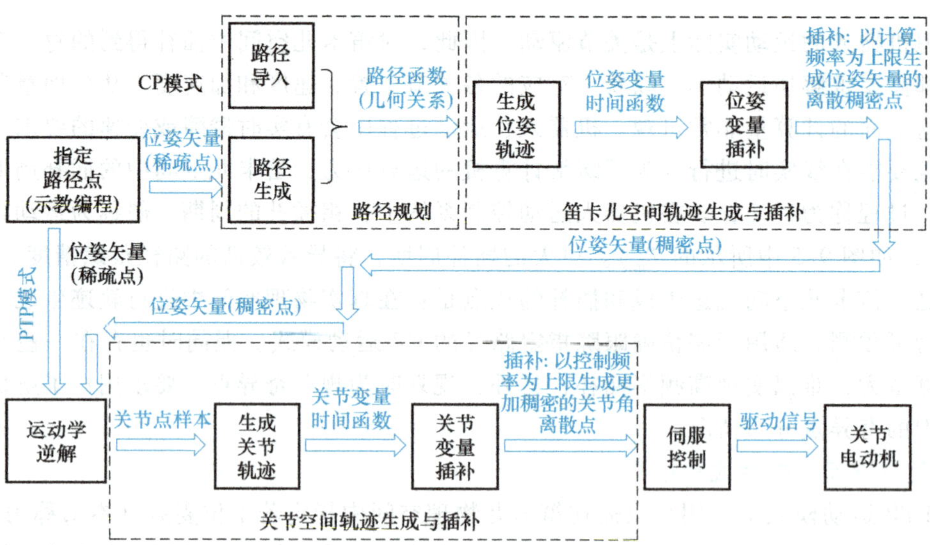

图 9.7　机器人轨迹生成的实现过程

9.2　关节空间轨迹生成与插补

如前所述，无论采用哪种编程和工作方式，机器人控制器最终都需进行关节空间轨迹生成和插补，以获得一系列稠密的关节伺服控制给定值。因此，首先应探讨关节空间的轨迹生成和插补问题。

如果已知各关节的初始位置、终止位置和运行时间，连接起始和终止位置的曲线有无数种，如图 9.8 所示。无论选择何种曲线，都需要满足如下条件：

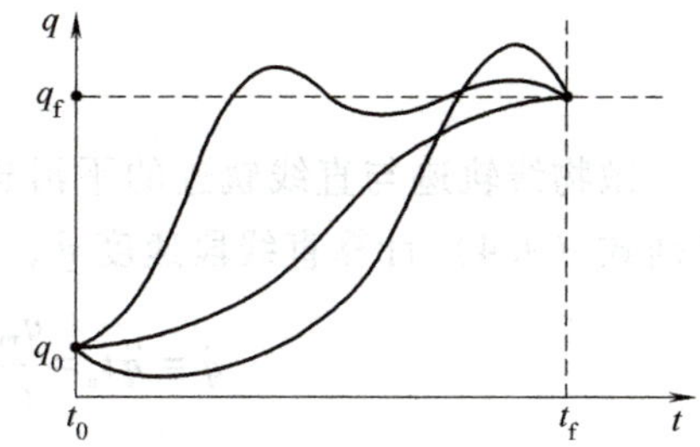

图 9.8　连接起始和终止位置的可能轨迹曲线

1）满足起始和终止状态的位置约束（位置值）和速度约束（速度值）。

2）满足可能存在的起始和终止状态加速度约束（加速度值）。

3）连接曲线应尽量光滑，使运动平稳。

4）各关节的运行时间应相等，否则对于指定了空间路径的 CP 模式，机器人将产生较大的路径偏差。

9.2.1　二次组合曲线轨迹

1. 二次组合曲线的数学描述

当起止速度和加速度都为零时，那么，连接起止位置的最简单运行轨迹就是直线，如图 9.9 所示，q_0 和 q_f 分别为起始和终止位置。但是，直线轨迹的一阶导数——速度存在突变，这在实际物理系统中无法实现。如果据此给定关节控制变量，会造成极大的运行冲击。

通常，会在直线轨迹的起始段和终止段各增加一段二次曲线，即抛物线，得到所谓的二次组合曲线轨迹（又称为位置 S 曲线，如图 9.10 所示）。二次组合曲线的直线段与抛物线区域连接处，速度连续过渡，因此，二次组合曲线具有连续平滑的位置轨迹。在定义二次组合曲线时，其首尾抛物线区域通常采用相等的加速度值 $\ddot{q}$ 和加减速时间 t_a。因此，在二次组合曲线中存在一个中间点 q_m。

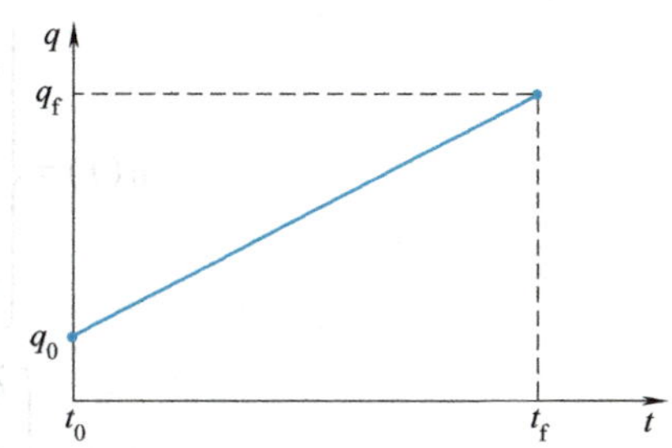

图 9.9　直线轨迹

在给定起止位置和总运行时间 t_f 的情况下，选用不同的加速度值 $\ddot{q}$，可以得到不同的二次组合曲线，但是它们都具有相同的中点 q_m，如图 9.11 所示。$\ddot{q}$ 越大，加减速段越短，但是其最大值受限于驱动器的驱动能力，存在最大值 $\ddot{q}_{max}$。$\ddot{q}$ 还存在如式（9.3）所示的最小值，当它等于最小值时，直线段消失。如果 $\ddot{q}$ 小于最小值，则关节无法在给定时间内到达终止值。

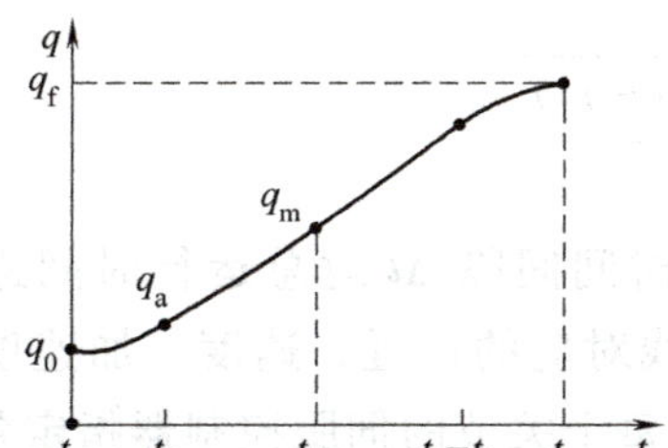

图 9.10　二次组合曲线轨迹

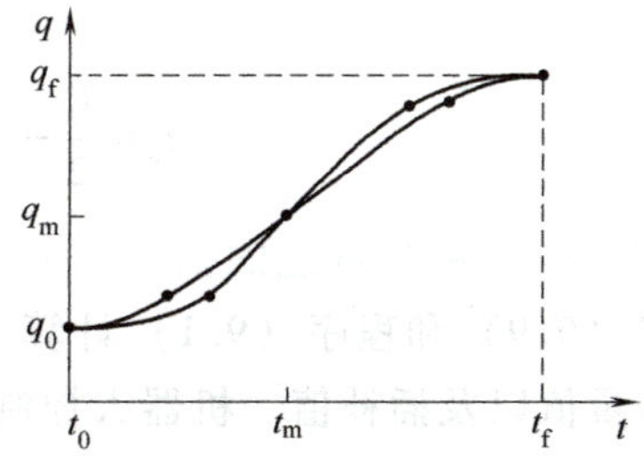

图 9.11　不同加速度值情况下的二次组合曲线

$$\frac{4(q_f-q_0)}{t_f^2}\leqslant \ddot{q}\leqslant \ddot{q}_{max} \tag{9.3}$$

抛物线轨迹与直线轨迹的平滑连接意味着速度连续。根据此性质，对于给定的 $\ddot{q}$，可根据式（9.4）计算直线段速度 $\dot{q}$，而加速段结束时的关节位置 q_a 可根据式（9.5）计算。

$$\dot{q}=\ddot{q}t_a=\frac{q_m-q_a}{t_m-t_a},\quad q_m=\frac{1}{2}(q_f-q_0),\quad t_m=\frac{1}{t_f} \tag{9.4}$$

$$q_a=q_0+\frac{1}{2}\ddot{q}t_a^2 \tag{9.5}$$

联立式（9.4）和式（9.5），可得

$$\ddot{q}t_a^2-\ddot{q}t_ft_a+(q_f-q_0)=0 \tag{9.6}$$

从式（9.6）可以求解出加速时间 t_a

$$t_a=\frac{t_f}{2}-\frac{\sqrt{\ddot{q}^2t_f^2-4\ddot{q}(q_f-q_0)}}{2\ddot{q}} \tag{9.7}$$

（1）二次组合曲线轨迹的表达式　当已知关节起始位置 q_0、终止位置 q_f、运动时间 t_f 和加速度 $\ddot{q}$ 后，可以得到二次组合曲线轨迹的位置、速度、加速度时间函数表达式，如式（9.8）所示。

$$\begin{gathered}
q(t)=\begin{cases}q_0+\dfrac{1}{2}\ddot{q}t^2,t\in[0,t_a]\\ q_a+\ddot{q}t_a(t-t_a),t\in[t_a,t_f-t_a]\\ q_f-\dfrac{1}{2}\ddot{q}(t_f-t)^2,t\in[t_f-t_a,t_f]\end{cases}\\
\dot{q}(t)=\begin{cases}\ddot{q}t,t\in[0,t_a]\\ \ddot{q}t_a,t\in(t_a,t_f-t_a)\\ \ddot{q}t_a-\ddot{q}(t-t_f+t_a),t\in[t_f-t_a,t_f]\end{cases}\\
\ddot{q}(t)=\begin{cases}\ddot{q},t\in[0,t_a]\\ 0,t\in(t_a,t_f-t_a)\\ \ddot{q},t\in[t_f-t_a,t_f]\end{cases}\\
q_a=q_0+\frac{1}{2}\ddot{q}t_a^2\\
t_a=\frac{t_f}{2}-\frac{\sqrt{\ddot{q}^2t_f^2-4\ddot{q}(q_f-q_0)}}{2\ddot{q}}
\end{gathered} \tag{9.8}$$

（2）二次组合曲线轨迹的插补公式　当以固定时间间隔 Δt 对总运行时间进行离散化后，可按式（9.9）和程序（9.1）计算二次组合曲线对应的位置、速度、加速度在每个时刻的迭代增量值以及插补值。机器人控制器将据此为每个关节的伺服控制器指定各时刻的期望值（q_i，$\dot{q}_i$，$\ddot{q}_i$），这一过程就是轨迹实时生成。可以看到，插补公式中的迭代增量计算相当简单。在已知抛物线加速度值 $\ddot{q}$、抛物线持续时间 t_a 和时间增量 Δt 的情况下，只需提前计算有限的几个增量值，即可迭代累加得到当前时刻的关节位置 q_i、速度 $\dot{q}_i$和加速度 $\ddot{q}_i$，因此，计算效率很高。

$$\Delta t=t_f/n,\ (n\ \text{为总插补次数})$$

$$t_i=t_{i-1}+\Delta t$$

$$\Delta q=\begin{cases}\ddot{q}t_{i-1}\Delta t+\dfrac{1}{2}\ddot{q}\Delta t^2, t_i\in[0,t_a]\\ \ddot{q}t_a\Delta t, t_i\in(t_a,t_f-t_a)\\ \ddot{q}t_f\Delta t-\ddot{q}t_{i-1}\Delta t-\dfrac{1}{2}\ddot{q}\Delta t^2, t_i\in[t_f-t_a,t_f]\end{cases}$$

$$\Delta\dot{q}=\begin{cases}\ddot{q}\Delta t, t_i\in[0,t_a]\\ 0, t_i\in(t_a,t_f-t_a)\\ -\ddot{q}\Delta t, t_i\in[t_f-t_a,t_f]\end{cases}$$

$$\Delta\ddot{q}=\begin{cases}\ddot{q}, t_i=0\ \text{或}\ t_f\\ -\ddot{q}, t_i=t_a\ \text{或}[t_f-t_a]\\ 0, t_i=\text{其他值}\end{cases}\tag{9.9}$$

生成关节期望轨迹的伪代码如下：

```
q_0 = 0, q̇_0 = 0, q̈_0 = 0, t_0 = 0
for i = 1 to n, i++
    if(q_{i-1} + Δq ≤ q_f) then
    q_i = q_{i-1} + Δq
    q̇_i = q̇_{i-1} + Δq̇
    q̈_i = q̈_{i-1} + Δq̈
    t_i = t_{i-1} + Δt
else
    q_i = q_f
    q̇_i = 0
    q̈_i = 0
    t_i = t_f
end if
end for
```

程序（9.1）

可以看到，只要关节轨迹曲线已知，就可以根据设定的时间增量 Δt，很容易地写出其插补计算公式。无论采用何种类型的关节轨迹曲线，例如，后文将要介绍的三次多项式曲线、速度S曲线和五次多项式曲线，都可以根据轨迹公式和给定的时间增量提前计算出位置、速度和加速度的增量值。在机器人运动过程中，把这些增量值实时累加到当前值，就可以实现轨迹实时插补。关节控制器用插补结果实时更新控制器期望值，完成关节的实时控制。

关节插补公式实质上是关节轨迹公式的增量表达，可以很容易地从关节轨迹公式得到。因此，后文不再针对某种轨迹曲线单独赘述其插补公式。

【例 9-1】 机器人某旋转关节初始时刻为静止状态，起始关节角 $q_0=15°$。要求在 3s 内，关节采用二次组合曲线轨迹运动到终止位置并停止，终止关节角 $q_f=75°$。利用式 (9.9) 计算并绘制关节的位置、速度和加速度轨迹曲线：

1）设定加速度 $\ddot{q}=48°/s^2$ 时。

2）设定加速度 $\ddot{q}=27°/s^2$ 时。

解：计算结果如图 9.12 所示。其中，图 9.12a 所示为 $\ddot{q}=48°/s^2$ 时的结果。在这种情况下，关节迅速加速，然后转为匀速运动，最后减速；图 9.12b 所示为 $\ddot{q}=27°/s^2$ 时的结果，可以看到，由于加速度较小，直线段几乎消失。

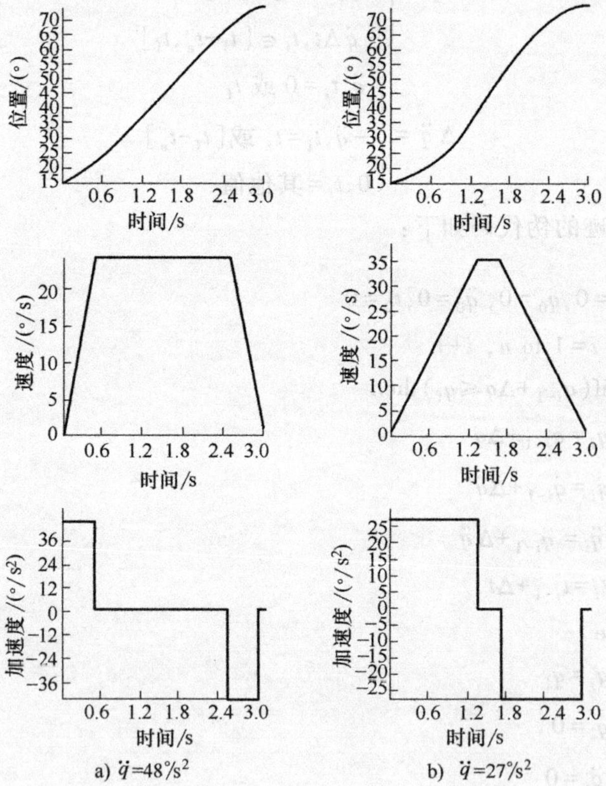

图 9.12　采用二次组合曲线轨迹的位置、速度和加速度曲线

2. 指定中间路径点的二次组合曲线轨迹

在笛卡儿空间中，如果在起始和终止位姿点之间还指定了中间点，且中间点速度不为零，那么，在生成关节轨迹时，还需考虑如何保证末端通过中间点。

利用二次组合曲线生成关节轨迹的一个简单策略是：严格控制到达起始和终止轨迹点，而对中间点，则用抛物线逼近，如图 9.13 所示。可以看到，起始和终止段采用了与无中间点情况类似的方法生成二次组合曲线；而在每个中间点附近，则用抛物线过渡，抛物线与连接相邻中间点的直线相切。可见，采用这种策略，机器人将无法准确到达指定的中间位姿。

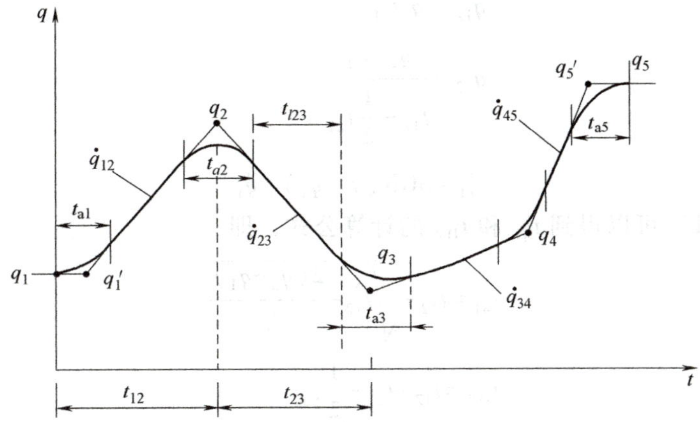

图 9.13　指定了中间路径点的二次组合曲线轨迹

尽管如此，对于 PTP 模式，这种策略在多数情况下是可以接受的。因为 PTP 模式的中间点，通常是为了远离障碍物或避免关节发生大幅度的反向旋转，并不要求末端精确经过中间点。

图 9.13 使用了如下符号约定：q_n 表示指定的关节位置，$\dot{q}_{(n-1)n}$表示两个关节位置之间的直线段速度，$\ddot{q}_n$表示 q_n 处的过渡抛物线加速度，t_{an} 表示抛物线区域时间，$t_{(n-1)n}$ 表示两个关节位置之间的运行时间，$t_{l(n-1)n}$ 表示直线段时间。其中，q_1'和 q_5'是为了描述首尾直线段而标记的辅助点。

与无中间轨迹点的情况类似，随着过渡段加速度值的不同，存在无数个可能解。若已知所有关节位置 q_n，两位置之间的期望运行时间 $t_{(n-1)n}$，以及每个过渡段的加速度幅值$|\ddot{q}_n|$，则可计算过渡段时间 t_{an}、直线段时间 $t_{l(n-1)n}$ 和直线段速度 $\dot{q}_{(n-1)n}$。对于中间点之间的轨迹段，可用式（9.10）计算上述值。

$$
\begin{aligned}
\dot{q}_{(n-1)n} &= \frac{q_n - q_{n-1}}{t_{(n-1)n}} \\
\ddot{q}_n &= \mathrm{SGN}(\dot{q}_{n(n+1)} - \dot{q}_{(n-1)n}) \, |\ddot{q}_n| \\
t_{an} &= \frac{\dot{q}_{n(n+1)} - \dot{q}_{(n-1)n}}{\ddot{q}_n} \\
t_{l(n-1)n} &= t_{(n-1)n} - \frac{1}{2} t_{a(n-1)} - \frac{1}{2} t_{an}
\end{aligned}
\tag{9.10}
$$

式中，SGN( ) 为符号函数。最后一个公式隐含了一个性质：两相交直线存在一个内切抛物线，两切点到直线交点的水平距离相等。读者可自行证明。

对于首尾两段轨迹，由于需要把轨迹端部的整个抛物线时间计入其运行时间，所以计算方法稍有不同。

对于第一个轨迹段，其直线段速度等于抛物线结束时刻的速度，也等于直线段斜率。如图 9.13 所示，过 q_1 的水平直线为一条辅助线，用于标记斜直线段的假想起点 q_1'，其值等于 q_1，q_1'对应的时间值无实际意义。考虑起始速度为零，关节在第一个抛物线区域一定作加速运动，$\ddot{q}_1$与 $\dot{q}_{12}$同向。据此可列出 $\dot{q}_{12}$与 t_{a1} 的关系式

$$\dot{q}_{12}=\ddot{q}_1 t_{a1}$$

$$\dot{q}_{12}=\frac{q_2-q_1}{t_{12}-\frac{1}{2}t_{a1}} \tag{9.11}$$

$$\ddot{q}_1=\mathrm{SGN}(q_2-q_1)\,|\ddot{q}_1|$$

根据式（9.11）可以得到 t_{a1} 和 t_{l12} 的计算公式，即

$$t_{a1}=t_{12}-\sqrt{t_{12}^2-\frac{2(q_2-q_1)}{\ddot{q}_1}}$$

$$t_{l12}=t_{12}-t_{a1}-\frac{1}{2}t_{a2} \tag{9.12}$$

式（9.12）再次利用了抛物线与两直线切点到直线交点水平距离相等的性质。

同样，对于最后连接 $n-1$ 和 n 的轨迹段（图 9.13 中对应 4 和 5），考虑到终止速度为零，关节在最后一个抛物线区域一定作减速运动，$\ddot{q}_n$ 与 $\dot{q}_{(n-1)n}$ 反向，于是有

$$\dot{q}_{(n-1)n}+\ddot{q}_n t_{an}=0$$

$$\dot{q}_{(n-1)n}=\frac{q_n-q_{n-1}}{t_{(n-1)n}-\frac{1}{2}t_{an}} \tag{9.13}$$

$$\ddot{q}_n=\mathrm{SGN}(q_{n-1}-q_n)\,|\ddot{q}_n|$$

根据式（9.13）可得

$$t_{an}=t_{(n-1)n}-\sqrt{t_{(n-1)n}^2+\frac{2(q_n-q_{n-1})}{\ddot{q}_n}}$$

$$t_{l(n-1)n}=t_{(n-1)n}-t_{an}-\frac{1}{2}t_{a(n-1)} \tag{9.14}$$

由式（9.10）~式（9.14）可计算多段轨迹的时间和速度。通常用户只需给定首尾端点、中间点以及各个轨迹段的持续时间。机器人控制器使用各个关节的默认加速度，根据上面公式进行轨迹生成和插补计算。加速度的值必须足够大，以保证各轨迹段都有足够长的直线段，使机器人具有高的工作效率。

编程时，首先确定运行时刻所处轨迹段，然后仿照式（9.8）和式（9.9）写出各段二次组合曲线的函数方程和插补公式，供机器人控制器实时生成关节伺服控制器的期望值。

下面为计算各段二次组合曲线中直线段速度、持续时间和抛物线区域持续时间的实例。

【例 9-2】 定义包括两个中间点的某关节轨迹的轨迹点分别为：10°、35°、25°、10°。三个轨迹段的时间间隔分别为 2s、1s 和 3s。所有过渡抛物线的加速度幅值为 50°/s²。计算各轨迹段的速度、抛物线区域持续时间和直线段持续时间。

解： 对第一个抛物线区域，根据式（9.11）得

$$\ddot{q}_1=50.0 \tag{9.15}$$

根据式（9.12）求出抛物线区域持续时间为

$$t_{a1}=2-\sqrt{4-\frac{2\times(35-10)}{50.0}}=0.27 \tag{9.16}$$

由式（9.11）求出速度 $\dot{q}_{12}$，即

$$\dot{q}_{12}=\frac{35-10}{2-0.5\times0.27}=13.50 \tag{9.17}$$

由式（9.10）计算第二段S曲线轨迹的相关参数为

$$\dot{q}_{23}=\frac{25-35}{1}=-10.00 \tag{9.18}$$

$$\ddot{q}_2=-50.0 \tag{9.19}$$

$$t_{a2}=\frac{-10-13.50}{-50.0}=0.47 \tag{9.20}$$

从式（9.12）计算第一段轨迹中的直线段持续时间为

$$t_{l12}=2-0.27-\frac{1}{2}\times0.47=1.50 \tag{9.21}$$

由式（9.13）得到最末段抛物线区域的加速度值

$$\ddot{q}_4=50.0 \tag{9.22}$$

根据式（9.14）计算求出最末段抛物线区域的持续时间

$$t_{a4}=3-\sqrt{9+\frac{2\times(10-25)}{50.0}}=0.102 \tag{9.23}$$

根据式（9.13）求出速度 $\dot{q}_{34}$

$$\dot{q}_{34}=\frac{10-25}{3-\frac{1}{2}\times0.102}=-5.10 \tag{9.24}$$

由式（9.10）得到

$$\ddot{q}_3=50.0 \tag{9.25}$$

$$t_{a3}=\frac{-5.10-(-10.0)}{50.0}=0.098 \tag{9.26}$$

$$t_{l23}=1-\frac{1}{2}\times0.47-\frac{1}{2}\times0.098=0.716 \tag{9.27}$$

根据式（9.14）计算最后一段直线段持续时间

$$t_{l34}=3-\frac{1}{2}\times0.098-0.012=2.849 \tag{9.28}$$

前文已经指出，当机器人按照式（9.10）~式（9.14）规划的二次组合曲线轨迹运行时，不会实际经过这些中间路径点。加速度越大，机器人越接近中间点，但是加速度受实际驱动器驱动能力的限制，存在上限。当中间路径点速度为零时，多段二次组合曲线轨迹就蜕变成多个单段二次组合曲线的简单拼接，机器人会在每个中间点停顿。这样，机器人虽然精确通过了中间点，但却降低了工作效率。

如果希望机器人精确、不停顿地经过某个中间点，该中间点称为穿越点，则可以采用创建两个伪中间点的方法来实现，这种思想的说明如图 9.14 所示。将原二次组合曲线中穿越点两侧抛物线的加速度适当增大，更新两侧直线的斜率（速度）。具体方法为过穿越点作直线，其斜率取指定值，或两侧直线更新后的斜率均值。该直线与更新后的两直线相交，获得两个伪中间点。然后，在中间点序列中删除穿越点。这样，就用两个伪中间点替代了穿越点。最后，再按照式（9.10）~式（9.14）重新规划新的二次组合曲线。

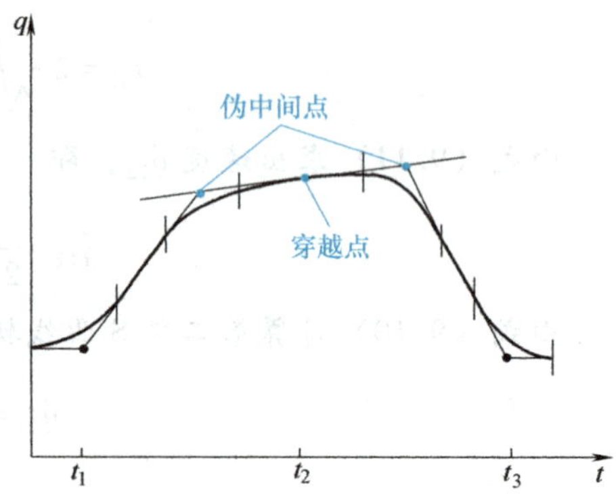

图 9.14 用伪中间点来替代穿越点

3. 二次组合曲线轨迹小结

从数学上看，二次组合曲线的位置轨迹能够满足位置约束条件，也是满足系统加减速要求的最简曲线，其优点可概括为：①计算量小；②可保证机器人始终以指定的最大速度运行，效率高；③能保证关节不超越下一个指定位置，具有可预见性。

但是，二次组合曲线的缺点也很明显，具体表现为：①无法满足轨迹点上的速度和加速度约束；②速度虽然连续，但不平滑，速度曲线为梯形或三角形；③加速度有突变，运行时冲击和振动大；④不利于提高控制精度。

因此，二次组合曲线的关节位置轨迹适用于对工作速度要求高，而对控制精度要求一般，且对冲击、振动不敏感的场合。

9.2.2 三次多项式与速度 S 曲线轨迹

为了克服二次组合曲线的缺点，可以利用三次多项式来构造关节轨迹函数 $\theta(t)$，即

$$\begin{aligned} q(t) &= a_0+a_1t+a_2t^2+a_3t^3 \\ \dot{q}(t) &= a_1+2a_2t+3a_3t^2 \\ \ddot{q}(t) &= 2a_2+6a_3t \end{aligned} \tag{9.29}$$

显然，三次多项式 $q(t)$ 对时间的一阶导数——速度函数 $\dot{q}(t)$ 为平滑二次函数，加速度函数 $\ddot{q}(t)$ 为线性函数。该三次多项式有四个参数，能够同时满足四个约束条件。对于机器人，这样的四个约束条件通常就是每段轨迹首尾端点的位置和速度，即

$$\begin{aligned} q(t_0) &= q_0 \\ q(t_f) &= q_f \\ \dot{q}(t_0) &= \dot{q}_0 \\ \dot{q}(t_f) &= \dot{q}_f \end{aligned} \tag{9.30}$$

把式（9.30）所示约束条件代入式（9.29），得到如下四个方程，即

$$\begin{aligned} q_0 &= a_0 \\ q_f &= a_0+a_1t_f+a_2t_f^2+a_3t_f^3 \\ \dot{q}_0 &= a_1 \\ \dot{q}_f &= a_1+2a_2t_f+3a_3t_f^2 \end{aligned} \tag{9.31}$$

依次求解方程组（9.31）中的系数，可得

$$
\begin{aligned}
a_0 &= q_0 \\
a_1 &= \dot{q}_0 \\
a_2 &= \frac{3}{t_f^2}(q_f - q_0) - \frac{2}{t_f}\dot{q}_0 - \frac{1}{t_f}\dot{q}_f \\
a_3 &= -\frac{2}{t_f^3}(q_f - q_0) + \frac{1}{t_f^2}(\dot{q}_f + \dot{q}_0)
\end{aligned} \tag{9.32}
$$

当轨迹中仅包含起始和终止两个轨迹点时，首尾端点的速度约束 $\dot{q}_0=\dot{q}_f=0$，式（9.32）可简化为

$$
\begin{aligned}
a_0 &= q_0 \\
a_1 &= 0 \\
a_2 &= \frac{3}{t_f^2}(q_f - q_0) \\
a_3 &= -\frac{2}{t_f^3}(q_f - q_0)
\end{aligned} \tag{9.33}
$$

【例 9-3】 设机器人的某旋转关节处于静止状态时 $q=15°$。期望该关节在 3s 内平滑地运动到终止位置 $q=75°$。求满足该运动的三次多项式系数，使关节静止在终止位置。画出关节的位置、速度和加速度的变化的函数曲线。

解： 将已知条件代入式（9.33），可得

$$
\begin{aligned}
a_0 &= 15.0 \\
a_1 &= 0.0 \\
a_2 &= 20.0 \\
a_3 &= -4.44
\end{aligned} \tag{9.34}
$$

将上述系数代入式（9.30），得

$$
\begin{aligned}
q(t) &= 15.0+20.0t^2-4.44t^3 \\
\dot{q}(t) &= 40.0t-13.33t^2 \\
\ddot{q}(t) &= 40.0-26.66t
\end{aligned} \tag{9.35}
$$

根据式（9.35），可以获得轨迹插补的增量表达式。以 40Hz 的频率进行插补，进一步得到如图 9.15 所示的关节位置、速度和加速度函数曲线。由图可见，速度曲线为抛物线，而加速度曲线为直线。在运行过程中，关节速度仅在中间时刻到达最大值。

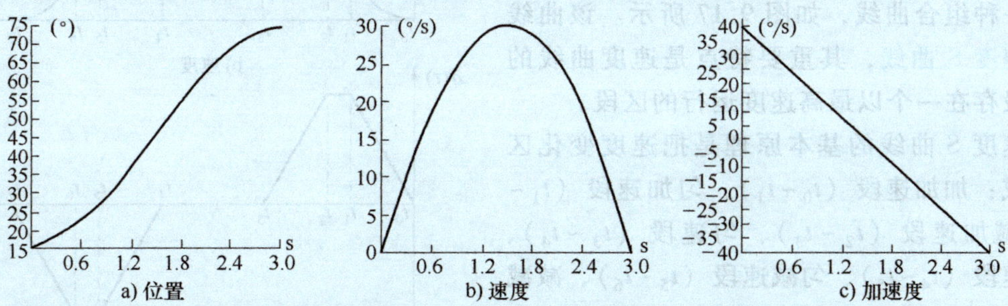

图 9.15　一个三次多项式位置、速度和加速度曲线图，起始和终止速度均为零

当轨迹中包含中间点并给定了中间点速度时，可以简单地把起止点以及各中间点的位置和速度值代入式（9.32），生成多段首尾相连的三次多项式轨迹曲线。中间点速度通常会采用下面三种方式来设定：

1）用户指定机器人工具坐标系在每个中间点处的笛卡儿空间线速度和角速度，系统利用运动学逆解计算中间点关节速度。

2）在关节空间使用恰当的启发算法，系统自动设定的中间点速度。

3）以中间点加速度保持连续为条件，计算得到的中间点速度。

第一种方式对用户要求较高，存在操作繁琐、不能预知奇异点的问题。

第二种方式可以采用简单的启发式算法来指定中间点速度。如图 9.16 所示，图中各中间点的位置用虚直线连接。在每个位置点上，各有一段短直线，其斜率表示根据启发式算法获得的该点速度值。算法思路是：对于前后速度方向发生变化的中间点，取该点速度为零；否则，取该点速度为其两侧直线斜率的平均值。

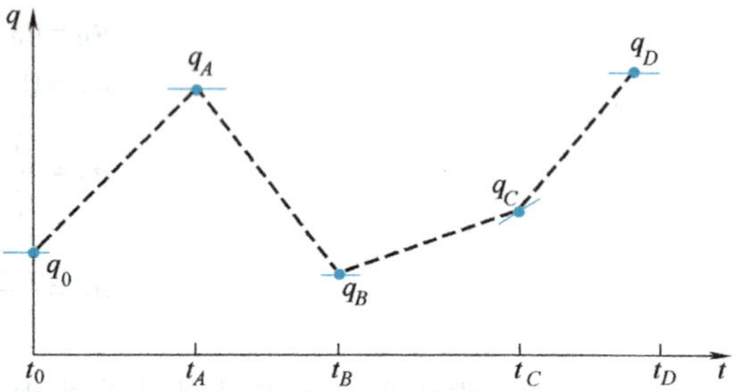

图 9.16　根据启发式算法确定中间点速度

显然，上述两种方法虽然能获得位置连续且平滑的多段曲线，但是不能保证速度曲线平滑，因为，中间点处对加速度没有约束，可能存在加速度突变。针对此问题，可以把中间点处加速度连续作为条件，即前后两段三次多项式在中间点处的二阶导数相等。根据中间点处速度和加速度分别相等，可以得到额外的两个约束方程，作为中间点速度约束方程缺失的补充。这样，即可计算出各段三次多项式的系数以及中间点速度。

如图 9.15b 所示，三次多项式的问题在于不能以最大速度持续运行，工作效率低于二次组合曲线。实际使用中，生成位置轨迹时可以组合使用三次多项式、抛物线与直线，得到一种组合曲线，如图 9.17 所示。该曲线称为速度 S 曲线，其重要特点是速度曲线的中间段存在一个以最高速度运行的区段。

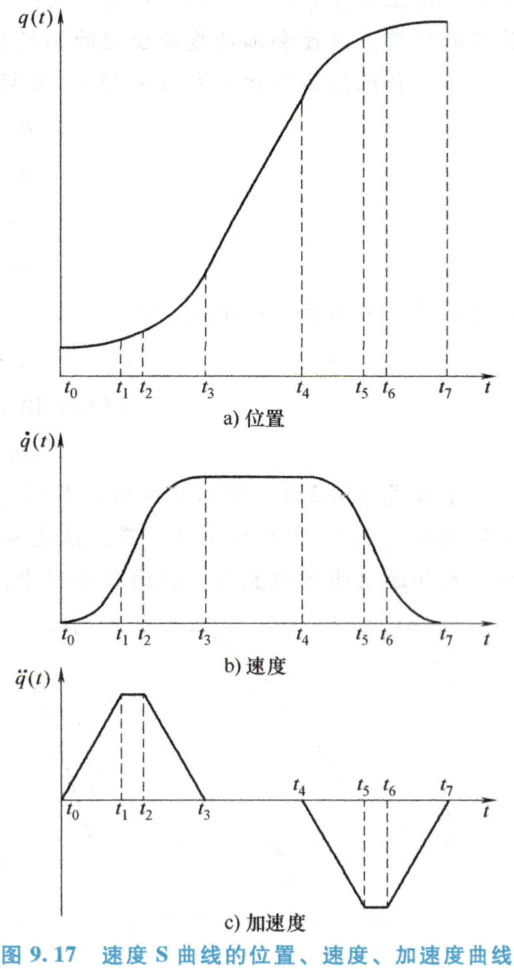

图 9.17　速度 S 曲线的位置、速度、加速度曲线

速度 S 曲线的基本原理是把速度变化区间分成：加加速段（$t_0 \sim t_1$）、匀加速段（$t_1 \sim t_2$）、减加速段（$t_2 \sim t_3$）、匀速段（$t_3 \sim t_4$）、加减速段（$t_4 \sim t_5$）、匀减速段（$t_5 \sim t_6$）、减减速段（$t_6 \sim t_7$）。各段对应的位置曲线分别为：三次多项式、抛物线、三次多项式、直线、

三次多项式、抛物线和三次多项式；对应的加速度曲线为连续梯形曲线。上述曲线的拼接原理与二次组合曲线类似。速度 S 曲线兼顾了高效率和平稳性，利于提高控制精度、消除冲击，是机器人和数控机床运动控制器中最常用的轨迹形式。

9.2.3　五次多项式轨迹

如果对每个轨迹点都指定了位置 q_i、速度 $\dot{q}_i$和加速度 $\ddot{q}_i$，那么，连接相邻轨迹点的轨迹曲线需要满足首末点的所有六个约束条件，见表 9.1。此时，需要用五次多项式来生成轨迹曲线，又称为五次赫米特（Hermite）插值多项式。

表 9.1　指定起始点和终止点位置 q、角速度 $\dot{q}$ 和角加速度 $\ddot{q}$ 的约束条件

时间 t	角度 q	角速度 $\dot{q}$	角加速度 $\ddot{q}$
$t=0$	q_0	$\dot{q}_0$	$\ddot{q}_0$
$t=t_f$	q_f	$\dot{q}_f$	$\ddot{q}_f$

五次多项式位置曲线的一般表达式为

$$q(t)=At^5+Bt^4+Ct^3+Dt^2+Et+F \tag{9.36}$$

式中，A、B、C、D、E、F 为待求系数。

对应的速度和加速度公式为

$$\dot{q}(t)=5At^4+4Bt^3+3Ct^2+2Dt+E \tag{9.37}$$

$$\ddot{q}(t)=20At^3+12Bt^2+6Ct+2Dt \tag{9.38}$$

把表 9.1 中的约束条件代入式（9.36）~式（9.38）中，并整理成矩阵的形式如下

$$\begin{pmatrix} q_0 \\ q_f \\ \dot{q}_0 \\ \dot{q}_f \\ \ddot{q}_0 \\ \ddot{q}_f \end{pmatrix} = \begin{pmatrix} 0 & 0 & 0 & 0 & 0 & 1 \\ t_f^5 & t_f^4 & t_f^3 & t_f^2 & t_f & 1 \\ 0 & 0 & 0 & 0 & 1 & 0 \\ 5t_f^4 & 4t_f^3 & 3t_f^2 & 2t_f & 1 & 0 \\ 0 & 0 & 0 & 2 & 0 & 0 \\ 20t_f^3 & 12t_f^2 & 6t_f & 2 & 0 & 0 \end{pmatrix} \begin{pmatrix} A \\ B \\ C \\ D \\ E \\ F \end{pmatrix} \tag{9.39}$$

求解上述线性方程组，即可得到五次多项式的各系数

$$\begin{pmatrix} A \\ B \\ C \\ D \\ E \\ F \end{pmatrix} = \begin{pmatrix} 0 & 0 & 0 & 0 & 0 & 1 \\ t_f^5 & t_f^4 & t_f^3 & t_f^2 & t_f & 1 \\ 0 & 0 & 0 & 0 & 1 & 0 \\ 5t_f^4 & 4t_f^3 & 3t_f^2 & 2t_f & 1 & 0 \\ 0 & 0 & 0 & 2 & 0 & 0 \\ 20t_f^3 & 12t_f^2 & 6t_f & 2 & 0 & 0 \end{pmatrix}^{-1} \begin{pmatrix} q_0 \\ q_f \\ \dot{q}_0 \\ \dot{q}_f \\ \ddot{q}_0 \\ \ddot{q}_f \end{pmatrix} \tag{9.40}$$

最终结果整理如下

$$A=\frac{12q_f-12q_0-(6\dot{q}_f+6\dot{q}_0)t_f-(\ddot{q}_0-\ddot{q}_f)t_f^2}{2t_f^5}$$

$$B=\frac{30q_0-30q_f+(14\dot{q}_f+16\dot{q}_0)t_f+(3\ddot{q}_0-2\ddot{q}_f)t_f^2}{2t_f^4}$$

$$C=\frac{20q_f-20q_0-(8\dot{q}_f+12\dot{q}_0)t_f-(3\ddot{q}_0-\ddot{q}_f)t_f^2}{2t_f^3} \tag{9.41}$$

$$D=\frac{\ddot{q}_0}{2}$$

$$E=\dot{q}_0$$

$$F=q_0$$

对于有多个中间轨迹点，对每两个相邻轨迹点应用式（9.41），即可获得满足全部轨迹点约束的五次多项式轨迹曲线。显然，这样获得的轨迹在位置、速度和加速度上都是连续光滑曲线。

任何情况下，五次多项式曲线都呈现连续平滑的加速特性，似乎是一个理想的轨迹生成方案。但在实际使用中，却会带来其他问题。图 9.18 所示为两个五次多项式位置轨迹曲线实例。从图 9.18a 所示的速度曲线可知，在起始和终止点之间，关节速度总是运行于最大值之下。对于真实机器人，这显然不利于提高作业效率。而在图 9.18b 所示的位置曲线中可以发现，由于起始速度不为零，导致关节角的中间值在很长一段时间中超出了终止点关节角！虽然位置曲线最终回到了终止关节角，但是这种中间位置的不确定性在实际生产中显然会带来危险。

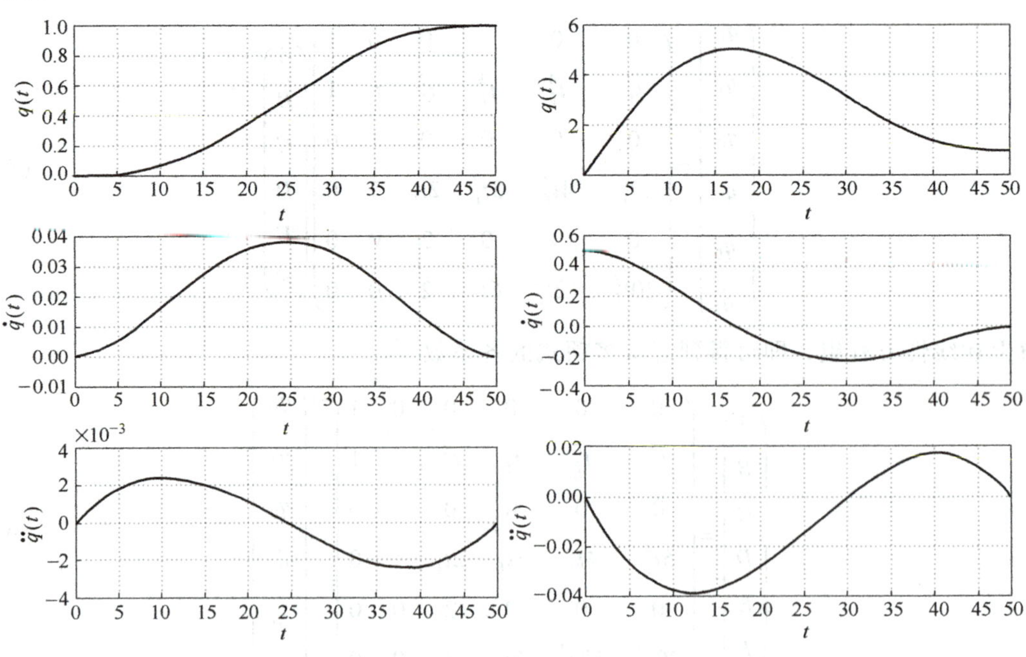

图 9.18　五次多项式位置轨迹曲线实例

因此，五次多项式通常不会在间隔较远的两个轨迹点之间进行轨迹生成，而是在某些对系统平稳性要求很高的场合，用于精插补轨迹的生成。在精插补阶段，关节轨迹点之间的间隔很小，速度、加速度的给定值接近。在这种情况下，图 9.18 所示的两类问题就不会带来严重的后果。

9.2.4　小结

关节空间的轨迹生成和插补是工业机器人控制器必须完成的工作，它既用于 PTP 模式中的关节轨迹生成，也用于 CP 模式下笛卡儿空间稠密轨迹点（粗插补的结果）之间的关节轨迹生成。关节空间轨迹生成和插补的结果，就是以运动控制周期为间隔，发送给各关节闭环控制器的控制期望值（位置、速度和加速度）。

为了兼顾运动的平稳性和快速性，工业机器人通常采用速度 S 曲线完成轨迹生成和插补。速度 S 曲线的位置轨迹是三次多项式、抛物线和斜直线的组合。五次多项式轨迹曲线适用于对加速平稳性要求很高的场合，且主要用于 CP 模式下稠密位姿点之间的关节轨迹生成。仅由抛物线和斜直线构成的二次组合曲线在工业机器人中不常用。

9.3　笛卡儿空间轨迹生成和插补

回顾 9.1 节中的概念定义以及图 9.5 和图 9.7，可以看到，笛卡儿空间轨迹生成和插补包括三个步骤：路径规划、轨迹生成和轨迹插补。

路径规划是确定连接指定路径点的空间函数的过程。本节不讨论以某种最优目标（如最短路径）在障碍空间中进行无碰撞自动路径规划的问题，而仅关注如何利用简单路径函数连接指定路径点，并完成笛卡儿空间的轨迹生成和插补。

在工程中，路径规划的实现通常包括两种情形：①路径导入。根据被加工工件的 CAD/CAM 文件直接导入末端工具点的空间路径信息。②路径生成。根据用户指定的示教点和连接曲线类型，生成路径函数。

对于路径导入的情况，如果 CAD/CAM 文件中已经包含了工件的曲面或曲线函数，则该函数就是路径函数；如果仅给定工件表面的采样点坐标，则等同于路径生成问题。路径函数可以直接表达机器人末端的路径，也可以利用简单函数，如直线、圆弧等，对复杂路径函数进行逼近，以简化插补计算。由此可见，路径导入问题可以转化为路径生成问题。

因此，本节后续内容将详细讨论如何根据指定路径点，来生成直线和圆弧路径函数及其相应的笛卡儿空间轨迹生成和插补问题。工业机器人控制器中通常已经内置了直线和圆弧路径生成器，这两种简单路径对于大多数应用场合已经足够，更复杂的空间路径可以用这两种简单路径来逼近。

如前所述，路径点是一个六维矢量

$$ {}^0\boldsymbol{x}_T = ({}^0\boldsymbol{p}_{TORG},\ \ {}^0\boldsymbol{\Omega}_T)^{\mathrm{T}} = ({}^0x_{TORG} <\ {}^0y_{TORG},\ \ {}^0z_{TORG},\ \ {}^0\phi_T,\ \ {}^0\theta_T,\ \ {}^0\psi_T)^{\mathrm{T}} $$

式中，${}^0\boldsymbol{p}_{TORG} = ({}^0x_{TORG},\ {}^0y_{TORG},\ {}^0z_{TORG})^{\mathrm{T}}$ 表示机器人末端工具的位置。它连续变化形成的空间轨迹 $\boldsymbol{p}(s)$ 容易观察和理解，同时，也直观地表现为被加工工件的表面曲线。因此，位置路径是本节研究的重点。

${}^0\boldsymbol{\Omega}_T = ({}^0\phi_T{}^0\theta_T{}^0\psi_T)^{\mathrm{T}}$ 表示末端三角度姿态。它连续变化形成的姿态轨迹 $\boldsymbol{\Omega}(u)$ 不容易

被观察。在加工中，多数情况下对工具姿态角的要求不严格。即便对姿态有确定要求的场合，姿态通常也与位置路径直接关联，从而不需要独立规划。因此，针对姿态路径，本书仅讨论线性轨迹的生成。然而，由于三角度法在姿态表示上的缺陷，需要引入等效轴-角或单位四元数，才能获得定轴转动的笛卡儿空间姿态轨迹。

9.3.1 直线路径的参数化表达及轨迹生成

如图 9.5 所示，假设给定机器人末端工具的起始位置点 $\boldsymbol{p}_{\mathrm{I}}=(x_{\mathrm{I}}\quad y_{\mathrm{I}}\quad z_{\mathrm{I}})^{\mathrm{T}}$ 和终止点 $\boldsymbol{p}_{\mathrm{F}}=(x_{\mathrm{F}}\quad y_{\mathrm{F}}\quad z_{\mathrm{F}})^{\mathrm{T}}$，要求机器人沿直线路径从 $\boldsymbol{p}_{\mathrm{I}}$ 运行到 $\boldsymbol{p}_{\mathrm{F}}$。为了简化，这里的位置变量默认为是相对于基坐标的描述，在符号表达上省略了坐标系角标。

空间两点间线段的参数化方程为

$$\begin{cases}\boldsymbol{p}(s)=\boldsymbol{p}_{\mathrm{I}}+s(\boldsymbol{p}_{\mathrm{F}}-\boldsymbol{p}_{\mathrm{I}})\\ s=\dfrac{|\boldsymbol{p}\boldsymbol{p}_{\mathrm{I}}|}{|\boldsymbol{p}_{\mathrm{F}}\boldsymbol{p}_{\mathrm{I}}|}\end{cases}\tag{9.42}$$

式中，$\boldsymbol{p}_{\mathrm{I}}$ 为起始位置；$\boldsymbol{p}_{\mathrm{F}}$ 为终止位置；标量 $s\in[0,1]$，是一个归一化参数，其物理意义是机器人沿直线运行的路程除以直线总长；$\boldsymbol{p}(s)$ 的三个分量 $\boldsymbol{p}_x(s)$、$\boldsymbol{p}_y(s)$、$\boldsymbol{p}_z(s)$ 是 s 的函数。

式（9.42）所示的参数化方程即表达了从 $\boldsymbol{p}_{\mathrm{I}}$ 到 $\boldsymbol{p}_{\mathrm{F}}$ 的直线路径，可见，直线路径的表达相当简单。

利用式（9.42）所示的参数化路径方程，可以很容易实现笛卡儿空间直线路径的轨迹生成和插补。标量参数 s 与路径上某点沿路径到起始点的路程成正比，如果把它变为时间函数 $s(t)$，并指定其时间函数曲线，也就指定了末端点沿路径运行的加减速特性，即笛卡儿空间轨迹。因此，直线路径的轨迹方程可表示为

$$\boldsymbol{p}[s(t)]=\boldsymbol{p}_{\mathrm{I}}+s(t)(\boldsymbol{p}_{\mathrm{F}}-\boldsymbol{p}_{\mathrm{I}})\tag{9.43}$$

同关节轨迹生成一样，为了获得平滑的时间轨迹，可以把标量时间函数 $s(t)$ 设定为二次组合曲线、速度 S 曲线、三次或五次多项式中的任何一种。这样，直线路径轨迹中的各分量 $x[s(t)]$、$y[s(t)]$、$z[s(t)]$ 也是具有相同规律的平滑时间曲线。但是，由于三个位置分量受式（9.43）约束，所以末端在空间中仍然沿直线运行，只不过参数 $s(t)$ 的不同轨迹曲线会使末端以不同的速度规律运行。改变 $s(t)$ 的轨迹曲线，就可以方便调整笛卡儿空间轨迹的时间变化规律，而无需考虑具体的路径函数。这就是路径的参数化表达带来的便利。

下面同样以二次组合曲线为例，说明直线路径参数方程的具体表达式以及轨迹插补方法。

因为 $s\in[0,1]$，所以其起始值 $s_0=0$，终止值 $s_f=1$。若已知总运行时间 t_f 和加速度 $\ddot{s}$，可以得到直线路径二次组合曲线轨迹的位置、速度、加速度时间函数表达式

$$\boldsymbol{p}[s(t)]=\boldsymbol{p}_{\mathrm{I}}+s(t)(\boldsymbol{p}_{\mathrm{F}}-\boldsymbol{p}_{\mathrm{I}})$$

$$\dot{\boldsymbol{p}}[s(t)]=\dot{s}(t)(\boldsymbol{p}_{\mathrm{F}}-\boldsymbol{p}_{\mathrm{I}})$$

$$\ddot{\boldsymbol{p}}[s(t)]=\ddot{s}(t)(\boldsymbol{p}_{\mathrm{F}}-\boldsymbol{p}_{\mathrm{I}})$$

$$s(t)=\begin{cases}\frac{1}{2}\ddot{s}t^2,t\in[0,t_a]\\ s_a+\ddot{s}t_a(t-t_a),t\in(t_a,t_f-t_a)\\ 1-\frac{1}{2}\ddot{s}(t_f-t)^2,t\in[t_f-t_a,t_f]\end{cases}$$

$$\dot{s}(t)=\begin{cases}\ddot{s}t,t\in[0,t_a]\\ \ddot{s}t_a,t\in(t_a,t_f-t_a)\\ \ddot{s}t_a-\ddot{s}(t-t_f+t_a),t\in[t_f-t_a,t_f]\end{cases} \tag{9.44}$$

$$\ddot{s}(t)=\begin{cases}\ddot{s},t\in[0,t_a]\\ 0,t\in(t_a,t_f-t_a)\\ -\ddot{s},t\in[t_f-t_a,t_f]\end{cases}$$

$$s_a=\frac{1}{2}\ddot{s}t_a^2$$

$$t_a=\frac{t_f}{2}-\frac{\sqrt{\ddot{s}^2t_f^2-4\ddot{s}}}{2\ddot{s}}$$

以固定时间间隔 Δt 对总运行时间离散化，可得直线路径参数化轨迹的插补增量计算公式（9.45）和对应的轨迹生成程序 9.2。

$$\Delta t=t_f/n,\quad n\text{ 为总插补次数}$$

$$t_i=t_{i-1}+\Delta t$$

$$\Delta s(t)=\begin{cases}\ddot{s}t_{i-1}\Delta t+\frac{1}{2}\ddot{s}\Delta t^2,t_i\in[0,t_a]\\ \ddot{s}t_a\Delta t,t_i\in(t_a,t_f-t_a)\\ \ddot{s}t_f\Delta t-\ddot{s}t_{i-1}\Delta t-\frac{1}{2}\ddot{s}\Delta t^2,t_i\in[t_f-t_a,t_f]\end{cases} \tag{9.45}$$

$$\Delta\dot{s}(t)=\begin{cases}\ddot{s}\Delta t,t_i\in[0,t_a]\\ 0,t_i\in(t_a,t_f-t_a)\\ -\ddot{s}\Delta t,t_i\in[t_f-t_a,t_f]\end{cases}$$

$$\Delta\ddot{s}(t)=\begin{cases}\ddot{s},t_i=0\text{ 或 }t_f\\ -\ddot{s},t_i=t_a\text{ 或}(t_f-t_a)\\ 0,t_i=\text{其他值}\end{cases}$$

生成直线路径参数化轨迹的伪代码如下：

```
p_0 = p_1, ṗ_0 = 0, p̈_0 = 0, t_0 = 0
for i = 1 to n, i++
  if(p_{i-1} + Δs(p_F - p_I) ≤ p_I) then
    p_i = p_{i-1} + Δs(p_F - p_I)
    ṗ_i = ṗ_{i-1} + Δṡ(p_F - p_I)
    p̈_i = p̈_{i-1} + Δs̈(p_F - p_I)
    t_i = t_{i-1} + Δt
  else
    p_i = p_I
    ṗ_i = 0
    p̈_i = 0
    t_i = t_f
  end if
end for
```

程序(9.2)

9.3.2 圆弧路径的参数化表达

对于圆弧路径，同样需要先获得圆弧的参数化方程，然后再选取任意一种参数轨迹曲线，完成轨迹生成和插补。本节针对已知圆弧起点、终点和中间点坐标的情形，讨论如何获得圆弧的参数化方程。圆弧路径的轨迹生成和插补与前述直线路径的情况类似，只需要把路径参数方程及离散化表达式替换成圆弧方程即可。

1. 平面圆弧的参数化方程

首先考虑一种简单情况：机器人末端圆弧路径在参考坐标系（如基坐标系）的 oxy 平面内。如图 9.19 所示，如果已知平面上三点的坐标：$\boldsymbol{p}_1=(x_1, y_1, 0)^{\mathrm{T}}$、$\boldsymbol{p}_2=(x_2, y_2, 0)^{\mathrm{T}}$、$\boldsymbol{p}_3=(x_3, y_3, 0)^{\mathrm{T}}$，则其圆心坐标 $\boldsymbol{o}=(x_0, y_0, 0)^{\mathrm{T}}$、圆弧半径 r 以及圆心角 ϕ 可通过下式求得

$$
\begin{aligned}
x_0&=(b\cdot f-e\cdot c)/(b\cdot d-e\cdot a)\\
y_0&=(d\cdot c-a\cdot f)/(b\cdot d-e\cdot a)\\
r&=\sqrt{(x_1-x_0)^2+(y_1-y_0)^2}\\
\phi&=\arccos\left(\frac{(x_3-x_1)^2+(y_3-y_1)^2-2r^2}{2r^2}\right)
\end{aligned}
\tag{9.46}
$$

式中，$a=2(x_2-x_1)$；$b=2(y_2-y_1)$；$c=x_2^2-x_1^2+y_2^2-y_1^2$；$d=2(x_3-x_2)$；$e=2(y_3-y_2)$；$f=x_3^2-x_2^2+y_3^2-y_2^2$。

显然，圆弧上某点对应的圆心角可以唯一确定点的位置。这样，平面圆弧的参数化方程可表示为

$$
\begin{cases}
\boldsymbol{p}(s)=\boldsymbol{o}+r\begin{pmatrix}\cos(\phi s)\\ \sin(\phi s)\\ 0\end{pmatrix}\\
s=\dfrac{\phi_P}{\phi}
\end{cases} \tag{9.47}
$$

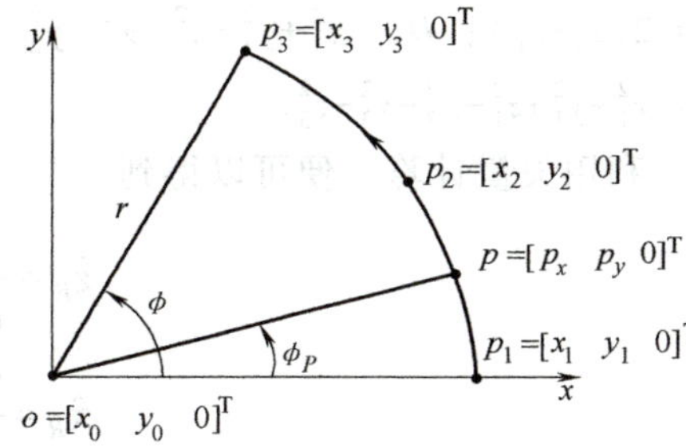

图 9.19　过平面三点的圆弧方程

式中，标量 $s\in[0,1]$ 为归一化参数，其物理意义是机器人沿圆弧运行路程除以圆弧总长；$\boldsymbol{p}(s)$ 的两个分量 $\boldsymbol{p}_x(s)$、$\boldsymbol{p}_y(s)$ 是 s 的函数，对于平面圆弧，$\boldsymbol{p}_z(s)=0$。

如果指定了标量 s 的时间轨迹曲线 $s(t)$，即可得到平面圆弧路径的轨迹方程

$$
\boldsymbol{p}[s(t)]=\boldsymbol{o}+r\begin{pmatrix}\cos[\phi s(t)]\\ \sin[\phi s(t)]\\ 0\end{pmatrix} \tag{9.48}
$$

无论 $s(t)$ 采用何种轨迹曲线，末端运动都被式（9.48）约束在圆弧轨迹，并遵循由 $s(t)$ 指定的加减速规律。

2. 空间圆弧的参数化方程

对于空间任意平面内的圆弧路径，通常已知圆弧上三点在参考坐标系下的坐标。如果能够定义一个坐标系，使其 oxy 平面与圆弧平面重合，即可在该坐标系内根据式（9.47）写出参数化圆弧方程，并完成轨迹生成和插补。因此，需根据圆弧上已知的三点坐标，定义圆弧所在平面的坐标系，然后求取圆弧平面坐标系与参考坐标系之间的齐次坐标变换矩阵。图 9.20 所示为一种定义圆弧平面坐标系的方法。

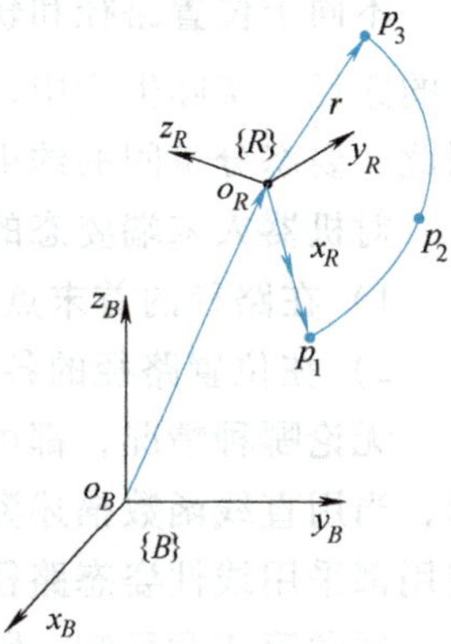

图 9.20　过空间三点圆弧所在平面的坐标系定义

如图 9.20 所示，设圆弧所在平面坐标系为 $\{R\}$，定义其坐标原点在圆心 $\boldsymbol{o}_R=(x_0,y_0,z_0)^T$ 处，$\boldsymbol{x}_R$ 轴沿 $\boldsymbol{o}_R\boldsymbol{p}_1$ 方向、$\boldsymbol{z}_R$ 轴垂直于圆弧平面。为获得 $\{R\}$ 与 $\{B\}$ 的位姿矩阵，需要知道 $\{R\}$ 各坐标轴和原点在 $\{B\}$ 中的表达式，为此，需求解圆心在 $\{B\}$ 中的坐标 $\boldsymbol{o}_R$。

若已知圆弧起点、终点和中间点在参考坐标系 $\{B\}$ 中的坐标：$\boldsymbol{p}_1=(x_1,y_1,z_1)^T$、$\boldsymbol{p}_2=(x_2,y_2,z_2)^T$、$\boldsymbol{p}_3=(x_3,y_3,z_3)^T$，可根据式（9.49）求得圆弧所在的平面方程、圆心坐标 $\boldsymbol{o}_R$ 和圆弧半径 r。

$$
\begin{cases}
A_1x+B_1y+C_1z+D_1=0\\
\begin{pmatrix}x_0\\ y_0\\ z_0\end{pmatrix}=-\begin{pmatrix}A_1 & B_1 & C_1\\ A_2 & B_2 & C_2\\ A_3 & B_3 & C_3\end{pmatrix}^{-1}\begin{pmatrix}D_1\\ D_2\\ D_3\end{pmatrix}\\
r=\sqrt{(x_1-x_0)^2+(y_1-y_0)^2+(z_1-z_0)^2}
\end{cases} \tag{9.49}
$$

式中：$A_1=y_1\cdot z_2-y_1\cdot z_3-z_1\cdot y_2+z_1\cdot y_3+y_2\cdot z_3-y_3\cdot z_2$；$B_1=-x_1\cdot z_2+x_1\cdot z_3+z_1\cdot x_2-z_1\cdot x_3-x_2\cdot z_3+x_3\cdot z_2$；$C_1=x_1\cdot y_2-x_1\cdot y_3-y_1\cdot x_2+y_1\cdot x_3+x_2\cdot y_3-x_3\cdot y_2$；$D_1=-x_1\cdot y_2\cdot z_3+x_1\cdot y_3\cdot z_2+x_2\cdot y_1\cdot z_3-x_3\cdot y_1\cdot z_2-x_2\cdot y_3\cdot z_1+x_3\cdot y_2\cdot z_1$；$A_2=2(x_2-x_1)$；$B_2=2(y_2-y_1)$；

$C_2=2(z_2-z_1)$；$D_2=x_1^2+y_1^2+z_1^2-x_2^2-y_2^2-z_2^2$；$A_3=2(x_3-x_1)$；$B_3=2(y_3-y_1)$；$C_3=2(z_3-z_1)$；$D_3=x_1^2+y_1^2+z_1^2-x_3^2-y_3^2-z_3^2$。

利用矢量计算，便可以得到 $\{R\}$ 各轴在 $\{B\}$ 中的矢量表达，即

$$\begin{aligned}\hat{z}_R&=\frac{(\boldsymbol{p}_1-\boldsymbol{o}_R)\times(\boldsymbol{p}_3-\boldsymbol{o}_R)}{|(\boldsymbol{p}_1-\boldsymbol{o}_R)\times(\boldsymbol{p}_3-\boldsymbol{o}_R)|}\\ \hat{\boldsymbol{x}}_R&=\frac{(\boldsymbol{p}_1-\boldsymbol{o}_R)}{|\boldsymbol{p}_1-\boldsymbol{o}_R|}\\ \hat{\boldsymbol{y}}_R&=\hat{z}_R\times\hat{\boldsymbol{x}}_R\end{aligned}\tag{9.50}$$

于是，从坐标系 $\{R\}$ 到 $\{B\}$ 的齐次变换矩阵 ${}_R^B\boldsymbol{T}$ 为

$${}_R^B\boldsymbol{T}=\begin{pmatrix}\hat{\boldsymbol{x}}_R & \hat{\boldsymbol{y}}_R & \hat{z}_R & \boldsymbol{o}_R\\ 0 & 0 & 0 & 1\end{pmatrix}$$

利用变换 ${}^R\boldsymbol{p}={}_R^B\boldsymbol{T}^{-1}\boldsymbol{p}$，把点 $\boldsymbol{p}_1$、$\boldsymbol{p}_2$、$\boldsymbol{p}_3$ 转换到圆弧平面坐标系 $\{R\}$ 中。之后，即可按照本节所述方法获得圆弧路径的参数化轨迹方程和笛卡儿空间轨迹插补点。最后需要把所得插补点坐标转换到基坐标系 $\{B\}$ 中，才能利用运动学模型求解关节转角。

9.3.3 姿态的表达和轨迹生成

不同于位置路径和轨迹，机器人末端姿态 ${}^0\boldsymbol{\Omega}_T(s)$ 的连续变化难以映射为三维物理空间中的路径。实际生产中，考虑到很难从零件的曲面或曲线方程中获得姿态分量的显式约束，因此，姿态分量间的约束关系可以在满足加工要求的前提下灵活选择。

对机器人末端姿态的要求通常分为两种情况：

1）在路径的首末点分别指定一个姿态，对路径中间点的姿态没有要求。

2）在位置路径的各插补点处均指定一个姿态。

无论哪种情况，都可以仿照前述位置路径描述的方法来构造姿态路径约束。为了避免混淆，当用直线函数描述姿态路径和轨迹时，称其为线性姿态路径或轨迹。因为绝大多数实际应用都采用线性姿态路径，所以本书仅讨论线性姿态路径描述和轨迹生成。

回顾第 4 章可知，刚体空间姿态的矢量表示法包括欧拉角、固定角、等效轴-角和单位四元数等。其中，前三种均在笛卡儿坐标系下描述，采用三维列矢量表达，可称为笛卡儿姿态表达；单位四元数则是一种特殊的四维矢量表达。下面，分别讨论两种表达下的线性姿态轨迹生成方法。

1. 笛卡儿姿态表达及轨迹生成

使用欧拉角或固定角等三角度法表达姿态时，其线性姿态轨迹可表示成

$$\begin{aligned}\boldsymbol{\Omega}(s)&=\boldsymbol{\Omega}_\mathrm{I}+s(\boldsymbol{\Omega}_\mathrm{F}-\boldsymbol{\Omega}_\mathrm{I})\\ s&=\frac{|\boldsymbol{\Omega}\boldsymbol{\Omega}_\mathrm{I}|}{|\boldsymbol{\Omega}_\mathrm{F}\boldsymbol{\Omega}_\mathrm{I}|}\end{aligned}\tag{9.51}$$

式中，$\boldsymbol{\Omega}_\mathrm{I}$ 为起始姿态；$\boldsymbol{\Omega}_\mathrm{F}$ 为终止姿态；标量 $s\in[0,1]$，是归一化参数；$\boldsymbol{\Omega}(s)$ 的三个分量 $\phi(s)$、$\theta(s)$、$\psi(s)$ 都是 s 的函数。

指定标量参数 s 的时间函数 $s(t)$ 可得到姿态轨迹

$$\boldsymbol{\Omega}[s(t)]=\boldsymbol{\Omega}_\mathrm{I}+s(t)(\boldsymbol{\Omega}_\mathrm{F}-\boldsymbol{\Omega}_\mathrm{I})\tag{9.52}$$

对式（9.52）以固定时间间隔 Δt 进行插补，即可得到一系列中间姿态矢量 $\boldsymbol{\Omega}_i$，进而可以计算出每个 $\boldsymbol{\Omega}_i$ 对应的旋转矩阵${}_i^B\boldsymbol{R}$，即中间姿态相对于基坐标系的旋转变换矩阵。上述过程的原理示意图如图 9.21 所示，其中 $\{B\}$ 为参考坐标系。

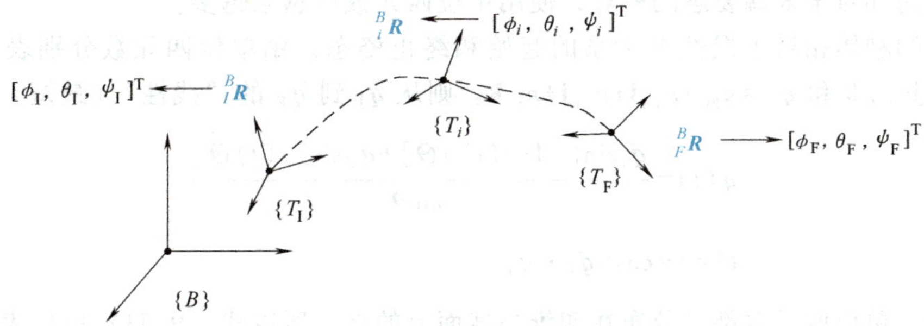

图 9.21 三角度法姿态矢量的插补原理

注：图中为了清晰附加了移动，不影响针对旋转的结论。

显然，24 种三角度姿态矢量对应的中间姿态${}_i^B\boldsymbol{R}$各不相同。而且，当末端刚体按照姿态矢量的线性插值结果运行时，其相对于基坐标系的角速度方向（转轴）不确定，通常表现为一种转轴实时变化的空间复杂转动。

多数情况下都希望末端刚体从起始姿态 $\boldsymbol{\Omega}_I$ 绕空间固定轴转动到终止姿态 $\boldsymbol{\Omega}_F$。回顾等效轴-角姿态表示法，提取单位方向矢量，可以把姿态表示为转角值与单位方向矢量的乘积：$\boldsymbol{\Omega}=\theta\hat{\boldsymbol{\Omega}}=\theta(k_x,k_y,k_z)^T$，如果仅对转角 θ 进行插值，就能得到一系列绕固定空间单位转轴 $\hat{\boldsymbol{\Omega}}=(k_x,k_y,k_z)^T$ 旋转的中间姿态。

在这种情况下，可以把转角 θ 当作式（9.52）中的标量参数 s，作为姿态路径参数。通过设定 θ 的轨迹函数 $\theta(t)$，就可以实现绕空间固定轴的平滑刚体转动。但是要注意的是：与空间固定转轴对应的等效轴-角矢量，是在末端刚体坐标系中表达的。获得绕空间固定转轴旋转轨迹的步骤如下：

1）求出末端终止姿态 $\{F\}$ 相对于起始姿态 $\{I\}$ 的相对旋转矩阵${}_F^I\boldsymbol{R}$。

2）计算${}_F^I\boldsymbol{R}$ 对应的等效轴-角矢量${}^I\boldsymbol{\Omega}=\theta_F{}^I\hat{\boldsymbol{\Omega}}=\theta_F({}^Ik_x,{}^Ik_y,{}^Ik_z)^T$。

3）以 0 为初值、θ_F 为终值，设定 $\theta(t)$ 的轨迹曲线。

4）以固定时间间隔 Δt 插补得到一系列中间转角 $\theta_i=\theta_{i-1}+\Delta\theta$ 和中间姿态矢量${}_i^I\boldsymbol{\Omega}=\theta_i{}^I\hat{\boldsymbol{\Omega}}=\theta_i({}^Ik_x,{}^Ik_y,{}^Ik_z)^T$。

5）根据${}_i^I\boldsymbol{\Omega}$ 计算得到一系列中间相对姿态矩阵${}_i^I\boldsymbol{R}$。

6）由${}_i^I\boldsymbol{R}$ 计算得到相对于惯性坐标系 $\{B\}$ 的中间姿态矩阵${}_i^B\boldsymbol{R}={}_I^B\boldsymbol{R}{}_i^I\boldsymbol{R}$。

等效轴-角绕空间固定轴旋转轨迹生成原理如图 9.22 所示。

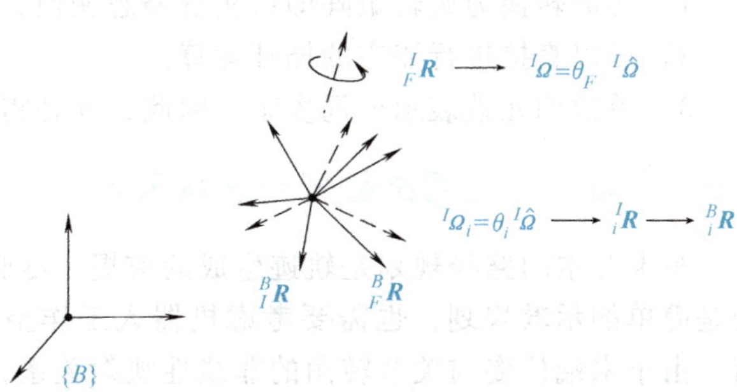

图 9.22 等效轴-角绕空间固定轴旋转轨迹生成原理

2. 单位四元数姿态表达及轨迹生成

第 4 章介绍了单位四元数可以表示刚体相对于固定参考系的姿态。单位四元数的全体构成一个四维超球面，用单位四元数表示姿态不存在奇异性问题，并且无需借助旋转矩阵就可以直接进行姿态矢量的连续变换，可以更方便地获得绕空间固定轴的旋转轨迹。对于在刚体平台上直接安装驱动器来控制姿态的机器人，如飞行机器人、水下机器人等，通常用单位四元数来表达姿态。工业机器人控制器内部对于末端姿态的解算，使用单位四元数也越来越多。

假设已知刚体相对于惯性参考系的起始和终止姿态，用单位四元数分别表示为：$\tilde{\boldsymbol{q}}_{\mathrm{I}}=\varepsilon_{\mathrm{I}0}+\varepsilon_{\mathrm{I}x}\mathbf{i}+\varepsilon_{\mathrm{I}y}\mathbf{j}+\varepsilon_{\mathrm{I}z}\mathbf{k}$ 和 $\tilde{\boldsymbol{q}}_{\mathrm{F}}=\varepsilon_{\mathrm{F}0}+\varepsilon_{\mathrm{F}x}\mathbf{i}+\varepsilon_{\mathrm{F}y}\mathbf{j}+\varepsilon_{\mathrm{F}z}\mathbf{k}$。则从 $\tilde{\boldsymbol{q}}_{\mathrm{I}}$ 到 $\tilde{\boldsymbol{q}}_{\mathrm{F}}$ 的“线性”（最短）轨迹为

$$\begin{aligned}\tilde{\boldsymbol{q}}(t)&=\frac{\tilde{\boldsymbol{q}}_{\mathrm{I}}\sin[(1-s(t))\Theta]+\tilde{\boldsymbol{q}}_{\mathrm{F}}\sin[s(t)\Theta]}{\sin\Theta}\\ \Theta&=\arccos(\tilde{\boldsymbol{q}}_{\mathrm{I}}\cdot\tilde{\boldsymbol{q}}_{\mathrm{F}})\end{aligned}\tag{9.53}$$

由于每个单位四元数都是分布在四维超球面上的点，所以式（9.53）所代表的“线性”轨迹，实际上是四维超球面上从 $\tilde{\boldsymbol{q}}_{\mathrm{I}}$ 到 $\tilde{\boldsymbol{q}}_{\mathrm{F}}$ 的最短路径轨迹，即四维超球面上过 $\tilde{\boldsymbol{q}}_{\mathrm{I}}$、$\tilde{\boldsymbol{q}}_{\mathrm{F}}$ 的大圆圆弧。其中，Θ 是大圆上与 $\tilde{\boldsymbol{q}}_{\mathrm{I}}$、$\tilde{\boldsymbol{q}}_{\mathrm{F}}$ 对应的圆心角，即 $\tilde{\boldsymbol{q}}_{\mathrm{I}}$ 与 $\tilde{\boldsymbol{q}}_{\mathrm{F}}$ 的夹角。

在三维空间中无法表达四维超球面。不过，如果假设在连续姿态轨迹上，各单位四元数虚部的某元素始终不变，如 $\varepsilon_z=0$，则四维超球面就收缩成了三维球面，于是就可得到单位四元数“线性”轨迹的可视化表达，如图 9.23 所示。

即，从 $\tilde{\boldsymbol{q}}_{\mathrm{I}}$ 到 $\tilde{\boldsymbol{q}}_{\mathrm{F}}$ 的“线性”（最短）轨迹位于轴线为 $\tilde{\boldsymbol{k}}$ 的球面大圆上。即只要知道了 $\tilde{\boldsymbol{q}}_{\mathrm{I}}$ 和 $\tilde{\boldsymbol{q}}_{\mathrm{F}}$，大圆就被唯一确定，所以无需求解 $\tilde{\boldsymbol{k}}$，就能获得绕空间定轴旋转的轨迹。

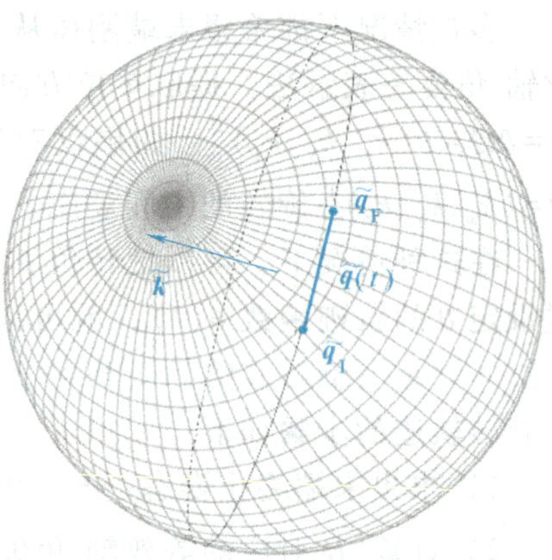

图 9.23　单位四元数“线性”轨迹在三维球面上的示意

通过设定归一化参数 $s(t)$ 的时间函数，就可以获得各种加速特性的“线性”旋转运动轨迹，进而插补得到一系列中间姿态 $\tilde{\boldsymbol{q}}_i$。

实际使用中，需要先把待旋转的三维空间矢量 $\boldsymbol{a}$ 扩展成四元数形式 $\tilde{\boldsymbol{a}}$，即

$$\boldsymbol{a}=(x,\quad y,\quad z)^{\mathrm{T}}\rightarrow\tilde{\boldsymbol{a}}=0+x\mathbf{i}+y\mathbf{j}+z\mathbf{k}$$

然后，再利用 $\tilde{\boldsymbol{a}}_i=\tilde{\boldsymbol{q}}_i\tilde{\boldsymbol{a}}\tilde{\boldsymbol{q}}_i^{*}$ 得到被旋转矢量的离散轨迹。

相对于等效轴-角，利用单位四元数进行姿态表达和轨迹插补具有如下优势：

1）无需转换为旋转矩阵即可实现姿态变换，计算量小。

2）可以直接进行姿态的插补运算。

3）单位四元数表示全局姿态，因此，插补得到的中间姿态也是全局姿态。

9.3.4　笛卡儿空间路径规划注意事项

笛卡儿空间路径规划是轨迹生成的前提。尽管本书不讨论自动路径规划问题，但是，即便是简单的示教规划，也需要考虑机器人工作空间、奇异点和结构约束的影响，使路径可行。由于末端位姿与关节转角的非线性映射关系，下面这些特殊情况有时并不显而易见，规划路径时需要注意或通过仿真验证。

1. 路径穿过非工作空间

如图 9.24 所示，起始点和终止点都在机器人工作空间内部，但是两点间的直线路径上有一部分却不在工作空间中。由于杆 2 的长度小于杆 1，所以其工作空间是一个圆环。此时，在关节空间中规划从 A 到 B 的路径没有问题，但是，笛卡儿空间中的直线路径却无法实现。

路径规划时，需要避开非工作空间。

2. 奇异点附近关节速度过大

如果机器人路径中的部分路径段在奇异点附近，由速度雅可比矩阵可知，奇异点附近的关节速度会趋向于无穷大。对于真实机器人，受限于最大关节速度，通过奇异点附近的路径时，机器人需要降低末端速度。如图 9.25 所示，对一个两杆长度相等的平面 2R 机器人，规划了一条从 A 到 B 的直线路径，该路径经过工作空间圆心附近。由图所示的位姿序列，该路径理论可行。但是，在圆心奇异点附近，关节 1 的速度会非常大。此时，就需要把末端速度降低到关节最大速度允许范围内，机器人才能正确跟踪该直线路径。

路径规划时，要尽量远离奇异点。

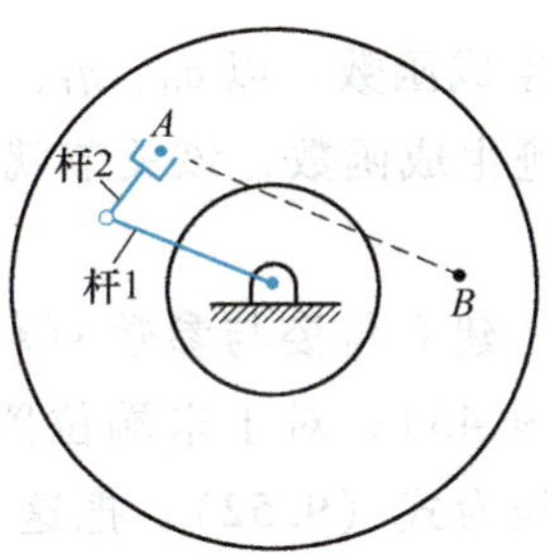

图 9.24　无法到达路径中间段

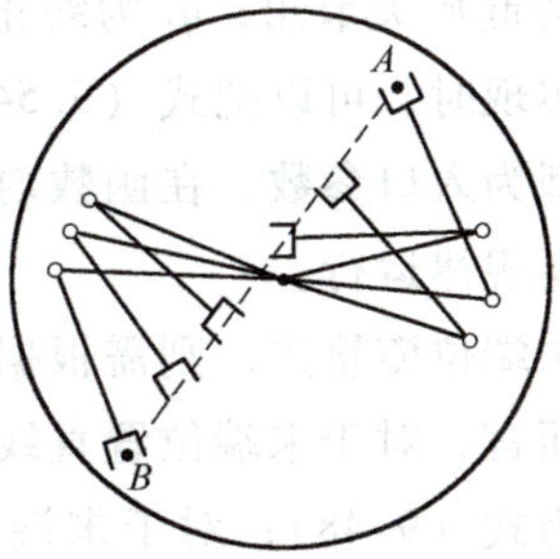

图 9.25　奇异点附近关节速度过大

3. 结构约束导致连续解不可行

工作空间内的路径点通常对应多个解。有时会出现这种情况：仅从笛卡儿空间看，连接起始点和终止点的路径都在工作空间内，且远离奇异点。但是由于结构约束，使路径上关节的解无法连续，此时，机器人也不能跟踪指定路径。

图 9.26 所示即为这种情况。杆长相等的平面 2R 机器人安装在一个工作台上。工作台下方的区域虽然在工作空间内，但是机器人却无法到达。图中起始点 A、终止点 B 以及连接两点的直线路径都在有效工作空间内。如果机器人连续跟踪直线路径，则到达 B 点时应位于图中虚线所示位置。但是，由于结构约束，机器人无法到达该位置。如果机器人在 B 点采用实线所示位置，则由于关节转角必须连续变化，将导致机器人无法跟踪直线路径。

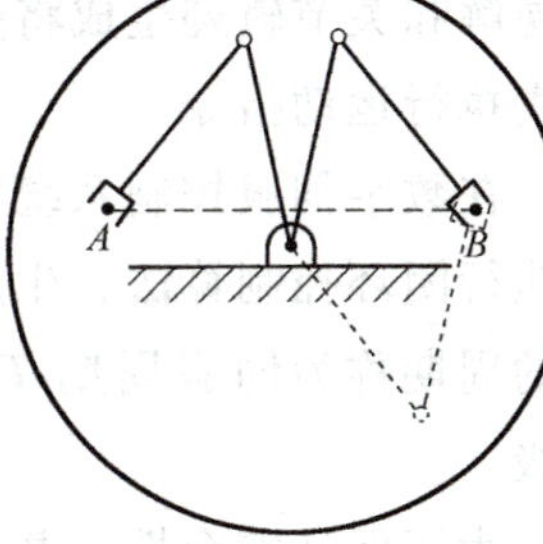

图 9.26　几何约束导致连续解不可行

路径规划完成后，先进行运动学仿真，可以帮助发现这种情况。

9.4 轨迹生成的实现

9.4.1 程序的模块化

在针对关节、末端位移、末端姿态编写轨迹生成和插补程序时，采用模块化的编程思路将有助于调试和代码复用。

尽管 9.3 节已讨论各种轨迹生成算法是以关节转角为对象，但是，实际上这些轨迹和对应的算法并不仅限于关节，它们在末端位姿轨迹生成中也适用。

模块化的基本思路是：针对归一化参数 $s(t)\in[0,1]$，把 9.3 节介绍的各种轨迹生成和插补算法单独封装成各种通用的参数化轨迹函数；然后建立实际物理量与参数 $s(t)$ 之间的映射关系，并用另外的特定程序模块进行封装。

对于特定关节，式（9.54）建立了关节转角与参数 $s(t)$ 的映射关系，即

$$q[s(t)]=q_0+s(t)(q_f-q_0) \tag{9.54}$$

式中，q_0 为起始关节角；q_f 为终止关节角。

编程实现时，可以把式（9.54）单独封装成关节轨迹生成函数，以 q_0、q_f、总运行时间和轨迹类型为入口参数，在函数内部调用对应的参数化轨迹生成函数，该关节就将按照$s(t)$指定的时间规律运行。

对于末端位姿轨迹，则需根据空间路径的参数化方程，建立位姿与参数 $s(t)$ 的映射关系。具体而言，对于末端位置直线轨迹，映射方程为式（9.43）；对于末端位置圆弧轨迹，映射方程为式（9.48）；对于末端姿态线性轨迹，映射方程为式（9.52）。把这些映射方程封装成独立的函数，在函数内部调用参数化轨迹函数，即可让末端按照 $s(t)$ 指定的时间规律运行。无论空间路径多么复杂，只要能参数化，就可以采取这种思路进行轨迹生成。

这样的模块化程序设计，把被控对象的时间规律（轨迹类型）与空间规律（路径）相分离，有利于程序的调试和移植。

9.4.2 轨迹生成与运动控制

图 9.7 描述了机器人控制系统实现运动控制的流程。其中，笛卡儿空间轨迹生成、运动学逆解和关节轨迹生成将生成关节运动指令，包括关节位移、速度和加速度；而伺服控制则负责执行运动指令。

在数字伺服控制系统中，伺服控制程序实时在线运行。它先读入指令值，再按固定的周期执行闭环控制算法、生成控制信号，控制各关节跟踪运动指令。伺服控制程序更新控制信号的周期称为伺服周期 T_c。高性能伺服控制系统的伺服周期可以达到 1/10～1/100 毫秒量级。

为了保证安全性，并支持机器人运行速度的在线调整，关节轨迹生成程序通常也在线实时运行，以便动态更新伺服控制指令值。由于运动学逆解和轨迹生成较为耗时，从节省计算资源的角度考虑，轨迹生成的运行周期通常是伺服周期的数十倍，为毫秒量级，一般称为运

动控制周期 T_m。

在每个运动控制周期内，轨迹生成程序将生成若干个关节指令值。这些指令值之间的时间间隔 ΔT_J 最小为一个伺服周期，一般设定为 3~5 个伺服周期。比伺服周期更小的指令间隔没有意义。

图 9.27 所示为轨迹生成与伺服控制的基本原理及时序关系。在工程实践中，明确它们之间的关系至关重要，同时，要格外注意运动指令与最终期望值的区别。

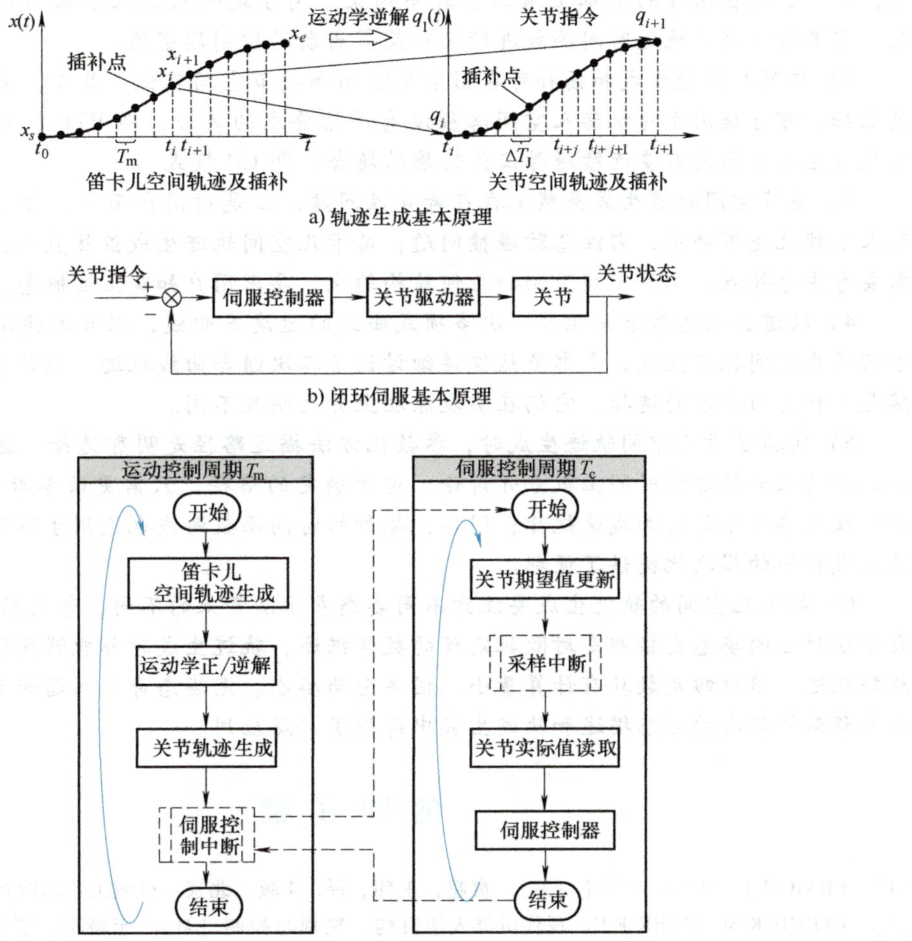

c) 轨迹生成与伺服控制程序的时序

图 9.27 轨迹生成与运动控制的基本原理与时序关系

例如，在关节位置伺服控制中，使用者通常只关心关节的最终停止位置。但是，一般而言，不能把最终停止位置直接作为闭环伺服算法的指令，而是要综合考虑最终停止位置、运行时间、系统加速能力和冲击载荷，设计从当前位置到停止位置的轨迹，如 S 曲线轨迹。然后，对轨迹曲线进行插补，以插补值定时更新闭环伺服控制算法的指令值，这样才能使系统平滑地运动到最终停止位置。如果把最终停止位置直接作为闭环伺服控制算法的指令值，则会由于系统误差过大，系统在很长时间内将以最高速运行，导致中间过程失控、冲击载荷大。

总之，轨迹生成是机器人实现运动控制的重要组成部分，需要结合系统性能和实际工况要求进行轨迹设计，并据此定时更新伺服控制指令。

9.5 本章小结

1）路径和轨迹是对机器人空间运动的描述。路径仅描述了机器人空间运动的几何约束，而轨迹则在路径的基础上增加了时间约束。由于现代机器人多采用数字控制技术，因此，需要对连续的轨迹时间函数进行插补获得离散的控制期望值。

2）机器人轨迹生成和插补可在笛卡儿空间和关节空间实施。其中，关节空间轨迹生成是基础，可直接用于对机器人空间路径没有严格要求的场合，即 PTP 模式；笛卡儿空间轨迹生成主要是面向需要连续跟踪工件轮廓的场合，即 CP 模式。

3）关节空间轨迹生成虽然不存在奇异性问题，但是对用户而言，由于示教点之间的机器人末端轨迹不确定，需注意防碰撞问题；笛卡儿空间轨迹生成虽然直观，但是规划路径时需要考虑奇异点、工作空间限制和几何结构约束，要求用户知晓上述概念。

4）轨迹函数通常采用组合三次多项式曲线的速度 S 曲线，以兼顾稳定性和快速性。对于笛卡儿空间轨迹生成，本书虽然仅详细讨论了二次组合曲线轨迹，但是采用速度 S 曲线显然是一种更为合理的选择，它们在实现原理上并无明显不同。

5）实施笛卡儿空间轨迹生成时，参数化方法描述路径是明智选择。这样，可以把路径的几何约束与轨迹的时间函数分开讨论。对于确定的路径，只需更改参数的时间函数曲线，就能改变路径跟踪的加减速规律；同样，某种的时间函数曲线也适用于不同的路径。这为轨迹生成程序的模块化提供了便利。

6）笛卡儿空间的轨迹生成要注意不同姿态表示法带来的不同。等效轴-角和单位四元数表示法对应的姿态变换都是对欧拉定理的数学描述，轨迹生成时都能够获得绕空间固定轴的旋转轨迹。单位四元数具有计算量小、描述全局姿态、无姿态奇异问题等优势，在工业机器人和移动机器人的姿态描述和轨迹生成中得到了广泛应用。

延读文献

[1] CRAIG J J. 机器人学导论［M］. 负超，王伟，译. 4 版. 北京：机械工业出版社，2018.

[2] LYHCH K M, PARK F C. 现代机器人学机构、规划与控制［M］. 于靖军，贾振中，译. 北京：机械工业出版社，2019.

[3] SICILIANO B., SCIAVICCO L., VILLANI L., et al. Robotics: Modelling, Planning and Control [M]. Springer, 2009.

[4] 熊有伦，李文龙，陈文斌，等. 机器人学：建模、控制与视觉［M］. 武汉：华中科技大学出版社，2018.

[5] 战强. 机器人学：机构、运动学、动力学及运动规划［M］. 北京：清华大学出版社，2019.

习　　题

一、问答题

9-1　路径规划与轨迹生成的主要区别是什么？

9-2　关节空间轨迹生成为何不存在奇异问题？

9-3　在笛卡儿空间轨迹生成过程中，为什么很少用到姿态矩阵 $\boldsymbol{R}$？

二、MATLAB 编程题

9-4　只有一个旋转关节的单连杆机器人，初始时刻停止在关节角 $q=0°$ 处。期望机器人在 5s 内平滑运动到 $q=90°$。试求解连接起始和终止关节角的三次多项式系数，利用 MATLAB 绘制位置、速度和加速度曲线，并以 20ms 为间隔在曲线上标记插补点，保存插补值列表（包含 5 列：序号、时间、位置、速度、加速度，注意以归一化参数形式封装三次多项式轨迹生成函数）。

9-5　题 9-4 中的机器人，运动条件不变。如果使用二次组合曲线，试计算确保首尾抛物线不相交的最小加速度值 $a_{\min}$。然后，以 $2a_{\min}$ 为加速度值，求解二次组合曲线各系数，完成与题 9-4 相同的 MATLAB 编程任务（注意以归一化参数形式封装二次组合曲线轨迹生成函数）。

9-6　条件同题 9-5，如果使用组合了三次多项式的速度 S 曲线，且要求在 1s 处达到 $4a_{\min}$ 加速度值，加速过程中的三个阶段分别用时 0.4s、0.2s、0.4s，试确定速度 S 曲线各系数，完成与题 9-4 相同的 MATLAB 编程任务（注意以归一化参数形式封装速度 S 曲线轨迹生成函数）。

9-7　结合【例 8-4】中的 2R 平面操作臂，设两杆长度均为 100mm，质量集中于杆件末端且均为 1kg。如果其两个关节都按照题 9-6 规定的速度 S 曲线运行，在 MATLAB 中编程，计算关节力矩，绘制末端两个位置分量，以及两个关节的位置、速度、加速度、力矩随时间变化曲线，指出最大关节力矩对应的转角位置和末端位置，并以 20ms 为间隔在曲线上生成插补点，以 EXCEL 表的形式保存插补值列表（包含 12 列：序号、时间、两个关节的位置、速度、加速度、力矩和两个末端位置分量）。试生成操作臂运行动画，并标记出末端路径（可以使用机器人工具箱）。尝试变更关节轨迹曲线，观察比较关节力矩的变化情况。

9-8　针对题 9-7 的串联机器人，其基坐标系｛0｝如图 8.8 所示。设机器人初始位置 $q_1=0°$、$q_2=90°$，及末端坐标为（100，100），希望末端跟踪一直线路径运动到（0，150），运动时间为 5s。假设末端轨迹遵循二次组合曲线，以 20ms 为插补周期，计算每个笛卡儿空间轨迹插补点处的关节转角值，完成与题 9-7 相同的编程任务。试生成机器人跟踪末端路径的动画。

9-9　针对题 9-8 条件，利用笛卡儿空间轨迹的参数化表达，设定参数时间轨迹为速度 S 曲线，重复题 9-8 的编程运算过程，并与题 9-8 进行对比说明。

第10章　机器人控制基础

【内容导读与学习目标】

本章介绍机器人控制特别是运动控制的基本原理，旨在帮助读者建立机器人控制系统软件体系的基本概念，掌握最基本的独立关节控制方法。具体内容包括：机器人运动控制系统软、硬件架构和典型硬件的基本原理，基于速度模式和力矩模式的关节独立 PID 控制器，基于力矩模式的集中前馈补偿关节独立 PID 控制器，数字 PID 算法的实现方法，以及机器人力控制的基本概念。

本章的主要难点在于基于力矩模式的集中前馈补偿关节独立 PID 控制器。通过本章学习，希望读者能够：

1）了解机器人运动控制系统的组成。

2）掌握关节独立 PID 控制器。

3）了解集中前馈补偿关节独立 PID 控制器。

4）掌握增量式数字 PID 控制算法的实现方法。

10.1　机器人控制问题概述

本章主要针对机器人控制这一宏大主题进行基础性、概述地介绍。

简单来说，机器人控制问题是指根据机器人动力学方程设计控制算法，利用计算机、功率放大器和传感器等硬件，对机器人关节实施闭环控制，使机器人跟踪期望的关节或末端位姿轨迹或/和末端力。由此可见，要实现对机器人的控制，控制工程师需要在控制系统硬件的基础上，根据控制任务设计控制算法。

根据机器人与环境的相互作用关系，可以把控制任务分为两类。一类是与环境不发生接触的自由空间运动，具体应用场景包括：焊接、喷漆、涂胶等。另一类是与环境发生接触并有力作用的约束空间运动，具体应用场景包括：装配、人机协作等。自由空间运动的控制问题只需考虑机器人自身的动力学特性，是单纯的运动控制问题；而约束空间运动还需考虑环境接触力的影响，涉及力控制问题。

1. 自由空间运动控制

自由空间运动控制通常采用图 10.1 所示的关节空间控制方案，其基础是关节空间动力学模型（第 8 章）。工业机器人通常采用电动机和驱动器的组合来驱动关节，因此，图中以此来表示关节驱动器，后文也将默认机器人的关节驱动器为电动机及其驱动器。

关节空间控制方案针对各关节变量进行闭环控制，关节位置变化由机器人各关节位置传感器检测。关节空间控制方案无需外部传感器，也不需要在伺服环内部进行逆运动学运算，实现上较为简单。因为机器人的期望位姿 $\boldsymbol{x}_{\mathrm{d}}$ 通常在操作空间（笛卡儿空间）指定，所以，关节空间控制方案需要在伺服环之外进行逆运动学运算，将操作空间的期望位姿转换为期望的关节变量 $\boldsymbol{q}_{\mathrm{d}}$。由于求逆解是在伺服环之外进行，这就降低了对控制器实时计算能力的要求（注：把机械系统的位置/力及其导数作为被控量的控制系统，称为伺服系统，对应的控制闭环称为伺服环）。

根据关节的位置伺服环是否运行在一个集中控制器上，可以把控制方案分为分散控制（Decentralized Control）和集中控制（Centralized Control）两类。

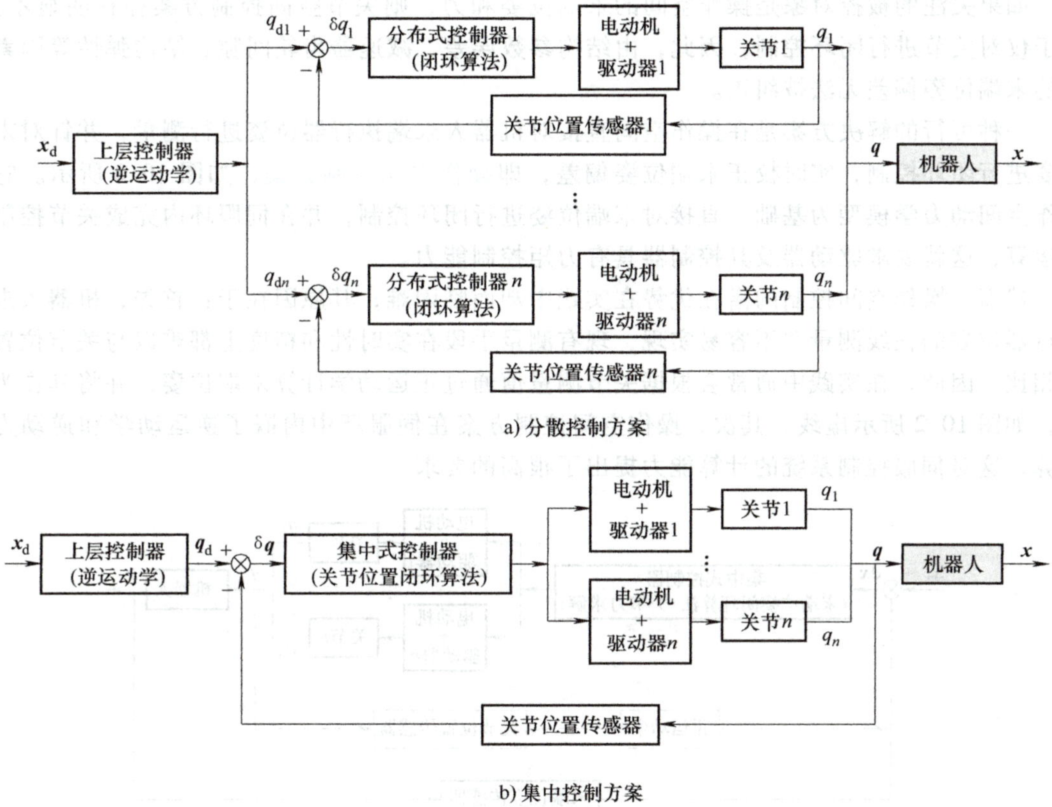

图 10.1　关节空间控制方案示意图

图 10.1 中的控制器指控制系统中的硬件，在自动控制技术中，有时也将闭环控制算法称为控制器。在本书中，当谈到具体的控制方法时，会混用控制算法、控制器等术语。

如图 10.1a 所示的分散控制方案中，各关节有独立的位置控制器，各关节控制算法无需其他关节的状态，因此，各控制器之间无需相互通信。根据是否考虑动力学前馈补偿，分散控制方案又可分为独立关节控制和集中前馈补偿控制两类。

（1）独立关节控制方案　在生成电动机控制量的时候，不考虑与机器人位姿和速度相关的重力和动力学耦合，而把它们视为干扰，对各关节实施完全独立的运动控制。

这种控制方案适用于采用大减速比电动机，工作于低速、低动态、低耦合状态的机器人系统。

(2) 集中前馈补偿控制方案　在关节独立控制器的基础上，在伺服环之外根据期望的关节位置、速度和加速度以及机器人动力学方程，上位机计算关节补偿力矩，然后发送给各关节控制器进行关节力矩前馈补偿。这种控制方案可在一定程度上克服重力以及关节间的动态耦合力矩，并且容易实施，是当前工业机器人的主流控制方案。由于各电动机的闭环控制仍然是分散独立进行的，所以它也属于分散控制方法。

图 10.2 所示为一种集中控制方案，该方案需要在一个集中控制器上对各关节位置进行统一控制。它以机器人动力学方程为基础，在伺服环内根据逆动力学模型实时计算各关节所需的控制力矩，对各关节统一进行控制。显然，集中控制方案对控制器的实时运算能力有较高的要求。

如果关注的被控对象是操作空间的末端位姿和力，则关节空间控制方案存在明显不足：由于仅对关节进行闭环控制，因此，由结构参数误差、减速器齿轮间隙、结构弹性等因素造成的末端位姿偏差无法被纠正。

一种可行的解决方案是在操作空间直接对机器人末端执行器位姿进行测量，并针对末端位姿进行闭环控制，实时校正末端位姿偏差，即操作空间控制方案，如图 10.2 所示。它以操作空间动力学模型为基础，直接对末端位姿进行闭环控制，并在伺服环内完成关节控制力的运算，这就要求驱动器及其控制器具有力矩控制能力。

然而，操作空间控制的潜在优势在实践中却面临困难，其原因在于：首先，机器人末端执行器位姿的在线测量并不容易实现，现有测量手段在实时性和精度上都难以与关节位置测量相比，因此，在实践中通常会根据关节测量值通过正运动学计算末端位姿，并将其作为反馈，如图 10.2 所示虚线；其次，操作空间控制方案在伺服环中内嵌了逆运动学和逆动力学运算，这对伺服控制系统的计算能力提出了很高的要求。

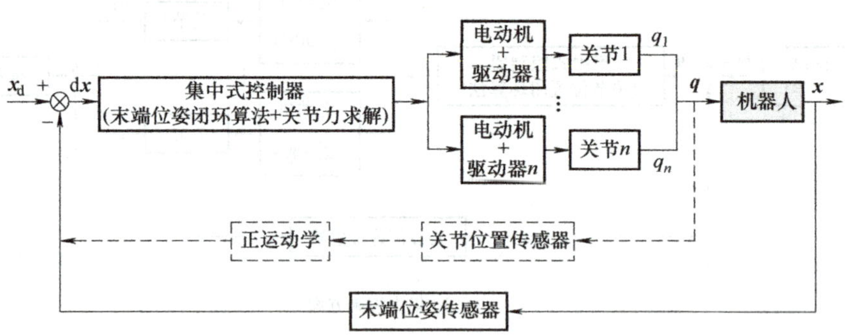

图 10.2　操作空间集中控制方案示意图

由于工业机器人在出厂前都会经过严格的标定（Calibration）和补偿，在很大程度上减小了机器人系统误差的影响，因此，对于作业对象位置固定的多数场景，工业机器人即便采用关节空间控制方案，也足以应对。但是，对于操作移动对象的场合，例如，机器人抓取传送带上的物品时，就需要考虑操作空间控制方案。通常，操作空间控制器由用户自行设计，然后再调用机器人厂家提供的关节控制软件模块，来实现操作空间的闭环控制。

2. 约束空间运动控制

约束空间的力控制是机器人控制中的高级问题。它描述的是：机器人与环境发生力交互时，如何保证必要的运动精度和/或交互力精度。由于关注对象是操作空间中末端执行器的位移和接触力，力控制问题显然更适合采用操作空间控制方案。此外，力控制需要用到操作空间中的动力学方程。

图 10.3 所示为机器人控制问题与控制算法，及其依据的动力学模型之间的逻辑关系。鉴于有关机器人力控制及算法种类复杂多样，即便是图中所示的寥寥数种经典类型，也涵盖了足够丰富的内容，为此本章只介绍机器人控制的最基本原理和算法。

控制算法的实现离不开控制系统硬件。硬件既是控制算法的载体，也是控制回路的一部分。硬件的特性也是控制算法必须考虑的重要因素，例如，驱动电路的放大倍数、伺服驱动器的跨导、A/D 采样频率、控制器计算速度等。控制算法与硬件的关系如此密切，以至于在自动控制领域的很多场合，直接把控制算法称为控制器。只有了解了控制系统的硬件组成及软件运行原理，才能更深刻地理解控制算法。因此，本章首先将简要介绍机器人运动控制系统的硬件组成和软件架构。

在机器人控制系统硬件中，电动机与驱动器组合体的电气和动力学模型，是设计伺服控制算法的基础，因此，本章也将对它们进行介绍。

在此基础上，本章将重点讨论分散控制方案，包括最为基本的独立关节 PID 运动控制器和集中前馈补偿独立关节 PID 运动控制器。因为它们都基于线性控制理论，所以，本章将基于经典控制理论中传递函数的概念讨论控制器的设计，并给出 PID 算法的离散化实现方法。

本章最后将简单介绍机器人力控制的基本概念。

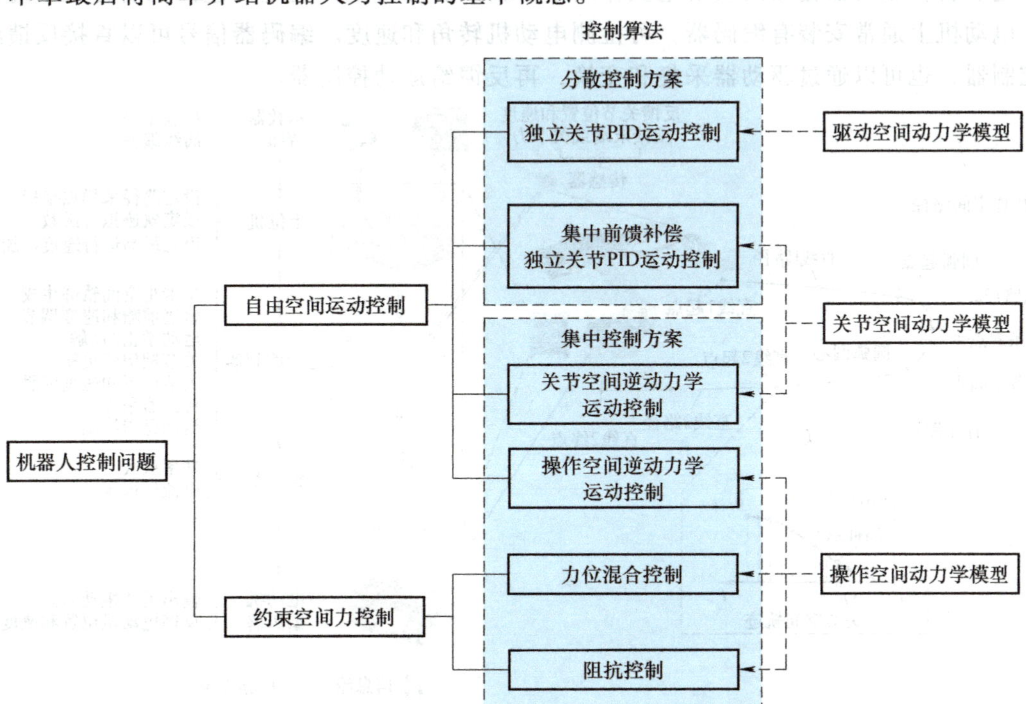

图 10.3　机器人控制问题与控制算法

10.2 机器人运动控制系统硬件原理

运动控制系统（Motion Control System）是机器人实现位置控制、速度控制以及力控制的软硬件系统的总称。本节将简要介绍机器人运动控制系统的硬件体系和软件架构，以便于读者理解后文将要讨论的控制算法。

图 10.4 所示为一种典型的工业机器人运动控制系统。在硬件上，它由示教器、界面、上位机、运动控制器、驱动器、电动机、编码器和其他传感器等部件组成。各部件的主要功能、信息流动关系和指令流顺序也在图中列出。除了电动机和编码器外，其他部分的功能描述也可以认为是其内置软件的功能。图 10.4 左侧还给出了一条由“直线段”-“圆弧段”-“样条段”-“直线段”组成的空间路径。下面，简要介绍机器人跟踪该路径的原理。

首先，上位机（通常是工业 PC 机）通过示教器和界面接收用户指令或离线编程信息，设定各路径段的起点、终点、圆心点和中间点等路径采样点坐标，指定连接各采样点的路径拟合函数，确定机器人的最高运行速度和加速度，最终形成路径指令。

运动控制器接收上位机的路径指令，然后完成以下操作：生成操作空间轨迹，根据系统设定的最高速度和加速度进行轨迹前瞻并调节期望速度，对每个轨迹点进行运动学逆解，生成笛卡儿空间轨迹点之间的关节轨迹，按固定周期更新关节期望值，执行关节位置和速度伺服控制，执行传感器采样，执行运动学正解估算末端位姿和执行其他运动逻辑控制等。

驱动器接收运动器伺服环发出的控制指令，对控制信号进行功率放大，输出驱动电流，有些驱动器还会实现电流的闭环控制。

电动机在驱动器输出的驱动电流作用下，输出驱动转矩，通过减速器拖动各关节运转。

电动机上通常安装有编码器，可检测电动机转角和速度。编码器信号可以直接反馈给运动控制器，也可以通过驱动器采集和变换，再反馈给运动控制器。

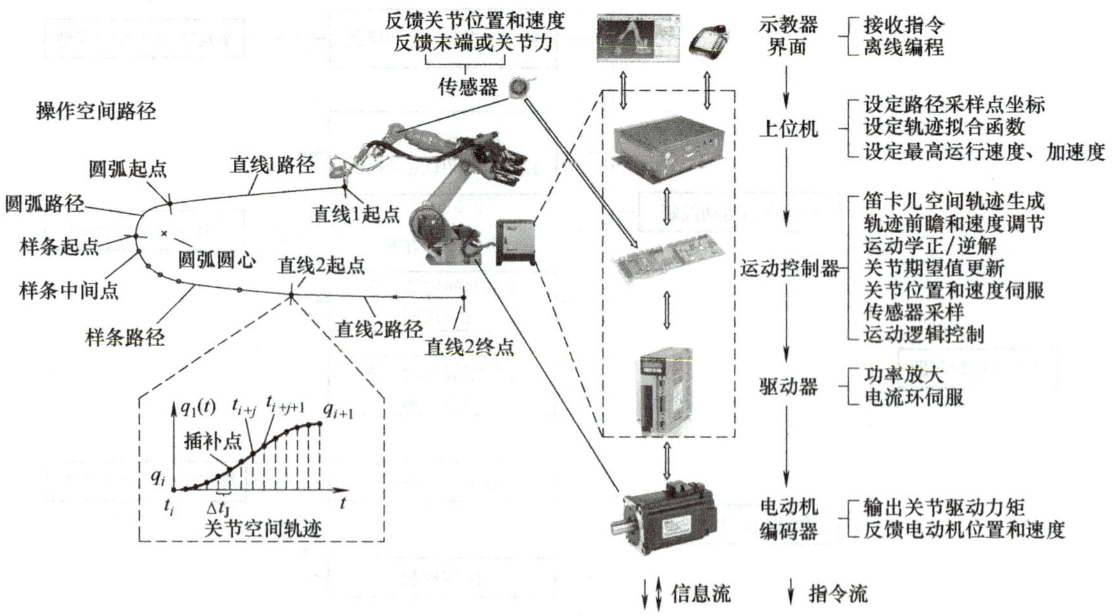

图 10.4 机器人运动控制系统组成

运动控制器把编码器信号作为电动机速度和/或位置闭环控制的反馈信号。此外，运动控制器还能接收关节位置传感器或力传感器反馈的信号，实现位置的全闭环控制或力控制。运动控制器可以把电动机运行状态实时反馈给上位机，由上位机通过界面展示给用户。

上述过程中，运动控制器完成了绝大部分工作。从硬件布局上看，以运动控制器为核心的机器人控制系统属于集中控制结构。对于部分高性能运动控制器，通过配置内部伺服环，在控制软件架构上既可以形成分散控制结构，实现对关节电动机的分散伺服控制；也可以形成集中控制结构，实现基于机器人动力学模型的逆动力学控制。此外，高性能的运动控制器既支持运动控制，也支持力位混合控制。鉴于其强大的功能和灵活性，运动控制器成为多数高性能工业机器人运动控制系统的核心部件。本节将简要介绍运动控制器的运行原理，以及它与上位机和驱动器的关系。

如果机器人的运行速度和精度不高，可以用低成本的通用嵌入式控制器替代运动控制器，实现除关节位置和速度伺服控制之外的大部分功能。在这样的系统中，关节电动机的位置和速度伺服控制由独立的低成本电动机伺服控制器完成。这样，就构成了一种典型的低成本分散控制系统。

10.2.1 运动控制器的功能和原理简述

运动控制器具备同时控制多个关节电动机的能力，因此，又被称为多轴运动控制器。它能够实现操作空间轨迹生成、轨迹前瞻和速度调节、运动学正/逆解、各关节期望值更新、各关节位置伺服/速度伺服、多种传感器信号采样、运动逻辑控制、后台维护等功能。部分运动控制器甚至能够实现无刷电动机的交流换向和电流闭环控制。

实际使用中，考虑到避障、动态规划等需求，轨迹生成和运动学逆解需要在线实时运行。此外，高精度的关节位置控制要求伺服更新周期尽量短。因此，运动控制器通常以 DSP 为核心处理器，来完成高速、并发任务。

为了满足不同需求，运动控制器被设计成多种形式，既可以通过 PCI 总线集成到上位机（PC）内部，也可以外置于 PC 独立运行。外置型运动控制器通常采用网络接口与 PC 通信。

为了保证实时性，运动控制器需按照严格的时序运行各功能模块，其中，最重要的是传感器采样、伺服控制和运动控制这三种典型的实时中断任务。为此，运动控制器硬件电路对系统时钟进行分频，获得不同的中断周期。一般而言，按照中断周期由小到大，依次为传感器采样周期 T_s（数十微秒）、伺服控制周期 $T_c=nT_s$（数百微秒）和运动控制周期 $T_m=mT_s$（数毫秒）。图 10.5 所示为运动控制器主要功能模块的运行时序。图中，以时钟信号的下降沿为中断触发源。

在每个采样中断到来时，运动控制器采集外围传感器信号，完成信号滤波；在伺服控制中断到来时，执行关节轨迹生成、关节期望值更新和关节电动机伺服控制；在运动控制中断到来时，执行操作空间轨迹生成、轨迹前瞻和速度调节、运动学正/逆解。图 10.5 也给出了三类中断服务程序的调用关系，它们各自以 $1/T_s$、$1/T_c$、$1/T_m$ 的频率重复运行。

逻辑控制和后台维护属于非实时任务，每个中断到来时都会被打断、暂停，并在系统执行完中断任务后从断点处继续执行。

上述中断机制和各功能模块的实现，要求运动控制器开发人员具备很高的软/硬件开发能力，伺服控制系统开发经验以及对精密多轴运动控制的深刻理解。机器人控制工程师可以

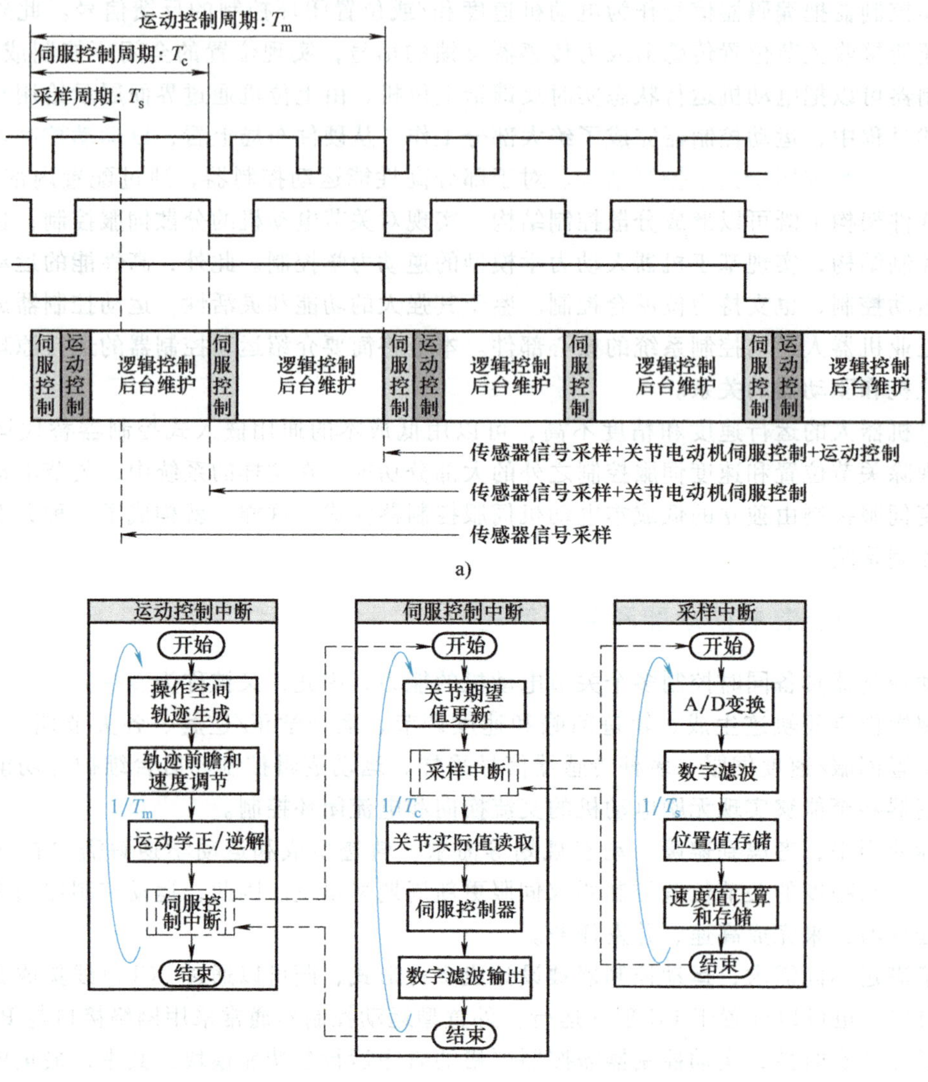

图 10.5　运动控制器内各软件模块的运行时序

直接选购不同类型的商用运动控制器，构造所需的机器人运动控制系统，简化开发工作。在这类产品中，运动控制器的操作系统能自动完成中断调用、伺服算法实现、传感器采样、用户软件编译运行、内存管理、看门狗清零、参数更新等工作，而无需用户干预。

运动控制器附带有可在 PC 上运行的交互界面和开发软件。通过界面，控制工程师可以设定运动控制器的系统参数、整定伺服参数。例如，针对信号采样，可以指定采样通道编号、采样滤波参数等；针对关节电动机伺服控制，可以设定闭环控制模型结构，指定传感器数据源和控制信号输出端口，测试并整定 PID 参数。利用开发软件，控制工程师可以编写程序，例如，针对实时任务，编写运动控制程序，以指定运动轨迹指令，设定起止点/速度/加速时间，编写运动学正/逆解方程；针对非实时任务，可以编写逻辑控制程序，实现运动控制程序的启停，执行 I/O 控制和进行安全检测和通信等。

下面对运动控制器中几个重要的软件模块进行简要介绍。

1. 操作空间轨迹生成

操作空间轨迹生成是指在笛卡儿空间中，以时间为参数的函数表达通过所有指定路径点的路径。运动控制器常用的路径指令包括：直线、圆弧、样条曲线、位置-速度-时间（PVT）等。PVT 指令在满足位置、速度、时间约束的条件下，以五次赫米特曲线对路径点进行平滑连接，能以更精确的方式描述复杂路径。有关直线、圆弧和赫米特曲线的概念和实现原理参见第 9 章。

商用运动控制器已经对上述路径指令进行了封装，控制工程师只需在运动控制程序中调用它们，并指定各路径指令所需的参数即可。例如：直线指令中，需要指定路径终点坐标、最大运行速度和加速时间；圆弧指令中，需要指定圆弧平面、终点坐标、圆弧半径、最大运行速度和加速时间；样条指令中，需要指定终点坐标、最大速度、运行时间等；PVT 指令中，需要指定多个中间路径点、终点的坐标以及到达各点时的速度和时间。由此可见，运动控制器的路径指令既包含了空间信息，也包含了关键的时间和速度信息。

对速度进行更精细的描述是运动控制器的重要功能。运动控制器在编译上述路径指令时，会根据路径指令及其参数，生成操作空间速度轨迹。它在所有的两个已知路径点之间，都采用与第 9 章中速度 S 曲线类似的速度轨迹，生成沿路径的运行速度。如果需要，生成速度轨迹时，运动控制器还会把前后两个路径指令进行速度混合，以保证速度的连续性。

运动控制器在运动控制周期内完成操作空间轨迹生成。

2. 轨迹前瞻和速度调节

普通用户和控制工程师在设定路径跟踪速度时，并不能确保关节速度小于电动机的最高限定速度，尤其是机器人位姿接近奇异点或末端跟踪大曲率路径时。因此，运动控制器需要进行轨迹前瞻和速度调节，使机器人可根据实际工况自动调节末端速度，既保证在奇异点附近或跟踪大曲率路径时关节速度不超限，也能够尽可能地按用户的指令速度运行。轨迹前瞻和速度调节的基本原理如图 10.6 所示。

在已知路径轨迹和速度轨迹的基础上，运动控制器执行粗插补计算，获得一系列附有时间和速度信息的路径坐标，并把计算结果存储到缓存中。

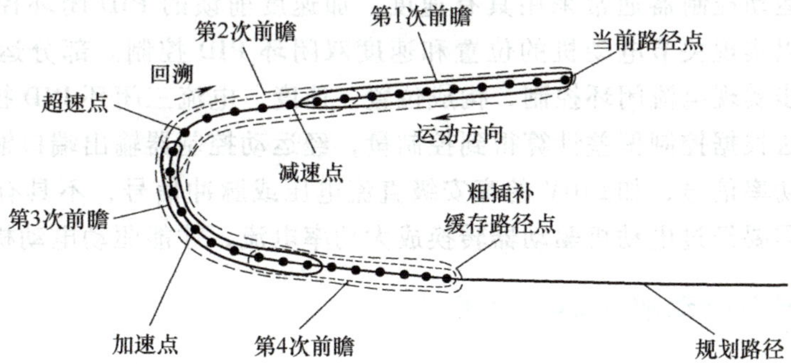

图 10.6　轨迹前瞻和速度调节的基本原理

运动控制器从当前路径点沿运动方向逐个考察缓存中的路径点，根据逆运动学计算出各关节电动机速度。如果计算发现某路径点上的关节速度高于限定值，运动控制器将根据系统的减速能力，反向回溯已探查的路径点，找到恰当的减速点，并从减速点开始降低沿路径的进给速度。反之，如果前瞻发现某路径点速度低于用户指令速度，且关节速度也低于其最高限定值，则开始加速过程。

为保证前瞻的实时性，高性能的运动控制器可以按照5~20ms的间隔计算粗插补点。缓存大小，即粗插补点个数，由机器人各关节的最大停止时间、回溯长度和粗插补周期确定。缓存的上限为运动控制器分配给前瞻的内存总量。

沿指令路径运动的过程中，机器人有可能接收到速度调整指令，例如，用户下发的增减速指令、上位机检测到障碍物后发出的速度调整指令等。为了满足此要求，上述粗插补、轨迹前瞻和速度调节的过程，将随着机器的运动，向前持续迭代运行，直到机器人运动到终止位置。

运动控制器在运动控制周期内完成轨迹前瞻与速度调节。

3. 运动学正/逆解

高级的运动控制器定义了专门的标准子程序，便于工程师在其中指定机器人正/逆运动学方程。正运动学方程用于根据关节位置计算末端位姿，使系统能够实时获取末端位姿；逆运动学方程用于根据轨迹规划指定的末端位姿计算关节位置，使关节伺服控制器算法获得当前的期望值。

通常，运动控制器在每个伺服周期都需要调用正/逆运动学方程，这对系统的计算能力提出了很高的要求。为此，多数高性能运动控制器都采用DSP作为核心处理器，来保证实时性。

4. 各关节期望值更新

在轨迹前瞻形成的粗插补点之间，运动控制器采用赫米特曲线或样条函数，在关节空间生成各关节轨迹。运动控制器将依据关节轨迹，在每个伺服控制周期，计算并更新当前时刻的关节期望值，即关节空间的精插补过程。完成这一过程的软件模块称为轨迹生成器，其算法原理详见第9章。

5. 各关节位置伺服/速度伺服

关节期望值的更新周期就是伺服周期，高性能运动控制器的伺服周期可以达到0.4ms。每个伺服周期运行一次关节的位置和速度伺服控制，使关节电动机在每个伺服周期里实时更新关节期望值。运动控制器通常采用具有速度、加速度前馈的PID闭环控制算法。通过内部参数设置，可以实现关节电动机的位置和速度双闭环PID控制。部分运动控制器还可以在速度环内进一步实现电流闭环控制，构成位置、速度、电流三闭环PID控制器。

闭环控制算法根据控制偏差计算得到控制量，经运动控制器输出端口输出控制信号。这种控制信号是低功率信号，如±10V的毫安级直流电压或脉冲信号，不具有驱动电动机运转的能力。该信号需要经过电动机驱动器转换成大功率电流，才能驱动电动机运转。

10.2.2 驱动器与电动机闭环控制简述

1. 驱动器

驱动器与电动机的组合，是关节位置和速度闭环控制器的控制对象。详细讨论控制算法之前，有必要对驱动器和电动机的工作原理进行了解。

最简单的电动机驱动器仅能实现功率放大，它把控制信号转变为功率信号，输出足以驱动电动机运动的电流，简称驱动器。下面以直流电动机（细分为有刷电动机和无刷电动机两类）驱动器为例，简要介绍其工作原理，如图10.7所示。

驱动器通常由脉宽调制（PWM）信号发生器和一组由场效应管（MOS 管）构成的 H 桥放大电路组成。PWM 信号为固定周期的方波信号，占空比是一个周期内方波的高电平时长与周期之比，如图 10.7a 所示，用 T_H/T 表示。用于电动机控制的 PWM 信号周期通常为 500Hz～20kHz。

多数驱动器可接收的控制电压为正负电压，即 $u_c \in (-U_A, +U_A)$，U_A 为驱动器可接收的最大绝对电压值。如果控制器输出的控制电压幅值大于 U_A，驱动器将把输入钳制为 U_A，这种情况称为驱动器输入饱和。整定控制器参数时，应注意不要出现饱和现象。

PWM 信号发生器接收到控制电压信号 u_c 后，将其转换为占空比与 u_c 成正比的 PWM 信号，发送给 H 桥电路的各 MOS 管。例如，当 $u_c=+U_A$ 时，PWM 占空比为 1，输出高电平直流信号；当 $u_c=-U_A$ 时，PWM 占空比为 0，输出为 0；当 $u_c=0V$ 时，PWM 占空比为 0.5，输出等宽度的方波。

有刷电动机的全 H 桥电路如图 10.7a 所示，它由四个 MOS 管构成。其中，连接功率电源 V_{cc} 的两个上桥臂 MOS 管 Q_1 和 Q_3 通常为 P 沟道型 MOS 管，连接功率地 GND 的 Q_0 和 Q_2

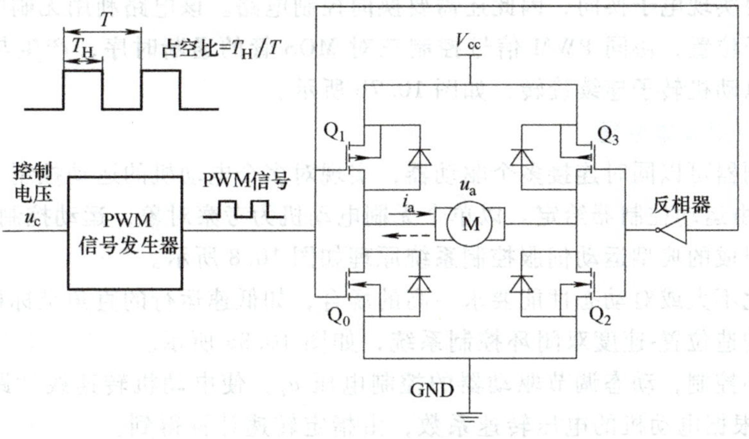

a) 有刷电动机驱动电路原理

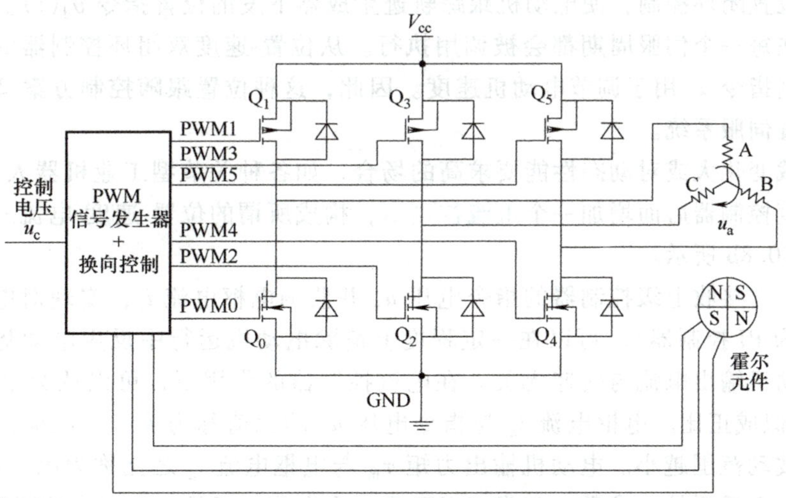

b) 无刷电动机驱动电路原理

图 10.7 直流电动机驱动器原理

为 N 沟道型 MOS 管。在一个反相器的作用下，左右桥臂接收的 PWM 电平相反。于是，在任一时刻，H 桥电路的斜对侧桥臂将被同时接通和断开。

如图 10.7a 所示，当 Q_1 和 Q_2 接通时，电动机电枢左侧与 V_{cc} 连通、右侧与 GND 连通；当 Q_0 和 Q_3 接通时，电枢右侧与 V_{cc} 连通、左侧与 GND 连通。由于电枢电感对电流变化的抑制作用，电动机电流并不会随着高频 PWM 信号的变化而快速改变方向，宏观表现为电枢电压 u_a 与 PWM 占空比成正比。

例如，当占空比等于 1 时，$u_a=+V_{cc}$，电动机全速正转；当占空比等于 0 时，$u_a=-V_{cc}$，电动机全速反转；当占空比等于 0.5 时，$u_a=0$，电动机停止；当占空比等于 0.75 时，$u_a=+0.5V_{cc}$，电动机以半速正转。

因此，驱动器把弱信号控制的电压 u_c 等比例地转换为功率信号电压 u_a，进而驱动电动机旋转，此转换关系为

$$u_a=K_u u_c$$

式中，$K_u=V_{cc}/U_A$，称为驱动器电压变换系数或放大系数。

无刷电动机要实现电子换向，因此还需要换向控制电路。该电路利用无刷电动机内部的霍尔元件检测转子位置，协同 PWM 信号控制三对 MOS 管的通断时序，产生与转子同步旋转的磁场，驱动电动机转子连续旋转，如图 10.7b 所示。

2. 闭环伺服控制基本原理

通常运动控制器可以同时连接多个驱动器，实现对多个电动机的运动控制。每个驱动器的控制电压 u_c 都由运动控制器给定。以单个无刷电动机为考察对象，运动控制器、驱动器、电动机和传感器组成的典型运动伺服控制系统原理如图 10.8 所示。

对于负载变化不大或对动态性能要求不高的场合，如低速运行的直角坐标机器人，可以在运动控制器中构造位置-速度双闭环控制系统，如图 10.8a 所示。速度控制器是利用速度反馈进行速度闭环控制，动态调节驱动器的控制电压 u_c，使电动机转速线性跟踪指令电压 u_v。指令电压 u_v 根据电动机的电压转速系数，由指定转速计算得到。位置控制器是利用位置反馈进行位置闭环控制，使电动机跟踪轨迹生成器下发的位置指令 $\theta_d(t)$。速度控制器和位置控制器在每一个伺服周期都会被调用执行。从位置-速度双闭环控制器的角度看，其最终输出的控制指令 u_c 用于调节电动机速度。因此，这种位置跟随控制方案又被称为基于速度模式的位置伺服系统。

对于负载变化大或对动态性能要求高的场合，如各种关节型工业机器人或并联机器人，还可以在速度控制器后面增加一个电流控制器，构成所谓的位置-速度-电流三闭环伺服控制系统，如图 10.8b 所示。

电流控制器接收上级控制器的指令电压 u_τ 并监测电枢电流 i_a，实现对电枢电流的闭环控制（通常为 PI 控制器）。可以在一定程度上消除电动机运行中反生电动势对电枢电流的影响，使电动机输出电流与转速无关。在电流控制器的作用下，可以认为电枢电流 i_a 与指令电压 u_τ 近似成正比。电枢电流 i_a 与指令电压 u_τ 的比值称为跨导。电流控制器的性能越好，其跨导波动范围越小。电动机输出力矩 τ_m 与电枢电流 i_a 之比称为电动机的转矩常数，是电动机的一个重要技术参数，正常工况下是一个定值。于是，在电流控制器的作用下，速度控制器输出的指令电压 u_τ 与电动机输出力矩近似呈正比。从位置-速度控制器的角度看，它似乎能够直接控制电动机的力矩。因此，电流控制器又被称为力矩控制器，在它的作用

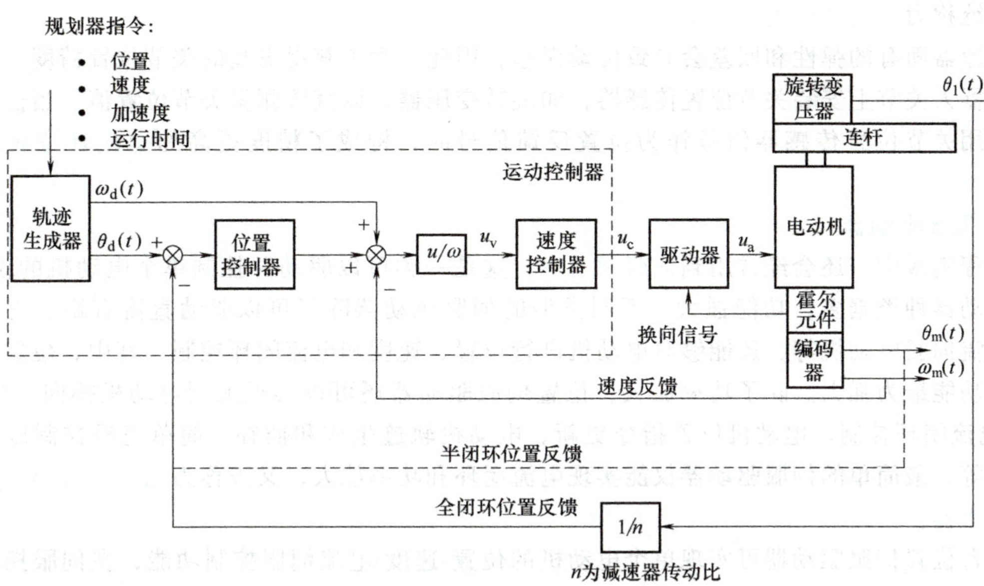

a) 基于速度模式的位置-速度双闭环伺服控制原理

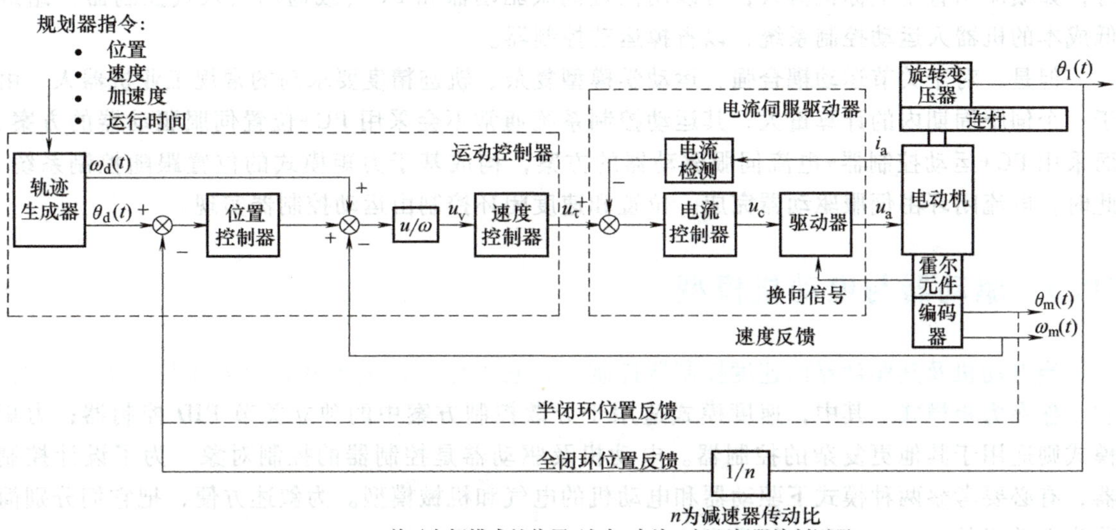

b) 基于力矩模式的位置-速度-电流三闭环伺服控制原理

图 10.8　直流无刷电动机运动伺服控制系统原理

下，电动机工作于力矩模式。基于力矩模式可以设计更复杂的位置跟随控制算法。

尽管部分运动控制器内部集成了电流控制器，但是，在实践中常用内置了电流控制器的驱动器与运动控制器相配合，如图 10.8b 所示。这种集成了电流控制器的驱动器是伺服驱动器的一种。关于伺服驱动器，将在后文做简要介绍。

在反馈信号检测方面，电动机通常会在尾部同轴安装编码器。根据编码器信号及其微分，可以得到电动机的位置和速度反馈。无刷电动机还安装检测转子位置的霍尔元件，给驱动器提供转子磁场与定子线圈的相对位置，使驱动器能够实现电子换向。

如果关节电动机通过减速器或丝杠螺母机构驱动关节运动，电动机编码器反馈给位置控制器的是电动机转角，而不是关节位移。这种根据电动机位置而非关节位置实现位置闭环的控制系统称为半闭环位置控制系统。

减速器固有的弹性和回差会导致传动误差，因此，为了获得更高的关节位置精度，有时会在机器人关节上安装关节位置传感器，如旋转变压器，以直接测量关节位置值。当位置控制器利用关节位置传感器信号作为位置反馈信号时，构成了精度更高的全闭环位置控制系统。

3. 伺服驱动器

工程实践中，还会经常用到伺服驱动器，这是一类可以驱动并控制单个电动机的设备。伺服驱动器种类繁多，功能强大。不同类型的伺服驱动器除了可以驱动直流有刷、直流无刷、交流伺服电动机等，还能够对电动机进行位置、速度和电流闭环控制。其中，位置伺服驱动器功能最为强大。除了功率放大，位置伺服驱动器还可以实现无刷电动机换向、位置-速度-电流闭环控制、电动机位置指令更新、电动机轨迹生成和插补、简单逻辑控制以及联网通信等。最简单的伺服驱动器仅能实现电流闭环和功率放大，又被称为电流伺服驱动器或电流放大器。

一台位置伺服驱动器可实现单个电动机的位置-速度-电流伺服控制功能，在伺服控制能力上与运动控制器有重合。在关节动态耦合不强、运动学模型简单、轨迹精度要求不高的场合，如喷涂用直角坐标机器人，可以用位置伺服驱动器和 PC（或通用嵌入式控制器）组成低成本的机器人运动控制系统，以省掉运动控制器。

但是，对于关节运动耦合强、运动学模型复杂、轨迹精度要求高的常规工业机器人，由于一个伺服周期内的计算量大，其运动控制系统通常不会采用 PC+位置伺服驱动器的方案，而采用 PC+运动控制器+电流伺服驱动器的方案，构成基于力矩模式的位置跟随控制系统。此时，电流闭环由伺服驱动器完成，位置和速度闭环控制由运动控制器实现。

10.3 驱动器与电动机模型

当电动机及其驱动器由速度控制器控制时，它工作在速度模式；由电流控制器控制时，它工作在力矩模式。其中，速度模式适用于分散控制方案中的独立关节 PID 控制器；力矩模式则适用于其他更复杂的控制器。电动机及驱动器是控制器的控制对象。为了设计控制器，有必要考察两种模式下驱动器和电动机的电气和机械模型。为叙述方便，把它们分别简称为电动机的速度模型和力矩模型。

10.3.1 电动机的速度模型

进一步考察图 10.8a 所示位置-速度双闭环控制系统中的驱动器和电动机工作原理，如图 10.9 所示。

如图 10.9 所示，各元件的固有参数包括：驱动器电压变换系数 K_u，是一个与驱动器供电电压 V_{cc} 相关的常数（图 10.7）；电枢阻值 R_a、电枢电感 L_a、感应电动势常数 K_e、转矩常数 K_a 等电动机的电气特性参数；等效惯性矩 I_m、等效黏滞阻尼系数 b_m 等电动机的动力学模型参数。

如图 10.9 所示，系统变量包括：控制电压 u_c、电枢电压 u_a、电枢电流 i_a、驱动转矩 τ_m、干扰力矩 τ_d、输出角加速度 ε_m、速度 ω_m 和位移 θ_m。在独立关节控制中，可以把库仑

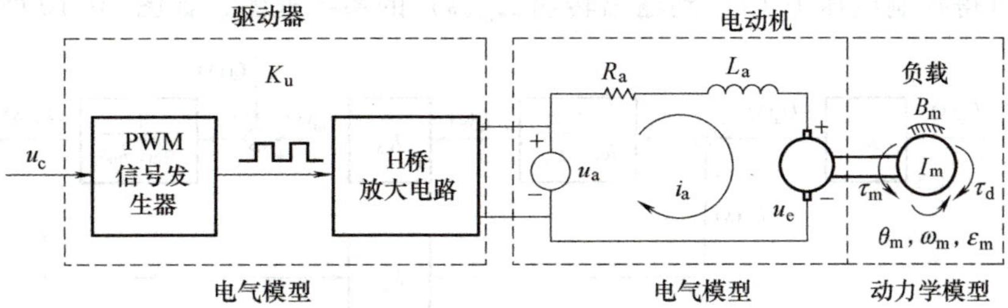

图 10.9 驱动器与电动机工作原理

摩擦力、哥氏力、离心力、重力和环境接触力的影响均视为干扰力矩 τ_d，为未知变量。

驱动器和电动机工作原理简述如下：驱动器对上层控制器输出的控制电压 u_c 进行功率放大，变换为作用于电动机电枢的驱动电压 u_a，两者关系遵循驱动器模型；电枢电压 u_a 作用于电枢，产生电枢电流 i_a，并在磁场作用下生成驱动转矩 τ_m，其规律遵循电动机的电气模型；驱动转矩 τ_m 拖动负载，克服干扰力矩 τ_d，输出角加速度 ε_m、速度 ω_m 和位移 θ_m，其规律遵循电动机的动力学模型。

据此，可以建立如图 10.9 所示各环节的数学模型。

（1）驱动器模型

$$u_a = K_u u_c \tag{10.1}$$

（2）电动机的电压-电流模型

$$R_a i_a + L_a \dot{i}_a + u_e = u_a \tag{10.2}$$

$$u_e = K_e \omega_m \tag{10.3}$$

式中，感应电动势 u_e 与转子转速成正比；感应电动势常数 K_e 为比例系数。

（3）电动机的电流-力矩模型

$$\tau_m = K_a i_a \tag{10.4}$$

式中，转矩 τ_m 与电枢电流 i_a 成正比；转矩常数 K_a 为比例系数。

由式（10.1）~式（10.4）可知，由于感应电动势和电感的作用，电动机输出力矩 τ_m 与控制电压 u_c 之间呈非线性关系。

（4）电动机的动力学模型

$$\begin{cases} I_m \varepsilon_m + B_m \omega_m = \tau_m - \tau_d \\ \varepsilon_m = \dot{\omega}_m \end{cases} \tag{10.5}$$

式中，I_m 与 b_m 分别为换算到转子侧的总等效惯性矩和总等效阻尼系数（第 8 章）。

对上述方程进行拉普拉斯变换，然后整理得到各环节传递函数。根据惯例，用大写字母表示各系统变量的复变量，其中，力矩变量仍用字母 τ 表示，以区别于时间常数 T。

$$U_a(s) = K_u U_c(s) \tag{10.6}$$

$$I_a(s) = \frac{1}{R_a + L_a s}[U_a(s) - U_e(s)] \tag{10.7}$$

$$U_e(s) = K_e \Omega_m(s) \tag{10.8}$$

$$\tau_m(s) = K_a I_a(s) \tag{10.9}$$

$$\Omega_m(s) = \frac{1}{B_m + I_m s}[\tau_m(s) - \tau_d(s)] \tag{10.10}$$

据此，可得控制电压 $U_c(s)$ 到输出转速 $\Omega_m(s)$ 的系统框图，如图 10.10 所示。

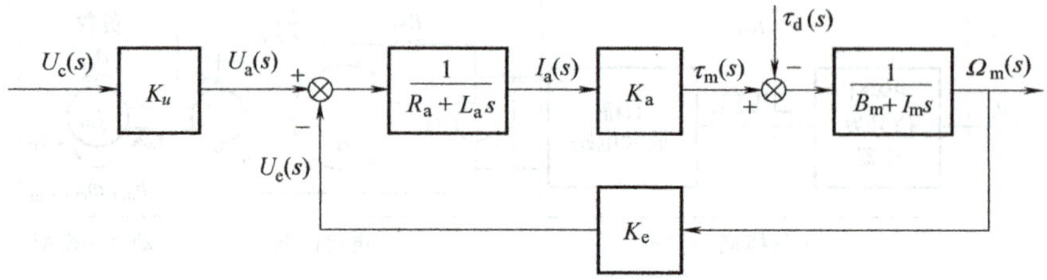

图 10.10　电动机的速度模型

因此，电动机速度模型的前向通道包含两个串联的惯性环节，将其写成惯性环节的标准形式

$$\frac{1}{R_a+L_a s}=\frac{1/R_a}{1+T_e s} \tag{10.11}$$

$$\frac{1}{B_m+I_m s}=\frac{1/B_m}{1+T_f s} \tag{10.12}$$

式中，$T_e=L_a/R_a$ 称为电动机的电气时间常数；$T_f=I_m/B_m$ 称为电动机的机械时间常数。

对于伺服电动机，其电气时间常数 T_e 通常比机械时间常数 T_f 小一个数量级，即 $T_e \ll T_f$。因此，在工程实践中，可以令 $T_e=0$，使电动机模型降阶，只包含一个惯性环节。工程化的电动机速度模型如图 10.11 所示。

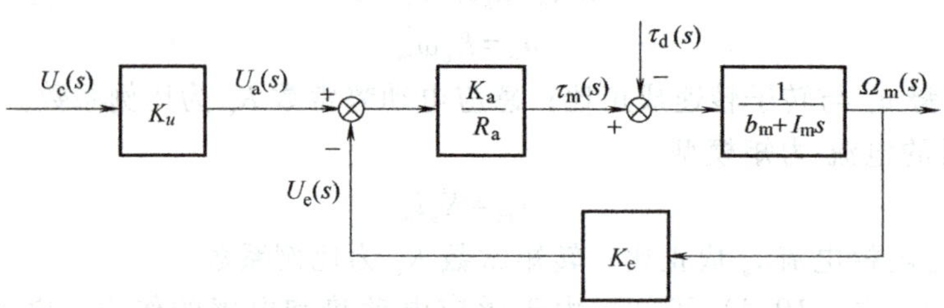

图 10.11　工程化的电动机速度模型

根据电动机速度模型，可以得到控制电压 $U_c(s)$、干扰力矩 $\tau_d(s)$ 与电动机转速 $\Omega_m(s)$ 之间的关系

$$\Omega_m(s)=\frac{K_{mv}}{1+T_{mv}s}U_c(s)-\frac{K_{dv}}{1+T_{mv}s}\tau_d(s) \tag{10.13}$$

式中，新定义的参数为：

1）时间常数：$T_{mv}=\frac{R_a I_m}{K_e K_a+R_a B_m}$。

2）开环增益：$K_{mv}=\frac{K_a K_u}{K_e K_a+R_a B_m}$。

3）干扰力矩增益：$K_{dv}=\frac{K_{mv}R_a}{K_a K_u}=\frac{1}{\frac{K_e K_a}{R_a}+B_m}$。

因此，电动机速度模型可以简化为如图 10.12 所示的形式。

控制电压 $U_c(s)$ 与输出转速 $\Omega_m(s)$ 之间的传递函数为

$$\frac{\Omega_m(s)}{U_c(s)}=\frac{K_{mv}}{1+T_{mv}s} \tag{10.14}$$

对应的系统框图如图 10.13 所示。

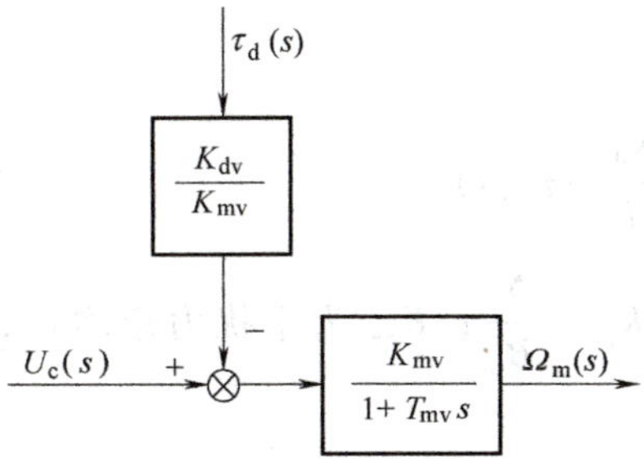

图 10.12 简化的电动机速度模型

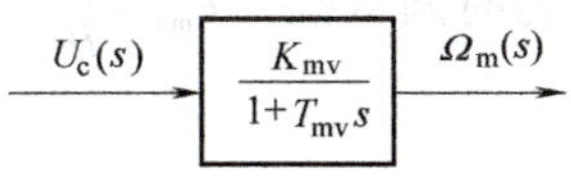

图 10.13 速度模式下电动机控制电压与转速的传递函数框图

10.3.2 电动机的力矩模型

如图 10.8b 所示，在驱动器前增加一个电流控制器，可以使电动机工作于力矩模式。当电流控制器内置于伺服驱动器时，伺服驱动器与电动机的工作原理如图 10.14 所示。

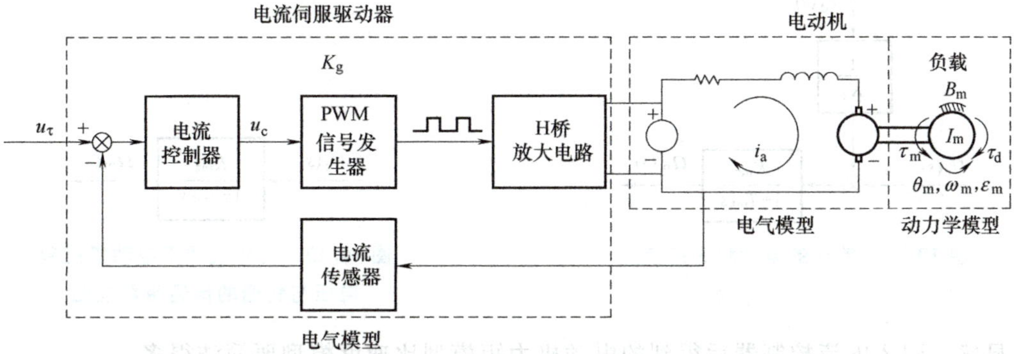

图 10.14 电流伺服驱动器与电动机工作原理

电流控制器的作用是根据电枢电流 i_a 实时调整控制电压 u_c，使电枢电流 i_a 线性跟踪指令电压 u_τ。电流控制器通常利用比例-积分（PI）控制器实现电流的闭环控制，本节不对其进行深入讨论。

一个性能优良的电流伺服驱动器可以简化为一个比例系数——跨导 K_g，它可以把指令电压 u_τ 线性变换为电枢电流 i_a。于是，可得到电流伺服驱动器模型

$$i_a=K_g u_\tau \tag{10.15}$$

将式（10.15）代入电动机的电流-力矩模型式（10.4），得电动机的电压-力矩模型

$$\tau_m=K_\tau u_\tau \tag{10.16}$$

式中，$K_\tau=K_aK_g$，为力矩增益。

从前向控制器的角度看，可以认为电流伺服驱动器和电动机的组合是一个力矩变换器，它把控制量 u_τ（指令电压）线性变换为电动机驱动力矩 τ_m。

将式（10.16）进行拉普拉斯变换，并结合电动机的动力学模型式（10.10），得到如图 10.15 所示的电动机的力矩模型。

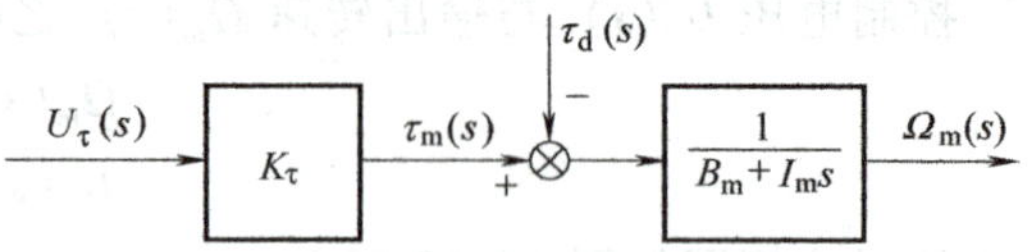

图 10.15　电动机的力矩模型

根据电动机的力矩模型，可得到控制电压 $U_c(s)$、干扰力矩 $\tau_d(s)$ 与电动机转速 $\Omega_m(s)$ 之间的关系

$$\Omega_m(s)=\frac{K_{m\tau}}{1+T_{m\tau}s}U_\tau(s)-\frac{K_{d\tau}}{1+T_{m\tau}s}\tau_d(s) \tag{10.17}$$

式中，$T_{m\tau}$ 为时间常数，$T_{m\tau}=\frac{I_m}{B_m}$；$K_{m\tau}$ 为开环增益：$K_{m\tau}=\frac{K_\tau}{B_m}$；$K_{d\tau}$ 为干扰力矩增益，$K_{d\tau}=\frac{K_{m\tau}}{K_\tau}=\frac{1}{B_m}$。

因此，电动机的力矩模型可以简化成如图 10.16 所示的形式。

控制电压 $U_\tau(s)$ 与输出转速 $\Omega_m(s)$ 之间的传递函数为

$$\frac{\Omega_m(s)}{U_\tau(s)}=\frac{K_{m\tau}}{1+T_{m\tau}s} \tag{10.18}$$

对应的传递函数框图如图 10.17 所示。

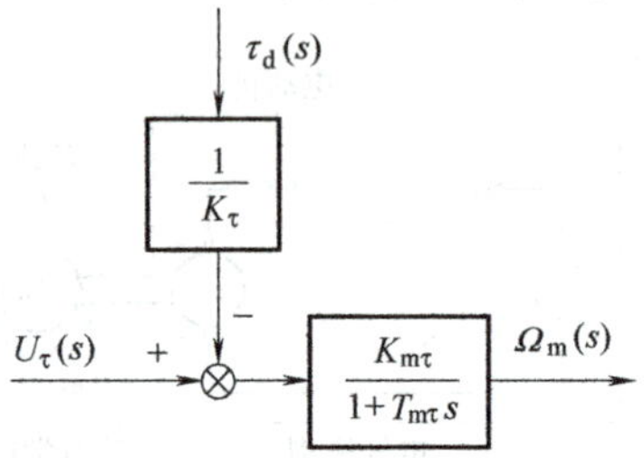

图 10.16　简化的电动机力矩模型

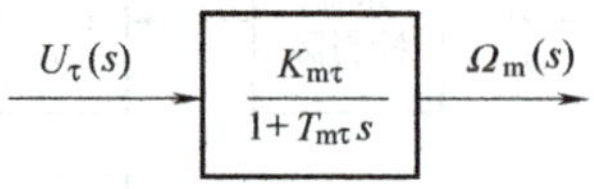

图 10.17　力矩模式下电动机控制电压与转速的传递函数框图

显然，引入电流控制器后得到的电动机力矩模型比速度模型要简洁得多。

下面对速度模式和力矩模式的区别和适用场合进行分析和比较。从式（10.14）、式（10.18）和图 10.13、图 10.17 可知，无论电动机工作于速度模式还是力矩模式，控制电压与转速之间的开环传递函数都表现为惯性环节。但是，由于两者对应的时间常数和增益取决于不同的系统参数，从而导致系统特点有所不同。

1）$T_{mv}<T_{m\tau}$。说明在速度开环状态下，工作于速度模式的电动机，其输出速度对控制电压和干扰力矩的变化响应更快，能更快达到新的稳态。

2）K_{mv} 仅由各元件固有特性参数决定，为定值；$K_{m\tau}$ 可通过电流控制器增益来调节，但是它最终受限于驱动器输入电压上限。

3）$K_{dv}<K_{d\tau}$。说明在速度开环状态下，工作于速度模式的电动机对干扰力矩更不敏感。

从上述分析可知，当机器人控制器采用分散控制方案中的独立关节控制器时，更适宜采用速度模式，这是因为该模式对干扰力矩具有更好的抑制作用。力矩模式下，通过引入电流控制器，消除了电气模型中电感和感应电动势的非线性影响，使控制电压与输出力矩呈线性关系。这就使电动机的力矩模型具有更清晰的物理意义，适用于更复杂的控制方法，例如，分散控制方案中的集中前馈补偿独立关节控制器，以及所有基于机器人逆动力学模型的集中式控制器。

10.4 分散控制

一般而言，分散控制方案适用于机器人在自由空间中的运动控制。

当机器人在自由空间工作时，式（8.86）中的静力项 $\boldsymbol{J}^{\mathrm{T}}\boldsymbol{F}_{\mathrm{e}}$ 为零，机器人关节空间动力学方程简化为

$$\boldsymbol{M}(\boldsymbol{q})\ddot{\boldsymbol{q}}+\boldsymbol{V}(\boldsymbol{q},\dot{\boldsymbol{q}})\dot{\boldsymbol{q}}+\boldsymbol{B}\dot{\boldsymbol{q}}+\boldsymbol{G}(\boldsymbol{q})=\boldsymbol{\tau} \tag{10.19}$$

式（10.19）表明，机器人是一个多输入、多输出，时变且各关节之间强耦合的非线性系统。

如果机器人有 n 个关节，则输入就是 n 个关节控制力矩，输出是 n 个关节的位置、速度和加速度，这体现了机器人多输入/多输出的特点；式（10.19）中的广义质量矩阵 $\boldsymbol{M}$、哥氏力和离心力矩阵 $\boldsymbol{V}$、阻尼矩阵 $\boldsymbol{B}$ 等，都是关节位置和速度的函数，这体现了系统模型时变的特点；参数矩阵 $\boldsymbol{M}$、$\boldsymbol{V}$、$\boldsymbol{G}$ 的每一行对应着一个关节，从第 8 章关于机器人动力学模型的分析可知，某关节对应的矩阵元素会受到其他关节位置和速度的影响，这体现了各关节强耦合的特点。

上述特点，使机器人的控制问题变得异常复杂。理论上说，必须严格按照机器人动力学方程构建控制模型，并借助基于状态空间的现代控制理论，才能建立机器人控制器的稳定性分析和设计框架。但是，由于模型误差、反馈信号噪声、位置干扰等因素的存在，使得理论上精确的复杂控制方案，在实践中往往不能适应实际工况。

此外，现代机器人的控制系统都由计算机来实现。计算机采样、运算和输出的离散化对机器人控制问题的影响需要用离散控制理论来分析。但是，目前这些方法还难以应用到非线性系统的控制中。因此，从成本、可实现性和稳定性等角度考虑，工程实践中往往采用简化的线性系统控制方案，即分散控制方案。

对于低速、轻载或动态性能要求不高的机器人，可以把各关节看作独立的单输入/单输出系统，从而为每个关节电动机单独设计位置 PID 控制器，这种控制器称为独立关节 PID 运动控制器。此时，机器人位姿和速度变化导致的关节间耦合，包括耦合惯性力、离心力、哥氏力和重力，均被视为干扰输入。系统对干扰的抑制完全由各电动机的控制器处理。独立关节 PID 运动控制既可以采用如图 10.8a 所示的位置-速度双闭环方案，也可以采用图 10.8b 所示的位置-速度-电流三闭环方案。前者中的电动机工作于速度模式，后者中的电动机则工作于力矩模式。

对于高速、重载机器人，当关节间的非线性耦合不能忽略时，可以在力矩模式独立关节 PID 运动控制器的基础上，增加一个集中控制器。在该集中控制器中根据关节期望值和动力学模型，提前计算出各关节间的耦合力矩，然后把它们作为前馈补偿发送给独立关节 PID 控制器，形成集中前馈补偿独立关节 PID 运动控制器。

分散控制方案是当前工业机器人的主流运动控制方案。本节，首先将介绍基于速度模式的独立关节 PID 运动控制器，然后介绍基于力矩模式的独立关节 PID 运动控制器。在力矩

模式控制器的基础上，讨论如何增加前馈补偿，构成集中前馈补偿独立关节 PID 运动控制器，最后介绍离散 PID 算法的构造方法。

10.4.1 速度模式下的独立关节 PID 运动控制器

当电动机通过较大减速比的减速器驱动关节时，电动机转子上的负载波动相对较小。此时，可以采用位置和速度两级控制器对电动机进行位置控制。

为了便于控制器的分析和设计，采用图 10.12 所示的电动机速度模型。为电动机分别设计位置和速度控制器，构成如图 10.18 所示的位置闭环控制系统。图中，$\Theta_d(s)$ 表示电动机期望转角，$\Theta_m(s)$ 和 $\Omega_m(s)$ 分别对应电动机的实际转角和转速，假定传感器反馈增益均为 1。

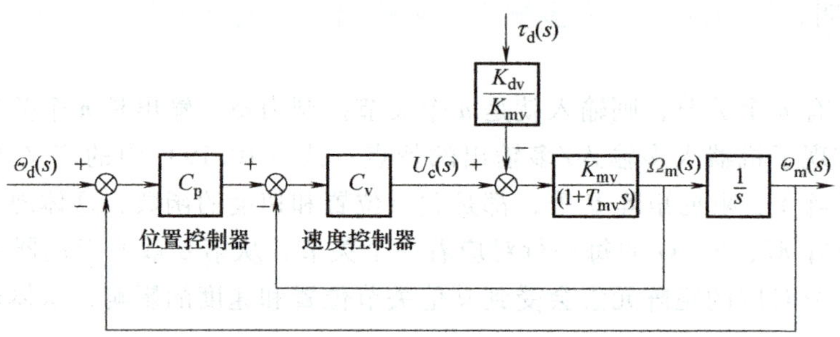

图 10.18 速度模式下电动机的位置闭环控制系统

电动机位置 $\Theta_m(s)$ 与控制量 $U_c(s)$ 之间的开环传递函数为

$$\frac{\Theta_m(s)}{U_c(s)}=\frac{K_{mv}}{s(1+T_{mv}s)} \tag{10.20}$$

可以看到，这是一个由积分环节和惯性环节构成的二阶系统。

控制器设计的任务就是确定位置控制器 C_p 和速度控制器 C_v 的形式。为了有效抑制干扰力矩 $\tau_d(s)$，该控制器应当做到：

1）干扰项之前，放大器增益足够大。

2）为克服干扰力矩对稳态输出的影响，控制器中要有积分项。

简单的设计，可以取消速度反馈而仅使用位置控制器，并使其具有 PID 控制器的形式，即

$$C_p=K_p\left(1+\frac{1}{T_is}+T_ds\right)$$

但是，在工程实践中，图 10.18 所示的双闭环结构得到了更广泛的应用，其优势如下：

1）速度与位置之间不存在真实的物理环节，从速度到位置是一种纯粹的积分变换。当存在速度闭环时，如果速度稳态误差为零，位置误差就一定等于零，这样就可以简化位置控制器，有利于参数整定。

2）位于内环的速度闭环能够提高系统的动态响应。

3）便于在速度控制器前引入速度前馈。

基于上述原因，可以把位置控制器和速度控制器分别设计为

$$\begin{cases} C_p = K_p \\ C_v = K_v \dfrac{1+T_v s}{s} \end{cases} \tag{10.21}$$

式中，位置控制器为比例（P）控制器，速度控制器为比例-积分（PI）控制器。

因此，图 10.18 可具体化为如图 10.19 所示的系统模型。

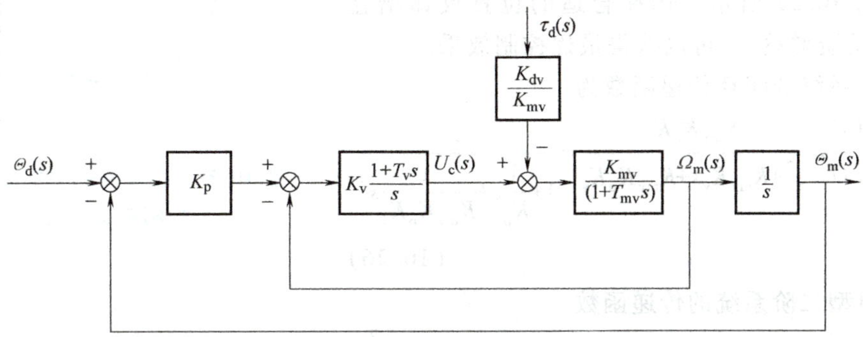

图 10.19　速度模式下的电动机 PID 位置控制系统

把图 10.19 所示系统转换为单反馈回路系统，可得图 10.20 所示系统模型。

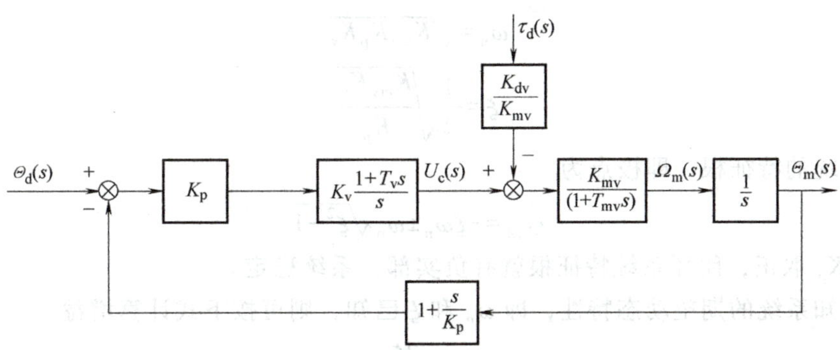

图 10.20　简化的速度模式 PID 控制系统

图 10.20 所示系统的前向通道传递函数为

$$G(s)=\frac{K_{mv}K_pK_v(1+T_vs)}{s^2(1+T_{mv}s)} \tag{10.22}$$

反馈通道传递函数为

$$H(s)=1+\frac{s}{K_p} \tag{10.23}$$

因此，系统的开环传递函数为

$$G(s)H(s)=\frac{K_{mv}K_pK_v(1+T_vs)\left(1+\dfrac{1}{K_p}s\right)}{s^2(1+T_{mv}s)} \tag{10.24}$$

根据二阶系统 PID 校正的一般原则，选择 $T_v=T_{mv}$，以消除被控对象的实极点。这时，系统的开环传递函数变为

$$G(s)H(s)=\frac{K_{mv}K_pK_v\left(1+\frac{1}{K_p}s\right)}{s^2} \tag{10.25}$$

该开环传递函数存在两个零值极点、一个负实数零点($-K_p$)，因此，闭环系统的根轨迹是一个绕开环零点的圆，如图 10.21 所示。选择合适的位置反馈增益 K_p 和速度反馈增益 K_v 可以获得最优控制效果。

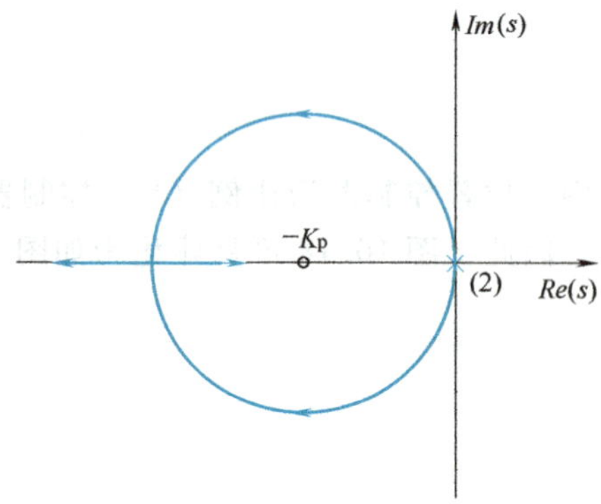

图 10.21　速度模式 PID 位置闭环控制系统根轨迹

此时，系统的闭环传递函数为

$$W(s)=\frac{\Theta_m(s)}{\Theta_d(s)}=\frac{K_{mv}K_pK_v}{s^2+K_{mv}K_vs+K_{mv}K_pK_v}=\frac{1}{1+\frac{1}{K_p}s+\frac{1}{K_{mv}K_pK_v}s^2} \tag{10.26}$$

对照典型二阶系统的传递函数

$$W(s)=\frac{\omega_n^{\ 2}}{s^2+2\xi\omega_ns+\omega_n^{\ 2}} \tag{10.27}$$

可以发现，调整控制器增益能得到任意的自然频率 ω_n 和阻尼比 ξ

$$\omega_n=\sqrt{K_{mv}K_pK_v} \tag{10.28}$$

$$\xi=\frac{1}{2}\sqrt{\frac{K_{mv}K_v}{K_p}} \tag{10.29}$$

闭环系统的特征根，即极点为

$$s_{1,2}=-\xi\omega_n\pm\omega_n\sqrt{\xi^2-1}$$

只要 K_v 和 K_p 取正，闭环系统特征根就有负实部，系统稳定。

如果已知系统的期望动态特性，即 ω_n 和 ξ 已知，则可按下式计算增益

$$K_v=\frac{2\xi\omega_n}{K_{mv}} \tag{10.30}$$

$$K_p=\frac{\omega_n^{\ 2}}{K_{mv}K_v} \tag{10.31}$$

该闭环系统中，输出与扰动力矩之间的传递函数为

$$\frac{\Theta_m(s)}{\tau_d(s)}=\frac{\frac{R_a}{K_aK_u}\cdot\frac{K_{mv}s}{1+T_vs}}{s^2+K_{mv}K_vs+K_{mv}K_pK_v}=\frac{\frac{R_a}{K_aK_uK_pK_v}s}{\left(1+\frac{1}{K_p}s+\frac{1}{K_{mv}K_pK_v}s^2\right)(1+T_vs)} \tag{10.32}$$

一旦确定了控制器增益 K_p 和 K_v，闭环系统对扰动的增益 $K_d=R_a/K_aK_uK_pK_v$ 也就随之确定。

闭环系统对扰动的响应时间取决于与三个极点相关的时间常数。其中一个极点由速度 PI 控制器引入：$s_1=-1/T_v$，其对应的时间常数为 T_v。另外两个复数极点为：$s_{2,3}=-\xi\omega_n\pm\omega_n\sqrt{\xi^2-1}$，对应的时间常数为 $1/\xi\omega_n$。据此可知，此闭环系统在常值扰动下的恢复时间为 $T_R=\max\{T_v,\ 1/\xi\omega_n\}$。

速度模式下的关节 PID 运动控制器设计，采用了典型二阶闭环系统的校正方法，其特点是要求准确估计被控对象的特征参数，但这在实践中往往无法做到。因此，实际使用中需要通过实验整定 PID 控制器参数，而且通常先整定速度环参数，再整定位置环参数。下面结合力矩模式 PID 控制器的设计过程说明整定过程。

10.4.2　力矩模式下的独立关节 PID 运动控制器

当控制系统中有电流控制器进行闭环控制时，电动机即工作于力矩模式。本节不讨论电流 PI 控制器的具体实现，而是把电流环、驱动器和电动机综合成一个整体加以考虑。

如图 10.17 所示，电动机的力矩模型也可以表示为一个用时间常数表示的典型一阶惯性环节。理论上说，也可以采用与 10.4.1 节相同的 PID 控制器设计方法。但是，为了对速度环和位置环的控制效果有更直观的认识，本节将先研究速度环，再研究位置环。

本节及后续章节将采用如图 10.17 所示电动机的力矩模式作为被控对象，从机械系统动力学的角度看，该模式具有更清晰的物理意义，有利于理解后续的前馈补偿方法。由此，可以得到力矩模式下的电动机闭环运动控制系统，如图 10.22 所示。其中，$\Theta_d(s)$ 表示电动机期望转角，$\Theta_m(s)$ 和 $\Omega_m(s)$ 对应电动机实际转角和转速，假定传感器反馈增益均为 1。

1. 速度控制器的效果

速度控制器的作用是，利用反馈控制使电动机实际转速 $\Omega_m(s)$ 跟踪期望转速 $\Omega_d(s)$。从第 9 章可知，机器人关节最常用的轨迹曲线是速度 S 曲线。如果忽略短时间内的二次抛物线速度轨迹，对速度控制器的基本要求是能稳定跟踪斜坡信号。

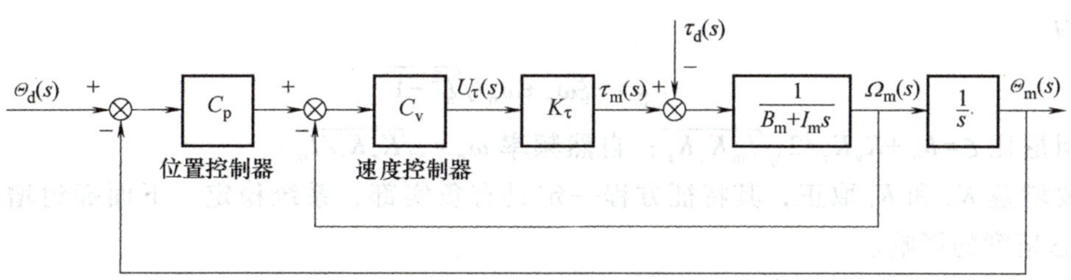

图 10.22　力矩模式下的电动机位置闭环控制系统

电动机的力矩模型也是一个惯性环节，要求速度控制器中至少应该有一个积分环节，才能保证系统对斜坡信号的跟踪误差有界。

为电动机的速度控制设计比例-积分控制器（PI 控制器）如下

$$C_v = K_v + \frac{K_i}{s} \tag{10.33}$$

该控制器本质上与式（10.21）中速度控制器完全一样。速度偏差 $E_\omega(s)$ 与控制信号 $U_\tau(s)$ 之间的关系为

$$U_\tau(s) = \left(K_v + \frac{K_i}{s}\right) E_\omega(s) \tag{10.34}$$

对应的控制系统传递函数框图如图 10.23 所示，其中假定反馈回路增益为 1，τ_d 为由重力、关节间耦合引起的干扰力矩。

如图 10.23 所示，系统输入与输出之间的开环传递函数为

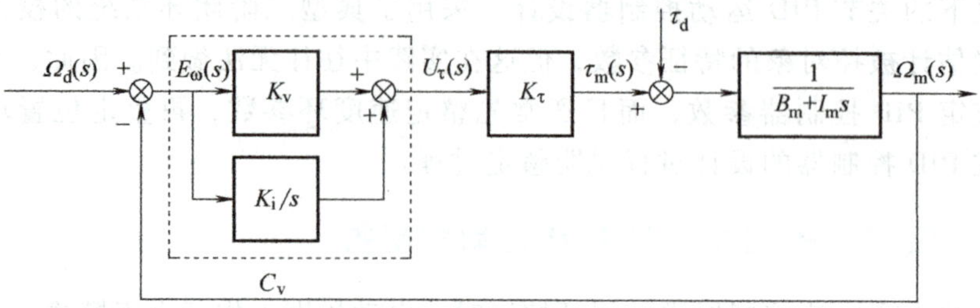

图 10.23　基于 PI 控制器的速度闭环控制系统

$$G_v=\frac{K_vK_\tau}{I_m}\frac{\left(s+\frac{K_i}{K_v}\right)}{s\left(s+\frac{B_m}{I_m}\right)} \tag{10.35}$$

闭环传递函数为

$$W_v(s)=\frac{\Omega_m(s)}{\Omega_d(s)}=\frac{G_v}{1+G_v}=\frac{K_vK_\tau}{I_m}\frac{s+\frac{K_i}{K_v}}{s^2+\frac{B_m+K_vK_\tau}{I_m}s+\frac{K_\tau K_i}{I_m}} \tag{10.36}$$

该闭环系统是包含一个零点的二阶系统，其特征方程的标准形式为

$$s^2+2\xi\omega_n s+\omega_n^2=0$$

特征根为

$$s_{1,2}=-\xi\omega_n\pm\omega_n\sqrt{\xi^2-1}$$

式中，阻尼比 $\xi=b_m+K_vK_\tau/2\sqrt{I_mK_\tau K_i}$；自然频率 $\omega_n=\sqrt{K_\tau K_i/I_m}$。

只要增益 K_v 和 K_i 取正，其特征方程一定具有负实部，系统稳定。下面探讨增益 K_v 和 K_i 对稳态精度的影响。

系统对输入的跟踪误差为

$$E_\omega(s)=\frac{1}{1+G_v}\Omega_d(s) \tag{10.37}$$

闭环系统对输入响应的稳态误差可根据终值定理进行计算，即

$$\lim_{t\to\infty}e(t)=\lim_{s\to 0}sE_\omega(s)$$

当速度输入为单位阶跃信号，即

$$\Omega_d(s)=\frac{1}{s}$$

则系统稳态误差为

$$\lim_{s\to 0}sE_\omega(s)=\lim_{s\to 0}\left(s\cdot\frac{1}{s}\cdot\frac{1}{1+G_v}\right)=\lim_{s\to 0}\frac{1}{1+\frac{K_\tau K_v}{I_m}\frac{s+K_i/K_v}{s(s+B_m/I_m)}}=0 \tag{10.38}$$

由上式可知，系统对阶跃输入信号的稳态误差为零。

当速度输入为单位斜坡信号，即

$$\Omega_d(s)=\frac{1}{s^2}$$

则系统稳态误差为

$$\lim_{s\to 0}sE_\omega(s)=\lim_{s\to 0}\left(s\cdot\frac{1}{s^2}\cdot\frac{1}{1+G_v}\right)=\lim_{s\to 0}\frac{1}{s+\dfrac{K_\tau K_v}{I_m}\dfrac{s+K_i/K_v}{s+B_m/I_m}}=\frac{B_m}{K_\tau K_i} \tag{10.39}$$

系统对斜坡输入信号的跟踪误差有界，通过增大积分增益 K_i，可以减小跟踪误差。

根据系统要求的稳态精度指标，可以确定积分增益 K_i。之后，调整比例增益 K_v，可以改变系统的响应速度。

下面考察系统对干扰力矩的响应情况。设输入为零，则输出为

$$\Omega_m(s)=-\frac{s}{s^2+\dfrac{B_m+K_vK_\tau}{I_m}s+\dfrac{K_\tau K_i}{I_m}}\tau_d(s) \tag{10.40}$$

如果干扰力矩是幅值为 A 的阶跃输入，即

$$\tau_d(s)=\frac{A}{s}$$

此时，系统输出的稳态响应为

$$\lim_{s\to 0}s\Omega_m(s)=\lim_{s\to 0}\left(-s\frac{A}{s}\frac{s}{s^2+\dfrac{B_m+K_vK_\tau}{I_m}s+\dfrac{K_\tau K_i}{I_m}}\right)=0 \tag{10.41}$$

可见，PI 控制器对阶跃干扰的稳态响应为零。对于机器人系统，低速状态下的重力项就是一类典型的阶跃干扰。

【例 10-1】 以 PUMA 机器人肩关节电动机和驱动器参数为例，对速度 PI 控制器进行仿真。PUMA560 肩关节电动机的参数见表 10.1。

表 10.1　PUMA560 机器人肩关节电动机和驱动器参数

参数	符号	参数值	单位
电动机力矩常数	k_m	0.228	N·m/A
伺服驱动器跨导	k_g	1	A/V
电动机惯性矩	I_m	200×10^{-6}	$kg\cdot m^2$
粘滞阻尼	B_m	817×10^{-6}	N·ms/r
减速器传动比	N	107.815	
最大输出力矩	τ_{max}	0.900	N·m
最大速度	ω_{max}	165	r/s

肩关节负载端惯性矩对应的第 2 关节广义质量 m_{22} 取其平均值 $2kg\cdot m^2$，表中已把负载端惯性矩和粘滞阻尼等效到电动机端。由电动机力矩常数和伺服驱动器跨导，可得到力矩增益 K_τ 为 0.228N·m/V。

据此在 MATLAB 中建立系统的 Simulink 模型，如图 10.24 所示。其中用 1ms 的延迟来模拟速度控制算法的计算时间，用一个饱和器来模拟最大转矩，以实现力矩限制，比例

增益 $K_v = 1$，积分增益 $K_i = 10$。只考虑由重力引起的干扰力矩，取 PUMA560 机器人肩关节所受重力矩峰值的一半 20N · m，把它除以传动比，再施加到系统中，即 $\tau_d = 0.19$ N · m。

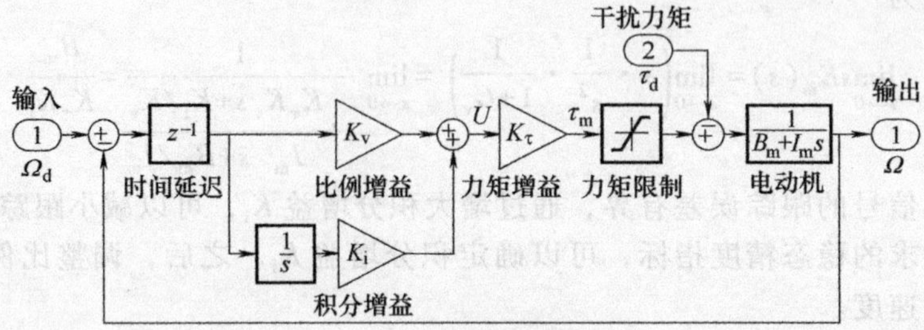

a) 仿真模型

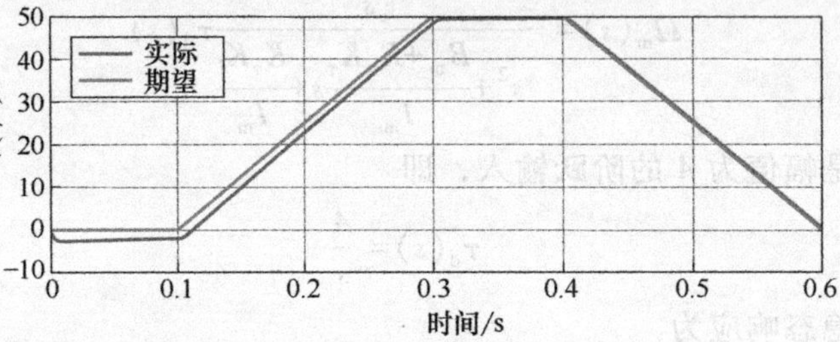

b) 仿真结果

图 10.24　存在干扰力矩的速度 PI 控制器仿真

如图 10.24 所示，即便存在干扰力矩，由于积分项的作用，系统跟踪误差也逐渐减小。

当设置积分增益 $K_i = 0$ 时，速度控制器退化成比例控制器，可以更清楚地认识到积分项的作用。再次仿真可以看到，简单的比例控制难以消除重力等未建模干扰的影响，跟踪误差超过 1r/s，如图 10.25 所示。

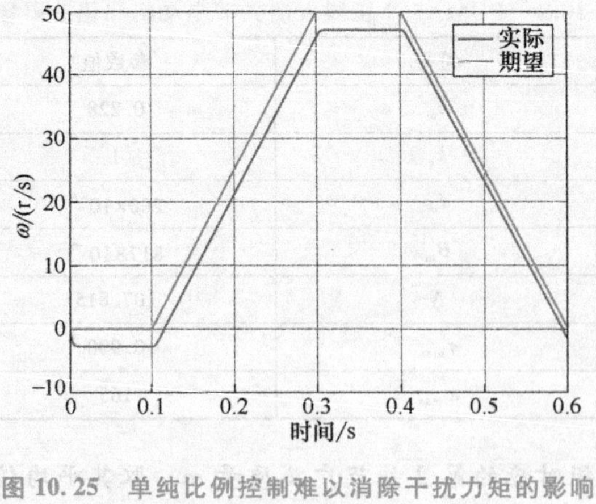

图 10.25　单纯比例控制难以消除干扰力矩的影响

尽管积分项对静态干扰力矩的补偿作用较好，但是真实机器人上的干扰力矩不仅包括重力，还有摩擦力、离心力、哥氏力和耦合惯性力。这些时变干扰的存在使得积分增益 K_i 的整定变得困难。若增大 K_i 会导致超调，就需要适当降低 K_v。如果由于动态干扰或者输入的快速变化，导致负载超出了电动机的驱动能力，误差就会随着时间累积，这种累计误差可能引起积分饱和。即当关节运动到目标点后，由于积分器的作用，使关节持续运动，导致过大的超调。为避免积分饱和，可以限制积分器输出阈值，或仅在电动机接近指令点时才启用积分器。

对于机器人这一类存在强时变干扰的系统，还可以采用前馈补偿的方法，来避免使用过大的积分增益。这一点将在后文介绍。

2. 位置控制器的效果

速度 PI 控制器之前的位置控制器，可以是简单的比例（P）控制器，如图 10.26 所示。注意，系统的位置输出是速度的积分。

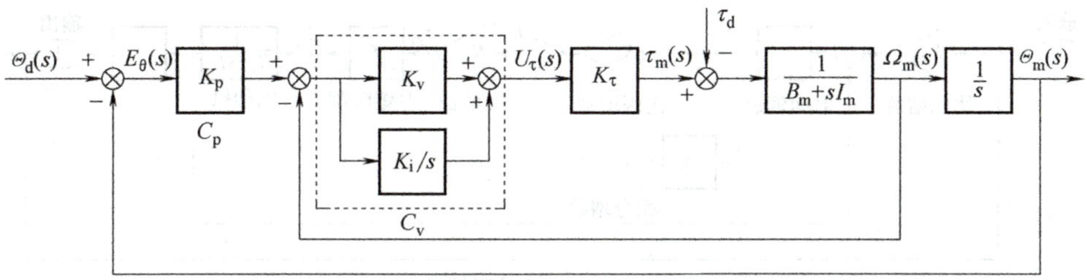

图 10.26　力矩模式下的电动机位置闭环控制系统

如图 10.26 所示，系统的开环传递函数为

$$G_p=K_pW_v\frac{1}{s}=\frac{K_pK_vK_\tau}{I_m}\frac{s+\dfrac{K_i}{K_v}}{s\left(s^2+\dfrac{B_m+K_vK_\tau}{I_m}s+\dfrac{K_\tau K_i}{I_m}\right)} \tag{10.42}$$

式中，W_v 为速度闭环传递函数，见式（10.36）。

于是，系统的位置闭环传递函数为

$$W_p(s)=\frac{\Theta_m(s)}{\Theta_d(s)}=\frac{G_p}{1+G_p}=\frac{K_pK_vK_\tau}{I_m}\frac{s+\dfrac{K_i}{K_v}}{s^3+\dfrac{B_m+K_vK_\tau}{I_m}s^2+\dfrac{K_pK_vK_\tau+K_\tau K_i}{I_m}s+\dfrac{K_pK_\tau K_i}{I_m}} \tag{10.43}$$

参照前述误差分析方法，可知此位置闭环控制器对单位阶跃为零，对斜坡信号的稳态跟踪误差为 $1/K_p$。

实际上，如图 10.26 所示的控制系统可以等价为如图 10.27 所示的位置控制系统。串联

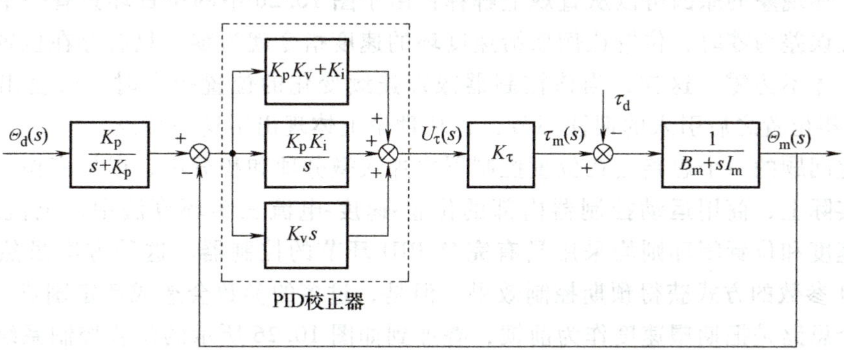

图 10.27　等价的位置控制器

的位置 P 控制器和速度 PI 控制器可以等价为由前置惯性环节和 PID 反馈校正环节组成的控制器。可以预见，该控制器对于连续变化指令的跟踪将出现滞后。

【例 10-2】 利用位置闭环控制器，使【例 10-1】中的 PUMA560 机器人肩关节跟踪斜坡信号，并考察其位置输出，设 $K_p=40$。

利用图 10.26 所示的位置闭环控制器进行仿真，得到如图 10.28 所示的仿真模型和仿真结果。

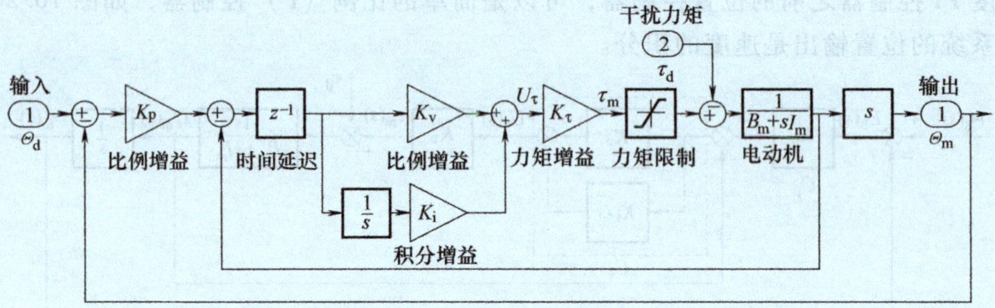

a) 仿真模型

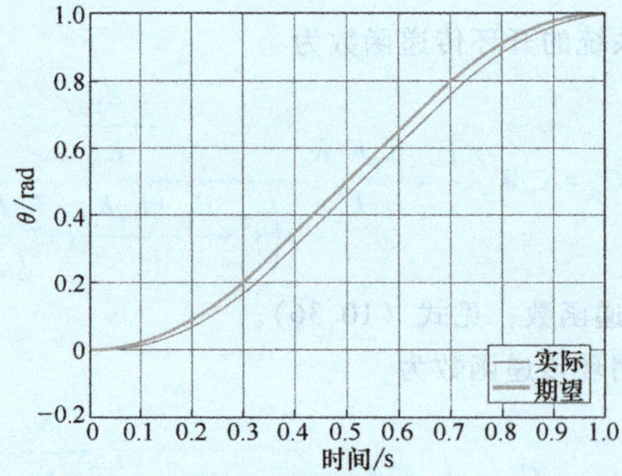

b) 仿真结果

图 10.28 跟踪斜坡轨迹的位置闭环控制器

可见，虽然最终位置误差为零，但是，在跟踪过程中实际位置滞后于期望位置，始终存在跟踪偏差。

造成上述现象的原因可以从直观上解释：由于图 10.26 中的位置环只有一个比例项，因此，当位置误差为零时，位置比例项给速度环的速度指令就为零。只有存在位置偏差时，速度环的输入才不为零。这样，当该控制器跟踪连续变化的位置指令时，就会出现滞后。图 10.27 中期望位置之后引入的惯性环节，也从理论上体现出了这一特点。

解决此问题的一个思路是在位置控制器中加入微分项和积分项，以提高快速性和降低稳态误差。实际上，商用运动控制器内部的位置-速度-电流三闭环算法中，电流闭环采用 PI 控制器，速度和位置闭环则均采用具有完整 PID 环节的控制器。这种方案虽然可以通过反复调整 PID 参数的方式获得预期控制效果，但是，过多的参数会造成整定困难。

另一个思路是把期望速度作为前馈，叠加到如图 10.26 所示的位置控制系统中。这一思路的基本出发点是：位置变化由速度变化引起，既然轨迹规划器已经给出了期望的速度轨迹，就可以根据期望速度估算与之对应的控制量，然后把它叠加到反馈控制器的输出上，以此提高系统对动态信号的跟踪。

10.4.3　速度和加速度前馈补偿

利用已知的期望速度和加速度对系统施加额外的补偿控制量，是位置跟随系统中常用的一种前馈补偿方法。下面先考察增加速度前馈的效果。

根据位置期望轨迹计算出速度期望轨迹，然后把速度期望作为前馈，加入到如图 10.28 所示速度环的输出端，得到如图 10.29 所示的带速度前馈的位置闭环控制系统。

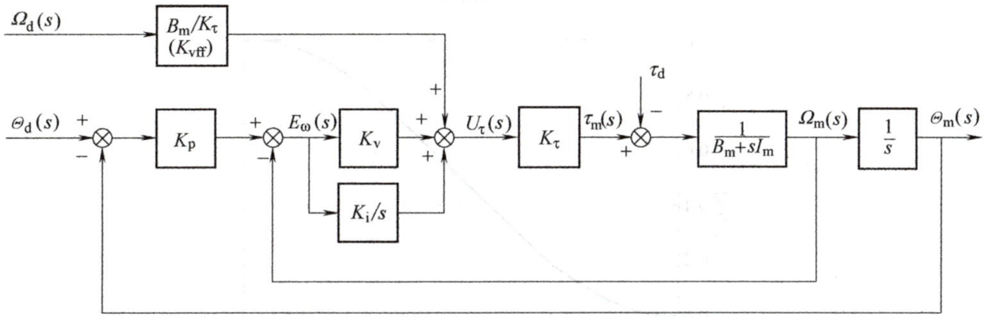

图 10.29　带速度前馈的位置闭环控制系统

图 10.29 中的速度前馈增益 K_{vff} 为

$$K_{vff}=B_m/K_\tau \tag{10.44}$$

由它产生的控制电压为

$$U_{vff}=\Omega_d(s)K_{vff}=\Omega_d(s)B_m/K_\tau \tag{10.45}$$

经过力矩增益环节后，得到与电动机阻尼系数成正比的速度补偿力矩为

$$\tau_{vff}=U_{vff}K_\tau=\Omega_d(s)B_m$$

其时域表达式为

$$\tau_{vff}=\omega_d B_m \tag{10.46}$$

理论上，该速度补偿力矩可以有效补偿阻尼力矩。因此，速度前馈增益 K_{vff} 的取值，实际上依据的是电动机的动力学模型和力矩模型。

再次利用【例 10-1】，在仿真模型的对应位置增加速度前馈，即可观察速度前馈位置闭环 PID 控制器对位置斜坡信号的跟踪效果，如图 10.30 所示。可以看到，通过引入速度前馈，可以有效消除位置跟踪滞后。

既然速度前馈补偿能够补偿电动机动力学模型中的阻尼力矩，进一步考虑根据期望加速度来补偿电动机的惯性力矩。由此得到如图 10.31 所示的速度、加速度前馈补偿位置闭环控制系统，其中，$\varepsilon_d(s)$ 为期望加速度，加速度前馈增益为

$$K_{aff}=I_m/K_\tau \tag{10.47}$$

由它产生的控制电压为

$$U_{aff}=\varepsilon_d(s)K_{aff}=\Omega_d(s)sI_m/K_\tau \tag{10.48}$$

经过电流伺服驱动器力矩增益的变换，加速度前馈最终表现为与电动机惯性矩成正比的惯性补偿力矩

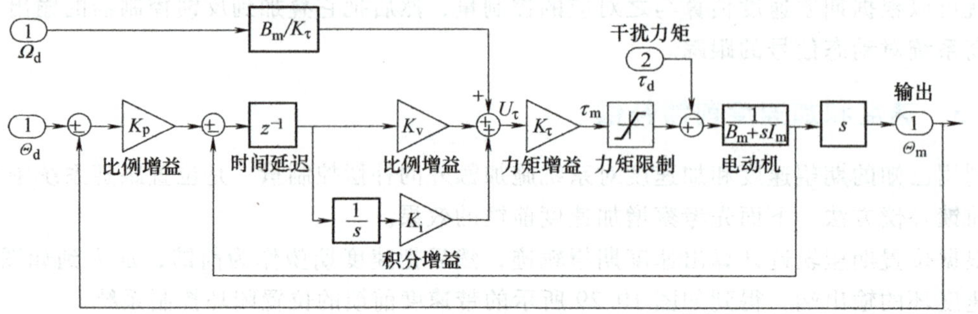

a) 仿真模型

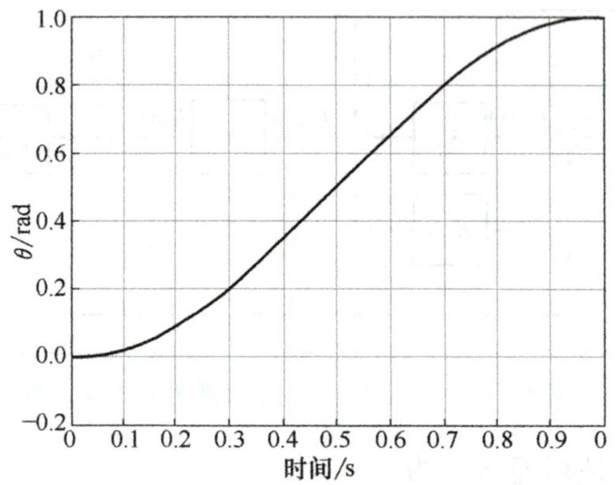

b) 仿真结果

图 10.30　带速度前馈的位置闭环控制器对斜坡信号跟踪效果

$$\tau_{aff}=U_{aff}K_\tau=\Omega_d(s)I_m s \tag{10.49}$$

其时域表达式为

$$\tau_{aff}=\varepsilon_d I_m \tag{10.50}$$

如图 10.31 所示，可以把式（10.46）与式（10.50）求和，即得到由前馈产生的控制力矩，即

$$\tau_{vff}+\tau_{aff}=\Omega(s)(B_m+sI_m) \tag{10.51}$$

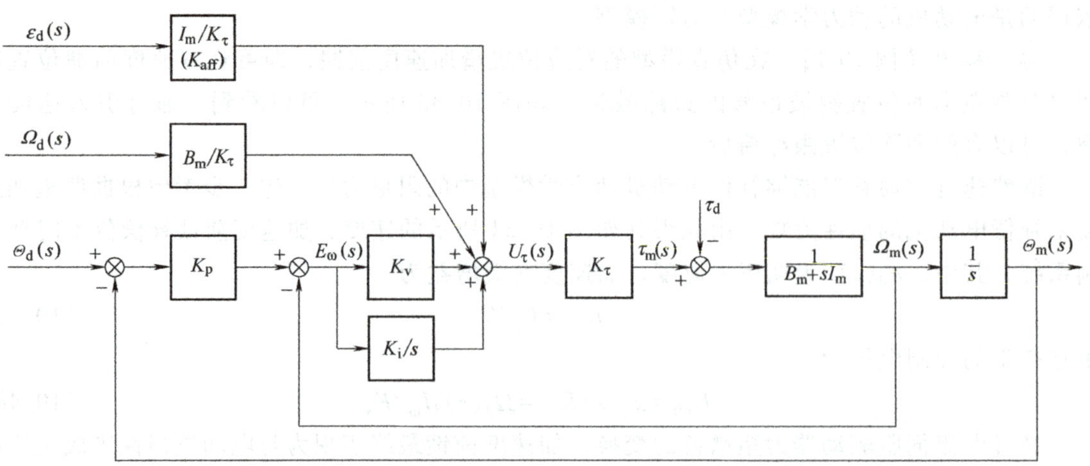

图 10.31　具有速度和加速度前馈补偿的位置闭环控制系统

时域表达式为

$$\tau_{\rm vff}+\tau_{\rm aff}=\omega_{\rm d}B_{\rm m}+\varepsilon_{\rm d}I_{\rm m} \tag{10.52}$$

因此，如果系统模型精确，根据期望速度和加速度计算得到的前馈力矩将完全符合电动机动力学模型。这样，即便没有反馈环节，理论上电动机也将跟踪期望的位置和速度。因此，前馈控制是一种基于模型的控制方法。尽管模型误差在所难免，但是前馈可以有效降低系统的开环控制误差，从而利于系统的稳定和闭环 PID 参数的整定。

到目前为止，讨论的控制算法都局限于单个关节。为实现这些控制算法，可以针对每个关节电动机设计独立的控制硬件。例如，利用价格低廉的单片机为每个电动机搭建闭环控制器并运行前述闭环控制算法。运行过程中，上位机以固定的时序给每个关节控制器下发期望的位置、速度和加速度，各关节控制器无需知道其他关节的运行状态，各自独立运行即可控制本关节跟踪期望轨迹。独立关节控制器正是根据这一特点来命名的。

10.4.4 集中前馈补偿独立关节 PID 控制器

1. 驱动空间动力学模型分解

既然利用速度和加速度前馈能够补偿电动机的阻尼和惯量，那么，很自然地会考虑能否根据机器人动力学模型，计算作用于关节电动机的重力、耦合惯性力、哥氏和向心耦合力，并把这些非线性力矩也作为前馈补偿项施加到控制算法中？

本章以关节电动机为控制对象，需考察驱动空间的动力学模型。回顾第 8 章内容，并考虑电动机的输出为角位移，于是，用符号 $\boldsymbol{\varepsilon}$、$\boldsymbol{\omega}$ 和 $\boldsymbol{\theta}$ 代替 $\ddot{\boldsymbol{q}}$、$\dot{\boldsymbol{q}}$、$\boldsymbol{q}$，得到不考虑末端接触力的电动机驱动空间动力学模型

$$\boldsymbol{M}_{\rm m}(\theta)\boldsymbol{\varepsilon}_{\rm m}+\boldsymbol{V}_{\rm m}(\theta,\omega)\omega_{\rm m}+\boldsymbol{B}_{\rm m}\omega_{\rm m}+\boldsymbol{G}_{\rm m}(\theta)=\boldsymbol{\tau}_{\rm m} \tag{10.53}$$

式中，$\boldsymbol{M}_{\rm m}(\boldsymbol{\theta})=\boldsymbol{N}^{-1}\boldsymbol{M}(\boldsymbol{q})\boldsymbol{N}^{-1}$ 为驱动空间广义质量矩阵（注：假定关节广义质量矩阵中已考虑了电动机惯量，$\boldsymbol{q}$ 为关节位移，$\boldsymbol{N}$ 为各关节减速器传动比矩阵）；$\boldsymbol{V}_{\rm m}(\boldsymbol{\theta},\ \boldsymbol{\omega})=\boldsymbol{N}^{-1}\boldsymbol{V}(\boldsymbol{q},\dot{\boldsymbol{q}})\boldsymbol{N}^{-1}$ 为驱动空间哥氏力和离心力耦合项矩阵；$\boldsymbol{B}_{\rm m}=\boldsymbol{N}^{-1}\boldsymbol{B}\boldsymbol{N}^{-1}$ 为驱动空间黏滞阻尼项矩阵；$\boldsymbol{G}_{\rm m}(\boldsymbol{\theta})\ =\boldsymbol{N}^{-1}\boldsymbol{G}(\boldsymbol{q})$ 为驱动空间重力项矩阵。

将驱动空间广义质量矩阵拆分成两个部分

$$\boldsymbol{M}_{\rm m}(\boldsymbol{\theta})=\overline{\boldsymbol{M}}_{\rm m}+\Delta\boldsymbol{M}_{\rm m}(\boldsymbol{\theta}) \tag{10.54}$$

式中，$\overline{\boldsymbol{M}}_{\rm m}$ 为对角阵，其元素为常数，代表各电动机的平均总等效惯性矩，某个电动机的惯性矩 $\boldsymbol{I}_{\rm m}$ 就是$\overline{\boldsymbol{M}}_{\rm m}$ 中对应列上的元素；$\Delta\boldsymbol{M}_{\rm m}(\boldsymbol{\theta})$ 为耦合惯性矩矩阵，代表与关节间耦合惯性力对应的电动机端等效耦合惯性矩，其元素的取值随机器人位姿变化。

据此，可以将式（10.53）分解为

$$\overline{\boldsymbol{M}}_{\rm m}\boldsymbol{\varepsilon}_{\rm m}+\boldsymbol{B}_{\rm m}\boldsymbol{\omega}_{\rm m}+\boldsymbol{\tau}_{\rm ddm}=\boldsymbol{\tau}_{\rm m} \tag{10.55}$$

式中

$$\boldsymbol{\tau}_{\rm ddm}=\Delta\boldsymbol{M}_{\rm m}(\boldsymbol{\theta})\boldsymbol{\varepsilon}_{\rm m}+\boldsymbol{V}_{\rm m}(\boldsymbol{\theta},\boldsymbol{\omega})\boldsymbol{\omega}_{\rm m}+\boldsymbol{G}_{\rm m}(\boldsymbol{\theta}) \tag{10.56}$$

$\boldsymbol{\tau}_{\rm ddm}$ 表示由于惯性力波动和耦合、哥氏力、离心力和重力引起的非线性扰动力矩。可见，式（10.56）就是前文所述干扰力矩 $\boldsymbol{\tau}_{\rm d}$ 的理论表达式。

如果在控制系统的指令输入端不考虑 $\boldsymbol{\tau}_{\rm ddm}$，而把它归为干扰力矩，则电动机控制转矩可

以根据下式来计算

$$\boldsymbol{\tau}_{\mathrm{m}}=\overline{\boldsymbol{M}}_{\mathrm{m}}(\boldsymbol{\theta})\dot{\boldsymbol{\omega}}_{\mathrm{m}}+\boldsymbol{B}_{\mathrm{m}}\boldsymbol{\omega}_{\mathrm{m}} \tag{10.57}$$

式（10.57）的每一行对应一个关节的电动机转子模型，它就是图 10.31 和式（10.52）对应的速度和加速度前馈补偿控制方案的理论基础，式（10.52）对应着式（10.57）的各行。

2. 非线性力矩的集中前馈补偿

根据式（10.57）设计前馈补偿项时，仅考虑克服电动机平均总等效惯性矩和阻尼所需的控制力矩，而把 $\boldsymbol{\tau}_{\mathrm{ddm}}$ 所代表的干扰力矩与模型误差一起看作误差源，由反馈增益来补偿。

在模型精确且初始误差为零的情况下，由式（10.56）可以计算出 $\boldsymbol{\tau}_{\mathrm{ddm}}$。如果把 $\boldsymbol{\tau}_{\mathrm{ddm}}$ 也作为一个前馈补偿项施加到系统中，理论上应该能够消除干扰力矩 $\boldsymbol{\tau}_{\mathrm{d}}$ 的影响，其原理如图 10.32 所示。图中虚线表示代人参数，而不是乘法运算，$K_{\tau\mathrm{ff}}=1/K_{\tau}$ 为非线性力矩补偿增益。

非线性力矩公式包含了各关节的位置、速度，这就要求在一个集中控制器中完成非线性力矩的计算，因此，非线性力矩前馈被称为集中前馈。与之相对，各关节的速度和加速度前馈项可以由各关节控制器独立完成，因此，它们被称为分散前馈。

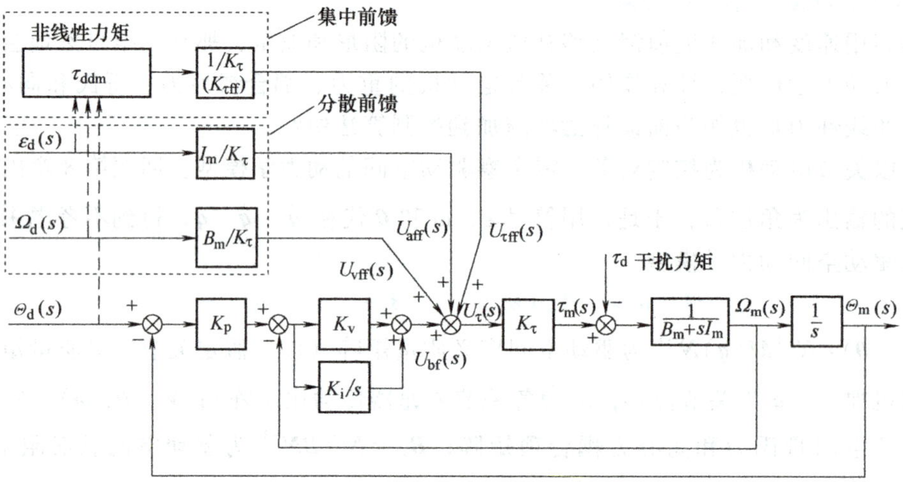

图 10.32　集中前馈补偿分散位置闭环控制系统

注意，如图 10.32 所示的系统仍然以单个电动机为考察对象，非线性补偿力矩 τ_{ddm} 为标量，是非线性力矩矢量 $\boldsymbol{\tau}_{\mathrm{ddm}}$ 的一个元素。分析图 10.32 中电动机力矩模型的控制电压 $U_{\tau}(s)$，它由四部分组成

$$U_{\tau}(s)=U_{\mathrm{vff}}(s)+U_{\mathrm{aff}}(s)+U_{\tau\mathrm{ff}}(s)+U_{\mathrm{bf}}(s) \tag{10.58}$$

式中，$U_{\mathrm{vff}}(s)$ 为速度前馈控制器输出的控制信号，它产生的补偿力矩：$\tau_{\mathrm{vff}}=\omega_{\mathrm{d}}B_{\mathrm{m}}$，用于补偿与电动机速度成正比的阻尼力矩；$U_{\mathrm{aff}}(s)$ 为加速度前馈控制器输出的控制信号，它产生的补偿力矩 $\tau_{\mathrm{aff}}=\varepsilon_{\mathrm{d}}I_{\mathrm{m}}$，用于补偿与电动机平均总等效惯性矩成正比的惯性力矩；$U_{\tau\mathrm{ff}}(s)$ 为非线性力矩前馈控制器输出的控制信号，它产生的补偿力矩 $\tau_{\tau\mathrm{ff}}=[\boldsymbol{\tau}_{\mathrm{ddm}}]_{i,n}=[\Delta\boldsymbol{M}_{\mathrm{m}}(\boldsymbol{\theta})\boldsymbol{\varepsilon}_{\mathrm{m}}+\boldsymbol{V}_{\mathrm{m}}(\boldsymbol{\theta},\boldsymbol{\omega})\boldsymbol{\omega}_{\mathrm{m}}+\boldsymbol{G}_{\mathrm{m}}(\boldsymbol{\theta})]_{i,n}$，用于补偿作用于某关节电动机 i 的各种非线性力矩，上式中用 $[\boldsymbol{\tau}_{\mathrm{ddm}}]_{i,n}$ 表示；$U_{\mathrm{bf}}(s)$ 为反馈控制器输出的控制信号，它产生的控制力矩 $\tau_{\mathrm{bf}}=U_{\mathrm{bf}}K_{\tau}$，用于补偿因模型的不精确和其他未知干扰引起的误差。

作用于电动机的综合控制力矩为

$$\tau_m=\tau_{vff}+\tau_{aff}+\tau_{\tau ff}+\tau_{bf}$$

对比图 10.26 所示系统，可以看到在单纯的反馈控制系统中，控制力矩 τ_m 只包含与跟踪误差有关的反馈项 τ_{bf}；而在集中前馈补偿控制系统中，则增加了三个前馈补偿力矩项。如果电动机模型和机器人动力学模型完全准确，那么三个前馈项将驱动机器人严格跟踪期望轨迹，跟踪误差和反馈项都将为 0。尽管这在真实系统中不可能做到，但是前馈的引入仍能大幅减小反馈误差，从而允许控制系统采用较小的反馈增益，有利于提高系统稳定性。

集中前馈补偿是一种基于模型的控制方法，它严格根据机器人动力学模型计算各关节的控制力矩，而各关节的闭环 PID 控制器仅需克服因模型偏差和其他干扰引起的控制误差。对于仅工作于自由空间的工业机器人，集中前馈补偿控制方案已能满足要求。实际上，在多数工业机器人的运动控制算法中，出于降低计算复杂度和控制成本的考虑，非线性力矩补偿项中仅包含重力项，即仅补偿了重力的影响。但是，这并不影响工业机器人实现较高的位置保持和跟踪精度。这归功于关节减速器的大减速比（通常减速比 $n>30$），把耦合项 $\Delta\boldsymbol{M}_m(\boldsymbol{\theta})$ 和 $\boldsymbol{V}_m(\boldsymbol{\theta},\ \boldsymbol{\omega})$ 等非线性项对电动机的影响降低到原值的 $1/n^2$。从被控对象惯量的角度看，电动机转子惯性矩占据了主导地位，从而实现了各关节的近似解耦。

3. 非线性项的计算频率

图 10.32 中各前馈补偿项的计算过程发生在伺服环之外，非线性项可以根据所有关节的期望位置、速度和加速度来计算，因此，可以利用一个集中控制器在启动伺服控制之前离线计算非线性前馈项。

完成关节轨迹规划之后系统即可进行非线性项计算。计算得到的前馈项，由集中控制器按照固定的伺服周期随同位置和速度期望值一同下发给独立关节控制器。关节控制器以伺服控制频率实施关节闭环控制。

这种控制方案采用了前馈补偿力矩集中计算、各关节闭环控制分散进行的形式，从伺服控制回路的结构看，它仍然是一种分散控制方案。因此，这种控制器被称为集中前馈补偿独立关节 PID 控制器。

由于机器人各关节跟踪误差始终存在，为提高补偿精度，可以让集中控制器在线计算式（10.56）中的各系数矩阵，并令各矩阵的位姿参数取机器人的实际反馈值，即

$$\Delta\boldsymbol{M}_m(\boldsymbol{\theta})=\Delta\boldsymbol{M}_m(\boldsymbol{\theta}_m),\boldsymbol{V}_m(\boldsymbol{\theta},\boldsymbol{\omega})=\boldsymbol{V}_m(\boldsymbol{\theta}_m,\boldsymbol{\omega}_m),\boldsymbol{G}_m(\boldsymbol{\theta})=\boldsymbol{G}_m(\boldsymbol{\theta}_m)$$

考虑非线性力矩计算的复杂度，可以不在每个伺服周期中都更新计算各系数矩阵 $\Delta\boldsymbol{M}_m(\boldsymbol{\theta})$、$\boldsymbol{V}_m(\boldsymbol{\theta},\boldsymbol{\omega})$、$\boldsymbol{G}_m(\boldsymbol{\theta})$，而是在更长的周期内进行更新计算，如伺服周期的 10 倍。在系数矩阵的更新周期之间，伺服算法根据当前非线性补偿力矩计算控制电压。此时，非线性项的计算频率高于轨迹规划频率，低于伺服控制频率。

无论离线或在线计算非线性项，集中控制器总是以较低频率更新前馈补偿项，而独立的关节伺服控制器则以较高频率执行闭环控制。

10.5　PID 控制器的离散化

工业机器人控制系统是以计算机为核心的数字控制系统。商用运动控制器已经内置了数字 PID 控制器，用户只需通过理论计算和实验进行 PID 参数整定。对于低成本控制系统，往往需要设计者自行编写 PID 控制程序，构造数字 PID 控制器。

本节将简要介绍数字伺服控制系统的工作过程和数字 PID 控制算法的实现方法。

10.5.1 数字控制系统简介

1. 数字伺服控制系统的工作过程

在机器人关节电动机的数字伺服控制系统中，作为系统输入的关节轨迹以连续函数形式给出，如第 9 章中的各种轨迹曲线。计算机中的数字伺服控制器在每个伺服控制周期运行一次，工作于离散状态，作为被控对象的关节电动机和部分反馈传感器却工作于连续状态。因此，数字伺服控制系统会存在 A/D 和 D/A 转换环节，以实现模拟信号和数字信号之间的转换，如图 10.33 所示。

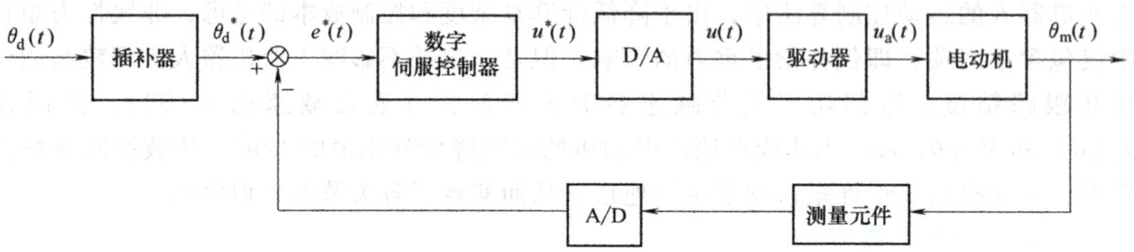

图 10.33 机器人关节的数字伺服控制系统结构图

对于系统输入，利用第 9 章中程序（9.1）所示轨迹插补方法对连续轨迹进行采样，可以获得数字化的输入信号。对于模拟量反馈信号，则利用 A/D 转换器把模拟信号转换成数字信号。之后，数字伺服控制器对输入信号 $\theta_d^*(t)$ 和反馈信号 $\theta_m^*(t)$ 做差值计算，得到控制偏差 $e^*(t)$，经数字 PID 算法计算得到数字控制信号 $u^*(t)$，并存储到控制器的输出寄存器中，然后，再经 D/A 转换器形成连续控制信号 $u(t)$。连续控制信号 $u(t)$ 被驱动器放大为驱动信号 $u_a(t)$，驱动电动机运转。

2. 插补及 A/D 和 D/A 的信号处理过程

从信号处理角度看，插补、A/D 转换都包含采样过程和保持过程，而 D/A 转换则仅包含保持过程，如图 10.34 所示。

让模拟信号通过一个周期性闭合的开关，即可得到采样信号。在数字伺服控制系统中，反馈信号通过高频电子开关电路实现 A/D 采样；而控制的输入信号则通过插补程序实现虚拟采样。采样后得到与采样时刻的模拟信号幅值成正比的数字信号，并存储在数字伺服控制器的输入寄存器中。

如图 10.34 所示，输入信号的插补采样周期 T_{in} 大于伺服控制周期 T_c（一般为 2～3 倍），而 A/D 转换的采样周期 T_s 则小于伺服控制周期 T_c，如图 10.5 所示。T_s 的选取应满足香农采样定理，即采样频率大于被控对象最高频率的两倍。

因此，数字伺服控制器在每个伺服控制周期都会得到最新的反馈信号，而输入信号则会维持若干个伺服控制周期才更新。这样处理是为了让伺服控制器有足够的时间实现对输入信号的跟踪。需要注意的是，插补采样生成的是输入信号，因此，对于反馈信号，它会提前把下一个插补点的信号值存储到数字伺服控制器的输入寄存器中。

D/A 转换是 A/D 转换的逆过程。在 D/A 转换过程中，数字伺服控制器输出寄存器中的数字信号被数模转换电路变换成等比例的模型信号。寄存器在上述过程中扮演了保持器的角色，以保持采样点之间的信号值不变。这样的保持器使得每个采样区间内的信号值为常数，其导数为零，固称为零阶保持器。由于零阶保持器具有低通滤波特性，所以，在有些文献中也把数字伺服控制器称为控制滤波器。

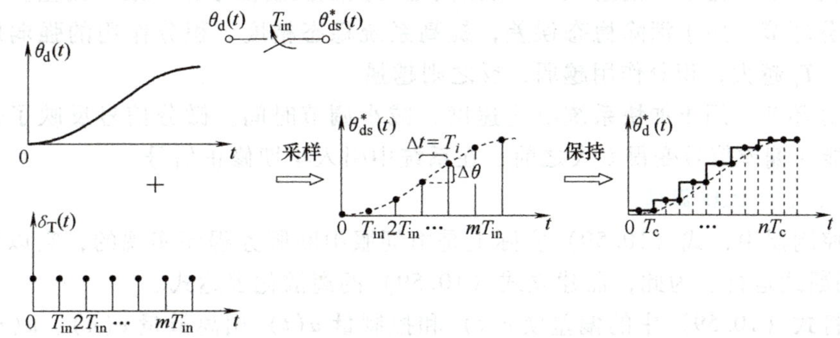

a) 插补

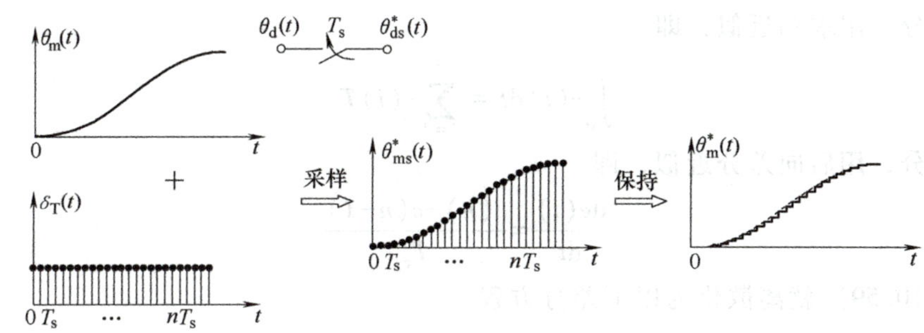

b) A/D

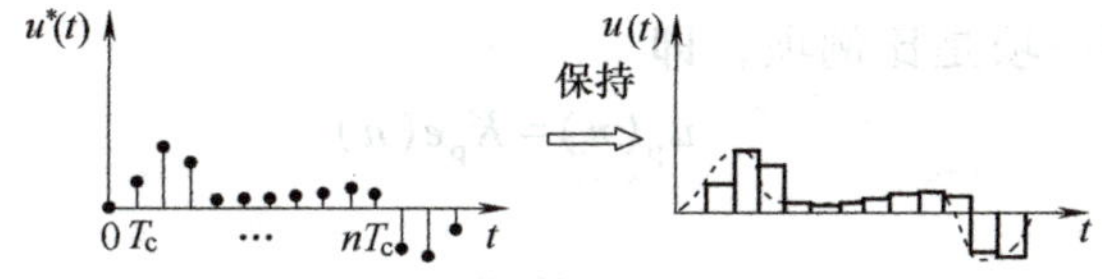

c) D/A

图 10.34　插补、A/D 和 D/A 的过程

10.5.2　数字 PID 算法的实现

1. PID 控制器回顾

作为最常用的伺服控制算法，PID 控制算法也被广泛应用于数字伺服控制器中。

连续系统中，PID 控制器的时域表达式和传递函数分别为

$$u(t) = K_p\left[e(t) + \frac{1}{T_i}\int_0^t e(t)\,dt + T_d\frac{de(t)}{dt}\right] \tag{10.59}$$

$$G_c(s) = \frac{U(s)}{E(s)} = K_p\left(1 + \frac{1}{T_i s} + T_d s\right) \tag{10.60}$$

式中，K_p 为比例增益；T_i 为积分时间常数；T_d 为微分时间常数。定义 $K_i=K_p/T_i$ 为积分增益，$K_d=K_pT_d$ 为微分增益。

PID 控制器各环节的作用简述如下：

(1) 比例环节　把系统偏差 $e(t)$ 成比例地变换成控制信号，以减少偏差。

(2) 积分环节　用于消除稳态误差，提高系统稳态精度。积分作用的强弱取决于积分时间常数 T_i。T_i 越大，积分作用越弱，反之则越强。

(3) 微分环节　用于加快系统响应速度，减小调节时间。微分信号反映了偏差信号的变化趋势，能在偏差信号变得太大之前，在系统中引入早期修正信号。

2. 绝对式数字 PID 算法

在数字控制器中，式（10.59）实际上是由伺服中断服务程序实现的，它以伺服控制周期 T_c 为间隔断续运行。为此，需建立式（10.59）的离散化表达式。

首先，将式（10.59）中的偏差项 $e(t)$ 和控制量 $u(t)$ 用离散量 $e(n)$、$u(n)$ 表示，n 表示第 n 次伺服控制，也就是迭代运算次数。

当伺服控制周期 T_c 很小时，可以用 T_c 近似代替时间微分 dt。

对于积分，用求和近似，即

$$\int_0^t e(t)\mathrm{d}t=\sum_{i=1}^{n}e(i)T_c \tag{10.61}$$

对于微分，用后向差分近似，即

$$\frac{\mathrm{d}e(t)}{\mathrm{d}t}=\frac{e(n)-e(n-1)}{T_c} \tag{10.62}$$

这样，式（10.59）就离散化为以下差分方程

$$u(n)=K_pe(n)+\frac{K_pT_c}{T_i}\sum_{i=1}^{n}e(i)+\frac{K_pT_d}{T_c}[e(n)-e(n-1)]+u_0 \tag{10.63}$$

式中，u_0 是偏差为零时的控制初值。

式（10.63）中第一项是比例项，即

$$u_p(n)=K_pe(n) \tag{10.64}$$

第二项是积分项，即

$$u_i(n)=\frac{K_pT_c}{T_i}\sum_{i=1}^{n}e(i) \tag{10.65}$$

第三项是微分项，即

$$u_d(n)=\frac{K_pT_d}{T_c}[e(n)-e(n-1)] \tag{10.66}$$

其中，比例项是基本项，可以单独使用或与其他两项组合使用，构成如下常用控制器。

(1) P 控制器

$$u_c(n)=u_p(n)+u_0 \tag{10.67}$$

(2) PI 控制器

$$u(n)=u_p(n)+u_i(n)+u_0 \tag{10.68}$$

(3) PD 控制器

$$u(n)=u_p(n)+u_d(n)+u_0 \tag{10.69}$$

（4）PID控制器

$$u(n)=u_{p}(n)+u_{i}(n)+u_{d}(n)+u_{0} \tag{10.70}$$

式（10.63）称为绝对式数字PID算法，因为它输出控制量的全量值。

3. 增量式数字PID算法

为避免式（10.63）中的积分求和计算，可以利用控制量的增量

$$\Delta u(n)=u(n)-u(n-1) \tag{10.71}$$

将式（10.63）代入式（10.71）得

$$\Delta u(n)=K_{pc}[e(n)-e(n-1)]+K_{ic}e(n)+K_{dc}[e(n)-2e(n-1)+e(n-2)] \tag{10.72}$$

式中，$K_{pc}=K_{p}$，为数字比例增益；$K_{ic}=K_{p}T_{c}/T_{i}=T_{c}K_{i}$，为数字积分增益；$K_{dc}=K_{p}T_{d}/T_{c}=K_{d}/T_{c}$，为数字微分增益。

式（10.72）称为增量式数字PID控制算法，因为它仅输出控制量的增量值。

根据增量式（10.72），可以得到绝对式数字PID算法的迭代计算式

$$u(n)=u(n-1)+\Delta u(n) \tag{10.73}$$

4. 应用数字PID算法的注意事项

（1）绝对式与增量式　绝对式数字PID算法输出全量控制信号，具有确定的物理含义，并且包含控制量初值u_0，所以，一般应采用绝对式数字PID算法计算控制量$u(n)$。但在实际使用中，多采用增量式（10.72）结合式（10.73），迭代计算控制量$u(n)$，以便于编程实现。

位置随动控制要求被控对象实时跟踪时变位置信号。当被控对象具有积分特性时，如步进电动机，可以直接使用增量式数字PID控制器构成位置随动闭环控制器。这是因为步进电动机的角度增量与其接收到的脉冲数成正比，所以，可以认为步进电动机的绝对角位移是其输入控制量（脉冲数）的积分。因而，步进电动机是一种具有位置积分特性的驱动器，它本身就具备一定的位置控制能力。在精度要求不高的场合，步进电动机可以根据接收到的脉冲数，直接拖带负载运行到指定位置，构成开环位置控制系统。如果希望进一步提高控制精度，可以增加位置检测环节，构造增量式位置PID随动控制器。这里的PID控制器就可以直接输出增量值，即步进脉冲数，实现位置偏差校正。

对于某些自身具有位置控制能力的被控对象，也可以直接使用增量式数字PID的输出作为控制量，例如图10.35所示的全闭环增量位置随动控制系统。图中，电动机通过丝杠-螺母机构驱动滑块移动，利用与电动机同轴安装的编码器构成位置随动控制系统。由于电动机编码器测量的不是末端滑块的位移，而是电动机转角，所以对应的控制器称为半闭环位置PID控制器。如果希望消除传动误差的影响，可以在滑轨上安装直线光栅，直接测量滑块位

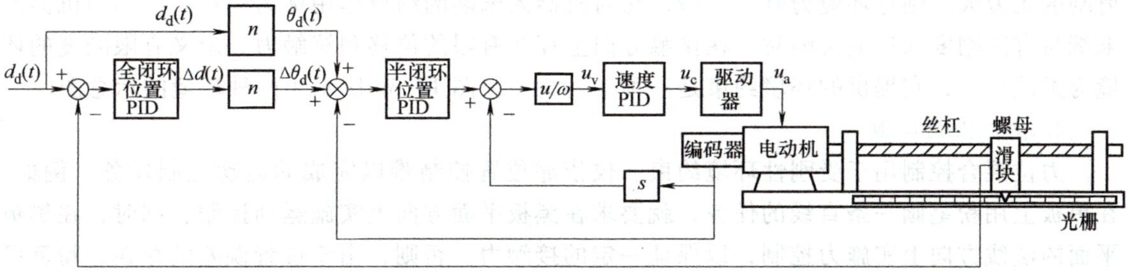

图10.35　全闭环增量位置随动控制系统

移，并在半闭环位置PID控制器之前再增加一个全闭环位置PID控制器。因为位于外环的全闭环位置PID控制器产生的仅是位置修正量$\Delta d(t)$，它可以直接采用增量式数字PID控制器的计算结果作为输出，而不需要累加。

(2) 控制量$u(n)$的范围　控制器输出的控制量$u(n)$是数字量，而后续环节要求的输入量是模拟量。对于速度模式的电动机，$u(n)$对应着驱动器输入电压u_c；对于力矩模式电动机，$u(n)$对应着电流伺服驱动器输入电压u_τ。因此，$u(n)$的变化范围应根据控制器的总增益来确定。为了确定$u(n)$的具体数值，必须根据D/A转换分辨率、驱动器放大倍数、电流伺服驱动器的跨导、电动机力矩常数或感应电动势常数等来计算数字PID控制器的增益，使控制量$u(n)$具有明确的物理意义。

(3) 控制量初值u_0　控制量初值u_0对应着前馈补偿项，尽管式（10.73）中没有显式地表示控制量初值u_0，但是，应把它纳入到迭代计算式中。

(4) 数字增益与模拟增益　式（10.72）中的数字积分增益K_{ic}和数字微分增益K_{dc}并不等于模拟系统中的积分增益K_i和微分增益K_d，它们随伺服控制周期T_c变化。当T_c变小时，K_{ic}应变小，K_{dc}应变大。

(5) 伺服控制周期与采样周期　在计算机或微处理器中以采样周期T_s为基本计时单元设定定时中断，定义伺服控制周期$T_c = nT_s$和运动控制周期$T_m = mT_s$。在定时中断服务程序中，以T_s、T_c和T_m是否到达为中断入口标志，按照图10.5所示流程分别编写采样、伺服控制和运动控制程序。

在系统性能允许的前提下，伺服控制周期T_c应尽量小，使得它对应的伺服控制频率大于系统最高频率的两倍。当T_c足够小时，数字PID控制器的性能接近模拟PID控制器。

10.6　机器人力控制的基本概念

随着技术的成熟，工业机器人的应用领域不断拓展。从搬运、焊接、涂胶、喷涂等，机器人应用也扩展到装配、人机协作、力交互等需要力控制（Force Control）的场景。在这些场合，有时需要借助力控制实现某种程度的柔顺性，以确保安全；有时要求保证接触力的精度，以符合加工工艺或满足人机交互需求。

通过力控制实现主动柔顺，理论上可以分为力位混合控制（Hybrid Force-Position Control）和阻抗控制（Impedance Control）两大类。有关这两类控制方法的基本原理已超出本书的范畴，具体可参考文献［5，23，42］。

同时，根据工业机器人的作业（或接触）环境，可分为刚性环境和柔性环境。如果环境刚度无穷大，则称环境为刚性环境，它对机器人末端的约束作用称为刚性约束。当机器人末端与有限刚度的环境接触时，在接触方向上存在有限的位移和接触力。定义有限刚度的环境为柔性环境，它提供的环境约束是一种柔性约束。图10.36所示为两种环境的示意图。

1. 力位混合控制

力位混合控制用于受刚性环境约束、仅依靠位置控制难以完成的运动控制任务。例如，在黑板上用粉笔画一条直线的任务，就要求在黑板平面方向上实施运动控制，同时，在黑板平面的法线方向上实施力控制，以保证一定的接触力。否则，由于位置误差的存在，粉笔可能与黑板脱离接触或者折断。更进一步，如果所画直线的直线度指标超出了机器人的位置控制精度，则可以考虑利用一个固定的直尺，让机器人沿直尺绘制直线。此时，可以沿直尺方向实施运动控制，而在垂直于直尺边线和黑板平面的方向上进行力控制，使粉笔与直尺边线和黑板始终保持接触。这种利用力控制实现沿固定约束运动的方法，可以有效提升运动精度，这是力控制的另一个功能。

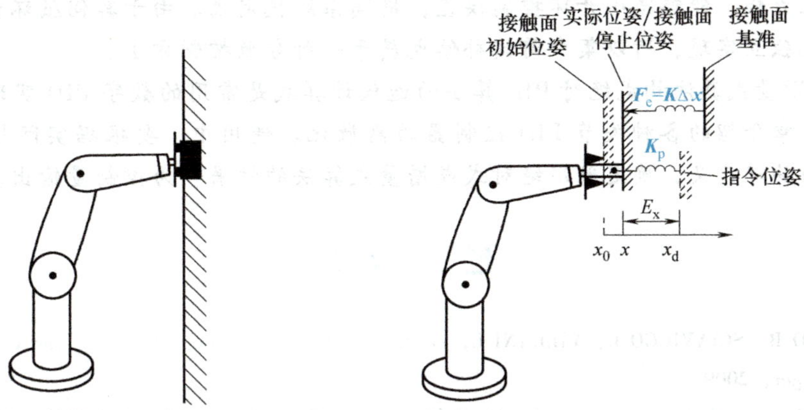

图 10.36　刚性环境与柔性环境下的机器人交互模型

2. 阻抗控制

阻抗控制主要用于需要兼顾位置和力控制特性的场合，如力觉交互设备（Haptic Device）。力觉交互设备由人握持拖动，在运动过程中向操作者施加虚拟的反馈力，可用于虚拟现实仿真、遥控操作和康复训练等场景。机器人的理想控制特性应该与被模拟对象的力学特性一致，例如，质量、刚度和阻尼，以便为操作者提供真实的力觉交互感受。

力控制通常要求在操作空间中进行控制器设计。但是，末端接触力最终由机器人关节电动机产生，而机器人的结构则处于从电动机到末端的力传递路径中。因此，在力控制问题中，机器人结构的惯量和刚度对于末端力的控制品质也有很大的影响。简单来说，小惯量、高刚度的机器人本体和驱动器利于提高力控制的灵敏度和响应速度；而大惯量、低刚度的机器人本体和驱动器利于保证力控制的稳定性。因此，要实现理想的力控制，既要考虑环境的力学特性，也要考虑机器人的动力学模型。

10.7　本章小结

1）以运动控制器为核心的机器人控制系统，是实现机器人控制的硬件基础，绝大部分控制算法都运行于运动控制器。

2）驱动器与电动机的组合构成了伺服控制算法的控制对象。仅起到功率放大作用的驱动器又称为放大器，而内置电流闭环功能的驱动器则称为电流伺服驱动器。

3）如果没有对电动机实施电流闭环控制，则称电动机工作于速度模式；如果对电动机实施了电流闭环控制，则称电动机工作于力矩模式。两种模式下的电动机和驱动器组合都可以简化为一阶惯性环节，但是两者特性有所不同。

4）基于速度模式的独立关节 PID 控制器可以按照典型二阶系统的校正方法来设计，适用于低成本的分散式控制系统。

5）基于力矩模式的独立关节 PID 控制器在系统阶次和形式上与速度模式类似，但是它具有清晰的物理概念，有利于设计前馈补偿控制器。

6）集中前馈补偿时，根据机器人动力学模型计算前馈项，通过在伺服环之外补偿各种线性和非线性力矩，能够减小开环控制误差，提高系统稳定性。由于其伺服环仍然是针对单个关节电动机独立实现，所以集中前馈补偿也属于一种分散控制方法。

7）利用增量式算法构成绝对 PID 算法的迭代计算式是常用的数字 PID 实现方法，利用它可以实现本章介绍的各种关节 PID 控制器的离散化。使用中，要根据实际控制对象的模型和输出量的物理意义，确定采用绝对式或增量式算法的结果作为控制量输出。

延读文献

[1] SICILIANO B, SCIAVICCO L, VILLANI L, et al. *Robotics: Modelling, Planning and Control* [M] Berlin: Springer, 2009.

[2] CRAIG J J. 机器人学导论 [M]. 负超，王伟，译. 4 版. 北京：机械工业出版社，2018.

[3] 周凯. 数控原理、系统及应用 [M]. 北京：机械工业出版社，2006.

[4] 丛爽，李泽湘. 实用运动控制技术 [M]. 北京：电子工业出版社，2006.

[5] 郇极，靳阳，肖文磊. 基于工业控制编程语言 IEC 61131-3 的数控系统软件设计 [M]. 北京：北京航空航天出版社，2011.

[6] DELATA TAU DATA SYSTEMS INC. *Turbo PMAC User Manual* [Z]. 2010.

[7] PETER CORKE. 机器人学、机器视觉与控制——MATLAB 算法基础 [M]. 刘荣，等译. 北京：电子工业出版社，2016.

[8] 隋修武. 机械系统微机控制原理与设计 [M]. 北京：中国水利水电出版社，2019.

[9] 孟庆明. 自动控制原理 [M]. 北京：高等教育出版社，2019.

[10] 熊有伦，李文龙，陈文斌，等. 机器人学：建模、控制与视觉 [M]. 武汉：华中科技大学出版社，2018.

习　题

一、问答题

10-1 简述机器人运动控制系统的基本组成。

10-2 简述运动控制器的时序，以及三种典型实时中断任务。

10-3 简述运动控制器的基本功能。

10-4 简述驱动器的作用。

10-5 简述电流伺服驱动器的作用。

10-6 简述电动机工作于速度模式和力矩模式的区别。

10-7 简述机器人力控制的基本概念。

二、论证、分析题

10-8 当电动机工作于力矩模式且采用位置 P 控制器和速度 PI 控制器时，推导系统对阶跃输入和斜坡输入的稳态误差。

10-9 表 10.2 给出了两种伺服电动机的性能指标，利用式（10.11）和（10.12）分别计算两种电动机的电气时间常数，并与机械时间常数进行对比。

表 10.2　两种直流空心杯伺服电动机的特性参数

额定值	单位	1#电动机	2#电动机
额定电压	V	12	12
空载转速	r/min	8130	6400
空载电流	mA	320	182
额定转速	r/min	7610	5558
额定转矩(最大连续转矩)	mN · m	77.7	96.6
额定电流(最大连续负载电流)	A	6	5.6
堵转转矩	mN · m	2080	734
堵转电流	A	152	41
最大效率	86%	86	87
特征值			
相间电阻	Ω	0.0788	0.29
相间电感	mH	0.026	0.036
转矩常数	mN · m/A	13.7	17.8
转速常数	r/min · V	699	536
转速/转矩斜率	r/min(mN · m)	4.04	8.7
机械时间常数	ms	4.21	9.6
转子惯性矩	$g \cdot cm^2$	99.5	105.3

10-10　在【例 8-4】和【例 8-6】平面 2R 操作臂已知条件的基础上，取减速器传动比 $n_1=n_2=100$，设各关节的关节空间总等效阻尼系数为 $b=0.1(N \cdot m)$ s/r，考虑重力，求解式（10-50）中的驱动空间平均总等效质量矩阵的数值，写出式（10-51）中干扰力矩矢量的表达式并求解矢量各元素变化范围。

10-11　在题 8-11 和题 8-18 空间 2R 操作臂已知条件和计算结果的基础上，考虑重力，不计摩擦阻尼，求解驱动空间平均总等效质量矩阵的数值，写出式（10-51）中干扰力矩矢量的表达式并求解矢量各元素变化范围。

10-12　在题 8-15 和题 8-19 RP 机械臂已知条件和计算结果的基础上，考虑重力，不计摩擦阻尼，求解驱动空间平均总等效质量矩阵的数值，写出式（10-51）中干扰力矩矢量的表达式并求解矢量各元素变化范围。

10-13　在题 10-10、【例 8-4】和【例 8-6】平面 2R 操作臂已知条件的基础上，补充如下参数：电动机额定驱动力矩 $\tau_m=1N \cdot m$，电枢电阻 $R_a=0.1\Omega$，力矩常数 $K_a=0.01(N \cdot m)/A$，感应电动势常数 $K_e=0.1V \cdot s/r$，驱动器允许的输入电压范围为±10V，电压变换系数 $K_u=4$，电动机工作于速度模式，采用位置-速度双闭环控制方案执行位置控制，试确定能够使闭环响应阻尼比 $\xi \geqslant 0.4$，自然频率 $\omega_n=20r/s$ 的控制器参数。初始关节角为 $\theta_1=\theta_2=0°$，关节不同时运动，在驱动空间分别计算两个关节电动机对单位阶跃输入的上升时间以及对干扰力矩的恢复时间；改变关节初始角为 $\theta_1=90°$、$\theta_2=0°$，再次计算。在关节空间定义单位阶跃输入 1°，需转换到驱动空间，干扰力矩根据题 10-10 的结论计算。

10-14　在题 10-10、【例 8-4】和【例 8-6】平面 2R 操作臂已知条件的基础上，设操作臂两个关节电动机采用电流伺服驱动器，电流伺服驱动器允许的输入电压范围为±10V，跨导 $K_\tau=40A/V$。关节运动控制系统采用位置-速度-电流三环控制方案，位置闭环为 P 控制器，位置比例增益 $K_p=10$，速度闭环为 PI 控制器，速度比例增益 $K_v=1$，速度积分增益 $K_i=5$。在关节空间定义单位阶跃输入 1°，关节干扰力矩采用题

10-10 的计算结果。要求：①初始关节角为 $\theta_1=\theta_2=0°$，关节不同时运动，在驱动空间分别计算两个关节电动机对单位阶跃输入的上升时间，以及对干扰力矩的恢复时间。②逐次增加速度前馈、加速度前馈和非线性补偿力矩前馈，再次计算。

三、MATLAB 编程题

10-15 针对【例 10-1】通过 MATLAB 仿真验证图 10.24、图 10.25、图 10.28、图 10.30 对应的曲线，调整各控制参数，观察曲线变化。

10-16 针对题 10-13 中的平面 2R 操作臂，利用设定的控制器参数，绘制无干扰时的单位阶跃响应曲线和控制器输出控制量 $u(t)$ 的曲线，验证单位阶跃响应上升时间，校验控制过程中是否会出现饱和现象。

10-17 在题 10-14 的基础上，利用 MATLAB 实现：①无前馈时，对阶跃输入和干扰力矩的关节位置响应曲线和误差曲线。②调整 K_p、K_v、K_i，观察响应曲线变化规律。③逐次增加速度前馈、加速度前馈和非线性补偿力矩前馈，利用题目给定的增益值观察响应曲线变化规律，调整 K_p、K_v、K_i，观察响应曲线变化规律。④总结对比采用相同的增益参数时，前馈项对响应曲线的影响。⑤如果令机器人跟踪【例 8-4】中图 8.9b 所示关节轨迹，思考如何用程序绘制关节在控制器作用下的响应曲线，并尝试实现。

附　录

附录 A　旋量理论基础

【内容导读】

旋量理论（Screw Theory）也称为螺旋理论。旋量理论可以将刚体的广义速度以及作用在刚体上的广义力描述得简洁统一。此外，旋量理论还具有几何概念清楚、物理意义明确、代数运算方便等优点，且可以与矢量法、D-H 矩阵法等相互转化。因此，旋量理论已成为机器人学基础研究中一种非常重要的数学工具，得到了广泛的应用。本附录给出旋量理论中与本书内容（主要集中在第 3~5 章）相关的一些基础概念。

A.1　旋量、线矢量与偶量

点、直线和平面是描述欧氏几何空间的三种基本元素，而旋量（有些书也称为螺旋，如图 A.1a 所示，Screw）可以从直线引申而来。根据 Ball 的定义[1]，“旋量是一条具有节距的直线”。旋量可用双矢量（Bi-vector）来表示，单位旋量（Unitary Screw）记作

$$\hat{\boldsymbol{\$}}=(\hat{\boldsymbol{s}};\hat{\boldsymbol{s}}^0)=(\hat{\boldsymbol{s}};\boldsymbol{r}\times\hat{\boldsymbol{s}}+h\hat{\boldsymbol{s}})=(L,M,N;P^*,Q^*,R^*) \tag{A.1a}$$

或者

$$\hat{\boldsymbol{\$}}=\begin{pmatrix}\hat{\boldsymbol{s}}\\ \hat{\boldsymbol{s}}^0\end{pmatrix}=\begin{pmatrix}\hat{\boldsymbol{s}}\\ \boldsymbol{r}\times\hat{\boldsymbol{s}}+h\hat{\boldsymbol{s}}\end{pmatrix} \tag{A.1b}$$

式中，$\hat{\boldsymbol{s}}$ 为旋量的原部矢量，表示轴线方向的单位矢量，可用三个方向余弦表示，即 $\hat{\boldsymbol{s}}=(L,\ M,\ N)$，$L^2+M^2+N^2=1$；$\hat{\boldsymbol{s}}^0$ 为旋量的对偶部矢量，$\hat{\boldsymbol{s}}^0=(P^*,\ Q^*,\ R^*)$；$\boldsymbol{r}$ 为旋量轴线上的任意一点［可以看出：$\boldsymbol{r}$ 用 $\hat{\boldsymbol{\$}}$ 上其他点 $\boldsymbol{r}'(\boldsymbol{r}'=\boldsymbol{r}+\lambda\hat{\boldsymbol{s}})$ 代替时，式（A.1）得到的结果相同，即 $\boldsymbol{r}$ 在 $\hat{\boldsymbol{\$}}$ 上可以任意选定］；h 为节距（Pitch），$h=\hat{\boldsymbol{s}}\cdot\hat{\boldsymbol{s}}^0/\hat{\boldsymbol{s}}\cdot\hat{\boldsymbol{s}}$。

式（A.1a）是旋量的 Plücker 坐标表示形式；式（A.1b）为旋量的矢量表示形式。

当节距 h 为零（即 $\hat{\boldsymbol{s}}\cdot\hat{\boldsymbol{s}}^0=0$）时，单位旋量就退化为单位线矢量（Unitary Line Vector，如图 A.1b 所示；为区分与一般旋量的差异，线矢量在本书中用无箭头的线条表示），记作

$$\hat{\boldsymbol{\$}}=\begin{pmatrix}\hat{\boldsymbol{s}}\\ \boldsymbol{r}\times\hat{\boldsymbol{s}}\end{pmatrix} \tag{A.2}$$

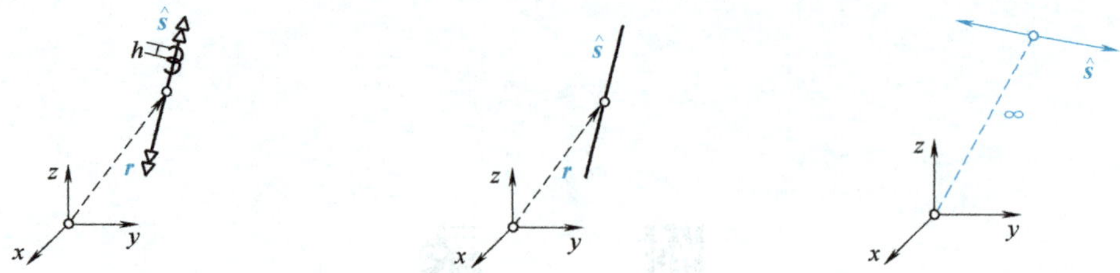

a) 一般旋量　　b) 线矢量　　c) 偶量

图 A.1　单位旋量的图解示意

当节距 h 为 ∞ 时，单位旋量就退化为单位偶量（Unitary Couple，如图 A.1c 所示；为与一般旋量进行区分，偶量在本书中用两端带单箭头的线条表示），记作

$$\hat{\$}=\begin{pmatrix}\mathbf{0}\\ \hat{s}\end{pmatrix} \tag{A.3}$$

定义

$$\$=\rho\hat{\$}=(\mathcal{L},\mathcal{M},\mathcal{N};\mathcal{P}^*,\mathcal{Q}^*,\mathcal{R}^*) \tag{A.4}$$

式中，ρ 表示旋量的大小（或幅值）。

单位旋量在空间对应一条确定的轴线。为此可将 $\widehat{s}^0$ 分解成平行和垂直于 $\hat{s}$ 的两个分量 $h\hat{s}$ 和 $\widehat{s}^0-h\hat{s}$（图 A.2），即

$$\hat{\$}=(\hat{s};\widehat{s}^0)=(\hat{s};\widehat{s}^0-h\hat{s})+(\mathbf{0};h\hat{s})=(\hat{s};\widehat{s}_0)+(\mathbf{0};h\hat{s}) \tag{A.5}$$

式（A.5）表明一个线矢量和一个偶量可以组合成一个旋量，而一个旋量可以看作是一个线矢量与一个偶量的同轴叠加（图 A.2）。

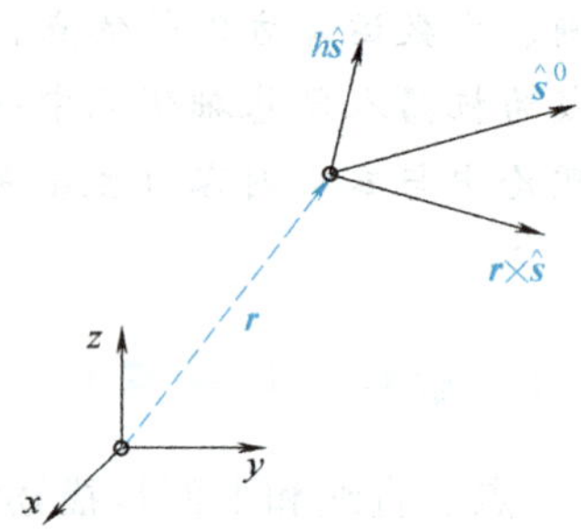

图 A.2　单位旋量的分解

另外，根据式（A.1）和式（A.4）可以导出任一（单位）旋量的节距和轴线位置。

$$h=\hat{s}\cdot\widehat{s}^0,\boldsymbol{r}=\hat{s}\times\widehat{s}^0 \tag{A.6}$$

$$h=\frac{\boldsymbol{s}\cdot\boldsymbol{s}^0}{\boldsymbol{s}\cdot\boldsymbol{s}},\boldsymbol{r}=\frac{\boldsymbol{s}\times\boldsymbol{s}^0}{\boldsymbol{s}\cdot\boldsymbol{s}} \tag{A.7}$$

A.2　旋量的基本运算

1. 旋量的加法

两旋量 $\$_1$ 和 $\$_2$ 的代数和可表示为

$$\$_\Sigma=\$_1+\$_2=(\boldsymbol{s}_1+\boldsymbol{s}_2;\boldsymbol{s}^{01}+\boldsymbol{s}^{02}) \tag{A.8}$$

旋量的加法满足交换律和结合律。

2. 旋量的互易积（图 A.3）

两旋量的互易积（Reciprocal Product）是指将两旋量 $\$_1$ 和 $\$_2$ 的原部矢量与对偶部矢量交换后作点积之和，记作

$$\$_1\circ\$_2=\$_1^{\mathrm{T}}\boldsymbol{\Delta}\$_2=\boldsymbol{s}_1\cdot\boldsymbol{s}^{02}+\boldsymbol{s}_2\cdot\boldsymbol{s}^{01} \tag{A.9}$$

式中，$\circ$ 和 $\boldsymbol{\Delta}$ 均为算子，后者满足

$$\boldsymbol{\Delta}=\begin{pmatrix}\mathbf{0} & \boldsymbol{I}_{3\times3}\\ \boldsymbol{I}_{3\times3} & \mathbf{0}\end{pmatrix} \tag{A.10}$$

$\boldsymbol{\Delta}$ 实质上是一个反对称单位阵，它具有以下特性

$$\boldsymbol{\Delta\Delta}=\boldsymbol{I},\boldsymbol{\Delta}^{-1}=\boldsymbol{\Delta},\boldsymbol{\Delta}^{\mathrm{T}}=\boldsymbol{\Delta} \tag{A.11}$$

将两旋量进行分解，写成 $\$_1=\rho_1\hat{\$}_1=(\boldsymbol{s}_1;\ \boldsymbol{s}^{01})=\rho_1\ (\hat{\boldsymbol{s}}_1;\ \widehat{\boldsymbol{s}}^{01})$，$\$_2=\rho_2\hat{\$}_2=(\boldsymbol{s}_2;\ \boldsymbol{s}^{02})=\rho_2\ (\hat{\boldsymbol{s}}_2;\ \widehat{\boldsymbol{s}}^{02})$ 的形式，并假定点 $\boldsymbol{r}_1$、$\boldsymbol{r}_2$ 分别位于 $\$_1$ 和 $\$_2$ 的两轴线上，且 $\boldsymbol{r}_2=\boldsymbol{r}_1+a_{12}\hat{\boldsymbol{n}}$（图 A.3），其中 $\hat{\boldsymbol{n}}$ 是垂直于两轴线的单位矢量。由此可得

$$\begin{aligned}\$_1^{\mathrm{T}}\boldsymbol{\Delta}\$_2&=\rho_1\rho_2[\hat{\boldsymbol{s}}_1\cdot(\boldsymbol{r}_2\times\hat{\boldsymbol{s}}_2+h_2\hat{\boldsymbol{s}}_2)+\hat{\boldsymbol{s}}_2\cdot(\boldsymbol{r}_1\times\hat{\boldsymbol{s}}_1+h_1\hat{\boldsymbol{s}}_1)]\\&=\rho_1\rho_2[(h_1+h_2)(\hat{\boldsymbol{s}}_1\cdot\hat{\boldsymbol{s}}_2)+(\boldsymbol{r}_2-\boldsymbol{r}_1)\cdot(\hat{\boldsymbol{s}}_2\times\hat{\boldsymbol{s}}_1)]\\&=\rho_1\rho_2[(h_1+h_2)\cos\alpha_{12}-a_{12}\sin\alpha_{12}]\end{aligned} \tag{A.12}$$

或直接根据定义式，可得

$$\$_1^{\mathrm{T}}\boldsymbol{\Delta}\$_2=\rho_1\rho_2(L_1P_2^*+M_1Q_2^*+N_1R_2^*+L_2P_1^*+M_2Q_1^*+N_2R_1^*) \tag{A.13}$$

若两旋量 $\$_1$ 和 $\$_2$ 的互易积为零，则称旋量 $\$_1$ 和 $\$_2$ 互为反旋量（也称互易旋量，Reciprocal Screw）。一般情况下，旋量 $\$$ 的反旋量用 $\$^{r}$ 表示。

由式（A.12）可知，旋量 $\$$ 与其对应的反旋量 $\$^{r}$ 满足如下关系式

$$(h+h_{\mathrm{r}})\cos\alpha_{12}-a_{12}\sin\alpha_{12}=0 \tag{A.14}$$

从式（A.14）可以看出，两个旋量的互易积与坐标系的选择无关。为此，可得到以下几个重要结论：

1）两个线矢量互易的充要条件是共面。

2）两个偶量必然互易。

3）只有相互垂直时一个线矢量与一个偶量才互易。

4）任何垂直相交的两个旋量必互易，且与节距大小无关。

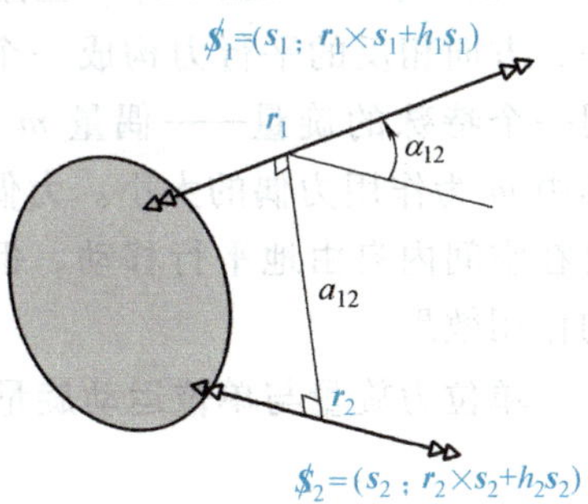

图 A.3 两个旋量的互易积

A.3 运动旋量与力旋量

旋量可以表示刚体运动学中的广义速度或者静力学中的广义力（包含力和力偶）。前者称为运动旋量（Twist），后者称为力旋量（Wrench），具体如图 A.4 所示。

若考虑幅值的存在，运动旋量可写成

$$\boldsymbol{V}=\begin{pmatrix}\boldsymbol{\omega}\\ \boldsymbol{v}_o\end{pmatrix}=(\omega_x,\omega_y,\omega_z,v_{ox},v_{oy},v_{oz})^{\mathrm{T}} \tag{A.15}$$

式中，$\boldsymbol{\omega}$ 表示刚体绕坐标轴旋转的角速度；$\boldsymbol{v}_o$ 表示刚体上与原点重合的点的瞬时线速度。不考虑幅值，则变成单位运动旋量

$$\hat{\boldsymbol{V}}=\begin{pmatrix}\hat{\boldsymbol{\omega}}\\ \boldsymbol{r}\times\hat{\boldsymbol{\omega}}+h\hat{\boldsymbol{\omega}}\end{pmatrix} \tag{A.16}$$

如果式（A.16）中 $\boldsymbol{V}$ 的节矩为零，运动旋量退化成旋转运动，相应的单位运动旋量表示该转动的转轴（或转动副）。如果式（A.16）中 $\boldsymbol{V}$ 的节矩为无穷大，则该运动旋量退化成移动运动，相应的单位运动旋量表示移动作用线的方向（或移动副）。

另一方面，作用在刚体上的任何力系都可以合成为一个由沿某直线的集中力与绕该直线轴的力偶组成的广义力，这一广义力称为力旋量，记作

$$\boldsymbol{F}=\begin{pmatrix}\boldsymbol{f}\\ \boldsymbol{n}_o\end{pmatrix}=\left(f_x,f_y,f_z,m_{ox},m_{oy},m_{oz}\right)^{\mathrm{T}} \tag{A.17}$$

式中，$\boldsymbol{f}$ 为作用在刚体上的力；$\boldsymbol{m}_o$ 为对原点的力矩。不考虑幅值的存在，则变成单位力旋量，即

$$\hat{\boldsymbol{F}}=\begin{pmatrix}\hat{\boldsymbol{f}}\\ \boldsymbol{c}\times\hat{\boldsymbol{f}}+h\hat{\boldsymbol{f}}\end{pmatrix} \tag{A.18}$$

考虑两种特殊的力旋量：

(1) 力（Force） 作用在刚体上的纯力可表示成 $f(\hat{\boldsymbol{s}};\ \boldsymbol{c}\times\hat{\boldsymbol{s}})$，其中 f 为作用力的大小，$(\hat{\boldsymbol{s}};\ \boldsymbol{c}\times\hat{\boldsymbol{s}})$ 为单位线矢量。

(2) 力偶（Moment） 在刚体上两个大小相等、方向相反的平行力构成一个力偶，同样也可用一个特殊的旋量——偶量 $m\ (\mathbf{0};\ \hat{\boldsymbol{s}})$ 来表示，其中 m 为作用力偶的大小。力偶是自由矢量，它可在空间内自由地平行移动，但并不改变对刚体的作用效果。

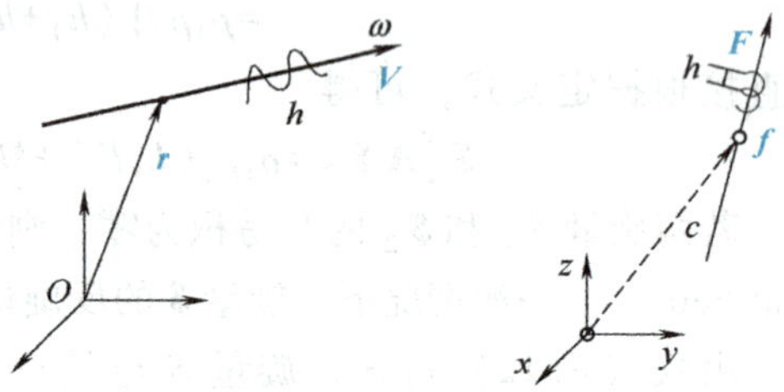

a) 运动旋量　　b) 力旋量

图 A.4 运动旋量与力旋量

单位力旋量与单位运动旋量的互易积运算反映了这两个单位旋量产生的瞬时功率，即

$$P_{12}=\hat{\boldsymbol{F}}\circ\hat{\boldsymbol{V}} \tag{A.19}$$

如果 $\hat{\boldsymbol{F}}$ 与 $\hat{\boldsymbol{V}}$ 的互易积为零，则意味着力旋量与运动旋量的瞬时功率为零。这种情况下，无论该力旋量中力或力矩有多大，都不会对刚体作功，也不能改变该约束作用下刚体的运动状态。由此称与运动旋量的互易积为零的力旋量为约束旋量（Constraint Wrench）或反旋量（Reciprocal Wrench）。

结合单位运动旋量及单位力旋量的物理意义，可将其表示成几何线图形式，见表 A.1。

表 A.1 单位旋量的物理意义及几何线图形表示

类型	自由度		约束	
线矢量	转动自由度	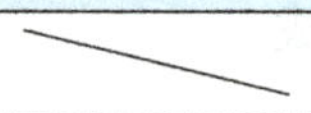	约束力	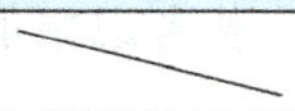
偶量	移动自由度	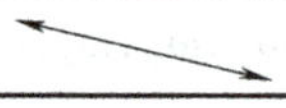	约束力偶	

【Blanding 法则】 机构的转动自由度轴线与所受约束力作用线必然相交[2]。

A.4 旋量系

m 个旋量 $\$_1$，$\$_2$，…，$\$_m$ 可以组成一个旋量集，记为 $S=\{\$_1,\ \$_2,\ \cdots,\ \$_m\}$。如果在旋量集 S 中，存在一组线性无关的旋量 $\$_1$，$\$_2$，…，$\$_n$，并且 S 中的其他所有旋量都是这 n 个旋量的线性组合，则称该 n 个旋量为旋量集 S 的一组基，即组成所谓的旋量系（screw system）。n 为该旋量系的阶数或维数。

由于旋量系的概念源于刚体运动，而刚体运动最多有 6 个自由度，因此旋量系的最高维数也是 6。根据旋量系的维数可将旋量系分为 1~6 阶旋量系，简称旋量一系、旋量二系、旋量三系、旋量四系、旋量五系和旋量六系。任何一种旋量系都可以表示成一组基的表达。例如，下面的旋量系就可以看作是由三个线性无关的单位线矢量组成的一组基

$$\begin{cases} \$_1=(1,0,0;0,0,0) \\ \$_2=(0,1,0;0,0,0) \\ \$_3=(0,0,1;0,0,0) \end{cases} \tag{A.20}$$

特别指出的是：在 n 阶旋量系中，由 n 个线性无关的单位线矢量组成的一组基，可以形成许多种具有不同几何特性的特殊旋量系。19 世纪，法国数学家 Grassmann 就开始研究它们的几何特性，后人称之为 Grassmann 线几何（line geometry）。事实上，不仅是线几何，包括一般旋量系，都具有代数和几何的双重特性及表达。

注意，旋量的 Plücker 坐标有六个分量，显然三维空间线性无关的旋量最多有六个。而线矢量是旋量的特例，当旋量退化为直线时，由于直线的 Plücker 坐标最多有六个非零分量，因此三维空间线性无关的直线最多也只可能有六个。当旋量退化为偶量时，由于直线的 Plücker 坐标最多只有三个非零分量，因此三维空间线性无关的偶量最多有三个。因此，纯线矢量组成的旋量系的最高阶数为 6，纯偶量组成的旋量系的最高阶数为 3。

不仅如此，旋量系还有着明确的物理意义。例如，可用线矢量表示约束力。如果一个刚体受到三维空间共点力［式（A.20）］的约束，这就意味着非共面的三个共点力就足够实现预期的约束，任何多余的共点力都是虚约束，即增加的约束不会改变对刚体的约束效果。

由线矢量和偶量组成的特殊旋量系在不同几何条件下的维数分别见表 A.2 和表 A.3。

表 A.2 Grassmann 线几何[19]

维数	种类
1	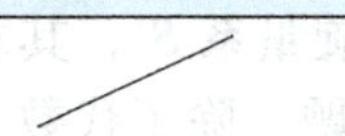
2	 a) 平面线列(平面汇交或共面平行)　b) 异面(空间交错)的两个线矢量
3	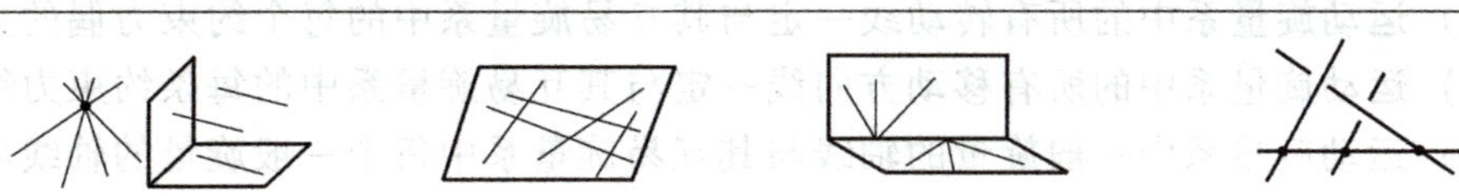 a) 空间共点线束(包括平行)　b) 共面　c) 两平面汇交线束　d) 二次线列
4	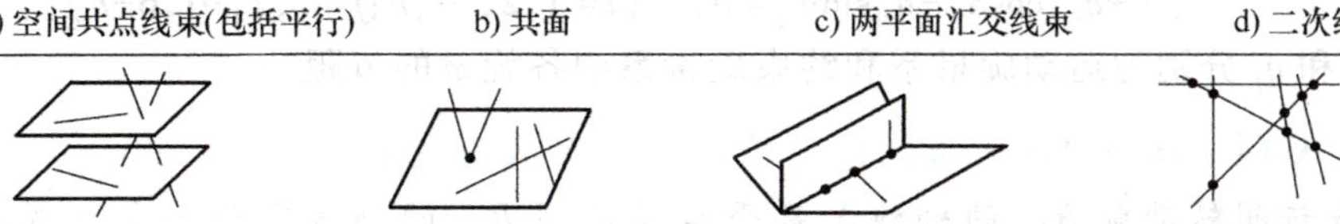 a) 空间不平行不相交的4条直线　b) 共面共点　c) 交1条公共直线，且交角一定　d) 交2条公共直线
5	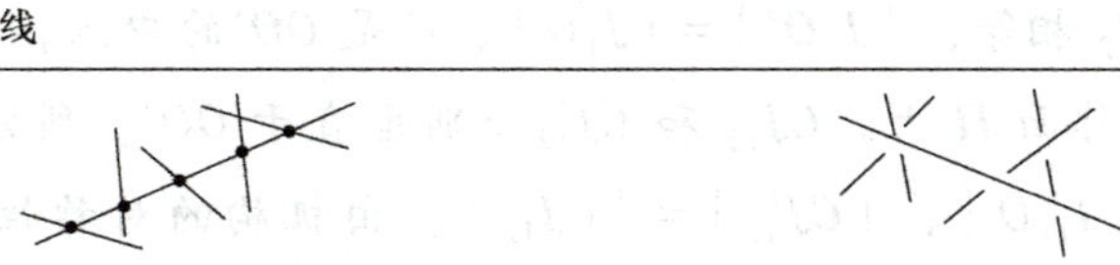 a) 交1条公共直线　b) 非奇异线丛

表 A.3 偶量系（一种特殊的旋量系）在不同几何条件下的维数

维数	种 类
1	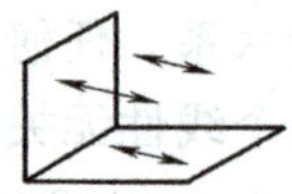
2	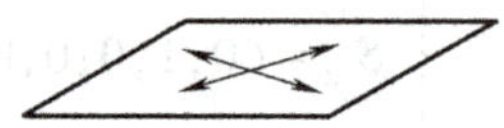
3	

A.5 运动旋量系与约束旋量系

机器人学中，研究旋量系的主要目的是从更深层研究机器人机构的运动或约束特性。根据旋量系的运动特性及约束特性可将旋量系分为运动旋量系（Twist System）和约束旋量系（Constraint Wrench System）。

对于一个 n 阶运动旋量系 $\boldsymbol{S}=\{\$_1, \$_2, \cdots, \$_n\}$，必然存在一个（6−$n$）阶约束旋量系 $\boldsymbol{S}^r=\{\$_1^r, \$_2^r, \cdots, \$_{6-n}^r\}$ 与之互易，该约束旋量系由（6−n）个与 $\boldsymbol{S}$ 中各个旋量都互易（简称与 $\boldsymbol{S}$ 互易）的旋量组成。设 n 阶运动旋量系 $\boldsymbol{S}$ 的矩阵表示形式为 $\boldsymbol{A}=[\$_1, \$_2, \cdots, \$_n]^{\mathrm{T}}$，（6−$n$）阶约束旋量系 $\boldsymbol{S}^r$ 的矩阵表示形式为 $\boldsymbol{J}^r=[\$_1^r, \$_2^r, \cdots, \$_{6-n}^r]$，则

$$\boldsymbol{A}\boldsymbol{\Delta}\boldsymbol{J}^r=\boldsymbol{0} \tag{A.21}$$

令 $\boldsymbol{\Delta}\boldsymbol{J}^r=\boldsymbol{B}$，则

$$\boldsymbol{A}\boldsymbol{B}=\boldsymbol{0} \tag{A.22}$$

利用式（A.22）可求得约束旋量系 $\boldsymbol{S}^r$，其求解过程可归结为线性代数中的求解齐次线性方程的零空间（Null Space）问题。除了代数方法外，还可以采用几何法。前文已经给出了一个与互易旋量对应满足的几何关系，由此可进一步导出运动旋量系与其约束旋量系之间的几何关系：

1）运动旋量系中的所有转动线一定与其互易旋量系中的每条约束力线相交。

2）运动旋量系中的所有转动线一定与其互易旋量系中的每个约束力偶的方向线正交。

3）运动旋量系中的所有移动方向线一定与其互易旋量系中的每条约束力线正交。

4）运动旋量系中一般旋量的轴线与其互易旋量系中每个一般旋量的轴线应满足下式

$$(p_i+q_j)\cos\alpha_{ij}-a_{ij}\sin\alpha_{ij}=0, \quad (i=1,2,\cdots,n;j=1,2,\cdots,6-n) \tag{A.23}$$

式中，p_i 和 q_j 分别为运动旋量系和约束旋量系中各旋量的节距。

【例 A-1】 Omni-Wrist Ⅲ机构（图 3.44）的自由度分析。

首先证明转动副 R_{14} 的轴线与基平台转动副 R_{11} 的轴线交于一点（或平行）。如图 A.5a 所示，θ_1 与 θ_2 相等，$|J_1O'|=|J_1O|$，C 是 OO' 的中点，则 $|CO'=|CO|$；J_{12} 和 J'_{12} 在 OO' 的镜像对称面 Π 上，CJ_{12} 和 CJ'_{12} 分别垂直于 OO'，所以 $\Delta OCJ_{12}\cong\Delta O'CJ'_{12}$，即可得到 $|J'_{12}O'|=|J_{12}O|$、$|CJ'_{12}|=|CJ_{12}|$。由机构的对称性得到 $|J_1O'|=|J_1O|$、$|J'_{12}O'|=|J_{12}O|$、$\angle J_1O'J'_{12}=\angle J_1OJ_{12}=90°$，则 $|J_1J_{12}|=|J_1J'_{12}|$；由于 $|J_1J_{12}|=$

$|J_1J'_{12}|$、$|CJ_{12}|=|CJ'_{12}|$，则 $\Delta J_1CJ_{12}\cong\Delta J_1CJ'_{12}$，由于上述两个三角形均在 OO' 的对称面 Π 内，因此 J_{12} 与 J'_{12} 重合。

这样可以得到 Omni-Wrist Ⅲ机构一条支链上的自由度线分布，如图 A.5b 所示。转动副 R_{13} 的自由度线 R_{13} 与转动副 R_{12} 的自由度线 R_{12} 相交于点 J_1；转动副 R_{11} 的自由度线 R_{11} 与转动副 R_{14} 的自由度线 R_{14} 相交于点 J_{12}。

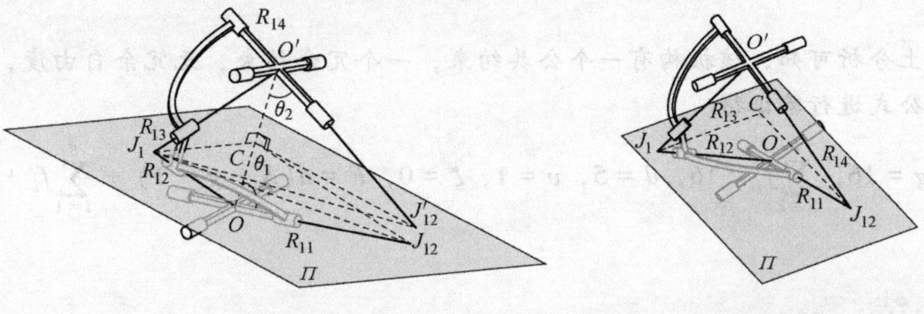

a) 支链简图　　b) 自由度线图

图 A.5　Omni-Wrist Ⅲ的一个支链

根据 Blanding 法则，所有的自由度线和约束线相交，由此可以得到该支链的约束线分布，如图 A.6a 所示。其中，自由度线 R_{11}、R_{12}、R_{13} 和 R_{14} 与约束线 C_{11} 分别相交于点 J_1、J_{12}；与约束线 C_{12} 分别相交于点 O、O'。通过上述分析可以发现，每条支链为动平台提供了两个约束，即每条支链有两条约束线 C_{11} 和 C_{12}，一条约束线在机构的对称面 Π 内，一条约束线与对称面 Π 垂直相交于点 C。同理，其他各个支链为动平台提供相同类型的约束。由此可以得到整个机构的约束线与自由度线线图情况，如图 A.6b 所示，其中四条约束线在机构的对称面 Π 内，另外四条约束线重合并与对称面 Π 正交于点 C。

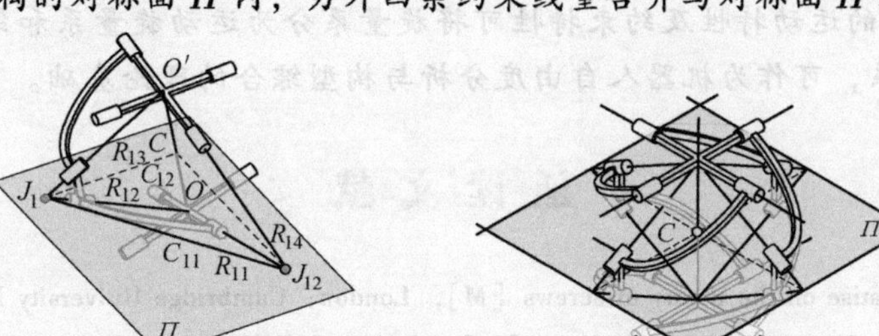

a) 一个支链　　b) 动平台

图 A.6　自由度与对偶约束线图

由于垂直于对称面 Π 的四条约束线重合，所以这四条约束线只为动平台提供了一个独立约束，剩下的另外三条约束线为冗余约束；由于平面内的三条独立线确定一个平面，因此在对称面 Π 内的约束线为动平台提供了三个独立约束。根据上述分析，动平台一共受到四个独立的力约束，动平台的约束线图如图 A.7 所示。根据 Blanding 法则，可以找到独立的两条与之相交的直线 R_{m1}、R_{m2}，如图 A.7 所示，表明该机构的动平台具有两个瞬时转动自由度。

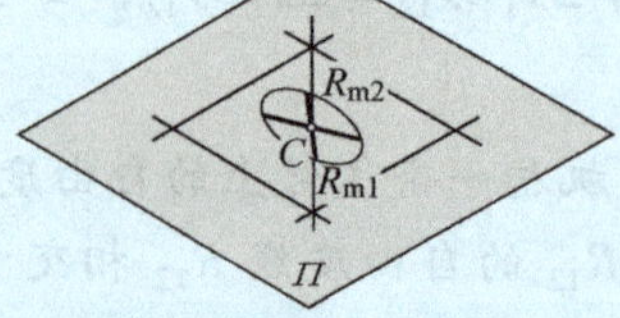

图 A.7 Omni-Wrist Ⅲ动平台的自由度与约束线图

由以上分析可知，该机构有一个公共约束，一个冗余约束，无冗余自由度，代入修正的自由度公式进行验证得

$$N = 14,\ g = 16,\ \sum_{i=1}^{g} f_i = 16,\ d = 5,\ v = 1,\ \zeta = 0,\ F = d(N - g - 1) + \sum_{i=1}^{g} f_i + v - \zeta = 2$$

A.6 小结

1）旋量是一条具有节距的直线，可以表示成双矢量的形式。当节距为零时，旋量退化成线矢量（直线）；当节距无穷大时，旋量退化成偶量（或自由矢量）。

2）旋量可以表示刚体运动学中的广义速度或者静力学中的广义力（包含力和力偶）。前者称为运动旋量，后者称为力旋量。单位力旋量与单位运动旋量的互易积反映了这两个单位旋量产生的瞬时功率。与单位运动旋量的互易积为零的力旋量称为约束旋量或反旋量，这时瞬时功率为零。

3）多个旋量可构成旋量系。根据旋量系的维数可将旋量系分为1~6阶旋量系，简称旋量一系、旋量二系、旋量三系、旋量四系、旋量五系和旋量六系。线几何是特殊的旋量系。

4）根据旋量系的运动特性及约束特性可将旋量系分为运动旋量系和约束旋量系。两者之间可构成互易关系，可作为机器人自由度分析与构型综合的理论基础。

延读文献

[1] BALL R S. A treatise on the theory of screws [M]. London: Cambridge University Press, 1998.

[2] 黄真，赵永生，赵铁石. 高等空间机构学 [M]. 北京：高等教育出版社，2006.

[3] BLANDING D L. Exact constraint: machine design using kinematic principle [M]. New York: ASME Press, 1999.

[4] 于靖军，裴旭，宗光华. 机械装置的图谱化创新化设计 [M]. 北京：科学出版社，2014.

附录 B MATLAB 编程

MATLAB 是美国 Mathworks 公司开发的一款商业软件。它提供了一种交互式的数学软件编程环境，可以较容易地实现线性代数计算、数据处理以及高质量的图形图像绘制。MATLAB 另一优势在于它支持开源的工具箱（Toolbox）。

澳大利亚昆士兰理工大学的彼得·库克（Peter Corke）教授从 20 世纪 90 年代开始，一直致力于 MATLAB Robotics 工具箱（RTB）软件的构建与完善（免费、开源）。RTB 中包含了用于模拟平台型机器人及移动机器人的各种函数，包括各类位姿变换函数，以及计算各类平台型机器人正/逆向运动学、动力学、轨迹规划等的函数，完全支持本教材第 4～10 章的辅助教学与编程训练。RTB 下载网址为：http：//www.petercorke.com/Robotics_Toolbox.html（最新版本为 RTB10.x）。

RTB 提供的功能函数不仅类型丰富（具体可见作者提供的库函数列表文档，从网站下载。图 B.1 所示为该文档的首页界面截图），还可以进行图形化仿真，如图 B.1 所示。

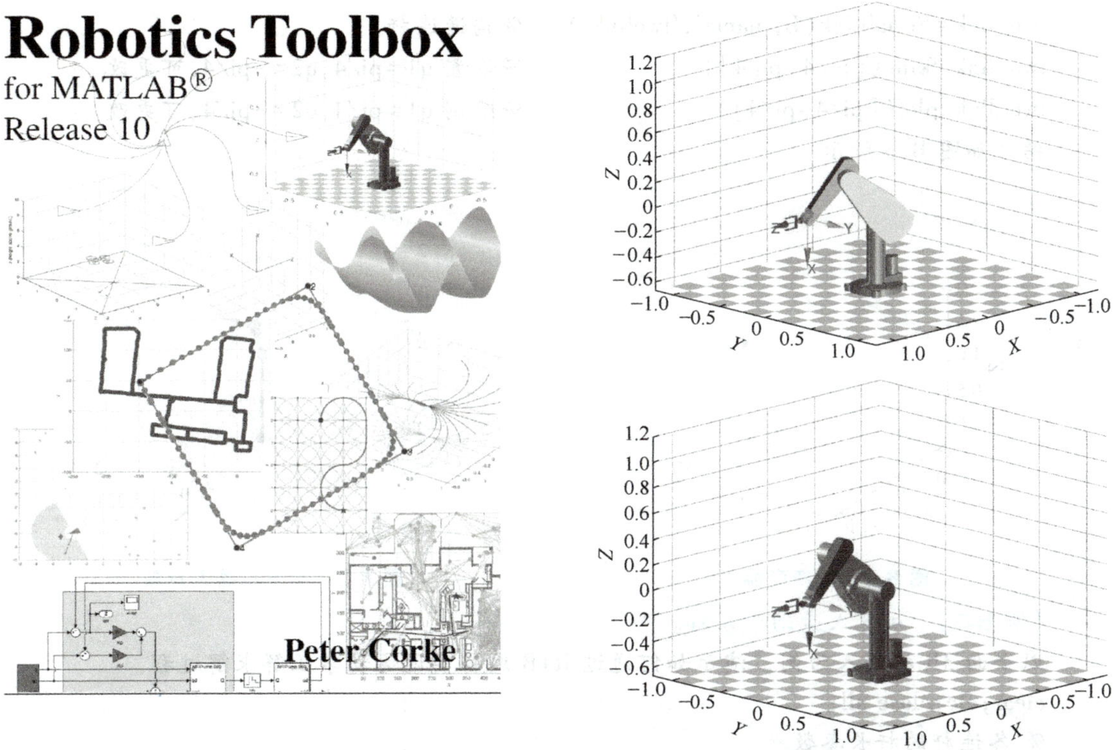

图 B.1　RTB 功能函数及其所具有的图形化仿真功能

本附录以案例的形式简要介绍 RTB 中一些基本和常用的函数应用，具体包括位姿变换、机器人对象构建、机器人运动学求解以及轨迹规划等。

【例 B-1】 位姿变换。

利用 RTB 中 transl、rotx（trotx）、roty（troty）、rotz（trotz）、rpy2r、t2r（T）和 trplot 等实现本书第 4 章介绍的各种位姿变换。

```
T=transl(1,0,0) * trotx(pi/2) * transl(0,1,0) %先平移(1,0,0)再绕 x 轴旋转 90°,再平移(0,1,0)的齐次变换矩阵
trplot(T)                    %绘制坐标系
t2r(T)                       %提取旋转矩阵部分
transl(T)                    %提取平移矢量部分
```

结果如图 B.2 所示。

【例 B-2】 构建机器人对象。

对机器人运动进行图形化仿真，首先需要构建相应的机器人对象。在 RTB 中，构建机器人对象主要在于构建各个关节，具体函数有 link、robot 等。除了用户自己构建的机器人连杆外，RTB 也自带了一些常用的机器人对象，如 PUMA560、Stanford 等，直接调用相关函数即可，如 puma560、stanford 等。

```
L(1)=Link([0 0 1 0]);                          %定义两个连杆
L(2)=Link([0 0 1 0]);
two_link=SerialLink(L,'name','twolink');       %构造连杆
two_link.fkine([pi/4 -pi/4])                   %设置 q1=pi/4,q2=-pi/4,可更改
two_link.plot([pi/4 -pi/4])                    %绘制 q1=pi/4,q2=-pi/4,可更改
```

结果如图 B.3 所示。

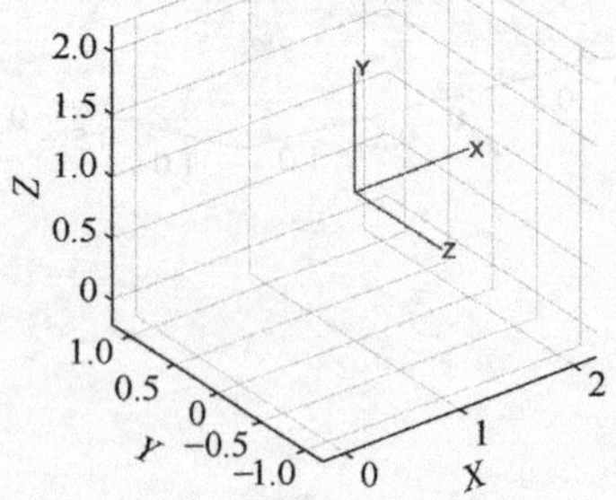

图 B.2 位姿变换

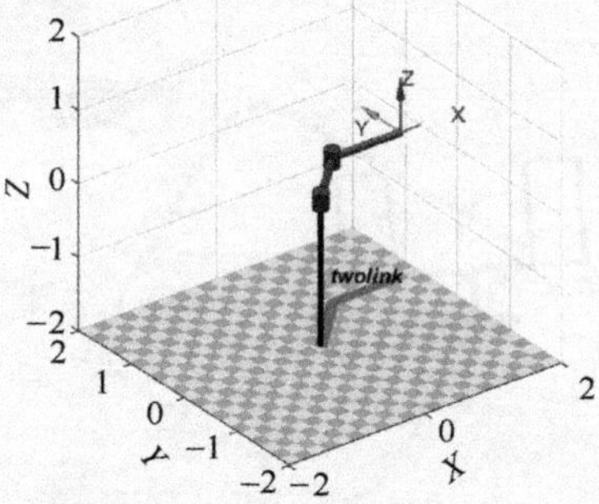

图 B.3 构建机器人对象

【例 B-3】 机器人运动学求解。

以平面 3R 机器人为例，演示如何通过 RTB 编程实现运动学正解求解过程。

```
clear;clc;close all;
% 各连杆的杆长参数
L=[0.4;0.4;0.2];
% 定义各个连杆,默认为转动关节
% 前置坐标系下的 D-H 参数法即为"改进的 D-H 参数法",需要加上'modified'
%              theta   d    a     alpha
L(1)=Link( [0          0    0     0],'modified' );  L(1).qlim=[-pi,pi];
L(2)=Link( [0          0    l(1)  0],'modified');   L(2).qlim=[-pi,pi];
L(3)=Link( [0          0    l(2)  0],'modified' );  L(3).qlim=[-pi,pi];
% 将各连杆串联
Robot_3R=SerialLink(L,'name' ,'Robot_3R')
% 定义机器人基坐标和工具坐标的变换
Robot_3R.base=transl(0 ,0 ,0);
Robot_3R.tool=transl(l(3) ,0 ,0);
Robot_3R.teach();
% 定义关节转角变量
```

```
syms t1 t2 t3;
joint=[t1;t2;t3];
% 正运动学求解
T=Robot_3R.fkine(joint)
```

【例 B-4】 轨迹规划。

只有一个旋转关节的单连杆机器人，初始时刻停止在关节角 $\theta=0°$ 处。期望机器人在 5s 内平滑运动到 $\theta=90°$。试求解连接起始和终止关节角的三次多项式系数，绘制位置、速度和加速度曲线，并以 20ms 为间隔在曲线上标记插补点，保存插补值列表（包含 5 列：序号、时间、位置、速度、加速度）。

```
clear,close all;
clc
t=0:0.02:5;
th0=0;thf=90;tf=5;
%初始条件只和首尾端点有关
a0=th0;
a1=0;
a2=3*(thf-th0)/tf;
a3=-2*(thf-th0)/(tf^3);
%theta、theta_1、theta_2 分别为多项式的位置、速度和加速度函数
    theta   = a0 + a1 .*t + a2 .* t.^2 + a3 .* t.^3;
    theta_1=a1 + 2*a2 .*t + 3*a3 .* t.^2;
    theta_2=2*a2 + 6*a3 .*t;
%绘制曲线图
    figure(1);
    plot(t,theta);
    title('三次多项式位置曲线图');
    xlabel('时间 t/s');
    ylabel('位置\theta/°');
    figure(2);
    plot(t,theta_1);
    title('三次多项式速度曲线图');
    xlabel('时间 t/s');
    ylabel('速度\omega/°/s');
    figure(3);
    plot(t,theta_2);
    title('三次多项式加速度曲线图');
```

```
    xlabel('时间 t/s');
    ylabel('加速度\alpha/°/s^2');
%%
    导出名为'roberts'的 excel 插值表
n=1:1:251;
xlswrite('roberts.xlsx',n',1,'A1');
xlswrite('roberts.xlsx',t',1,'B1');
xlswrite('roberts.xlsx',theta',1,'C1');
xlswrite('roberts.xlsx',theta_1',1,'D1');
xlswrite('roberts.xlsx',theta_2',1,'E1');
%%
```

也可直接将工作区内的变量直接保存成 .max 文件。

绘制出的位置、速度和加速度曲线如图 B.4 所示。

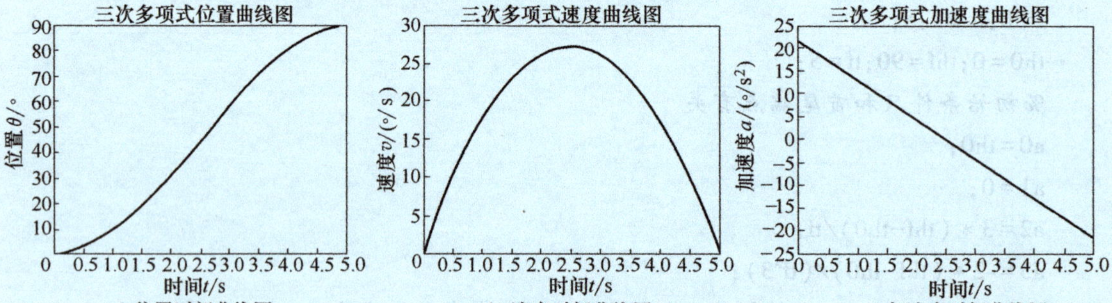

a) 位置时间曲线图　b) 速度时间曲线图　c) 加速度时间曲线图

图 B.4 轨迹规划曲线图

以上只是概要地介绍了 RTB 的基本功能，更详细的功能及用法可参考文献［4］。

参考文献

[1] BALL R S. The theory of screws [M]. London: Cambridge University Press, 1998.

[2] BLANDING D L. Exact constraint: machine design using kinematic principle [M]. New York: ASME Press, 1999.

[3] BONEV I A. Geometric analysis of parallel mechanisms [M]. Quebec: Laval University, 2002.

[4] CORKE P. Robotics, vision and control: fundamental algorithm in MATLAB [M]. Berlin: Springer, 2011.

[5] CRAIG J. Introduction to robotics: mechanics and control [M]. 4th edition. London: Prentice-Hall, 2018.

[6] DAVIDSON J K, HUNT K. H. Robots and screw theory: applications of kinematics and statics to robotics [M]. London: Oxford University Press, 2004.

[7] DING X, DAI J S. Characteristic equation-based dynamics analysis of vibratory bowl feeders with three spatial compliant legs [J]. IEEE Transactions on Automation Science and Engineering, 2008, 5 (1): 164-175.

[8] DUFFY J. Statics and kinematics with applications to robotics [M]. London: Cambridge University Press, 1996.

[9] HAMID D T. Parallel robots: mechanisms and control [M]. Berlin: Taylor & Francis Group, 2013.

[10] HARTENBERG R S, DENAVIT J. Kinematic Synthesis of Linkages [M]. New York: McGraw-Hill, 1964.

[11] HOWELL L L. Compliant mechanisms [M]. New York: John Wiley & Sons, Inc, 2001.

[12] HUANG Z, LI Q C, DING H F. Theory of parallel mechanisms [M]. Berlin: Springer-Verlag, 2013.

[13] HUNT K H. Kinematic geometry of mechanisms [M]. Oxford: Clarendon Press, 1978.

[14] JAZAR R N. Theory of applied robotics: kinematics, dynamics, and control [M]. 2nd edition. Berlin: Springer, 2010.

[15] KONG X W, AND GOSSELIN C. Type synthesis of parallel mechanisms [M]. Berlin: Springer-Verlag, 2007.

[16] LIU X J, WANG J. S. Parallel kinematics, type, kinematics and optimal design [M], Berlin: Springer, 2013.

[17] LYNCH K M, PARK F C. Modern robotics: mechanics, planning, and control [M]. London: Cambridge University Press, 2017.

[18] MAXWELL J C, NIVEN W D. General considerations concerning scientific apparatus [M]. New York: Courier Dover Publications, 1890.

[19] MERLET J P. Parallel robots [M]. Netherlands: Springer, 2006.

[20] MERLET J P. Singular configurations of parallel manipulators and Grassmann geometry [J]. International Journal of Robotics Research, 1989, 8 (5): 45-56.

[21] MURRAY R, LI Z X, SASTRY S. A mathematical introduction to robotic manipulation [M]. Berlin: CRC Press, 1994.

[22] SICILIANO B, KHATIB O. Handbook of robotics [M]. 2nd Edition. Berlin: Springer, 2016.

[23] SICILIANO B, SCIAVICCO L, VILLANI L, et al. Robotics: modelling, planning and control [M]. Berlin: Springer, 2009.

[24] SIEGWART R, NOURBAKHSH I R, SCARAMUZZA D. Introduction to autonomous mobile robots [M]. New York: MIT press, 2011.

[25] TSAI L W. Robot analysis: the mechanics of serial and parallel manipulators [M]. New York: Wiley, 1999.

[26] 松元明弘，横田和隆．机器人机构学 [M]. Tokyo: Ohmsha, 2018.

[27] 蔡自兴，谢斌．机器人学基础 [M]. 3 版．北京：机械工业出版社，2021.

[28] 戴建生．机构学与机器人学的几何基础与旋量代数 [M]. 北京：高等教育出版社，2014.

[29] 邓宗全，高海波，丁亮. 月球车移动系统设计 [M]. 北京：高等教育出版社，2015.

[30] 丁希仑. 拟人双臂机器人技术 [M]. 北京：科学出版社，2011.

[31] 高峰，杨家伦，葛巧德. 并联机器人型综合的 G_F 集理论 [M]. 北京：科学出版社，2011.

[32] 韩建友，杨通，于靖军. 高等机构学 [M]. 2 版. 北京：机械工业出版社，2015.

[33] 黄真. 空间机构学 [M]. 北京：机械工业出版社，1989.

[34] 黄真，孔令富，方跃法. 并联机器人机构学理论及控制 [M]. 北京：机械工业出版社，1997.

[35] 黄真，赵永生，赵铁石. 高等空间机构学 [M]. 北京：高等教育出版社，2006.

[36] 黄真，刘婧芳，李艳文. 论机构自由度——寻找了 150 年的自由度通用公式 [M]. 北京：科学出版社，2011.

[37] 蒋志宏. 机器人学基础 [M]. 北京：北京理工大学出版社，2018.

[38] 兰虎，王冬云. 工业机器人基础 [M]. 北京：机械工业出版社，2020.

[39] 西格沃特，等. 自主移动机器人导论 [M]. 李人厚，宋青松，译. 西安：西安交通大学出版社，2013.

[40] PETER CORKE 机器人学、机器视觉与控制——MATLAB 算法基础 [M]. 刘荣，等译. 北京：电子工业出版社，2018.

[41] 刘辛军，于靖军，孔宪文. 机器人机构学 [M]. 北京：机械工业出版社，2021.

[42] 刘辛军，谢福贵，汪劲松. 并联机器人机构学基础 [M]. 北京：高等教育出版社，2018.

[43] 马香峰. 机器人机构学 [M]. 北京：机械工业出版社，1991.

[44] 熊有伦，丁汉，刘恩沧. 机器人学 [M]. 北京：机械工业出版社，1993.

[45] 熊有伦，李文龙，陈文斌，等. 机器人学：建模、控制与视觉 [M]. 武汉：华中科技大学出版社，2018.

[46] 理查德摩雷，等. 机器人操作的数学导论 [M]. 徐卫良，钱瑞明，译. 北京：机械工业出版社，1998.

[47] 杨廷力. 机器人机构拓扑结构学 [M]. 北京：机械工业出版社，2004.

[48] 于靖军. 机械原理 [M]. 北京：机械工业出版社，2013.

[49] 于靖军，裴旭，宗光华. 机械装置的图谱化创新设计 [M]. 北京：科学出版社，2014.

[50] 于靖军，刘辛军，丁希仑. 机器人机构学的数学基础 [M]. 北京：机械工业出版社，2008.

[51] 于靖军，刘辛军，丁希仑. 机器人机构学的数学基础 [M]. 2 版. 北京：机械工业出版社，2016.

[52] 于靖军，毕树生，裴旭，等. 柔性设计：柔性机构的分析与综合 [M]. 北京：高等教育出版社，2018.

[53] 道格拉斯布兰丁. 精密机械设计：运动学设计原理与实践 [M]. 于靖军，刘辛军，译. 北京：机械工业出版社，2017.

[54] 凯文 M 林奇，等. 现代机器人学：机构、规划与控制 [M]. 于靖军，贾振中，译. 北京：机械工业出版社，2019.

[55] 克雷格. 机器人学导论 [M]. 负超，王伟，译. 4 版. 北京：机械工业出版社，2018.

[56] 战强. 机器人学：机构、运动学、动力学及运动规划 [M]. 北京：清华大学出版社，2019.

[57] 张策. 机械动力学 [M]. 2 版. 北京：科学出版社，2015.

[58] 西西里亚诺. 机器人学：建模、规划与控制 [M]. 张国良，曾静，陈励华，等译. 西安：西安交通大学出版社，2015.

[59] 张启先. 空间机构的分析与综合 [M]. 北京：机械工业出版社，1984.

[60] 张宪民. 机器人技术及其应用 [M]. 北京：机械工业出版社，2018.

[61] 张玉茹，李继婷，李剑峰. 机器人灵巧手：建模、规划与仿真 [M]. 北京：机械工业出版社，2007.

[62] 雷扎贾扎尔. 应用机器人学：运动学、动力学与控制技术 [M]. 周高峰，等译. 2版. 北京：机械工业出版社，2018.

[63] 朱大昌，张春良，吴文强. 机器人机构学基础 [M]. 北京：机械工业出版社，2020.

[64] 日本机器人学会，机器人技术手册 [M]. 宗光华，译. 2版. 北京：科学出版社，2006.